CATIA V5R21 中文版 基础教程

李明新 编著

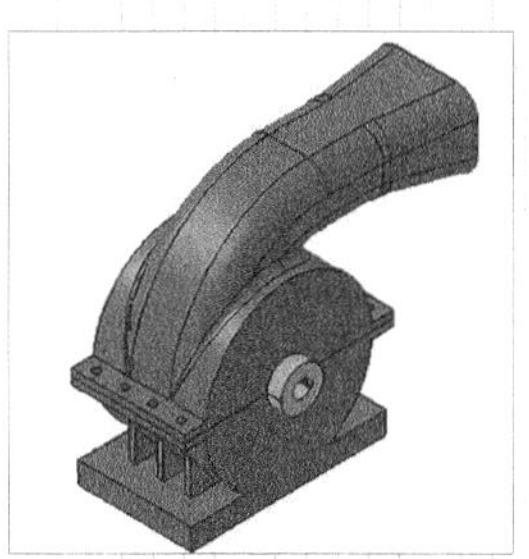

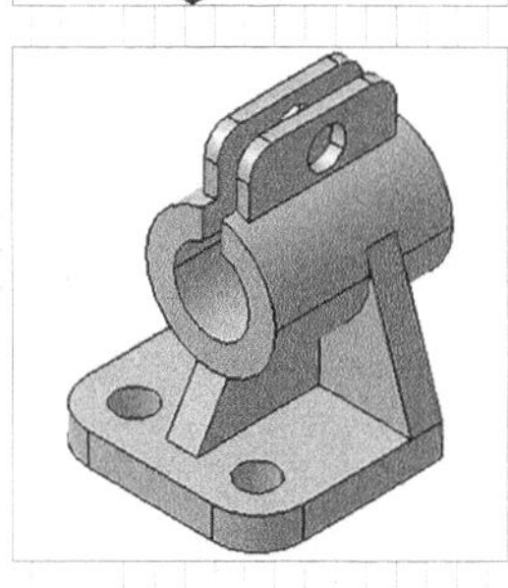

人民邮电出版社

北京

图书在版编目（CIP）数据

CATIA V5R21中文版基础教程 / 李明新编著. -- 北京 : 人民邮电出版社, 2013.10（2020.7重印）
ISBN 978-7-115-33234-9

Ⅰ. ①C… Ⅱ. ①李… Ⅲ. ①机械设计－计算机辅助设计－应用软件－教材 Ⅳ. ①TH122

中国版本图书馆CIP数据核字(2013)第230196号

内容提要

法国 Dassault 公司开发的 CATIA，是世界上主流的 CAD/CAM/CAE 一体化软件，被广泛用于电子、通信、机械、模具、汽车、自行车、航天、家电、玩具等制造行业的产品设计。CATIA V5R21 中文版是法国 Dassault 公司新近推出的中文版本。

本书以手把手的教学模式，详细讲解 CATIA V5R21 软件的机械设计基础与制图技巧，内容丰富、讲解细致。从机械与产品设计的初始设置，到完成设计的整个流程进行讲解，前后呼应，内容搭配合理。

全书分 9 章，主要介绍了 CATIA V5R21 基础知识、草图设计、实体设计、创成式外形设计、自由曲面设计、机械零件设计、机械装配设计、机械工程图设计等功能应用及操作。

本书既可以作为院校机械 CAD/CAM 等专业的教材，也可供对制造行业有浓厚兴趣的读者自学。

◆ 编　　著　李明新
　责任编辑　李永涛
　责任印制　程彦红

◆ 人民邮电出版社出版发行　北京市丰台区成寿寺路 11 号
　邮编　100164　电子邮件　315@ptpress.com.cn
　网址　http://www.ptpress.com.cn
　固安县铭成印刷有限公司印刷

◆ 开本：787×1092　1/16
　印张：25.75
　字数：630 千字　　2013 年 10 月第 1 版
　印数：7 001－7 400 册　　2020 年 7 月河北第 8 次印刷

定价：49.80 元（附光盘）

读者服务热线：(010)81055410　印装质量热线：(010)81055316
反盗版热线：(010)81055315
广告经营许可证：京东市监广登字20170147号

前言

法国 Dassault 公司开发的 CATIA，是世界上主流的 CAD/CAM/CAE 一体化软件，被广泛用于电子、通信、机械、模具、汽车、自行车、航天、家电、玩具等制造行业的产品设计。CATIA 的集成解决方案覆盖所有的产品设计与制造领域，其独有的 DMU 电子样机模块功能及混合建模技术更是推动着企业竞争力和生产力的提高。

本书内容

本书定位初学者，通过极具代表性的设计实例，循序渐进地介绍了 CATIA 在行业设计方面的广泛应用。

本书共分 9 章，大致内容介绍如下。

- 第 1 章：主要介绍 CATIA V5R21 基础知识，包括软件的介绍、软件的安装及常见的基本操作。
- 第 2 章：主要介绍草图轮廓的绘制方法、草图元素的编辑方法及草图约束。
- 第 3 章：主要介绍 CATIA V5R21 实体设计基本知识，包括实体特征创建、实体修饰、实体操作和编辑等。
- 第 4 章：主要介绍创成式外形设计的基本知识，内容包括曲线创建、曲面创建、曲面编辑和曲面展平。
- 第 5 章：主要介绍自由曲面的设计知识，内容包括自由曲线的创建、自由曲面的编辑和自由曲面的分析。
- 第 6 章：通过标准件、轴类零件、盘盖类零件、支架类零件、箱体类零件、凸轮及连杆为例，讲解了 CATIA V5R21 实体设计的应用。
- 第 7 章：主要介绍 CATIA V5R21 的装配设计知识，内容包括装配部件管理、装配约束及部件移动等。
- 第 8 章：主要介绍 CATIA V5R21 的工程图基本功能，内容包括视图的创建、图框制作、标题栏创建和调用、尺寸标注及文字注释等。
- 第 9 章：主要以玩具及日用品为例，讲解了如何应用 CATIA V5R21 的曲面和视图功能进行产品造型设计。

本书特色

本书以实用、易理解、操作性强为准绳，以具体实际工作案例运用为脉络，在案例设计过程中，学会软件每个环节的具体使用方法。本书不仅有透彻的讲解，还有丰富的实例，通过实例的演练，帮助读者找到一条学习 CATIA 的捷径。

附盘内容及用法

本书所附光盘内容分为两部分。

(1) 素材文件。

本书案例所涉及的素材文件在光盘的“练习”文件夹中，读者在实例操作过程中可以调用和参考这些文件。

(2) “.avi”动画文件。

本书部分案例的制作过程录制成了“.avi”动画文件，收录在光盘的“视频”文件夹中。

“.avi”是最常用的动画文件格式，读者用 Windows 系统提供的“Windows Media Player”就可以播放“.avi”动画文件。单击【开始】/【所有程序】/【附件】/【娱乐】/【Windows Media Player】选项即可启动“Windows Media Player”。一般情况下，读者只要双击某个动画文件即可观看。

注意：播放文件前要安装配套光盘根目录下的“tscc.exe”插件。

作者信息

本书由李明新编著，参与编写的还有孙克华、陈超、蒲亚兰、姚瑶、王静、王茂敏、谢琳、彭燕莉、杨学辉、杨桃、张红霞、邓锦兴、陈汉良、崔桂青、蒋新民、刘宝成、袁伟、刘大海、伍明、刘卫红、璩盼盼、高长银，他们为本书提供了大量的实例和素材，在此表示诚挚的谢意。

感谢您选择了本书，希望我们的努力对您的工作和学习有所帮助，也希望您把对本书的意见和建议告诉我们。

目　录

第1章　概述

本章概要性地介绍了 CATIA V5R21，使读者对 CATIA V5R21 的特点、安装和操作环境有一个基本的了解。

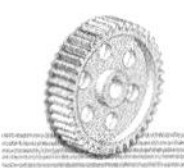

本章要点

- CATIA V5R21 软件背景
- CATIA V5R21 软件的工作环境
- 鼠标和罗盘的使用
- 自定义工具栏和工作台

1.1　CATIA V5R21 概述

CATIA 是法国 Dassault System 公司开发的 CAD/CAM/CAE 一体化软件，居世界 CAD/CAM/CAE 领域的领导地位。为了使软件能够易学易用，Dassault System 公司于 1994 年开始重新开发全新的 CATIA V5 版本，V5 版本界面更加友好，功能也日趋强大，并且开创了 CAD/CAM/CAE 软件的一种全新风格。

1.1.1　CATIA 的应用领域

CATIA V5R21 具有 14 个模组上百个模块，利用不同的模块来实现不同的设计意图。CATIA V5R21 的应用主要体现在以下几个方面。

一、航空航天

CATIA 源于航空航天工业，是业界无可争辩的领袖。以其精确安全，可靠性满足商业、防御和航空航天领域各种应用的需要。在航空航天业的多个项目中，CATIA 被应用于开发虚拟的原型机，其中包括 Boeing 777 和 Boeing 737，Dassault 飞机公司（法国）的阵风、GlobalExpress 公务机，以及 Darkstar 无人驾驶侦察机。图 1-1 所示为 CATIA 在飞机设计中的应用。

二、汽车工业

CATIA 是汽车工业的事实标准，是欧洲、北美和亚洲顶尖汽车制造商所用的核心系统。CATIA 在造型风格、车身及引擎设计等方面具有独特的长处，为各种车辆的设计和制造提供了端对端的解决方案。一级方程式赛车、跑车、轿车、卡车、商用车、有轨电车、地铁列车、高速列车，各种车辆在 CATIA 上都可以作为数字化产品，如图 1-2 所示。

图1-1　CATIA 航空航天

图1-2　CATIA 汽车工业

三、造船工业

CATIA 为造船工业提供了优秀的解决方案，包括专门的船体产品和船载设备、机械解决方案。船体设计解决方案已被应用于众多船舶制造企业，涉及所有类型船舶的零件设计、制造、装配。参数化管理零件之间的相关性，相关零件的更改，可以影响船体的外形，如图 1-3 所示。

四、机械设计

CATIA V5R21 机械设计工具提供超强的能力和全面的功能，更加灵活，更具效率，更具协同开发能力。如图 1-4 所示为利用 CATIA 建模模块来设计的机械产品。

图1-3　CATIA 造船工业

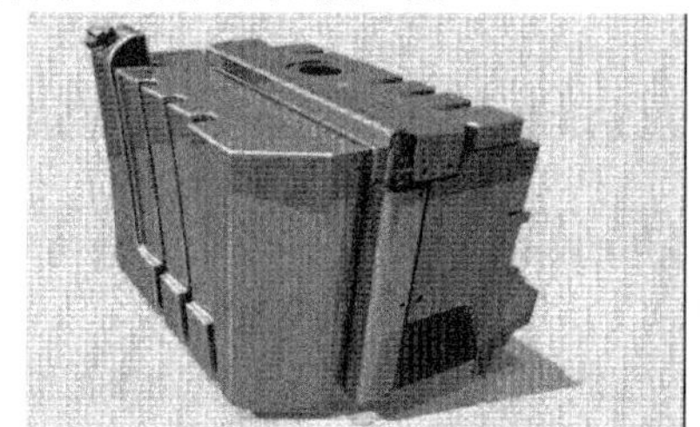

图1-4　CATIA 机械产品

五、工业设计和造型

CATIA V5R21 提供了一整套灵活的造型、编辑及分析工具，构成集成在完整的数字化产品开发解决方案中的重要一环。图 1-5 所示为利用 CATIA 创成式外形设计模块来设计的工业产品。

六、机械仿真

CATIA V5R21 提供了业内最广泛的多学科领域仿真解决方案，通过全面高效的前后处理和解算器，充分发挥在模型准备、解析及后处理方面的强大功能。图 1-6 所示为利用运动仿真模块对产品进行运动仿真范例。

图1-5　CATIA 工业产品设计

图1-6　CATIA 运动仿真

七、工装模具和夹具设计

CATIA V5R21 工装模具应用程序使设计效率延伸到制造，与产品模型建立动态关联，以准确地制造工装模具、注塑模、冲模及工件夹具。图 1-7 所示为利用 CATIA V5R21 注塑模向导模块设计模具的范例。

八、机械加工

CATIA 为机床编程提供了完整的解决方案，能够让最先进的机床实现最高产量。通过实现常规任务的自动化，可节省多达 90%的编程时间；通过捕获和重复使用经过验证的加工流程，实现更快的可重复 NC 编程。图 1-8 所示为利用 CATIA 加工模块来加工零件的范例。

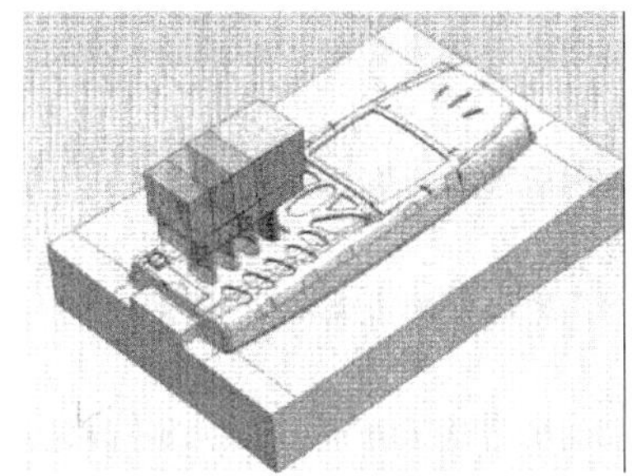

图1-7　CATIA 模具设计

图1-8　CATIA 零件加工

九、消费品

全球有各种规模的消费品公司信赖 CATIA，其中部分原因是 CATIA 设计的产品的风格新颖，而且具有建模工具和高质量的渲染工具。CATIA 已用于设计和制造如下多种产品：运动产品、餐具、计算机、厨房设备、电视机和收音机以及庭院设备。图 1-9 所示为利用 CATIA 进行运动鞋设计。

图1-9　CATIA 运动鞋设计

1.1.2　CATIA 的功能

CATIA 的强大功能来源于它具有 14 个模组 100 多个模块，简要介绍如下。

(1)　装配设计（ASS）。

CATIA 装配设计可以使设计师建立并管理基于 3D 零件机械装配件。装配件可以由多个主动或被动模型中的零件组成。零件间的接触自动地对连接进行定义，方便了 CATIA 运动机构产品进行早期分析。基于先前定义零件的辅助零件定义和依据其之间接触进行自动放置，可加快装配件的设计进度，后续应用可利用此模型进行进一步的设计、分析、制造等。

(2) 制图功能（DRA）。

CATIA 制图模块是 2D 线框和标注产品的一个扩展。CATIA 绘图-空间（2D/3D）集成产品将 2D 和 3D 环境完全集成在一起。该产品使设计师和绘图员在建立 2D 图样时从 3D 几何中生成投影图和平面剖切图。通过用户控制模型间 2D 到 3D 相关性，系统可以自动地由 3D 数据生成图样和剖切面。

(3) CATIA 特征设计模块（FEA）。

CATIA 特征设计模块通过把系统本身提供的或客户自行开发的特征用同一个专用对话结合起来，从而增强了设计师建立棱柱件的能力。这个专用对话着重于一个类似于一组可重新使用的零件或用于制造的设计过程。

(4) 钣金设计（Sheetmetal Design）。

CATIA 钣金设计模块使设计和制造工程师可以定义、管理并分析基于实体的钣金件。采用工艺和参数化属性，设计师可以对几何元素增加材料属性，以获取设计意图并对后续应用提供必要的信息。

(5) 高级曲面设计（ASU）。

CATIA 高级曲面设计模块提供了可便于用户建立、修改和光顺零件设计所需曲面的一套工具。高级曲面设计产品的强项在于其生成几何的精确度和其处理理想外形而无需关心其复杂度的能力。无论是出于美观的原因还是技术原因，曲面的质量都是很重要的。

(6) 白车身设计（BWT）。

白车身设计模块对设计类似于汽车内部车体面板和车体加强筋这样复杂的薄板零件提供了新的设计方法。可使设计人员定义并重新使用设计和制造规范，通过 3D 曲线对这些形状的扫掠，便可自动地生成曲面，结果可生成高质量的曲面和表面，并避免了耗时的重复设计。该新产品同时是对 CATIA-CAD/CAM 方案中已有的混合造型技术的补充。

(7) CATIA 逆向工程模块（CGO）。

可使设计师将物理样机转换到 CATIA Designs 下并转变为字样机，并将测量设计数据转换为 CATIA 数据。该产品同时提供了一套有价值的工具来管理大量的点数据，以便进行过滤、采样、偏移、特征线提取、剖截面和体外点剔除等。由点数据云团到几何模型支持由 CATIA 曲线和曲线生成点数据云团。反过来，也可由点数据云团到 CATIA 曲线和曲面。

(8) 自由外形设计（FRF）。

CATIA 自由外形设计产品提供设计师一系列工具，来实施风格或外形定义或复杂的曲线和曲面定义。对 NURBS 的支持使得曲面的建立和修形以及与其他 CAD 系统的数据交换更加轻而易举。

(9) 创成式外形建模（GSM）。

创成式外形建模产品是曲面设计的一个工具，通过对设计方法和技术规范的捕捉和重新使用，可以加速设计过程，在曲面技术规范编辑器中对设计意图进行捕捉，使用户在设计周期中任何时候方便快速地实施重大设计更改。

(10) 曲面设计（SUD）。

CATIA 曲面设计模块使设计师能够快速方便地建立并修改曲面几何。它也可作为曲面、面、表皮和闭合体建立和处理的基础。曲面设计产品有许多自动化功能，包括分析工具、加速分析工具、可加快曲面设计过程。

(11) 装配模拟（Fitting Simulation）。

CATIA 装配模拟模块可使用户定义零件装配或拆卸过程中的轨迹。使用动态模拟，系统可以确定并显示碰撞及是否超出最小间隙。用户可以重放零件运动轨迹，以确认设计更改的效果。

(12) 有限元模型生成器（FEM）。

该模块同时具有自动化网格划分功能，可方便地生成有限元模型。有限元模型生成器具有开放式体系结构，可以同其他商品化或专用求解器进行接口。该产品同 CATIA 紧密地集成在一起，简化了 CATIA 客户的培训，有利于在一个 CAD/CAM/CAE 系统中完成整个有限元模型造型和分析。

(13) 多轴加工编程器（Multi-Axis Machining Programmer）。

CATIA 多轴加工编程器模块对 CATIA 制造产品系列提出新的多轴编程功能，并采用 NCCS（数控计算机科学）的技术，以满足复杂 5 轴加工的需要。这些产品为从 2.5 轴到 5 轴铣加工和钻加工的复杂零件制造提供了解决方案。

(14) STL 快速样机（STL Rapid Prototyping）。

STL 快速样机是一个专用于 STL（Stereolithographic）过程生成快速样机的模块。

1.1.3 CATIA V5R21 的新增功能

Dassault System 公司目前推出了 CATIA V5R21 SP3 升级补丁，众多优秀功能让读者感到惊喜，感受到现代 3D 技术革命的速度。

全新 CATIA V5R21 提供的产品组合有 Mechanical Design / Shape Design and Styling / Product Synethsis / Equipment and Systems Engineering / Analysis / Machining / Infrastructure / CAA-RADE / Web-Based Learning Solutions 等。

CATIA V5R21 与以往的任何 CATIA 相比，增加了许多新的功能。

- ICEM Shape Design (ISD) 提供 CATIA 整合的解决方案满足汽车 A 级曲面设计要求。ISD R21 现在成为了 CATIA 部署中的完整的一部分，在 A 级建模领域拓展其高级、强大的自由形式曲面创建、修正和分析功能。
- Extended STEP Interface: CATIA V5R21 是首个在标准的 STEP 格式里支持复合材料数据的解决方案。CATIA 扩展的 STEP 界面具备完全验证特性和嵌入式装配，能够促进长期归档。由于具备嵌入式装配支持，采用 STEP 管理超大型装配结构成为可能。这个特征对于航空和汽车工业有重大意义。
- Imagine & Shape: 想象与造型中强大的新特征 Subdivision Net Surfaces 让用户能够把基于曲线的方案和细分曲面泥塑建模相结合。这个特征能够帮助提高设计品质，并更大地发挥设计师的创造力。它特别适用于运输工业和产品设计工业中的风格设计中心或设计部门，如汽车、航空航天、游艇、高科技电子、消费品、包装等产业，以及生命科学产业中的医疗设备设计。
- Mechanical Part Design: Functional Modeling Part（功能性建模零件）产品得到增强，它面向的是动力系统客户的设计流程，也支持复杂零件的设计。功能性建模技术令用户设计油底壳、变速箱或发动机托架的速度提高了 40%。Fillet

功能也得到增强以确保牢固性，Wall Thickness Analysis（墙壁厚度分析）工具也得到增强以确保更高的设计品质和可制造性。所有这些增强都对优化动力系统特别有益。

- CATIA 2D Layout for 3D Design：把 2D 图中的线条转换出 3D 型的特征令用户能够沿着多种层面切割一个零件。这样，就可以马上对多种内部特征进行可视化，如孔或洞，只需一个视图就能够更好地理解几何体及其所有备注。复杂视图的这种立刻显示不再需要计算，能够帮助用户提高工作效率。这个模块对于所有工业都具价值。
- 3D Insight: 产品的开发遵守 FAA 美国航空管理局的认证规定，要求同一个模型，同一个修正者，一个机械设计工程师，贯穿整个开发、部署、制造和管理生命周期。这个功能规范了航空工业。
- Flex Simulation, Harness Installation and Harness Flattening: Flex 仿真、线束安装、线束展平功能，人机工效学恰当应用，用户生产效率得到提高设备清单中的电气线束分析以及过滤和分拣功能得到增强，更加符合人机工效学原理。此外，电气线束展平中线束段的知识参数能够同步化。这些功能的增强对于促进航空航天和汽车工业的发展尤其有意义。
- 材料去除仿真和高级精加工：能够缩短编程和加工时间。这样，企业不仅节约了时间也节约了资金。材料去除仿真特征通过帮助用户使用彩色编码更好地理解 IPM（在制品毛坯模型）缩短编程时间。而高级精加工特征则通过提供一个只需操作一次的精加工路线并把纵向和横向区域都纳入战略考量的办法缩短加工时间。这些特征增强了所有产业的加工工艺流程。
- SIMULIA Rule Based Meshing:（基于 SIMULIA 规则的网格划分）能够实现高品质曲面网格划分创建流程自动化，适用于所有使用 CATIA 网格划分工具的工作流。新产品向用户提供一种方法，能够全面地详细说明实体需要进行的网格划分处理，例如孔、圆角和带孔的珠。它还向用户提供详细说明可接受的元素品质标准，如最小的刀口长、长宽比和斜度。一旦网格划分规则完整套件被详细制定出来，就不再另外需要用户介入，因为实际的网格生成是完全自动的。

1.2 CATIA V5R21 的安装

CATIA V5R21 使用之前要进行设置，安装相应的插件，安装过程比较简单，可以轻松完成。

1.2.1 软件安装要求

通常使用的操作系统是 Windows，因此安装 CATIA V5R21 版本，需要在 Windows 系统下进行安装，安装前要确认系统是否安装如下软件。

- 确保安装 Microsoft .NET Framework 3.0（或者更高版本）。

- 确保安装 Java 5（或者更高版本）。

安装过程中如果遇到杀毒软件阻止，应放过或者允许；有 Windows 警报，应解除阻止。

1.2.2 安装步骤

1. 在 CATIA V5R21 安装光盘中启动 setup.exe 程序，系统弹出 CATIA V5R21 的安装界面窗口，如图 1-10 所示。

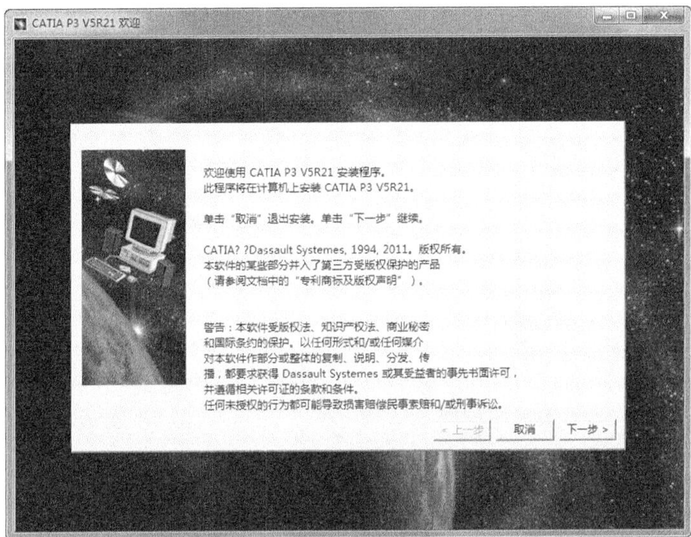

图1-10　CATIA 安装界面窗口

2. 单击【下一步】按钮，在【选择目标位置】页面中可以重新输入软件的安装位置，如图 1-11 所示；也可以单击【浏览】按钮选择安装路径。

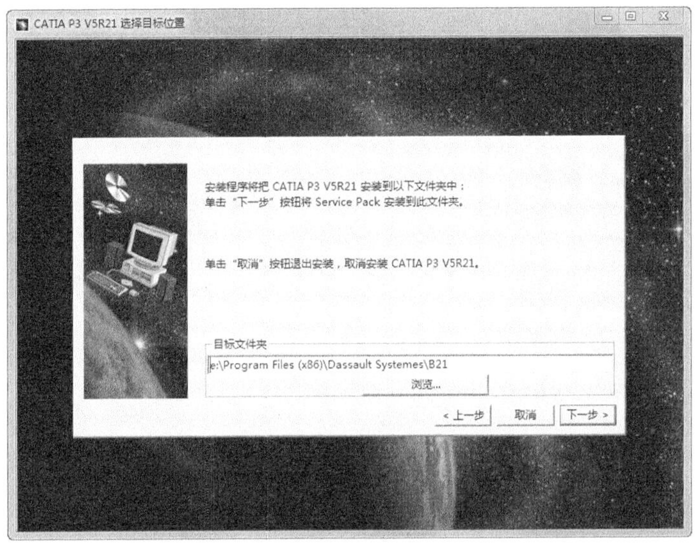

图1-11　选择目标位置

3. 单击【下一步】按钮，如果安装路径下从来没有安装过 CATIA，将会弹出【确认创建目录】对话框，如图 1-12 所示，单击【是】按钮。

图1-12 【确认创建目录】对话框

4. 在安装界面输入存储位置到【环境目录】，如图 1-13 所示，或者单击【浏览】按钮进行选择，单击【下一步】按钮。

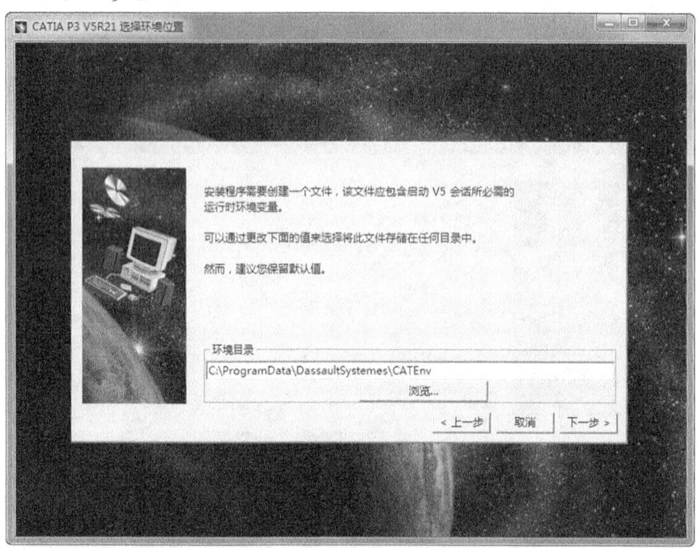

图1-13 选择环境位置

5. 接着选择【安装类型】，一般情况下选择【完全安装】，如果有特殊需要可以选择【自定义安装】，如图 1-14 所示。

图1-14 安装类型

提示：如果用户要完全安装 CATIA 所有产品，请选择【完全安装】，如果只安装部分产品，那么就选择【自定义安装】。

6. 单击【下一步】按钮，选择安装语言，如图 1-15 所示。

图1-15 选择安装语言

7. 单击【下一步】按钮，选择需要自定义安装的软件配置与产品，如图 1-16 所示。

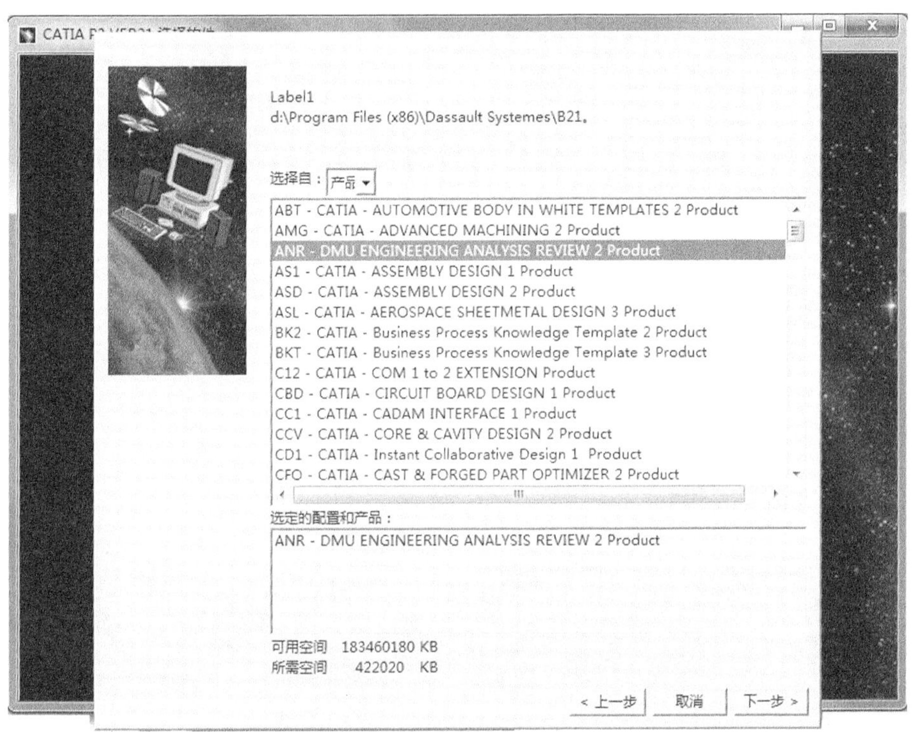

图1-16 选择安装产品

8. 单击【下一步】按钮，选择 Orbix 配置，如图 1-17 所示。

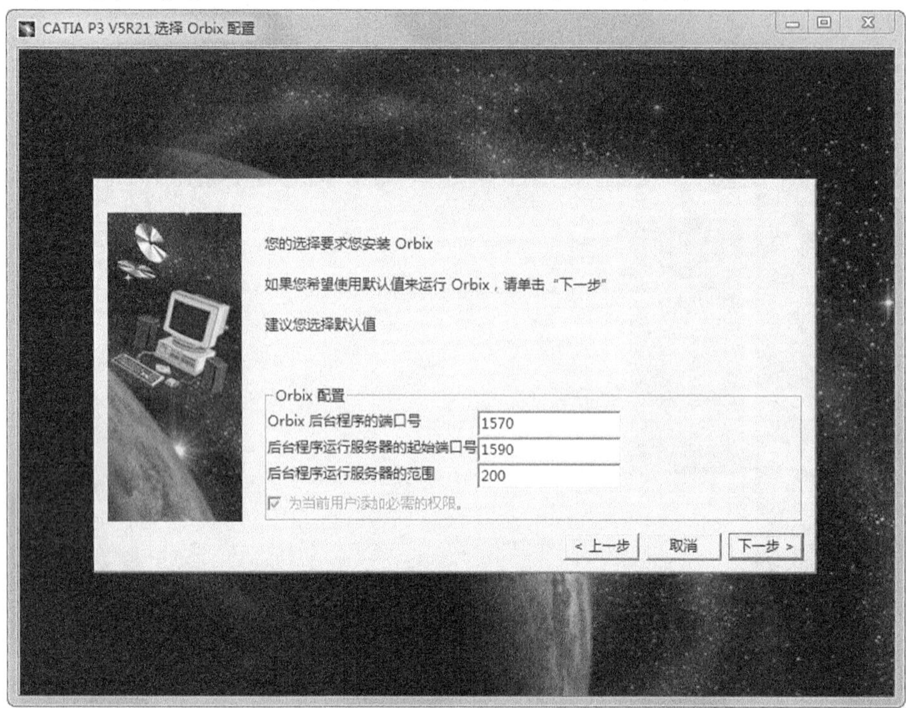

图1-17　选择 Orbix 配置

9. 单击【下一步】按钮，选择是否安装电子仓客户机，如图 1-18 所示。

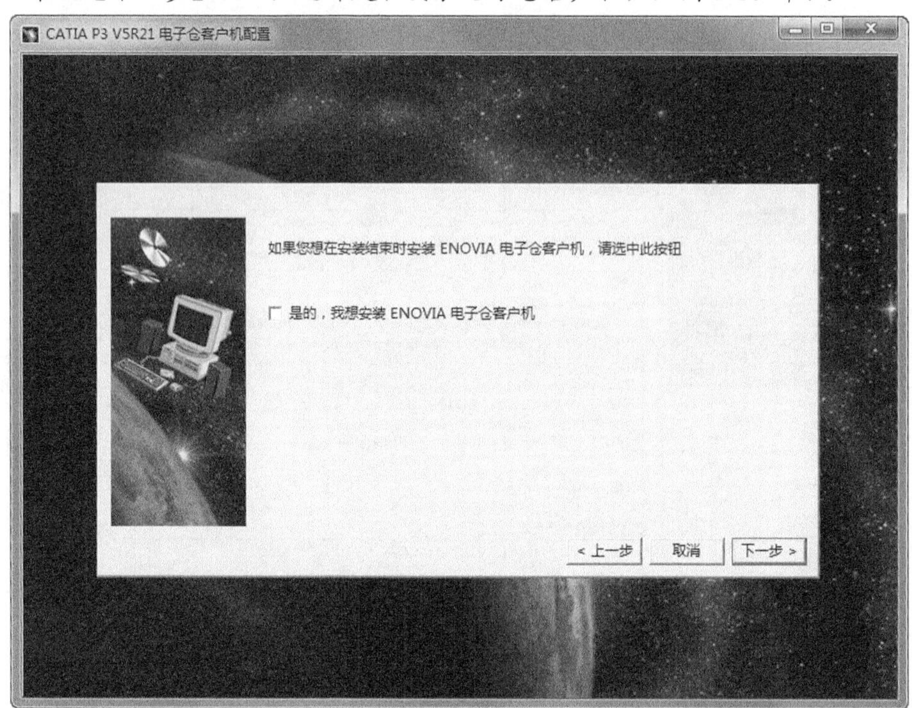

图1-18　电子仓客户机配置

10. 单击【下一步】按钮，选择自定义快捷方式，如图 1-19 所示。

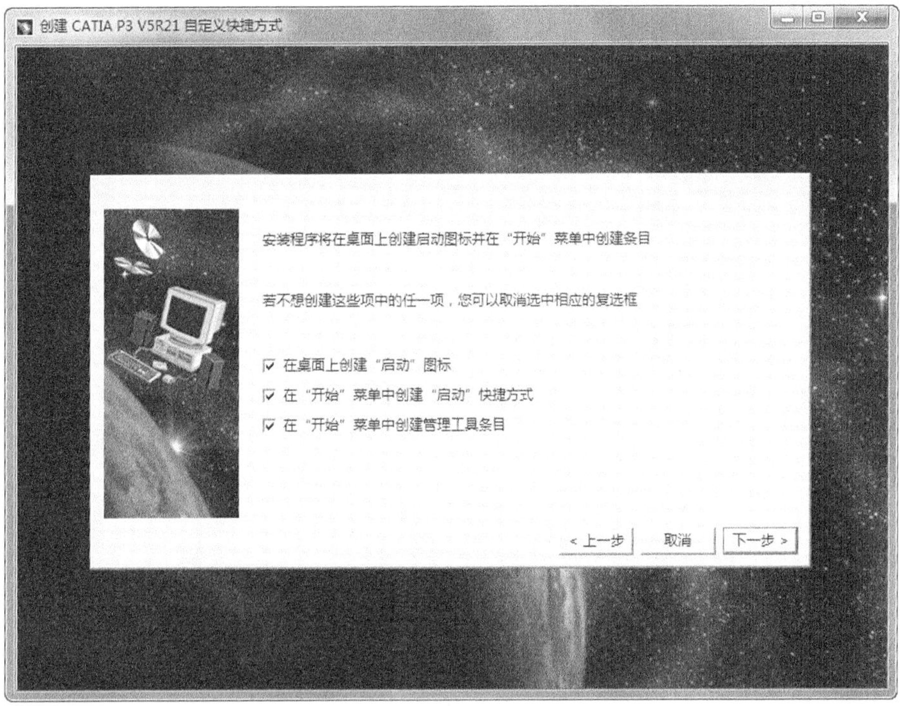

图1-19　选择通信端口

11. 单击【下一步】按钮，选择安装联机文档，如图 1-20 所示。

图1-20　选择安装联机文档

提示： 如果是新手，可以勾选此复选框。可使用 CATIA 向用户提供的帮助文档，以帮助用户完成学习计划。

12. 单击【下一步】按钮，最后查看安装前的所有配置，如图 1-21 所示。

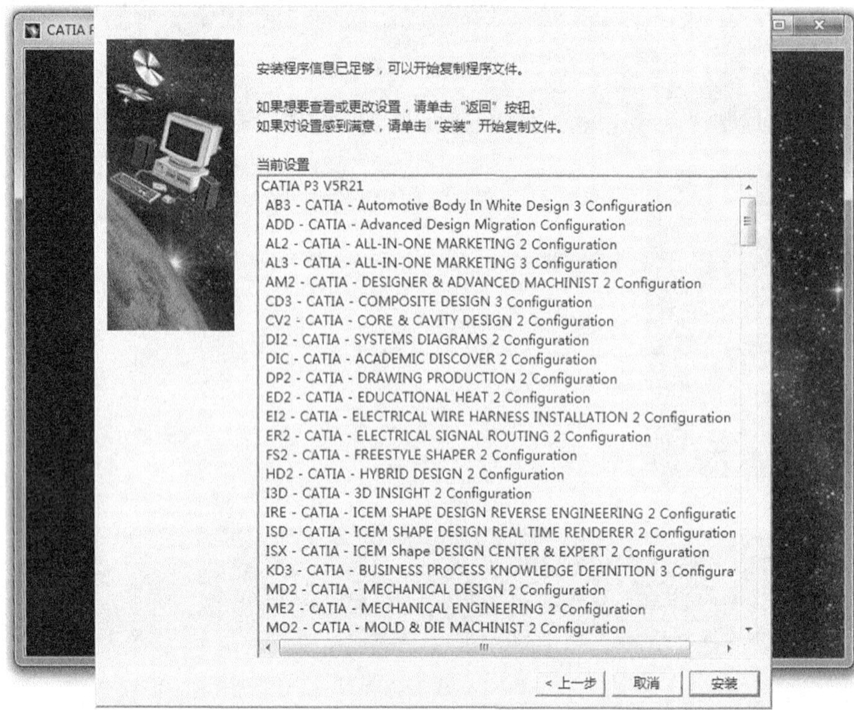

图1-21　开始复制文件

13. 单击【安装】按钮，开始进行安装，如图 1-22 所示。

图1-22　安装程序

14. 安装完成之后单击【完成】按钮，如图 1-23 所示。

图1-23　完成安装

1.3 CATIA V5R21 操作基础

本节将 CATIA V5R21 应用的基础知识介绍给大家，目的是希望大家对软件的界面、语言环境、鼠标及罗盘的应用、工具栏及工作台的定制等有更清晰的认识，这将为后面的学习打下牢固的基础。

1.3.1 操作界面

CATIA V5R21 具有非常友好的用户界面，不仅极大地提高了生产力而且显著地改善了使用性能。与以前版本相比，V5 版本界面更加友好，功能也日趋强大，并且开创了 CAD/CAM/CAE 软件的一种全新风格。启动 CATIA V5R21 首先出现欢迎界面，然后进入 CATIA V5R21 操作界面，如图 1-24 所示。CATIA V5R21 操作界面友好，符合 Windows 风格。

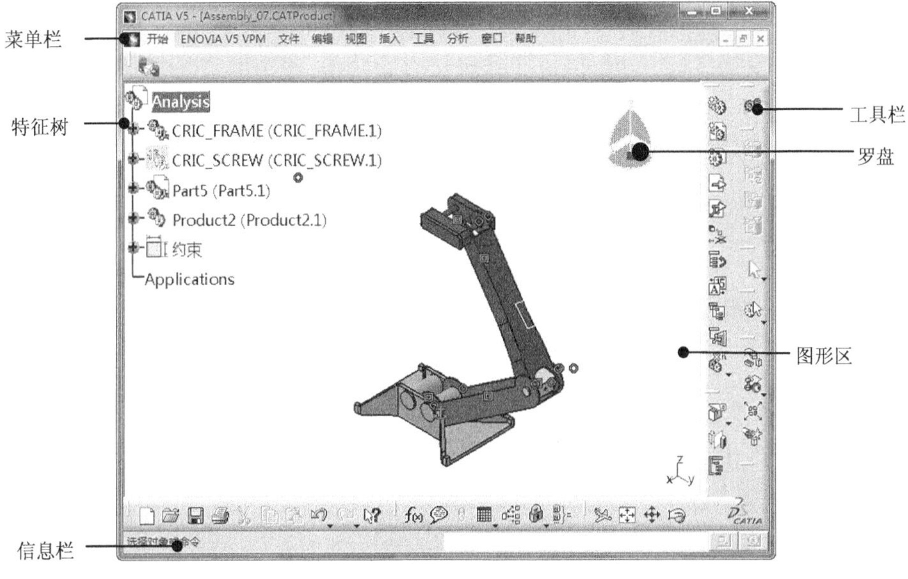

图1-24　CATIA 操作界面

CATIA 操作界面窗口主要由菜单栏、工具栏、特征树、罗盘、信息栏和图形区组成，接下来将这几个主要组成部分作简要介绍。

一、菜单栏

菜单栏中包含了 CATIA 所有的菜单操作命令。在进入不同的工作台后，相应模块里的功能命令被自动加载到菜单条中。菜单栏上各个功能菜单条如图 1-25 所示。

图1-25　菜单栏上的功能菜单条

二、【开始】菜单

【开始】菜单是一种导航工具，可以起到调用工作台并且实现工作台不同的转换作用。利用【开始】菜单可以快速进入 CATIA 的各个功能模块，如图 1-26 所示。

三、图形区

图形区是用户进行 3D、2D 设计的图形创建、编辑区域。

四、信息栏

信息栏主要显示用户即将进行操作的文字提示，它极大地方便了初学者快速掌握软件应用技巧。

五、工具栏

通过工具栏上的命令按钮可更加方便调用 CATIA 命令。CATIA 不同工作台包括不同的工具栏。

用户可通过在工具栏空白处右击，弹出的菜单就是工具栏菜单，其中列出了当前模块的所有子工具栏命令，如图 1-27 所示。

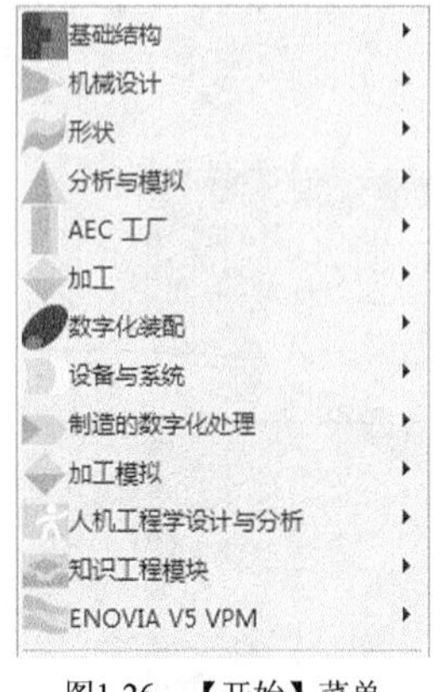

图1-26　【开始】菜单

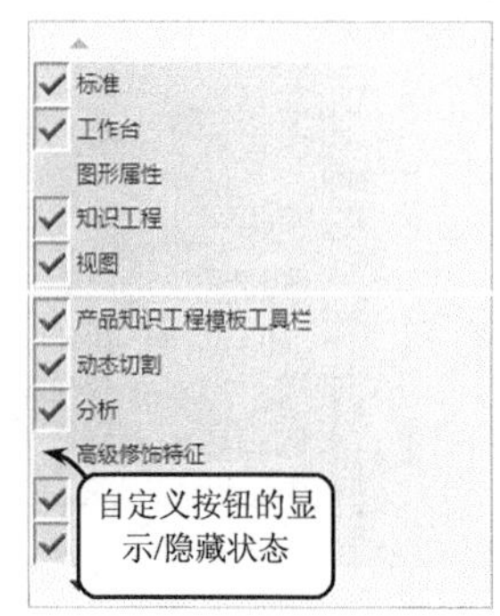

图1-27　工具栏的调出

六、罗盘

罗盘不仅代表模型的三维坐标系，而且使用该罗盘还可以进行模型平移、旋转等操作，有助于确定模型的空间位置和方位，特别是在装配设计中使用罗盘可轻松操作部件。

七、特征树

特征树是 CATIA 中一个非常重要的概念，记录了产品的所有逻辑信息和产品生成过程中的每一步，通过在设计树可对特征进行编辑、重新排序，并可以对特征树进行多种操作，包括隐藏设计树、移动设计树、激活设计树、展开/折叠设计树等。

1.3.2 语言环境的转换

在 Windows 2000 以上的操作系统中，软件的工作路径是由系统注册表和环境变量来设置的。安装 CATIA V5R21 以后，系统会选择环境默认语言作为界面环境语言。CATIA V5R21 软件没有提供全面的简体中文语言环境，而仅仅是对 CATIA 界面进行了部分汉化，汉化内容主要是一些常用的模块和功能。用户可根据需要将 CATIA V5R21 操作界面语言由中文改为英文或其他国家语言，或者是由英文、其他国家语言改为中文。

1. 选择菜单栏中的【工具】/【自定义】命令，弹出【自定义】对话框，单击【选项】选项卡，如图 1-28 所示。

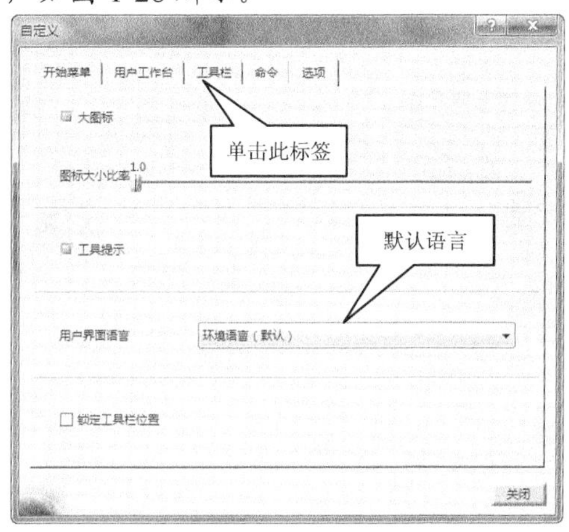

图1-28 【自定义】对话框

2. 在此标签下选择【用于界面语言】下拉列表中的【英语】选项，单击【确定】按钮完成由中文改为英文的环境变量设置，如图 1-29 所示。

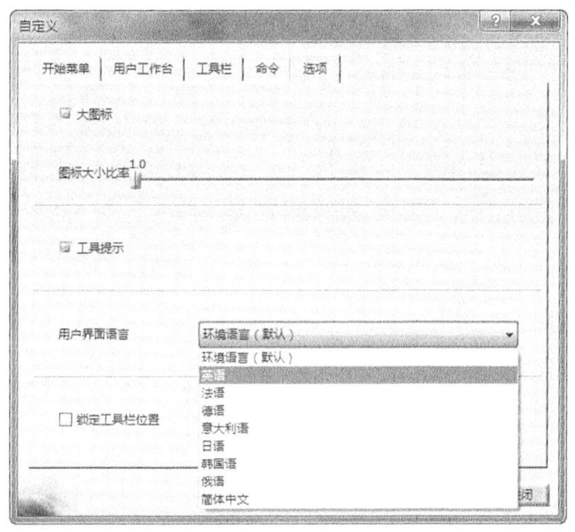

图1-29 选择英语用于界面语言

3. 重新启动 CATIA，所设置的语言即刻生效。

1.3.3　鼠标和罗盘的使用方法

一、鼠标使用方法

CATIA 提供了各种鼠标操作组合功能，包括选择对象、编辑对象以及视图操作。

(1)　选择对象。

利用鼠标左键单击模型或树形图对整个模型或模型的局部进行选择，所选择的部分就会高亮显示出来，如图 1-30 所示。

(2)　显示快捷菜单。

在所选对象上单击鼠标右键，弹出上下文相关菜单，如图 1-31 所示。

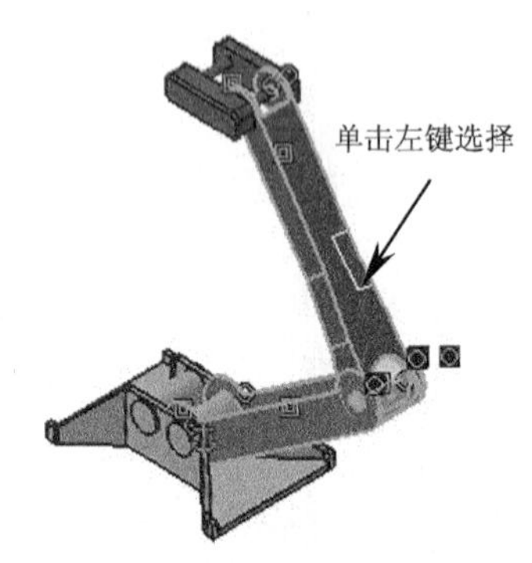

图1-30　选择对象

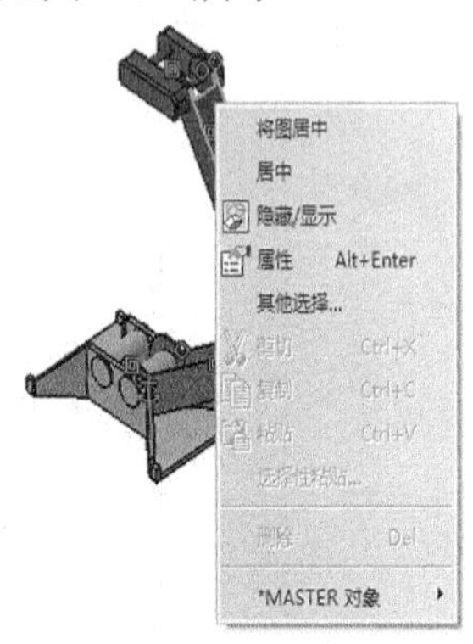

图1-31　显示快捷菜单

(3)　移动对象。

在工作窗口的任何位置按住鼠标中键不放并移动鼠标，这时模型会随着鼠标光标的移动而移动。此时模型和三个基准平面的位置关系并未发生改变。

(4)　旋转对象。

在工作窗口的任何位置按住鼠标中键不放，再按住鼠标右键或左键不放并移动鼠标，这时模型会随着鼠标的移动而旋转。旋转中心始终在工作窗口的中心，用户可以将指定位置移动到旋转中心，直接用鼠标中键单击指定的位置即可，如图 1-32 所示。

(5)　缩放对象。

在工作窗口的任何位置按住鼠标中键不放，然后单击鼠标的右键或左键一下，这时移动鼠标，模型就会随着光标的上下移动实现缩放。此外，先按 Ctrl 键再按鼠标中键是放大缩小，如图 1-33 所示。

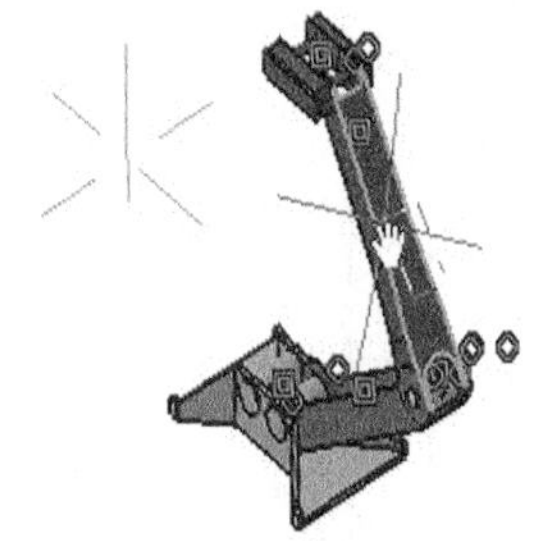

图1-32　旋转对象

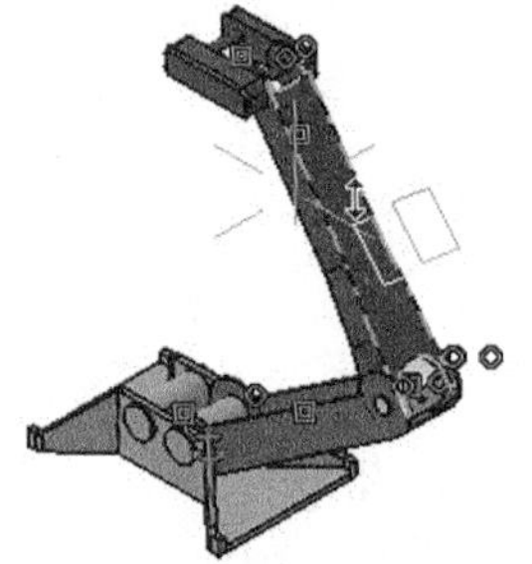

图1-33　缩放对象

二、罗盘的使用方法

罗盘也称为指南针，代表着模型的三维空间坐标系。它是由与坐标轴平行的执行和三个圆弧组成的，其中 x 轴和 y 轴方向各有两条直线，z 轴方向只有一条直线。这些直线与圆弧组成平面，分别于相应的坐标平面平行，如图 1-34 所示。

- 自由旋转把手：用于旋转罗盘，同时文件窗口中的物体也进行旋转。
- 罗盘操作把手：用于拖动罗盘，并且可将罗盘置于物体上进行操作，也可使物体绕点旋转。
- 优先平面：基准平面。

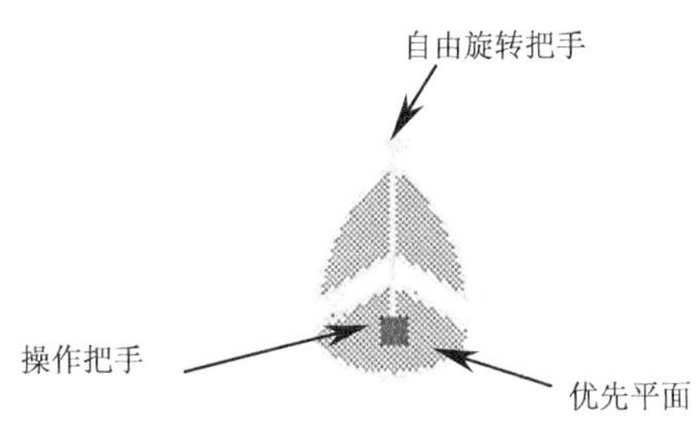

图1-34　罗盘

罗盘主要的两项功能：改变模型的显示位置——视点操作；改变模型的实际位置——模型操作。

(1) 视点操作。

视点操作只是改变观察模型的位置和方向，模型的实际位置并没有改变。

- 线平移：选择罗盘上的任意一条直线，按住鼠标左键并移动鼠标，则工作窗口中的模型将沿着此直线平移。
- 面平移：选择罗盘上的任意一个平面（xy、yz、zx 平面），按住鼠标左键并移动鼠标，则工作窗口中的模型将在对应的平面内平移。
- 旋转：选择 xy 平面上的弧线，按住鼠标左键并移动鼠标，则指南针绕 z 轴旋转，模型则以工作窗口的中心为转点绕 z 轴旋转。同样，在另外两个平面也适用，如图 1-35 所示。

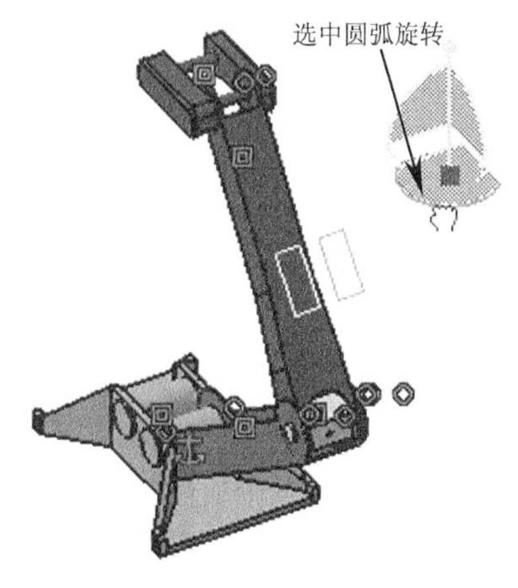

图1-35　旋转操作

- 自由旋转：选择罗盘 z 轴上的圆头，按住鼠标左键并移动鼠标，则指南针以红色方块为顶点自由旋转，工作窗口中的模型也会随着指南针一同以工作窗口的中心为转点进行旋转。

(2) 模型操作。

使用罗盘不仅能对视点进行操作，而且可以将罗盘拖动到物体上，对物体模型进行操作。操作方法与视点操作方法完全相同。

提示：要是罗盘脱离模型，可将其拖动到窗口右下角绝对坐标系处；或者拖到罗盘离开物体的同时按住 Shift 键，并且要先松开鼠标左键；还可以选择菜单栏【视图】/【重置罗盘】命令来实现。

移动鼠标到【罗盘操作把手】指针变成四向箭头，然后拖动罗盘至模型上释放，此时罗盘会附着在模型上，且字母 X、Y、Z 变为 W、U、V，如图 1-36 所示。这时，就可以按前面介绍的视点操作方法对模型进行操作了。

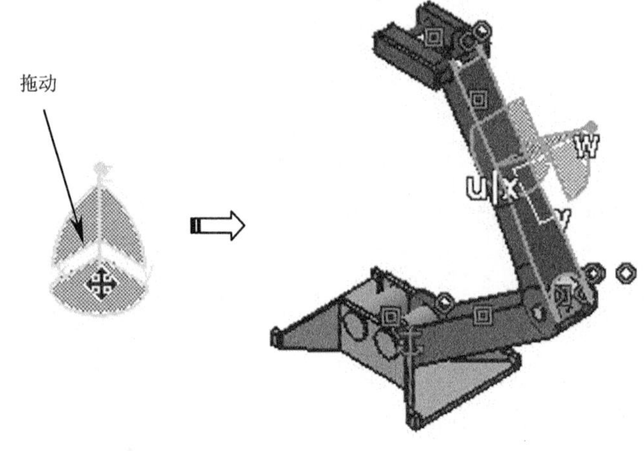

图1-36　拖动罗盘至模型

1.3.4　自定义工具栏和工作台

在 CATIA 中可根据需要定制适合自己设计的工具栏和工作台。下面通过实例来讲解工具栏和工作台的自定义过程。

一、自定义工具栏

将常用的命令拖放到工具栏上或建立自己合适的工具栏，可以节省在菜单栏或工作台之间相互切换查找命令所需的时间，从而提高工作效率。

下面将以建立自定义工具栏的实例来讲解。

1. 选择菜单栏中的【工具】/【自定义】命令，弹出【自定义】对话框，单击【工具栏】选项卡，单击右侧【新建】按钮，弹出【新建工具栏】对话框，在【工具栏名称】文本框中输入新建工具栏名称，如图 1-37 所示。

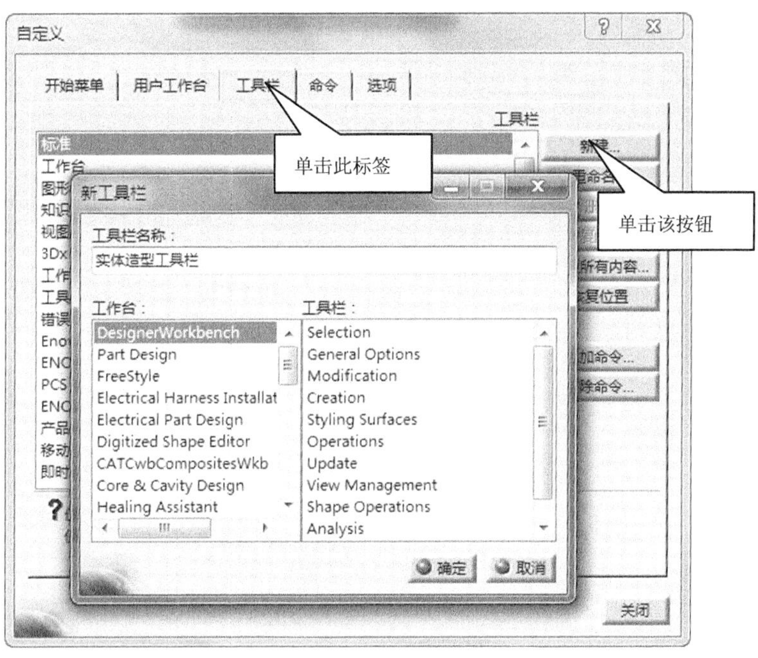

图1-37 新建工具栏

2. 单击【确定】按钮，新建的工具栏会添加到工具栏列表中，并在用户界面中添加一个新的空工具栏，如图 1-38 所示。

图1-38 添加工具栏

3. 单击【命令】选项卡，在【类别】栏列表中选择【所有命令】，在窗口右侧显示出全部命令，将所选命令拖放到新工具栏上，如图 1-39 所示。

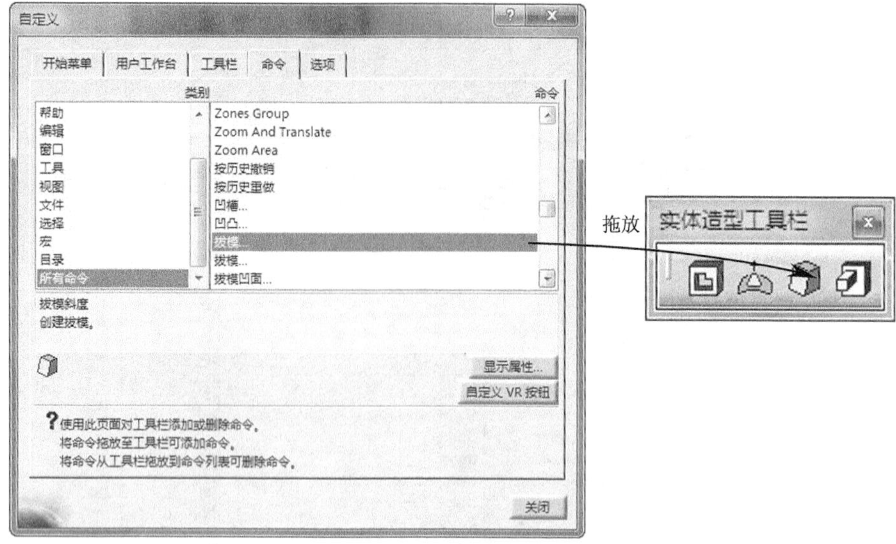

图1-39　拖放命令到新工具栏

4. 如果需要移除新建工具栏上的命令按钮，单击【工具栏】选项卡，选择所建的工具栏；单击右侧的【移除命令】按钮，弹出【命令列表】对话框，选择要移除的命令；单击【确定】按钮即可，如图 1-40 所示。

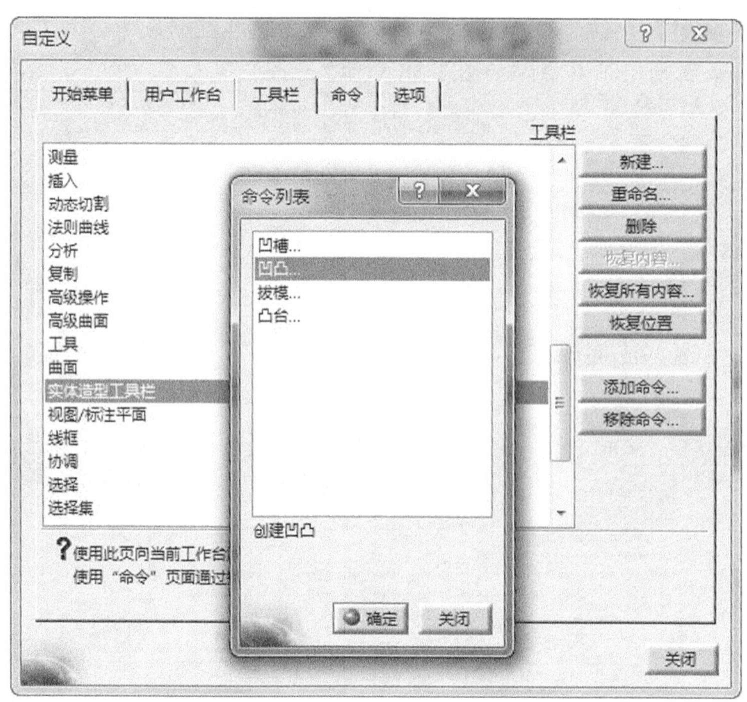

图1-40　移除工具栏上的命令按钮

5. 如果需要删除新建工具栏，单击【工具栏】选项卡，选择所建的工具栏；单击右侧的【删除】按钮，弹出【删除工具栏】对话框；单击【确定】按钮即可删除该工具栏，如图 1-41 所示。

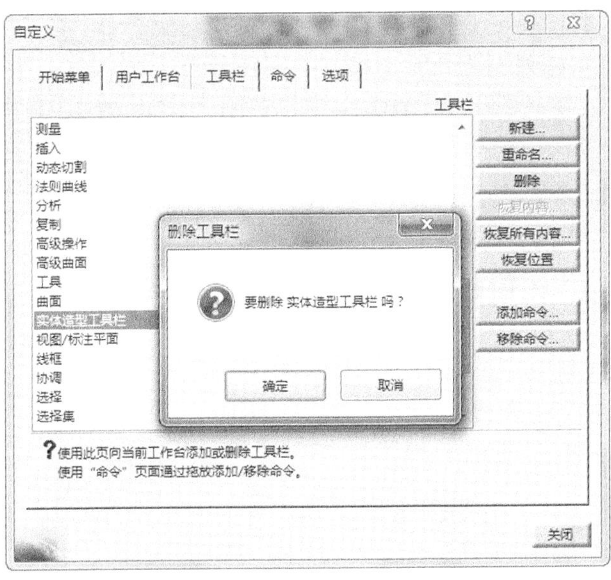

图1-41　删除工具栏

二、自定义工作台

CATIA V5R21 用于一百多个工作台，在不同模块设计时创建适合工具类型的工作界面，每一个工作台是由许多函数命令组成的集合，每一个函数命令都用于处理特定文件，可在特定工作台中添加一些常用的命令，减少模块之间的切换，提高工作效率。

建立自定义工作台的操作步骤如下。

1. 选择菜单栏中的【工具】/【自定义】命令，弹出【自定义】对话框，单击【用户工作台】选项卡，单击右侧【新建】按钮，弹出【新建用户工作台】对话框，在【工作台名称】文本框中输入新建工作台名称，如图 1-42 所示。

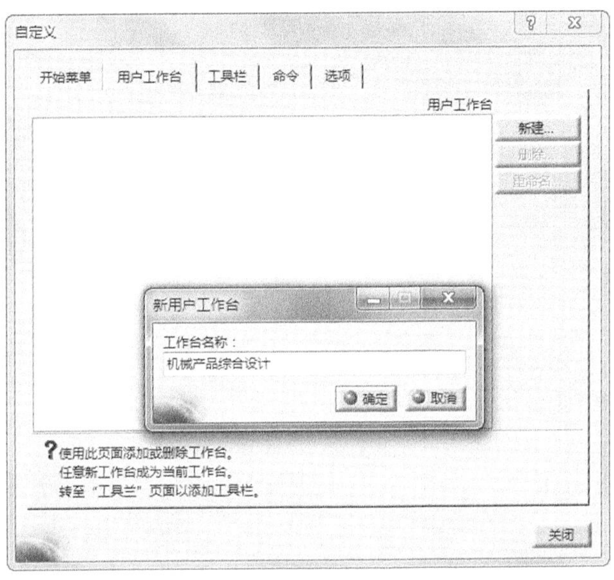

图1-42　新建用户工作台

2.　单击【确定】按钮，系统停止使用当前所用的工作台，自动切换到新建的工作台，如图 1-43 所示。

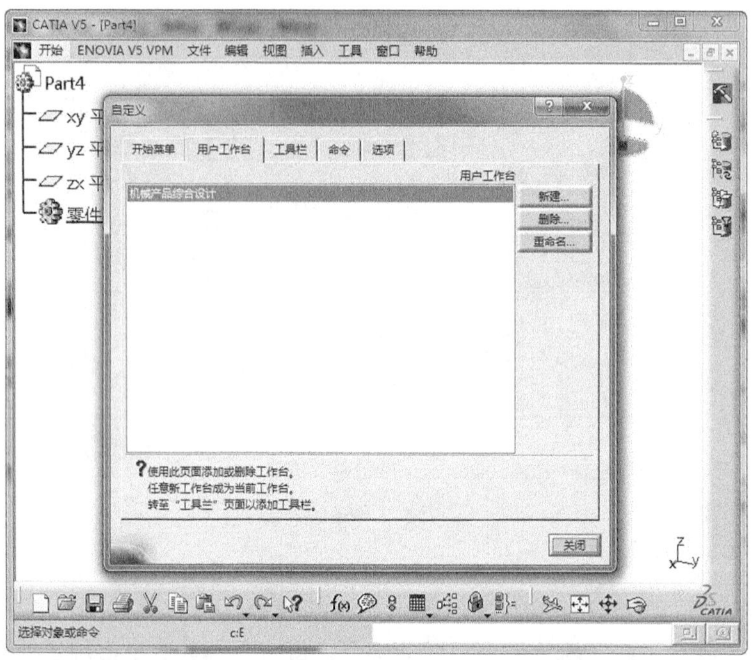

图1-43　添加工具栏

3.　新建工作台中为空命令，需要添加相关命令，单击【工具栏】选项卡，单击右侧【新建】按钮，弹出【新建工具栏】对话框，在【工具栏名称】文本框中输入新建工具栏名称，然后可添加相关命令按钮，如图 1-44 所示。

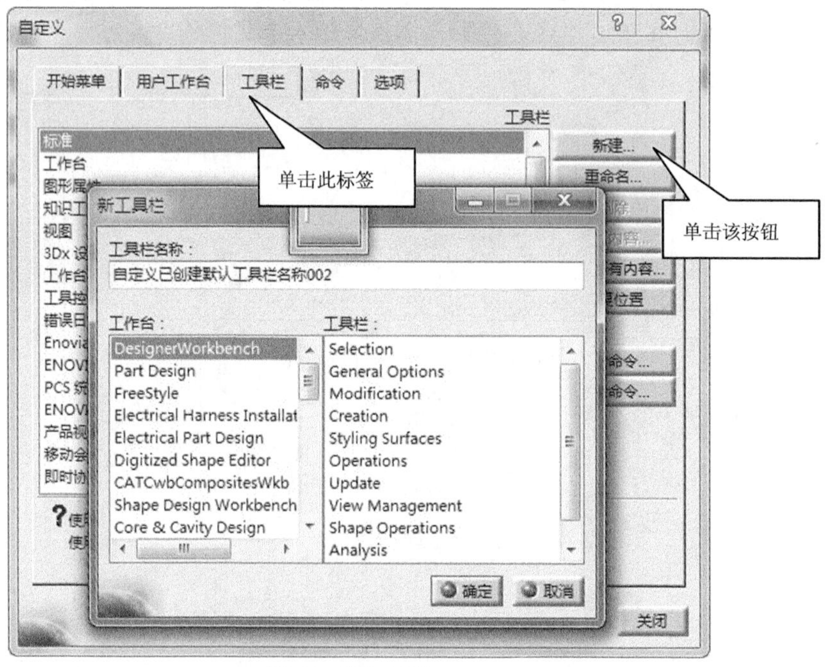

图1-44　新建工具栏

4. 如果需要删除新建工作台，单击【用户工作台】选项卡，选择所建的工作台；单击右侧的【删除】按钮，弹出【删除工作台】对话框；单击【确定】按钮即可删除该工作台，如图 1-45 所示。

图1-45　删除工作台

1.4 小结

本章简要介绍了 CATIA V5R21 的组成和特点，CATIA V5R21 的运行环境和安装方法，目的是让读者了解 CATIA 软件的特点以及应用范围。本章的重点和难点为鼠标和罗盘的应用，希望读者按照本章介绍的方法再进一步进行实例练习，为后面软件的学习奠定良好的基础。

第2章 草图设计

草图是实体建模、曲面建模的基础，CATIA V5R21 的草图功能非常强大，包括基本草图曲线功能、高级草图曲线功能，以及草图曲线的约束功能、编辑功能，等等。

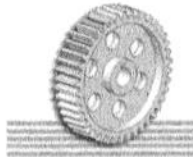

本章要点

- CATIA V521 草图工作台
- CATIA V5R21 草图选项设置
- 草图轮廓的绘制方法
- 草图的操作方法
- 草图约束的应用
- 草图工具的应用

2.1 草图设计概述

CATIA V5R21 草图设计在草图工作台下实现，在设计时需要选择草绘平面，进入草图工作台，本节将介绍草图工作台基本知识。

2.1.1 进入草图工作台

要绘制草图首先要进行草图设计环境中，CATIA V5R21 草图设计是在【草图工作台】下进行的，常用以下两种方式进入草图编辑器环境：菜单法和工具栏法。

提示：选择草绘时可选取现有平面，然后在【草绘编辑器】工具栏中的单击【草图】按钮，系统自动进入草绘工作环境。

一、菜单法进入草图编辑器

(1) 在菜单栏执行【文件】/【机械设计】/【草图编辑器】命令，弹出【新建零件】对话框，如图 2-1 所示。在【输入零件名称】文本框中输入文件名称，然后单击【确定】按钮进入零件工作环境。

(2) 在工作窗口选择草图平面（*xy* 平面、*yz* 平面、*zx* 平面或者实体的一个表面），则系统自动进入草图工作台环境中。

二、工具栏法进入草图编辑器

在【零件设计】工作台右侧工具栏中单击【草图】按钮，如图 2-2 所示，系统提示选取草绘平面，在工作窗口选择草图平面（*xy* 平面、*yz* 平面、*zx* 平面或者实体的一个表面），则系统自动进入草图编辑器。

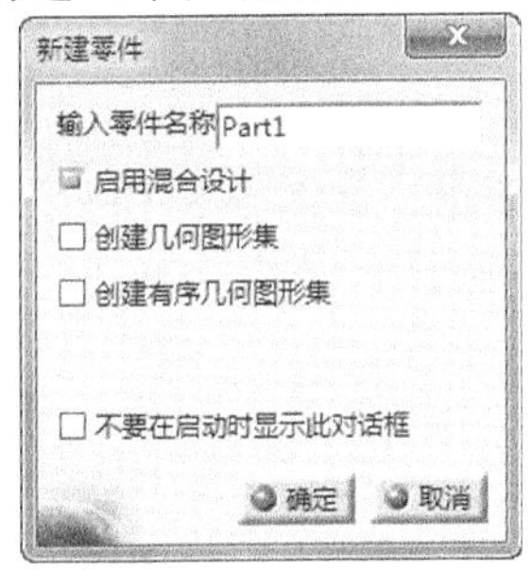

图2-1 【新建零件】对话框

图2-2 【草图】按钮

2.1.2 草图界面

启动草图工作台后，就进入 CATIA V5R21 的草图界面，如图 2-3 所示。

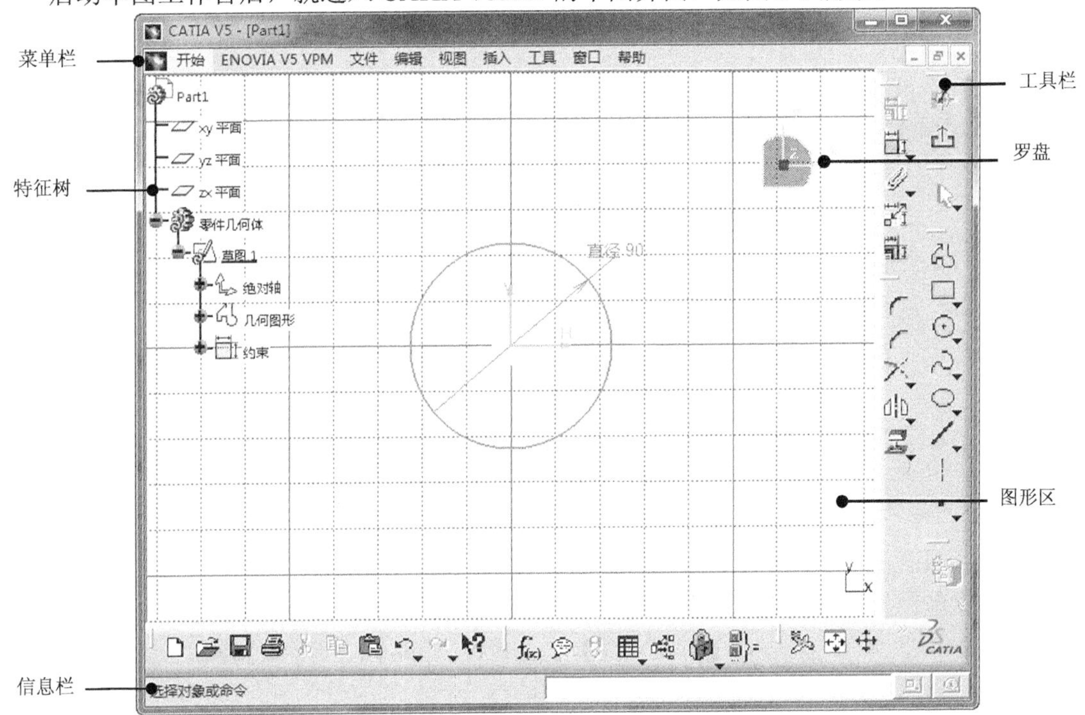

图2-3 草图界面

草图界面中主要由菜单栏、工具栏、特征树、信息栏、罗盘和图形区组成，接下来将简要介绍与草绘有关的组成部分。

一、菜单栏

与草绘有关的菜单主要是【插入】菜单中的【约束】菜单、【轮廓】菜单和【操作】菜单。

(1) 【轮廓】菜单。

在菜单栏执行【插入】/【轮廓】命令，弹出【轮廓】菜单，如图 2-4 所示。【轮廓】菜单包含了所有草绘轮廓命令，如轮廓、预定义轮廓、圆、二次曲线、样条线、直线、轴和点等。

(2)　【约束】菜单。

在菜单栏执行【插入】/【约束】命令，弹出【约束】菜单，如图 2-5 所示。【约束】菜单包含了所有草绘约束命令，如制作约束动画、编辑多重约束和自动约束等。

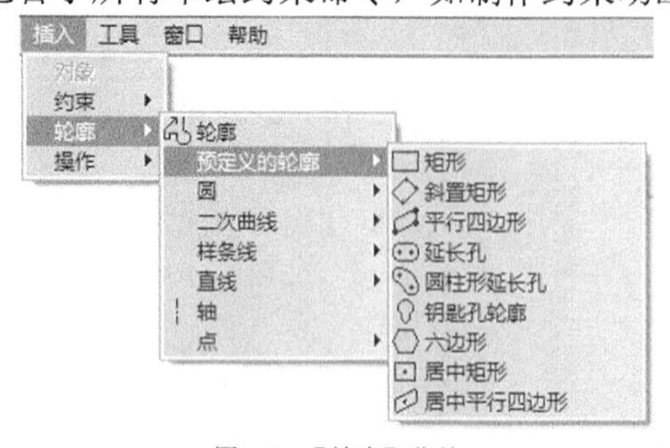

图2-4　【轮廓】菜单

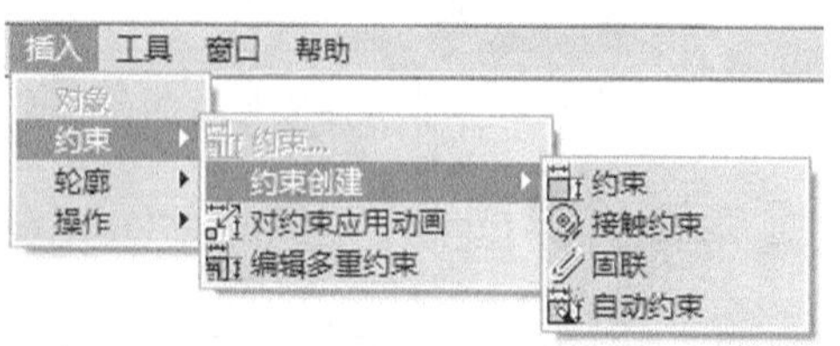

图2-5　【约束】菜单

(3)　【操作】菜单。

在菜单栏执行【插入】/【操作】命令，弹出【操作】菜单，如图 2-6 所示。【操作】菜单包含了所有草绘操作命令，如圆角、倒角、重新限定、变换和 3D 几何图形等。

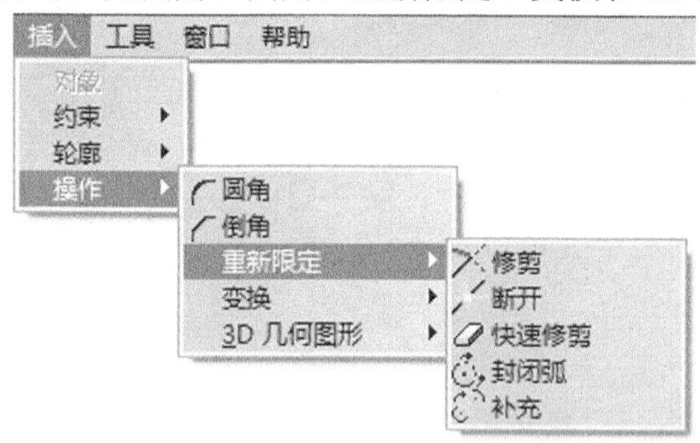

图2-6　【操作】菜单

二、工具栏

利用草图工作台中的工具栏命令按钮是启动草图命令最方便的方法。CATIA V5R21 草图编辑器提供了 4 个工具栏：【草图工具】工具栏、【轮廓】工具栏、【操作】工具栏和【约束】工具栏。工具栏显示了常用的工具按钮，单击工具右侧的黑色三角，可展开下一级工具栏。

(1)　【草图工具】工具栏。

在草图编辑器中有一个【草图工具】工具栏，如图 2-7 所示。该工具栏提供了丰富的绘图辅助工具以及已激活命令的相应命令选项，是草图设计必不可少的工具，工具栏中的内容随所执行命令的不同而不同。

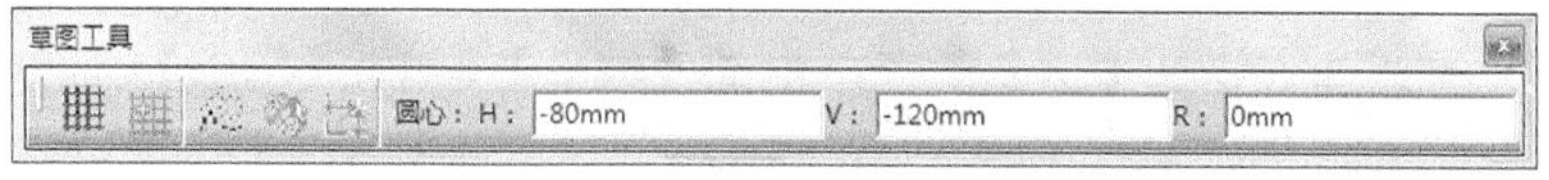

图2-7　【草图工具】工具栏

- 【网格】按钮：激活该选项，可在草图平面显示网格。网格可用于绘制草图轮廓时的参考。
- 【点对齐】按钮：激活该选项，在草图设计时选择点只能是网格点。当【点对齐】被激活，无论【网格】按钮是否激活，捕捉功能都有效。
- 【构造/标注元素】按钮：元素指组成草图的几何图形。绘制草图轮廓使用的是标准元素，以实线的形式显示。在实际图形绘制中，往往需要创建一些参考用的元素，称为构造元素。在某些情况下，为了方便设计，会使用构造元素，它类似于画图时使用的辅助线，构造元素不直接参与创建三维特征。创建标注元素和构造元素的方法相同，区别在于是否激活此选项。
- 【几何约束】按钮：激活该按钮，在绘制草图时将自动生成检测到的所有几何约束。
- 【尺寸约束】按钮：激活该按钮，在绘制草图自动生成尺寸约束，但生成尺寸约束是有条件的，只有在【草图工具】工具栏文本框中输入的几何尺寸才会被自动添加。
- 【数值】文本框：当启动某些命令后，【草图工具】工具栏中会出现用于输入数值的文本框，输入数值时要先使用鼠标或 Tab 键选择所需的数值框，然后输入所需数值并按 Enter 键确认。

(2) 【轮廓】工具栏。

【轮廓】工具栏如图 2-8 所示，它提供了创建二维几何元素（直线、圆、圆弧、样条、点、二次曲线等）功能。

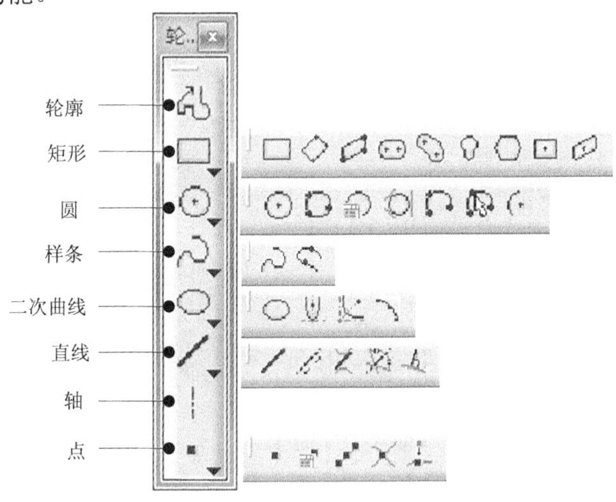

图2-8 【轮廓】工具栏

(3) 【操作】工具栏。

【操作】工具栏用于对草图元素进行编辑操作，如图 2-9 所示。它提供了圆角、倒角、修剪、镜像和投射 3D 元素等操作。

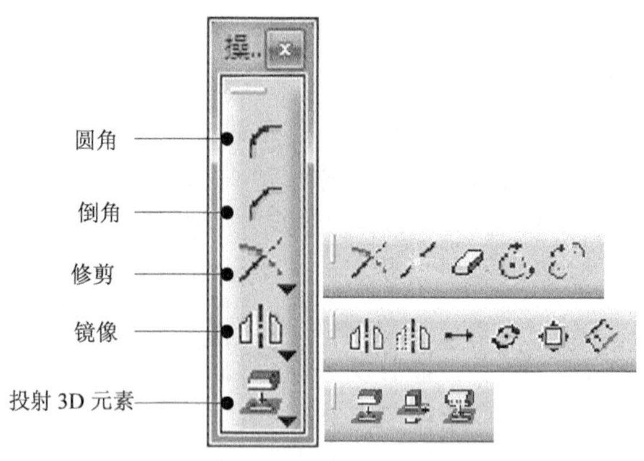

图2-9　【操作】工具栏

(4)　【约束】工具栏。

【约束】工具栏如图 2-10 所示，它以图形的方式对图形的长度、角度、平行、垂直、相切加以限制，为了便于用户直观浏览信息，还可以利用约束关系制作动画。

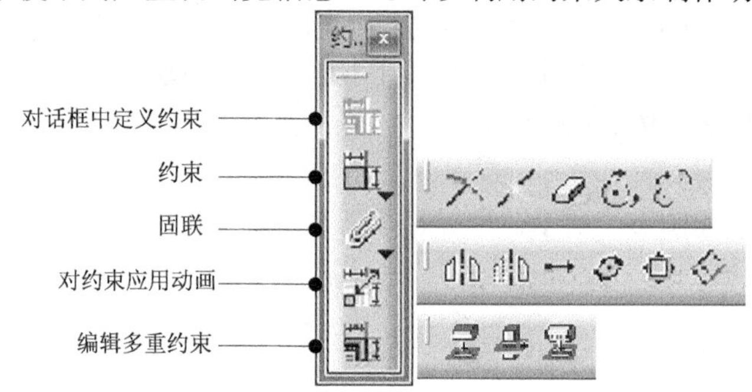

图2-10　【约束】工具栏

2.1.3　创建定位草图

对于绘制的草图，往往需要有针对性地创建在特定位置上的草图，此时可使用创建定位草图功能。

单击【草图编辑器】工具栏上的【定位草图】按钮，弹出【草图定位】对话框，在【草图定位】选项下选择【已定位】，选择定位参考，设置原点和方向，单击【确定】按钮，系统在一个指定位置创建草图，如图 2-11 所示。

【草图定位】对话框各个选项介绍如下。

(1)　类型。

- 【正滑动】：相当于普通草图。
- 【已定位】：可以自己定义草图中 *H* 和 *V* 轴的方向和原点的位置（因此比较灵活）。

(2)　原点。

确定草图原点的几种方式。

- 【隐式】：也就是默认的，可能是 WCS 的原点，也可能是 UCS 的原点，要看选择的基准面是哪种类型。

- 【零部件原点】: WCS 的原点。
- 【投影点】: 也就是选择的点投影到基准面的点，按点到面的垂直方向投影。
- 【相交的 2 条线】: 在所选基准平面内的两条直线的交点。
- 【曲线相交】: 由一条曲线（包括直线）和所选草图基准面相交确定的点。
- 【中点】: 所选直线或曲线的中点确定为草图原点。当然，此直线或曲线要在基准面上。
- 【重心】: 所选元素的重心。

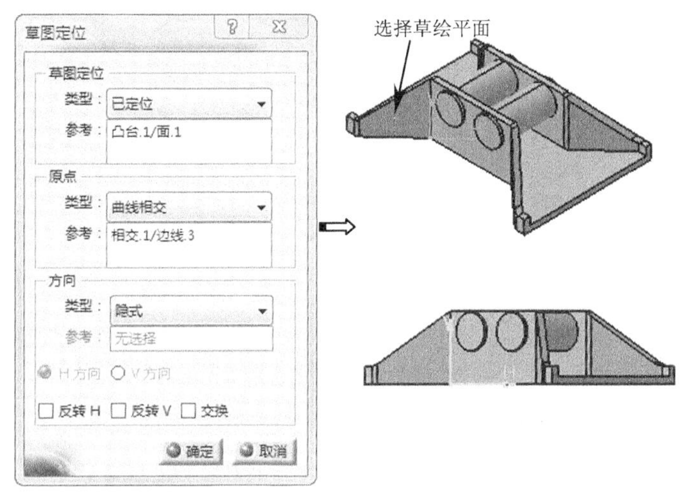

图2-11　创建定位草图

2.1.4　退出草图工作台

绘制完草图后，单击【工作台】工具栏上的【退出工作台】按钮，完成草图绘制退出草图编辑器环境，如图 2-12 所示。退出草图界面后，返回到调用草图时的截面，例如零件设计、装配设计或者曲面造型等截面。

图2-12　退出按钮

2.2　草图环境中的选项设置

CATIA 的选项参数有一些专门针对草图工作台，当设计需要时，可在创建草绘前，首先设置草绘的工作环境。合理设置草绘环境，可以帮助设计者更有效地使用草绘命令。下面就这几个参数设置作简要介绍。

在菜单栏执行【工具】/【选项】命令，弹出【选项】对话框，将对话框左侧选项栏切换至【机械设计】中的【草图编辑器】，如图 2-13 所示。

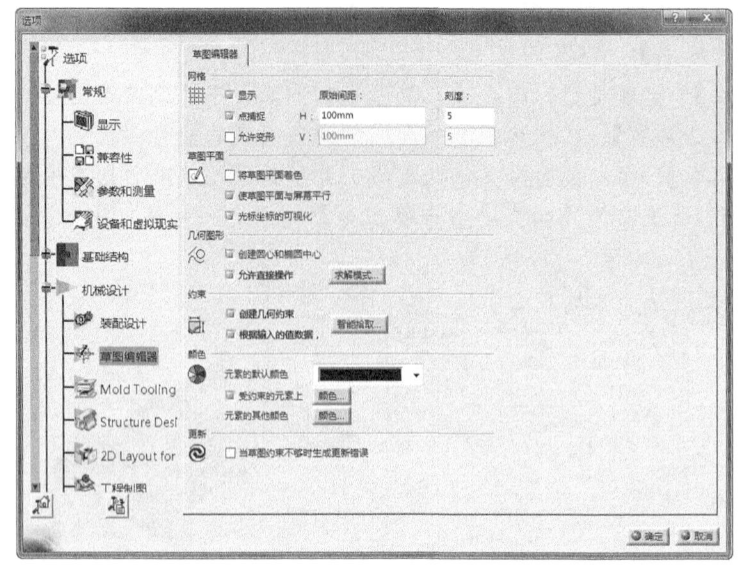

图2-13　【选项】对话框

提示： 对话框左边选项中包含了所有的功能模块（节点），用户选择相应节点，即可在对话框右边显示出相应内容。参数设置完成后需重启 CATIA 软件程序才能生效。

下面简要的介绍一些常用的参数设置，如网格、草图平面、几何图形、约束和颜色等。

提示： 在【选项】对话框中的【草图编辑器】列表中的【元素的默认颜色】下拉列表中选择“黑色”即可。

一、网格

对话框中【网格】选项有以下参数。

- 【显示】：选中该选项，则在草绘环境中显示网格，如图 2-14 和图 2-15 所示。

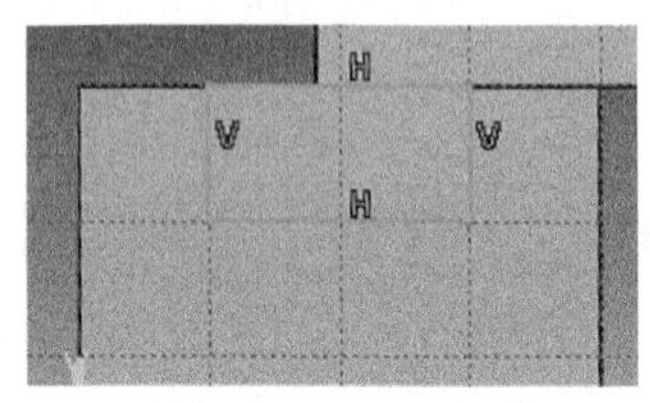

图2-14　显示网格

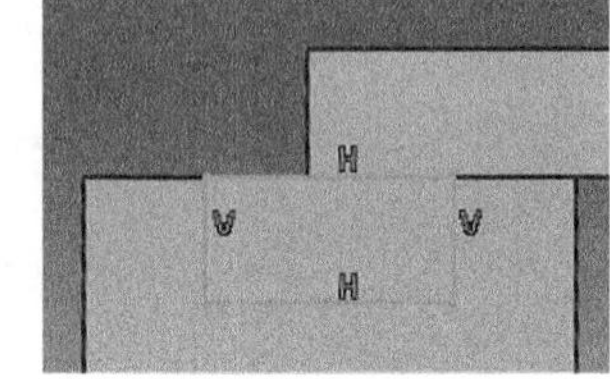

图2-15　不显示网格

- 【点捕捉】：选中该选项，在草绘时自动捕捉网格点。
- 【允许变形】：选中该选项，允许 V 方向网格线数量不等于 H 方向，此时可在 V 方向的“刻度”文本框中输入数量。
- 【原始间距】：用于表示主网格线间距。
- 【刻度】：用于表示主网格线之间的网格数目。

二、草图平面

- 【将草图平面着色】：将草绘平面着色显示。

- 【使草图平面与屏幕平行】：进入草绘时将草绘平面平行于屏幕。
- 【光标坐标的可视化】：在草绘时随光标移动显示光标的坐标值。

三、几何图形

- 【创建圆心和椭圆中心】：在创建圆或椭圆时自动绘制出圆心点。
- 【允许直接操作】：允许用鼠标直接拖动草图对象移动。单击“求解模式”按钮，弹出【求解模式】对话框，如图 2-16 所示。

【求解模式】对话框相关选项参数含义如下。

- 【标准模式】：保持原有约束移动尽可能多的草图元素。
- 【最小移动】：保持原有约束移动尽可能少的草图元素。
- 【松弛】：以最小能耗模式移动元素。
- 【拖动元素（包括其端点）】：允许拖动草图元素的端点使其自由移动。

四、约束

- 【创建几何约束】：选中该选项，将创建草图对象时使用智能捕捉得到的约束。
- 【创建尺寸约束】：选中该选项，将创建草图对象时使用工具栏中输入的数值标注草图尺寸。
- 【智能拾取】：随着草绘过程中创建元素的增多，智能捕捉模式会对所创建元素依据当前状况产生多种可能的方向、位置和约束关系，这将会使指针在快速移动时迅速闪现集中可能捕捉方式而导致出现混乱，因此单击【智能拾取】按钮，弹出【智能拾取】对话框，如图 2-17 所示。利用该对话框选项来决定过滤何种不需要的捕捉方式。

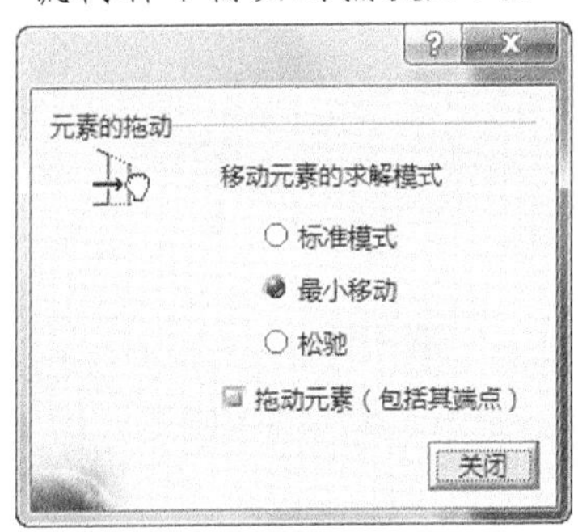

图2-16 【求解模式】对话框

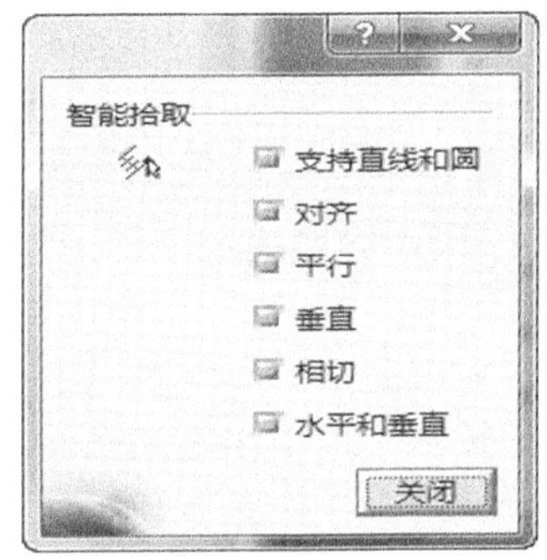

图2-17 【智能拾取】对话框

五、颜色

- 【元素的默认颜色】：单击其后选择框可选择所需颜色作为元素默认颜色。
- 【诊断的可视化】：选中该标签，单击【颜色】按钮，弹出【诊断颜色】对话框，可设置相关元素的颜色，如图 2-18 所示。
- 【元素的其他颜色】：单击其后的【颜色】按钮，弹出【颜色】对话框，可设置受保护的元素、构造元素和智能拾取等颜色设置，如图 2-19 所示。

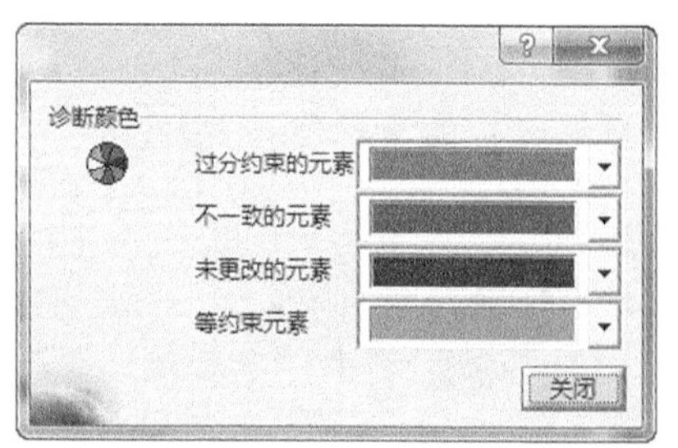

图2-18　【诊断颜色】对话框

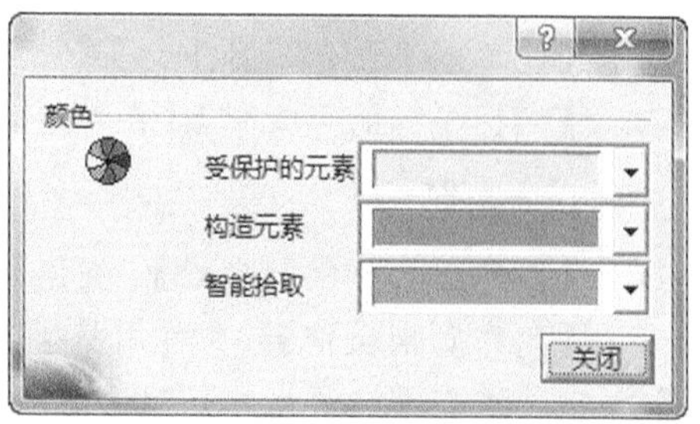

图2-19　【颜色】对话框

2.3　草图轮廓

草图编辑器提供了一组用于创建二维几何图形的命令，可以通过选择【轮廓】工具栏上的相关命令按钮，或者执行菜单栏【插入】/【轮廓】下的相关绘图命令来实现。下面分别加以介绍。

2.3.1　轮廓

【轮廓】命令用于在草图平面上连续绘制直线和圆弧，前一段直线或者圆弧的终点是下一段直线或者圆弧的起点。

单击【轮廓】工具栏上的【轮廓】按钮，此时【草图工具】工具栏如图 2-20 所示。

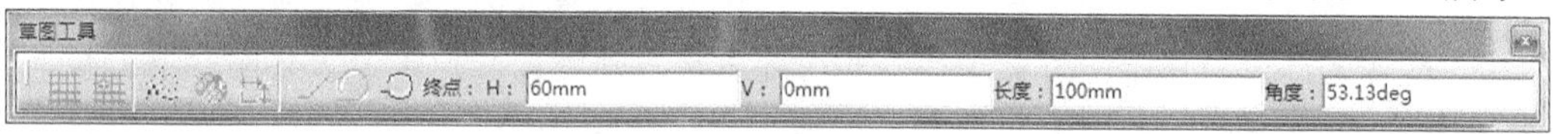

图2-20　【草图工具】工具栏

【草图工具】工具栏中相关选项参数含义如下。

- 【直线】：单击并选中该按钮，可绘制直线图形。
- 【相切弧】：单击并选中该按钮，可绘制与上一个图素相切的圆弧。
- 【三点弧】：单击并选中该按钮，可绘制以上一图素端点为起点的三点圆弧。

单击【轮廓】工具栏上的【轮廓】按钮，在【草图工具】工具栏中输入坐标值（*H* 表示水平坐标，*V* 表示垂直坐标），然后依次输入连续轮廓线（直线或者圆弧）的坐标点，最终按 Esc 键结束，如图 2-21 所示。

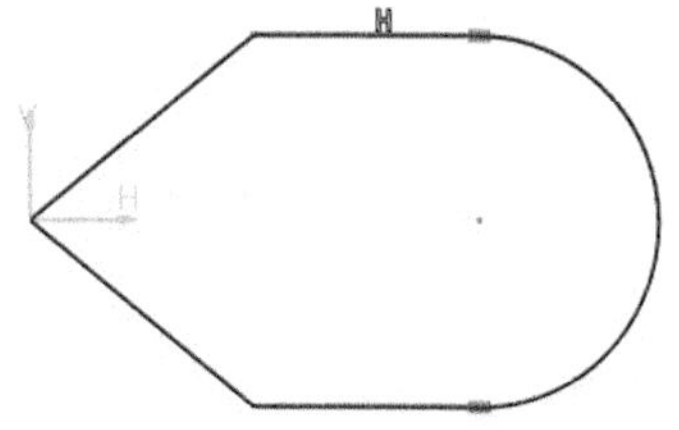

图2-21　绘制轮廓线

提示：绘制轮廓封闭后，绘图自动结束；也可以在连续图形的最后一点双击鼠标左键结束命令；还可以通过单击其他绘图按钮切换绘图模式，或者按 Esc 键结束绘图。

2.3.2 预定义的轮廓线

CATIA V5R21 提供了一组绘制精确预定义几何图形轮廓的功能，包括矩形、斜置矩形、平行四边形、延长孔、圆柱形延长孔、钥匙孔轮廓、六边形、居中矩形和居中平行四边形。

单击【轮廓】工具栏中【矩形】按钮□右下角的下三角形，弹出有关预定义轮廓命令按钮，如图 2-22 所示。

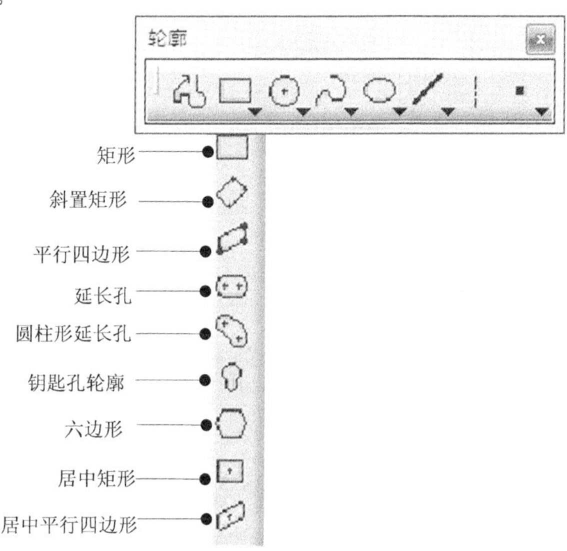

图2-22　预定义的轮廓线命令

一、矩形

【矩形】命令用于通过两个对角点绘制与坐标轴平行的矩形。

单击【轮廓】工具栏上的【矩形】按钮□，弹出【草图工具】工具栏，在图形区单击选择一点作为矩形一个角点（或者在【草图工具】工具栏文本框中输入点坐标），然后移动鼠标在图形区所需位置单击选择另一个对角点（或者在【草图工具】工具栏文本框中输入点坐标），系统自动创建矩形，如图 2-23 所示。

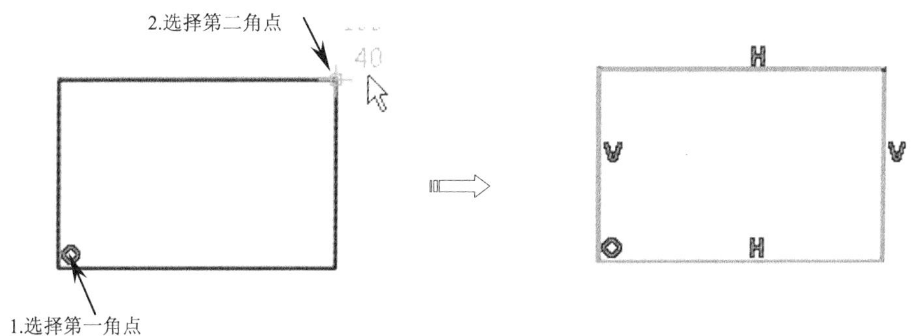

图2-23　【轮廓】工具栏

二、斜置矩形

【斜置矩形】命令用于绘制一个边与横轴成任意角度的矩形，通常需要选择 3 个点。

单击【轮廓】工具栏上的【斜置矩形】按钮，弹出【草图工具】工具栏，在图形区单击选择一点作为矩形一个角点（或者在【草图工具】工具栏文本框中输入点坐标），移动鼠标在图形区所需位置单击选择一点作为矩形第一条边的终点，然后将向创建的第一条边平行侧拖动单击，系统自动创建矩形，如图 2-24 所示。

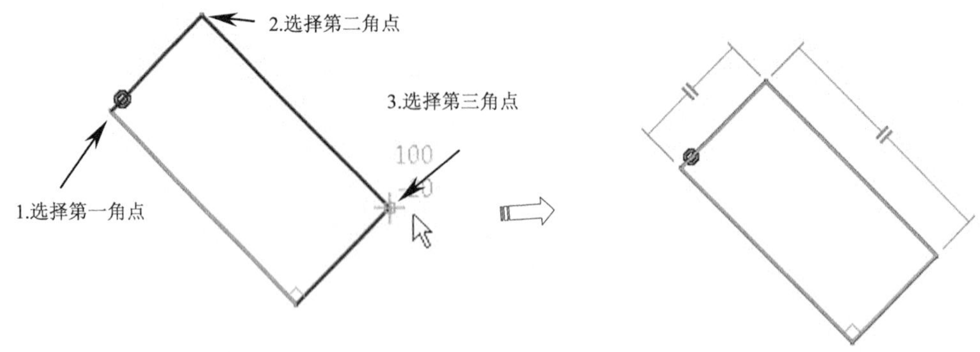

图2-24　绘制斜置矩形

三、平行四边形

【平行四边形】命令用于通过确定四个顶点中的三个在草绘平面上绘制任意放置的平行四边形。

单击【轮廓】工具栏上的【平行四边形】按钮，弹出【草图工具】工具栏，在图形区单击选择一点作为平行四边形一个顶点（或者在【草图工具】工具栏文本框中输入点坐标），移动鼠标在图形区所需位置单击选择一点作为平行四边形第一条边的终点，然后移动鼠标单击确定第三个顶点，系统自动创建平行四边形，如图 2-25 所示。

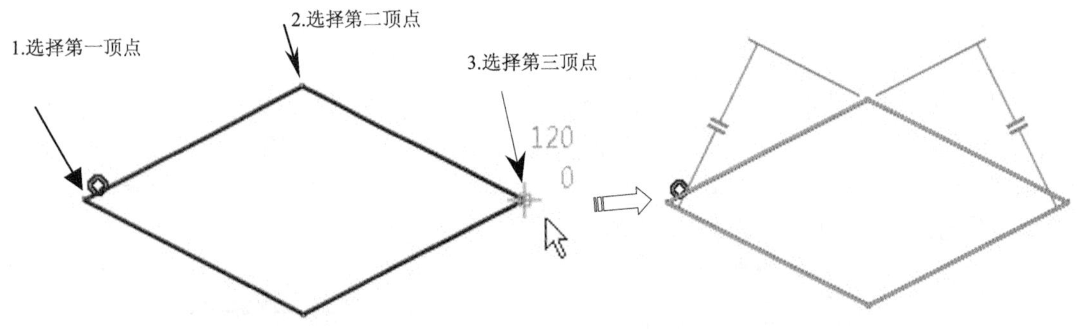

图2-25　绘制平行四边形

四、延长孔

【延长孔】命令用于通过两点来定义轴，然后定义延长孔半径来创建延长孔。

单击【轮廓】工具栏上的【延长孔】按钮，弹出【草图工具】工具栏，在图形区单击选择一点作为延长孔轴线起点（或者在【草图工具】工具栏文本框中输入点坐标），移动鼠标在图形区所需位置单击选择一点作为延长孔轴线终点，然后移动鼠标单击确定一点作为延长孔的半径，系统自动创建延长孔，如图 2-26 所示。

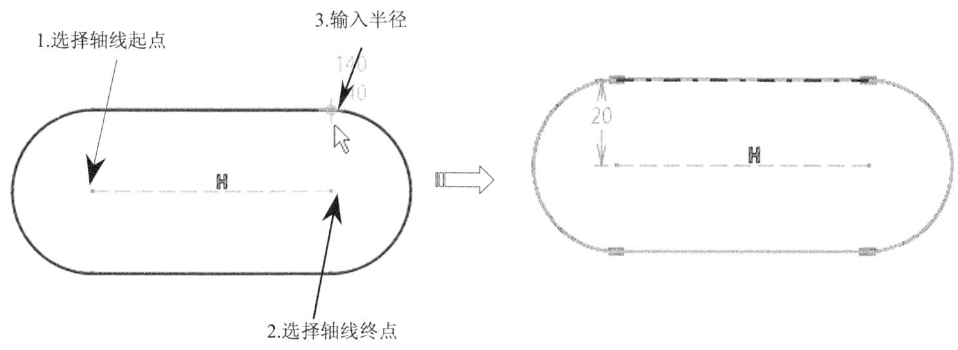

图2-26　绘制延长孔

五、圆柱形延长孔

【圆柱形延长孔】命令用于通过定义圆弧中心，再用两点定义中心圆弧线，然后再定义圆柱形延长孔来创建圆柱形延长孔。

单击【轮廓】工具栏上的【圆柱形延长孔】按钮，弹出【草图工具】工具栏，在图形区单击选择一点作为圆弧中心线的圆点（或者在【草图工具】工具栏文本框中输入点坐标），移动鼠标在图形区所需位置单击选择一点作为圆弧中心线起点，再次单击一点作为圆弧中心线的终点，然后移动鼠标单击确定一点作为圆柱形延长孔的半径，系统自动创建圆柱形延长孔，如图 2-27 所示。

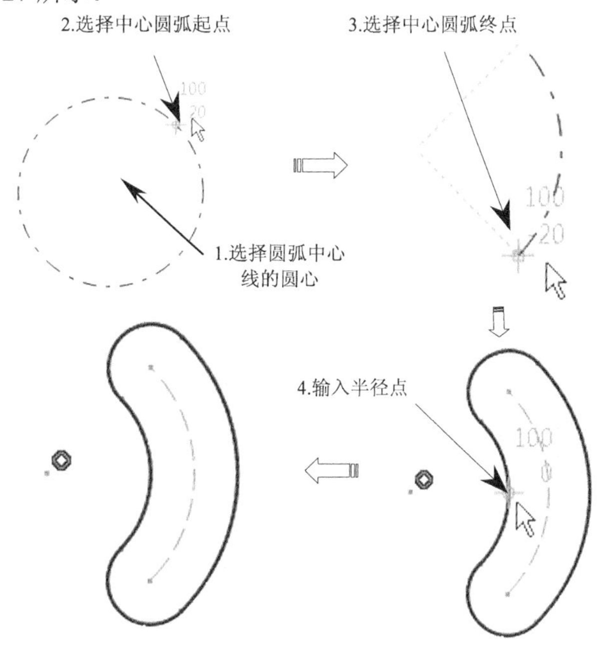

图2-27　绘制圆柱形延长孔

六、钥匙孔轮廓

【钥匙孔轮廓】命令用于通过定义中心轴，然后定义小端半径和大端半径来创建钥匙孔轮廓。

单击【轮廓】工具栏上的【钥匙孔轮廓】按钮，弹出【草图工具】工具栏，在图形区单击选择一点作为轴线（大端）起点（或者在【草图工具】工具栏文本框中输入点坐标），移动鼠标在图形区所需位置单击选择一点作为轴线（小端）终点，然后移动鼠标单击确定一点作为小端半径，接着单击一点作为大端半径，系统自动创建钥匙孔轮廓，如图 2-28 所示。

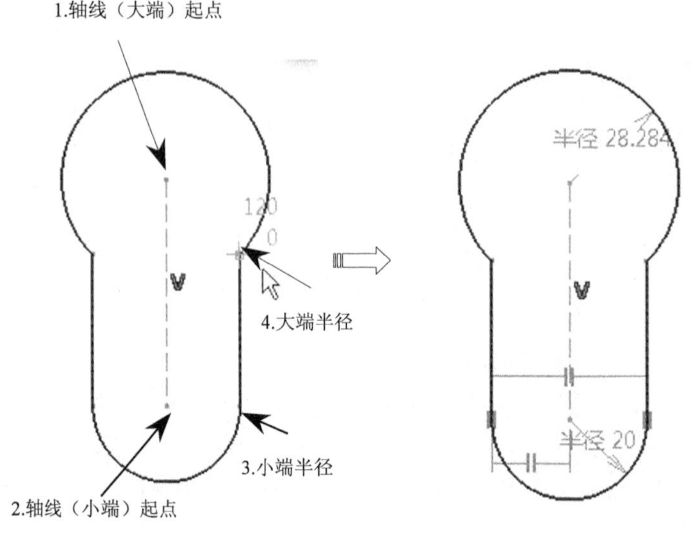

图2-28　绘制钥匙孔轮廓

七、六边形

【六边形】命令用于通过定义中心以及边上一点创建六边形。

单击【轮廓】工具栏上的【六边形】按钮，弹出【草图工具】工具栏，在图形区单击选择一点作为中心（或者在【草图工具】工具栏文本框中输入点坐标），移动鼠标在图形区所需位置单击选择一点作为六边形边上点，系统自动绘制六边形，如图 2-29 所示。

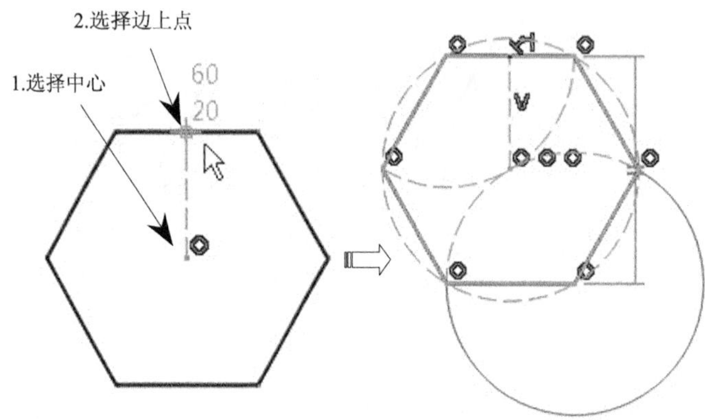

图2-29　绘制六边形

八、居中矩形

【居中矩形】命令用于通过定义矩形中心以及矩形的一个顶点来创建矩形。

单击【轮廓】工具栏上的【居中矩形】按钮，弹出【草图工具】工具栏，在图形区单击选择一点作为中心（或者在【草图工具】工具栏文本框中输入点坐标），移动鼠标在图形区所需位置单击选择一点作为矩形一个顶点，系统自动创建矩形，如图 2-30 所示。

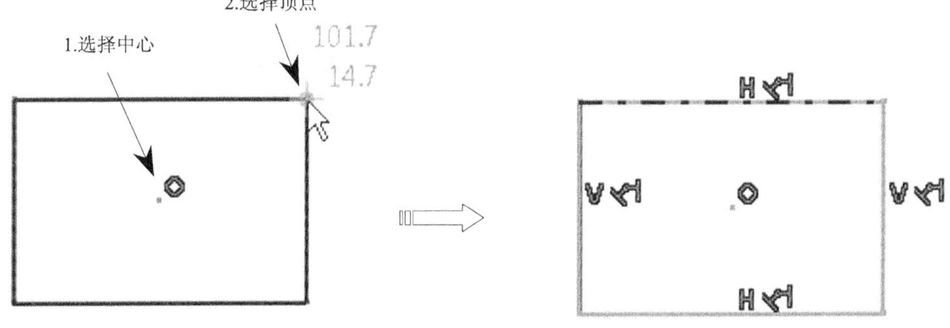

图2-30　绘制居中矩形

九、居中平行四边形

【居中平行四边形】命令用于通过选择两条相交直线作为平行四边形的两对平行边，并由一定顶点来创建平行四边形。

单击【轮廓】工具栏上的【居中平行四边形】按钮，弹出【草图工具】工具栏，在图形区依次选择两条直线，系统以直线交点作为平行四边形中心，然后移动鼠标在图形区所需位置单击选择一点作为平行四边形一个顶点，系统自动创建平行四边形，如图 2-31 所示。

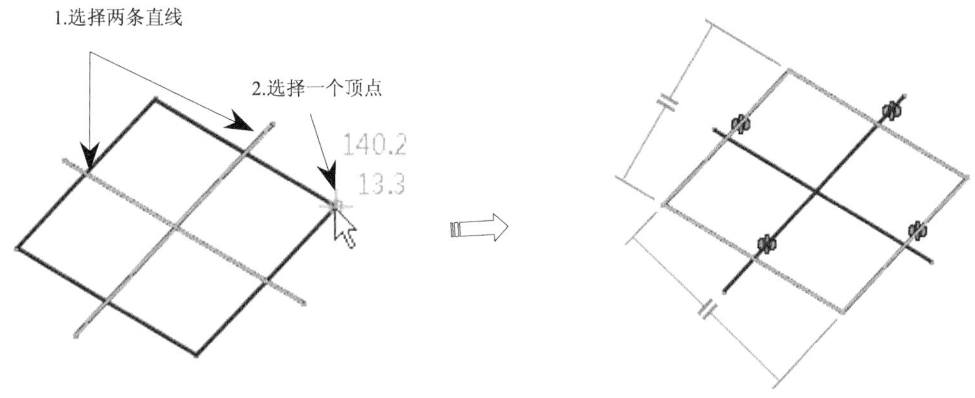

图2-31　绘制居中平行四边形

2.3.3 圆

CATIA V5R21 提供了多种圆和圆弧绘制方法。单击【轮廓】工具栏中【圆】按钮右下角的小三角形，弹出有关圆和圆弧命令按钮，如图 2-32 所示。

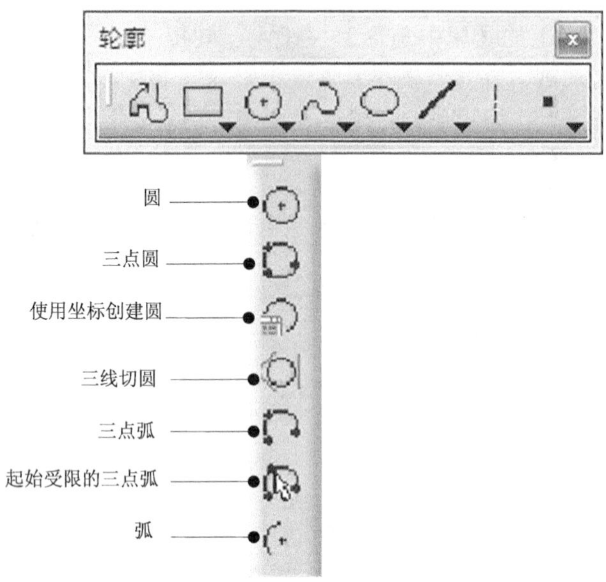

图2-32　圆和圆弧命令

一、圆

【圆】命令用于通过圆心和半径（或者圆上一点）来创建圆。

单击【轮廓】工具栏上的【圆】按钮，弹出【草图工具】工具栏，在图形区单击选择一点作为圆心（或者在【草图工具】工具栏文本框中输入点坐标），移动鼠标在图形区所需位置单击选择一点作为圆上点，系统自动创建圆，如图 2-33 所示。

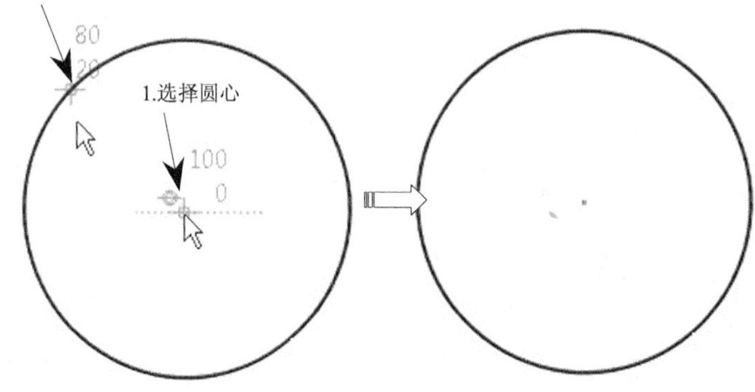

图2-33　绘制圆

二、三点圆

【三点圆】命令用于通过三个坐标点创建一个圆。

单击【轮廓】工具栏上的【三点圆】按钮，弹出【草图工具】工具栏，在图形区依次单击三点作为圆上的点（或者在【草图工具】工具栏文本框中输入点坐标），系统自动创建三点圆，如图 2-34 所示。

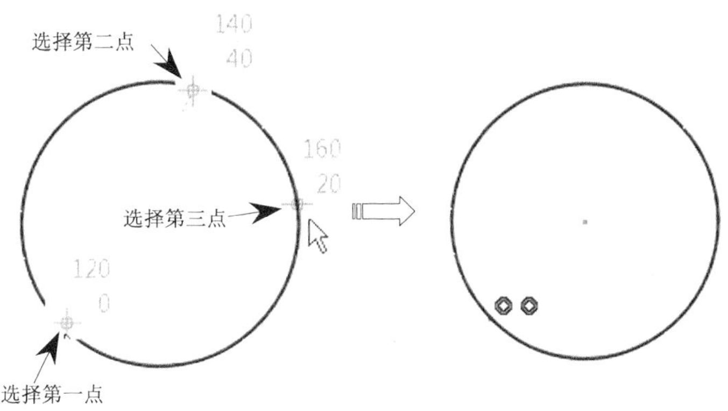

图2-34　绘制三点圆

三、使用坐标创建圆

【使用坐标创建圆】命令用于通过对话框定义圆心和半径来创建圆，既可以使用直角坐标，也可以使用极坐标。

单击【轮廓】工具栏上的【使用坐标创建圆】按钮，弹出【圆定义】对话框，输入圆心坐标（H 和 V）和半径，单击【确定】按钮完成圆的创建，如图 2-35 所示。

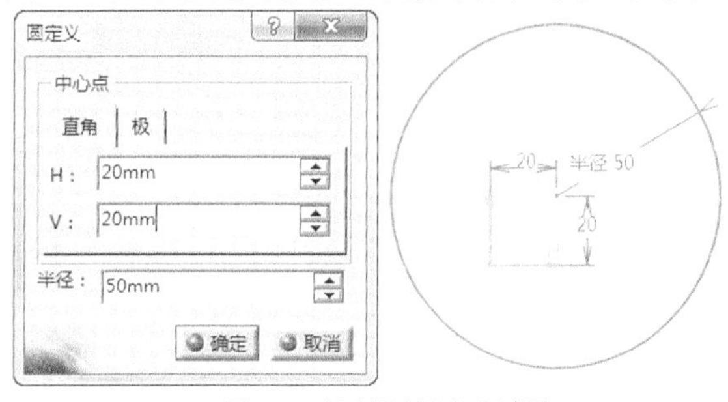

图2-35　绘制使用坐标创建圆

四、三线切圆

【三线切圆】命令用于通过与三个已知元素相切来创建圆，元素可以是圆、直线、点或者坐标轴。

单击【轮廓】工具栏上的【三线切圆】按钮，依次在图形区选择三个曲线元素，系统自动创建圆，如图 2-36 所示。当选择的元素为点时，实际上是圆过点，如果选择三个元素都是点即为三点圆。

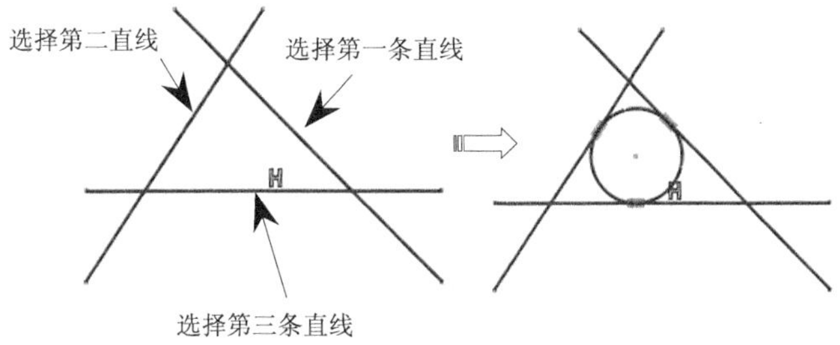

图2-36　绘制三线切圆

五、三点弧

【三点弧】命令用于通过依次定义弧的起点、第二点和终点来创建圆弧。

单击【轮廓】工具栏上的【三点弧】按钮，依次在图形区选择三个点（或者在【草图工具】工具栏文本框中输入点坐标），选择的第一点为圆弧起点，第二点为圆弧上的一点，第三点为圆弧终点，系统自动创建圆弧，如图 2-37 所示。

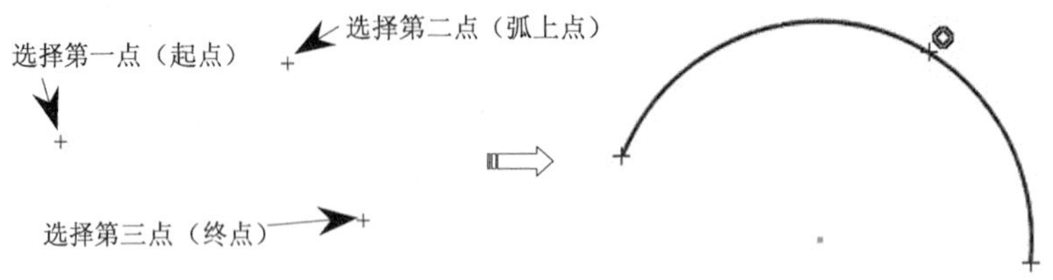

图2-37　绘制三点弧

六、起始受限的三点弧

【起始受限的三点弧】命令用于通过三点来确定圆弧。与三点弧不同的是，在起始受限的三点弧中，第一点为圆弧起点，第二点为圆弧终点，第三点为圆弧上的一点。

单击【轮廓】工具栏上的【起始受限的三点弧】按钮，依次在图形区选择三个点（或者在【草图工具】工具栏文本框中输入点坐标），系统自动创建圆弧，如图 2-38 所示。

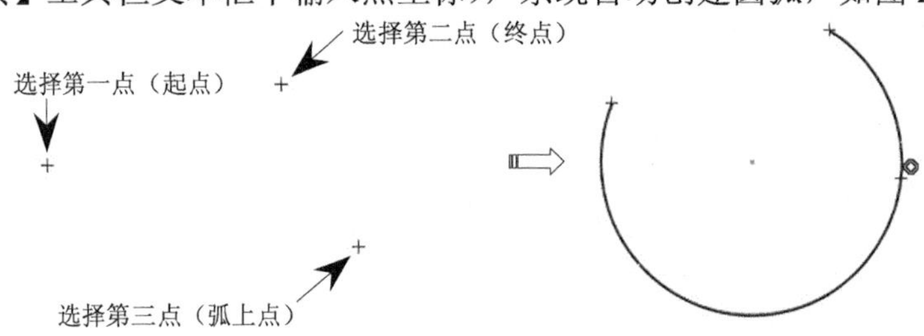

图2-38　绘制起始受限的三点弧

七、弧

【弧】命令用于通过圆心以及起点和终点来创建圆弧。

单击【轮廓】工具栏上的【起始受限的三点弧】按钮，依次在图形区选择三个点（或者在【草图工具】工具栏文本框中输入点坐标），选择的第一点为圆弧中心，第二点为圆弧起点，第三点为圆弧终点，系统自动创建圆弧，如图 2-39 所示。

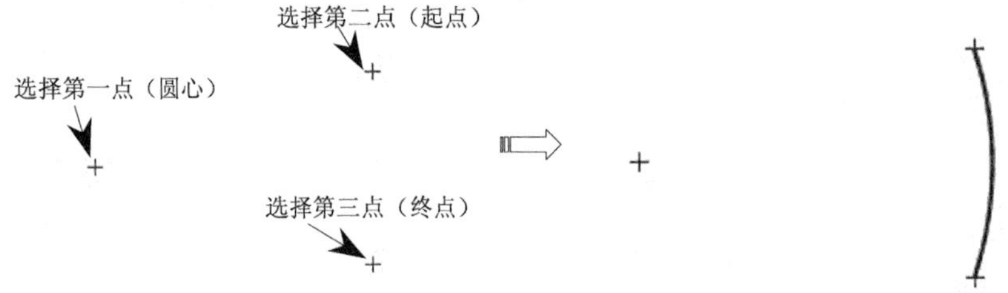

图2-39　绘制弧

2.3.4 样条线

单击【轮廓】工具栏中【样条线】按钮右下角的小三角形，弹出有关样条命令按钮，如图 2-40 所示。

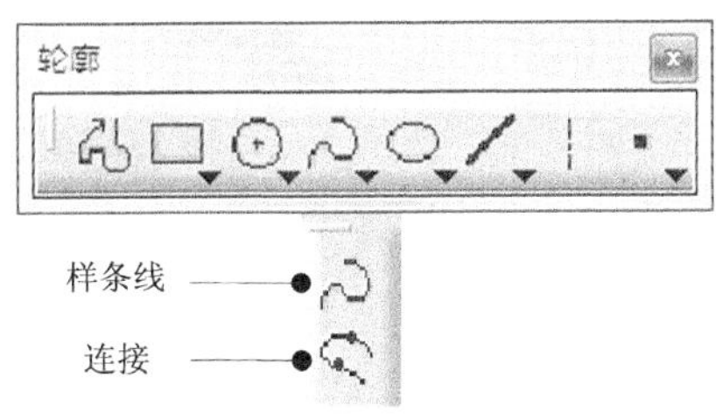

图2-40 样条线命令

一、样条线

【样条线】命令用于通过一系列控制点来创建样条曲线。

单击【轮廓】工具栏上的【样条线】按钮，依次在图形区选择样条曲线控制点（或者在【草图工具】工具栏文本框中输入点坐标），在指定最后一个点时双击鼠标左键，系统自动创建样条，如图 2-41 所示。在创建样条曲线过程中，随时都可以通过右键单击最后一点，在弹出的快捷菜单中执行【封闭样条线】命令，将会自动创建封闭样条线。

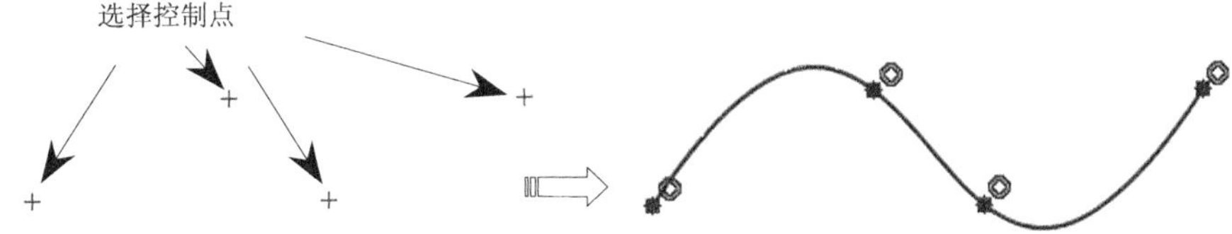

图2-41 绘制样条线

- 编辑控制点：双击需要修改的控制点，弹出【控制点定义】对话框，如图 2-42 所示。在【H、V】文本框中修改控制点坐标；选中【相切】复选框，可以在途中显示样条曲线在该点切线，单击【反转切线】按钮可改变切线方向；选中【曲率半径】复选框，可调整该点处的曲率半径。

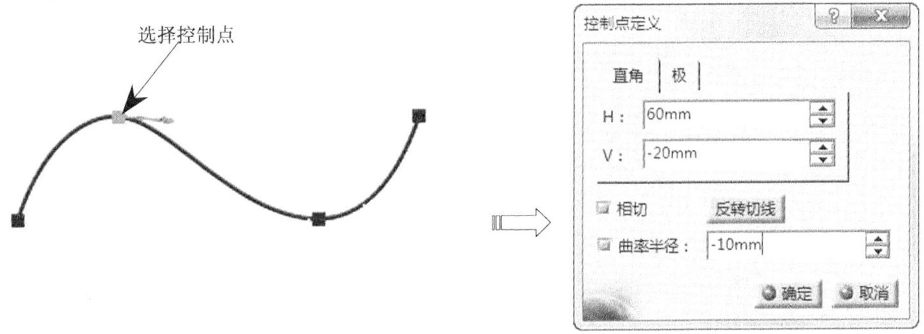

图2-42 编辑样条控制点

- 增加或删除控制点：双击样条曲线，弹出【样条曲线定义】对话框，如图 2-

43 所示。如果要增加控制点，首先选择控制点位置（如：在控制点.1 之后，则选中控制点.1），然后选择添加点位置（之后添加点和之前添加点），在图形区所需位置单击选择一点即可。要删除控制点时，选择要删除的控制点，单击【移除点】按钮即可。

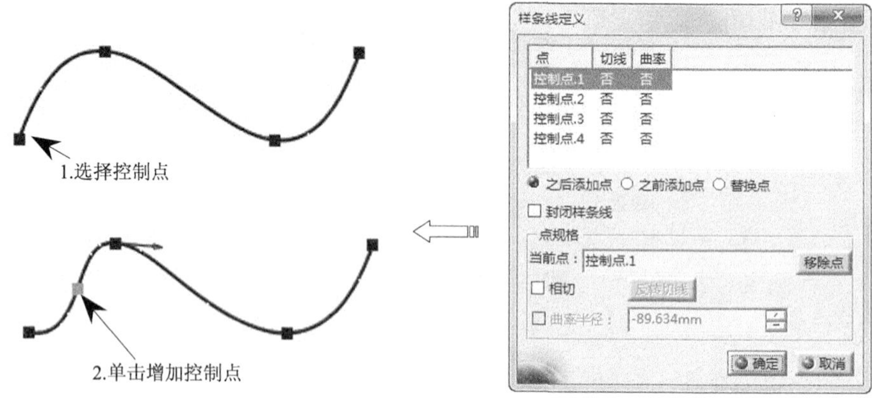

图2-43　增加样条控制点

二、连接

【连接】命令是指用一条样条曲线（弧、样条曲线或者直线）连接两条分离的曲线（直线、圆弧、圆锥曲线、样条线）。

单击【轮廓】工具栏上的【连接】按钮，此时【草图工具】工具栏如图 2-44 所示。

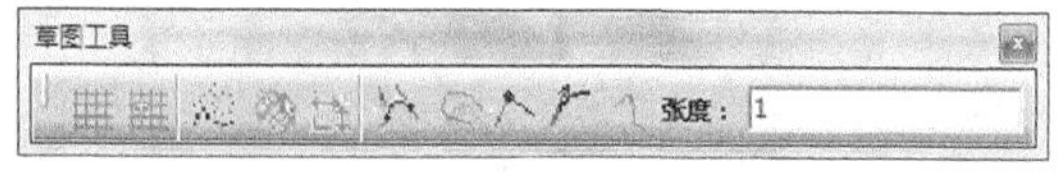

图2-44　【草图工具】工具栏

【草图工具】工具栏中相关选项参数含义如下。

- 【用弧连接】：单击并选中该按钮，用圆弧连接两段曲线。
- 【用样条线连接】：单击并选中该按钮，用样条线连接两段曲线。
- 【点连续】：单击并选中该按钮，连接线与两段曲线之间是点连续。
- 【相切连续】：单击并选中该按钮，连接线与两段曲线之间是相切连续。
- 【曲率连续】：单击并选中该按钮，连接线与两段曲线之间是曲率连续。

单击【轮廓】工具栏上的【连接】按钮，在【草图工具】工具栏中选中【相切连续】按钮，依次单击第一条线和第二条线，系统自动生成连接样条曲线，如图 2-45 所示。

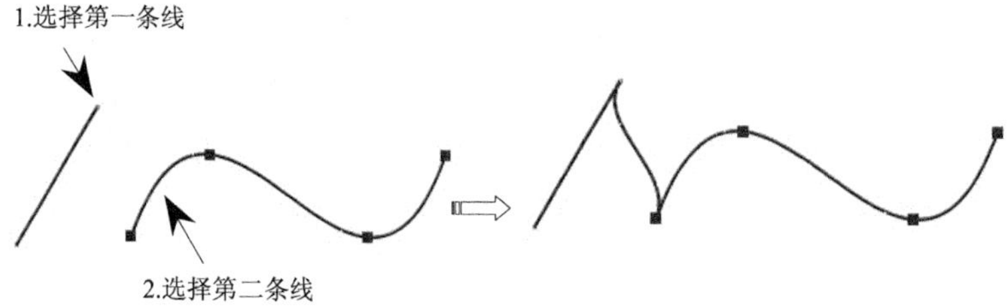

图2-45　绘制连接线

提示：选择元素时选择位置很重要，如果单击控制点，则控制点将自动被用作连接曲线的起点或终点，单击非控制点处则选择就近的端点为连接点。

2.3.5 椭圆

【椭圆】命令用于通过定义椭圆中心、长半轴端点和短半轴端点在草绘平面上绘制任意角度的椭圆。

单击【轮廓】工具栏上的【椭圆】按钮，弹出【草图工具】工具栏，在图形区单击选择一点作为椭圆中心（或者在【草图工具】工具栏文本框中输入点坐标），然后移动鼠标在图形区所需位置单击选择一点作为椭圆长轴端点，再次选择一点作为椭圆上的一点，系统自动创建椭圆，如图 2-46 所示。

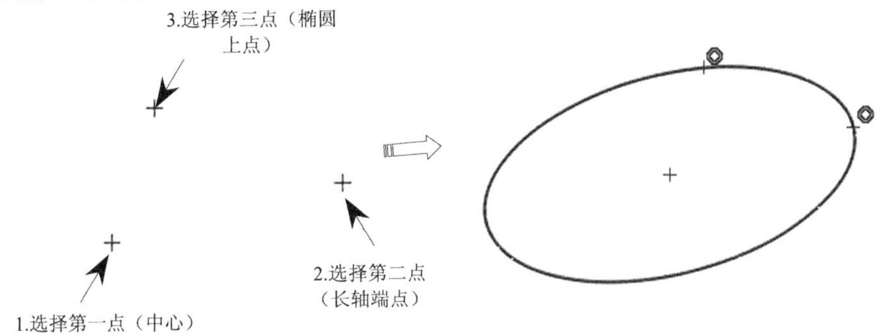

图2-46　绘制椭圆

2.3.6 线

单击【轮廓】工具栏中【直线】按钮右下角的小三角形，弹出有关直线命令按钮，如图 2-47 所示。CATIA V5R21 提供的直线绘制功能有：直线、无限长线、双切线、角平分线和曲线的法线等。

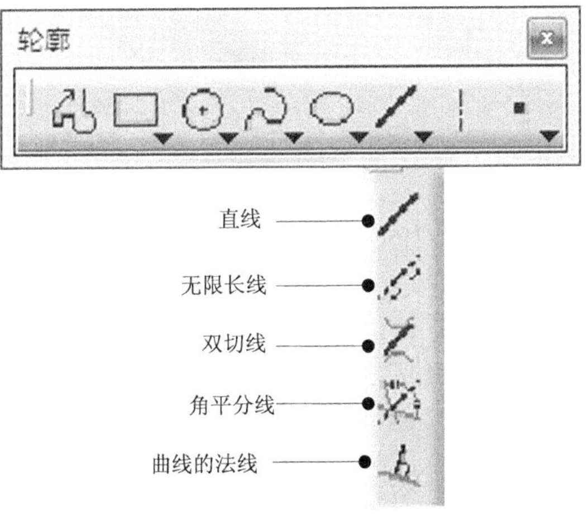

图2-47　线命令

一、直线

【直线】命令用于通过两点来创建直线。

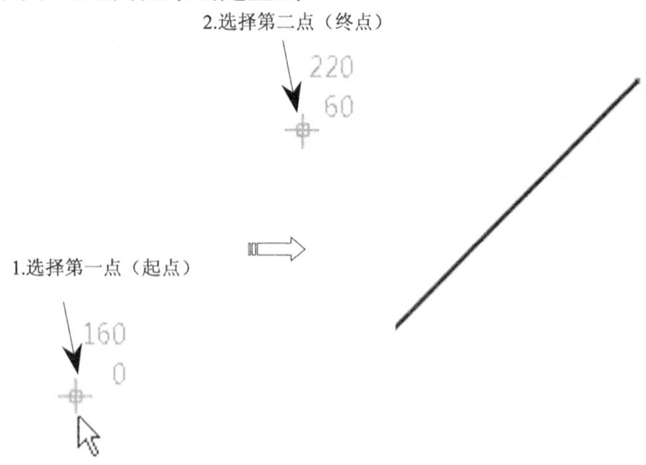

图2-48　绘制直线

二、无限长线

【无限长线】命令用于创建水平、垂直直线或者通过两点来创建无限长的倾斜直线。

单击【轮廓】工具栏上的【无限长线】按钮，弹出【草图工具】工具栏，在图形区单击选择一点作为直线起点（或者在【草图工具】工具栏文本框中输入点坐标），然后移动鼠标在图形区所需位置单击选择一点作为直线终点，系统自动创建无限长线，如图 2-49 所示。

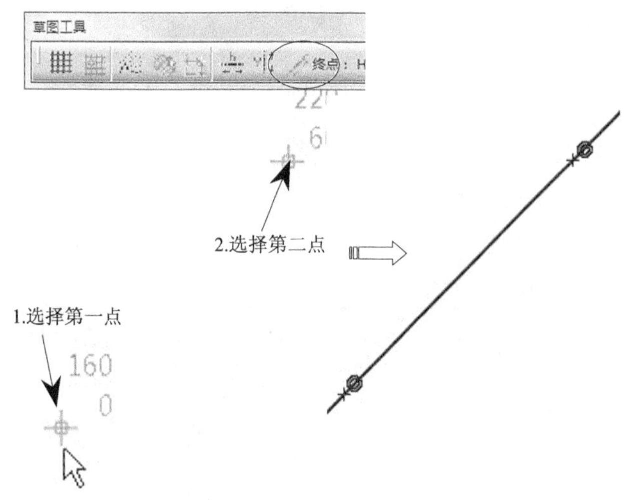

图2-49　绘制无限长线

三、双切线

【双切线】命令用于创建两个元素的公切线。

单击【轮廓】工具栏上的【双切线】按钮，在图形区依次选择两个元素（例如圆或者圆弧），系统自动检测在单击位置处创建双切线，如图 2-50 所示。

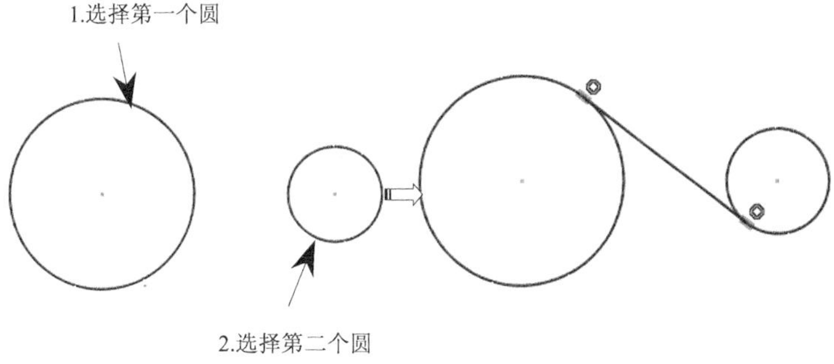

图2-50 绘制双切线

四、角平分线

【角平分线】命令用于创建两条相交直线的无限长角平分线。

单击【轮廓】工具栏上的【角平分线】按钮，在图形区依次选择两条相交直线，系统自动创建角平分线，如图 2-51 所示。

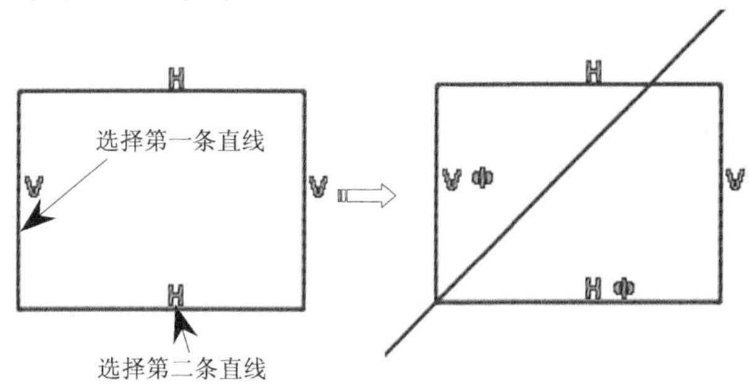

图2-51 绘制角平分线

提示：在创建角平分线时，如果选择的是两条平行线，则结果是创建一条对称中心线。

五、曲线的法线

【曲线的法线】命令用于创建曲线的法线，曲线可以是直线、圆、圆锥曲线或者样条等。

单击【轮廓】工具栏上的【曲线的法线】按钮，在指定曲线外一点，该点将是所创建曲线法线的一个端点，然后图形区选择曲线，系统自动创建曲线的法线，如图 2-52 所示。

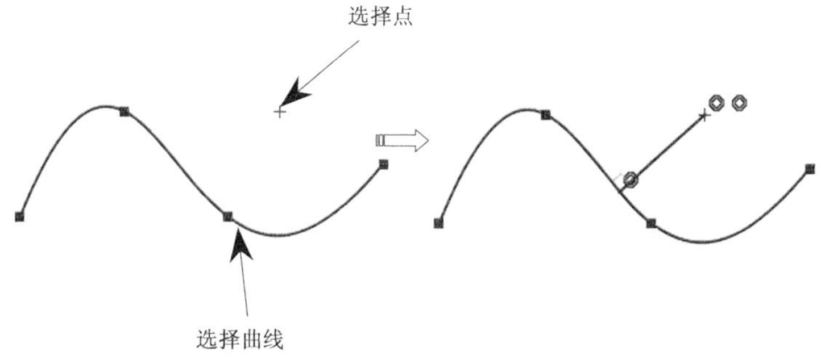

图2-52 绘制曲线的法线

2.3.7　轴

轴线用于在草图上绘制出轴线，以点划线形式。轴线不能创建实体、曲面，可作为参考元素，主要用于创建回转体或回转槽时的轴线。

单击【轮廓】工具栏上的【轴】按钮，依次在图形选择两点作为起点和终点，系统自动创建轴线，如图 2-53 所示。

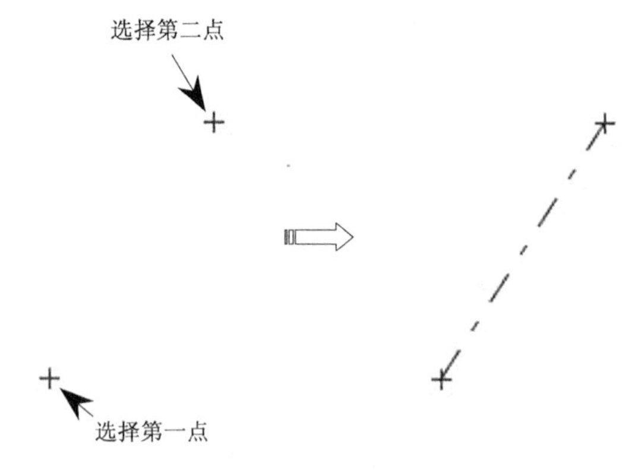

图2-53　绘制轴线

提示：每个草图只能创建一条轴线，如果试图创建第二条轴线，则先前创建的第一条轴线将自动转变为构造线。如果在激活【轴线】命令之前已经选择了一条直线，则该直线将自动转变为轴线。

2.3.8　创建点

单击【轮廓】工具栏中【点】按钮右下角的小三角形，弹出有关点命令按钮，如图 2-54 所示。CATIA V5R21 提供的直线绘制功能有：通过单击创建点、使用坐标创建点、等距点、相交点和投影点等。

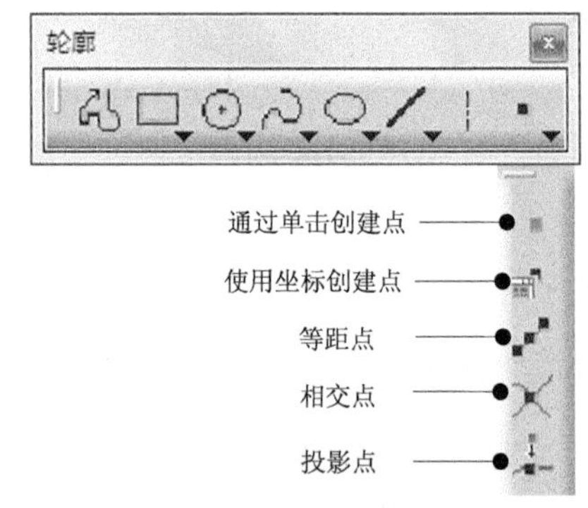

图2-54　点命令

一、通过单击创建点

【通过单击创建点】命令用于在草图上建立一个点。

单击【轮廓】工具栏上的【通过单击创建点】按钮，弹出【草图工具】工具栏，在图形区单击确定点位置（或者在【草图工具】工具栏文本框中输入点坐标），系统自动创建点。双击所创建的点，弹出【点定义】对话框，可修改点的位置，如图 2-55 所示。

选择点

240

0

点定义

直角　极

H：240mm

V：0mm

构造元素

确定　取消

图2-55　绘制点

二、使用坐标创建点

【使用坐标创建点】命令用于通过确定点的坐标值来建立点，可以选择直角坐标或极坐标。

单击【轮廓】工具栏上的【使用坐标创建点】按钮，弹出【点定义】对话框，输入点坐标，单击【确定】按钮，系统自动创建点，如图 2-56 所示。

三、等距点

【等距点】命令用于在已知曲线上生成等距点，曲线可以是直线、圆、圆弧、圆锥曲线、样条曲线。

单击【轮廓】工具栏上的【等距点】按钮，在图形选择创建等距点的直线或曲线，弹出【等距点定义】对话框，输入点数量，单击【确定】按钮，系统自动创建点，如图 2-57 所示。

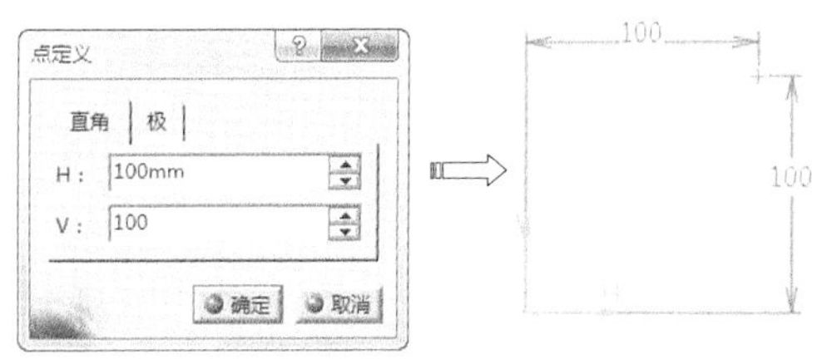

图2-56　使用坐标创建点

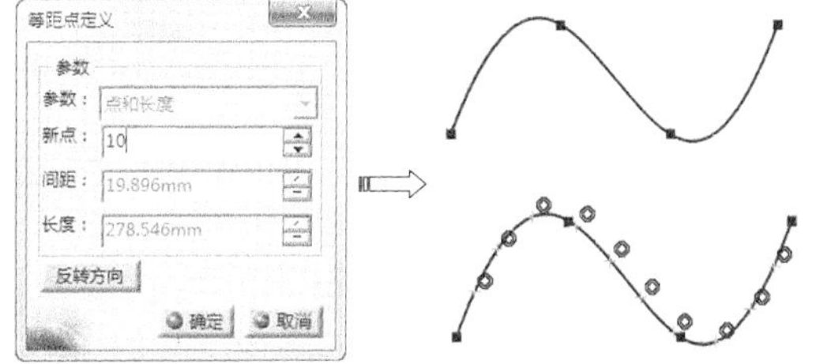

图2-57　绘制等距点

四、相交点

【相交点】命令用于创建曲线之间的交点，曲线可以是直线、圆、圆弧、圆锥曲线、样条线。

单击【轮廓】工具栏上的【相交点】按钮，在图形区选择创建相交点的直线或曲线，系统自动创建点，如图 2-58 所示。

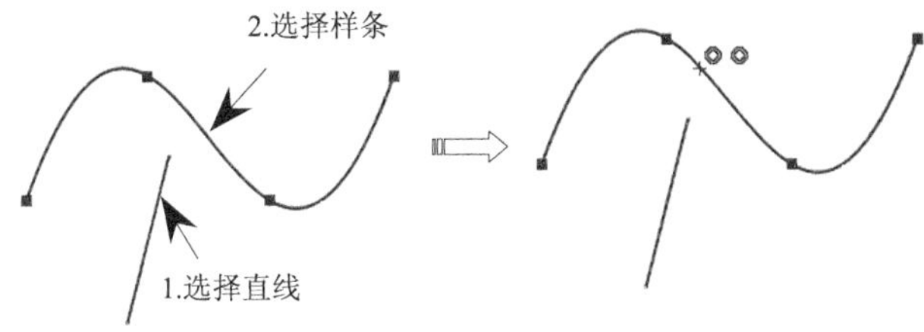

图2-58　绘制相交点

五、投影点

【投影点】命令用于把曲线外的点投影到曲线上而创建点，投影沿着曲线在该点的法线方向。曲线可以是直线、圆、圆弧、圆锥曲线、样条线。

单击【轮廓】工具栏上的【投影点】按钮，在图形区选择要投影的点，然后选择曲线，系统自动创建点，如图 2-59 所示。

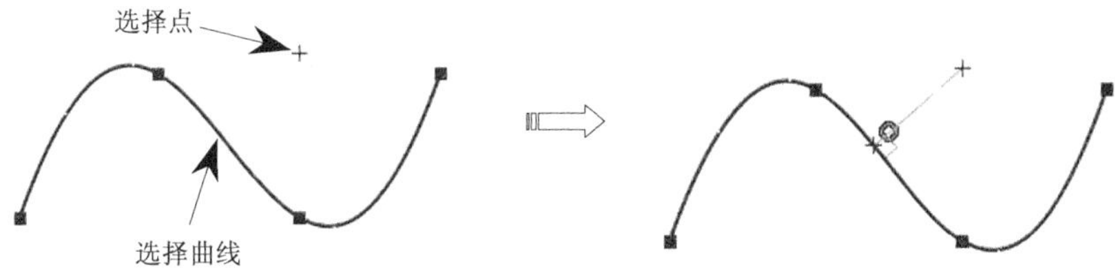

图2-59　绘制投影点

2.4 草图操作

草图编辑器提供了一组用于编辑草图的命令，可进行圆角、倒角、裁剪、镜像等操作，可以通过选择【操作】工具栏上的相关命令按钮来实现。下面分别加以介绍。

2.4.1 圆角

【圆角】命令用于使用不同的修剪选项在两条直线之间创建圆角。

单击【操作】工具栏上的【圆角】按钮，此时【草图工具】工具栏如图 2-60 所示。

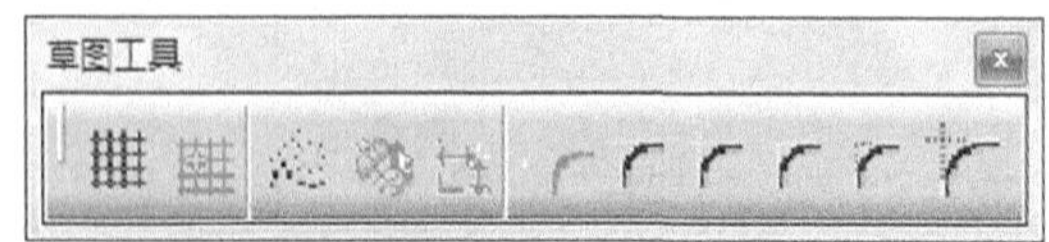

图2-60　【草图工具】工具栏

【草图工具】工具栏中相关选项参数含义如下。

- 【修剪所有元素】：单击并选中该按钮，两条直线超出圆角部分都将被修剪掉。
- 【修剪第一元素】：单击并选中该按钮，第一条直线超出圆角部分将被修剪掉。
- 【不修剪】：单击并选中该按钮，不修剪任何元素。
- 【标准线修剪】：单击并选中该按钮，修剪掉两条直线交点以外的部分。
- 【构造线修剪】：单击并选中该按钮，将修剪掉两条直线交点以外部分，同时由圆角到交点部分会转变为构造线。
- 【构造线未修剪】：单击并选中该按钮，不修剪两条直线，但圆角以外部分会转变为构造线。

单击【操作】工具栏上的【圆角】按钮，弹出【草图工具】工具栏，在图形区依次单击选择倒圆角的两条边，然后单击一点定义圆角半径（或者在【草图工具】工具栏文本框中输入半径值），系统自动创建圆角，如图 2-61 所示。

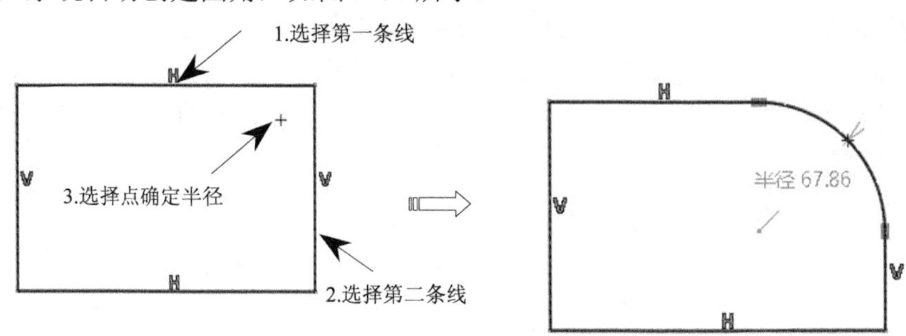

图2-61　绘制圆角

提示： 如果曲线间是点连续，也可单击连续点进行倒圆角，其功能与选择两条曲线是一致的。如果需要进行多个倒圆角，可先选择多个连续点，再选择倒圆角按钮，最后在工具栏中输入圆角的半径值。

2.4.2 倒角

【倒角】命令用于使用不同的修剪选项在两条直线之间创建倒角。

单击【操作】工具栏上的【倒角】按钮，弹出【草图工具】工具栏，在图形区依次单击选择倒角的两条边，在【草图工具】工具栏选择倒角方式（角度斜边、第一长度和第二长度、角度和第一长度），并输入倒角参数，系统自动创建倒角，如图 2-62 所示。

角度：
45deg
第一长度：
10
选择第一条线
选择第二条线
10
45度

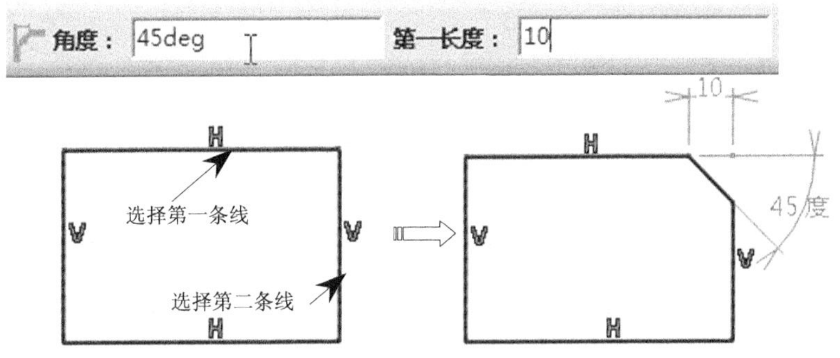

图2-62 绘制倒角

2.4.3 修剪

单击【操作】工具栏中【修剪】按钮右下角的小三角形，弹出有关修剪命令按钮，如图 2-63 所示。CATIA V5R21 提供的修剪绘制功能有：修剪、断开、快速修剪、封闭弧和补充等。

操作
修剪
断开
快速修剪
封闭弧
补充

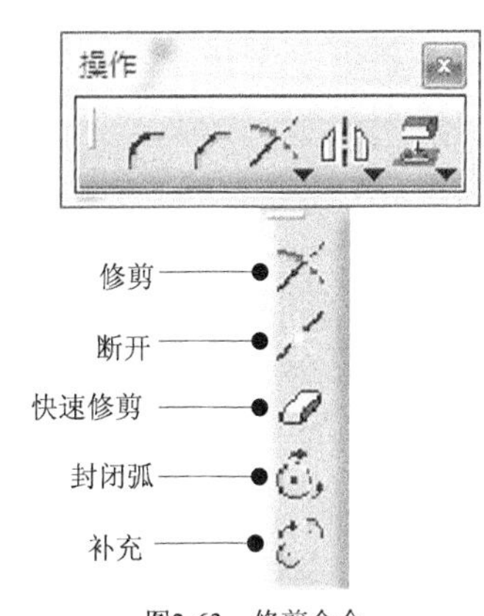

图2-63 修剪命令

一、修剪

【修剪】命令用于对两条曲线进行修剪。如果修剪结果是缩短曲线，则适用于任何曲线，如果是伸长则只适用于直线、圆弧和圆锥曲线。

单击【操作】工具栏上的【修剪】按钮，弹出【草图工具】工具栏，选择修剪方式（修剪所有元素、修剪第一元素），在图形区依次单击选择两条曲线，系统自动完成修剪，如图 2-64 所示。

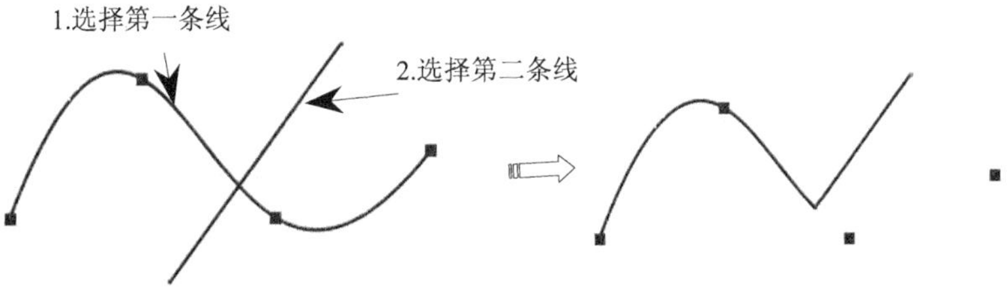

1.选择第一条线
2.选择第二条线

图2-64 修剪操作

提示： 修剪结果与鼠标单击曲线位置有关，在选取曲线时单击部分将保留。

二、断开

【断开】命令将草图元素打断，打断工具可以是点、圆弧、直线、圆锥曲线、样条曲线等。

单击【操作】工具栏上的【断开】按钮，选择要打断的元素，然后选择打断工具（打断边界），系统自动完成打断，如图 2-65 所示。

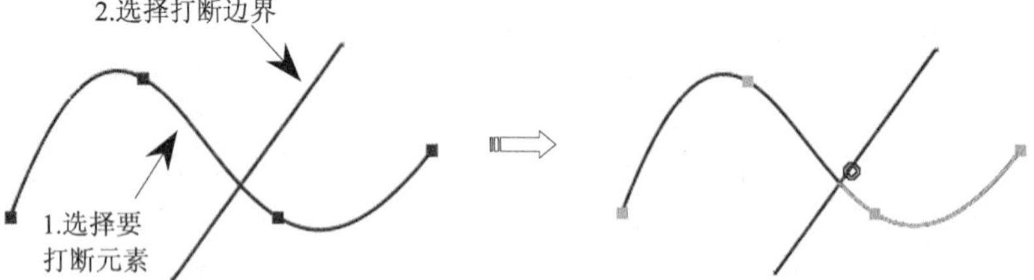

图2-65　打断操作

提示： 如果所指定的打断点不在直线上，则打断点将是指定点在该曲线上的投影点。

三、快速修剪

【快速修剪】命令系统会自动检测边界，剪裁直线、圆弧、圆、椭圆、样条曲线或中心线等草图元素的一部分使其截断在另一草图元素的交点处。

单击【操作】工具栏上的【快速修剪】按钮，选择要修剪元素，系统自动完成快速修剪，如图 2-66 所示。

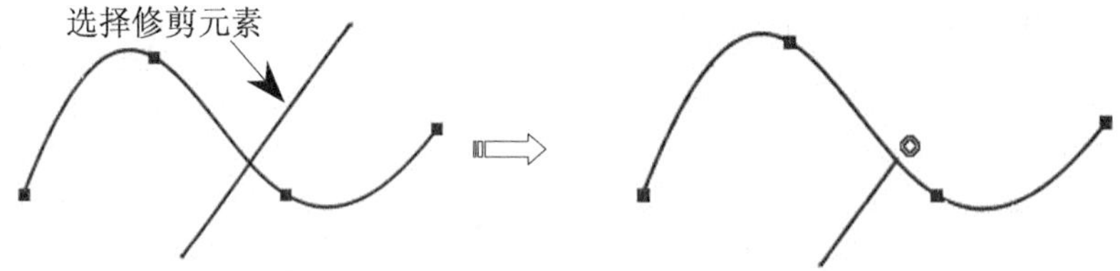

图2-66　快速修剪操作

四、封闭弧

【封闭弧】命令用于将不封闭的圆弧或椭圆弧封闭成圆或者椭圆。

单击【操作】工具栏上的【封闭弧】按钮，选择要封闭的圆弧或者椭圆，系统自动完成封闭操作，如图 2-67 所示。

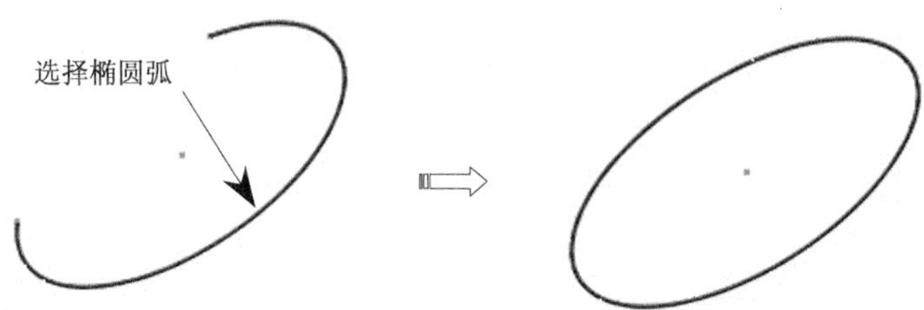

图2-67　封闭弧操作

五、补充

【补充】命令用于创建已有圆弧或者椭圆弧的互补弧。

单击【操作】工具栏上的【补充】按钮，选择所需圆弧或者椭圆，系统自动完成互补操作，如图 2-68 所示。

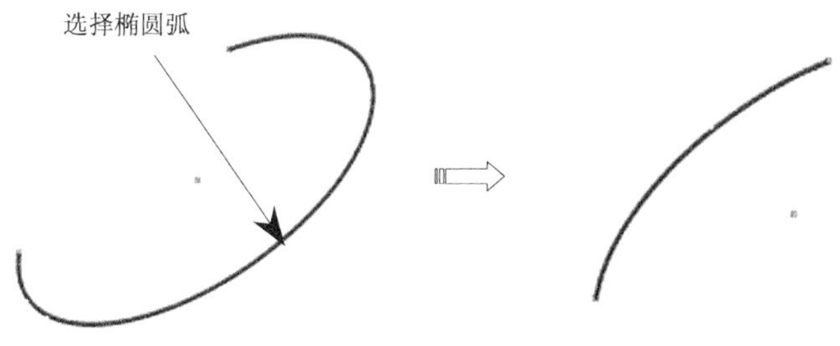

图2-68 补充操作

2.4.4 变换

单击【操作】工具栏中【镜像】按钮右下角的小三角形，弹出有关变换命令按钮，如图 2-69 所示。CATIA V5R21 提供的变换操作功能有：镜像、对称、平移、旋转、缩放和偏移等。

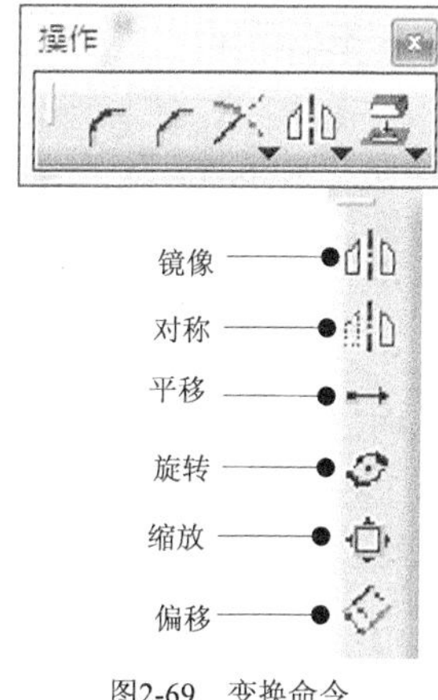

图2-69 变换命令

一、镜像

【镜像】命令用于使用直线或轴线作为镜像线复制现有草图元素。

单击【操作】工具栏上的【镜像】按钮，首先选择要镜像的元素，然后选择镜像线（直线或者轴线），系统自动完成镜像操作，如图 2-70 所示。

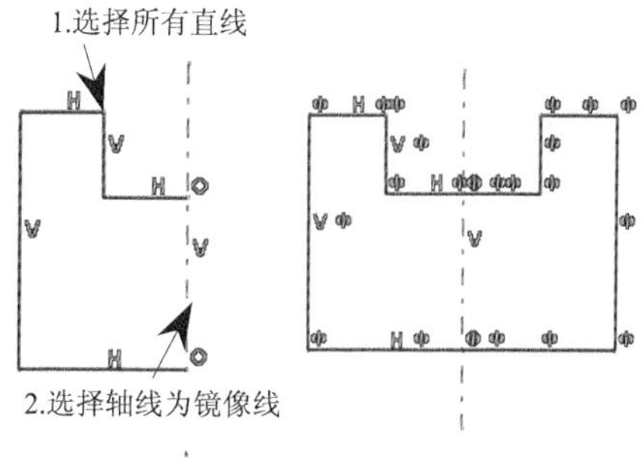

图2-70 镜像操作

提示：如果要选择多个元素进行镜像，可先按住 Ctrl 键选择元素，然后再单击【镜像】按钮选择镜像线。

二、对称

【对称】命令用于使用直线或轴线作为对称线镜像现有草图元素，但不保留原图形。

单击【操作】工具栏上的【对称】按钮，首先选择要对称的元素，然后选择对称线（直线或者轴线），系统自动完成对称操作，如图 2-71 所示。

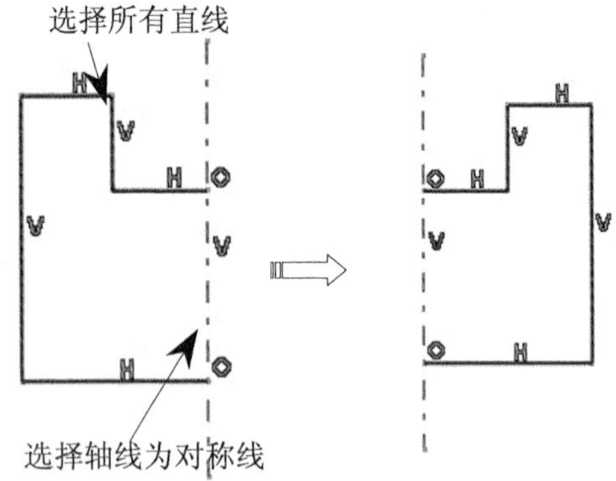

图2-71　对称操作

三、平移

【平移】命令用于把图形沿着某一方向移动一定距离。

单击【操作】工具栏上的【平移】按钮，弹出【平移定义】对话框，定义平移相关参数，然后选择要平移的元素，再依次选择平移的起点和终点，系统自动完成平移操作，如图 2-72 所示。

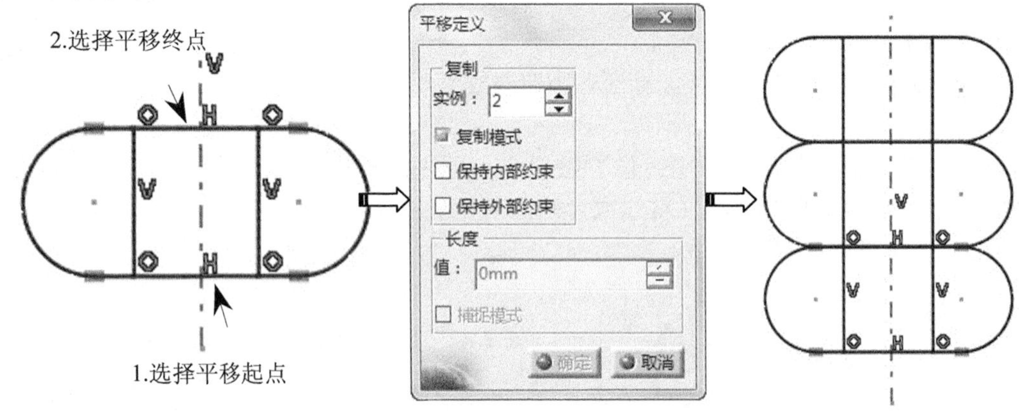

图2-72　平移操作

提示：注意参数含义。

- 复制模式：将复制所选草图元素。
- 保持内部约束：保留所选元素内部约束。
- 保留外部约束：保留所选几何元素与外部元素之间约束。

四、旋转

【旋转】命令用于把图形元素进行旋转或者环形阵列。

单击【操作】工具栏上的【旋转】按钮，弹出【旋转定义】对话框，定义旋转相关参数，然后选择要旋转的元素，再次选择旋转中心点，单击【确定】按钮，系统自动完成旋转操作，如图 2-73 所示。

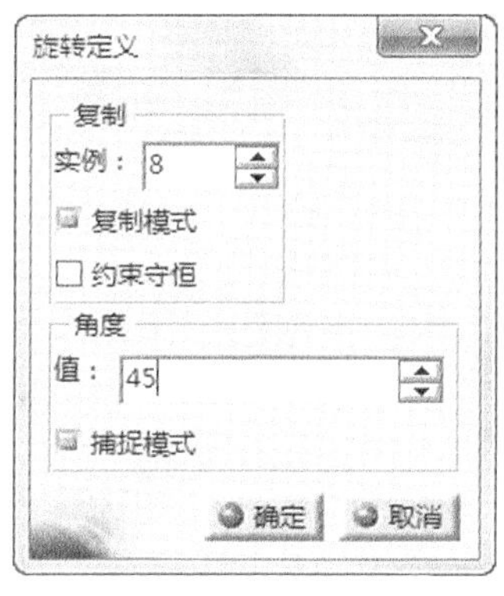

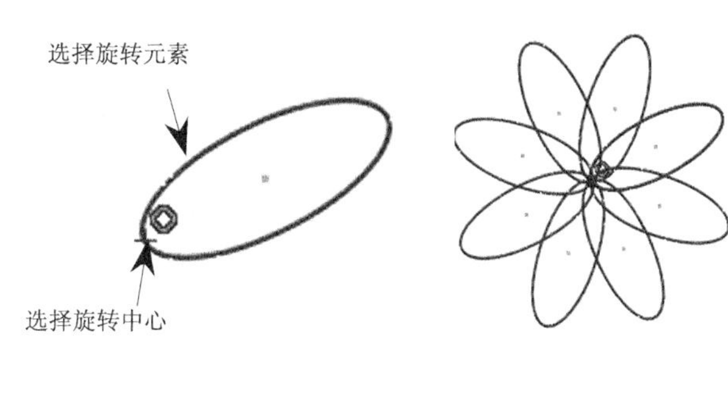

图2-73　旋转操作

提示：注意参数含义。

- 角度：输入旋转角度值，正值表示逆时针，负值表示顺时针。
- 约束守恒：保留所选几何元素约束。

五、缩放

【缩放】命令用于把图形元素进行比例缩放操作。

单击【操作】工具栏上的【缩放】按钮，弹出【缩放定义】对话框，定义缩放相关参数，然后选择要缩放的元素，再次选择缩放中心点，单击【确定】按钮，系统自动完成缩放操作，如图 2-74 所示。

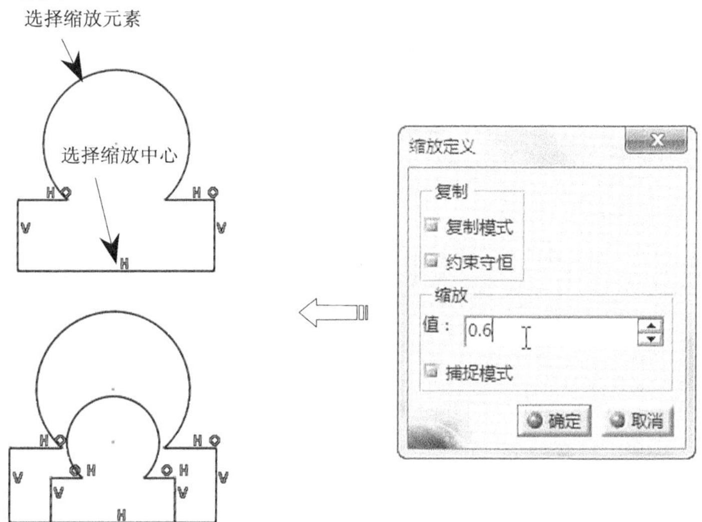

图2-74　缩放操作

六、偏移

【偏移】命令用于对已有直线、圆等草图元素进行偏移复制。

单击【操作】工具栏上的【偏移】按钮，弹出【草图工具】工具栏，定义偏移形

式，然后选择要偏移的元素，在【偏移】框中输入偏移值（负值为缩小偏移，正值为放大偏移），系统自动完成偏移操作，如图 2-75 所示。

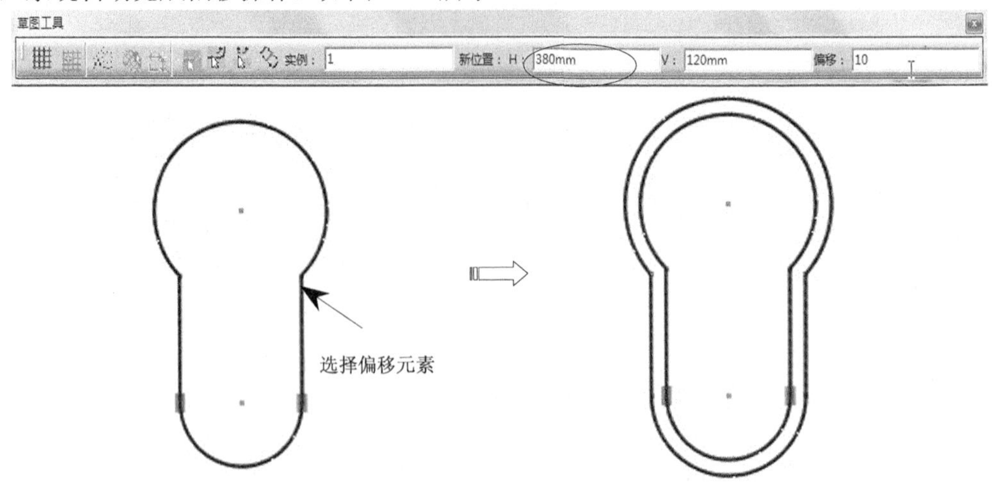

图2-75　偏移操作

2.4.5　三维几何投影

单击【操作】工具栏中【投影 3D 元素】按钮右下角的小三角形，弹出有关三维几何投影命令按钮，如图 2-76 所示。CATIA V5R21 提供的投影 3D 元素功能有：修剪、断开、快速修剪、封闭弧和补充等。

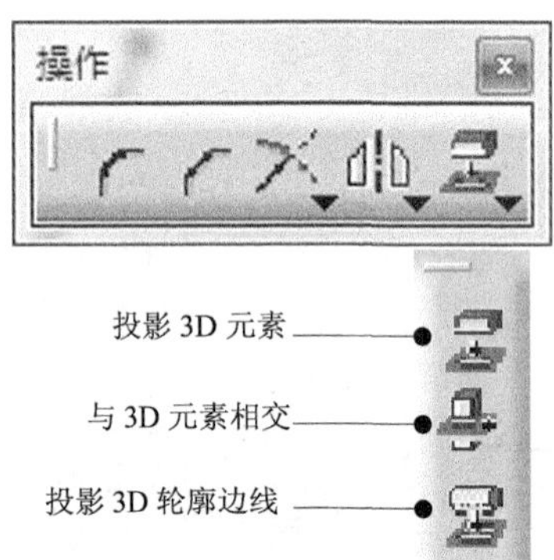

图2-76　三维几何投影命令

一、投影 3D 元素

【投影 3D 元素】命令是指将三维元素的边线投影到草图平面来创建草图元素。

单击【操作】工具栏上的【投影 3D 元素】按钮，选择已有实体的边线，该边线将被投影到草图平面上，并显示为黄色，如图 2-77 所示。

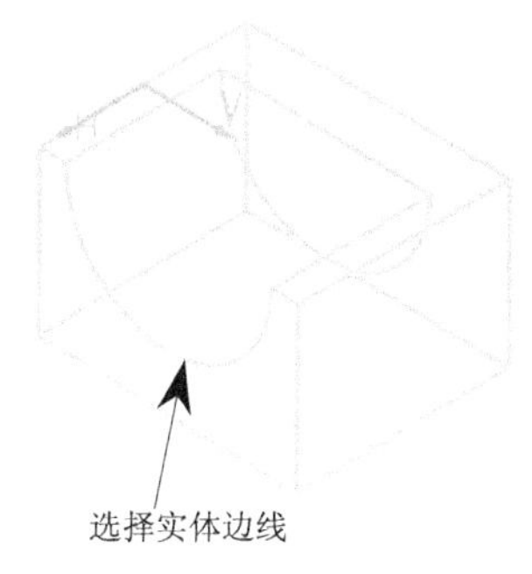

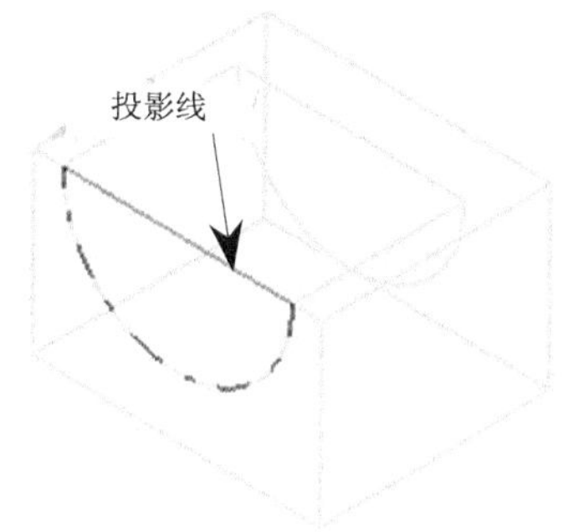

图2-77　投影 3D 元素

提示：如果在投影时选择面后，面的所有边缘都将被投影。

二、与 3D 元素相交

【与 3D 元素相交】命令是指将三维元素与草图平面相交来创建草图元素。

单击【操作】工具栏上的【与 3D 元素相交】按钮，选择已有实体与草图平面相交的面，即可得到二者的交线，并显示为黄色，该交线与三维实体相关联，如图 2-78 所示。

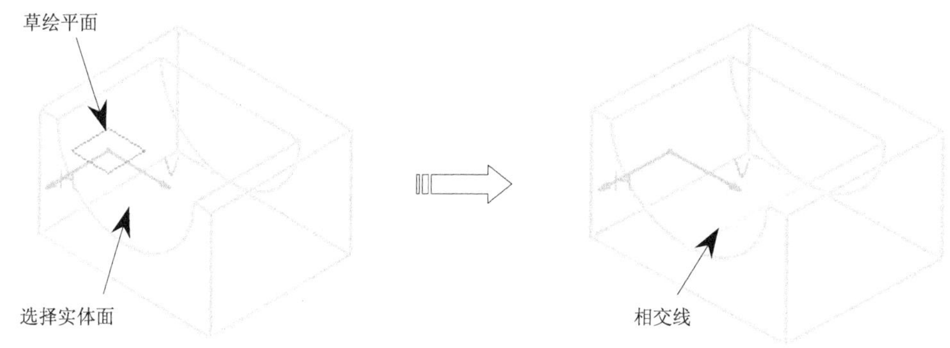

图2-78　与 3D 元素相交

三、投影 3D 轮廓边线

【投影 3D 轮廓边线】命令是指将实体（回转体）的外廓投影到草图平面来创建草图元素。

单击【操作】工具栏上的【投影 3D 轮廓边线】按钮，选择回转体表面，即可得外形轮廓线，并显示为黄色，如图 2-79 所示。

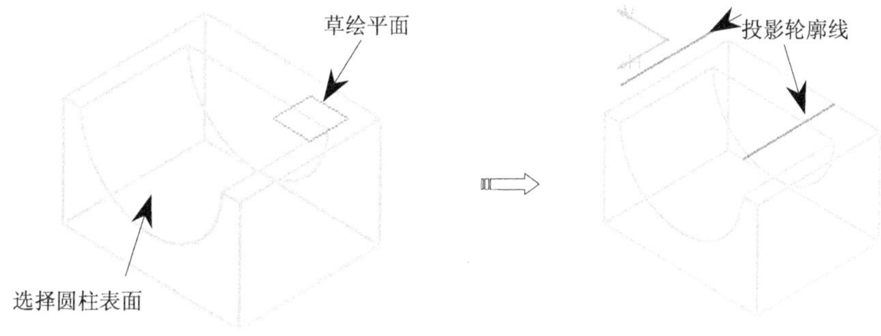

图2-79　投影 3D 轮廓边线

2.5 草图约束

草图设计强调的是形状设计与尺寸几何约束分开，形状设计仅是一个粗略的草图轮廓，要精确地定义草图，还需要对草图元素进行约束。

2.5.1 尺寸约束

尺寸约束用来约束图形的距离、长度、角度、直径等。

单击【约束】工具栏上的【约束】按钮，选择图形区要标注尺寸元素，系统根据选择元素的不同显示自动标注的尺寸，单击一点定位尺寸放置位置，完成尺寸标注，如图 2-80 所示。如果要想修改尺寸数值，双击标注的尺寸，弹出【约束定义】对话框，可在该对话框中修改尺寸数值。

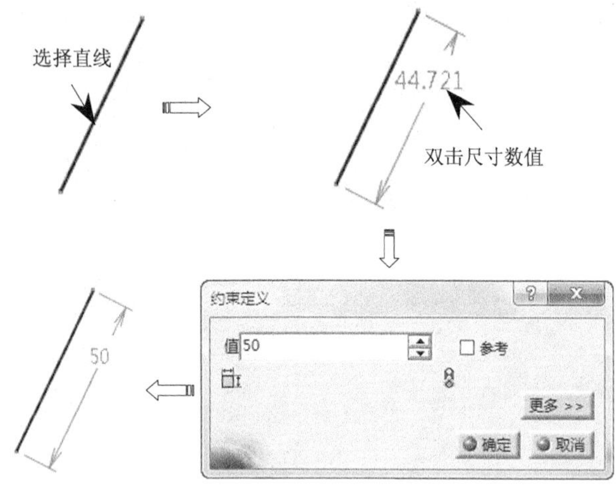

图2-80　创建尺寸约束

2.5.2 几何约束

几何约束是指一个或多个图形相互的关系，如平行、垂直、同心等。CATIA V5R21 以符号表示图形几何约束，如表 2-1 所示。

表 2-1 常见几何约束符号

符号	约束说明	符号	约束说明
	水平线		相合（重合）
	竖直线		同心
	相切		平行
	中点		垂直
	对称		

几何约束常用的定义方法有三种："【约束】按钮法"、"对话框定义约束"和"接触约

束”，下面分别加以介绍。

一、使用【约束】按钮定义几何约束

选择【约束】按钮，然后选择约束对象后，单击鼠标右键在弹出的快捷菜单系统能根据对象提供约束类型。

(1) 圆与圆约束。

单击【约束】工具栏上的【约束】按钮，依次鼠标单击选择图形区的两个圆，系统自动在两圆最近点处标注出距离值，单击鼠标右键，在弹出的快捷菜单中选择相应的约束类型（同心度、相合、相切、交换位置），系统自动完成约束定义，如图 2-81～图 2-83 所示。

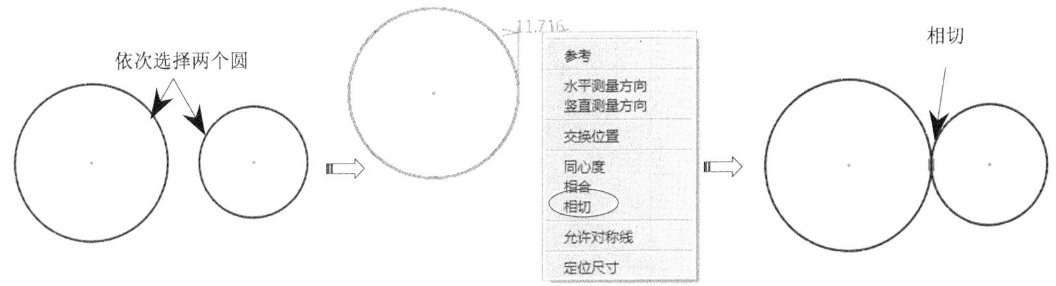

图2-81　创建相切约束

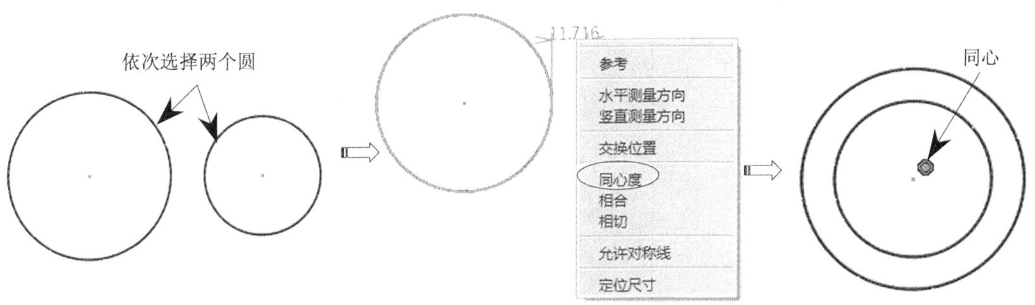

图2-82　创建同心度约束

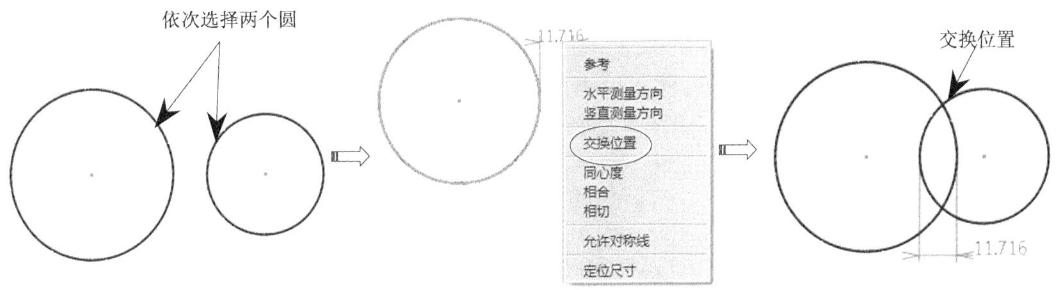

图2-83　创建交换位置

(2) 线与线约束。

单击【约束】工具栏上的【约束】按钮，鼠标依次单击选择图形区的两条线，系统自动显示出角度尺寸，单击鼠标右键，在弹出的快捷菜单中选择相应的约束类型（距离、平

行、垂直、相合等），系统自动完成约束定义，如图 2-84～图 2-86 所示。

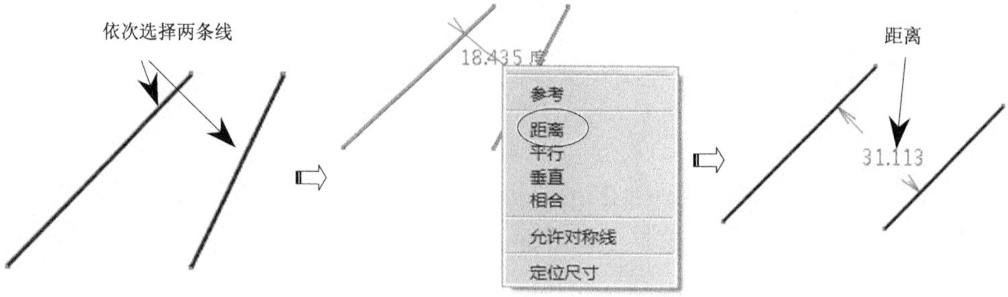

图2-84　创建距离约束

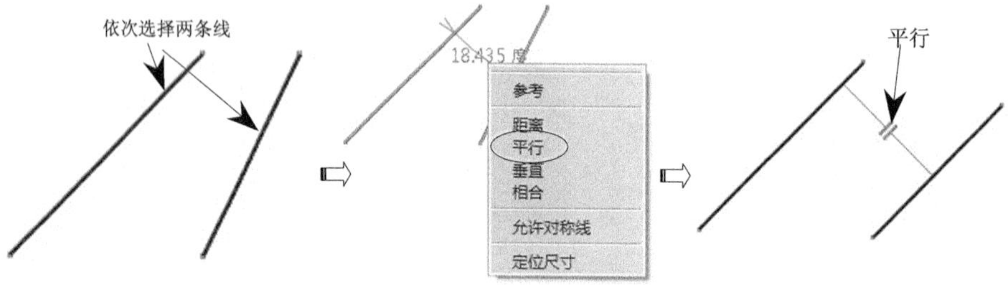

图2-85　创建平行约束

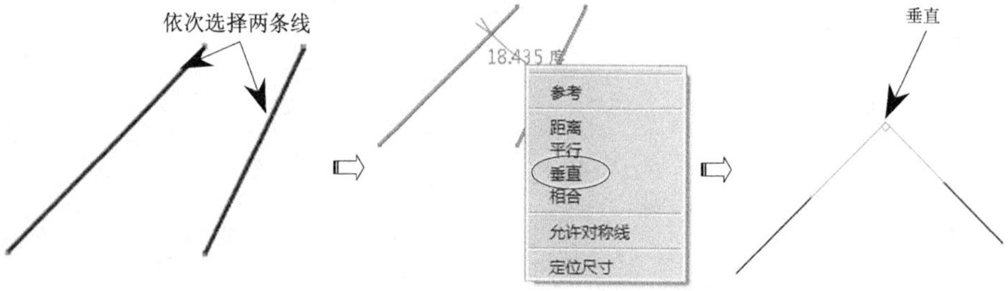

图2-86　创建垂直约束

(3)　点约束。

单击【约束】工具栏上的【约束】按钮，鼠标依次单击选择图形区的点和点（或者线、圆弧等），系统自动显示出尺寸，单击鼠标右键，在弹出的快捷菜单中选择相应的约束类型（相合、终点、同心度等），系统自动完成约束定义，如图 2-87 所示。

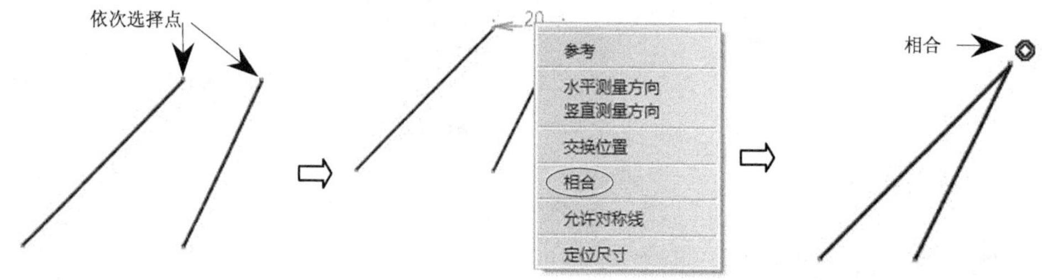

图2-87　创建点与点相合约束

(4)　线与圆约束。

单击【约束】工具栏上的【约束】按钮，鼠标依次单击选择图形区的线和圆（或者圆弧），系统自动显示出尺寸，单击鼠标右键，在弹出的快捷菜单中选择相应的约束类型（相切、交换位置等），系统自动完成约束定义，如图2-88所示。

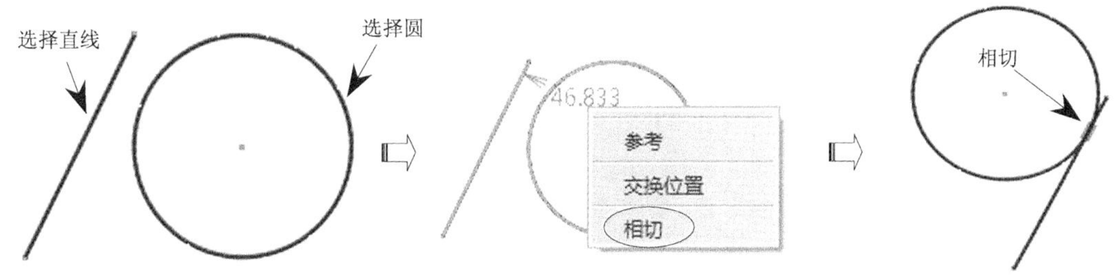

图2-88 创建线与圆相切约束

二、对话框中定义的约束

【对话框中定义的约束】命令是指通过【约束定义】对话框建立约束关系，可以同时对点、直线、曲线等施加约束。

选择要施加约束的图形元素（如果同时对多个元素施加约束，按住 Ctrl 键进行多选），单击【约束】工具栏上的【对话框中定义的约束】按钮，弹出【约束定义】对话框，选择所需约束类型，单击【确定】按钮完成约束施加，如图2-89所示。

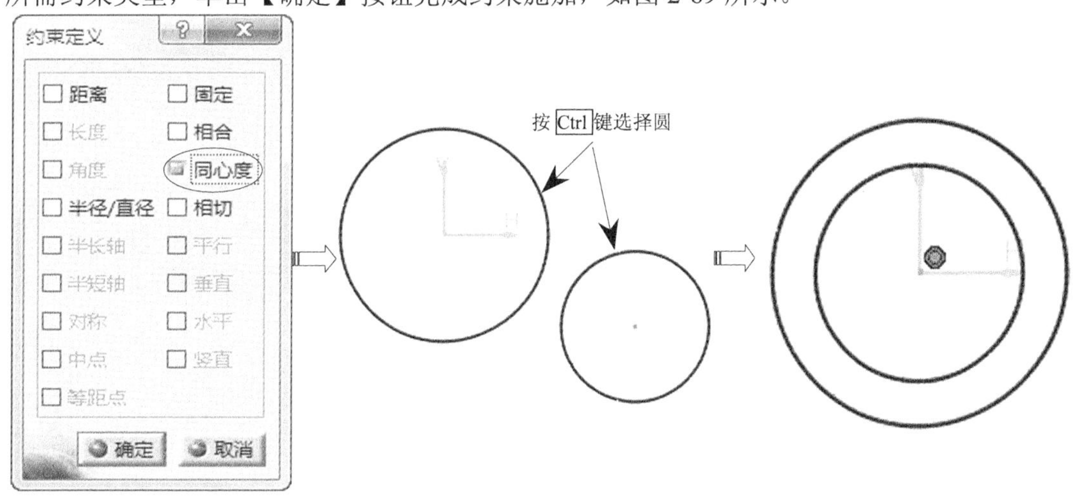

图2-89 对话框中定义约束

提示： CATIA根据所选元素【约束定义】对话框呈现出可能行的约束类型。也可以取消相应约束类型前的选择框，从而实现约束解除。

三、接触约束

【接触约束】命令是在任意两元素之间生成几何约束的工具，其优先建立同心度、相合和相切约束。如果选择一个点和一条直线、两条直线、两个点、一个点和任何其他元素，则生成相合约束；如果选择两个圆、两条曲线/椭圆，则生成同心度约束；如果选择一条直线和一个圆、两条曲线、直线和曲线，则生成相切约束。

单击【约束】工具栏上的【接触约束】按钮，依次选择图形区的线和圆（或者圆弧），系统自动完成约束定义，如图 2-90 所示。

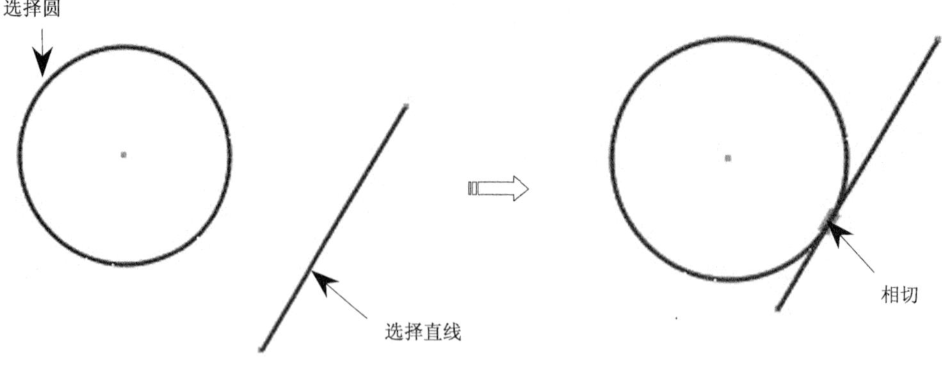

图2-90　创建接触约束

2.6 草图工具

每完成一个草图轮廓，需要对它进行一些简单分析。根据分析结果可对草图进行下一步的处理并利用它生成三维实体。本节将介绍草图分析工具。

2.6.1 草图分析

【草图分析】用于对草图进行详细分析。

单击【工具】工具栏上的【草图分析】按钮，弹出【草图分析】对话框，将显示出草图状态，如图 2-91 所示。

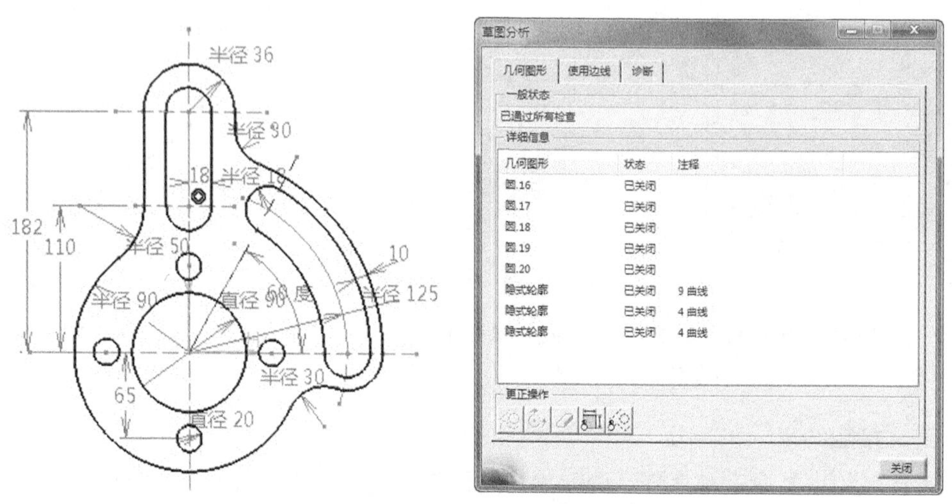

图2-91　【草图分析】对话框

2.6.2 草图求解状态

【草图求解状态】用于对草图轮廓进行简单的分析。

单击【工具】工具栏上的【草图求解状态】按钮，弹出【草图求解状态】对话框。如果草图中没有完全约束，将显示出“不充分约束”状态提示，如图 2-92 所示。

图2-92 【草图求解状态】对话框

2.7 应用实例——法兰草图

本节将以法兰草图为例来讲解草图轮廓创建、草图操作和草图约束等功能在实际设计中的应用。

结果文件 光盘\练习\Ch02\fanlan.CATPart

如图 2-93 所示为法兰草图。

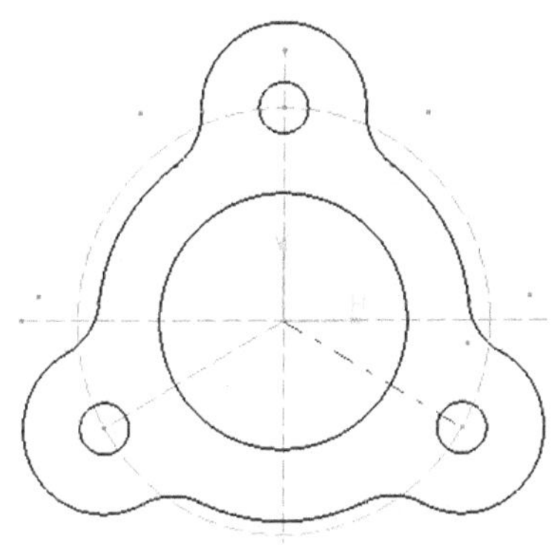

图2-93 法兰草图

1. 在【标准】工具栏中单击【新建】按钮，在弹出的对话框中选择“part”，单击【确定】按钮新建一个零件文件，并选择【开始】/【机械设计】/【零件设计】命令，进入【零件设计】工作台
2. 单击【草图】按钮，在工作窗口选择草图平面为 *xy* 平面，进入草图编辑器。
3. 单击【轮廓】工具栏上的【轴】按钮，通过原点绘制水平和垂直线，如图 2-94 所示。
4. 单击【轮廓】工具栏上的【圆】按钮，弹出【草图工具】工具栏，在图形区选择原点作为圆心，创建 3 个圆，如图 2-95 所示。单击【约束】工具栏上的【约束】按钮，选择圆并标注直径尺寸。

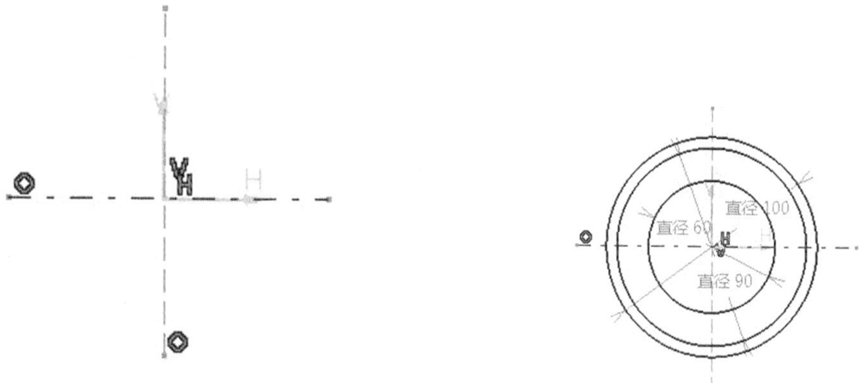

图2-94　绘制水平和垂直线　　　　图2-95　绘制圆并标注尺寸

5. 选中直径为 100 的圆，单击【草图工具】工具栏上的【构造/标准元素】按钮，将其转换为构造线，如图 2-96 所示。

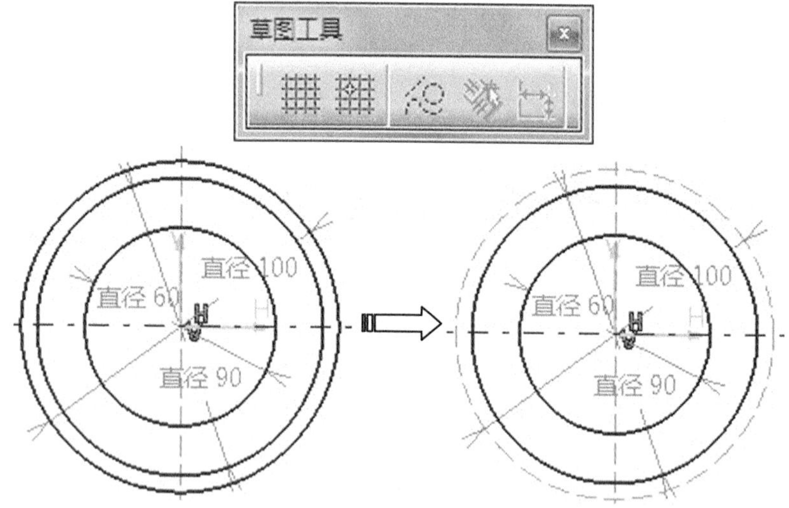

图2-96　转换构造线

6. 单击【轮廓】工具栏上的【圆】按钮，弹出【草图工具】工具栏，在图形区选择构造线与竖直线交点作为圆心，创建 2 个圆，如图 2-97 所示。单击【约束】工具栏上的【约束】按钮，选择圆并标注直径尺寸。

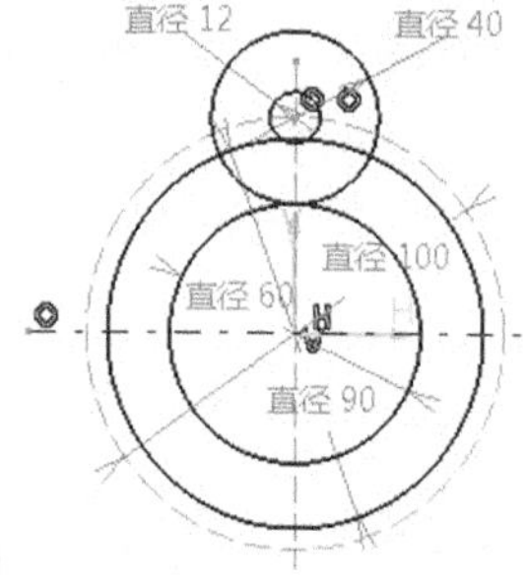

图2-97　创建圆

7. 单击【操作】工具栏上的【旋转】按钮，弹出【旋转定义】对话框，选择上一步所创建的两个圆为旋转元素，再次选择原点为旋转中心点，设置【实例】为 2，角度为 120，单击【确定】按钮，系统自动完成旋转操作，如图 2-98 所示。

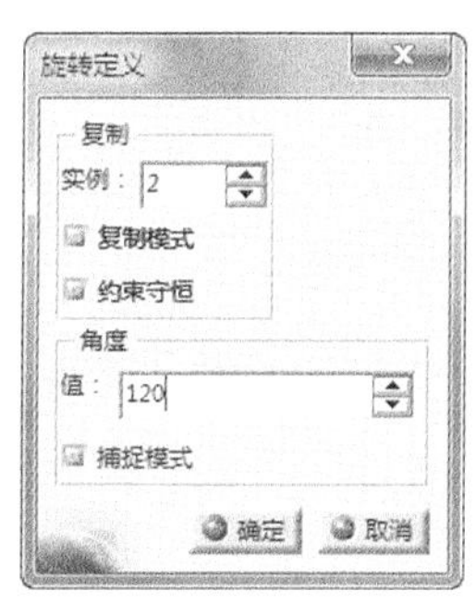

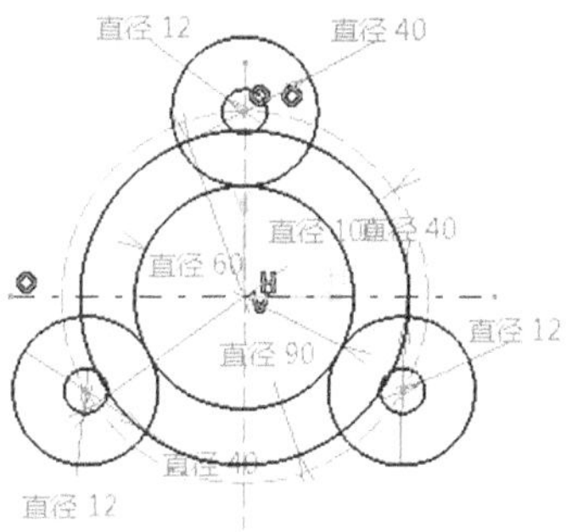

图2-98　选择复制圆

8. 单击【操作】工具栏上的【快速修剪】按钮，修剪草图如图 2-99 所示。
9. 单击【操作】工具栏上的【圆角】按钮，弹出【草图工具】工具栏，在图形区依次单击选择倒圆角的顶点，然后在【草图工具】工具栏文本框中输入半径值 15，创建圆角，如图 2-100 所示。

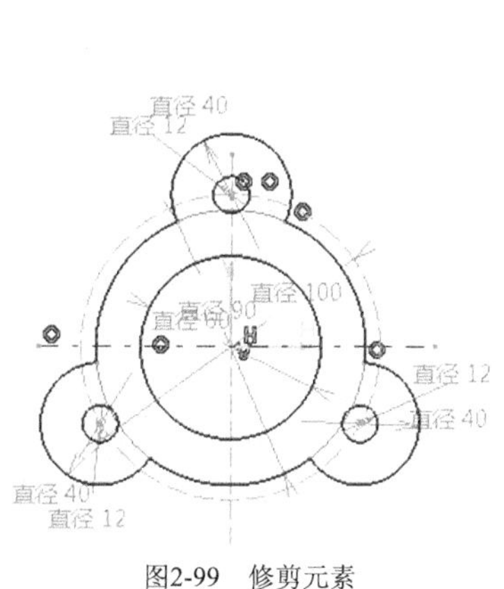

图2-99　修剪元素

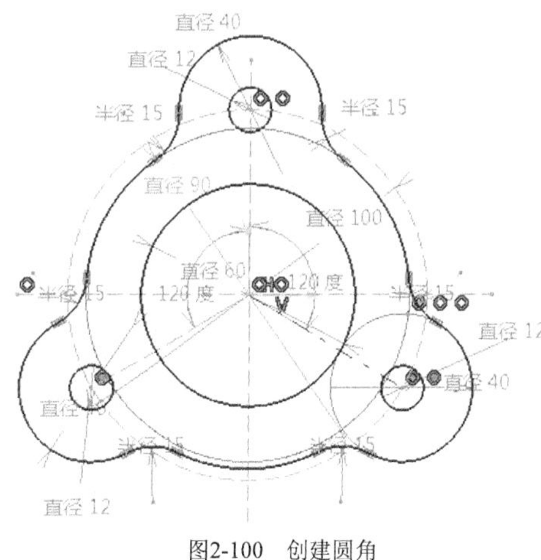

图2-100　创建圆角

2.8 小结

本章介绍了 CATIA V5R21 草图的基本知识，主要内容有草图轮廓绘制方法、草图元素编辑方法以及草图约束，希望读者能熟悉 CATIA 草图绘制的基本命令。本章的重点和难点是草图约束应用，希望读者按照本章讲解的方法再进一步进行实例练习。

第3章 实体设计

本章将结合实例讲解实体零件的设计方法，零件实体的设计思路主要是通过在草图绘制平台中绘制的几何轮廓线，经过拉伸、旋转、钻孔、扫描以及放样等工具生成实体模型。

本章要点

- CATIA V5R21 零件设计工作台
- CATIA V5R21 基于草图的特征实体建模
- CATIA V5R21 修饰特征
- CATIA V5R21 基于曲面的特征创建方法
- 变换特征和布尔操作方法
- 建模参考元素的应用

3.1 实体设计概述

零件设计工作台是 CATIA 进行机械零件的三维精确设计的功能模块，CATIA 零件设计界面直观易懂、操作丰富灵活而著称。本节介绍零件设计工作台界面和相应工具栏等。

3.1.1 进入零件设计工作台

要创建零件首先要进行零件设计工作台环境中，CATIA V5R21 实体设计是在【零件设计工作台】下进行的，常用以下 3 种形式进入零件设计工作台。

一、系统没有开启任何文件

当系统没有开启任何文件时，执行【开始】/【机械设计】/【零件设计】命令，弹出【新建零件】对话框，在【输入零件名称】文本框中输入文件名称，然后单击【确定】按钮进入零件设计工作台，如图 3-1 所示。

二、当开启文件已在零件设计工作台

当开启的文件已在零件设计工作台时，再执行【开始】/【机械设计】/【零件设计】命令，弹出【新建零件】对话框，系统以创建的方式绘制一个新零件，如图 3-2 所示。

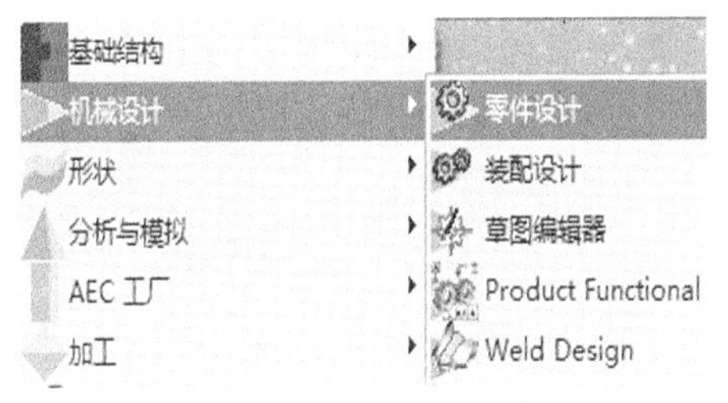

图3-1 【开始】菜单命令

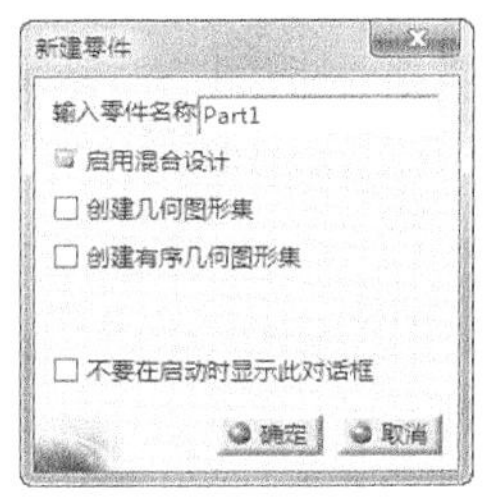

图3-2 【新建零件】对话框

三、当开启文件在其他工作台

当开启文件在其他工作台，再执行【开始】/【机械设计】/【零件设计】命令，系统将零件切换到零件设计工作台，如图 3-3 所示。

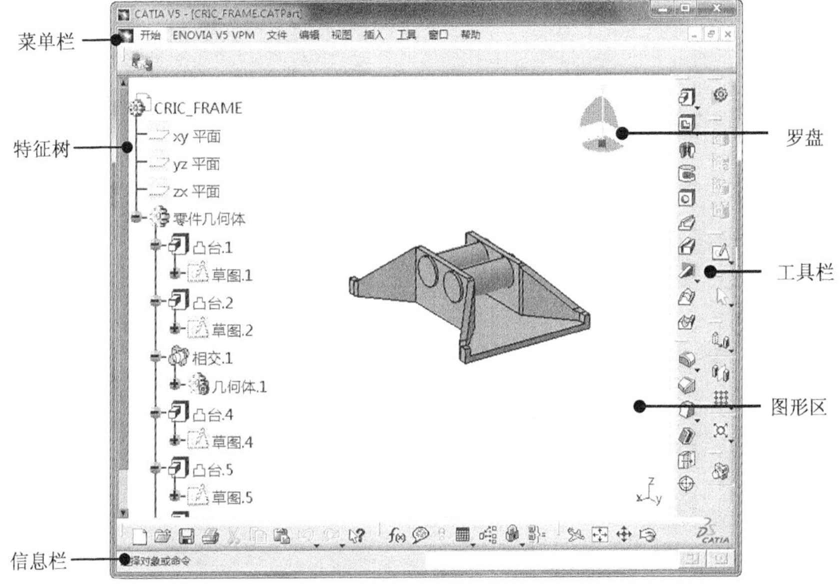

图3-3 零件设计工作台

3.1.2 特征树

在【零件设计工作台】左侧树状图标是 CATIA 模型的特征树，它记录模型创建的每一个步骤，如图 3-4 所示。

特征树显示所有构成零件的各种特征，最顶端是当前工作空间的零件文档，下面是工作空间的三个坐标平面，零件文档中的零部件几何体构成特征树的二级节点。构成零部件几何体零件特征为特征树的三级节点，其下为构成它的草图、点、线、面等几何特征。

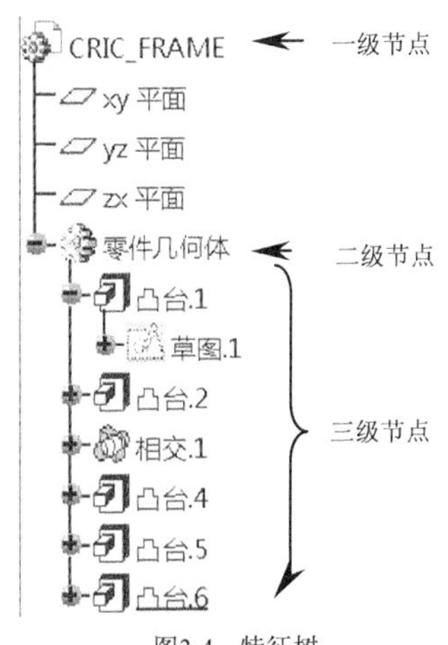

图3-4 特征树

3.1.3 零件设计中的工具栏

利用零件设计工作台中的工具栏命令按钮是启动实体特征命令最方便的方法。CATIA V5R21 零件设计工作台常用的工具栏有 5 个：【基于草图的特

征】工具栏、【基于曲面的特征】工具栏、【修饰特征】工具栏、【变换操作】工具栏和【布尔操作】工具栏。工具栏显示了常用的工具按钮，单击工具右侧的黑色三角，可展开下一级工具栏。

一、【基于草图的特征】工具栏

【基于草图的特征】工具栏命令是指在草图基础上通过拉伸、旋转、扫掠以及多截面实体等方式来创建三维几何体，如图 3-5 所示。

二、【修饰特征】工具栏

【修饰特征】工具栏命令是在已有基本实体的基础上建立修饰，如倒角、拔模、螺纹等，如图 3-6 所示。

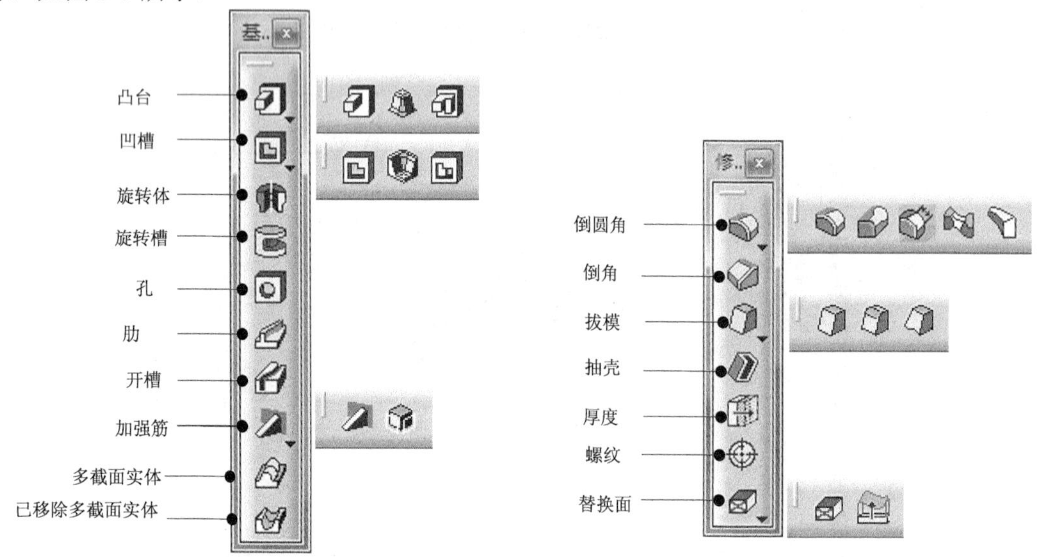

图3-5　【基于草图的特征】工具栏

图3-6　【修饰特征】工具栏

三、【基于曲面的特征】工具栏

【基于曲面的特征】工具栏是利用曲面来创建实体特征，如图 3-7 所示。

四、【变换特征】工具栏

变换特征是指对已生成的零件特征进行位置的变换、复制变换（包括镜像和阵列）以及缩放变换等，如图 3-8 所示。

图3-7　【基于曲面的特征】工具栏

图3-8　【变换特征】工具栏

五、【布尔操作】工具栏

布尔操作是将一个文件中的两个零件体组合到一起，实现添加、移除、相交等运算，如图 3-9 所示。

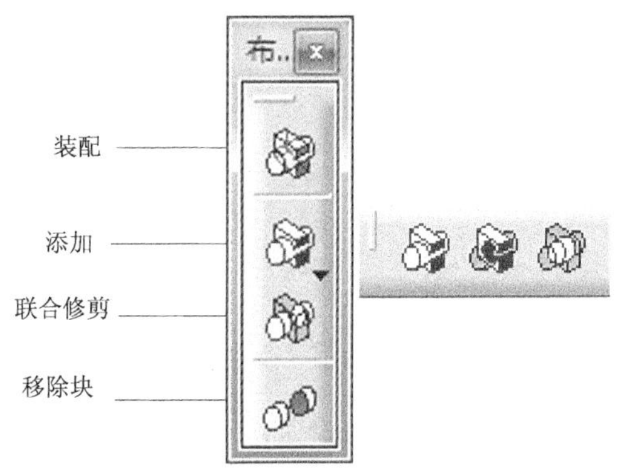

图3-9 【布尔操作】工具栏

3.2 基于草图的特征

基于草图的特征是在草图基础上通过拉伸、旋转、扫掠以及多截面实体等方式来创建三维几何体，是 CATIA V5R21 创建特征的基本方法。下面分别加以介绍。

3.2.1 凸台

CATIA V5R21 提供了多种凸台实体创建方法，单击【基于草图的特征】工具栏上的【凸台】按钮右下角的小三角形，弹出有关凸台命令按钮，如图 3-10 所示。

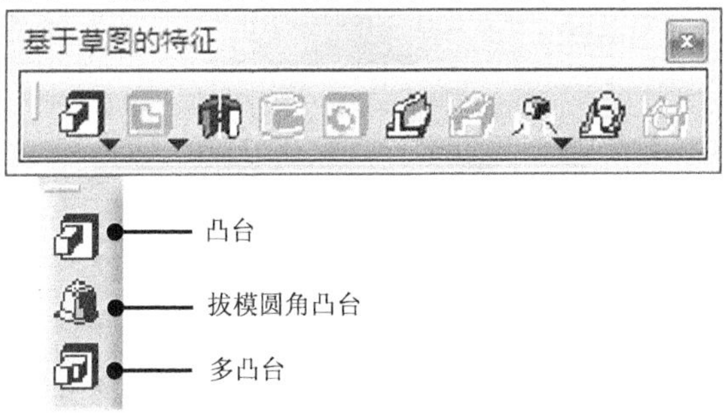

图3-10 凸台命令

一、凸台

【凸台】命令用于根据选定的草图轮廓线或曲面沿某一方向延展一定的长度创建实体特征。用于凸台的草图轮廓线或曲面时凸台的基本元素，延展长度和方向是凸台的两个基本参数。

单击【基于草图的特征】工具栏上的【凸台】按钮，弹出【定义凸台】对话框，如图 3-11 所示。

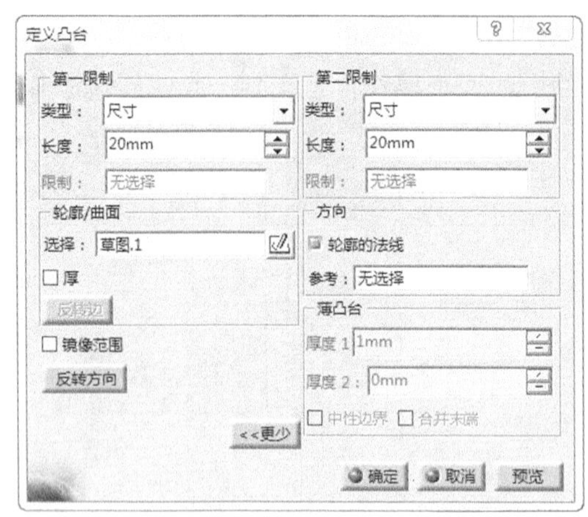

图3-11　【定义凸台】对话框

【定义凸台】对话框中相关选项参数含义如下。

(1)　定义限制。

用于对凸台的定义限制面进行类型参数的设置，包括以下选项。

- 类型：用于设置凸台拉伸的形式，包括“尺寸”、“直到下一个”、“直到最后”、“直到平面”和“直到曲面”等，如表 3-1 所示。

表 3-1　凸台类型说明

类型	拉伸结果	说明
第一限制 类型：尺寸 长度：50mm 限制：无选择		从草图轮廓面以指定的距离延伸特征。如果输入长度为负值，拉伸方向为当前拉伸方向的反向
第一限制 类型：直到下一个 限制：无选择 偏移：15mm		直接将截面拉伸至当前拉伸方向上的下一个特征
第一限制 类型：直到最后 限制：无选择 偏移：0mm		当前截面的拉伸方向有多个特征时，将截面拉伸到最后的特征上
第一限制 类型：直到平面 限制：凸台.2\面.2 偏移：0mm		将截面拉伸到当前拉伸方向的平面上
第一限制 类型：直到曲面 限制：拉伸.1 偏移：0mm		将截面拉伸到当前拉伸方向的曲面上

- 偏移：当选择“直到曲面”、“直到平面”、“直到下一个”拉伸方式时，设置

正偏移表示在当前拉伸方向上向前偏移拉伸实体，设置负偏移表示在当前拉伸方向上向后偏移拉伸实体。

(2) 轮廓/曲面。

用于定义凸台基本元素的草图或曲面，包括以下选项。

- 选择：如果截面草图已经绘制可直接选择凸台轮廓截面。当截面没有绘制时，选择【选择】文本框，单击鼠标右键，弹出快捷菜单，如图 3-12 所示。
- 转至轮廓定义：选择该命令，弹出【定义轮廓】对话框，选择【子元素】单选按钮，可选择需要草图轮廓的一部分作为凸台截面，如图 3-13 所示。

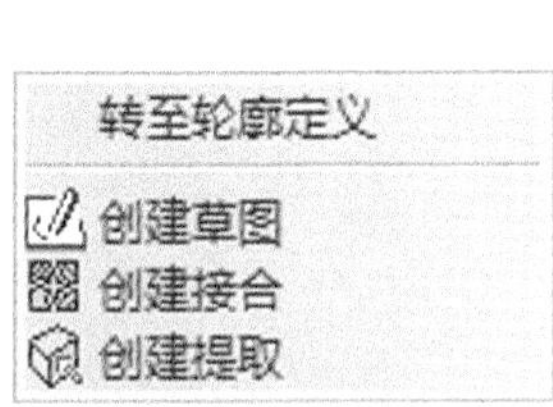

图3-12 选择快捷菜单

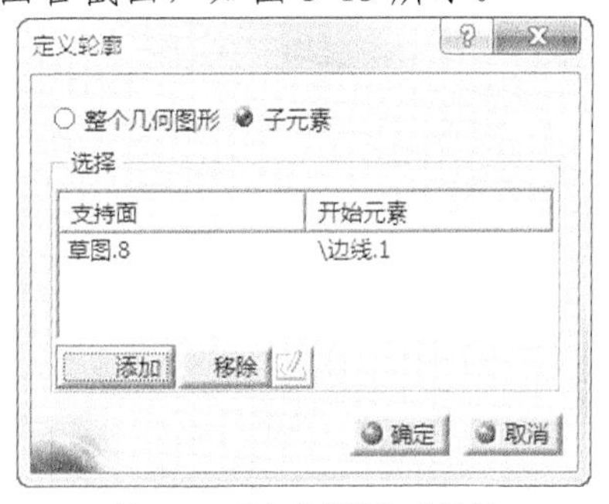

图3-13 【定义轮廓】对话框

- 创建草图：选择该命令，进入草图编辑器绘制凸台截面。
- 创建接合：选择该命令，弹出【接合定义】对话框，选择曲线或曲面作为凸台截面轮廓。
- 创建提取：选择该命令，弹出【提取定义】对话框，选择非连接子元素生成凸台截面轮廓。
- 厚：用于设置是否拉伸成薄壁件。选择该复选框后，可在【薄凸台】选项中设置薄凸台厚度。
- 厚度 1 和厚度 2：用于设置截面两侧方向薄壁厚度值，如图 3-14 所示。

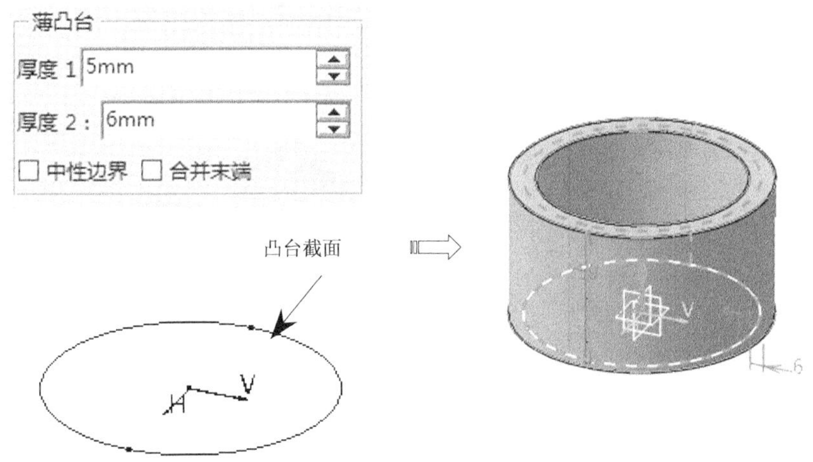

图3-14 厚度参数

- 中性边界：薄壁厚度在截面轮廓中心两侧。此时【厚度 1】文本框输入拉伸薄

壁的总厚度，如图 3-15 所示。

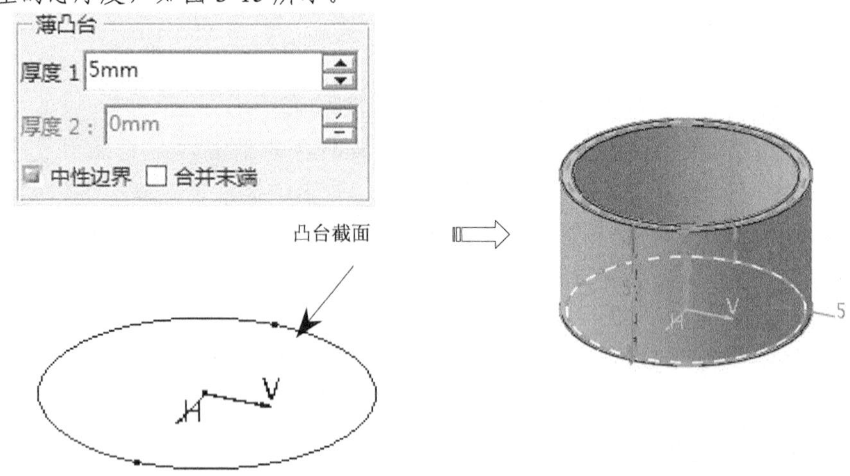

图3-15　中性边界

- 反转边：适用于开放轮廓。单击该按钮，可反转拉伸轮廓实体方向，如图 3-16 所示。

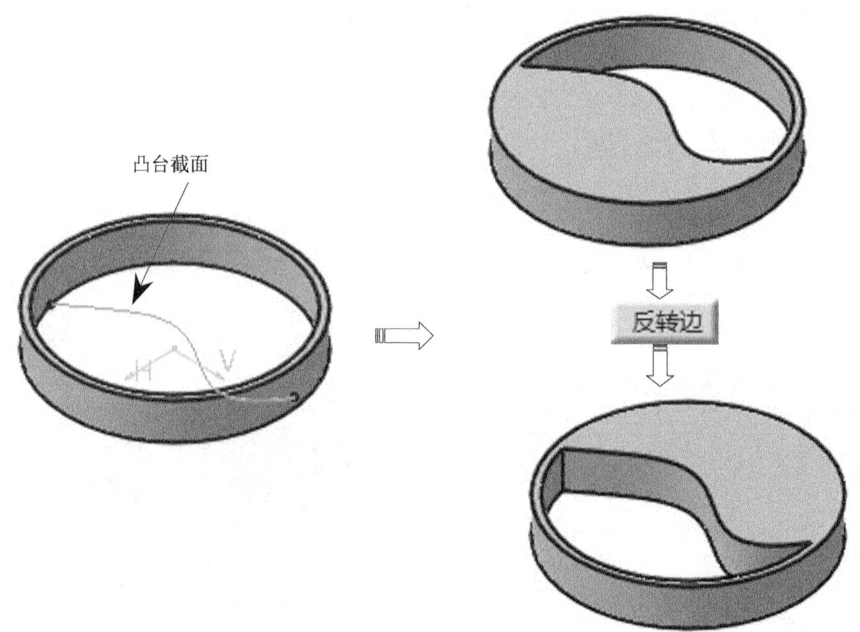

图3-16　反转边

(3) 镜像范围。

当截面两侧凸台设置相同时，勾选【镜像范围】复选框，创建以截面为对称面的镜像对称凸台实体。

(4) 方向。

用于设置凸台拉伸方向，系统默认为【轮廓的法线】方向。当取消【轮廓的法线】复选框，单击【参考】文本框，可在绘图选择直线、轴线、坐标轴等作为拉伸方向，如图 3-17 所示。

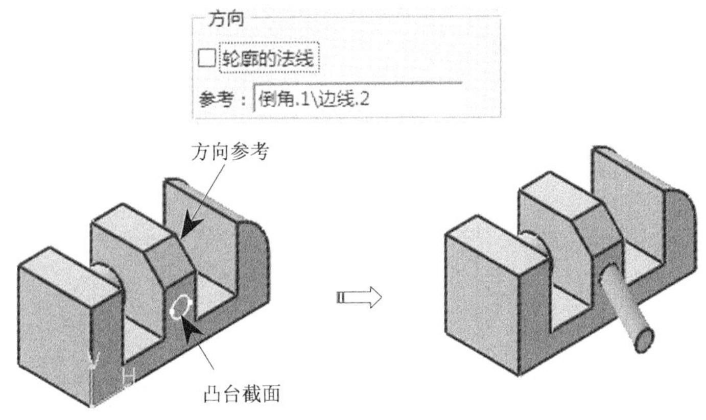

图3-17　方向

二、拔模圆角凸台

【拔模圆角凸台】命令用于创建带有拔模角和圆角特征的凸台。

单击【基于草图的特征】工具栏上的【拔模圆角凸台】按钮，选择凸台截面后，弹出【定义拔模圆角凸台】对话框，设置好相关参数后，单击【确定】按钮，系统创建拔模圆角凸台实体，如图 3-18 所示。

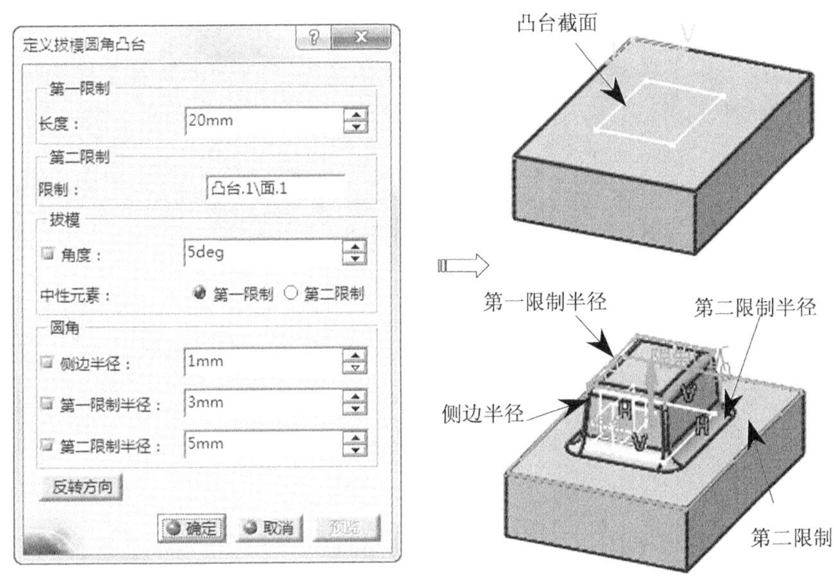

图3-18　拔模圆角凸台

三、多凸台

【多凸台】命令是指在同一草绘截面的定给不同区域指定不同的拉伸长度值。要求所有轮廓必须是封闭且不相交。

单击【基于草图的特征】工具栏上的【多凸台】按钮，选择好凸台截面后，弹出

【定义多凸台】对话框，设置好相关参数后，单击【确定】按钮，系统创建多凸台实体，如图 3-19 所示。

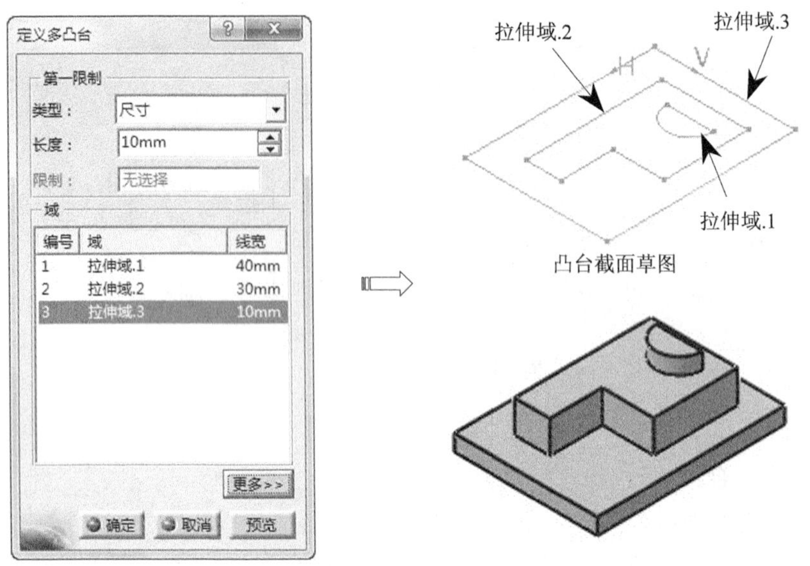

图3-19 多凸台

3.2.2 凹槽

CATIA V5R21 提供了多种凹槽创建方法，单击【基于草图的特征】工具栏上的【凹槽】按钮右下角的小三角形，弹出有关凹槽命令按钮，如图 3-20 所示。

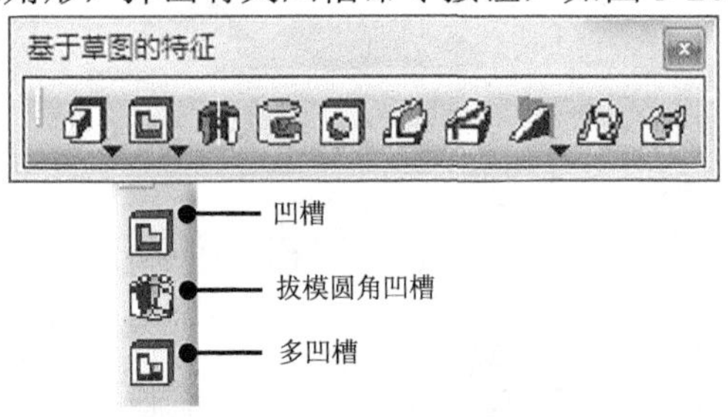

图3-20 凹槽命令

一、凹槽

【凹槽】命令是以剪切材料的方式拉伸轮廓或曲面。凹槽特征与凸台特征相似，只不过凸台是增加实体，而凹槽是去除实体。

单击【基于草图的特征】工具栏上的【凹槽】按钮，选择凹槽截面，弹出【定义凹槽】对话框，设置凹槽参数后，单击【确定】按钮，系统自动完成凹槽特征，如图 3-21 所示。

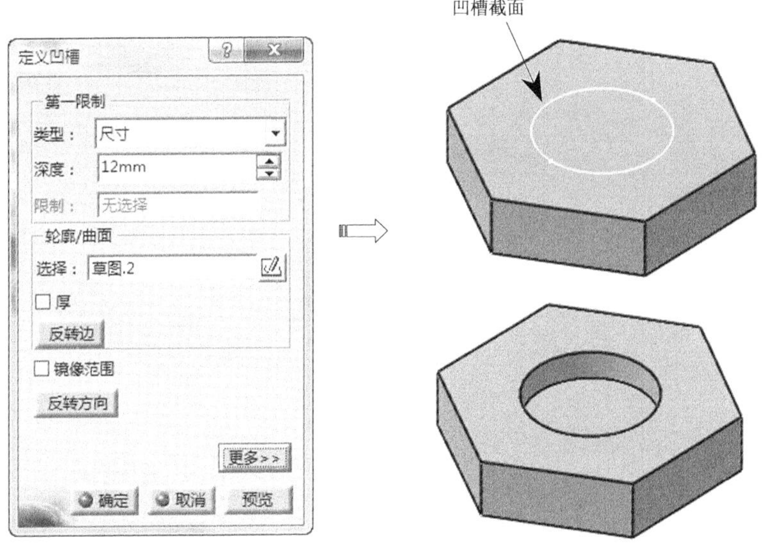

图3-21　凹槽特征

二、拔模圆角凹槽

【拔模圆角凹槽】命令用于创建带有拔模角和圆角特征的凹槽特征。

单击【基于草图的特征】工具栏上的【拔模圆角凹槽】按钮，选择凹槽截面后，弹出【定义拔模圆角凹槽】对话框，设置好相关参数后，单击【确定】按钮，系统创建拔模圆角凹槽特征，如图3-22所示。

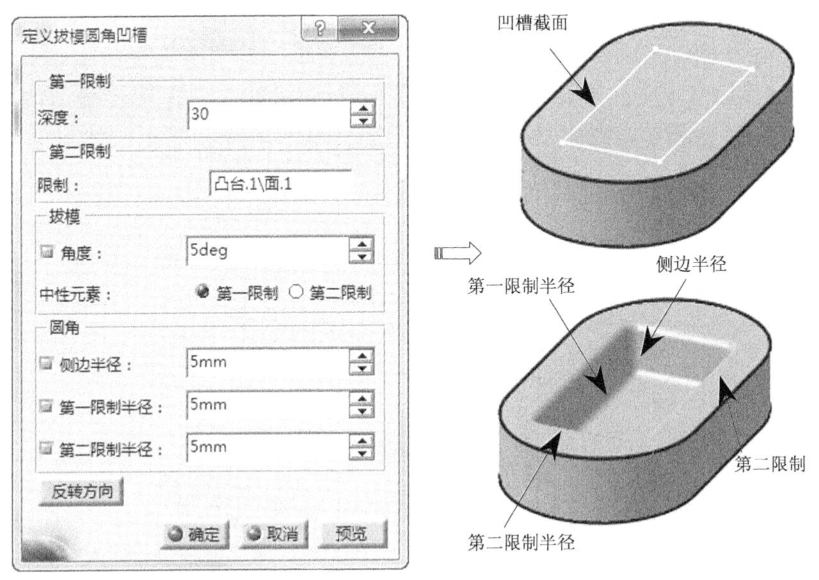

图3-22　拔模圆角凹槽

三、多凹槽

【多凹槽】命令是指在同一草绘截面的给不同区域指定不同的拉伸长度值。要求所有轮廓必须是封闭且不相交。

单击【基于草图的特征】工具栏上的【多凹槽】按钮，选择凹槽截面后，弹出【定义多凹槽】对话框，设置相关参数后，单击【确定】按钮，系统创建多凹槽特征，如图 3-23 所示。

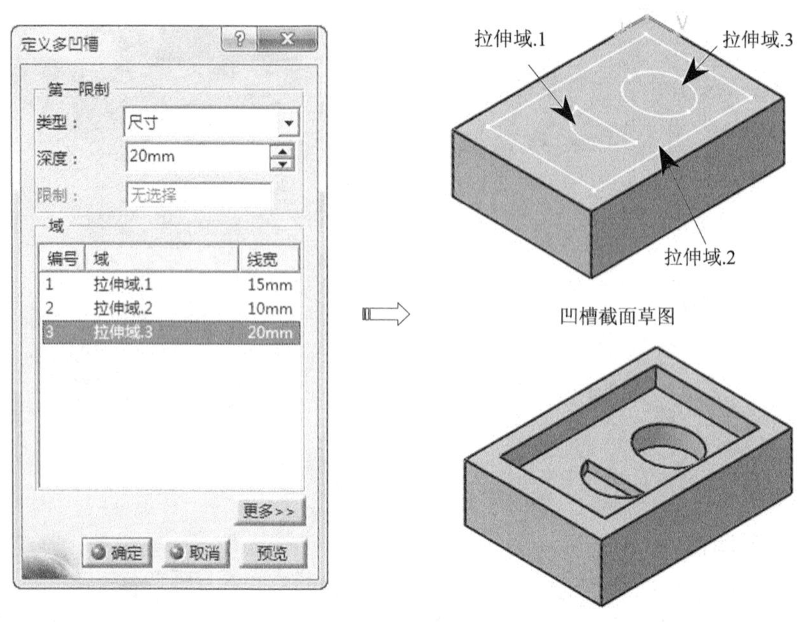

图3-23　多凹槽

3.2.3　旋转体

【旋转体】命令是指一个草图截面绕旋转中心轴在指定的角度下旋转绘制实体特征。

单击【基于草图的特征】工具栏上的【旋转体】按钮，选择旋转截面，弹出【定义旋转体】对话框，设置相关参数后，单击【确定】按钮，系统创建旋转体特征，如图 3-24 所示。

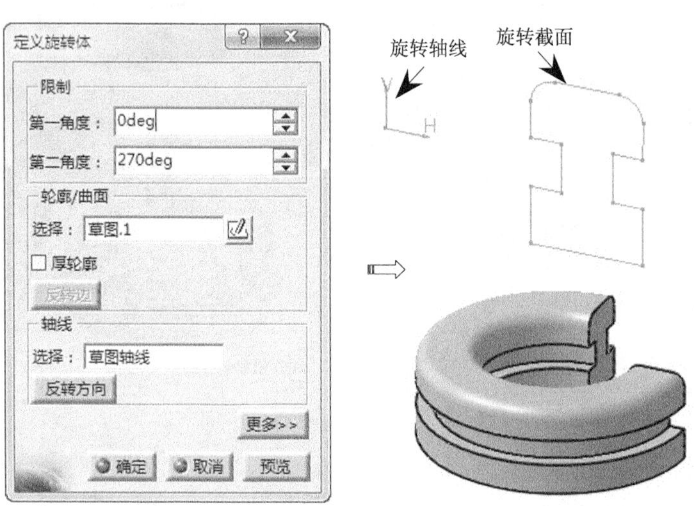

图3-24　旋转体特征

【定义旋转体】对话框中相关选项参数含义如下。

(1) 限制。

- 第一角度：以逆时针方向为正向，从草图所在平面到起始位置转过的角度。
- 第二角度：以逆时针方向为正向，从草图所在平面到终止位置转过的角度。

(2) 轴线。

如果在绘制旋转轮廓的草图截面时已经绘制了轴线，系统会自动选择该轴线，否则选中【选择】文本框，可在绘图区选择直线、轴、边线等作为旋转体轴线。

(3) 反转方向。

【反转方向】按钮可切换旋转方向，即将【第一角度】和【第二角度】相互交换。

提示：旋转轴与旋转截面不能相交，而且当旋转截面为开放状时，绘制的旋转体是以薄壁形式存在。

3.2.4 旋转槽

【旋转槽】命令是指在实体上以旋转的形式创建剪切特征。旋转槽特征与旋转体特征相似，只不过旋转体是增加实体，而旋转槽是去除实体。

单击【基于草图的特征】工具栏上的【旋转槽】按钮，选择旋转槽截面，弹出【定义旋转槽】对话框，设置旋转槽参数后，单击【确定】按钮，系统自动完成旋转槽特征，如图 3-25 所示。

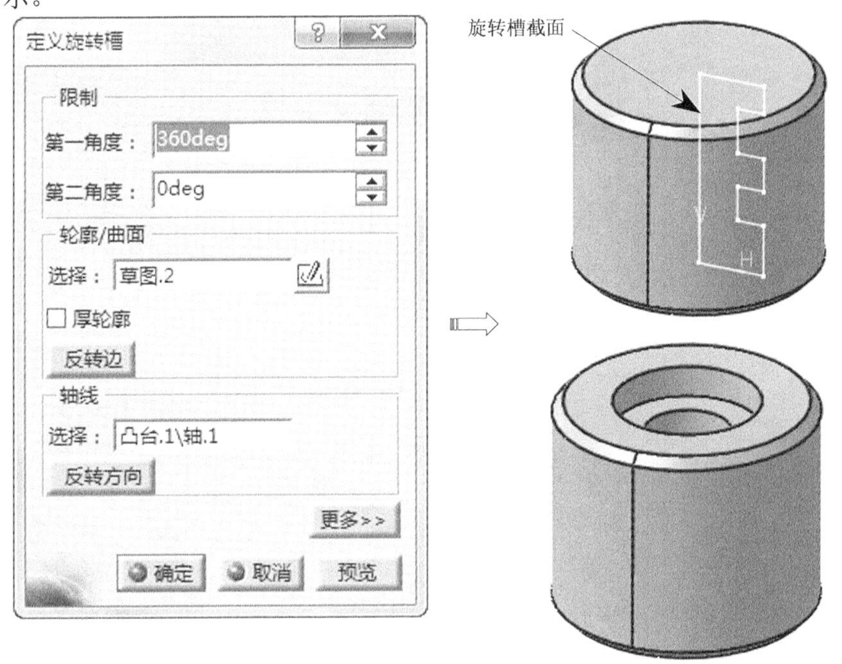

图3-25　旋转槽特征

3.2.5 孔

【孔】命令用于在实体上钻孔，包括盲孔、通孔、锥形孔、沉头孔、埋头孔、倒钻孔等。孔创建中要设置孔参数，然后再定位孔位置。

单击【基于草图的特征】工具栏上的【孔】按钮，选择钻孔的实体表面后，弹出【定义孔】对话框，设置孔参数后，单击【定位草图】按钮，进入草图编辑器，约束定位钻孔后返回，然后单击【确定】按钮，系统自动完成孔特征的创建，如图 3-26 所示。

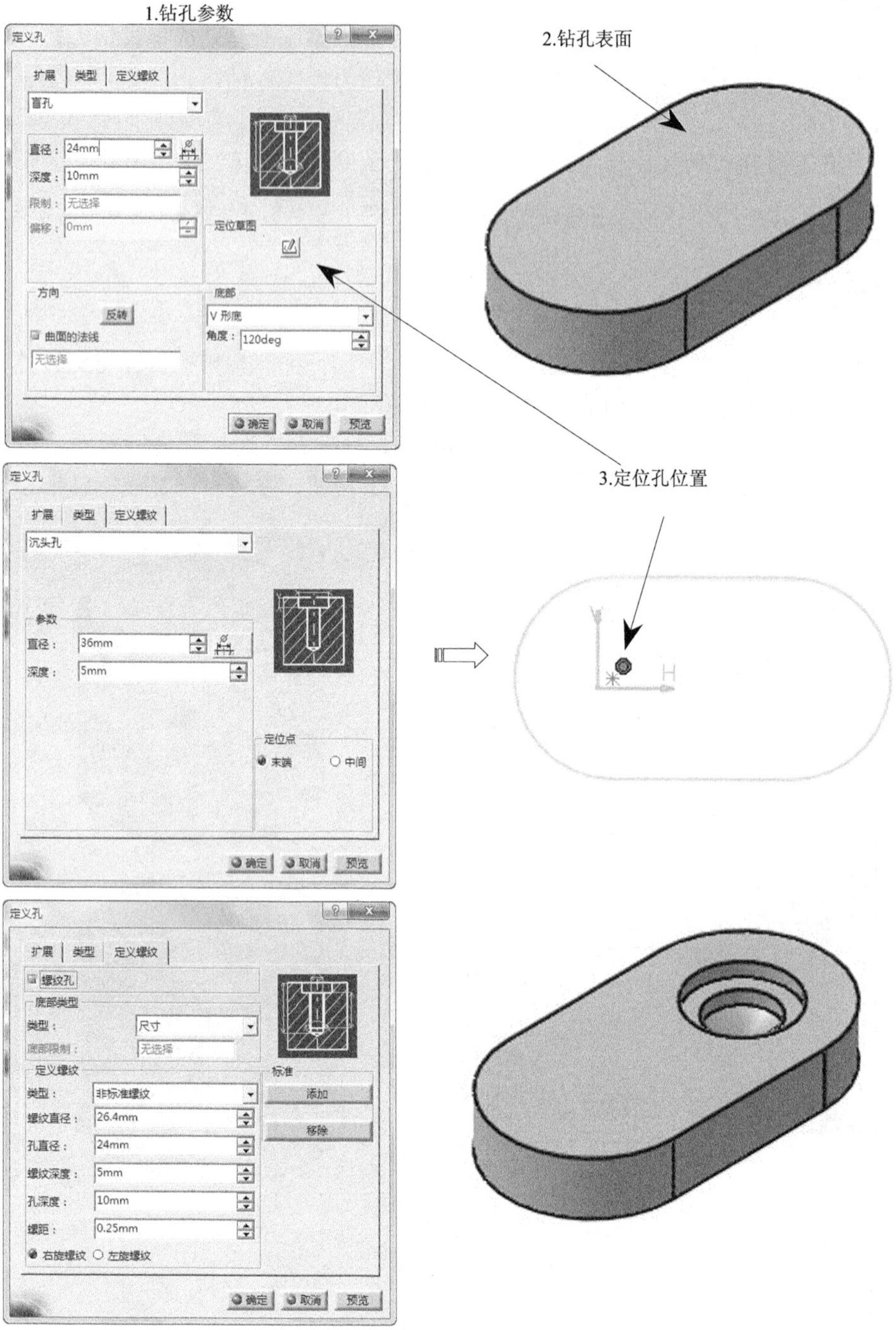

1.钻孔参数

2.钻孔表面

3.定位孔位置

图3-26　孔特征

【定义孔】对话框中相关选项参数含义如下。

一、【扩展】选项卡

(1) 孔延伸方式。

用于设置孔的延伸方式，包括“盲孔”、“直到下一个”、“直到最后”、“直到平面”和“直到曲面”等。含义与拉伸实体功能中的拉伸方式相同，如图 3-27 所示

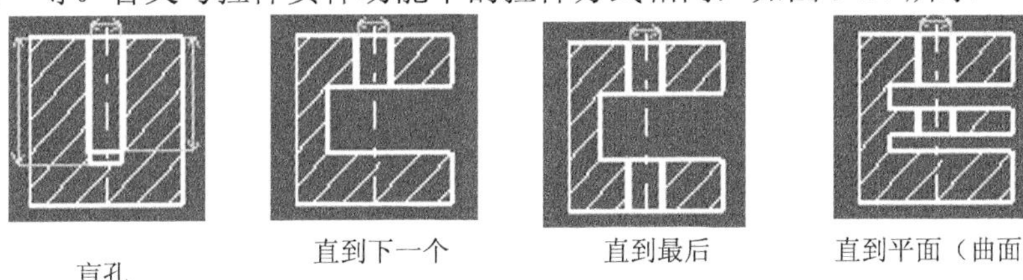

图3-27 孔延伸方式

(2) 尺寸。

用于设置孔尺寸的大小，包括“直径”、“深度”等。

(3) 方向。

用于定义孔轴线方向，包括以下选项。

- 反转：单击【反转】按钮，反转孔轴线方向。
- 曲线的法线：孔的拉伸方向垂直于孔所在轴线，取消该复选框，可选择直线、轴线、轴等作为孔轴线的拉伸方向。

(4) 定位草图。

单击【定位草图】按钮，进入草图编辑器，显示孔中心的位置，可调用约束功能确定孔的位置。单击【工作台】工具栏上的【退出工作台】按钮，完成草图绘制退出草图编辑器环境。

(5) 底部。

用于设置孔底部形状，包括“平底”和“V 形底”等 2 种。

二、【类型】选项卡

用于设置孔类型，包括“简单”、“锥形孔”、“沉头孔”、“埋头孔”和“倒钻孔”等，如图 3-28 所示。

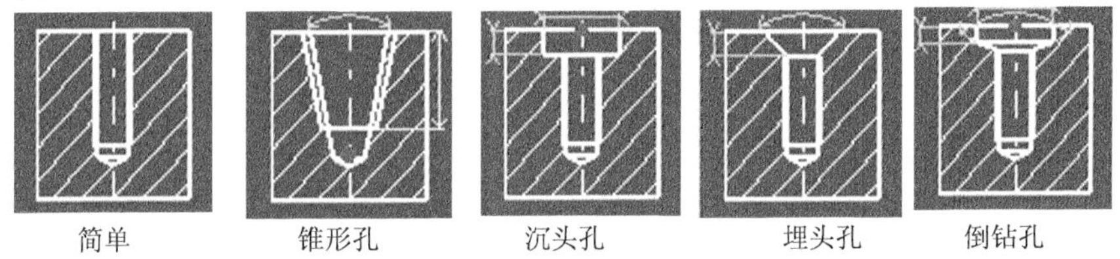

图3-28 孔类型

三、【定义螺纹】选项卡

用于定义螺纹孔的相关参数，包括以下选项。

- 类型：螺纹的标准，有“公制细牙螺纹”、“公制粗牙螺纹”和“非标准螺纹”等 3 种。
- 螺纹直径：螺纹的大径。

- 孔直径：螺纹的小径。
- 螺纹深度：螺纹深度。
- 孔深度：螺纹底孔深度，必须大于螺纹深度。
- 螺距：螺纹节距，标准螺纹螺距自动确定，非标准螺纹需要指定。

3.2.6 肋

【肋】命令也称为扫掠体，是草图轮廓沿着一条中心导向曲线扫掠来创建实体。通常轮廓使用封闭草图，而中心曲线可以是草图也可以是空间曲线，可以是封闭的也可以是开放的。

单击【基于草图的特征】工具栏上的【肋】按钮，弹出【定义肋】对话框，选择轮廓和中心曲线，并设置相关参数后，单击【确定】按钮，系统创建肋特征，如图 3-29 所示。

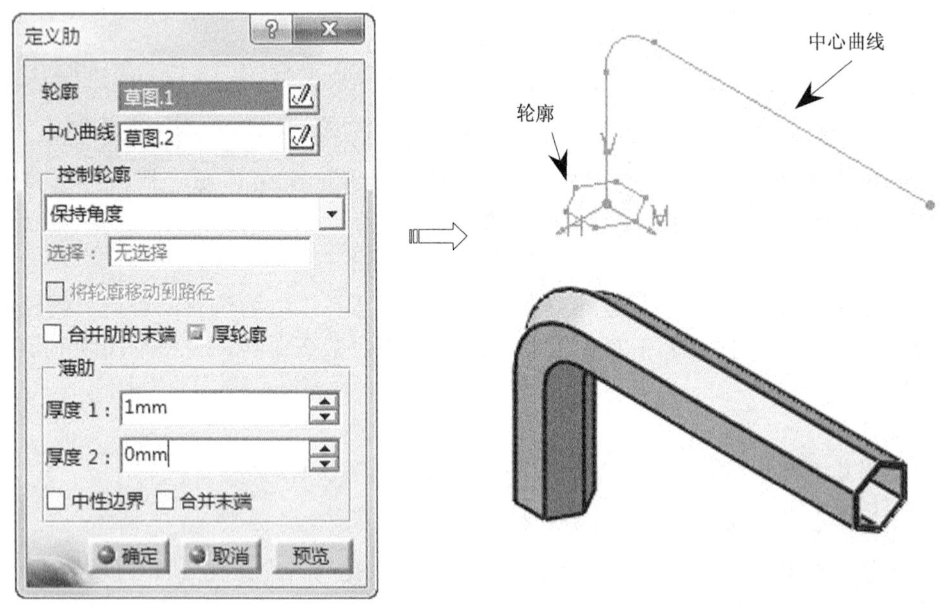

图3-29　肋特征

【定义肋】对话框中相关选项参数含义如下。

(6)　轮廓和中心曲线。

- 轮廓：选择创建肋特征的草图截面。既可以选择已经绘制好的草图，也可以单击编辑框右侧的【草图】按钮进入草图编辑器绘制。
- 中心曲线：选择创建肋特征的中心引导线。既可以选择已经绘制好的草图，也可以单击编辑框右侧的【草图】按钮进入草图编辑器绘制。

(7)　控制轮廓。

用于设置轮廓沿中心曲线的扫掠方向，包括以下选项。

- 保持角度：轮廓草图平面与中心线切线之间始终保持初始位置时的角度。
- 拔模方向：在扫掠过程中轮廓的法线方向始终与指定的牵引方向一致。可以选择平面或实体边线，选择平面时，则方向由该面的法线方向确定，扫掠结果的起始和终止端面平行。

- 参考曲面：轮廓平面与参考曲面之间的角度保持不变。

(8) 合并肋的末端。

选择【合并肋的末端】复选框，碰到实体表面时会将多余的部分自动修剪掉。

3.2.7 开槽

【开槽】命令是指在实体上以扫掠的形式创建剪切特征。开槽特征与肋特征相似，只不过肋体是增加实体，而开槽是去除实体。

单击【基于草图的特征】工具栏上的【开槽】按钮，弹出【定义开槽】对话框，选择轮廓和中心曲线，并设置相关参数后，单击【确定】按钮，系统创建开槽特征，如图 3-30 所示。

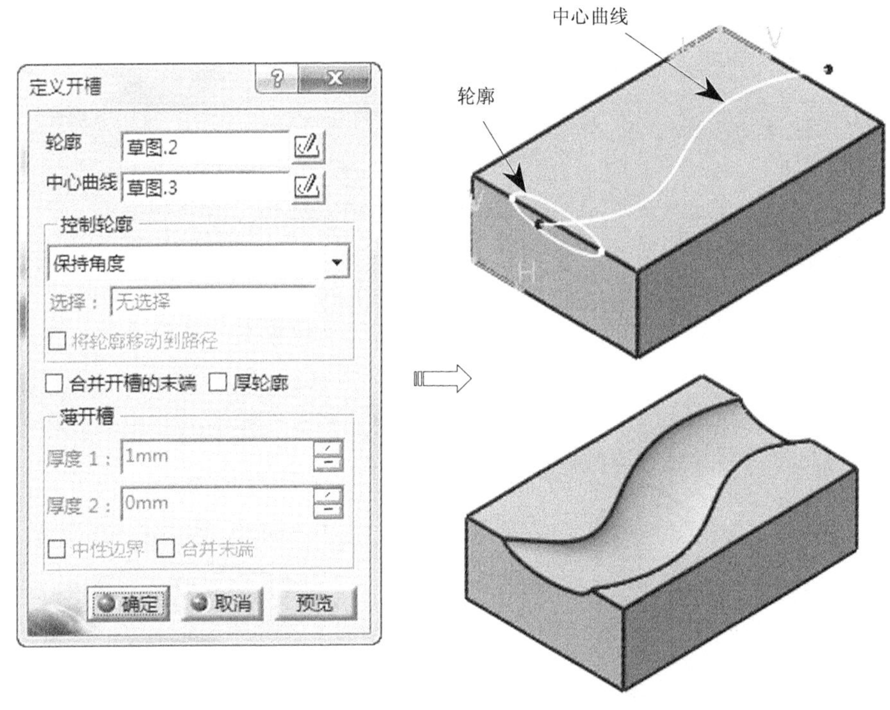

图3-30 开槽特征

3.2.8 加强肋

【加强肋】命令在草图轮廓和现有零件之间添加指定方向和厚度的材料，在工程上一般用于加强零件的强度。

单击【基于草图的特征】工具栏上的【加强肋】按钮，弹出【定义加强肋】对话框，选择肋模式，在【厚度 1】文本框中输入肋厚度，选择筋轮廓后，单击【确定】按钮，系统创建加强肋特征，如图 3-31 所示。

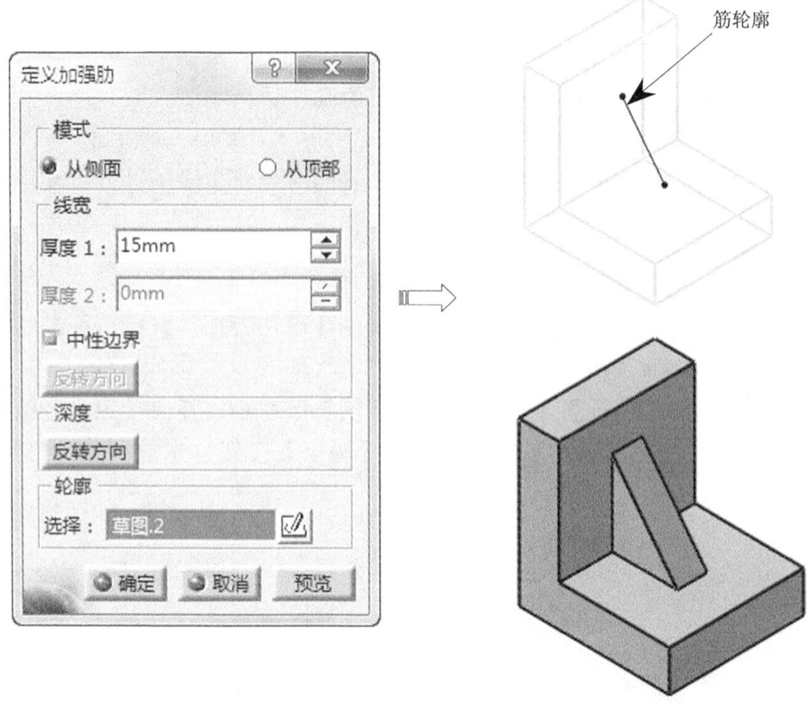

图3-31　加强肋特征

【定义加强肋】对话框选项参数含义。

(1) 模式。

- 从侧面：加强筋厚度值被赋予在轮廓平面法线方向，轮廓在其所在平面内延伸得到加强筋零件。
- 从顶部：加强肋的厚度值被赋予在轮廓平面内，轮廓沿其所在平面的法线方向延伸得到加强肋零件，如图 3-32 所示。

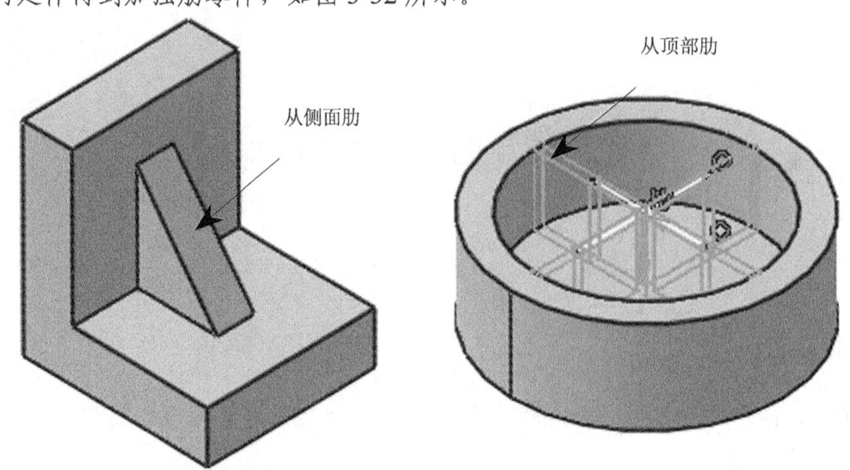

图3-32　加强肋模式

(2) 线宽。

用于设置轮廓沿中心曲线的扫掠方向，包括以下选项。

- 厚度：用于定义加强肋的厚度。在【厚度 1】和【厚度 2】文本框中输入数值，对加强肋在轮廓线两侧的厚度进行定义。
- 中性边界：选中【中性边界】单选按钮，将使加强肋在轮廓线两侧厚度相等；否则只在轮廓线一侧以【厚度 1】文本框中定义的厚度创建加强肋。

(3) 轮廓。

用于定义加强肋的轮廓线。既可以选择已经绘制好的草图，也可以单击编辑框右侧的【草图】按钮进入草图编辑器绘制。

3.2.9 实体混合

【实体混合】命令是指两个草图截面分别沿着两个方向拉伸，生成交集部分实体特征。

单击【基于草图的特征】工具栏上的【实体混合】按钮，弹出【定义混合】对话框，选择第一和第二轮廓，并设置相关参数后，单击【确定】按钮，系统创建实体混合特征，如图 3-33 所示。

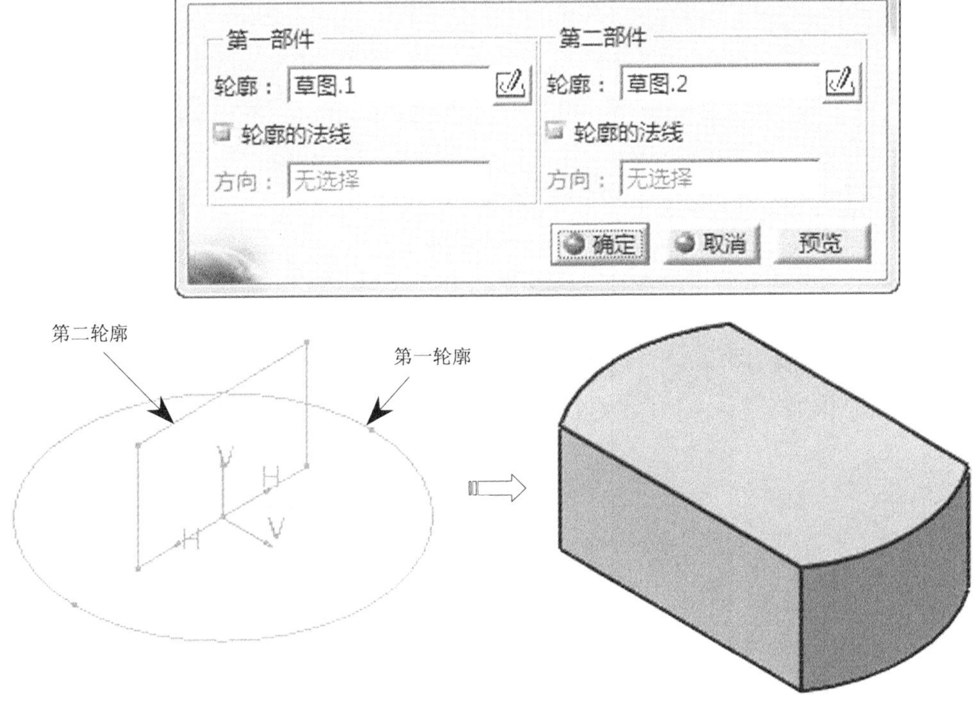

图3-33 实体混合特征

3.2.10 多截面实体

【多截面实体】是指两个或两个以上不同位置的封闭截面轮廓沿一条或多条引导线以渐进方式扫掠形成的实体。

单击【基于草图的特征】工具栏上的【多截面实体】按钮，弹出【多截面实体定义】对话框，依次选择截面，单击【确定】按钮，系统创建多截面实体特征，如图 3-34 所示。

多截面实体所使用的每一个封闭截面轮廓都有一个闭合点和闭合方向，而且要求各截面的闭合点和闭合方向都必须处于正确的方位，否则会发生扭曲和出现错误。

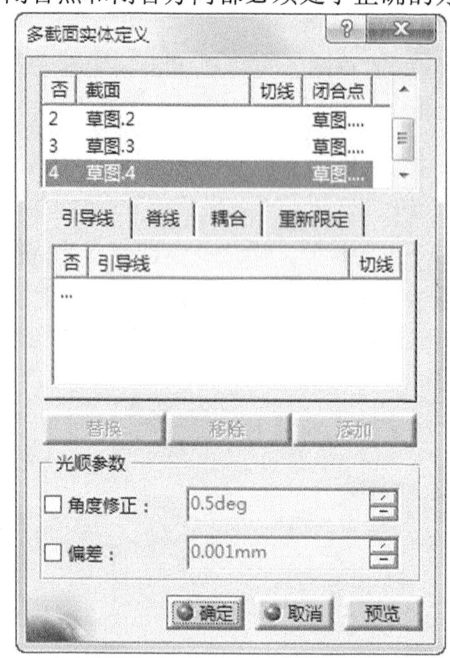

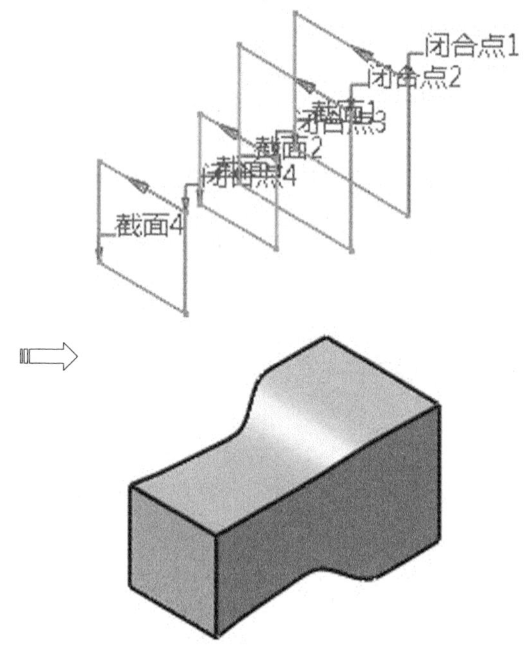

图3-34　多截面实体特征

【多截面实体定义】对话框选项参数含义如下。

(1)　截面。

用于选择多截面实体草图截面轮廓。选择截面轮廓后，在列表中选中任一个草图截面单击鼠标右键，弹出快捷菜单，如图 3-35 所示。

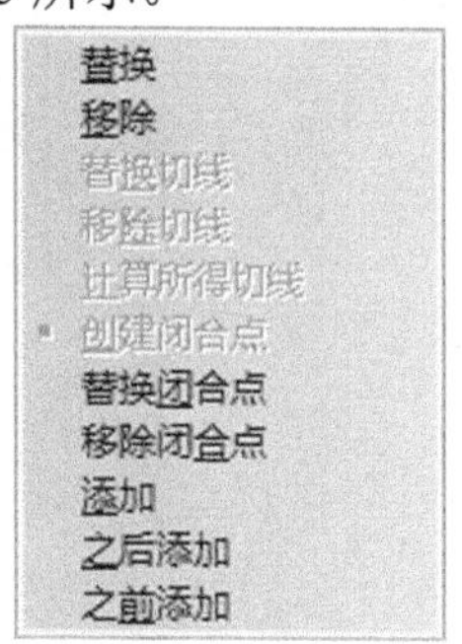

图3-35　截面右键快捷菜单

截面右键快捷菜单选项的含义。

- 替换：替换选中的截面轮廓。
- 移除：删除选中的截面轮廓。
- 替换封闭点：替换选中截面的封闭点。

- 移除封闭点：删除选中截面的封闭点。
- 添加：添加截面轮廓，所添加的轮廓位于列表的最后。
- 之后添加：添加截面轮廓，所添加的轮廓位于选中截面之后。
- 之前添加：添加截面轮廓，所添加的轮廓位于选中截面之前。

(2) 引导线。

引导线在多截面实体中起到边界的作用，它属于最终生成的实体。引导线必须与每个轮廓线相交，如图 3-36 所示。

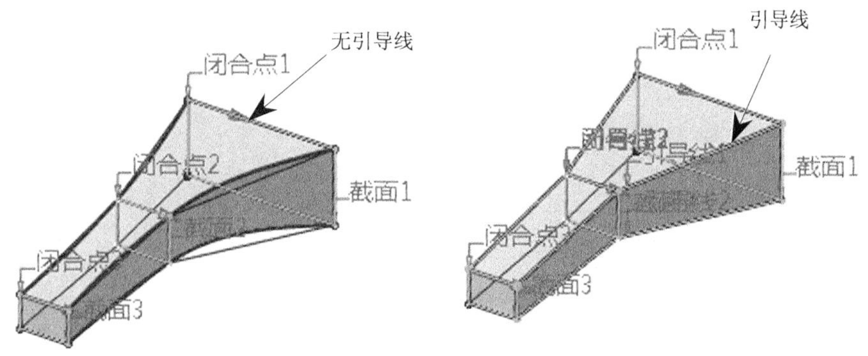

图3-36 引导线

(3) 脊线。

用于引导实体的延伸方向，其作用是保证多截面实体生成的所有截面都与脊线垂直。通常情况下系统能通过所选草图截面自动使用一条默认的脊线；如需定义脊线要保证所选曲线相切连续，如图 3-37 所示。

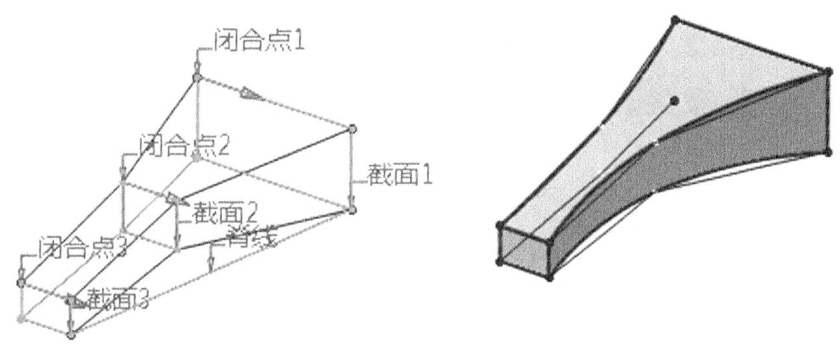

图3-37 脊线

(4) 耦合。

用于设置截面轮廓间的连接方式，包括以下选项。

- 比率：比例连接。将轮廓线沿封闭点所指的方向等分，再将等分点依次连接，常用于各截面顶点数不同的场合。
- 相切：斜率连接。在截面体实体中生成曲线的切失连续变化，要求各截面的顶点数必须相同。
- 相切然后曲率：曲率连续。根据轮廓线的曲率不连续点进行连接，要求各截

面的顶点数必须相同。

- 顶点：顶点连接。根据轮廓线的顶点进行连接，要求各截面的顶点数必须相同。

(5) 重新限定。

默认情况下，多截面实体是从第一个截面到最后一个截面，但也可以用引导线或脊线来限制。要用引导线或脊线限制实体，需要在【重新限定】选项卡中取消【起始截面重新限定】和【最终截面重新限定】复选框。

(6) 光顺参数。

用于设置多截面实体表面的光滑程度，包括【角度修正】和【偏差】等两个选项。

3.2.11　已移除多截面凹槽

【已移除多截面凹槽】用于通过多个截面轮廓的渐进扫掠在已有实体上去除材料生成特征。

单击【基于草图的特征】工具栏上的【已移除多截面凹槽】按钮，弹出【已移除多截面凹槽定义】对话框，依次选择截面，单击【确定】按钮，系统创建已移除多截面凹槽特征，如图 3-38 所示。

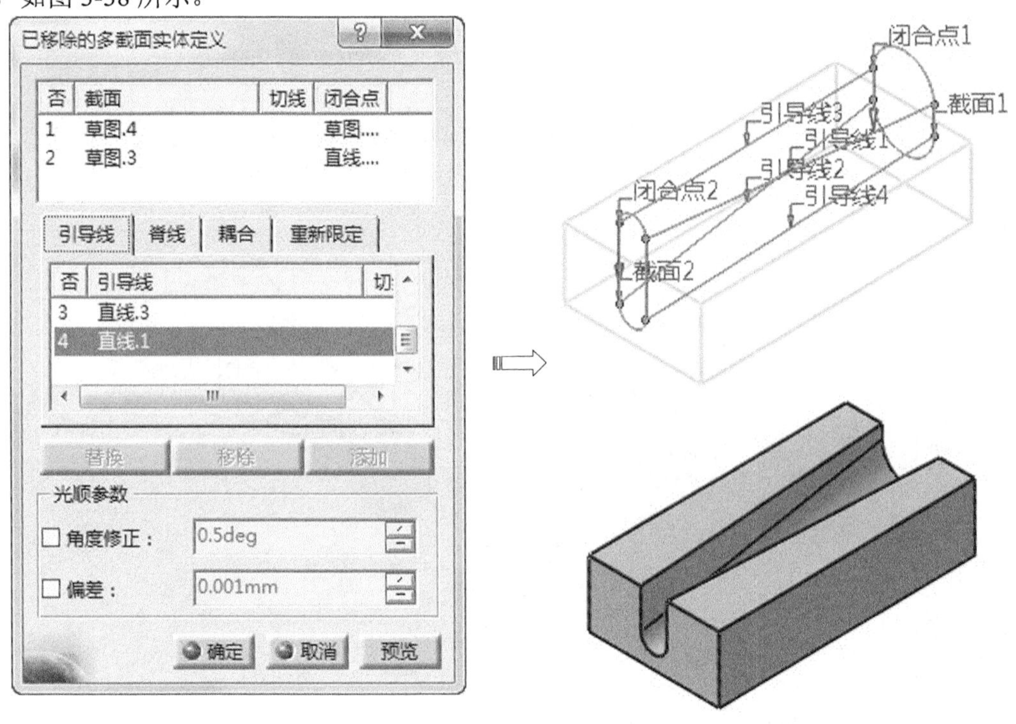

图3-38　已移除多截面凹槽特征

3.3　修饰特征

修饰特征是指在已有基本实体的基础上建立修饰，如倒角、拔模、螺纹等，相关命令集中在【修饰特征】工具栏上命令按钮，下面分别加以介绍。

3.3.1 倒圆角

CATIA V5R21 提供了多种圆角特征的创建方法，单击【修饰特征】工具栏上的【倒圆角】按钮右下角的下三角形，弹出有关倒圆角命令按钮，如图 3-39 所示。

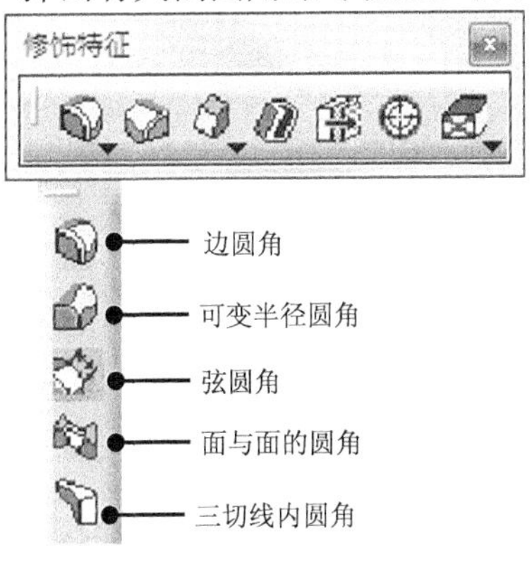

图3-39 倒圆角命令

一、边圆角

【边圆角】命令通过指定实体的边线，在实体上建立与边线连接的两个曲面相切的曲面。

单击【修饰特征】工具栏上的【倒圆角】按钮，弹出【倒圆角定义】对话框，在【半径】文本框中输入圆角半径值，然后激活【要圆角化的对象】编辑框，选择实体上将要进行圆角的边或者面，单击【确定】按钮，系统自动完成圆角特征，如图 3-40 所示。

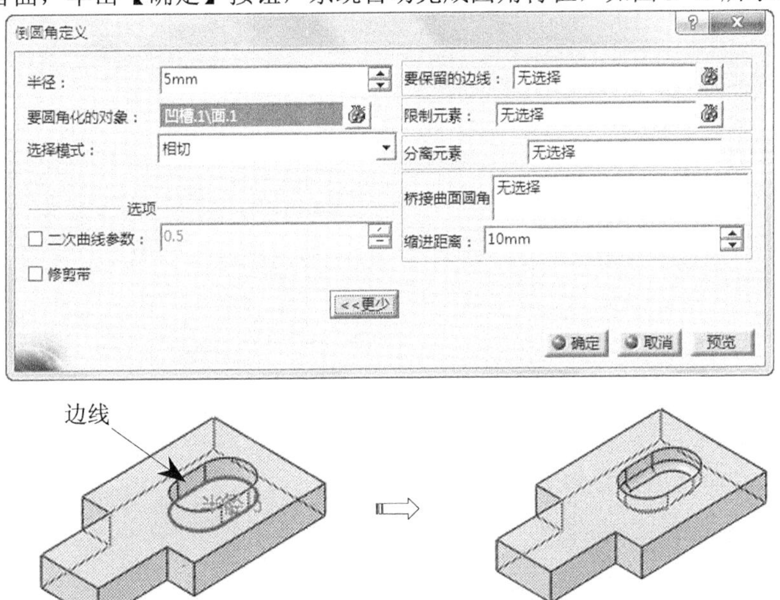

图3-40 边圆角特征

【倒圆角定义】对话框中相关选项参数含义如下。

(1) 选择模式。

- 相切：当选择某一条边线时，所有和该边线光滑连接的棱边都将被选中进行倒圆角。
- 最小：只对选中的边线进行倒圆角，并将圆角光滑过渡到下一条线段，如图 3-41 所示。

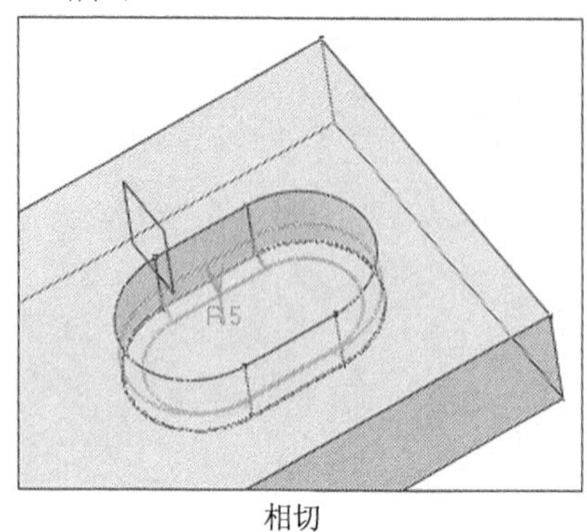

相切

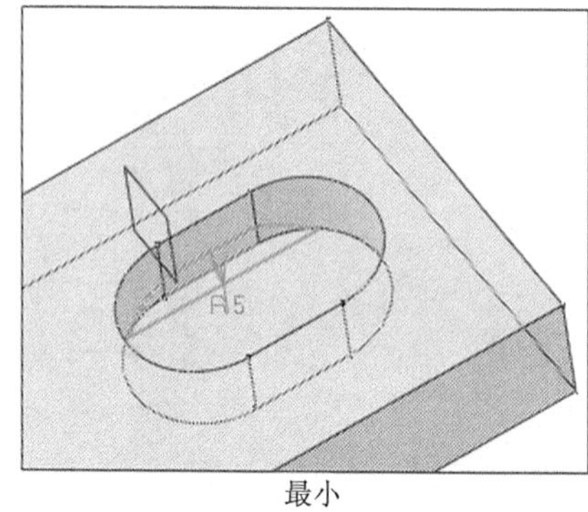

最小

图3-41　选择模式

(2) 要保留的边线。

用于设置倒圆角时要求保留的边，如图 3-42 所示。

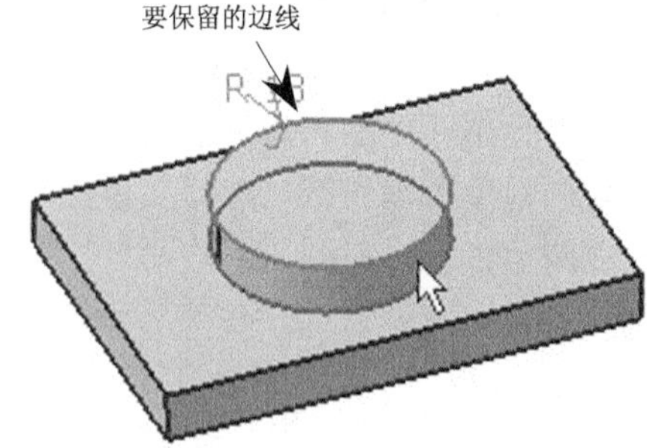

图3-42　要保留的边线

(3) 限制元素。

用于指定倒圆角边界，边界可以是平面、倒圆角的边线上的点等，如图 3-43 所示。

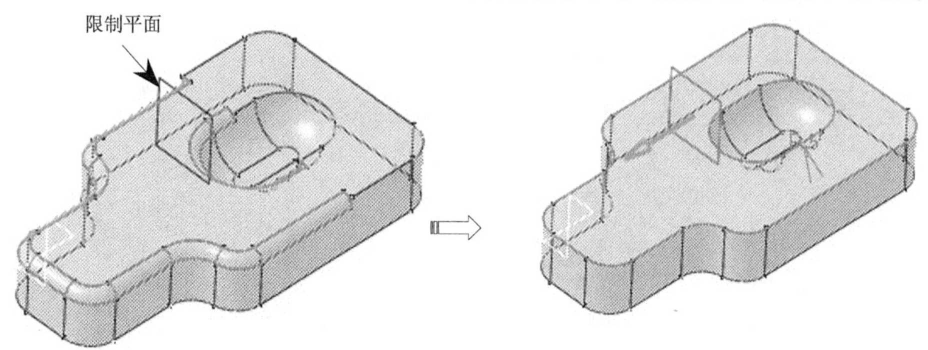

图3-43　限制元素

(4) 修剪带。

用来处理倒圆交叠部分，自动裁剪重叠部分，如图 3-44 所示。

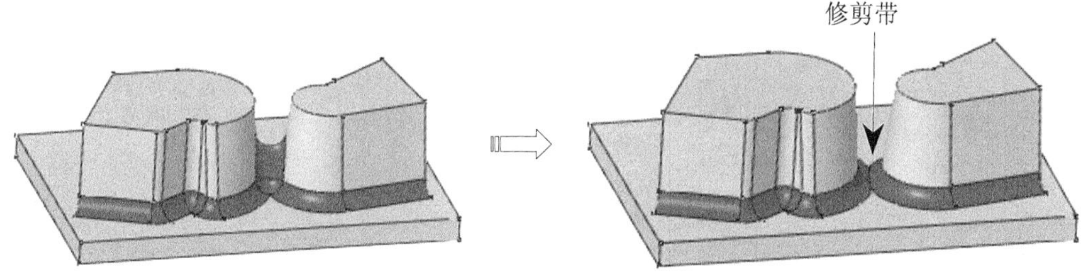

图3-44 修剪带

二、可变半径圆角

【可变半径圆角】是指在所选边线上生成多个圆角半径值的圆角，在控制点间圆角可按照“立方体”或“线性”规律变化。

单击【修饰特征】工具栏上的【可变半径圆角】按钮，弹出【可变半径圆角定义】对话框，在【半径】文本框中输入圆角初始半径值，然后激活【要圆角化的边线】编辑框，选择实体上将要进行圆角的边，激活【点】编辑框，选择棱边上已建立点（或在【点】编辑框中单击鼠标右键，在弹出的快捷菜单中选择【创建点】命令来创建点），双击图形区该点圆角半径值修改半径值，单击【确定】按钮，系统自动完成圆角特征，如图 3-45 所示。

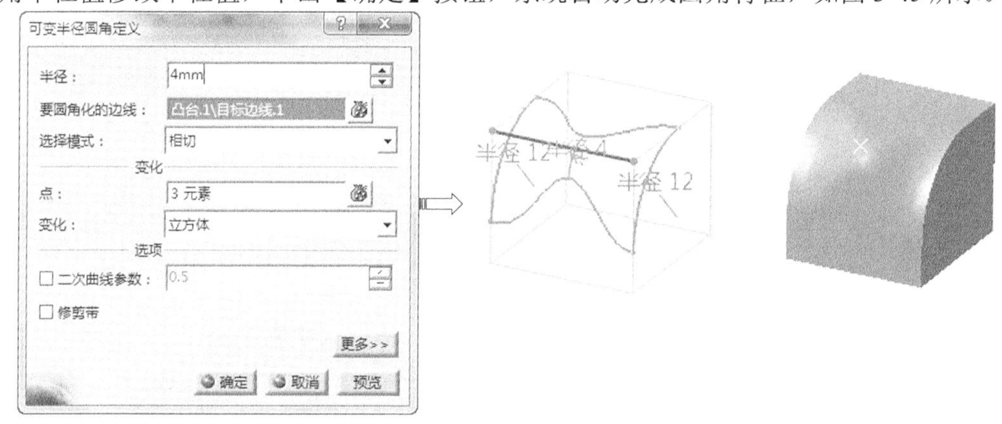

图3-45 可变半径圆角特征

三、面与面的圆角

【面与面的圆角】是指在两个面之间进行倒圆角操作，并要求该圆角半径应小于最小曲面的高度，而大于曲面之间最小距离的 1/2。

单击【修饰特征】工具栏上的【面与面的圆角】按钮，弹出【定义面与面的圆角】对话框，在【半径】文本框中输入圆角半径值，然后激活【要圆角化的面】编辑框，依次选择两个圆角连接面，单击【确定】按钮，系统自动完成圆角特征，如图 3-46 所示。

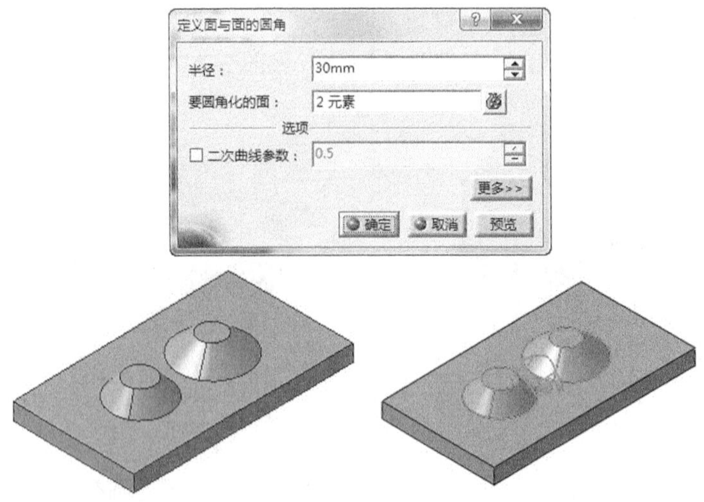

图3-46　面与面的圆角特征

四、三切线内圆角

【三切线内圆角】是指通过指定三个相交面，创建一个与这三个面相切的圆角。

单击【修饰特征】工具栏上的【三切线内圆角】按钮，弹出【定义三切线内圆角】对话框，激活【要圆角化的面】编辑框，依次选择两个面，然后激活【要移除的面】编辑框，选择一个将要移除面，单击【确定】按钮，系统自动完成圆角特征，如图 3-47 所示。

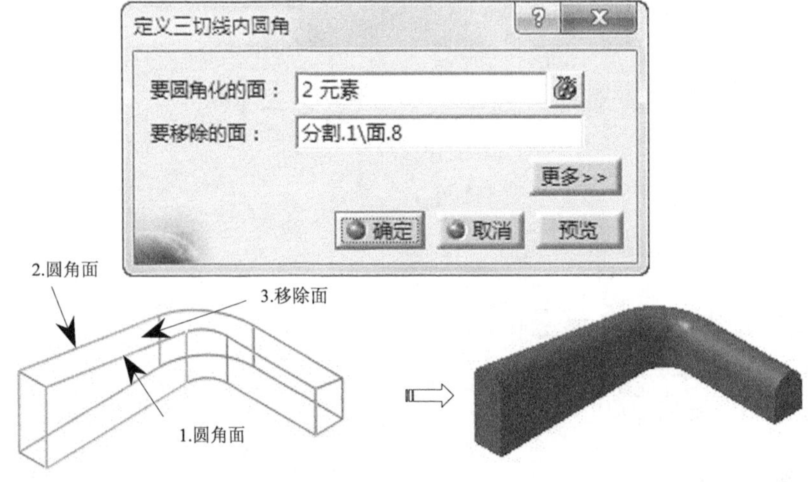

图3-47　三切线内圆角特征

3.3.2　倒角

【倒角】是指在存在交线的两个面上建立一个倒角斜面。

单击【修饰特征】工具栏上的【倒角】按钮，弹出【定义倒角】对话框，在【模式】下拉列表中选择倒角模式，输入倒角的长度和角度，激活【要倒角的对象】编辑框，选择要倒角的边线，单击【确定】按钮，系统自动完成倒角特征，如图 3-48 所示。

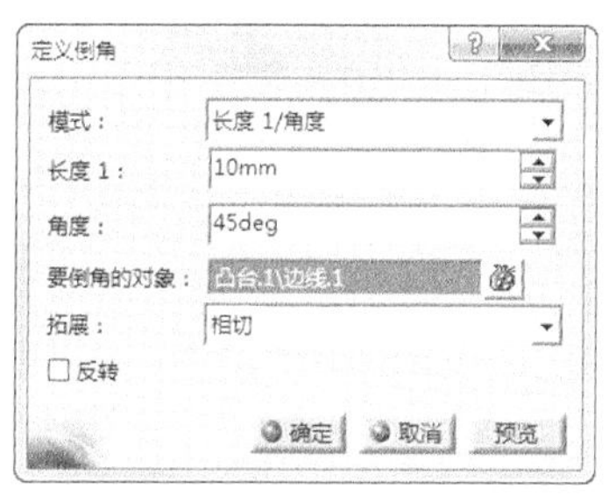

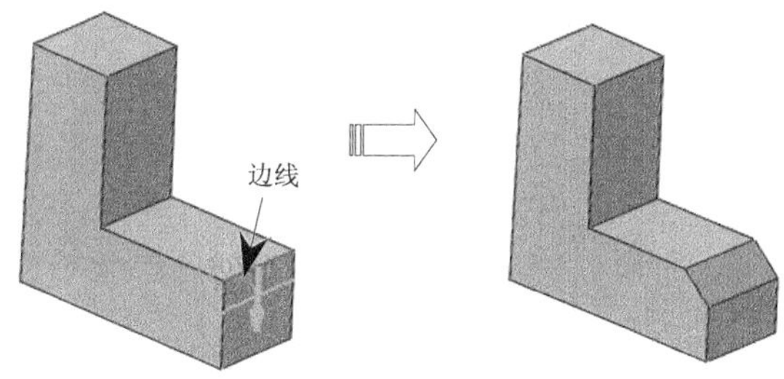

图3-48　倒角特征

3.3.3 拔模

对于铸造、模锻或者注塑等零件，为了便于启模或模具与零件分离，需要在零件的拔模面上构造一个斜角，称为拔模角。CATIA V5R21 提供了多种拔模特征创建方法，单击【修饰特征】工具栏上的【拔模斜度】按钮右下角的小三角形，弹出有关拔模命令按钮，如图 3-49 所示。

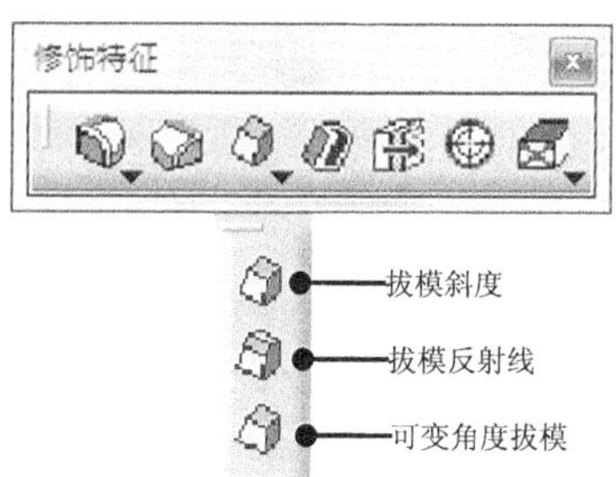

图3-49　拔模命令

一、拔模斜度

【拔模斜度】命令是根据拔模面和拔模方向之间的夹角作为拔模条件进行拔模。

单击【修饰特征】工具栏上的【拔模斜度】按钮，弹出【定义拔模】对话框，在【角度】文本框中输入拔模角，激活【要拔模的面】编辑框，选择要拔模的面，激活【中性元素】中【选择】编辑框，选择要中性面（基准面），激活【拔模方向】中的【选择】编辑框，选择拔模方向，单击【确定】按钮，系统自动完成拔模特征，如图 3-50 所示。

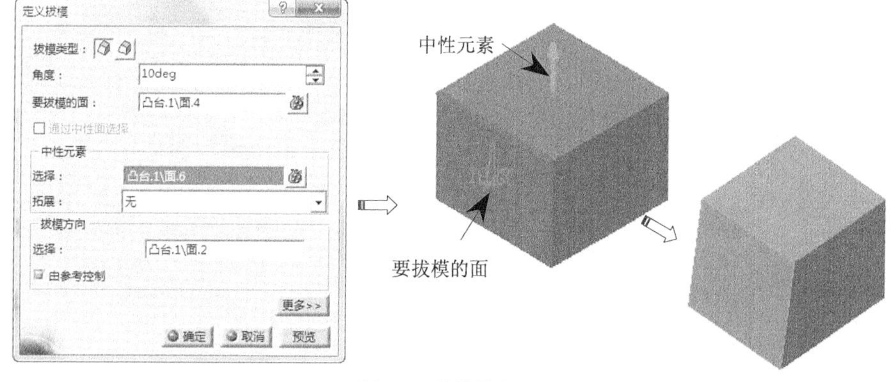

图3-50　拔模斜度特征

【定义拔模】对话框中相关选项参数含义如下。

(1) 角度。

用于设置拔模面与拔模方向间的夹角，正值表示向上拔模，负值表示向下拔模。

(2) 通过中性面选择。

选中【通过中性面选择】复选框，则只需选择实体上的一个面作为中性面，与其相交的面都会被定义为拔模面，如图 3-51 所示。

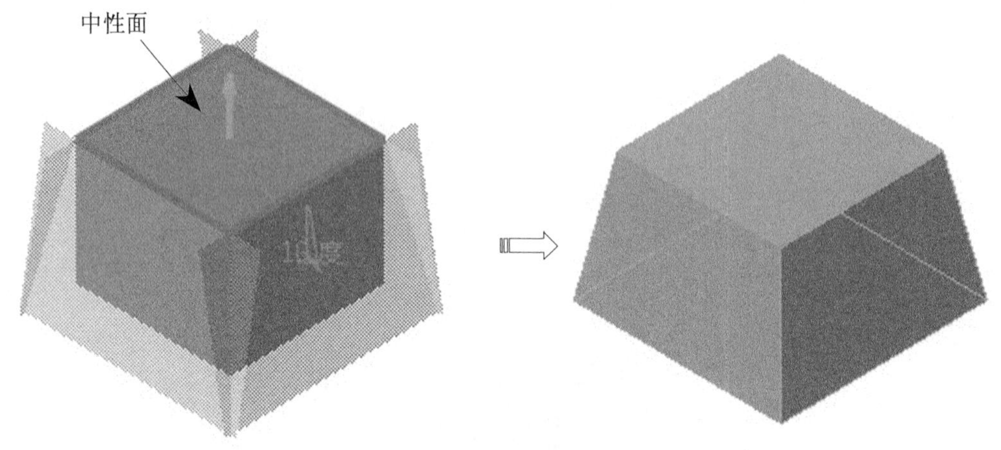

图3-51　通过中性面选择

(3) 中性元素。

- 中性元素：用于设置添加拔模角前、后，大小和形状保持不变的面。中性元素可以选择多个面来定义，默认情况下拔模方向由所选的第一个面给定。
- 拓展：用于选择拓展类型，【无】表示拔模不延伸，【光顺】表示平滑延伸拔模。

(4) 拔模方向。

零件与模具分离时，零件相对于模具的运动方向，用箭头表示。当选中【由参考控制】复选框，默认的拔模方向与中性面垂直，如图 3-52 所示。

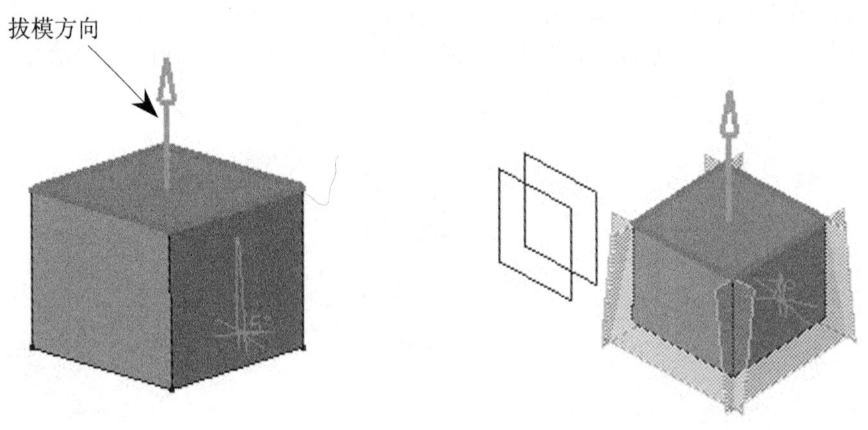

图3-52　拔模方向

(5) 分离元素。

用于定义拔模斜度的分离元素，分离元素是指在拔模方向上限制拔模面范围的元素。包括以下选项。

- 分离=中性：选中【分离=中性】复选框，使用中性面作为分离元素，如图 3-53 所示。

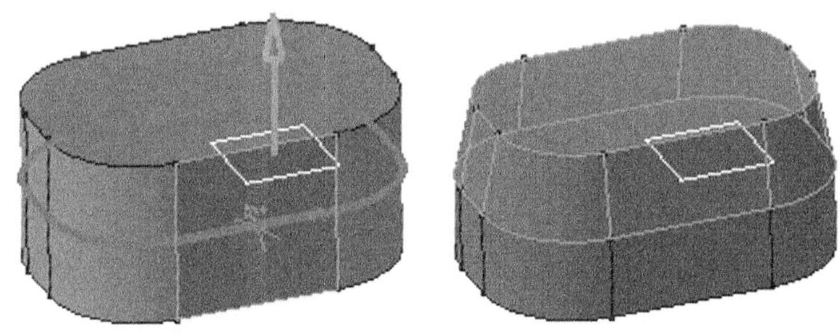

图3-53 分离=中性

- 双侧拔模：以中性元素为界，上下两侧同时拔模，如图 3-54 所示。

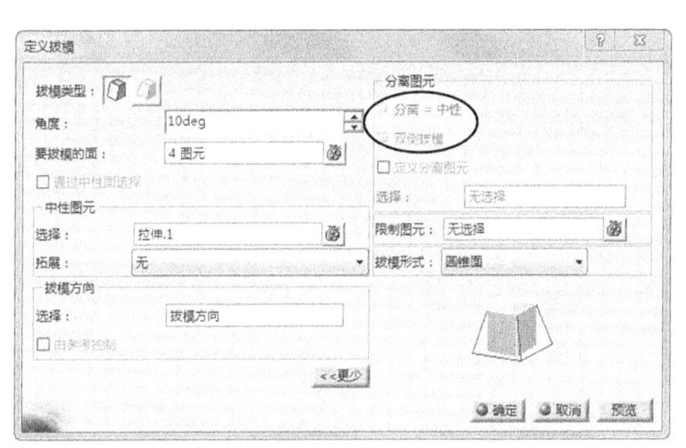

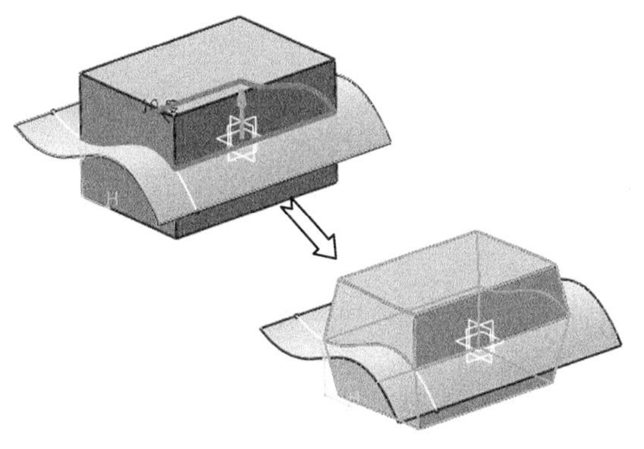

图3-54 双侧拔模

- 定义分离元素：如果取消【分离=中性】选项。可以重新定义分离图元，例如选择一个平面或曲面作为分离元素，使其分开拔模，如图 3-55 所示。

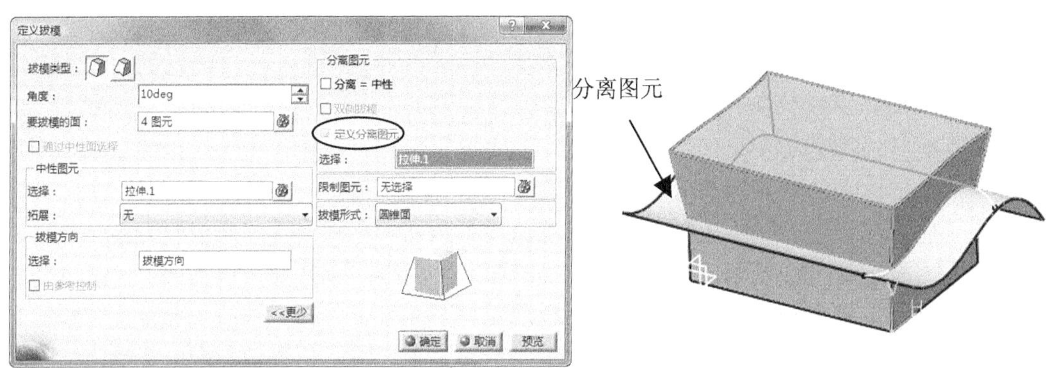

图3-55 定义分离元素

(6) 限制元素。

用于沿中性线方向限制拔模面范围的元素，中性线是指中性面与拔模面的交线，拔模

前、后中性线的位置不变，如图 3-56 所示。

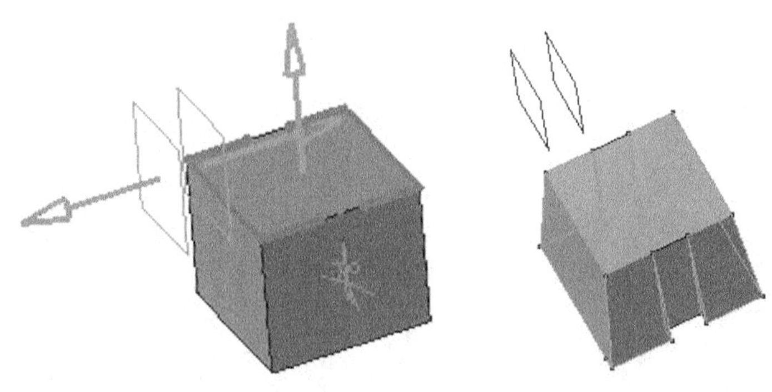

图3-56　限制元素

二、拔模反射线

【拔模反射线】命令是用曲面的反射线（曲面和平面的交线）作为拔模特征的中性元素来创建拔模角特征，可用于对已倒圆角操作的零件表面进行拔模。

单击【修饰特征】工具栏上的【拔模反射线】按钮，弹出【定义拔模反射线】对话框，在【角度】文本框中输入拔模角度，激活【要拔模的面】编辑框，选择要拔模的零件实体表面，单击【确定】按钮，系统自动完成拔模发射线特征的创建，如图 3-57 所示。

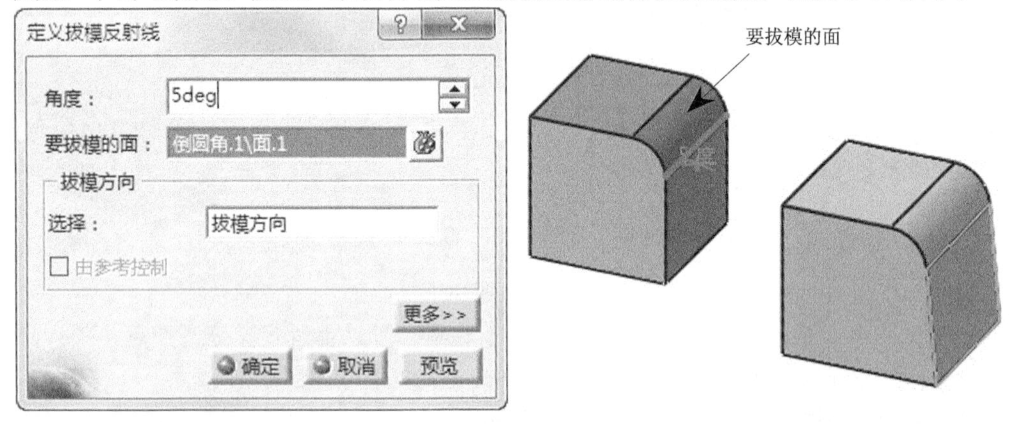

图3-57　拔模反射线特征

三、可变角度拔模

【可变角度拔模】命令是指沿拔模中性线上的拔模角可以变化，中性线上的顶点、一般点或某平面与中性线的交点等都可以作为控制点来定义拔模角。

单击【修饰特征】工具栏上的【可变角度拔模】按钮，弹出【定义拔模】对话框，在【角度】文本框中输入拔模角，激活【要拔模的面】编辑框，选择要拔模的面，激活【中性元素】中【选择】编辑框，选择要中性面，激活【点】编辑框，在中性线上选择需要设置拔模角度的点，单击该点角度标注，在【参数定义】对话框中输入角度值，选择拔模方向，单击【确定】按钮，系统自动完成拔模特征，如图 3-58 所示。

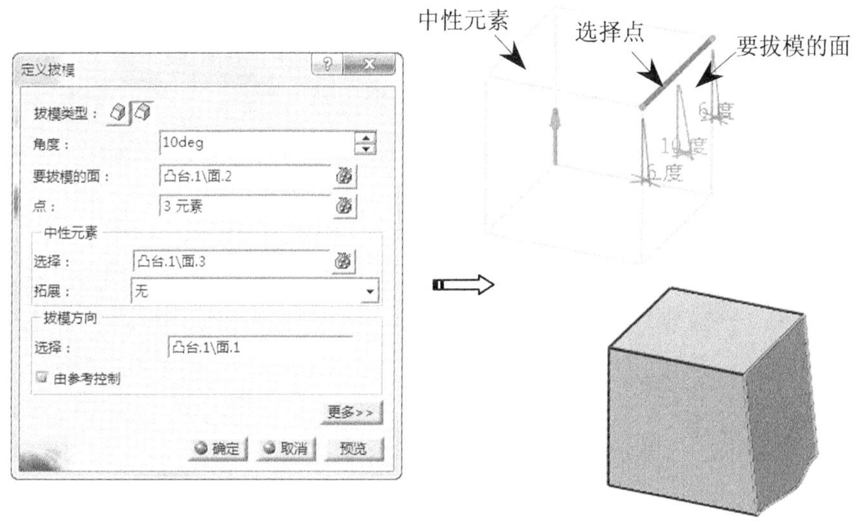

图3-58　可变角度拔模特征

3.3.4 抽壳

【抽壳】命令用于从实体内部除料或在外部加料，使实体中空化，从而形成薄壁特征的零件。

单击【修饰特征】工具栏上的【盒体】按钮，弹出【定义盒体】对话框，在【默认内侧厚度】文本框中输入抽壳厚度值，激活【要移除的面】编辑框，选择抽壳时去除的实体表面，单击【确定】按钮，系统自动完成抽壳特征，如图 3-59 所示。

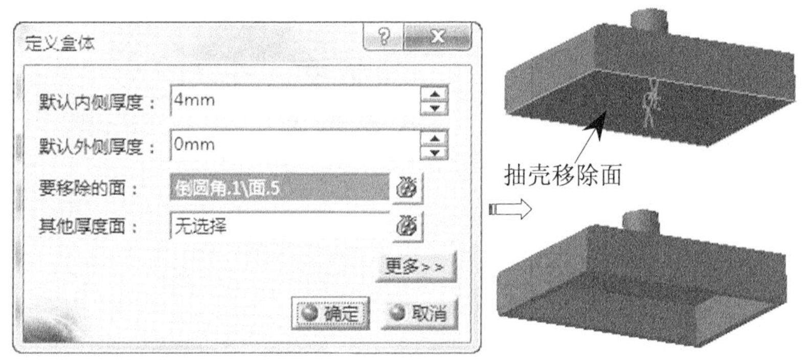

图3-59　抽壳特征

【定义盒体】对话框中相关选项参数含义如下。

(1) 厚度。

- 默认内侧厚度：指实体外表面到抽壳后壳体内表面的厚度。
- 默认外侧厚度：指实体抽壳后的外表面到抽壳前实体外表面的距离。

(2) 要移除的面。

选择需要抽壳的面，可以同时选择多个实体面进行移除。

(3) 其他厚度面。

用于定义不同厚度的面。激活【其他厚度面】编辑框后，选择实体的某一表面，双击该表面参数值 0mm，并在弹出的【参数定义】对话框中输入厚度值，依次单击【确定】按钮后，可实现壁厚不均匀的抽壳，如图 3-60 所示。

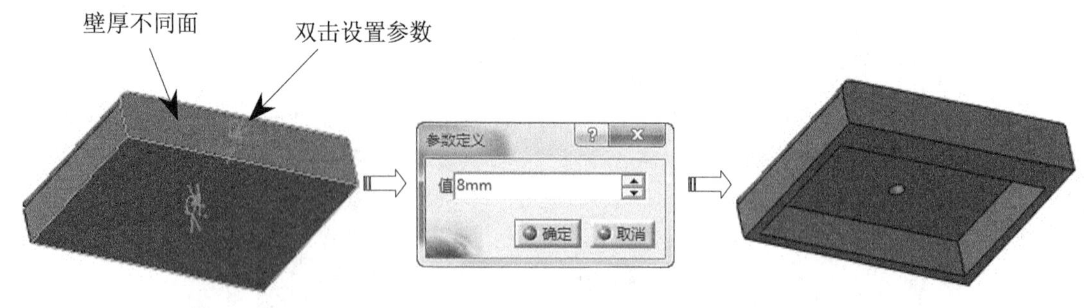

图3-60　壁厚不均匀抽壳

3.3.5 厚度

【厚度】用于在零件实体上选择一个厚度控制面，设置一个厚度值，实现增加现有实体的厚度。选择实体表面后，输入正值，则该表面沿法向增厚；负值则减薄。

单击【修饰特征】工具栏上的【厚度】按钮，弹出【定义厚度】对话框，在【默认厚度】文本框中输入厚度值，激活【默认厚度面】编辑框，选择加厚实体表面，单击【确定】按钮，系统自动完成厚度特征，如图 3-61 所示。

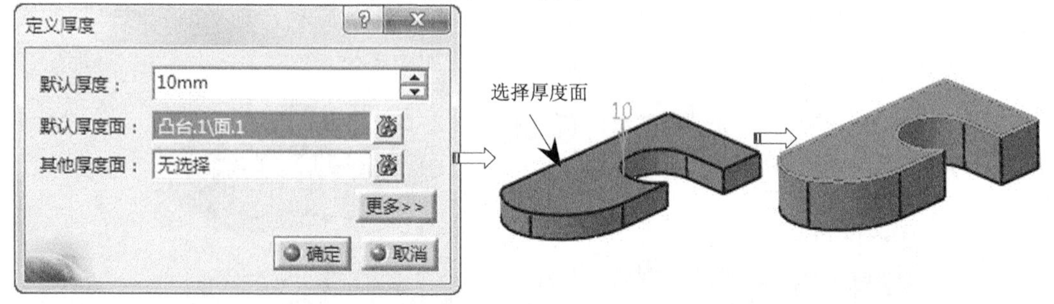

图3-61　厚度特征

3.3.6 螺纹

【内螺纹/外螺纹】命令用于在圆柱体内或外表面上创建螺纹，建立的螺纹特征在三维实体上并不显示，但在特征树上记录螺纹参数，在生成工程图时显示。

单击【修饰特征】工具栏上的【内螺纹/外螺纹】按钮，弹出【定义内螺纹/外螺纹】对话框，激活【侧面】编辑框，选择产生螺纹的零件实体表面，激活【限制面】编辑框，选择限制螺纹起始位置实体表面（必须为平面），设置螺纹尺寸参数，单击【确定】按钮，系统自动完成螺纹特征，如图 3-62 所示。

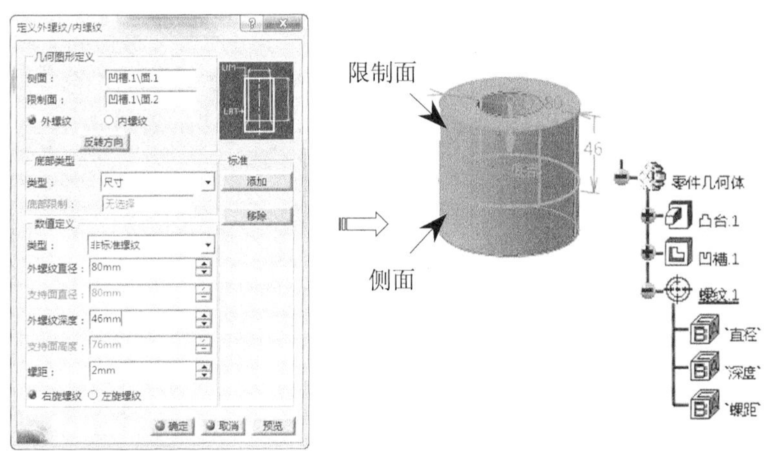

图3-62　螺纹特征

提示：侧面是指螺纹生成表面，限制面是指螺纹起始表面，必须为平面。

3.3.7　移除面

【移除面】命令用于在零件上移除一些面来简化零件操作。

单击【修饰特征】工具栏上的【移除面】按钮，弹出【移除面定义】对话框，激活【要移除的面】编辑框，选择要移除实体表面，激活【要保留的面】编辑框，选择要保留的实体表面，单击【确定】按钮，系统自动完成移除面特征的创建，如图 3-63 所示。

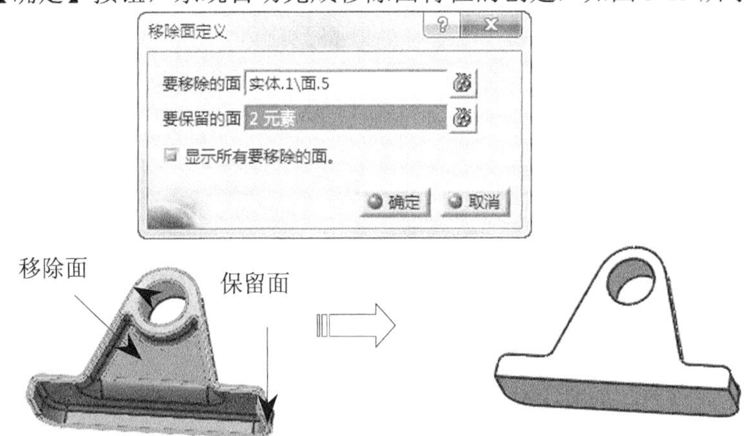

图3-63　移除面特征

提示：在某些情况下零件模型非常复杂，不利于有限元分析模型建立，此时可以通过在模型上移除模型上的某些修饰表面来将模型加以简化，同时在不需要简化模型时，只需将移除面特征删除，可快速恢复零件的细致模型。

3.3.8　替换面

【替换面】命令用于根据已有外部曲面形状来对零件表面形状进行修改得到特殊结构。

单击【修饰特征】工具栏上的【替换面】按钮，弹出【定义替换面】对话框，激活【替换曲面】编辑框，选择替换后的曲面，激活【要移除的面】编辑框，选择要移除的实体表面，单击【确定】按钮，系统自动完成移除面特征的创建，如图 3-64 所示。

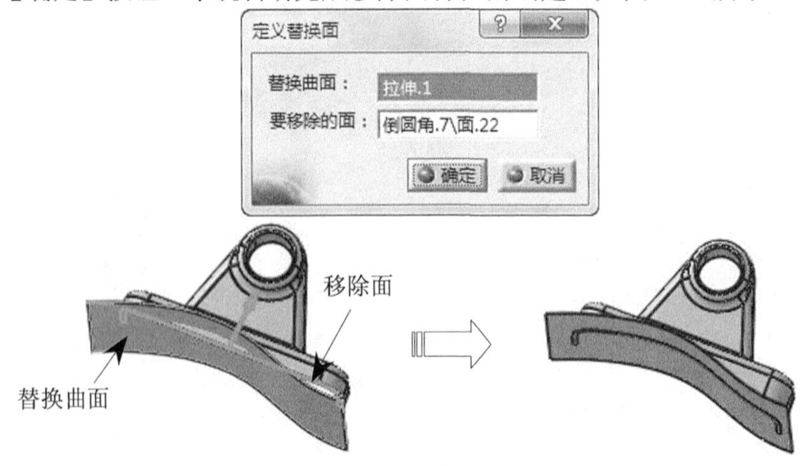

图3-64　替换面特征

提示：在替换面时，一定要是箭头指向实体材料内部否则替换不成功。

3.4　基于曲面的特征

使用基于草图的特征建模创建的零件形状都是规则，而实际工程中，许多零件的表面往往都不是平面或规则曲面，这就需要通过曲面生成实体来创建特定表面的零件。

3.4.1　分割

【分割】命令是指使用平面、面或曲面来分割实体零件而生成所需的新实体零件。

单击【基于曲面的特征】工具栏上的【分割】按钮，弹出【定义分割】对话框，选择所需的分割曲面，单击【确定】按钮，系统创建分割实体特征，如图 3-65 所示。

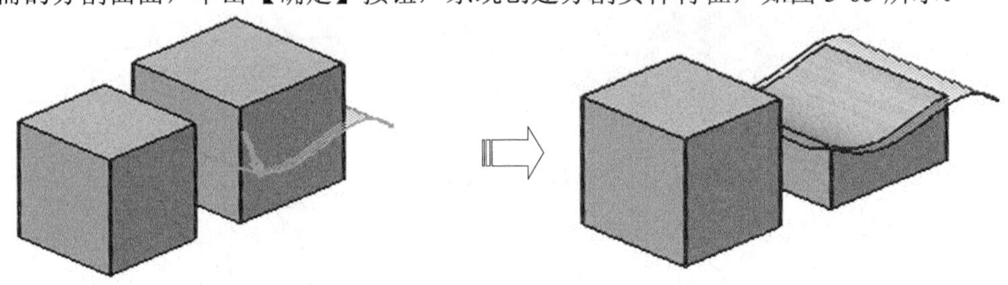

图3-65　创建分割特征

提示：在分割实体时，箭头指向保留部分，可在图形区单击箭头改变实体保留方向。

3.4.2 厚曲面

【厚曲面】命令是指对某一曲面，指定一个加厚方向，在该方向上根据给定的厚度数值增加曲面的厚度形成实体。

单击【基于曲面的特征】工具栏上的【厚曲面】按钮，弹出【定义厚曲面】对话框，选择所需加厚曲面，在【偏移】文本框中输入加厚值，单击【确定】按钮，系统创建曲面加厚实体特征，如图 3-66 所示。

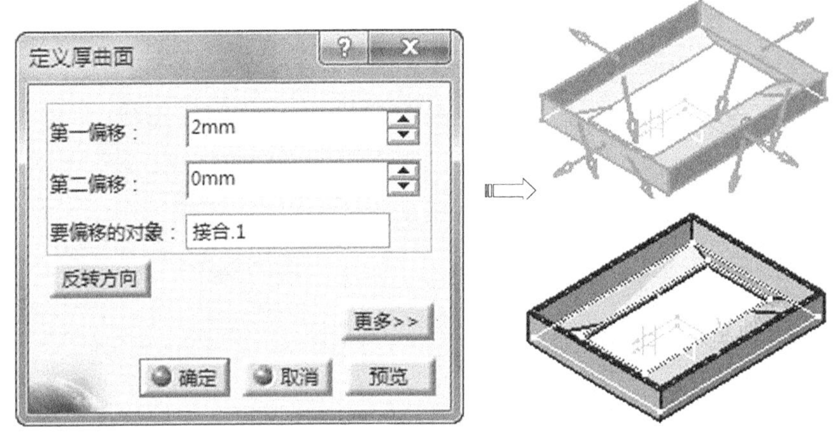

图3-66　创建厚曲面特征

提示： 厚曲面时，选择曲面后在所选择曲面上出现箭头，箭头方向指向增厚的方向。

3.4.3 封闭曲面

【封闭曲面】命令是指在封闭的曲面内部实体材质以封闭曲面为外部形状的实体零件。

单击【基于曲面的特征】工具栏上的【封闭曲面】按钮，弹出【定义封闭曲面】对话框，选择所需目标封闭曲面，单击【确定】按钮，系统创建封闭曲面实体特征，如图 3-67 所示。

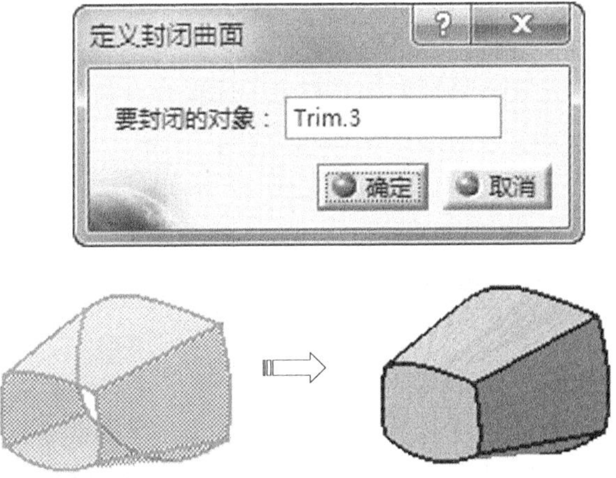

图3-67　创建封闭曲面特征

提示：封闭曲面要求曲面在某个方向上截面线是封闭的，并不需要所有的曲面形成一个完全封闭空间。

3.4.4　缝合曲面

【缝合曲面】是一种曲面和实体之间的布尔运算，该命令根据所给曲面的形状通过填充材质或删除部分实体来改变零件实体的形状，将曲面与实体缝合到一起，使零件实体保持与曲面一致的外形。

单击【基于曲面的特征】工具栏上的【缝合曲面】按钮，弹出【定义缝合曲面】对话框，选择需要缝合到实体上的曲面，单击【确定】按钮，系统创建缝合曲面实体特征，如图 3-68 所示。

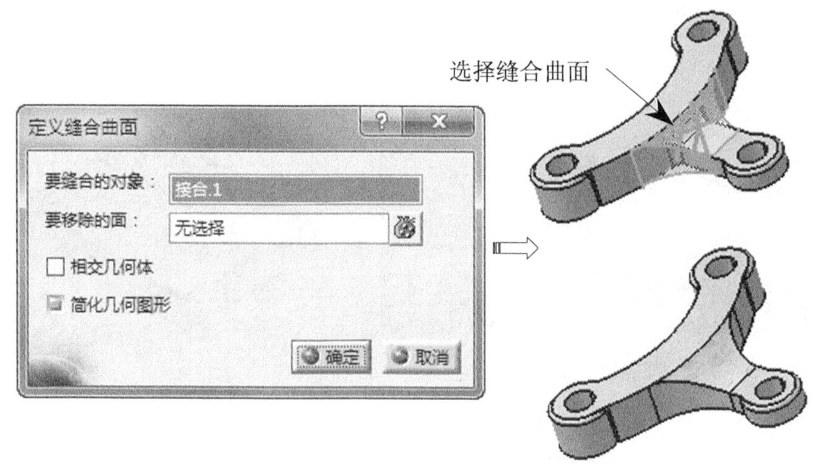

图3-68　创建缝合曲面特征

提示：【要移除的面】是指实体零件上要移除的表面，一般情况下系统会根据曲面与零件实体的位置关系自动计算实体上哪些表面被移除，一般不需要定义。

3.5　变换特征

变换特征是指对已生成的零件特征进行位置的变换、复制变换（包括镜像和阵列）以及缩放变换等。可以通过选择【变换特征】工具栏上的相关命令按钮来实现。下面分别加以介绍。

3.5.1　平移

【平移】命令用于在特定的方向上将整个零件的特征相对于坐标系进行移动指定距离，常用于零件几何位置的修改。

单击【变换特征】工具栏上的【平移】按钮，弹出【问题】对话框和【平移定义】对话框，单击【问题】对话框中的【是】按钮，激活【方向】编辑框，选择直线或平面作为方向，在【距离】编辑框中输入平移距离，单击【确定】按钮，系统自动完成圆角特征，如

图 3-69 所示。

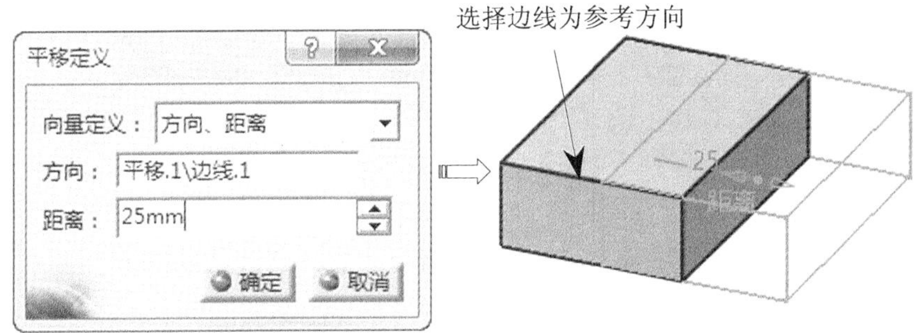

图3-69　平移特征

【平移定义】对话框中【向量定义】下拉列表中选项参数含义如下。

- 【方向、距离】：单击【方向】选择框，选择已有直线、平面等参考元素作为平移方向，然后在【距离】框中输入移动距离。
- 【点到点】：定义两个点，系统以这两点之间的线段来定义平移工作对象的方向和距离。
- 【坐标】：直接定义需要将工作对象移动到的位置来定义平移特征。

3.5.2 旋转

【旋转】命令用于在指定旋转轴上将整个零件的特征围绕旋转轴旋转指定角度。

单击【变换特征】工具栏上的【旋转】按钮，弹出【问题】对话框和【旋转定义】对话框，单击【问题】对话框中的【是】按钮，激活【轴线】编辑框，选择直线或平面作为方向，在【角度】编辑框中输入旋转角度，单击【确定】按钮，系统自动完成旋转特征，如图 3-70 所示。

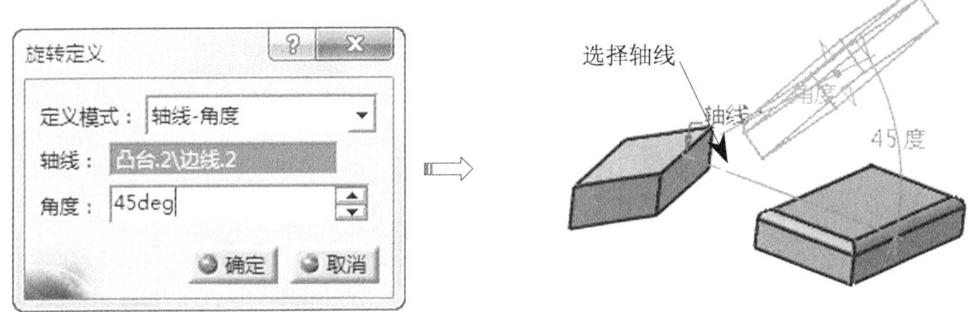

图3-70　旋转特征

【旋转定义】对话框中【定义模式】下拉列表中选项参数含义如下。

- 【轴线-角度】：选择轴线作为旋转轴，然后输入绕轴线的角度。
- 【轴线-两个元素】选择轴线作为旋转轴，然后通过（点、直线、平面）等两个几何元素来定义旋转角度。
- 【三点】：旋转轴由通过第二点以及垂直于三点的平面法线来定义，旋转角度由三点创建的向量来定义。

3.5.3 对称

【对称】命令用于在指定的对称面将整个零件进行镜像。

单击【变换特征】工具栏上的【对称】按钮，弹出【问题】对话框和【对称定义】对话框，单击【问题】对话框中的【是】按钮，激活【参考】编辑框，选择对称平面，单击【确定】按钮，系统自动完成对称特征，如图 3-71 所示。

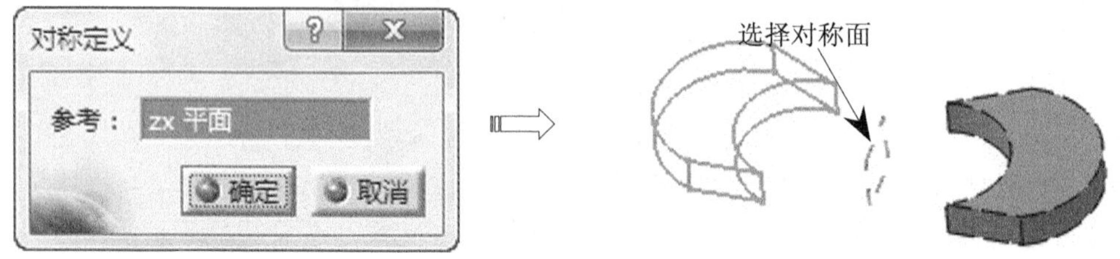

图3-71　对称特征

3.5.4 镜像

【镜像】命令用于对点、曲线、曲面、实体等几何元素相对于镜像平面进行镜像操作。

选择需要实体或特征，单击【变换特征】工具栏上的【镜像】按钮，选择平面作为镜像平面，单击【确定】按钮，系统自动完成镜像特征，如图 3-72 所示。

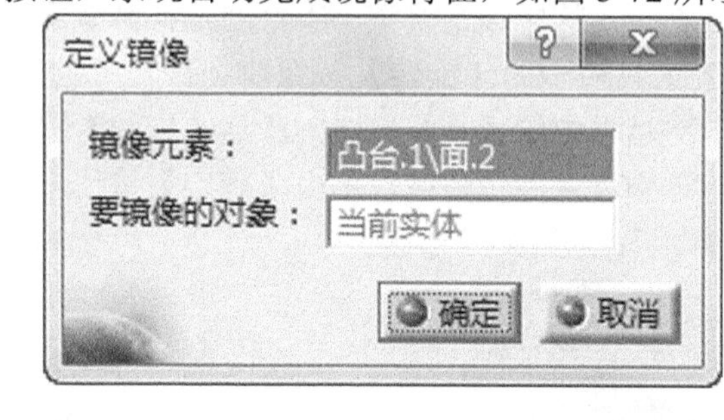

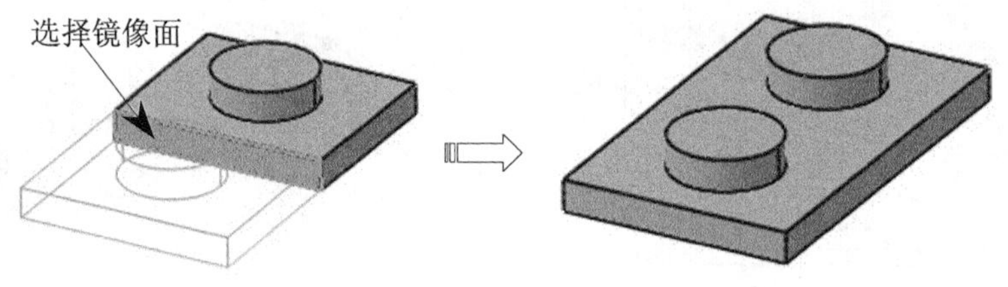

图3-72　镜像特征

提示： 镜像特征与对称特征的不同之处在于镜像特征是对目标元素进行复制，而对称是对目标进行移动操作。

3.5.5 矩形阵列

【矩形阵列】命令是以矩形排列方式复制选定的实体特征，形成新的实体。

选择要阵列的实体特征，单击【变换特征】工具栏上的【矩形阵列】按钮，弹出【定义矩形阵列】对话框，设置阵列参数，激活【参考元素】编辑框，选择平面或直线作为阵列方向，如图 3-73 所示。

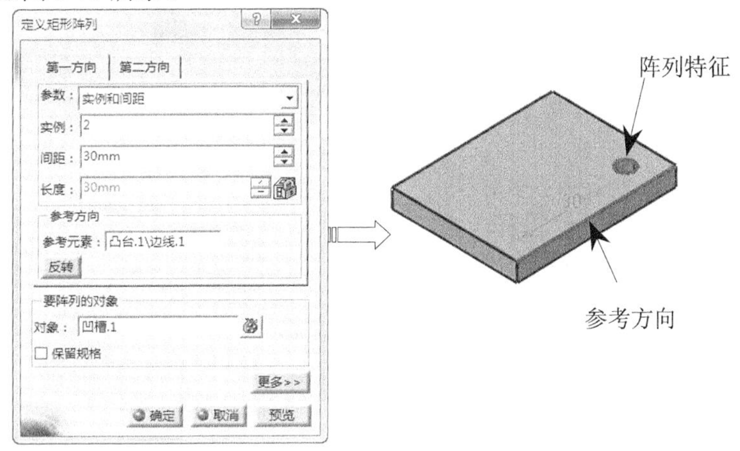

图3-73　矩形阵列特征

提示：如果先单击【矩形阵列】按钮系统自动对当前所有实体进行阵列。

3.5.6　圆形阵列

【圆形阵列】用于将实体绕旋转轴进行旋转阵列分布。

选择要阵列的实体特征，单击【变换特征】工具栏上的【圆形阵列】按钮，弹出【定义圆形阵列】对话框，在【轴向参考】选项卡中设置阵列参数，选择圆柱体表面或直线作为阵列方向，单击【确定】按钮，完成圆周阵列特征，如图 3-74 所示。

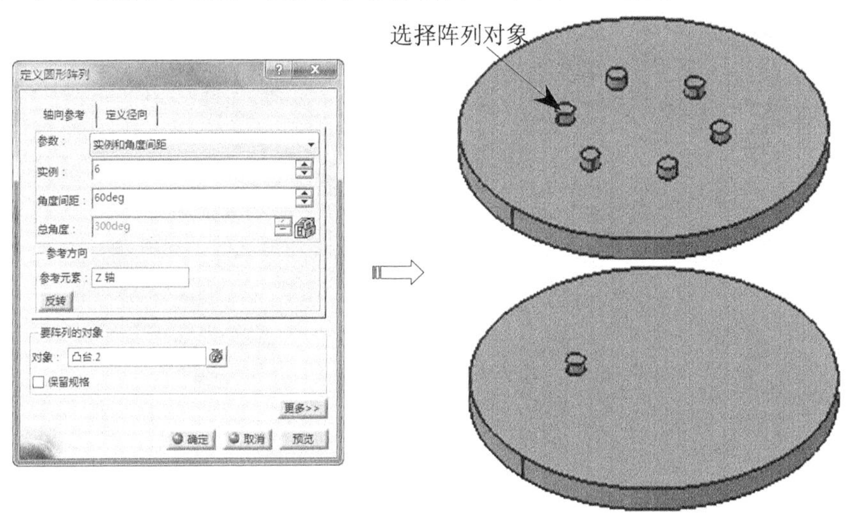

图3-74　圆形阵列特征

单击【定义径向】选项卡，设置进行阵列类型、径向阵列圈数、径向间距等参数，如图 3-75 所示。

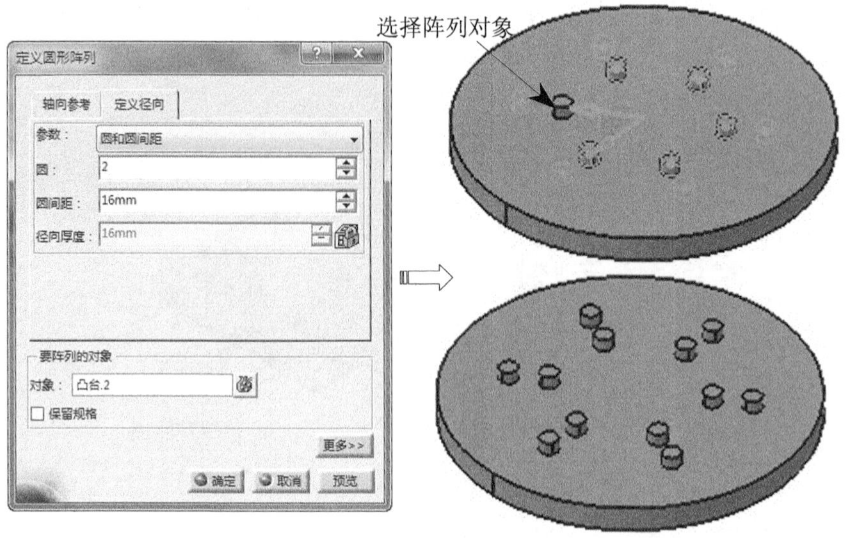

图3-75　圆形阵列特征

3.5.7　缩放

【缩放】用于将实体绕旋转轴进行旋转阵列分布。

选择要缩放实体特征，单击【变换特征】工具栏上的【缩放】按钮，弹出【缩放定义】对话框，激活【参考】选择框，选择缩放中心，在【比率】数值框中输入缩放比例值（大于 1 为放大，小于 1 为缩小），单击【确定】按钮，完成实体缩放，如图 3-76 所示。

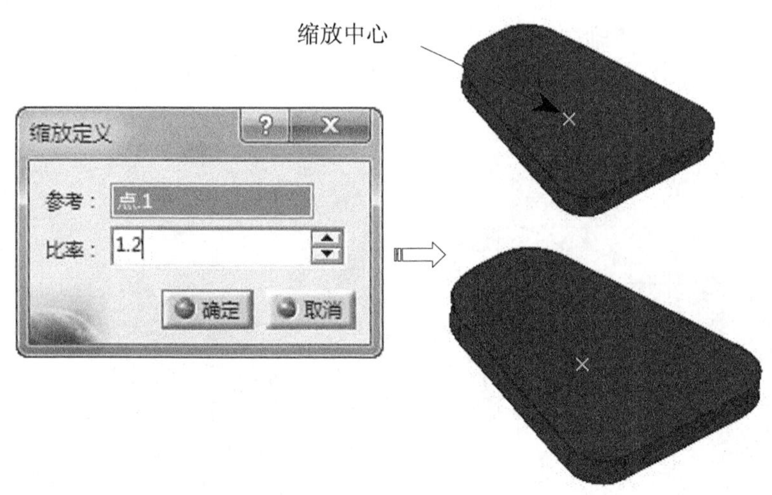

图3-76　缩放特征

3.6　布尔操作

布尔操作是将一个文件中的两个零件体组合到一起，实现添加、移除、相交等运算。可以通过选择【布尔操作】工具栏上的相关命令按钮来实现。下面分别加以介绍。

提示：布尔操作要两个或两个以上实体。默认情况下，在同一个零件文件中只有一个几何体。要插入新几何体，选择菜单栏【插入】→【几何体】命令即可创建新的几何体。

3.6.1 装配

【装配】用于将不同的几何体组合成一个新几何体。

单击【布尔操作】工具栏上的【装配】按钮，弹出【装配】对话框，激活【装配】选择框，选择要装配对象实体，激活【到】选择框，选择装配目标实体，单击【确定】按钮，系统完成装配特征，如图 3-77 所示。

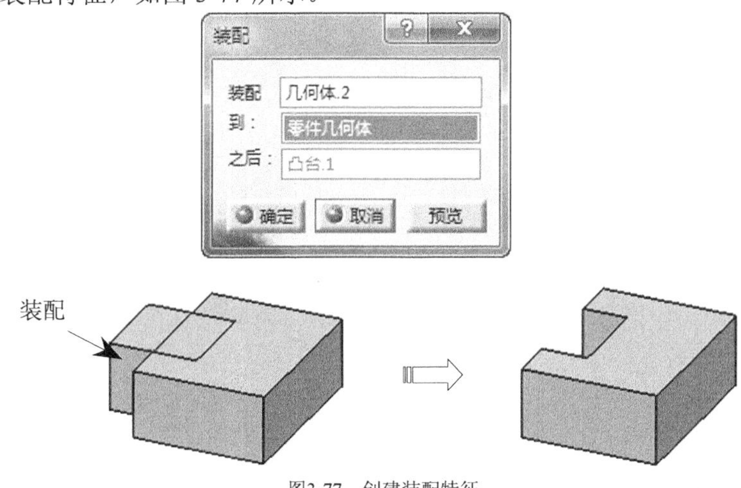

图3-77　创建装配特征

提示：要实现装配必须创建负实体。在几何体中可使用凹槽、旋转槽、孔等创建负实体。

3.6.2 添加

【添加】用于将一个几何体添加到另一个几何体中，并取两个几何体的并集部分。

单击【布尔操作】工具栏上的【添加】按钮，弹出【添加】对话框，激活【添加】选择框，选择要添加对象实体，激活【到】选择框，选择添加目标实体，单击【确定】按钮，系统完成添加特征，如图 3-78 所示。

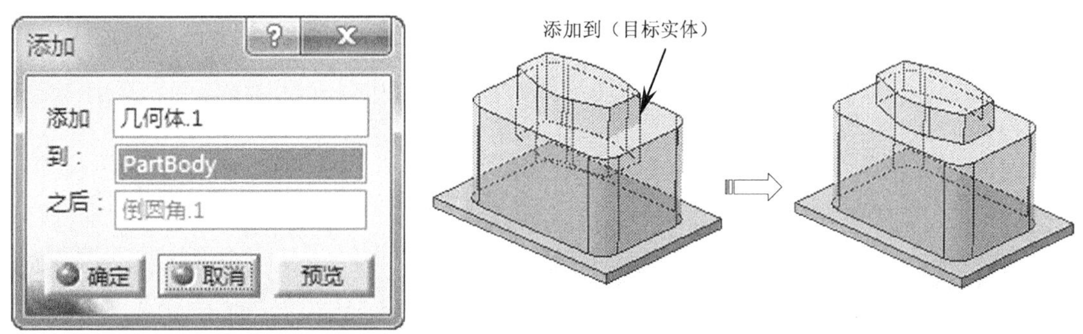

图3-78　创建添加特征

3.6.3 移除

【移除】用于在一个几何体中减去另一个几何体所占据的位置来创建新的几何体。

单击【布尔操作】工具栏上的【移除】按钮，弹出【移除】对话框，激活【移除】选择框，选择要移除对象实体，激活【到】选择框，选择添加目标实体，单击【确定】按钮，系统完成移除特征，如图 3-79 所示。

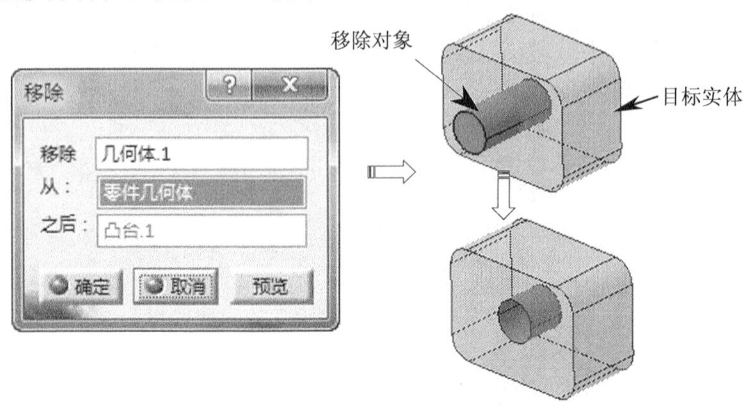

图3-79　创建移除特征

3.6.4 相交

【相交】用于将两个几何体组合在一起，取二者的交集部分。

单击【布尔操作】工具栏上的【相交】按钮，弹出【相交】对话框，激活【相交】选择框，选择要相交对象实体，激活【到】选择框，选择添加目标实体，单击【确定】按钮，系统完相交特征，如图 3-80 所示。

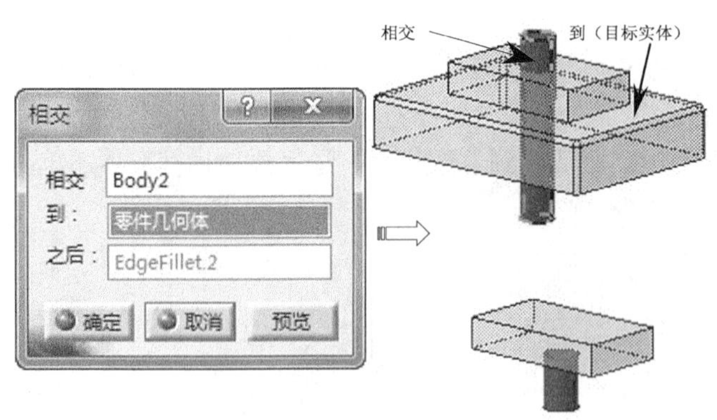

图3-80　创建相交特征

3.6.5 联合修剪

【联合修剪】用于在两个几何体之间同时进行添加、移除、相交等操作，以提高进行多次布尔运算效率。

单击【布尔操作】工具栏上的【联合修剪】按钮，选择要修剪几何体，弹出【定义修剪】对话框，激活【要移除的面】选择框，选择修剪移除实体面，激活【要保留的面】选择框，选择修剪后保留面，单击【确定】按钮，系统完成联合修剪特征，如图3-81所示。

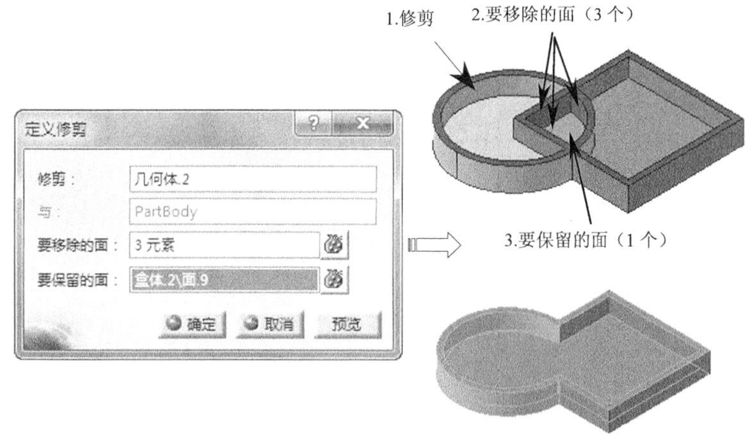

图3-81　创建联合修剪特征

3.6.6　移除块

【移除块】用于移除单个几何体内多余的且不相交的实体。

单击【布尔操作】工具栏上的【移除块】按钮，选择要修剪几何体，弹出【定义移除块（修剪）】对话框，激活【要移除的面】选择框，选择修剪移除实体面，激活【要保留的面】选择框，选择修剪后保留面，单击【确定】按钮，系统完成移除块特征，如图3-82所示。

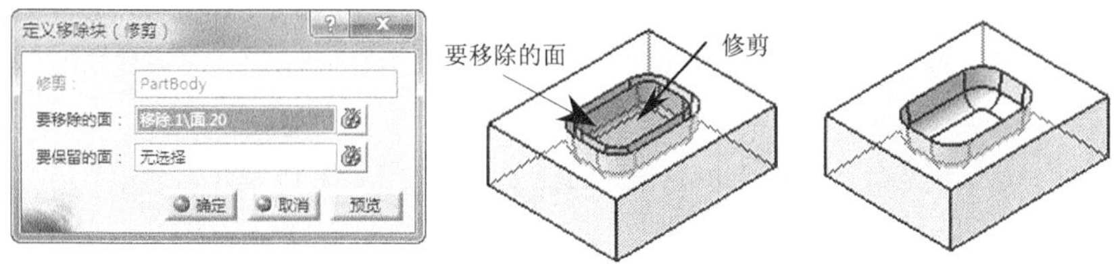

图3-82　创建移除块特征

3.7　三维建模参考元素

在零件设计过程中，经常会用到参考元素作为其他几何体建构时的参照物，主要包括点、直线和平面。可以通过选择【参考元素】工具栏上的相关命令按钮来实现。下面分别加以介绍。

3.7.1　点

CATIA V5R21 空间点创建方法有：坐标点、曲线上的点、平面上的点、曲面上的点、

圆/球面/椭圆中心的点、曲线的切线点和之间点等。

一、坐标点

坐标点是指通过输入 X、Y、Z 坐标值来创建点。

单击【参考元素】工具栏上的【点】按钮，弹出【点定义】对话框，在【点类型】下拉列表中选择【坐标】选项，输入 X、Y、Z 坐标（点默认参考为默认（原点），所输入的 X、Y、Z 坐标是相对于参考点的值），单击【确定】按钮，系统自动完成点创建，如图 3-83 所示。

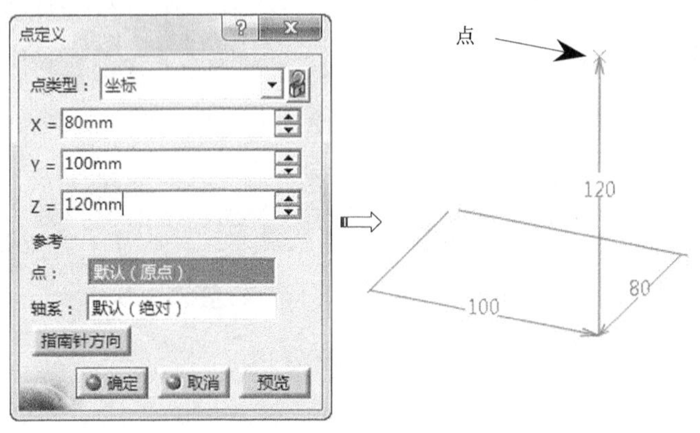

图3-83　创建坐标点

二、曲线上的点

曲线上的点是指通过选择曲线而在曲线上创建点。

单击【参考元素】工具栏上的【点】按钮，弹出【点定义】对话框，在【点类型】下拉列表中选择【曲线上】选项，选择一条曲线作为参考曲线，在【长度】文本框中输入长度值，单击【确定】按钮，系统自动完成点创建，如图 3-84 所示。

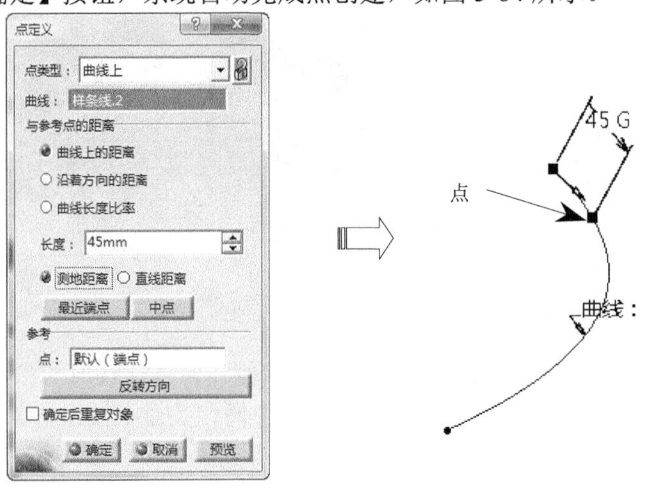

图3-84　曲线上的点

提示：单击【锁定】按钮可锁定点类型，防止在选择元素时自动改变点的类型。

创建曲线上的点相关参数选项。

(1) 曲线。

选择一条曲线，所创建的点在该曲线上。

(2) 与参考点的距离。

- 曲线上的距离：创建的点位于沿曲线到参考点的给定距离处。
- 沿着方向的距离：通过选择一条直线作为方向并设定沿着该方向的距离。
- 曲线长度比率：两点之间的距离是曲线总长比例。
- 测地距离：两点的距离是沿着曲线来计算的。
- 直线距离：两点间的距离相对于参考点的绝对距离。
- 最近端点：创建点位于鼠标点击最近的曲线端点，单击该按钮后即使指定了距离值，创建的点仍为曲线端点。
- 中点：创建点位于曲线的终点。

(3) 参考。

- 点：指定参考点，默认情况为曲线端点。
- 反转方向：修改创建点相对于参考点位置。如果参考点为曲线端点，则改变参考点为曲线的另一端点，或者也可单击图形区中的红色箭头。

三、平面上的点

平面上的点是指在平面上通过参考点及坐标来创建点。

单击【参考元素】工具栏上的【点】按钮，弹出【点定义】对话框，在【点类型】下拉列表中选择【平面上】选项，选择平面作为参考平面，在【H、V】文本框中输入坐标点，单击【确定】按钮，系统创建点，如图 3-85 所示。

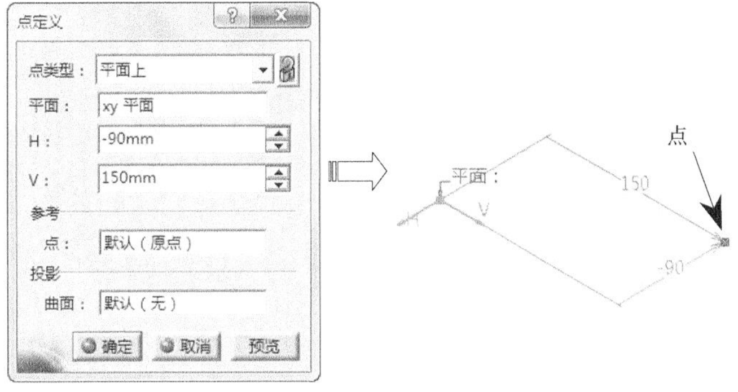

图3-85 平面上的点

提示： 如果在【投影】选项中的【曲面】框中选择了曲面，则创建的点为平面上的点投影到该曲面上的点。

四、曲面上的点

曲面上的点是指通过选择曲面而在曲面上创建点。

单击【参考元素】工具栏上的【点】按钮，弹出【点定义】对话框，在【点类型】下拉列表中选择【曲面上】选项，选择曲面作为参考曲面，在【距离】文本框中输入与参考

点的距离，单击【确定】按钮，系统自动完成点创建，如图 3-86 所示。

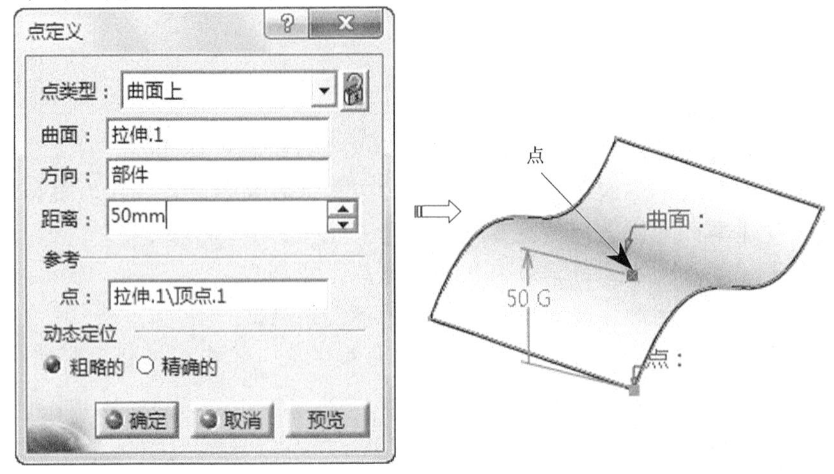

图3-86　创建曲面上的点

五、圆/球面/椭圆中心的点

圆/球面/椭圆中心的点是指在圆心或球心处创建点。

单击【参考元素】工具栏上的【点】按钮，弹出【点定义】对话框，在【点类型】下拉列表中选择【圆/球面/椭圆中心】选项，选择圆柱上表面边线作为参考，单击【确定】按钮，系统自动完成点的创建，如图 3-87 所示。

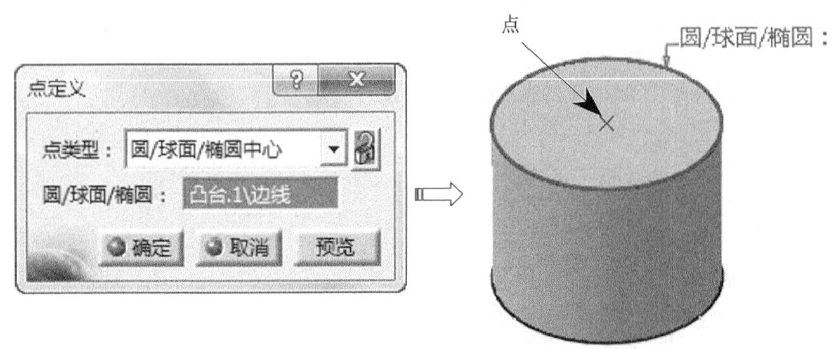

图3-87　圆/球面/椭圆中心的点

六、曲线上的切线点

曲线上的切线点是指创建曲线与参考方向上的相切点。

单击【参考元素】工具栏上的【点】按钮，弹出【点定义】对话框，在【点类型】下拉列表中选择【曲线上的切线】选项，选择曲线作为参考线，选择直线作为切点方向，单击【确定】按钮，系统自动完成曲线与直线的切点创建，如图 3-88 所示。

提示：如果直线与曲线存在多个切点，系统将弹出【多重结果管理】对话框，询问需要保留的切点。

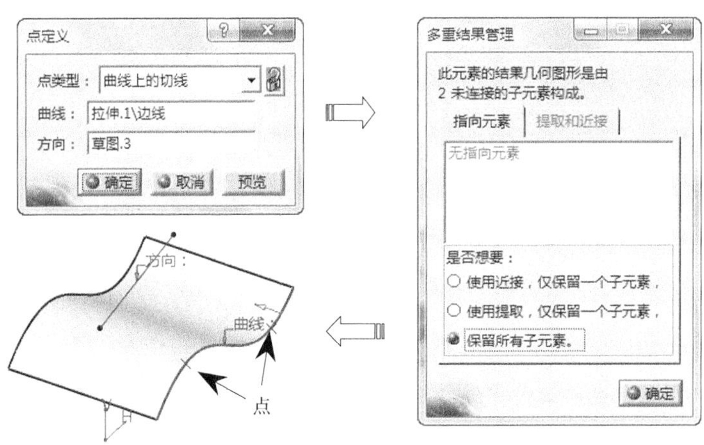

图3-88 曲线上的切线点

七、之间的点

之间的点是指创建已知两点的中间点。

单击【参考元素】工具栏上的【点】按钮，弹出【点定义】对话框，在【点类型】下拉列表中选择【之间】选项，选择两个点作为参考点，在【比率】文本框中输入比率数值，单击【确定】按钮，系统自动完成点创建，如图 3-89 所示。

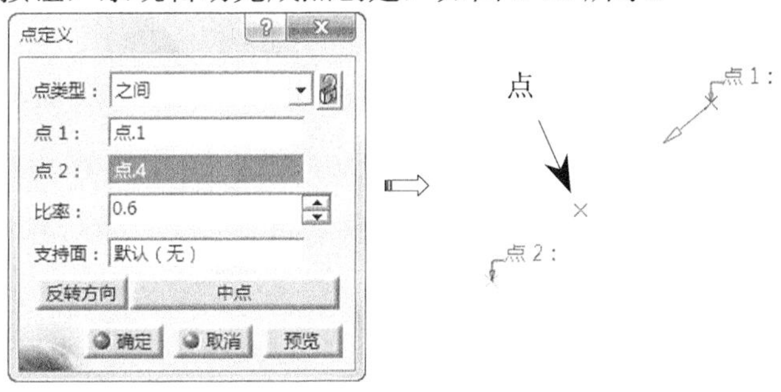

图3-89 之间的点

3.7.2 直线

CATIA V5R21 直线创建方法有：点-点、点-方向、曲线的角度/法线、曲线的切线、曲面的法线和角平分线等。

一、点-点

点-点是指在两个相异点创建一条直线，也可创建两点连线在支持曲面上的投影线。

单击【参考元素】工具栏上的【直线】按钮，弹出【直线定义】对话框，在【线型】下拉列表中选择【点-点】选项，选择两个点作为参考，单击【确定】按钮，系统自动完成直线创建，如图 3-90 所示。

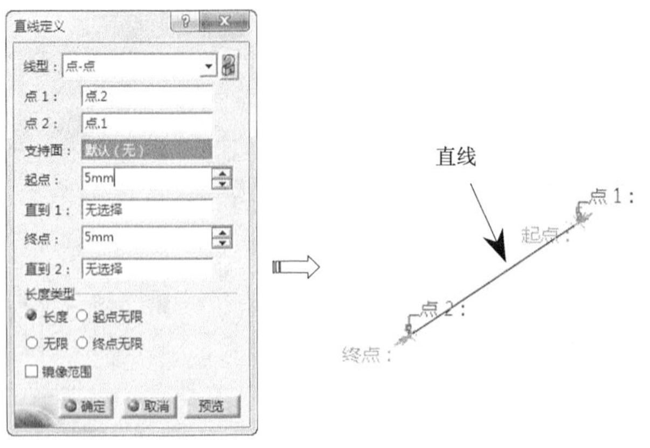

图3-90　点-点创建直线

【直线定义】对话框选项参数含义如下。

- 支持面：可以选择一个平面或曲面作为支持面，所绘制的直线将在该支持面上。
- 起点：从起点向外延伸的距离。
- 直线 1：从起点向外延伸到某一个限制停止。
- 终点：从终点向外延伸的距离。
- 直线 2：从终点向外延伸到某一个限制停止。
- 长度：通过直线的长度来确定总长。
- 起点无限：从起点无限向外延伸。
- 终点无限：从终点无限向外延伸。
- 无限：两端点向外无限延伸，即创建直线。
- 镜像范围：勾选【镜像范围】复选框，在端点两侧对称延伸。

二、点-方向

点-方向是指通过一点与指定方向的直线。

单击【参考元素】工具栏上的【直线】按钮，弹出【直线定义】对话框，在【线型】下拉列表中选择【点-方向】选项，选择一个点作为起点，选择一个参考元素（直线、平面）作为方向参考，在【起点】和【终点】文本框中输入长度数值，单击【确定】按钮，系统自动完成直线创建，如图 3-91 所示。

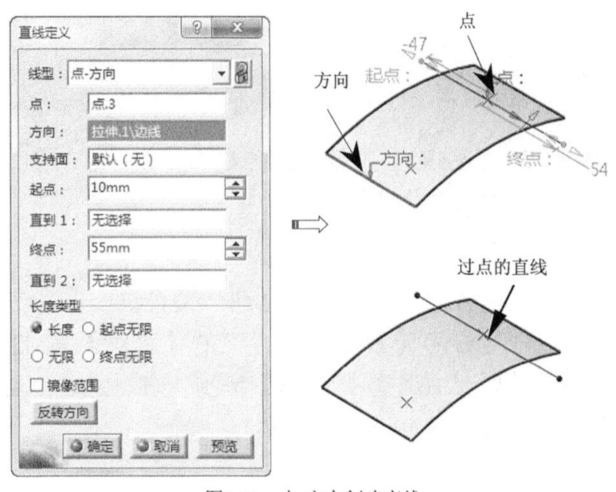

图3-91　点-方向创建直线

三、曲线的角度/法线

曲线的角度/法线是指创建与曲线垂直或倾斜的直线。根据曲线、曲面与起点创建一条直线，该直线与曲线在曲面上的投影在起点处成一角度，该角度为与曲线切线所成角度，创建的直线沿着起点在曲面投影处的切线方向延伸。

单击【参考元素】工具栏上的【直线】按钮，弹出【直线定义】对话框，在【线型】下拉列表中选择【曲线的角度/法线】选项，选择曲线作为参考，选择一点作为起点，在【角度】文本框中输入角度值，在【起点】和【终点】文本框中输入长度数值，单击【确定】按钮，系统自动完成直线创建，如图 3-92 所示。

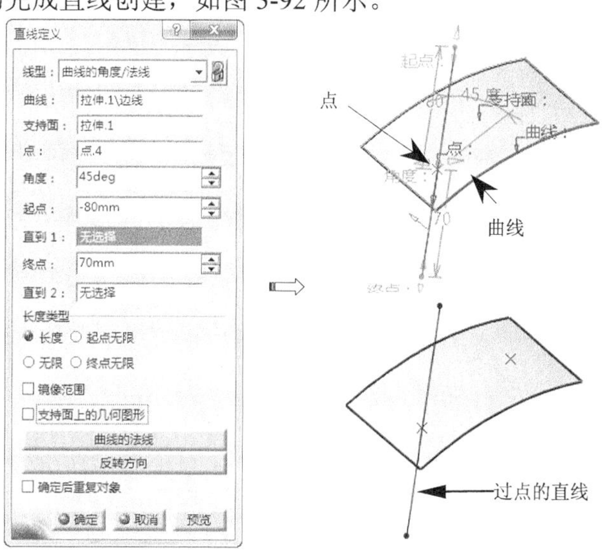

图3-92　曲线的角度/法线创建直线

提示：勾选【支持面上的几何图形】复选框，在支持面上创建最短距离线，到支持面边缘停止。

四、曲线的切线

曲线的切线是指创建通过起点，并平行于曲线切线的直线。

单击【参考元素】工具栏上的【直线】按钮，弹出【直线定义】对话框，在【线型】下拉列表中选择【曲线的切线】选项，选择曲线作为参考，选择一点作为起点（元素 2），在【起点】和【终点】文本框中输入长度数值，单击【确定】按钮，系统自动完成直线创建，如图 3-93 所示。

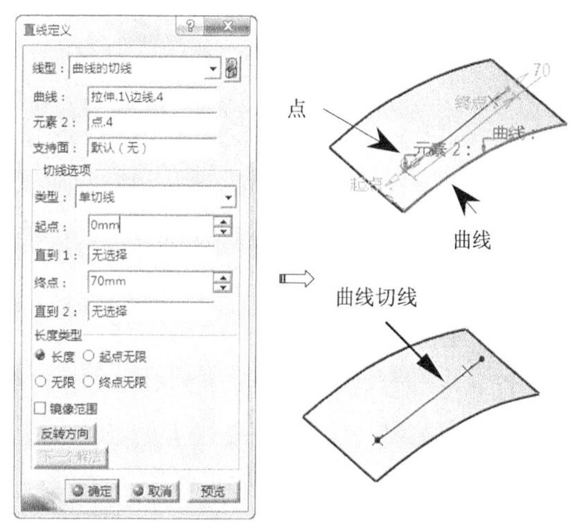

图3-93　曲线的切线创建直线

五、曲面的法线

曲面的法线是指通过指定点沿着曲面法线方向创建直线。

单击【参考元素】工具栏上的【直线】按钮，弹出【直线定义】对话框，在【线型】下拉列表中选择【曲面的法线】选项，选择曲面作为参考，选择一点作为起点，在【起点】和【终点】文本框中输入长度数值，单击【确定】按钮，

系统自动完成直线创建，如图 3-94 所示。

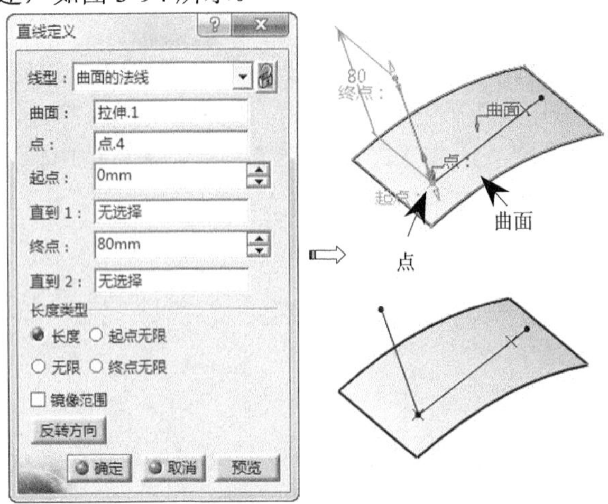

图3-94　曲面的法线创建直线

六、角平分线

角平分线是指创建两条直线的夹角平分线。

单击【参考元素】工具栏上的【直线】按钮，弹出【直线定义】对话框，在【线型】下拉列表中选择【角平分线】选项，选择两条直线作为参考，单击【确定】按钮，系统自动完成直线创建，如图 3-95 所示。

提示：当有多条角平分线符合直线要求时，可单击【下一个解法】按钮进行选择。

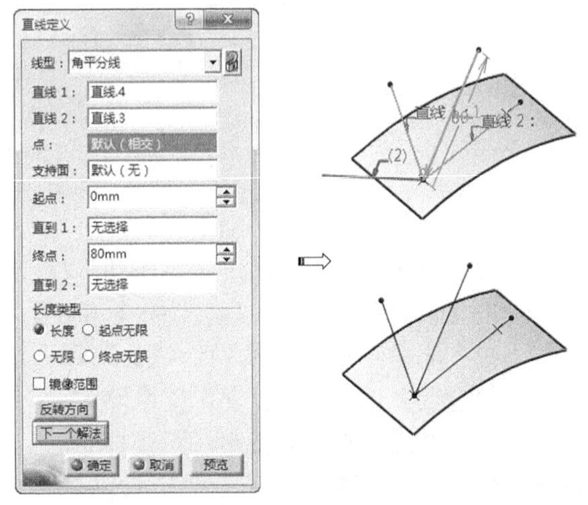

图3-95　角平分线创建直线

3.7.3　平面

平面用于绘制图形和实体的参考面。CATIA V5R21 平面创建方法有：偏移平面、平行通过点、与平面成一定角度或垂直、通过三个点、通过两条直线、通过点和直线、通过平面曲线、曲线的法线、曲面的切线、方程式和平均通过点等。

一、偏移平面

偏移平面是指创建平行于参考平面的平面。

单击【参考元素】工具栏上的【平面】按钮，弹出【平面定义】对话框，在【平面类型】下拉列表中选择【偏移平面】选项，选择平面作为参考，在【偏移】文本框输入偏移距离，单击【确定】按钮，系统自动完成平面创建，如图 3-96 所示。

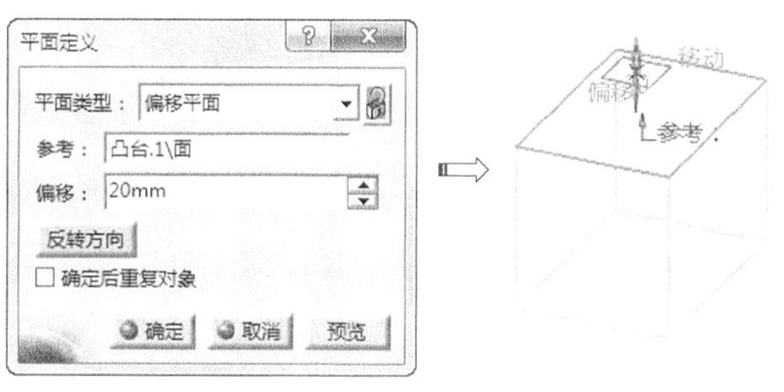

图3-96　偏移平面

二、平行通过点

平行通过点是指创建平移于一参考平面且通过参考点的平面。

单击【参考元素】工具栏上的【平面】按钮，弹出【平面定义】对话框，在【平面类型】下拉列表中选择【平行于通过点】选项，选择平面作为参考，选择一个点作为通过点，单击【确定】按钮，系统自动完成平面创建，如图 3-97 所示。

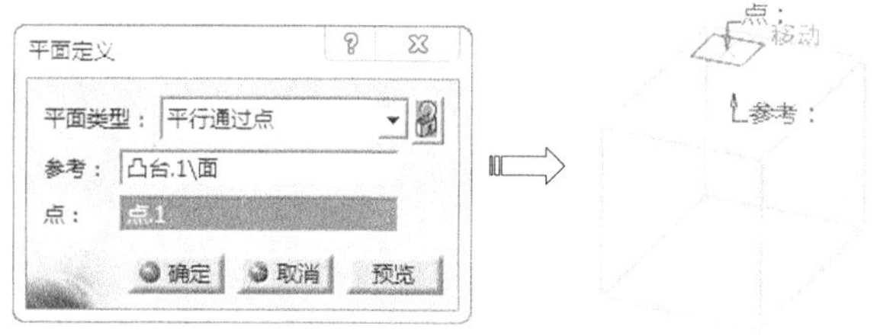

图3-97　平行于通过点创建平面

三、与平面成一定角度或垂直

与平面成一定角度或垂直是指创建与参考平面垂直或成角度的平面。

单击【参考元素】工具栏上的【平面】按钮，弹出【平面定义】对话框，在【平面类型】下拉列表中选择【与平面成一定角度或垂直】选项，选择直线作为旋转轴，选择平面作为参考，在【角度】文本框中输入角度值，单击【确定】按钮，系统自动完成平面创建，如图 3-98 所示。

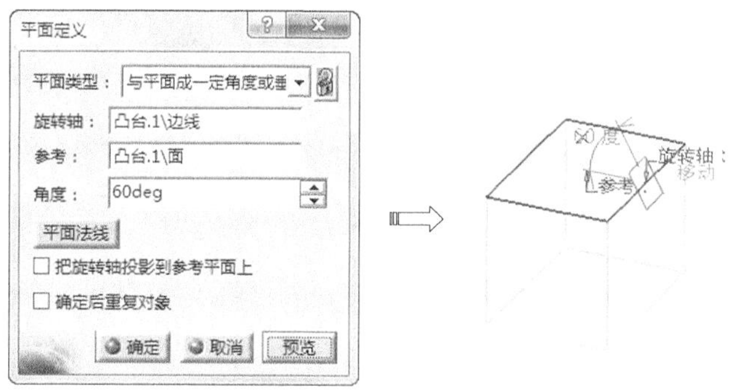

图3-98　与平面成一定角度或垂直创建平面

四、通过三个点

通过三个点是指通过不共线的 3 点创建平面。

单击【参考元素】工具栏上的【平面】按钮，弹出【平面定义】对话框，在【平面类型】下拉列表中选择【通过三个点】选项，依次选择 3 个点，单击【确定】按钮，系统自动完成平面创建，如图 3-99 所示。

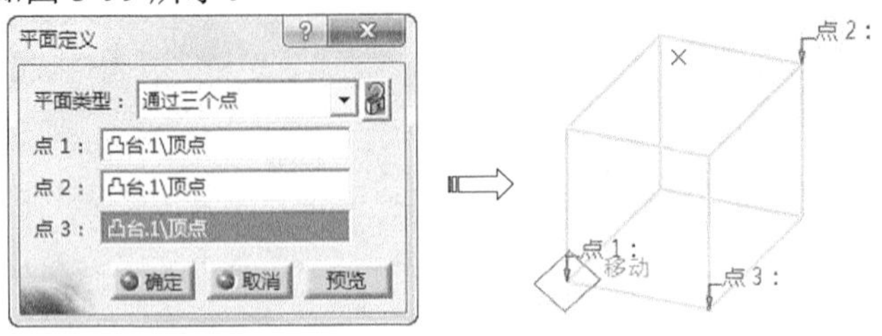

图3-99　通过 3 个点创建平面

五、通过两条直线

通过两条直线是指通过两条不同直线创建平面。

单击【参考元素】工具栏上的【平面】按钮，弹出【平面定义】对话框，在【平面类型】下拉列表中选择【通过两条直线】选项，依次选择两条直线，单击【确定】按钮，系统自动完成平面创建，如图 3-100 所示。

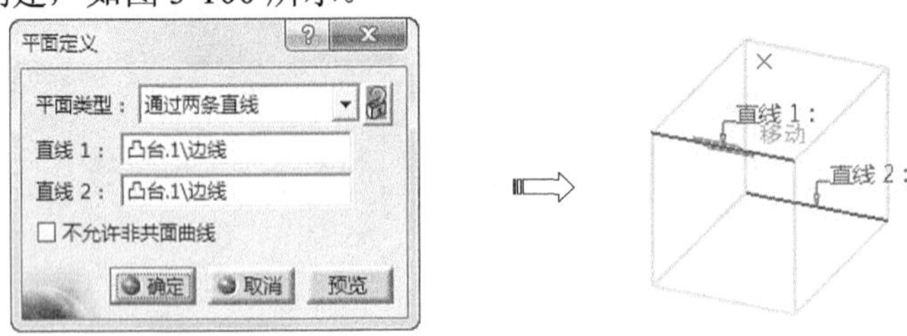

图3-100　通过两条直线创建平面

六、通过点和直线

通过点和直线是指创建包含一条直线和点的平面。

单击【参考元素】工具栏上的【平面】按钮，弹出【平面定义】对话框，在【平面类型】下拉列表中选择【通过点和直线】选项，依次选择点和一条直线，单击【确定】按钮，系统自动完成平面创建，如图 3-101 所示。

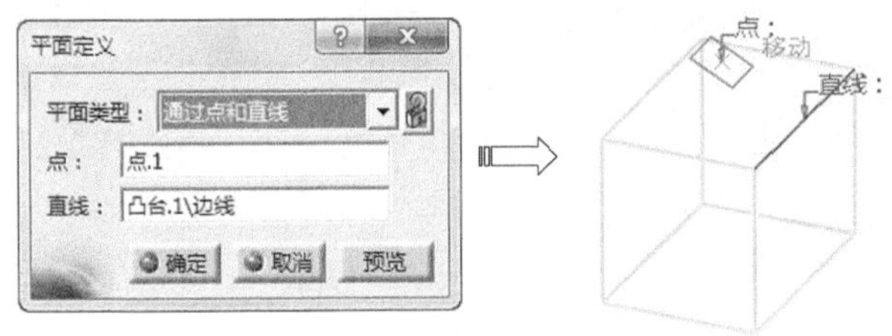

图3-101　通过点和直线创建平面

七、通过平面曲线

通过平面曲线是指创建通过 2D 曲线的平面。

单击【参考元素】工具栏上的【平面】按钮，弹出【平面定义】对话框，在【平面类型】下拉列表中选择【通过平面曲线】选项，选择一条曲线，单击【确定】按钮，系统自动完成平面创建，如图 3-102 所示。

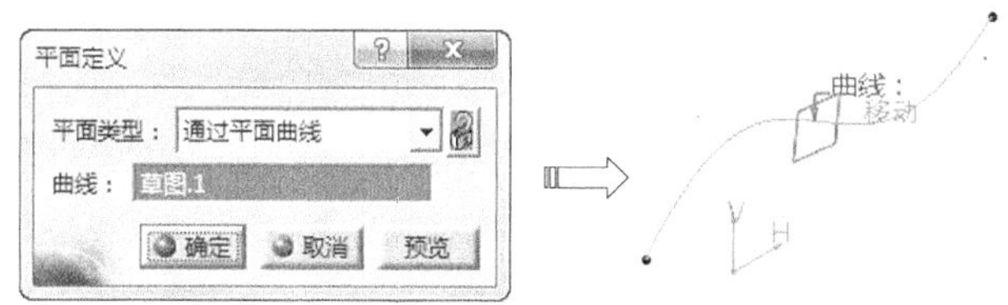

图3-102　通过平面曲线创建平面

八、曲线的法线

通过平面曲线是指创建曲线的法平面。

单击【参考元素】工具栏上的【平面】按钮，弹出【平面定义】对话框，在【平面类型】下拉列表中选择【曲线的法线】选项，选择一条曲线，单击【确定】按钮，系统自动完成平面创建，如图 3-103 所示。

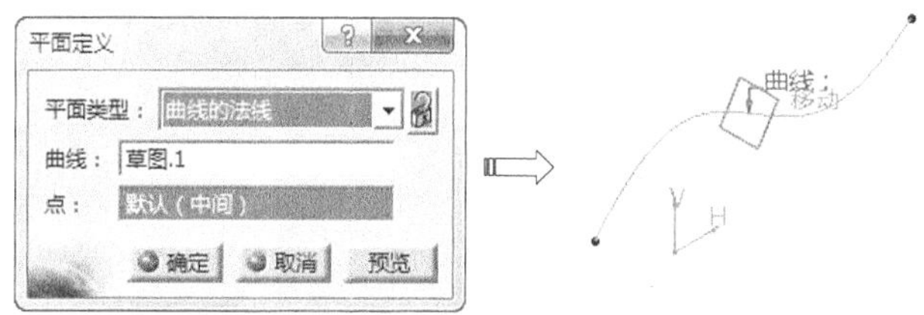

图3-103　曲线的法线创建平面

九、曲面的切线

曲线的切线是指创建与一曲面相切且通过某点的平面。

单击【参考元素】工具栏上的【平面】按钮，弹出【平面定义】对话框，在【平面类型】下拉列表中选择【曲面的切线】选项，选择一个曲面作为参考，选择一个点作为平面通过点，单击【确定】按钮，系统自动完成平面创建，如图 3-104 所示。

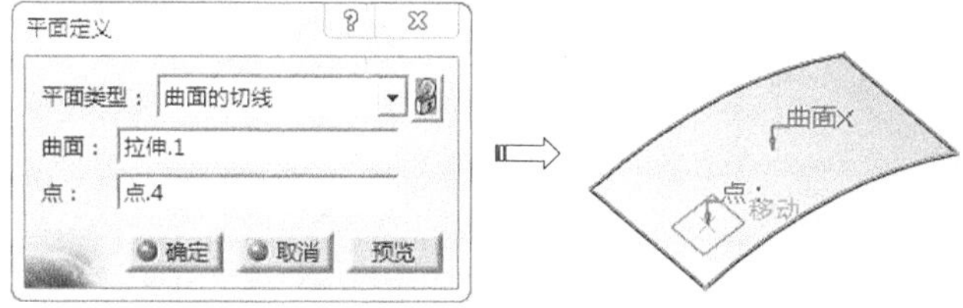

图3-104　曲面的切线创建平面

十、方程式

方程式是指利用平面方程式 $Ax+By+Cz=D$ 来创建平面。

单击【参考元素】工具栏上的【平面】按钮，弹出【平面定义】对话框，在【平面类型】下拉列表中选择【方程式】选项，输入相关系数，单击【确定】按钮，系统自动完成平面创建，如图 3-105 所示。

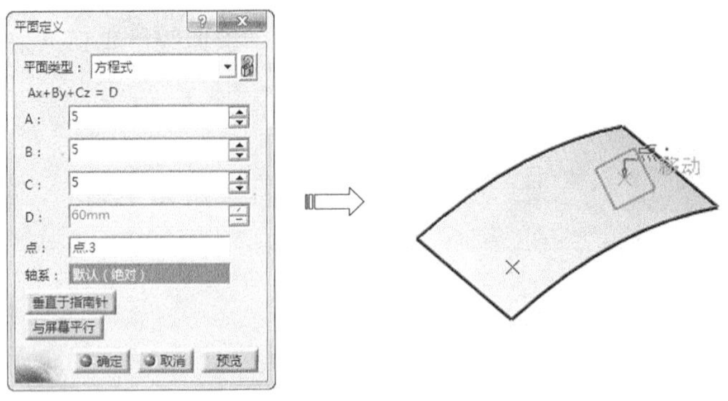

图3-105　方程式创建平面

十一、　平均通过点

平均通过点是指通过多个点创建平面。

单击【参考元素】工具栏上的【平面】按钮，弹出【平面定义】对话框，在【平面类型】下拉列表中选择【平均通过点】选项，选择三个或三个以上的点，单击【确定】按钮，系统自动完成平面创建，如图 3-106 所示。

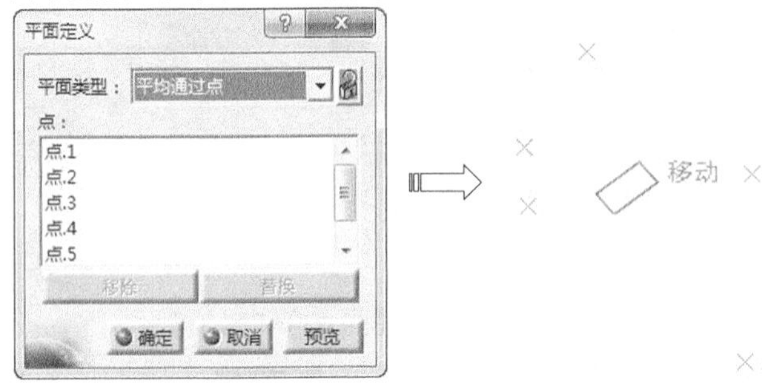

图3-106　平均通过点创建平面

3.8　应用实例——安装盘实体设计

本节将以安装盘为例来讲解实体造型中特征创建、特征操作等功能在实际设计中的应用。图 3-107 所示为安装盘零件。

结果文件　光盘\练习\Ch03\anzhuangpan.CATPart 

1. 在【标准】工具栏中单击【新建】按钮，在弹出的对话框中选择“part”，单击【确定】按钮新建一个零件文件，执行【开始】/【机械设计】/【零件设计】命令，进入【零件设计】工作台。
2. 单击【草图】按钮，在工作窗口选择草图平面 *xy* 平面，进入草图编辑器。利用圆弧等工具绘制如图 3-108 所示的草图。单击【工作台】工具栏上的【退出工作台】按钮，完成草图绘制。

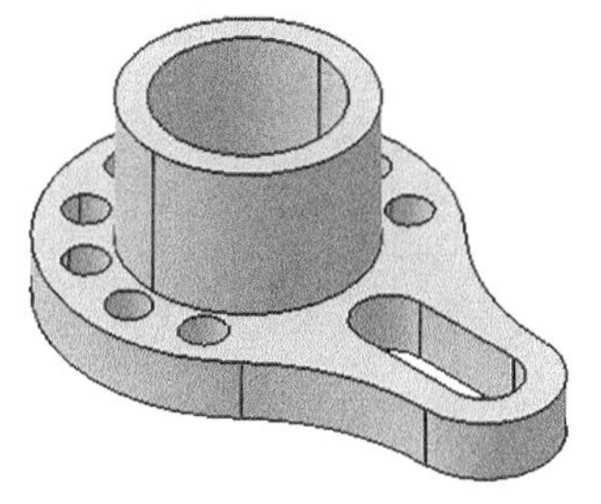

图3-107 安装盘零件

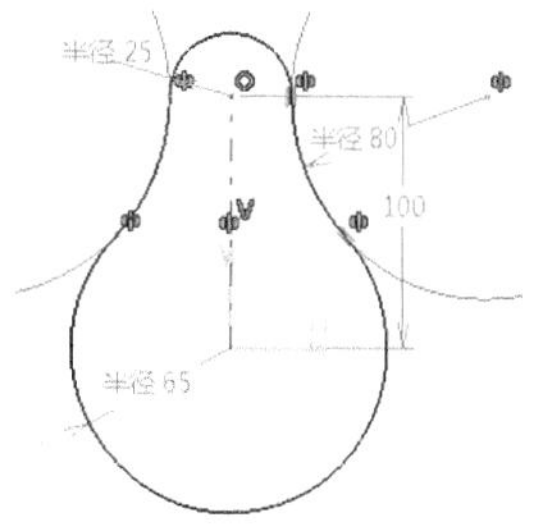

图3-108 绘制草图

3. 单击【基于草图的特征】工具栏上的【凸台】按钮，弹出【定义凸台】对话框，选择上一步所绘制的草图，拉伸 20mm，单击【确定】按钮完成拉伸特征，如图 3-109 所示。

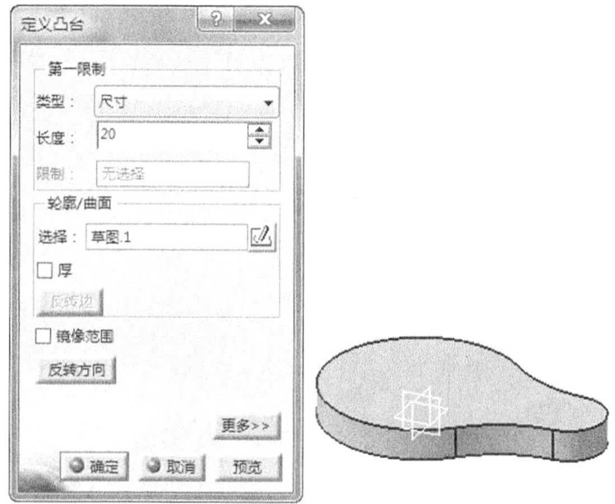

图3-109 创建凸台特征

4. 选择拉伸实体上端面，单击【草图】按钮，进入草图编辑器。利用圆等工具绘制如图 3-110 所示的草图。单击【工作台】工具栏上的【退出工作台】按钮，完成草图绘制。

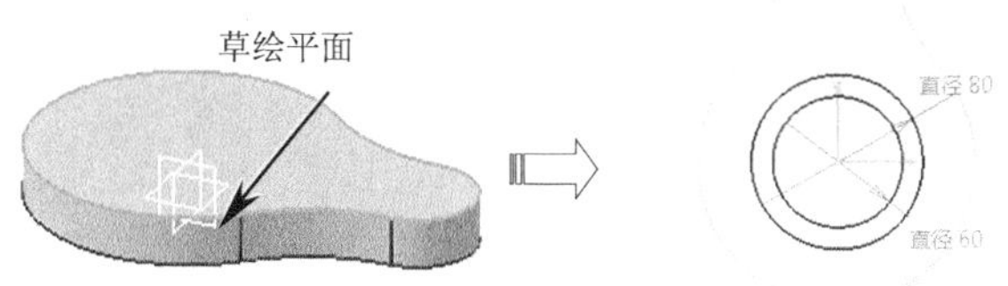

图3-110 绘制草图

5. 单击【基于草图的特征】工具栏上的【凸台】按钮，弹出【定义凸台】对话框，选择上一步所绘制的草图，拉伸 50mm，单击【确定】按钮完成拉伸特征，如图 3-111 所示。
6. 选择拉伸实体上端面，单击【草图】按钮，进入草图编辑器。利用圆等工具绘制如图 3-112 所示的草图。单击【工作台】工具栏上的【退出工作台】按钮，完成草图绘制。

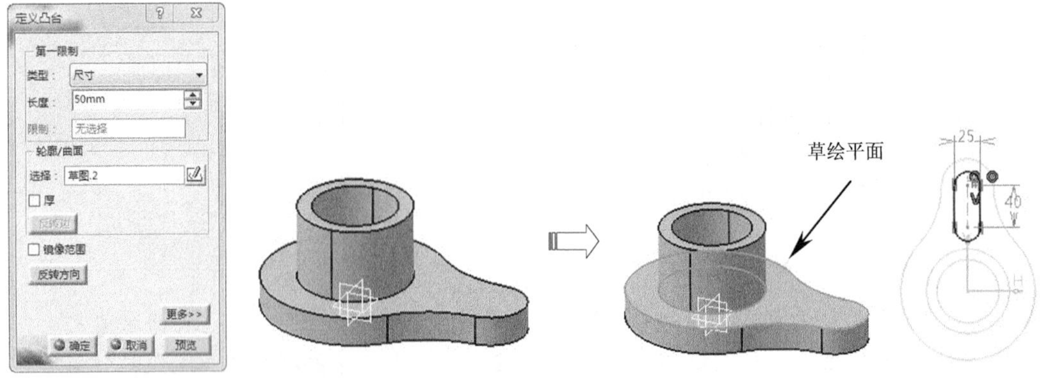

图3-111　创建拉伸特征　　图3-112　绘制草图

7. 单击【基于草图的特征】工具栏上的【凹槽】按钮，选择上一步草图，弹出【定义凹槽】对话框，设置凹槽类型为【直到最后】，单击【确定】按钮，系统自动完成凹槽特征，如图 3-113 所示。

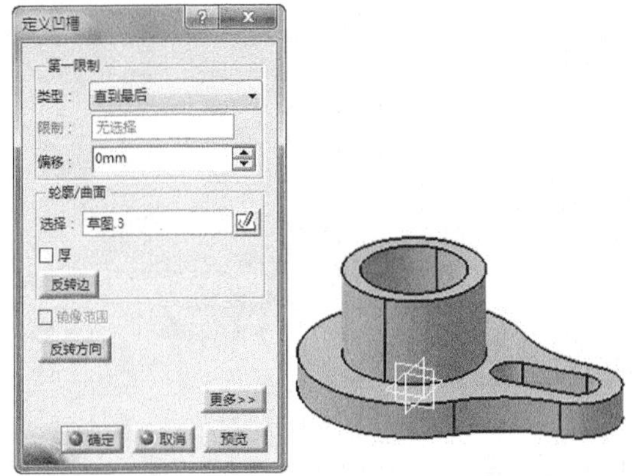

图3-113　创建凹槽特征

创建孔特征，具体步骤如下。

8. 单击【基于草图的特征】工具栏上的【孔】按钮，选择上表面为钻孔的实体表面后，弹出【定义孔】对话框，设置【扩展】为【直到最后】，【直径】为 15，如图 3-114 所示。

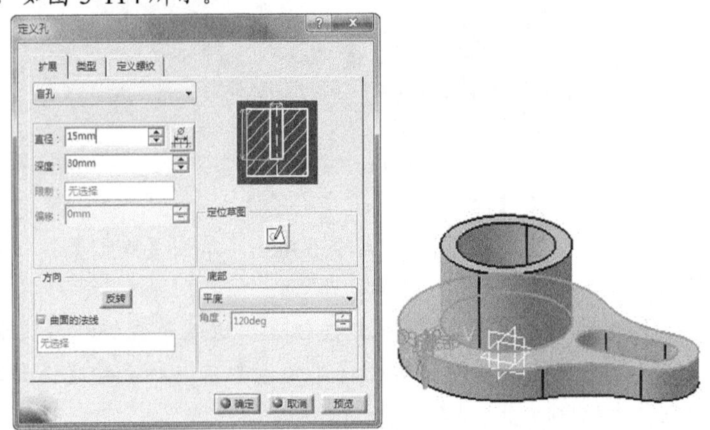

图3-114　选择孔表面和设置孔参数

9. 单击【定位草图】按钮，进入草图编辑器，约束定位钻孔位置如图 3-115 所示。单击【工作台】工具栏上的【退出工作台】按钮返回。
10. 单击【定义孔】对话框中的【确定】按钮，系统自动完成孔特征，如图 3-116 所示。

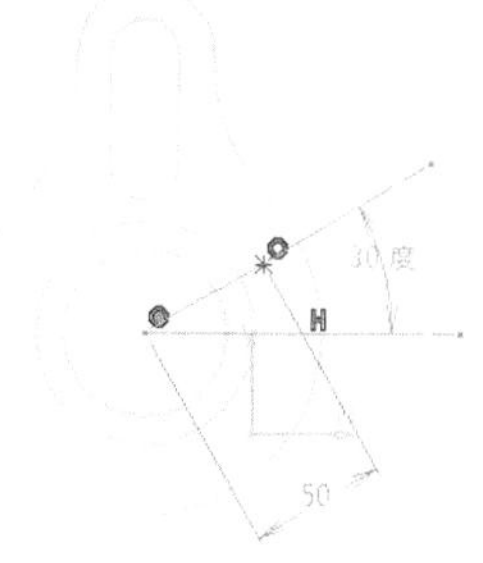

图3-115　定位孔位置

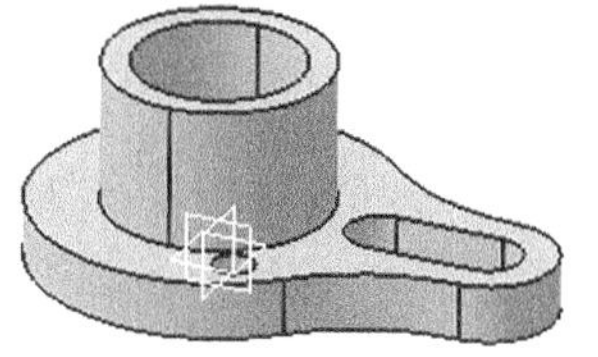
图3-116　创建孔特征

11. 选择孔，单击【变换特征】工具栏上的【圆形阵列】按钮，弹出【定义圆形阵列】对话框，设置阵列参数，选择圆柱表面作为阵列方向，单击【确定】按钮，完成圆周阵列特征，如图 3-117 所示。

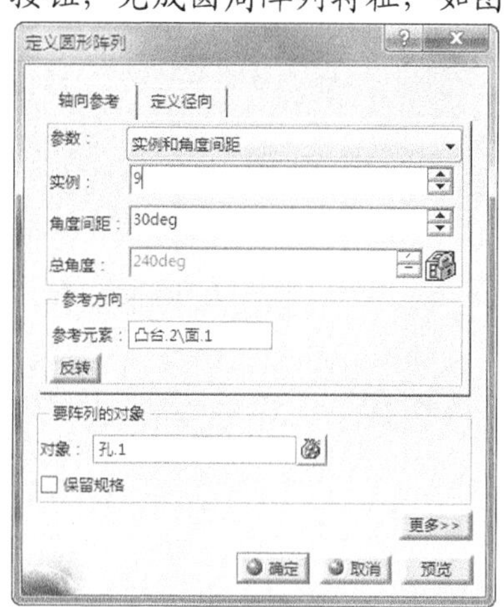

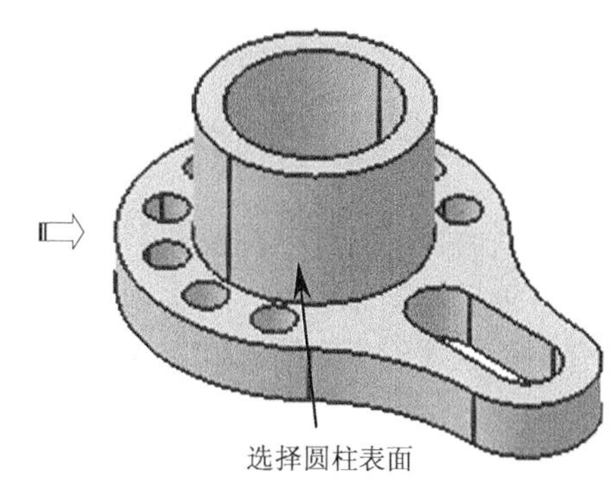

图3-117　创建环形阵列

3.9 小结

本章学习了 CATIA V5R21 实体设计基本知识，主要内容有实体特征创建、实体修饰、实体操作等方法，这样读者能熟悉了 CATIA 实体特征的基本命令，那么本章的重点和难点为基于草图的特征、修饰特征应用，希望读者按照讲解方法进一步进行实例练习。

第4章　创成式外形设计

创成式外形设计功能主要应用于工业产品设计。当中就包含有曲线构建工具与曲面构建工具。通过本章的学习，读者将能熟练利用曲线、曲面工具设计产品。

本章要点

- 创成式外形设计工作台
- CATIA V5R21 线框创建方法
- CATIA V5R21 曲面创建方法
- CATIA V5R21 曲面编辑方法
- 曲面展开及 BiW 模板的创建

4.1　创成式外形设计模块介绍

具有复杂形状结构单靠【零件设计】工作台不能完成，而需要实体和曲面混合设计才能完成。创成式外形设计工作台是 CATIA 进行曲面设计的重要部分，可交互式地创建曲线和曲面。本节介绍创成式外形设计工作台界面和相应工具栏等。

4.1.1　进入创成式外形设计工作台

要创建曲面首先要进入创成式外形设计工作台环境中，常用进入创成式外形设计工作台方法如下。

选择【开始】/【形状】/【创成式外形设计】命令，弹出【新建零件】对话框，在【输入零件名称】文本框中输入文件名称，如图 4-1 所示。单击【确定】按钮进入创成式外形设计工作台，如图 4-2 所示。

图4-1　【开始】菜单命令

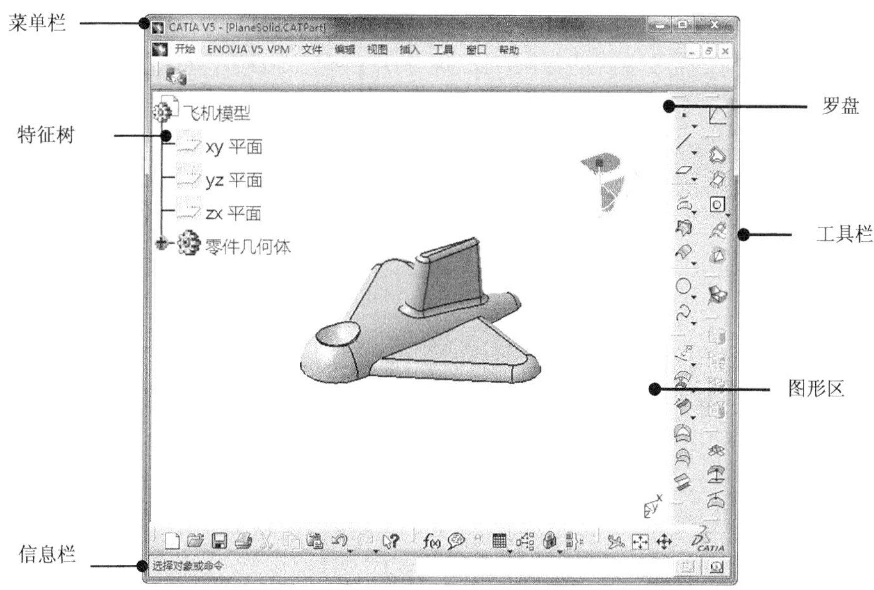

图4-2 创成式外形设计工作台

4.1.2 创成式外形设计工具栏介绍

利用创成式外形设计工作台中的工具栏命令按钮是启动实体特征命令最方便的方法。CATIA V5R21 创成式外形设计工作台常用的工具栏有 5 个：【线框】工具栏、【曲面】工具栏、【操作】工具栏、【已展开外形】工具栏、【BiW Templates】工具栏。工具栏显示了常用的工具按钮，单击工具右侧的黑色三角，可展开下一级工具栏。

一、【线框】工具栏

【线框】工具栏命令用于创建点、直线、曲线、二次曲线等，如图 4- 3 所示。

二、【曲面】工具栏

【曲面】工具栏命令用于创建各种曲面，如图 4-4 所示。

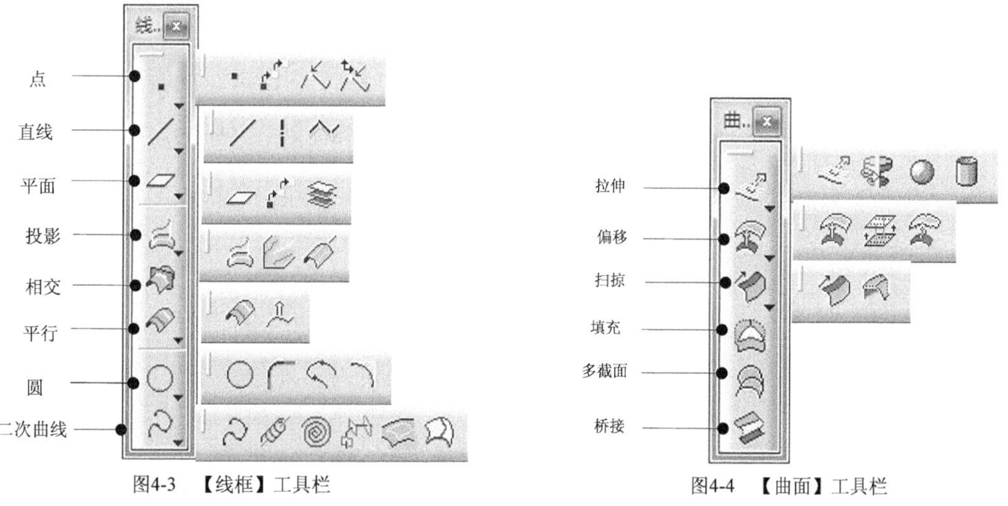

图4-3 【线框】工具栏

图4-4 【曲面】工具栏

三、【操作】工具栏

【操作】工具栏是对已建立的曲线、曲面进行裁剪、连接、倒圆角等操作如图 4-5 所示。

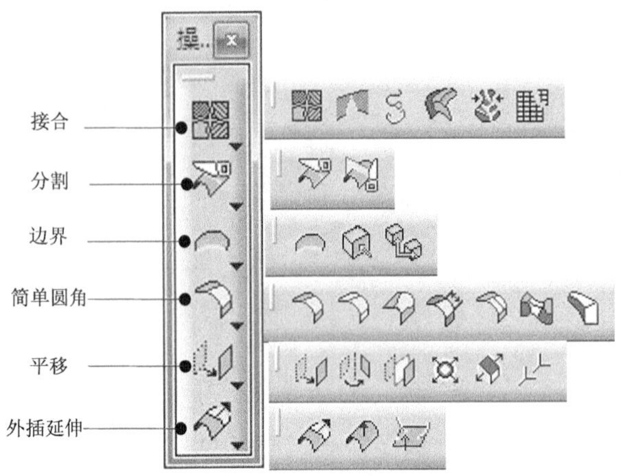

图4-5　【操作】工具栏

四、【已展开外形】工具栏

【已展开外形】工具栏用于将曲面展开，如图 4-6 所示。

五、【BiW Templates】工具栏

BiW 模板可以进行特殊曲面的设计，使用这些模板可减少设计的工作量，提高工作效率，如图 4-7 所示。

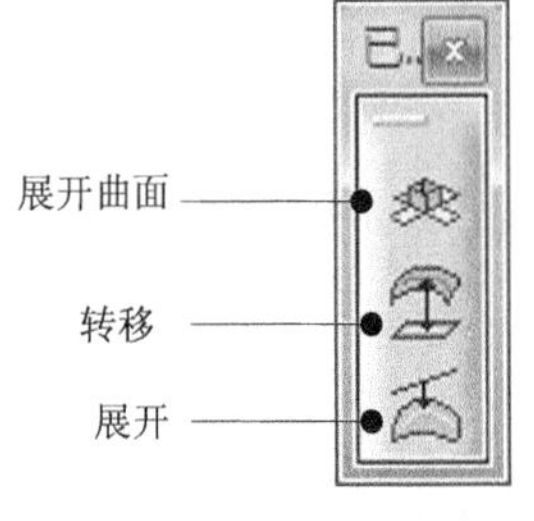

图4-6　【已展开外形】工具栏

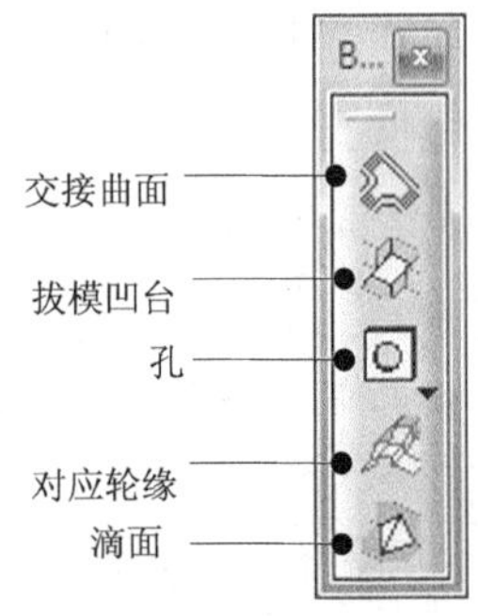

图4-7　【BiW Templates】工具栏

4.2　创建线框

CATIA 提供了非常丰富的曲面设计功能，所建立的曲线可以用来作为创建曲面或实体的引导线或参考线。曲线设计工具命令集中在【线框】工具栏中，下面将分别介绍。

4.2.1　创建点

点是构成线框的基础，CATIA V5R21 空间点创建方法有：坐标点、曲线上的点、平面

上的点、曲面上的点、圆/球面/椭圆中心的点、曲线的切线点和之间点等。创成式外形设计模块中点的创建方法与零件设计模块中点的创建方法相同，此处不再赘述。

一、点面复制

【点面复制】用于在选定的曲线上生成多个等距点以及通过这些等距点创建垂直于曲线的平面。

单击【线框】工具栏上的【点面复制】按钮，弹出【点面复制】对话框，在图形区选择曲线，在【参数】下拉列表中选择类型，在【实例】数值框中输入点数，单击【确定】按钮，系统自动完成点创建，如图 4-8 所示。

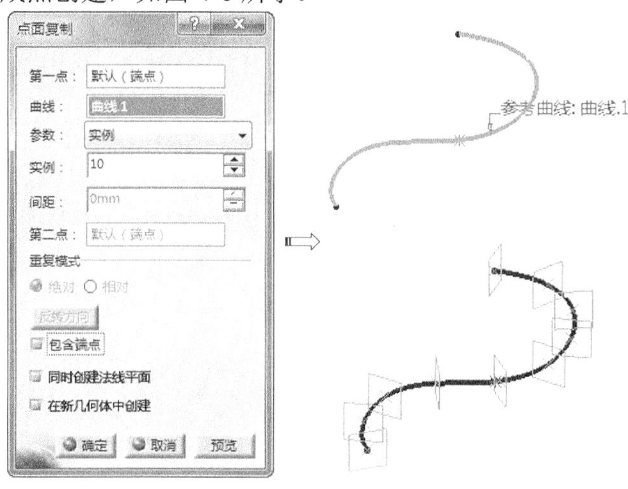

图4-8　创建点面复制

【点面复制】对话框参数选项。

- 包含端点：选中该复选框，则生成的点包含曲线的两个端点。
- 同时创建法线平面：选中该复选框，则在生成点的同时生成通过点且垂直于曲线的法平面。

二、端点

【端点】用于在曲线、曲面或凸台元素中提取点来创建极值点。

单击【线框】工具栏上的【端点】按钮，弹出【极值定义】对话框，在图形区选择曲线，激活【方向】选择框选择极值的方向，并在右侧选择创建的最大值还是最小值，单击【确定】按钮，系统自动完成点创建，如图 4-9 所示。

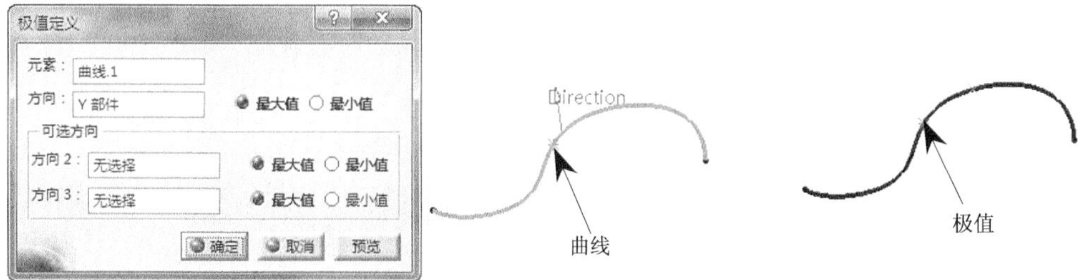

图4-9　创建端点

【极值定义】对话框参数选项。

- 元素：选择提取极值点的元素。
- 方向：用于选择提取极值的方向，其后的“最大值”和“最小值”表示选择极值点在选中的方向上位于最大位置还是最小位置。

三、端点坐标

【端点坐标】用于在曲线的两极上提取极值点。

单击【线框】工具栏上的【端点坐标】按钮，弹出【极坐标极值定义】对话框，在【类型】下拉列表中选择【最小半径】，激活【轮廓】选择框，选择提取极值点的参考对象，激活【支持面】选择框选择生成极值点所在的平面，激活【轴】选项中的【原点】和【参考方向】选择框，选择生成极值点的参考原点和方向，单击【确定】按钮，系统自动完成极坐标极值点创建，如图 4-10 所示。

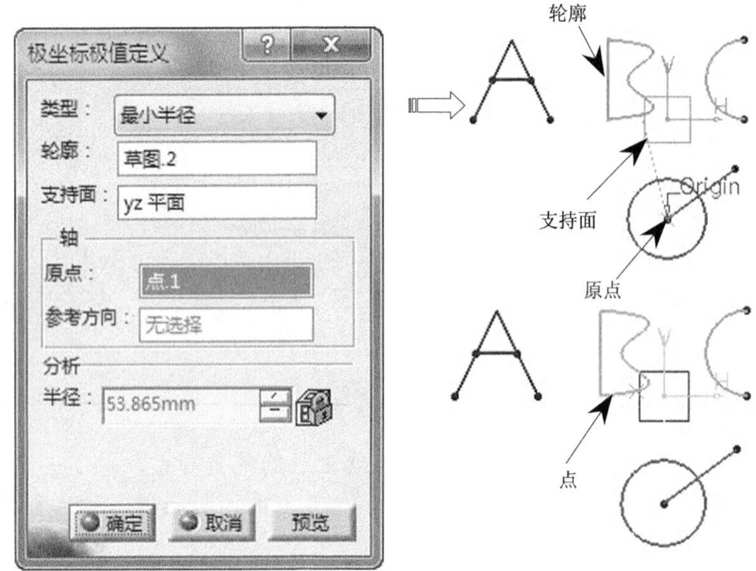

图4-10　创建极坐标极值点

4.2.2 创建直线

直线是构成线框的基本单元之一，CATIA V5R21 空间直线创建方法有：点-点、点-方向、曲线的角度/法线、曲线的切线、曲面的法线和角平分线等。创成式外形设计模块中直线的创建方法与零件设计模块中直线的创建方法相同，此处不再赘述。

一、轴

【轴】用于创建圆、圆柱、椭圆、长圆形、旋转曲面或球面的轴。

单击【线框】工具栏上的【轴】按钮，弹出【轴线定义】对话框，选择创建轴线的类型，单击【确定】按钮，系统自动完成轴线创建，如图 4-11 所示。

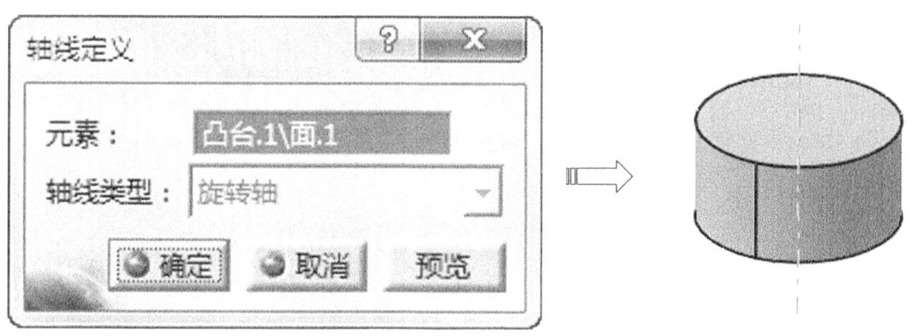

图4-11　创建轴线

二、折线

【折线】用于创建通过多个点的连续的折断直线。

单击【线框】工具栏上的【折线】按钮，弹出【折线定义】对话框，依次选择所需的点，单击【确定】按钮，系统自动完成折线创建，如图 4-12 所示。

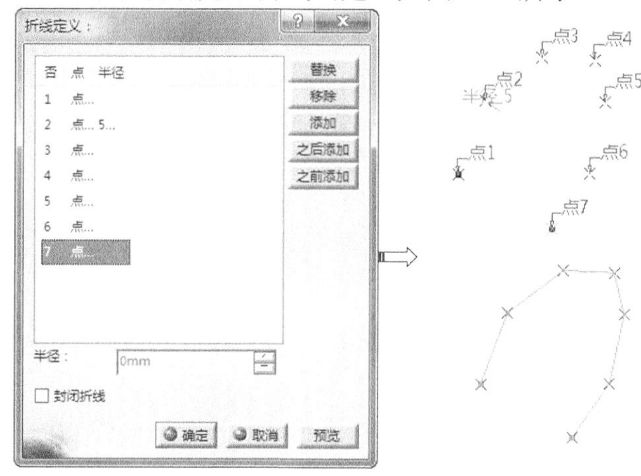

图4-12　创建折线

提示：【半径】文本框用于设置某点处折线的半径值，两端点不能设置。

4.2.3　投影-混合曲线

在【线框】工具栏中单击【投影】按钮右下角的黑色三角，展开工具栏，包含“投影”、“混合”和“反射线”等 3 个工具按钮。

一、投影曲线

【投影曲线】用于将空间的点、直线或者曲线以某个方向投影到支持面上创建几何图形。

单击【线框】工具栏上的【投影】按钮，弹出【投影定义】对话框，在【投影类型】下拉列表中选择【法线】选项，选择投影的曲线，然后选择投影支持面，单击【确定】按钮，系统自动完成投影曲线创建，如图 4-13 所示。

【投影定义】对话框选项参数含义如下。

- 投影类型：投影类型有【法线】和【沿某一方向】两种。

- 近接解法：当有多个可能的投影时，可选中该选项以保留最近的投影。
- 光顺：选择曲线平滑类型，其中【无】表示不进行光滑处理；【相切】表示对投影曲线进行切线连续处理；【曲率】表示对投影曲线进行曲率处理。

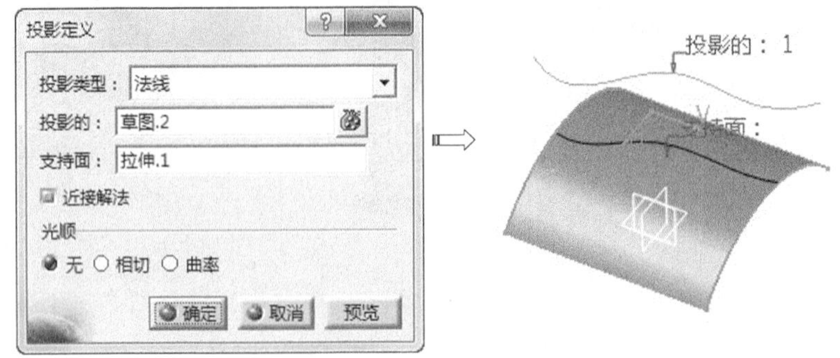

图4-13　创建投影曲线

二、混合曲线

【混合曲线】用于生成由两曲线拉伸形成的曲面相交线。

单击【线框】工具栏上的【混合】按钮，弹出【混合定义】对话框，在【混合类型】下拉列表中选择【法线】选项，分别选择两条曲线，单击【确定】按钮，系统自动完成混合曲线创建，如图 4-14 所示。

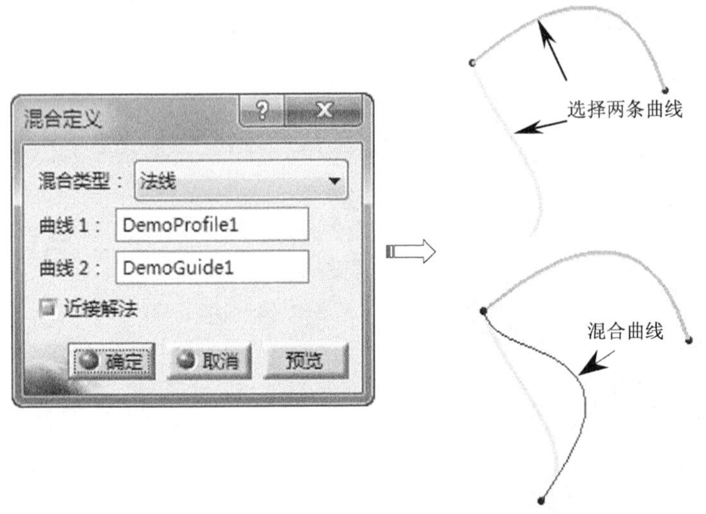

图4-14　创建混合曲线

三、反射线

【反射线】用于按照反射原理在支持面上生成新的曲线。

单击【线框】工具栏上的【反射线】按钮，弹出【反射线定义】对话框，在【类型】中选择【二次曲线】选项，分别支持面和原点，在【角度】文本框中输入角度值，单击【确定】按钮，系统自动完成反射线创建，如图 4-15 所示。

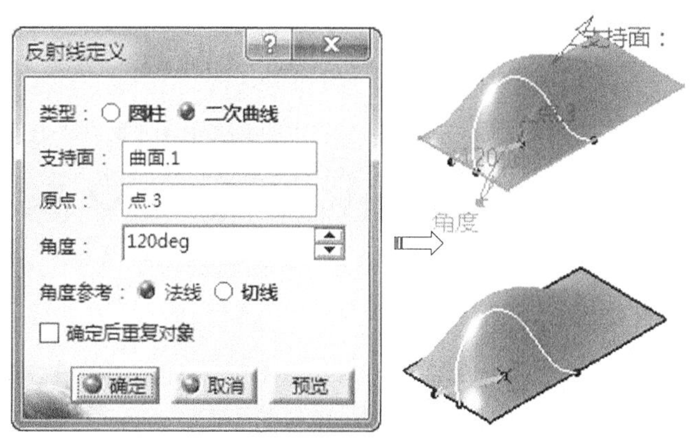

图4-15　创建反射线

【反射线定义】对话框中选项参数含义如下。

- 类型：“圆柱”对应于光源位于无限远位置处的反射线，“二次曲线”对应于点光源位于有限远位置处的反射线。
- 原点：用于设置二次曲线的圆锥入射点。
- 角度：用于设置入射角和反射角之和。
- 角度参考：用于定义曲线的生成方式，即发射线与支持面形成曲线的方法，包括“法线”和“切线”等两种形式。

4.2.4　相交曲线

【相交曲线】用于求两条线的交点、线与面的交点、曲面与曲面的交线、曲面与实体的截交线或横截面等。

单击【线框】工具栏上的【相交】按钮，弹出【相交定义】对话框，依次选择两个元素，单击【确定】按钮，系统自动完成相交曲线创建，如图 4-16 所示。

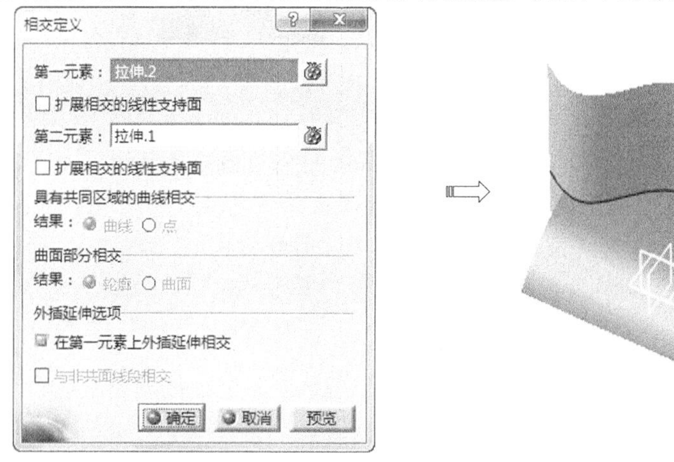

图4-16　创建相交曲线

【相交定义】对话框选项参数含义如下。

- 在第一元素上外插延伸相交：当两个曲面相交时，选中该复选框可创建将第一个曲面外插延伸时两曲面的交线。

- 扩展相交的线性支持面：当两条直线没有相交时，选中该复选框可将两直线延长，创建延长线的交点。

4.2.5　偏移曲线

在【线框】工具栏中单击【平行曲线】按钮右下角的黑色三角，展开工具栏，包含“平行曲线”、“偏移 3D 曲线”等两个工具按钮。

一、平行曲线

【平行曲线】用于生成与参考曲线平行的曲线。

单击【线框】工具栏上的【平行曲线】按钮，弹出【平行曲线定义】对话框，激活【曲线】选择框，选择要进行平行的曲线，激活【支持面】选择框，选择支持面，在【常量】文本框中输入偏移值，单击【确定】按钮，系统自动完成平行曲线创建，如图 4-17 所示。

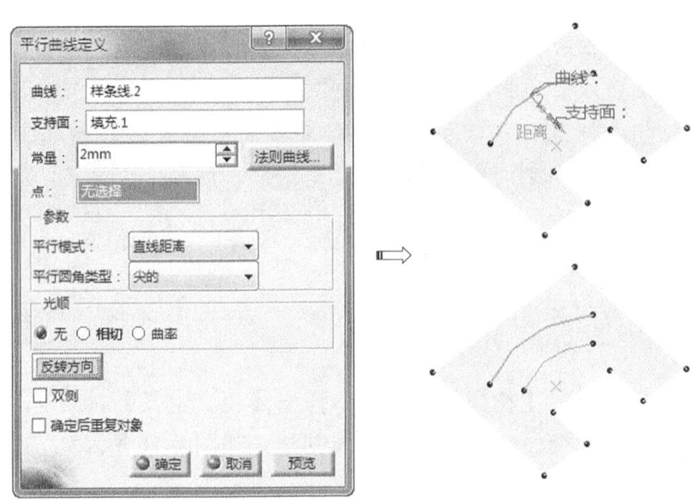

图4-17　创建平行曲线

【平行曲线定义】对话框【参数】选项含义如下。

- 平行模式：“直线距离”表示两平行线之间的距离为最短的曲线，而不考虑支持面。“测地距离”表示两平行线之间的距离最短的曲线，考虑支持面。
- 平行圆角类型：“尖的”表示平行曲线与参考曲线的角特征相同。“圆的”表示平行曲线在角上以圆角过渡，该方式偏移距离为常数。

二、偏移 3D 曲线

【偏移 3D 曲线】用于将空间三维曲线按照某个指定方向进行偏置而生成新的曲线。

单击【线框】工具栏上的【偏移 3D 曲线】按钮，弹出【3D 曲线偏移定义】对话框，激活【曲线】选择框，选择要进行偏移的曲线，激活【拔模方向】选择框，选择平面或直线作为偏移方向，在【偏移】文本框中输入偏移值，单击【确定】按钮，系统自动完成偏移 3D 曲线创建，如图 4-18 所示。

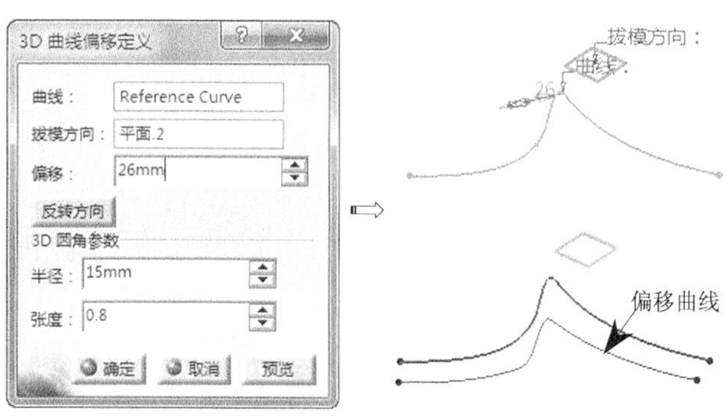

图4-18　创建偏移 3D 曲线

【3D 曲线偏移定义】对话框【3D 圆角参数】用于处理偏移过程中的偏差。

- 半径：若参考曲线的曲率半径小于偏移距离，则将以该最小曲率半径创建曲线。
- 张度：设置偏移曲线的张度。

4.2.6 二次曲线

在【线框】工具栏中单击【圆】按钮右下角的黑色三角，展开工具栏，包含“圆”、“圆角”、“连接曲线”和“二次曲线”等 4 个工具按钮。

一、圆

圆或圆弧是构成线框的基本单元之一，CATIA V5R21 空间圆或圆弧创建方法有：中心和半径、中心和点、两点和半径、三点、中心和轴线、双切线和半径、双切线和点、三切线、中心和切线等。

(1) 中心和半径。

单击【线框】工具栏上的【圆】按钮，弹出【圆定义】对话框，在【圆类型】下拉列表中选择【中心和半径】选项选择一点作为圆心，选择一个平面或曲面作为圆弧的支持面，在【半径】文本框中输入半径值，在【开始】和【结束】文本框中输入开始结束角度，单击【确定】按钮，系统自动完成圆创建，如图 4-19 所示。

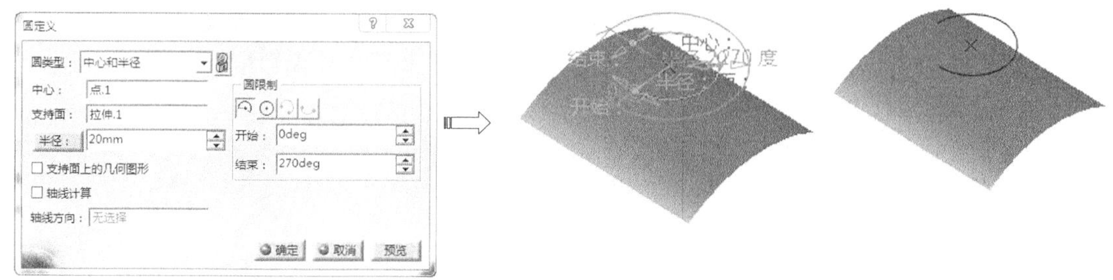

图4-19　圆心和半径

【圆定义】对话框选项参数含义如下。

- 中心：选择一个点作为圆心，或者在文本框使用右键快捷菜单创建圆心点。
- 支持面：选择圆的支持面。如果选择的支持面为曲面，圆将被放在其切平面上，如果将圆投影到曲面上，则须选中【支持面上的几何图形】复选框。

- 半径：圆或圆弧半径。
- 支持面上的几何图形：将几何图形投影到支持面上，如果圆或圆弧超过了支持面，则支持面外的部分将被切除，如图 4-20 所示。

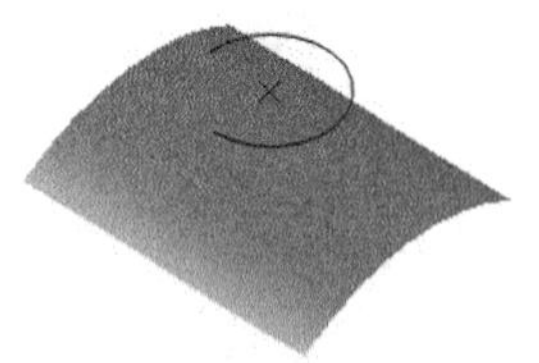

取消【支持面上的几何图形】复选框

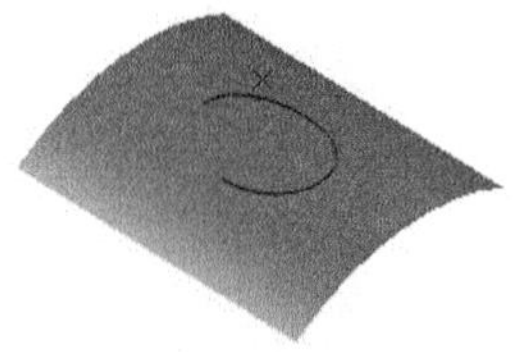

选中【支持面上的几何图形】复选框

图4-20　支持面上的几何图形

- 轴线计算：选中该复选框，在创建或修改圆时自动创建轴线，此时需要选择【轴线方向】，如图 4-21 所示。

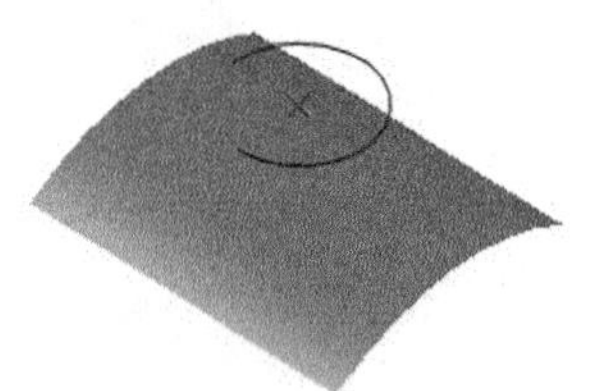

取消【轴线计算】复选框

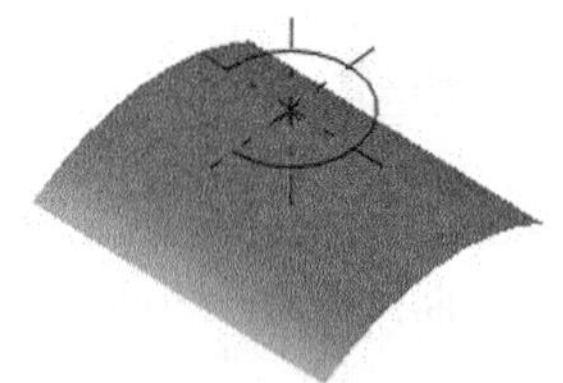

选中【轴线计算】复选框

图4-21　支持面上的几何图形

- 圆限制：选择是创建圆还是圆弧以及形成补圆等，包括"部分弧"、"整圆"、"修剪圆"和"补充圆"等 4 种。
- 开始：圆弧的起始角度。
- 结束：圆弧的终止角度。

(2) 中心和点。

单击【线框】工具栏上的【圆】按钮，弹出【圆定义】对话框，在【圆类型】下拉列表中选择【中心和点】选项，选择一点作为圆心，选择一点为圆上的点，选择一个平面或曲面作为圆弧的支持面，在【开始】和【结束】文本框中输入开始结束角度，单击【确定】按钮，系统自动完成圆创建，如图 4-22 所示。

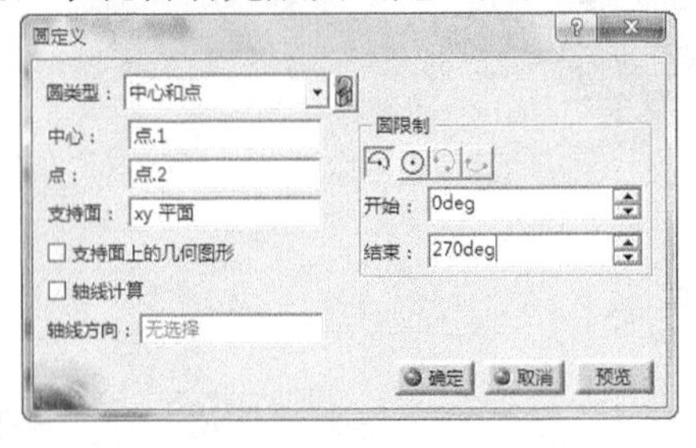

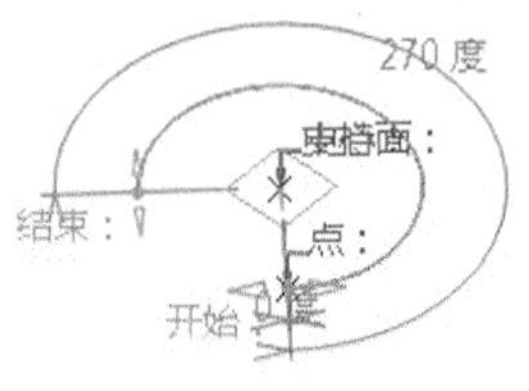

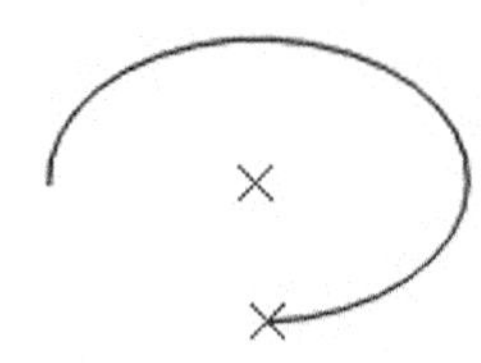

图4-22　中心和点

(3) 两点和半径。

单击【线框】工具栏上的【圆】按钮，弹出【圆定义】对话框，在【圆类型】下拉列表中选择【两点和半径】选项，依次选择两点作为圆周上的点，选择一个平面或曲面作为圆弧的支持面，在【半径】文本框中输入半径值，在【开始】和【结束】文本框中输入开始结束角度，单击【确定】按钮，系统自动完成圆创建，如图 4-23 所示。

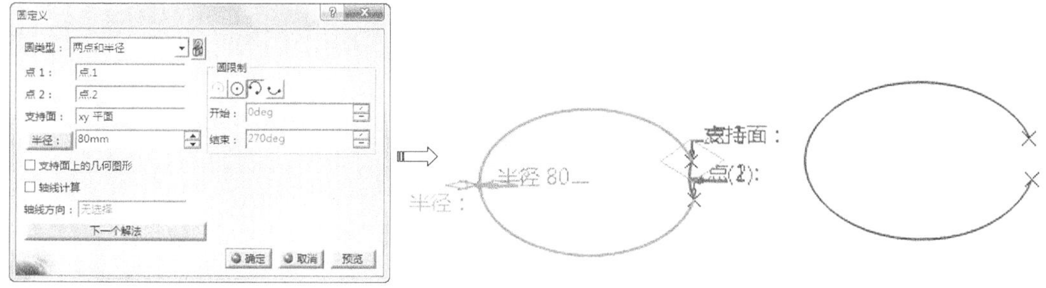

图4-23　两点和半径

提示：系统显示出两个圆弧，可单击【下一个解法】按钮选择所需的圆弧，不带圆括号数字所指的圆弧是当前所选的圆弧。此外可单击【修剪圆】按钮和【补充圆】按钮改成当前圆弧的互补圆弧。

(4)　三点。

单击【线框】工具栏上的【圆】按钮，弹出【圆定义】对话框，在【圆类型】下拉列表中选择【三点】选项，依次三个点作为圆周上的点，单击【确定】按钮，系统自动完成圆创建，如图 4-24 所示。

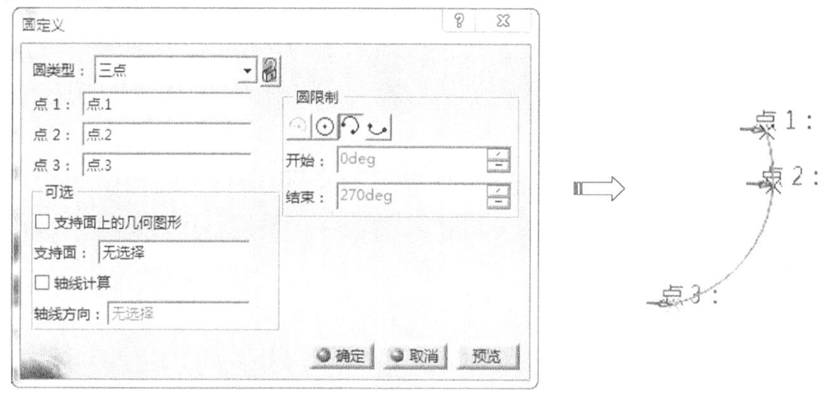

图4-24　三点

(5)　中心和轴线。

单击【线框】工具栏上的【圆】按钮，弹出【圆定义】对话框，在【圆类型】下拉列表中选择【中心和轴线】选项，选择一条直线或轴线作为圆弧支持面的垂线，选择一点作为圆弧支持面通过点，在【半径】文本框中输入半径值，单击【确定】按钮，系统自动完成圆创建，如图 4-25 所示。

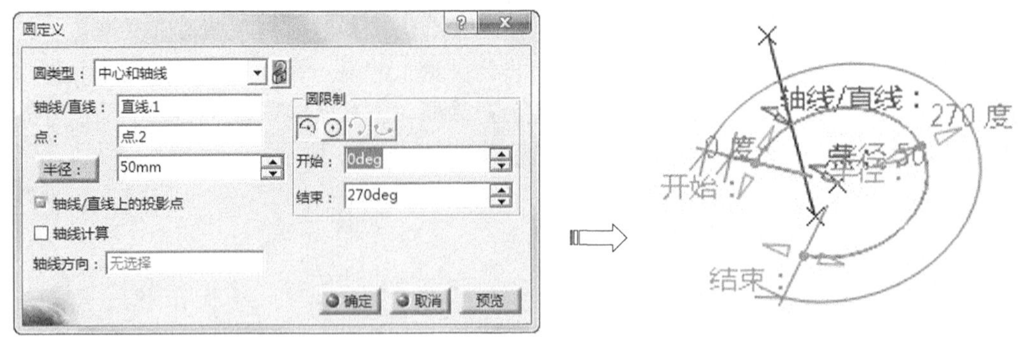

图4-25　中心和轴线

提示：如果没有选中【轴线/直线上的投影点】复选框，那么选择的点将作为圆心，否则该点将投影到轴线上，并以投影点作为圆心。

(6)　双切线和半径。

单击【线框】工具栏上的【圆】按钮，弹出【圆定义】对话框，在【圆类型】下拉列表中选择【双切线和半径】选项，依次选择两个元素作为圆弧相切元素，在【半径】文本框中输入半径值，单击【确定】按钮，系统自动完成圆创建，如图 4-26 所示。

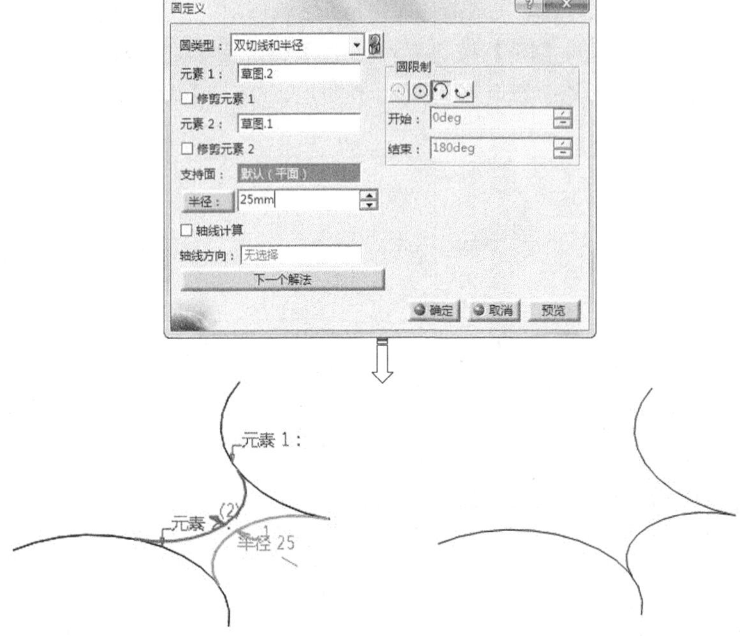

图4-26　双切线和半径

提示：系统显示出两个圆弧，可单击【下一个解法】按钮选择所需的圆弧，不带圆括号数字所指的圆弧是当前所选的圆弧。此外可单击【修剪圆】按钮和【补充圆】按钮改成当前圆弧的互补圆弧。

(7)　双切线和点。

单击【线框】工具栏上的【圆】按钮，弹出【圆定义】对话框，在【圆类型】下拉列表中选择【双切线和点】选项，依次选择两个元素作为圆弧相切元素，并选择一点，如果所选点在曲线 2 上，生成的圆弧通过点，否则所选点投影到该线上，并且生成的圆弧通过投影点，单击【确定】按钮，系统自动完成圆创建，如图 4-27 所示。

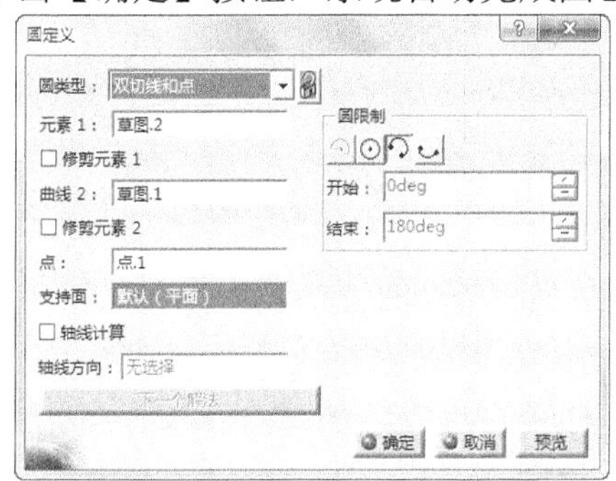

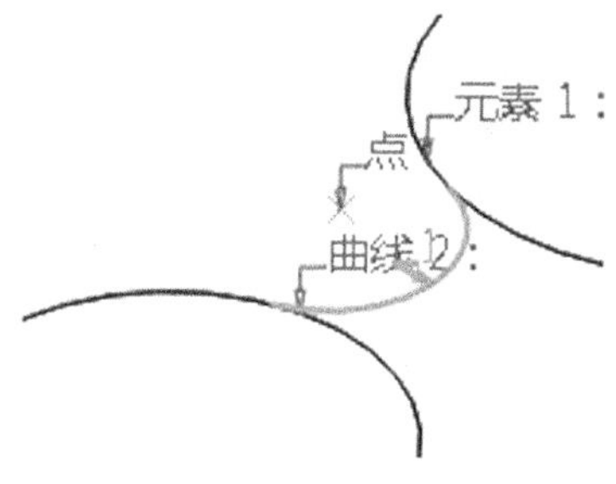

图4-27　双切线和点

(8)　三切线。

单击【线框】工具栏上的【圆】按钮○，弹出【圆定义】对话框，在【圆类型】下拉列表中选择【三切线】选项，依次选择三个元素作为圆弧相切元素，单击【确定】按钮，系统自动完成圆创建，如图 4-28 所示。

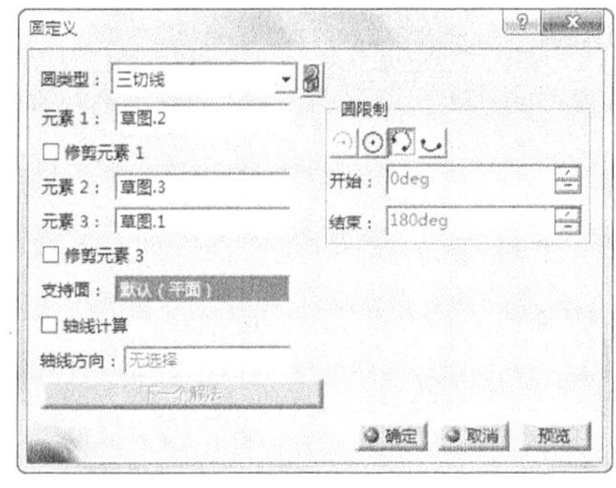

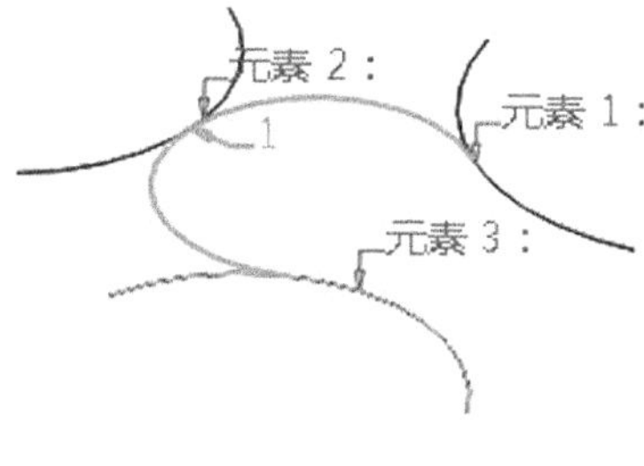

图4-28　三切线

(9)　中心和切线。

单击【线框】工具栏上的【圆】按钮○，弹出【圆定义】对话框，在【圆类型】下拉列表中选择【中心和切线】选项，选择一点作为圆心，选择直线或曲线作为圆弧相切元素，单击【确定】按钮，系统自动完成圆创建，如图 4-29 所示。

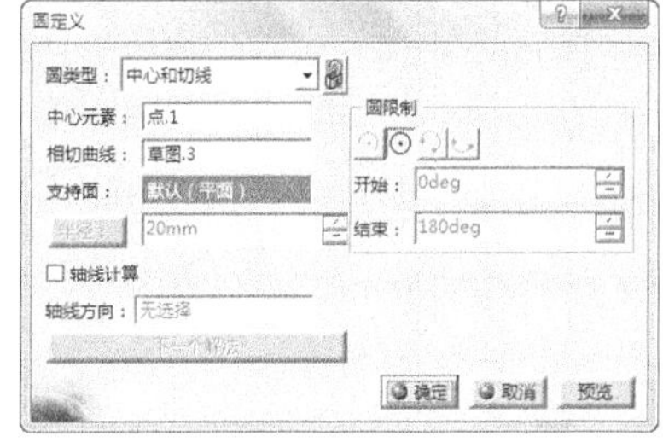

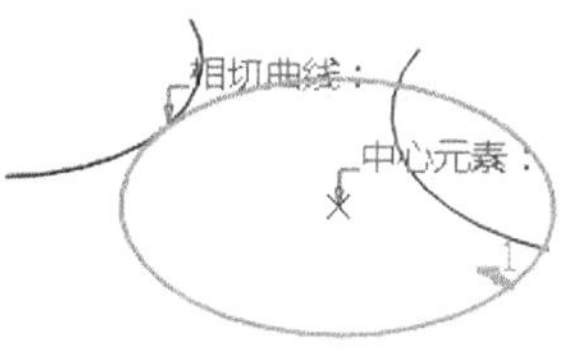

图4-29　中心和切线

二、圆角

【圆角】用于在空间曲线、直线以及点等几何元素上建立平面或空间的过渡圆角。

单击【线框】工具栏上的【圆角】按钮，弹出【圆角定义】对话框，在【圆角类型】

下拉列表中选择【3D 圆角】选项，依次选择倒圆角的两条曲线，在【半径】文本框中输入圆角半径，单击【确定】按钮，系统自动完成圆角创建，如图 4-30 所示。

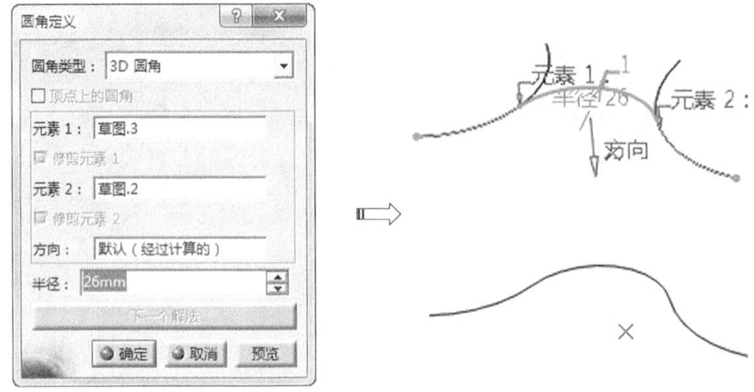

图4-30　圆角

三、连接曲线

【连接曲线】用于将两条曲线或直线以某种连续形式连接起来，连接形式有点、相切、曲率等。

单击【线框】工具栏上的【连接曲线】按钮，弹出【连接曲线定义】对话框，依次选择两个曲线分别填入【曲线】文本框，依次选择两条曲线上的两个连接点填入【点】文本框，单击【确定】按钮，系统自动完成连接曲线的创建，如图 4-31 所示。

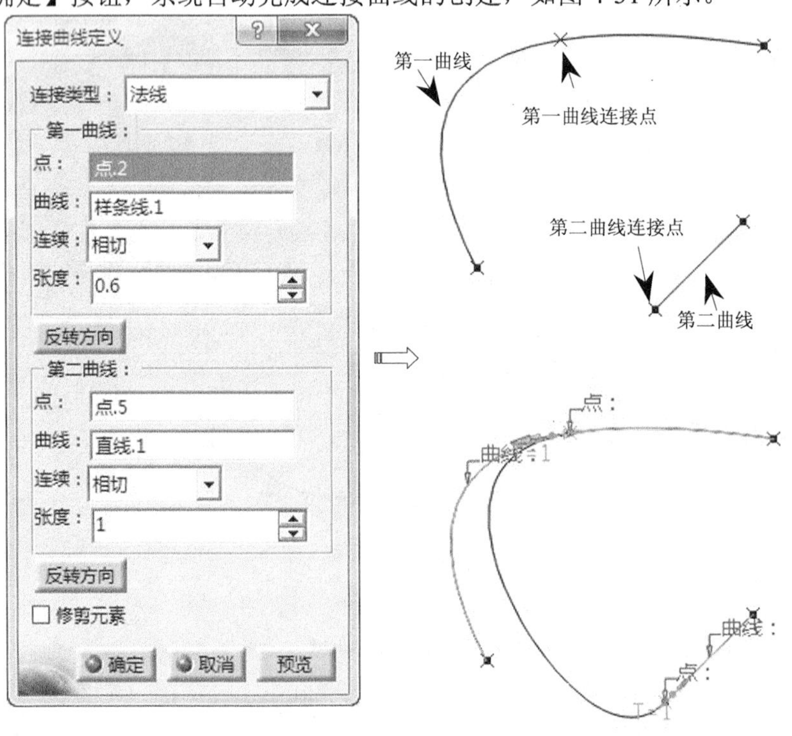

图4-31　连接曲线

【连接曲线定义】对话框选项参数含义如下。

- 弧度：用于定义连接曲线在某种连接方式下的张度情况，如图 4-32 所示。

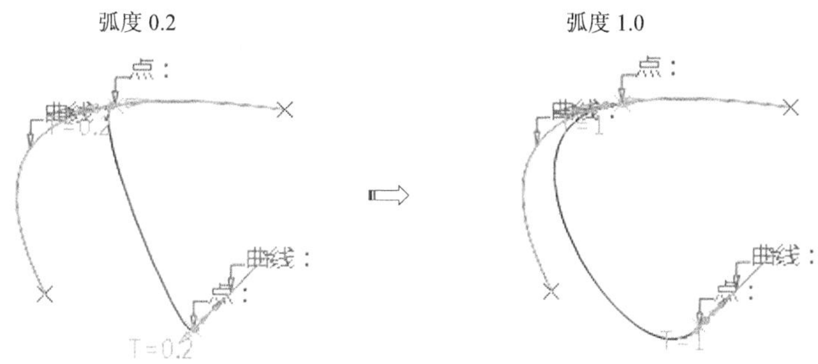

图4-32 弧度示意图

- 反转方向：单击该按钮，可以改变连接曲线的张度方向，如图 4-33 所示。

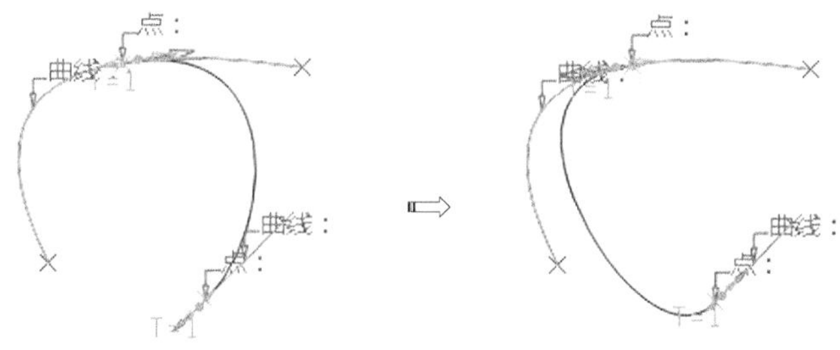

图4-33 反转方向示意图

四、二次曲线

【二次曲线】用于通过起点和终点、穿越点或切线 4 个约束来创建抛物线、双曲线或椭圆弧等二次曲线。

单击【线框】工具栏上的【二次曲线】按钮，弹出【二次曲线定义】对话框，激活【支持面】选择框，选择曲线支持面，依次选择两个点作为开始和结束点填入【开始】和【结束】选择框，依次选择开始和结束切线，然后在【参数】文本框中输入参数值，单击【确定】按钮，系统自动完成二次曲线创建，如图 4-34 所示。

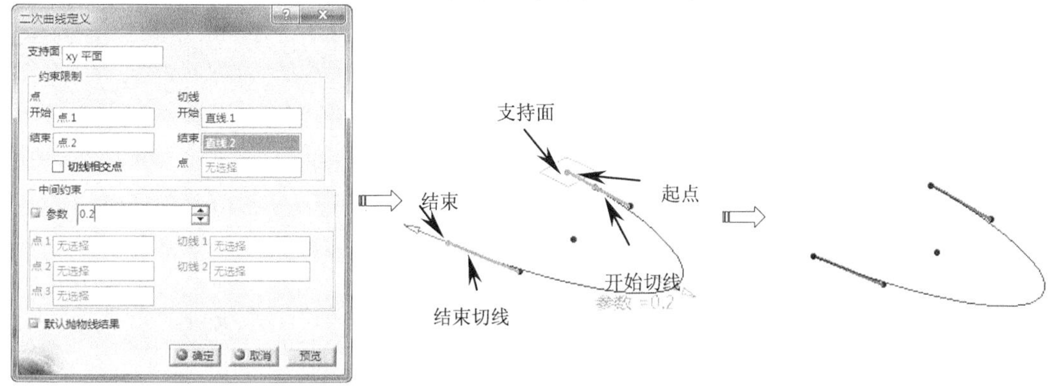

图4-34 连接曲线

【二次曲线定义】对话框中相关选项参数含义如下。

- 支持面：用于设置生成的曲线所在平面。
- 点：用于设置二次曲线起点和终点。
- 切线：用于设置二次曲线的切线。如果需要，可以选择一条直线来定义起点或终点的切线。
- 切线相交点：用于定义起点切线和终点切线的点，在穿过点或终点和选定的点的虚拟直线上创建这些切线。
- 参数：用于决定二次曲线的类型。如果等于 0.5，二次曲线为抛物线；0~0.5，二次曲线为椭圆弧；0.5~1，二次曲线为双曲线。

4.2.7 创建曲线

在【线框】工具栏中单击【样条线】按钮右下角的黑色三角，展开工具栏，包含“样条线”、“螺旋线”、“螺线”、“脊线”和“等参数曲线”等 5 个工具按钮。

一、样条线

【样条线】命令用于通过一系列控制点来创建样条曲线。

单击【线框】工具栏上的【样条线】按钮，弹出【样条线定义】对话框，依次在图形区选择样条曲线控制点，单击【确定】按钮，系统自动完成样条线创建，如图 4-35 所示。

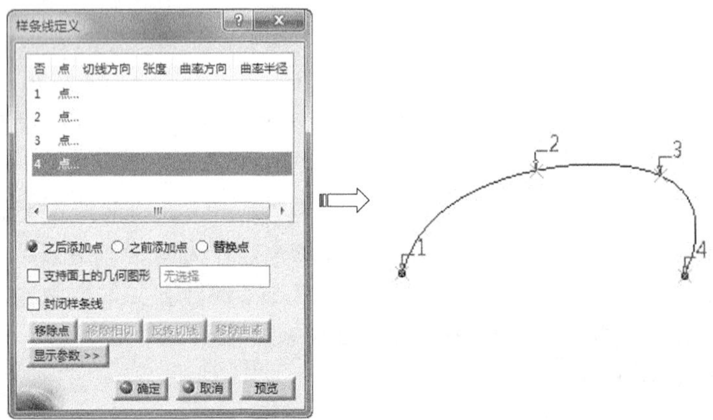

图4-35　创建样条线

二、螺旋线

【螺旋线】用于通过定义起点、轴线、间距和高度等参数在空间建立螺旋线。

单击【线框】工具栏上的【螺旋】按钮，弹出【螺旋曲线定义】对话框，激活【起点】选择框，选择螺旋线的起点，激活【轴】选择框选择轴线，在【螺距】文本框中设置螺旋线的节距，在【高度】文本框中设置高度，单击【确定】按钮，系统自动完成螺旋线创建，如图 4-36 所示。

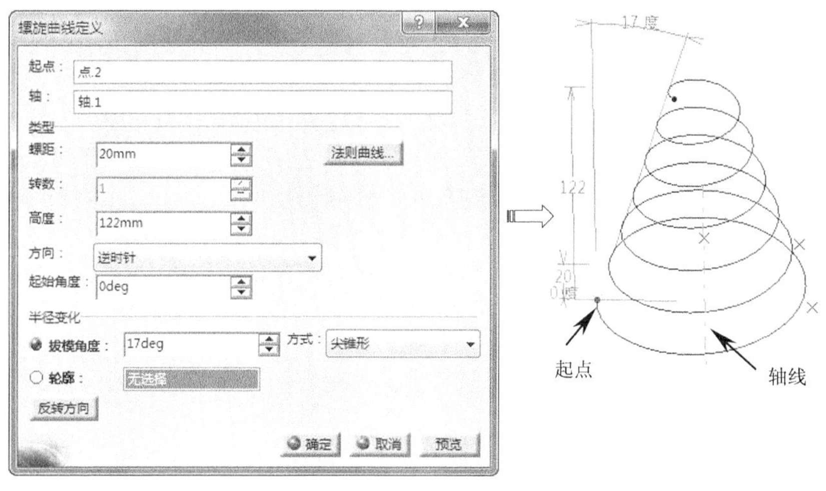

图4-36　螺旋线

三、螺线

【螺线】用于通过中心点和参考方向在支持面上创建二维曲线。

单击【线框】工具栏上的【螺线】按钮，弹出【螺线曲线定义】对话框，激活【支持面】选择框选择螺线所在平面，激活【中心点】选择框选择一点作为螺线中心，激活【参考方向】选择螺线的起始旋转方向，分别设置【起始半径】、【终止角度】、【转数】和【终止半径】等参数，单击【确定】按钮，系统自动完成螺线创建，如图 4-37 所示。

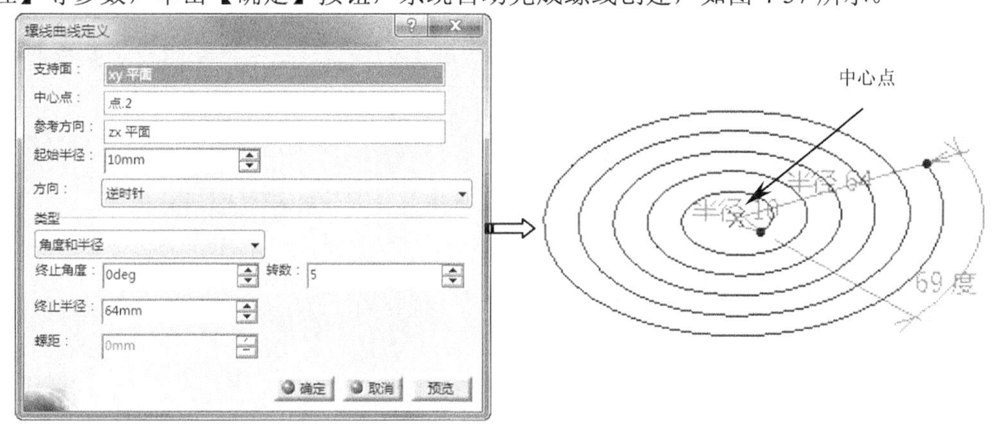

图4-37　螺线

四、脊线

【脊线】用于创建垂直于一系列平面的曲线，生成脊线的方式有两种：基于平面的脊线和基于引导线的曲线。

单击【线框】工具栏上的【脊线】按钮，弹出【脊线定义】对话框，依次选择平面，单击【确定】按钮，系统自动完成脊线创建，如图 4-38 所示。

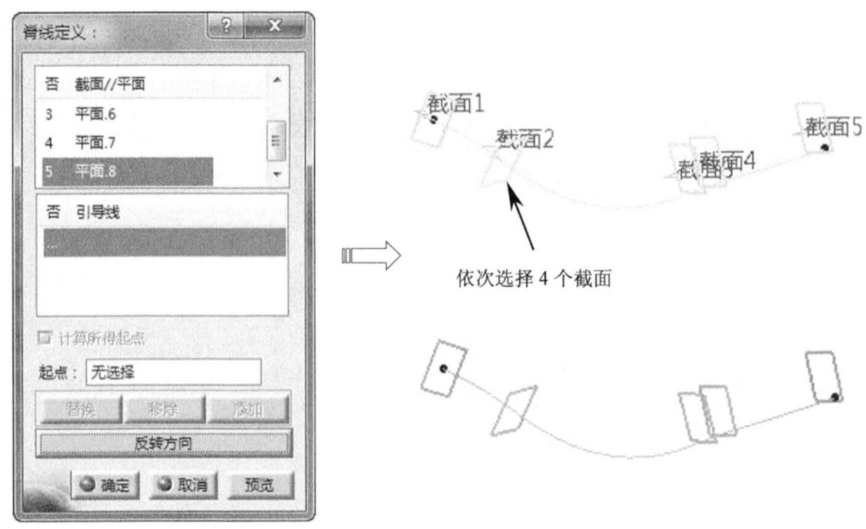

图4-38　脊线

提示：选中【计算所得起点】复选框，系统根据选择对象自动计算曲线起点，否则激活【起点】选择框，选择一点作为起点。

五、等参数曲线

【等参数曲线】是指通过定义曲线的方向和指定曲面上参数相等的点创建曲线。

单击【线框】工具栏上的【等参数曲线】按钮，弹出【等参数曲线】对话框，选择曲面作为支持面，选择点作为曲线通过点，单击【确定】按钮，系统自动完成等参数曲线创建，如图 4-39 所示。

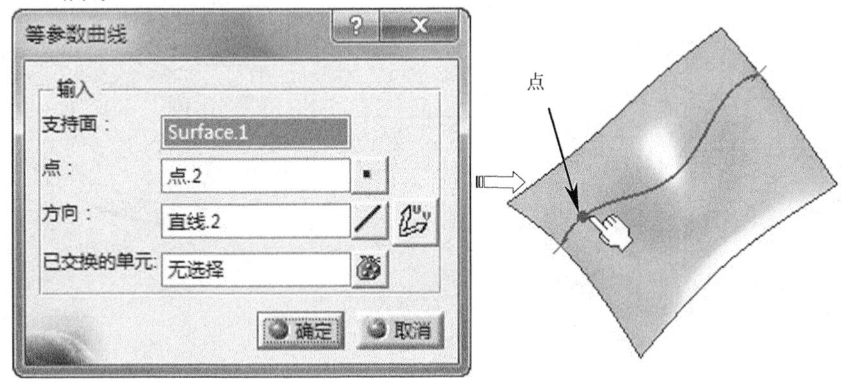

图4-39　等参数曲线

提示：【方向】用于定义生成等参数曲线的方向，单击【交换曲线方向】按钮，用于调整曲线的方向。

4.3　创建曲面

创成式曲面设计工作台提供了多种曲面造型功能，包括拉伸、偏移、旋转、球面、圆柱面、扫掠曲面、填充曲面、多截面曲面、桥接曲面等。曲面设计工具命令集中在【曲面】工具栏中，下面将分别介绍。

4.3.1 创建拉伸曲面

在【曲面】工具栏中单击【拉伸】按钮右下角的黑色三角，展开工具栏，包含“拉伸”、“旋转”、“球面”和“圆柱面”等4个工具按钮，如图4-40所示。

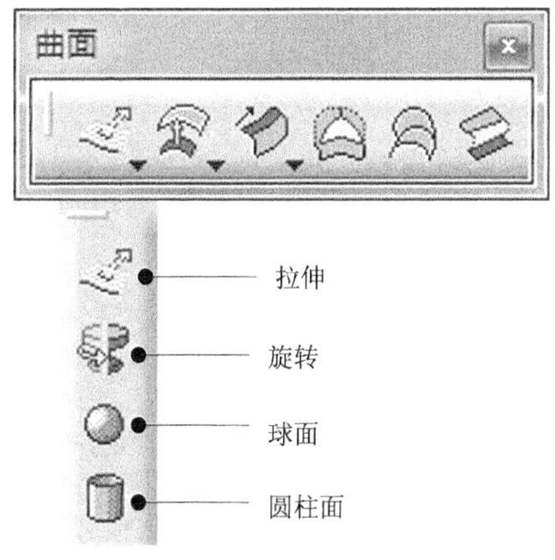

图4-40 拉伸曲面命令

一、拉伸曲面

【拉伸曲面】是指将草图、曲线、直线或者曲面拉伸成曲面。

单击【曲面】工具栏上的【拉伸】按钮，弹出【拉伸曲面定义】对话框，选择拉伸截面，设置拉伸参数后，单击【确定】按钮，系统自动完成拉伸曲面创建，如图4-41所示。

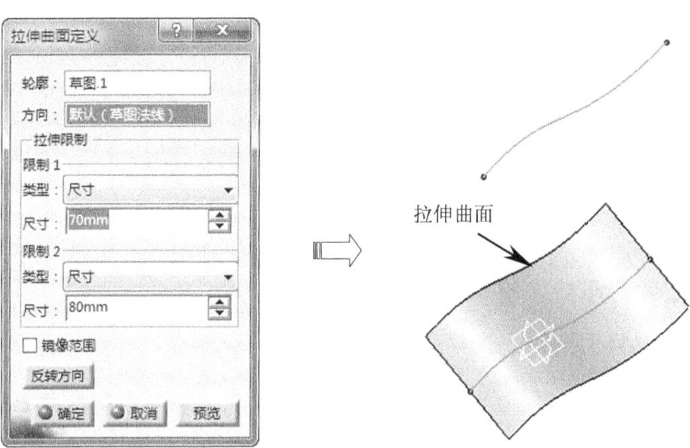

图4-41 拉伸曲面

二、旋转曲面

【旋转】将草图、曲线等绕旋转轴旋转形成一个旋转曲面。

单击【曲面】工具栏上的【旋转】按钮，弹出【旋转曲面定义】对话框，选择旋转截面和旋转轴，设置旋转角度后单击【确定】按钮，系统自动完成旋转曲面创建，如图4-42所示。

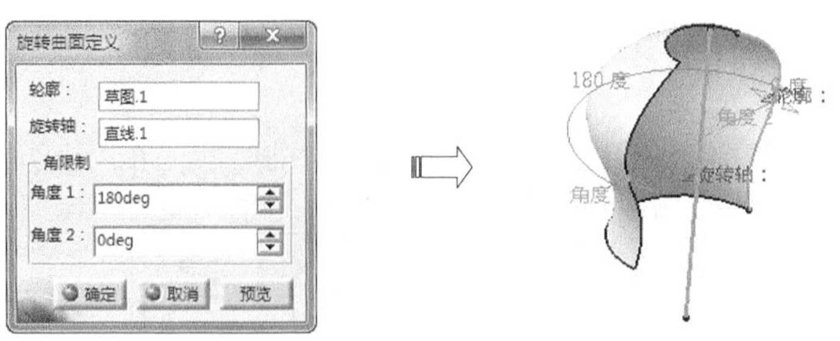

图4-42　旋转曲面

三、球面曲面

【球面】用于以空间某点为球心创建一定半径的球面。

单击【曲面】工具栏上的【球面】按钮，弹出【球面曲面定义】对话框，选择一点作为球心，输入球面半径，设置经线和纬线角度后单击【确定】按钮，系统自动完成球面曲面创建，如图 4-43 所示。

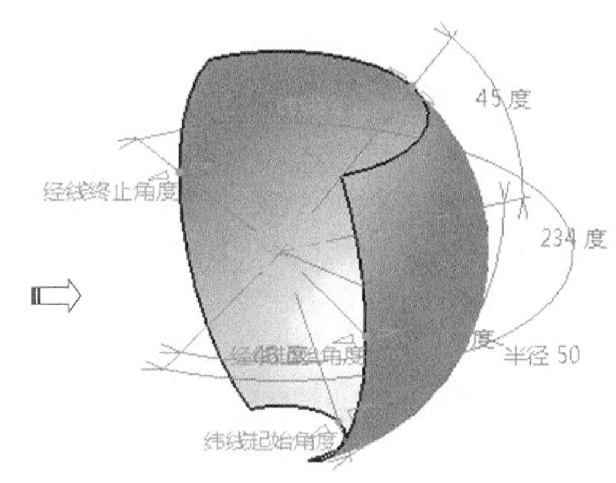

图4-43　球面曲面

四、圆柱面

单击【曲面】工具栏上的【圆柱面】按钮，弹出【圆柱曲面定义】对话框，选择一点作为柱面轴线点，选择直线作为轴线，设置半径和长度后单击【确定】按钮，系统自动完成圆柱曲面创建，如图 4-44 所示。

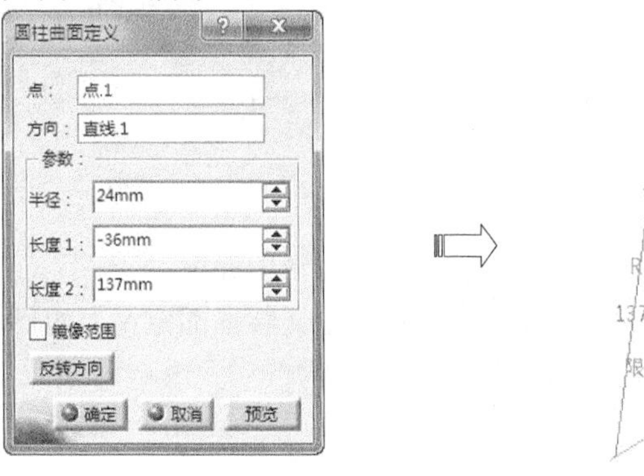

图4-44　圆柱面

4.3.2 创建偏移曲面

在【曲面】工具栏中单击【偏移】按钮右下角的黑色三角，展开工具栏，包含“偏移”、“可变偏移”、“粗略偏移”等3个工具按钮，如图4-45所示。

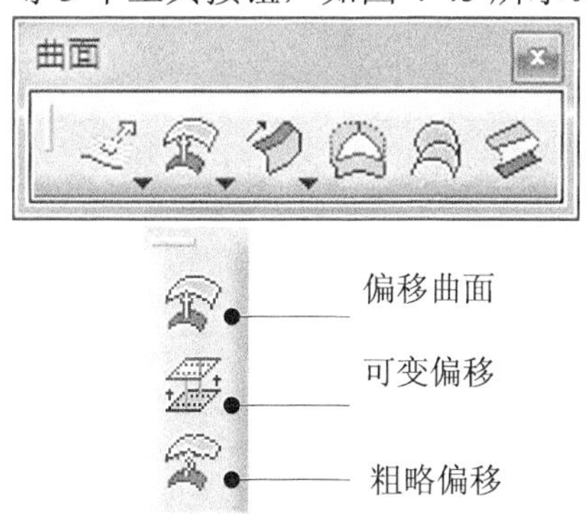

图4-45 偏移曲面命令

一、偏移曲面

【偏移曲面】用于将已有曲面沿着曲面法向向里或向外偏移一定的距离形成新曲面。

单击【曲面】工具栏上的【偏移】按钮，弹出【偏移曲面定义】对话框，选择要偏移的曲面，设置【偏移】量，单击【确定】按钮，系统自动完成偏移曲面创建，如图4-46所示。

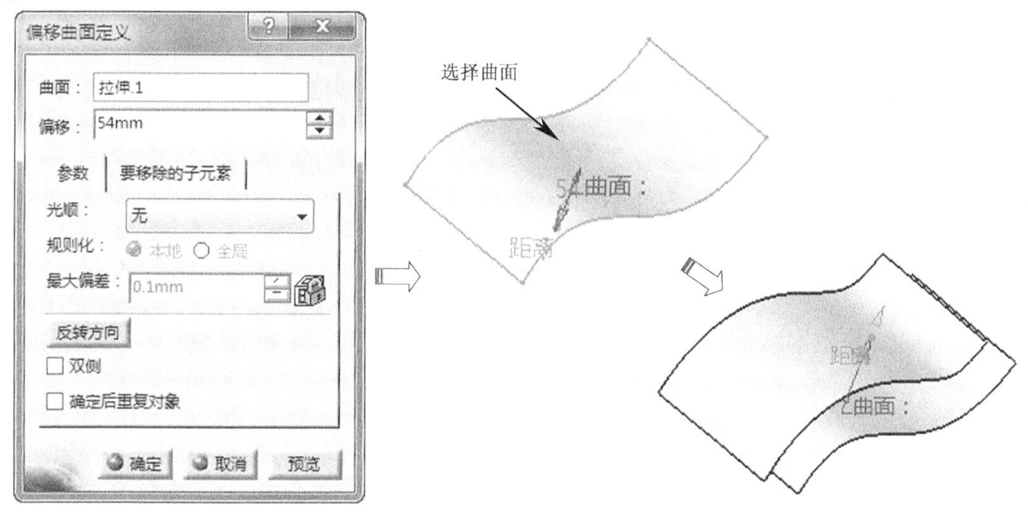

图4-46 偏移曲面

二、可变偏移曲面

【可变偏移】用于将一组曲面按照不同的偏移距离进行偏移而生成新的偏移曲面。

单击【曲面】工具栏上的【可变偏移】按钮，弹出【偏移曲面定义】对话框，选择要偏移的曲面，依次选择各个曲面，分别设置偏移类型和偏移量，单击【确定】按钮，系统自动完成偏移曲面创建，如图4-47所示。

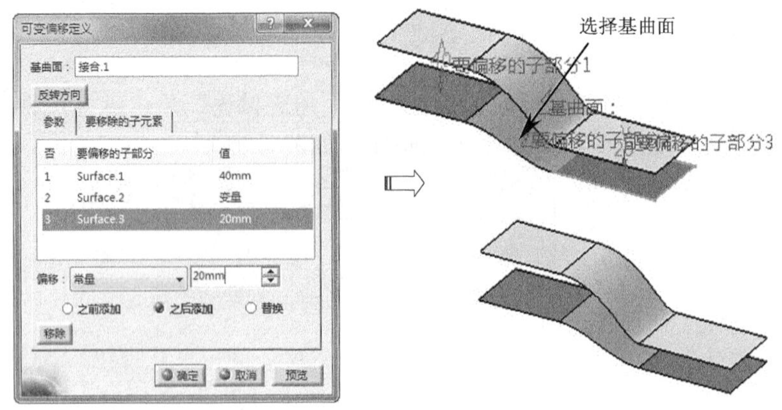

图4-47　可变偏移曲面

三、粗略偏移曲面

【粗略偏移】用于创建与初始曲面近似的固定偏移曲面，偏移曲面仅保留初始曲面的主要特征。

单击【曲面】工具栏上的【粗略偏移】按钮，弹出【粗略偏移曲面定义】对话框，选择要偏移的曲面，设置偏移量，单击【确定】按钮，系统自动完成粗略偏移曲面创建，如图 4-48 所示。

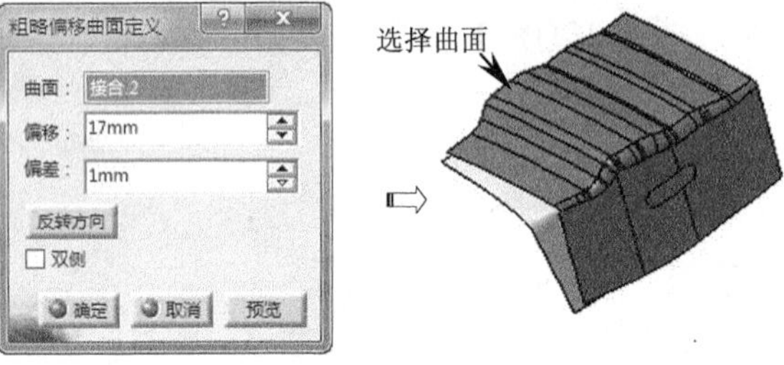

图4-48　粗略偏移曲面

4.3.3　创建扫掠曲面

【扫掠曲面】是指将一个轮廓沿着一条引导线生成曲面，截面线可以是已有的任意曲线，也可以是规则曲线，如直线、圆弧等。

一、显式扫掠

【显式扫掠】是利用精确的轮廓曲线扫描形成曲面，此时需要指定明确的曲线作为扫掠轮廓。

(1)　使用参考曲面。

单击【曲面】工具栏上的【扫掠】按钮，弹出【扫掠曲面定义】对话框，在【轮廓类型】选择【显式】图标，在【子类型】下拉列表中选择【使用参考曲面】选项，选择一条曲线作为轮廓，选择一条曲线作为引导曲线，单击【确定】按钮，系统自动完成扫掠曲面创建，如图 4-49 所示。

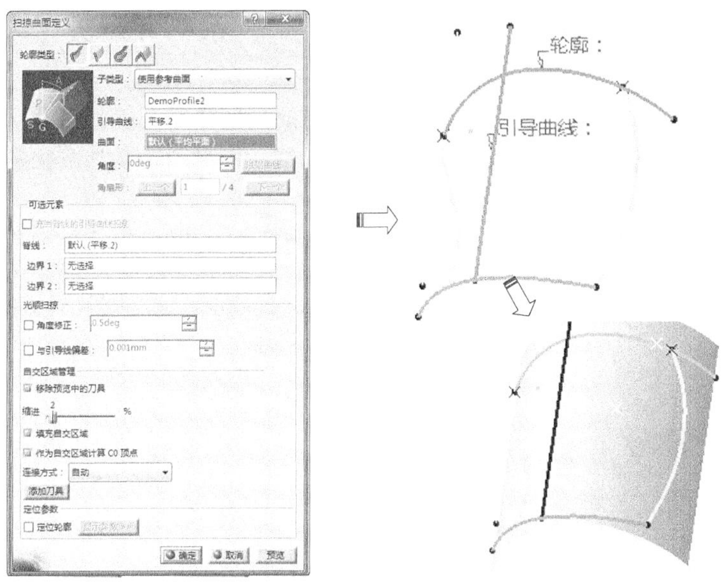

图4-49　使用参考平面扫掠

提示： 可以选择一个引导线所在的曲面填入【曲面】栏，这样可以设置截面线在扫掠过程中保持与支持面成一定的角度，角度在【角度】文本框中设置。

(2)　使用两条引导曲线。

如果使用两条引导曲线，在【子类型】下拉列表中选择【使用两条引导曲线】选项，选择一条曲线作为轮廓，选择两条曲线作为引导曲线，在【定位类型】下拉列表中选择【两个点】选项，分别选择两个点作为定位点，单击【确定】按钮，系统自动完成扫掠曲面创建，如图 4-50 所示。

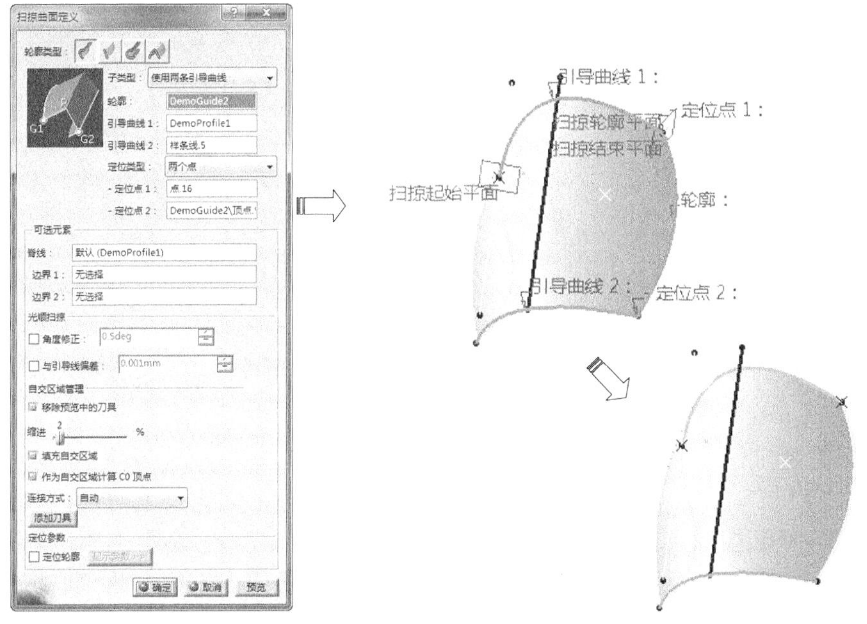

图4-50　使用两条引导曲线扫掠

由于截面线要求与两条引导线相交，所以需要对截面线进行定位，【定位类型】有两种。

- 两个点：选择截面线上的两个点，并自动匹配到两条引导曲线上。
- 点和方向：选取一点及一个方向，该点将与第一条引导线及该方向匹配。

（3）使用拔模方向。

单击【曲面】工具栏上的【扫掠】按钮，弹出【扫掠曲面定义】对话框，在【轮廓类型】选择【显式】图标，在【子类型】下拉列表中选择【使用拔模方向】选项，选择一条曲线作为轮廓，选择一条曲线作为引导曲线，选择一个平面作为方向（平面的法向量），选择一条曲线作为脊线，单击【确定】按钮，系统自动完成扫掠曲面创建，如图 4-51 所示。

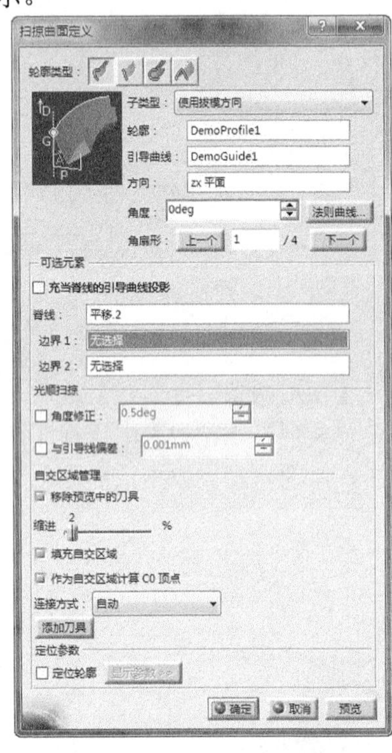

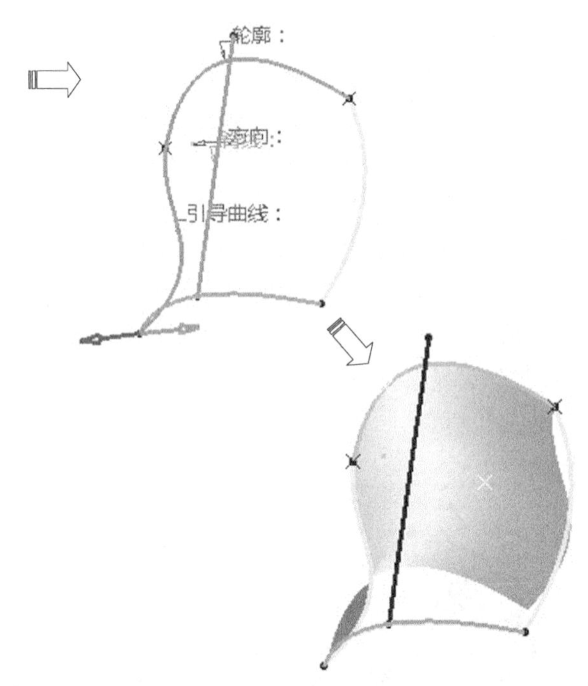

图4-51　使用拔模方向扫掠

提示：脊线是曲面扫掠中一个有效工具，它可以确定截面线的方向，默认情况下脊线是第一条引导线。

二、直线扫掠

【直线扫掠】是指利用线性方式扫描直纹面，用于构造扫描曲面的轮廓线为直线段。

(1)　两极限。

【两极限】是指利用两条极限线创建扫描曲面。

单击【曲面】工具栏上的【扫掠】按钮，弹出【扫掠曲面定义】对话框，在【轮廓类型】选择【直线】图标，在【子类型】下拉列表中选择【两极限】选项，选择两条曲线作为引导曲线，选择一条曲线作为脊线，单击【确定】按钮，系统自动完成扫掠曲面创建，如图 4-52 所示。

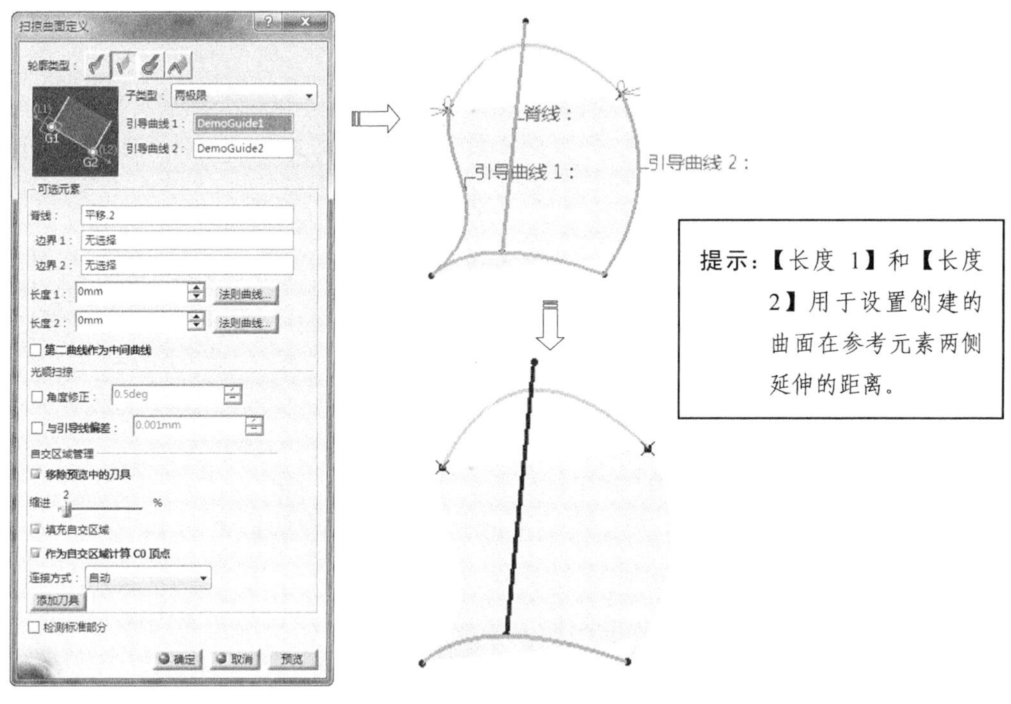

提示：【长度 1】和【长度 2】用于设置创建的曲面在参考元素两侧延伸的距离。

图4-52　两极限扫掠

(2) 极限和中间。

【极限和中间】需要指定两条引导线，系统将第二条引导线作为扫描曲面的中间曲线。

在【子类型】下拉列表中选择【极限和中间】选项，选择两条曲线作为引导曲线，单击【确定】按钮，系统自动完成扫掠曲面创建，如图 4-53 所示。

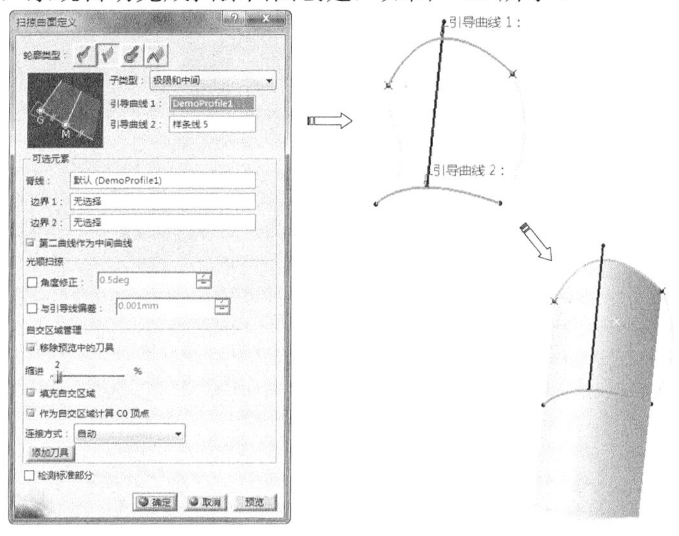

图4-53　极限和中间扫掠

(3) 使用参考曲面。

【使用参考曲面】利用参考曲面及引导曲线创建扫描曲面。

在【子类型】下拉列表中选择【使用参考曲面】选项，选择一条曲线作为引导曲线，激

活【参考曲面】选择框，选择曲面作为参考曲面，单击【确定】按钮，系统自动完成扫掠曲面创建，如图 4-54 所示。

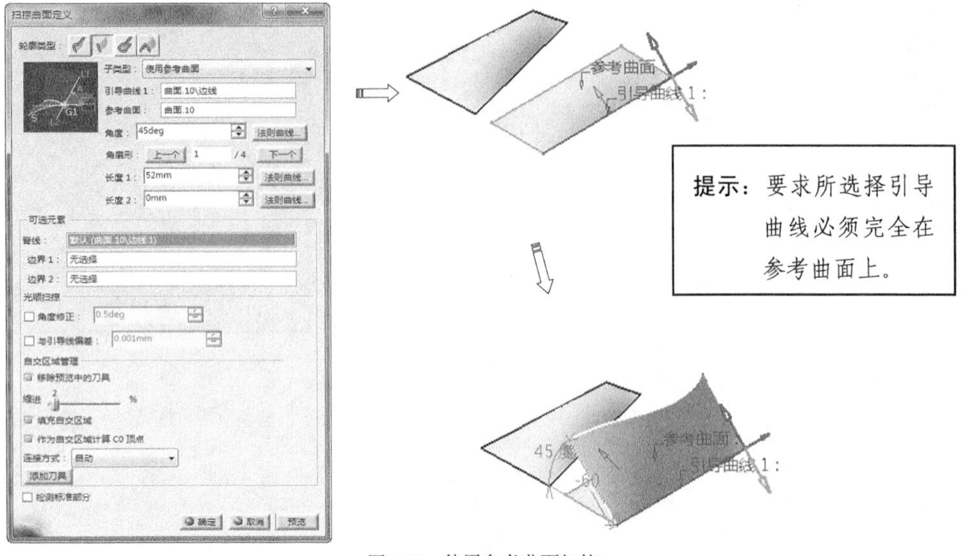

提示：要求所选择引导曲线必须完全在参考曲面上。

图4-54　使用参考曲面扫掠

(4)　使用参考曲线。

【使用参考曲线】是指利用一条引导曲线和一条参考曲线创建扫掠曲面，新建的曲面以引导曲线为起点沿参考曲线向两边延伸。

在【子类型】下拉列表中选择【使用参考曲线】选项，选择一条曲线作为引导曲线，选择一条曲线作为参考曲线，输入角度和长度后，单击【确定】按钮，系统自动完成扫掠曲面创建，如图 4-55 所示。

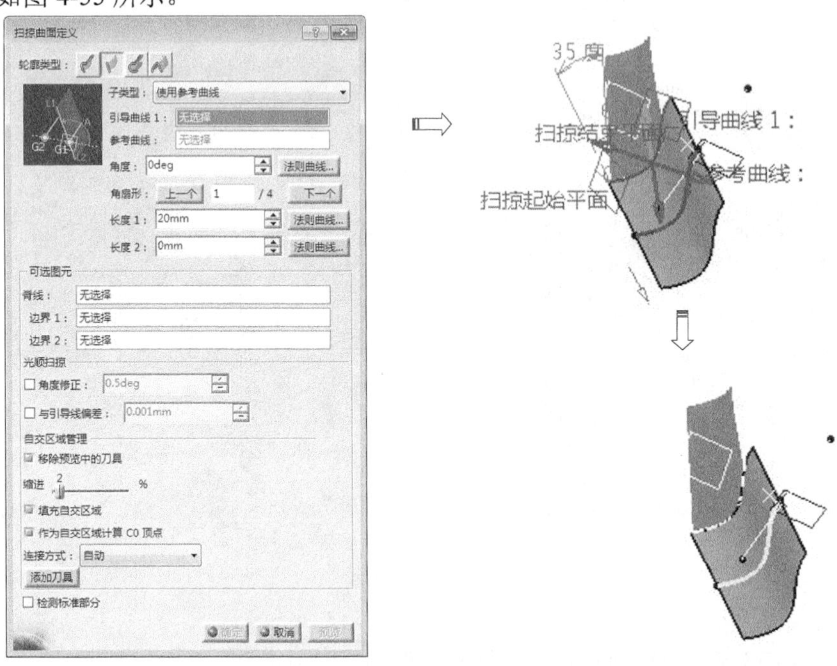

图4-55　使用参考曲线

(5) 使用切面。

【使用切面】以一条曲线当作扫描曲面的引导曲线，新建扫描曲面以引导曲线为起点，与参考曲面相切。可使用脊线控制扫描面以决定新建曲面的前后宽度。

在【子类型】下拉列表中选择【使用切面】选项，选择一条曲线作为引导曲线，选择曲面作为切面，单击【确定】按钮，系统自动完成扫掠曲面创建，如图 4-56 所示。

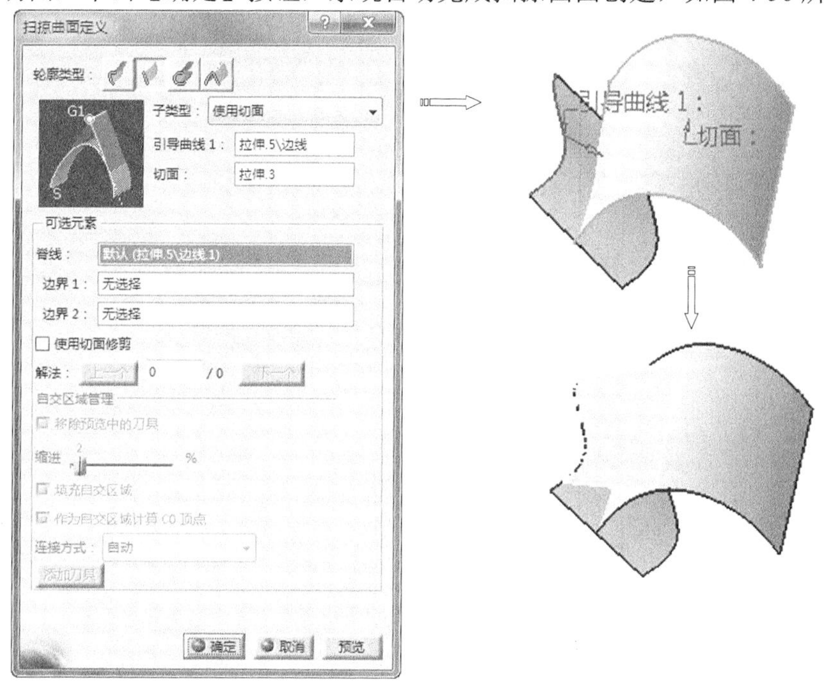

图4-56 使用切面

(6) 使用拔模方向。

【使用拔模方向】是利用引导曲线和绘图方向创建扫描曲面，新建曲面以绘图方向并在方向上指定长度的直线为轮廓，沿引导曲线扫描。

单击【曲面】工具栏上的【扫掠】按钮，弹出【扫掠曲面定义】对话框，在【轮廓类型】选择【直线】图标，在【子类型】下拉列表中选择【使用拔模方向】选项，选择一条曲线作为引导曲线，选择平面作为拔模方向，输入角度和长度值，单击【确定】按钮，系统自动完成扫掠曲面创建，如图 4-57 所示。

(7) 使用双切面。

【使用双切面】是利用两相切曲面创建扫描曲面，新建的曲面与两曲面相切。

单击【曲面】工具栏上的【扫掠】按钮，弹出【扫掠曲面定义】对话框，在【轮廓类型】选择【直线】图标，在【子类型】下拉列表中选择【使用双切面】选项，选择一条曲线作为脊线，分别选择两个曲面作为切面，单击【确定】按钮，系统自动完成扫掠曲面创建，如图 4-58 所示。

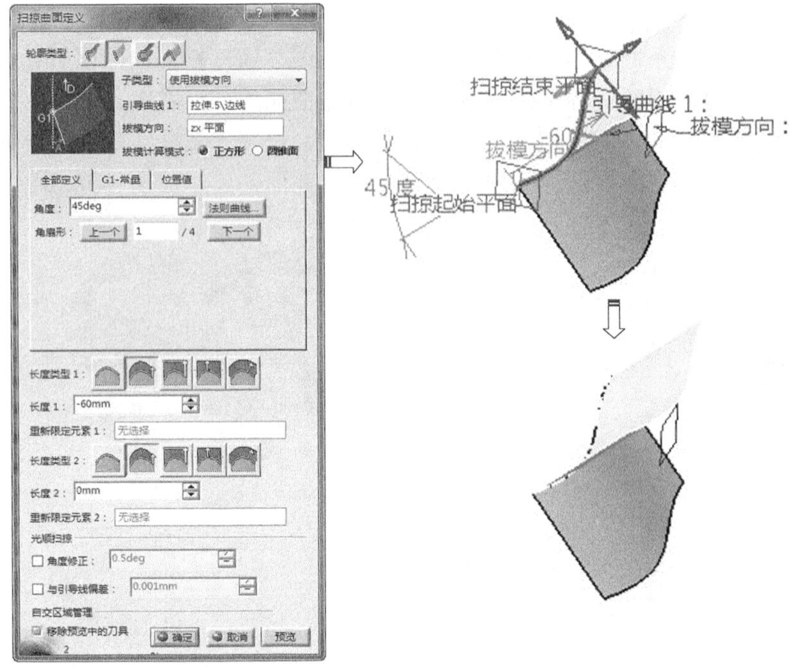

图4-57　使用拔模方向

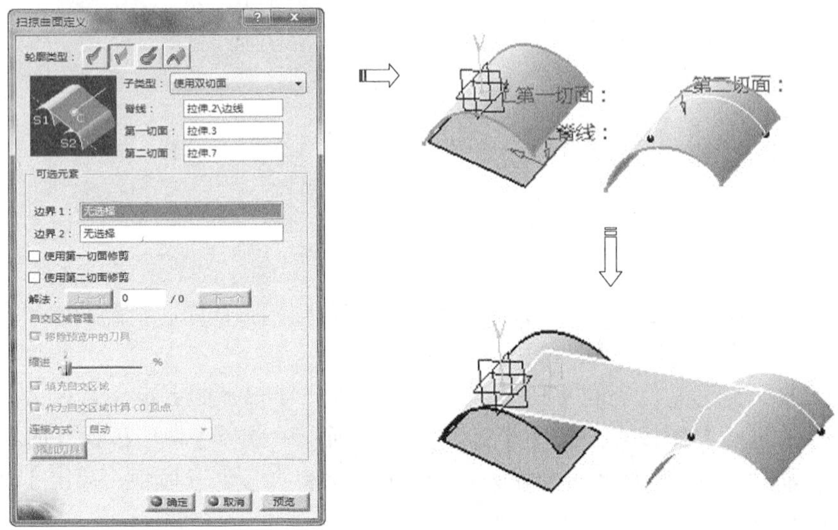

图4-58　使用双切面

三、圆扫掠

【圆】是利用几何元素建立圆弧，再将圆弧作为引导曲线扫描出曲面。

(1)　三条引导线。

【三条引导线】是指利用三条引导线扫描出圆弧曲面，即在扫描的每一个断面上的轮廓圆弧为三条引导曲线在该断面上的三点确定的圆。

在【扫掠曲面定义】对话框的【轮廓类型】选择【圆】图标，在【子类型】下拉列表中选择【三条引导线】选项，选择三条曲线作为引导线，单击【确定】按钮，系统自动完成扫掠曲面创建，如图 4-59 所示。

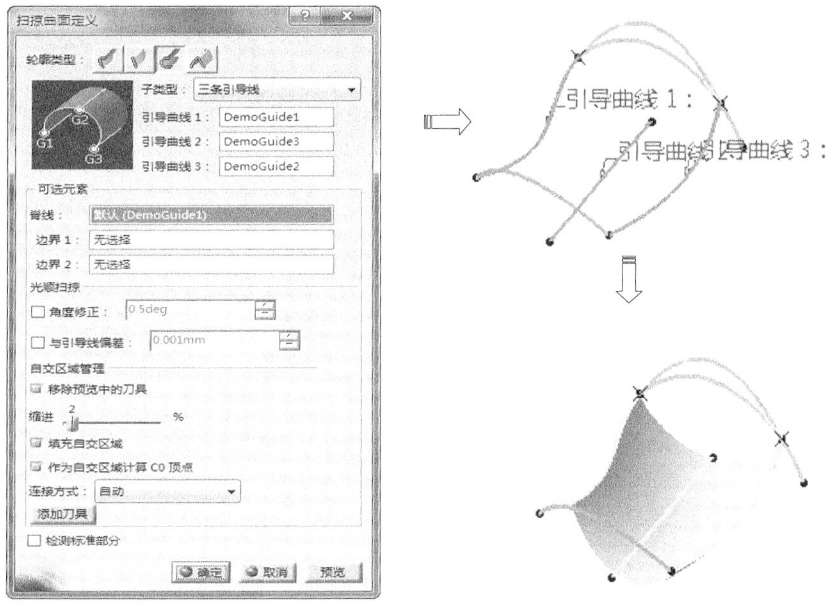

图4-59　使用三条引导线

(2)　两个点和半径。

【两个点和半径】是指利用两点与半径成圆的原理创建扫描轮廓，在将轮廓扫描成圆弧曲面。在【轮廓类型】选择【圆】图标，在【子类型】下拉列表中选择【两个点和半径】选项，选择两个条曲线作为引导线，单击【确定】按钮，系统自动完成扫掠曲面创建，如图 4-60 所示。

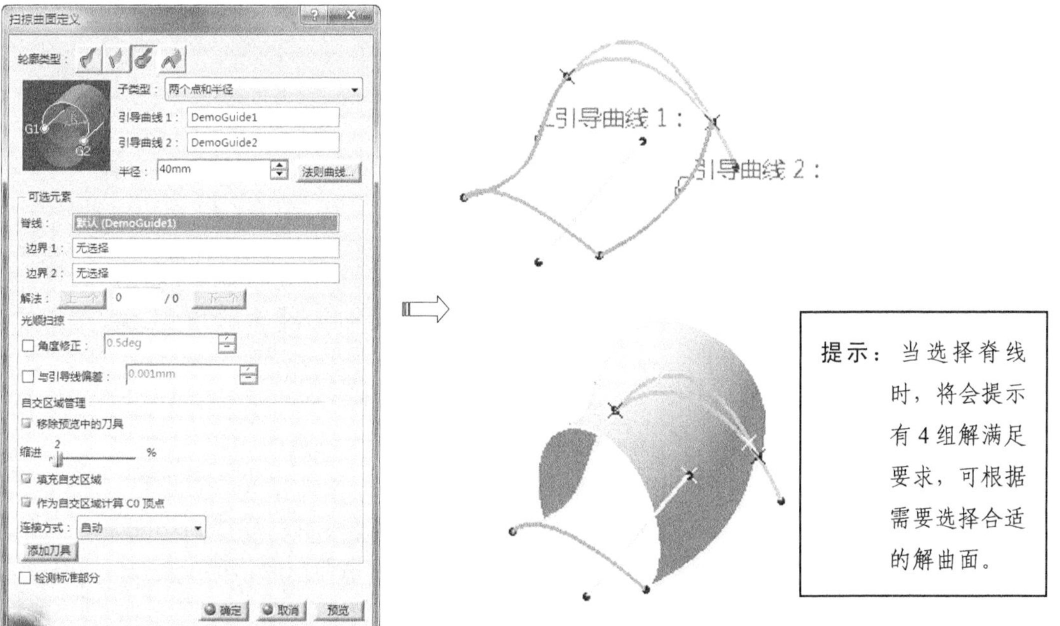

图4-60　两个点和半径

(3)　中心和两个角度。

【中心和两个角度】是利用中心线和参考曲线创建扫描曲面，即利用圆心和圆上一点创建圆的原理创建扫描曲面。

单击【曲面】工具栏上的【扫掠】按钮，弹出【扫掠曲面定义】对话框。在【轮廓类型】选择【圆】图标，在【子类型】下拉列表中选择【中心和两个角度】选项，选择一条曲线作为中心曲线，选取另外一条曲线作为引导线，设置【角度 1】和【角度 2】，单击【确定】按钮，系统自动完成扫掠曲面创建，如图 4-61 所示。

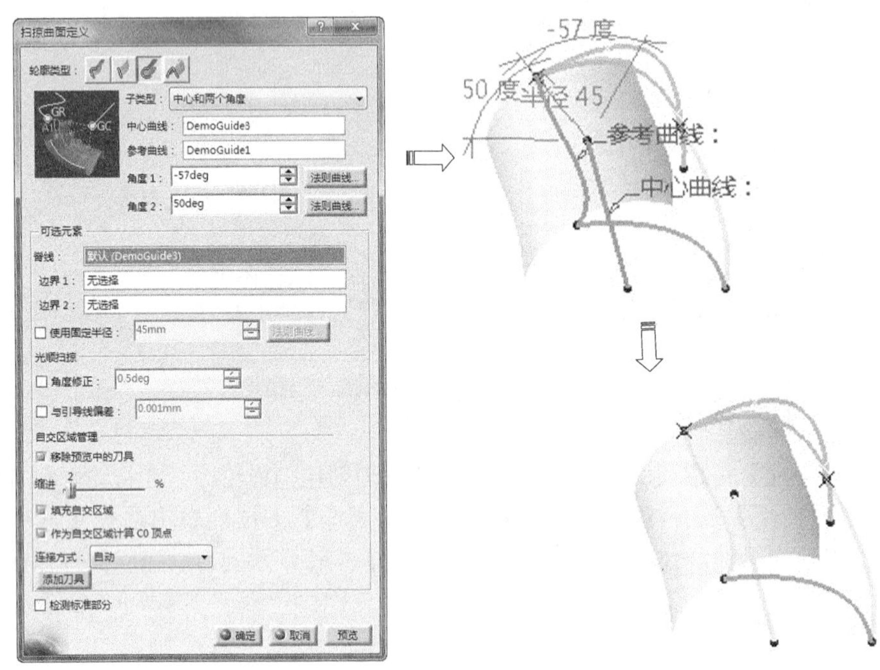

图4-61　中心和两个角度

(4)　圆心和半径。

【圆心和半径】是指利用中心和半径创建扫描曲面。

单击【曲面】工具栏上的【扫掠】按钮，弹出【扫掠曲面定义】对话框，在【轮廓类型】选择【圆】图标，在【子类型】下拉列表中选择【圆心和半径】选项，选择一条曲线作为中心曲线，选取另外一条曲线作为引导线，设置【角度 1】和【角度 2】，单击【确定】按钮，系统自动完成扫掠曲面创建，如图 4-62 所示。

(5)　两条引导线和切面。

【两条引导线和切面】是指利用两条引导线与相切面创建扫描曲面。

单击【曲面】工具栏上的【扫掠】按钮，弹出【扫掠曲面定义】对话框，在【轮廓类型】选择【圆】图标，在【子类型】下拉列表中选择【两条引导线和切面】选项，选择一条相切曲面上的曲线作为相切限制曲线，选择曲面作为相切曲面，选取另外一条曲线作为限制曲线，单击【确定】按钮，系统自动完成扫掠曲面创建，如图 4-63 所示。

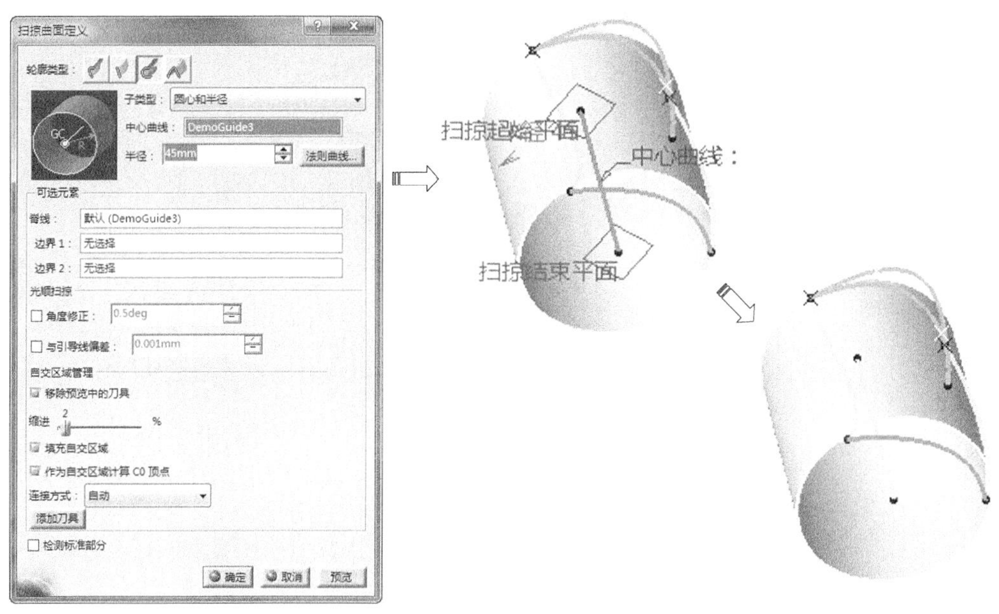

图4-62　圆心和半径

图4-63　两条引导线和切面

(6)　一条引导线和切面。

【一条引导线和切面】是指利用一条引导线与一个相切曲面创建扫描面。该扫描面经过选定的引导曲线，并与选定的曲面相切。

在【轮廓类型】选择【圆】图标，在【子类型】下拉列表中选择【一条引导线和切面】选项，选择一条曲线作为引导曲线，输入半径值，单击【确定】按钮，系统自动完成扫掠曲面创建，如图 4-64 所示。

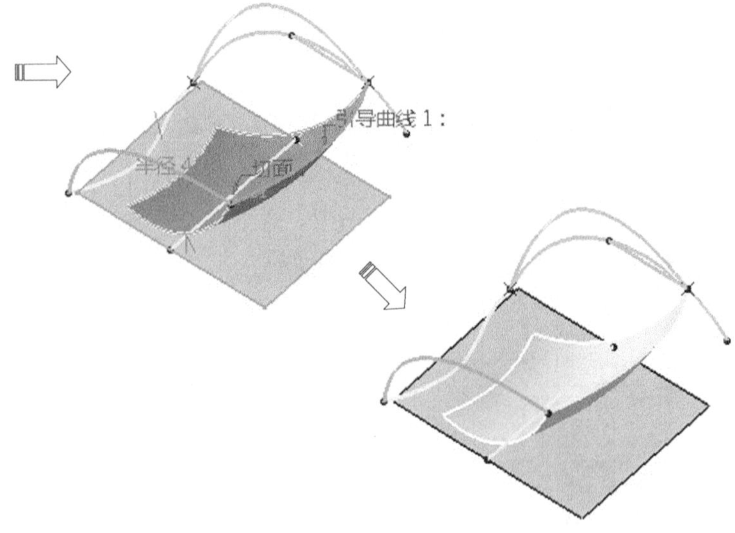

图4-64 一条引导线和切面

四、二次曲线扫掠

【二次曲线】是指利用约束创建圆锥曲线轮廓，然后沿指定方向延伸而成的曲面。

(1) 两条引导曲线。

【两条引导曲线】是指利用两条引导曲线创建圆锥曲线轮廓。在【轮廓类型】选择【二次曲线】图标，在【子类型】下拉列表中选择【两条引导曲线】选项，分别选择两条曲线和曲面作为引导曲线和切面，输入角度和参数值，单击【确定】按钮，系统自动完成扫掠曲面创建，如图 4-65 所示。

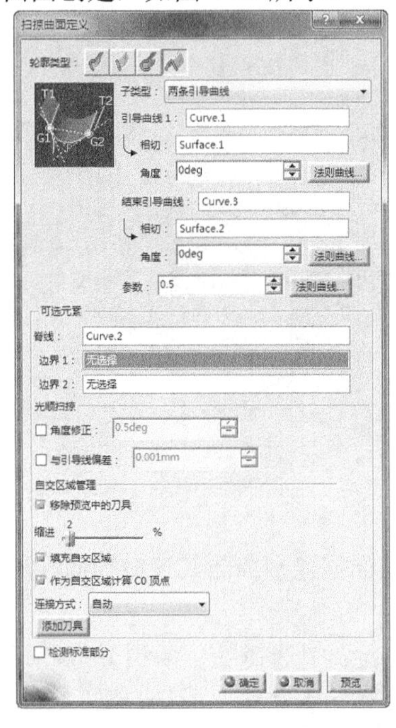

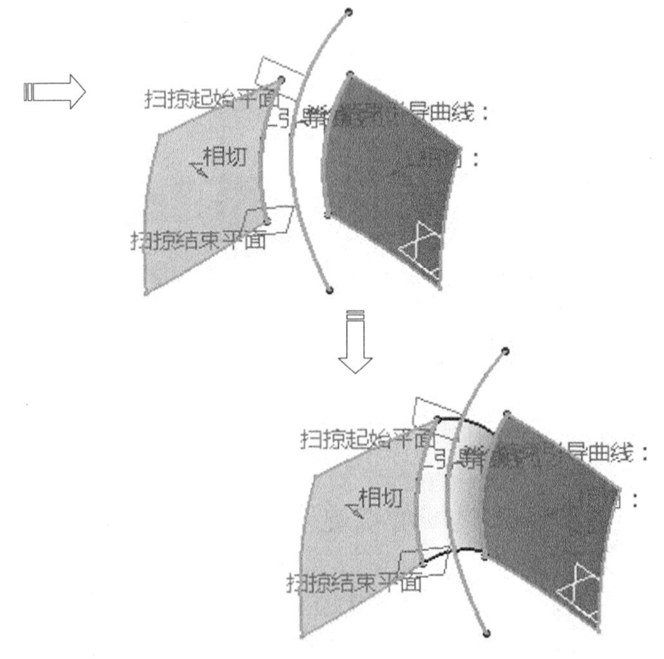

图4-65 两条引导线

(2) 三条引导曲线。

【三条引导曲线】是指利用三条引导曲线创建圆锥曲线曲面。

单击【曲面】工具栏上的【扫掠】按钮，弹出【扫掠曲面定义】对话框，在【轮廓类型】选择【二次曲线】图标，在【子类型】下拉列表中选择【三条引导曲线】选项，分别选择三条曲线作为引导曲线，分别选择第一条和最后一条引导曲线的切面，输入角度值，单击【确定】按钮，系统自动完成扫掠曲面创建，如图 4-66 所示。

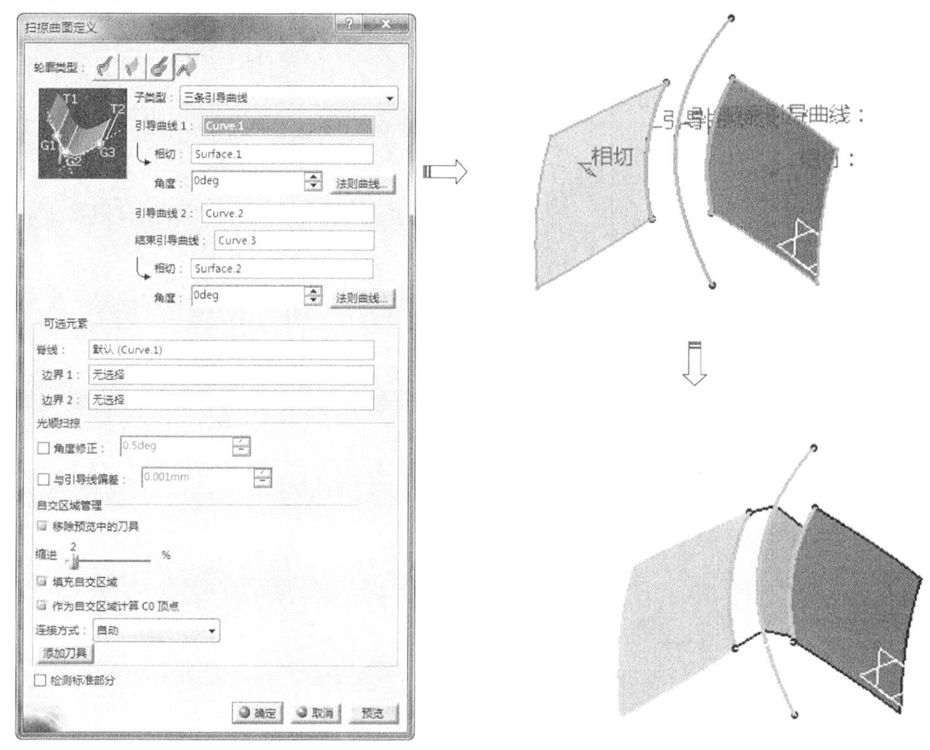

图4-66　三条引导线

(3) 四条引导曲线。

【四条引导曲线】是指利用四条引导曲线创建圆锥曲线轮廓。

单击【曲面】工具栏上的【扫掠】按钮，弹出【扫掠曲面定义】对话框，在【轮廓类型】选择【二次曲线】图标，在【子类型】下拉列表中选择【四条引导曲线】选项，分别选择四条曲线作为引导曲线，选择第一条引导曲线的切面，输入角度值，单击【确定】按钮，系统自动完成扫掠曲面创建，如图 4-67 所示。

(4) 五条引导曲线。

【五条引导曲线】是指利用引导曲线创建圆锥曲线轮廓。

单击【曲面】工具栏上的【扫掠】按钮，弹出【扫掠曲面定义】对话框，在【轮廓类型】选择【二次曲线】图标，在【子类型】下拉列表中选择【五条引导曲线】选项，分别选择五条曲线作为引导曲线，单击【确定】按钮，系统自动完成扫掠曲面创建，如图 4-68 所示。

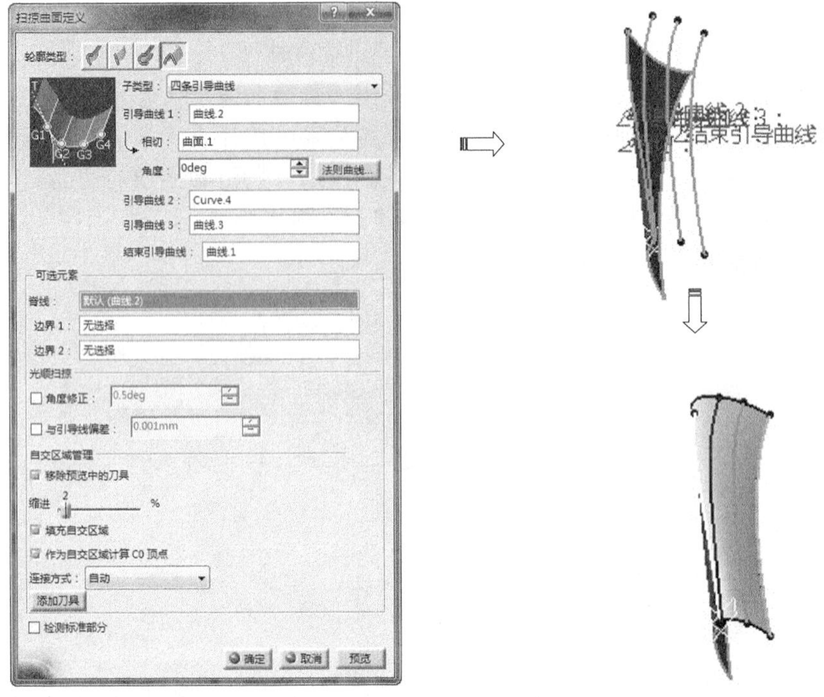

图4-67　四条引导线

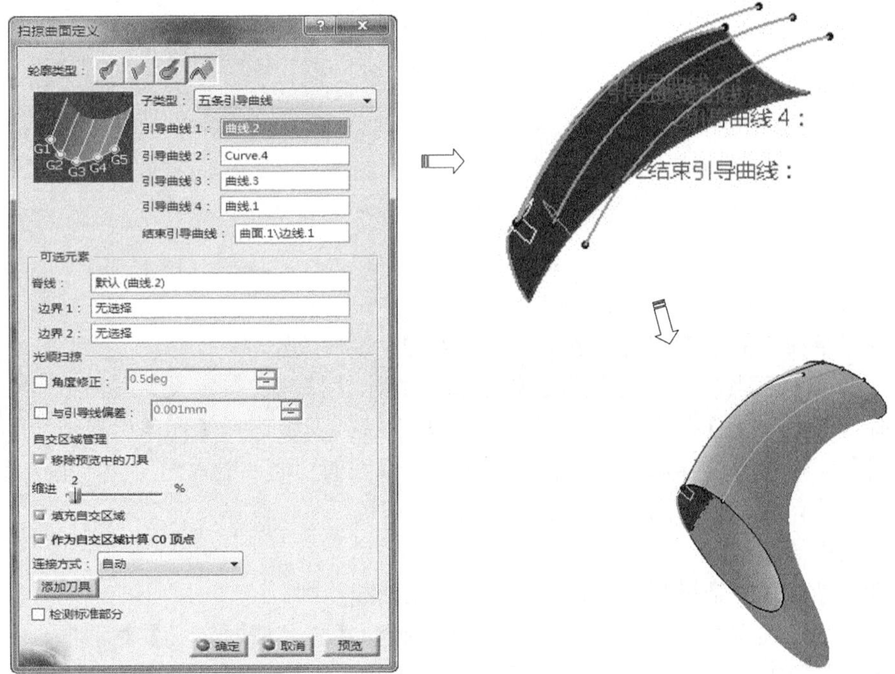

图4-68　五条引导线

4.3.4 创建填充曲面

【填充】用于由一组曲线围成的封闭区域中形成曲面。

单击【曲面】工具栏上的【填充】按钮，弹出【填充曲面定义】对话框，选择一组封闭的边界曲线，设置偏移量，单击【确定】按钮，系统自动完成填充曲面创建，如图 4-69 所示。

提示：用户可以选择边界线所在的曲面作为填充曲面的支持面，并设置两者之间的连接关系，点、切线和曲率。

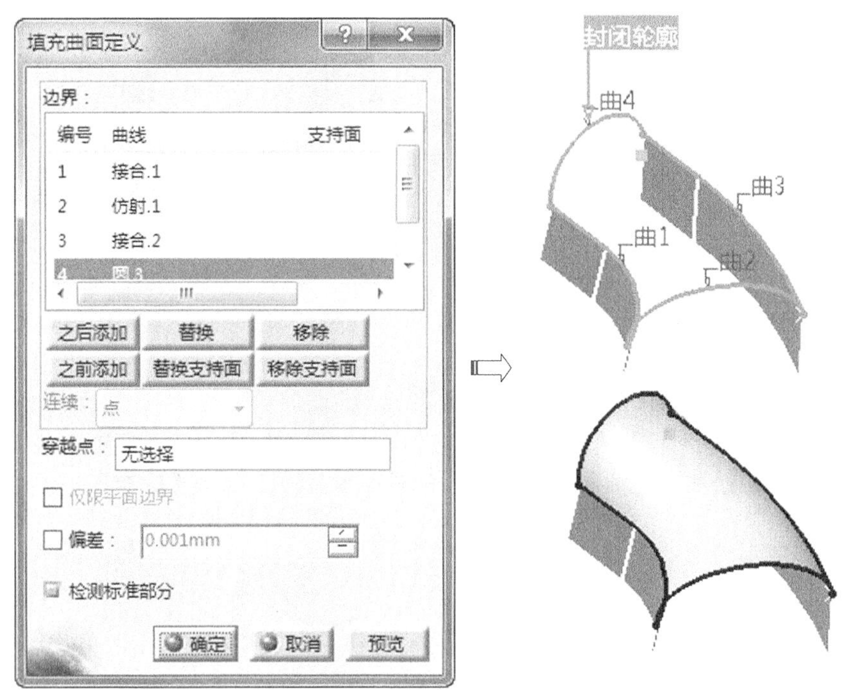

图4-69 填充曲面

4.3.5 创建多截面曲面

【多截面曲面】是通过多个截面线扫掠生成曲面。

单击【曲面】工具栏上的【多截面曲面】按钮，弹出【多截面曲面定义】对话框，依次选取两个或两条以上的截面轮廓曲面，单击【确定】按钮，系统自动完成多截面曲面创建，如图 4-70 所示。

提示：截面线方向不同曲面生成扭曲，此时单击截面线的方向箭头，改变截面线的方向，即可创建光顺曲面。

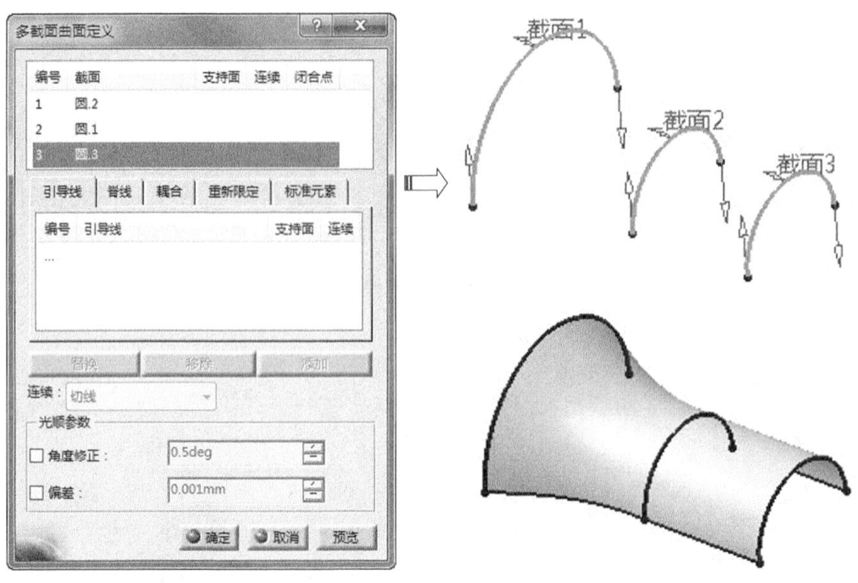

图4-70　多截面曲面

4.3.6　创建桥接曲面

【桥接曲面】用将两个曲面或曲线之间建立一个曲面。

单击【曲面】工具栏上的【桥接曲面】按钮，弹出【桥接曲面定义】对话框，依次选取第一曲线、支持面和第二曲线和支持面，设置连续条件，单击【确定】按钮，系统自动完成桥接曲面创建，如图 4-71 所示。

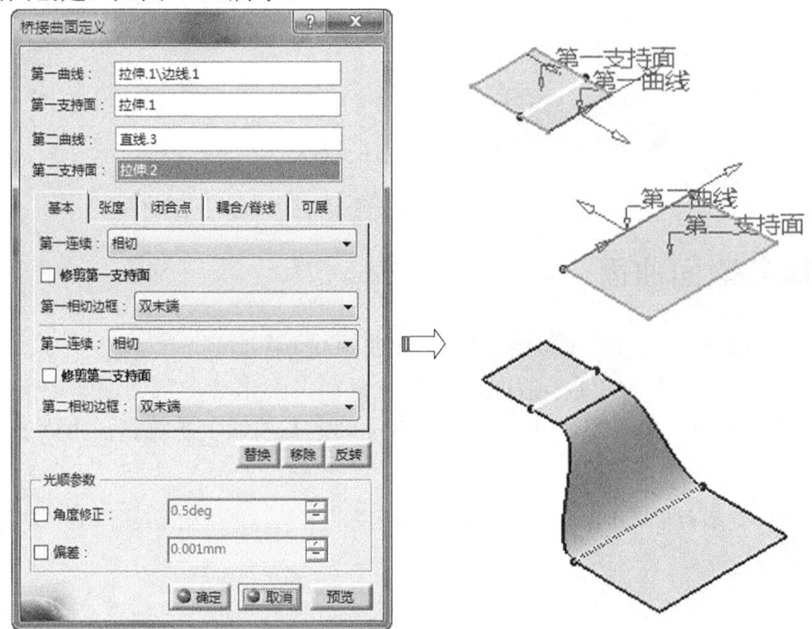

图4-71　桥接曲面

4.3.7 创建高级曲面

高级曲面是对曲面进行变形生成新的曲面。在【高级曲面】工具栏包括【凹凸】、【包裹曲线】、【包裹曲面】和【外形渐变】等，如图 4-72 所示。

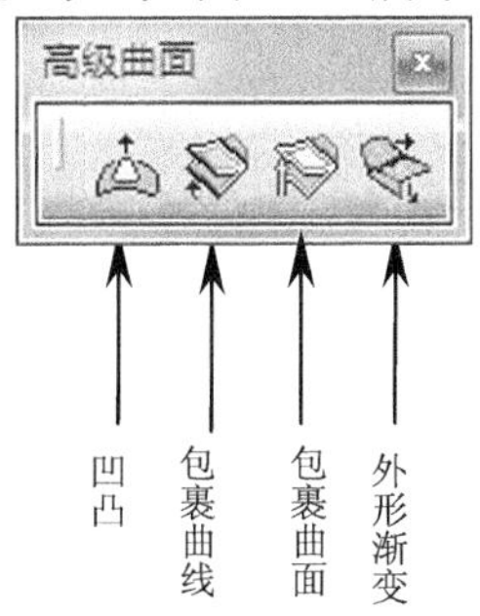

图4-72 【高级曲面】工具栏

一、凹凸

【凹凸】用于通过变形初始曲面而生成凸起曲面或下凹曲面。

单击【高级曲面】工具栏上的【凹凸】按钮，弹出【凹凸变形定义】对话框，选择要变形曲面，选择曲面上的曲线作为限制曲线，选择一点作为变形中心，选择直线或平面作为变形方向，在【变形距离】文本框输入变形距离值，单击【确定】按钮，系统自动完成凹凸曲面创建，如图 4-73 所示。

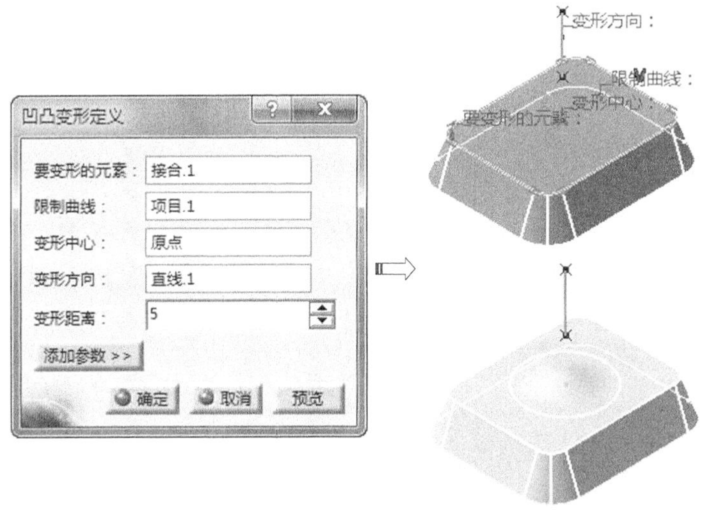

图4-73 凹凸曲面

【凹凸变形定义】对话框相关选项参数含义如下。

- 要变形的元素：用于定义要变形的曲面。
- 限制曲线：用于定义限制曲面变形的曲线。
- 变形中心：用于定义变形的中心点。
- 变形方向：用于定义曲面变形的方向。

- 变形距离：用于设置曲面变形距离的大小。

二、包裹曲线

【包裹曲线】是以参考曲线匹配变形到目标曲线为依据进行曲面变形。

4.4 编辑曲面

曲线、曲面编辑是对已建立的曲线、曲面进行裁剪、连接、倒圆角等操作，所有工具命令图标集中在【操作】工具栏里。下面分别介绍相关命令的应用。

4.4.1 合并曲面

在【操作】工具栏中单击【接合】按钮右下角的黑色三角，展开工具栏，包含“接合”、“修复”、“曲面光顺”、“取消修剪”等工具按钮，如图 4-74 所示。

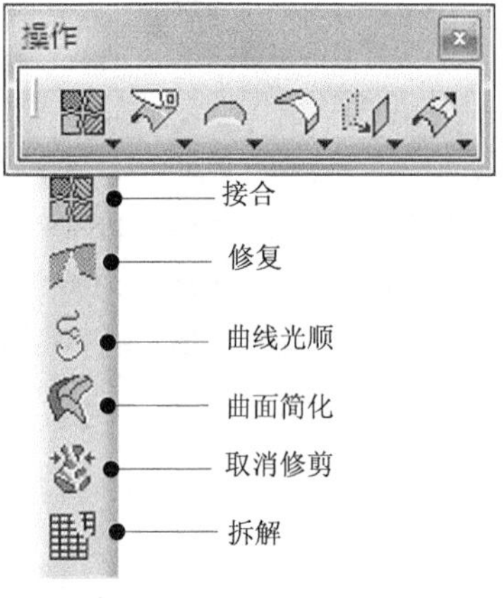

图4-74　合并曲面命令

一、接合

【接合】用于将已有的多个曲面或多条曲线结合在一起而形成整体曲面或曲线。

单击【操作】工具栏上的【接合】按钮，弹出【接合定义】对话框，依次选择一组曲面或曲线，单击【确定】按钮，系统自动完成接合操作，如图 4-75 所示。

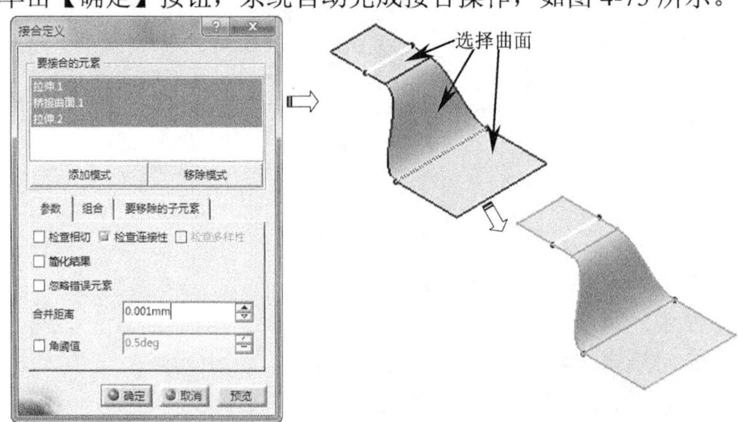

图4-75　接合

【接合定义】对话框参数选项。

- 检查相切：检查接合的元素是否相切，若不相切，则会弹出错误信息。
- 检查连接性：检查接合元素是否连通。若不相通，则弹出错误信息，且自由连接将被亮显，让设计者知道不连通的位置。
- 检查多样性：检查接合是否生成多个结果。该选项只有在接合曲线时有效，选中该选项，将自动选中【检查连续性】复选框。
- 简化结果：将使程序在可能的情况下，减少生成元素的数量。
- 忽略错误元素：将使程序忽略那些不允许接合的元素。
- 合并距离：设置两个元素接合时所能允许的最大距离。
- 角阈值：设置两个元素接合时所允许的最大角度。如果棱边的角度但与设置值，元素将不能被接合。

二、修复

【修复】用于填充两个曲面之间出现的间隙。

单击【操作】工具栏上的【修复】按钮，弹出【修复定义】对话框，依次要修复的曲面，设置修复条件，单击【确定】按钮，系统自动完成修复操作，如图 4-76 所示。

【修复定义】对话框参数选项。

- 合并距离：用于设置修复的距离上限，如果元素之间的间隔小于该距离，则元素被修复，即元素之间间隙被填充。
- 距离目标：用于设置两个被修复元素之间所允许的最大间隔距离。默认值为 0.001，最大可为 0.1mm。

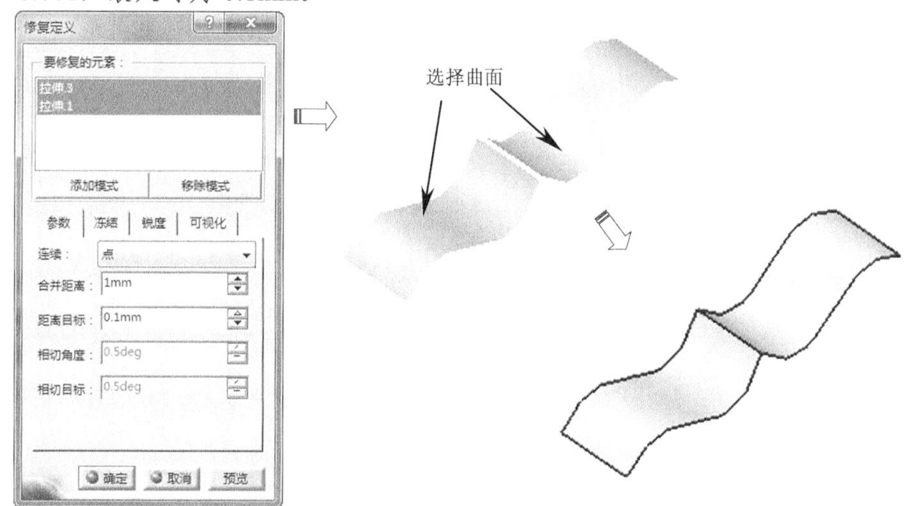

图4-76　修复

三、曲线光顺

【曲线光顺】用于填充曲线上的间隔并对相切不连续和曲率不连续的地方进行光顺，以便使用该曲线创建出质量更好的几何图形。

单击【操作】工具栏上的【曲线光顺】按钮，弹出【曲线光顺定义】对话框，选择要光顺的曲线，此时曲线上将在不连续点显示不连续类型和数值，设置光顺参数，单击【确定】

按钮，系统自动完成曲线光顺操作，如图 4-77 所示。

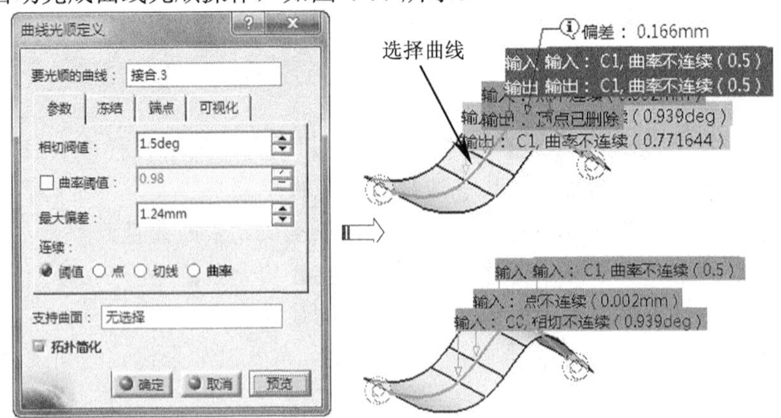

图4-77　曲线光顺操作

【修复定义】对话框【参数】选项卡选项。

- 相切阈值：用于设置一个相切不连续的值。曲线上的相切不连续小于该值，会对曲线进行光顺，否则不进行光顺处理。
- 曲率阈值：用于设置一个曲率不连续值，曲线的曲率大于该值时会对曲线进行光顺。
- 连续：用于定义光顺的修正模式。【阈值】表示考虑相切阈值和曲率阈值；【点】表示所有的不步连续均不应保留；【切线】表示所有的相切不连续均不应保留，不考虑相切阈值；【曲率】表示所有的曲率不连续均不应保留，不考虑曲率阈值。

四、取消修剪

【取消修剪】用于对使用【分割】工具操作的几何元素重新恢复到原状态。

单击【操作】工具栏上的【取消修剪】按钮，弹出【取消修剪】对话框，选择分割后的曲面，单击【确定】按钮，系统自动完成取消修剪，如图 4-78 所示。

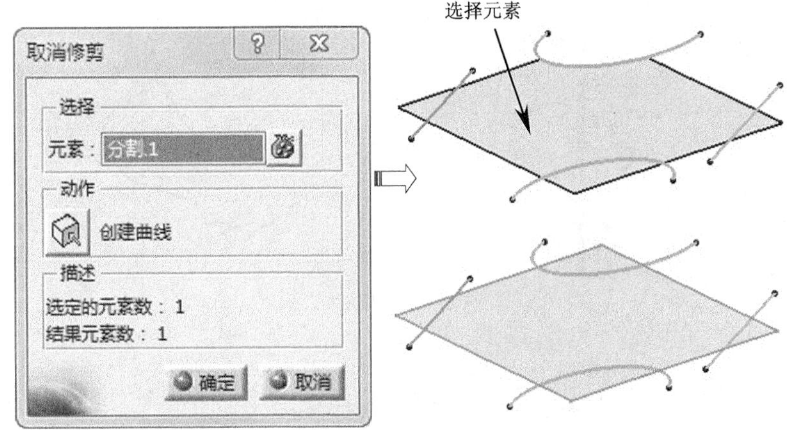

图4-78　取消修剪

4.4.2 曲面的分割与修剪

在【操作】工具栏中单击【分割】按钮右下角的黑色三角，展开工具栏，包含“分割”、“修剪”等2个工具按钮，如图4-79所示。

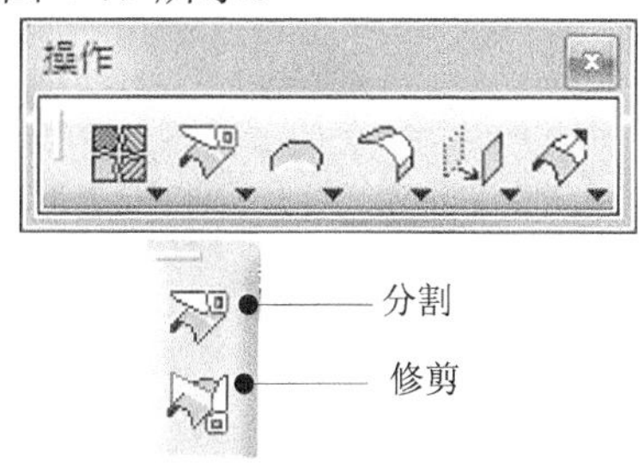

图4-79 曲面分割和修剪命令

提示：分割是用其他元素对一个元素进行修剪，它可以修剪元素，或者是仅仅分割不修剪。修剪是两个同类元素之间相互进行裁剪。

一、分割

【分割】通过点、其他的线元素或者曲面分割线元素，也可以通过线元素或曲面分割曲面。

单击【操作】工具栏上的【分割】按钮，弹出【定义分割】对话框，选择需要被分割的曲线或曲面，然后选择曲线或曲面作为切除元素，单击【确定】按钮，系统自动完成分割操作，如图4-80所示。

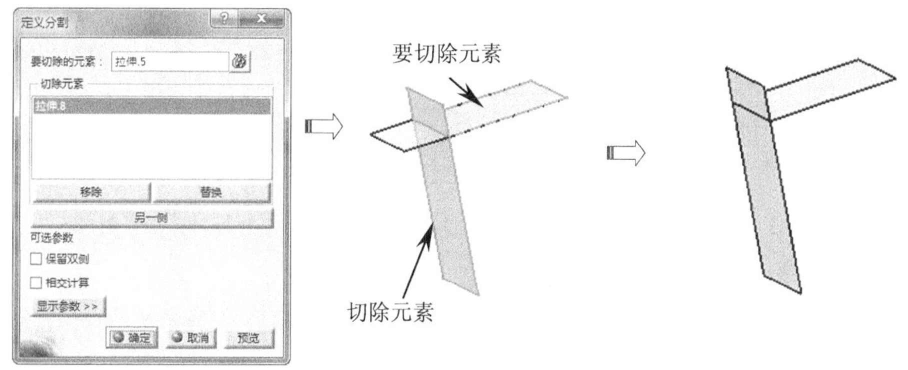

图4-80 分割操作

提示：如果选中【保留双侧】复选框，表示被分割的元素在分割边界两边都被保留；如果选中【相交计算】复选框，计算分割元素于分割边界边线，并显示出来。

二、修剪

【修剪】用于相互修剪两个曲面或者曲线。

单击【操作】工具栏上的【修剪】按钮，弹出【修剪定义】对话框，选择需要修剪的两个曲线或曲面，单击【确定】按钮，系统自动完成修剪操作，如图4-81所示。

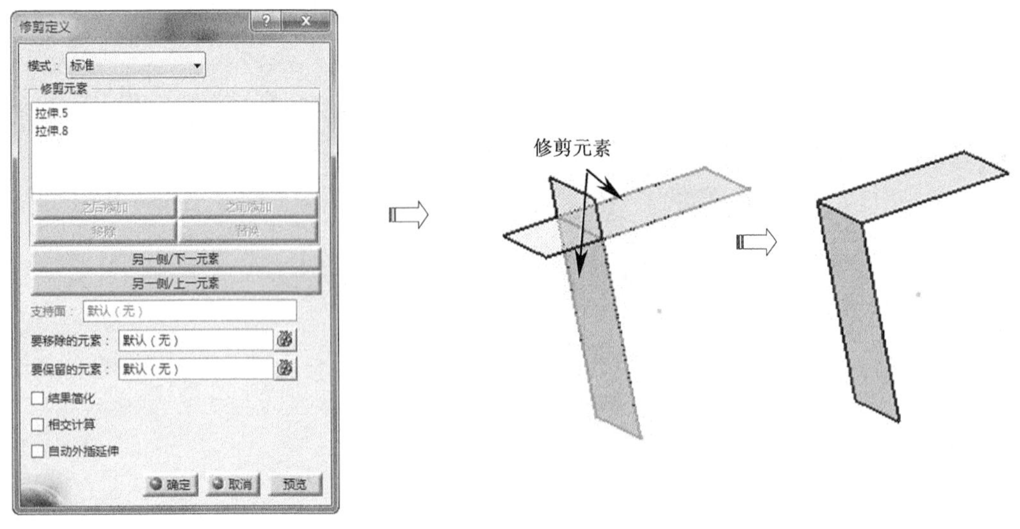

图4-81　修剪操作

提示：修剪时单击曲线或曲面部位是曲线将要保留的部分，如果要保留部位不对，可单击【另一侧/下一元素】按钮进行改变。

4.4.3　提取曲面

在【操作】工具栏中单击【边界】按钮右下角的黑色三角，展开工具栏，包含“边界”、“提取”和“多重提取”等 3 个工具按钮，如图 4-82 所示。用于从几何体中提取所需的点、线、面等子元素。

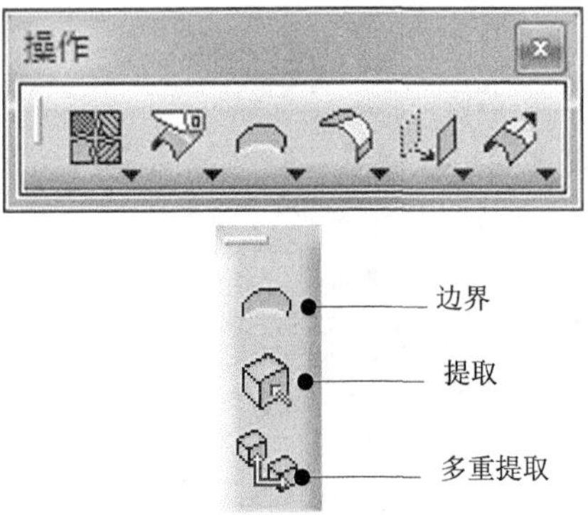

图4-82　提取曲面命令

一、边界

【边界】用于将曲面边界单独生成出来作为几何图形。

单击【操作】工具栏上的【边界】按钮，弹出【边界定义】对话框，在【拓展类型】下拉列表中选择延伸类型，选择曲面的边线，单击【确定】按钮，系统自动完成曲面边界创建，如图 4-83 所示。

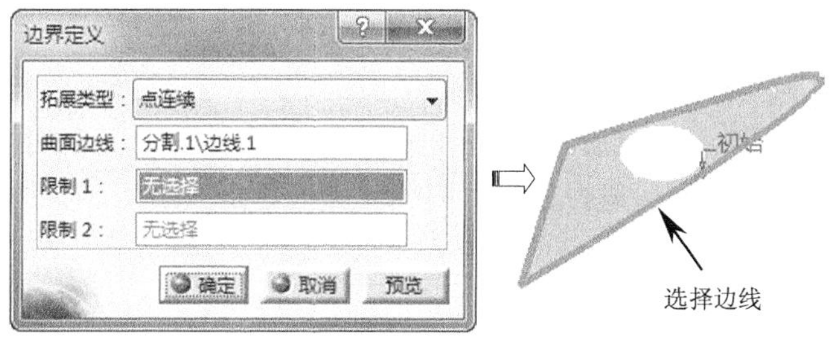

图4-83　边界操作

【边界定义】对话框相关参数含义。

(1)　拓展类型。

用于确定曲面延伸类型，如图 4-84 所示。包括以下 4 个选项。

- 完整边界：曲面所有边界都会被选取。
- 点连续：默认选项。选择的边界是曲线周围棱线，直到不连续点。
- 切线连续：选择的边界是曲线周围棱线，直到切线不连续点。
- 无拓展：仅指定所选边界，不包括其他部分。

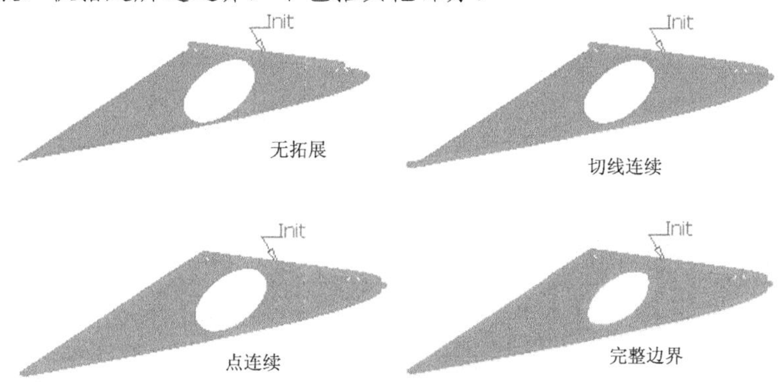

图4-84　拓展类型

(2)　限制。

用于重新定义曲线的起点和终点，如图 4-85 所示。所选择的限制点必须是两曲线的交点。

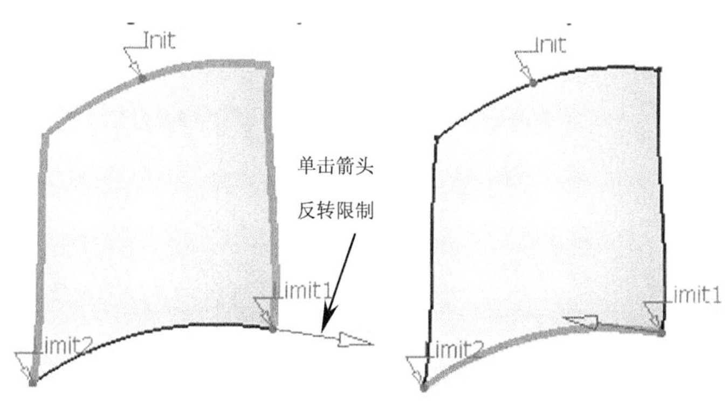

图4-85　限制

二、提取

【提取】用于将图形的基本几何元素，如曲面、曲线、点等提取出来。

单击【操作】工具栏上的【提取】按钮，弹出【提取定义】对话框，在【拓展类型】下拉列表中选择延伸类型，选择曲面、曲线或点，单击【确定】按钮，系统自动完成提取操作，如图 4-86 所示。

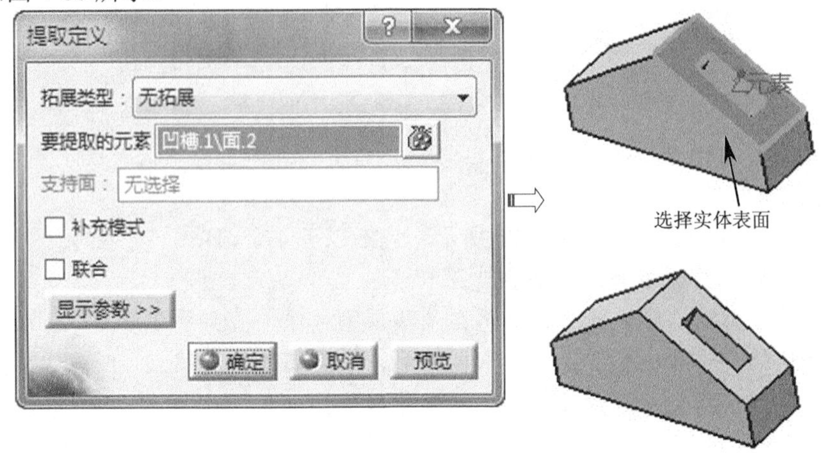

图4-86　提取操作

三、多重提取

【多重提取】用于将图形的基本几何元素，如曲面、曲线、点等提取出来。它与【提取】不同在于一次可提取多个元素。

单击【操作】工具栏上的【多重提取】按钮，弹出【多重提取定义】对话框，选择需要提取的元素，单击【确定】按钮，系统自动完成提取操作，如图 4-87 所示。

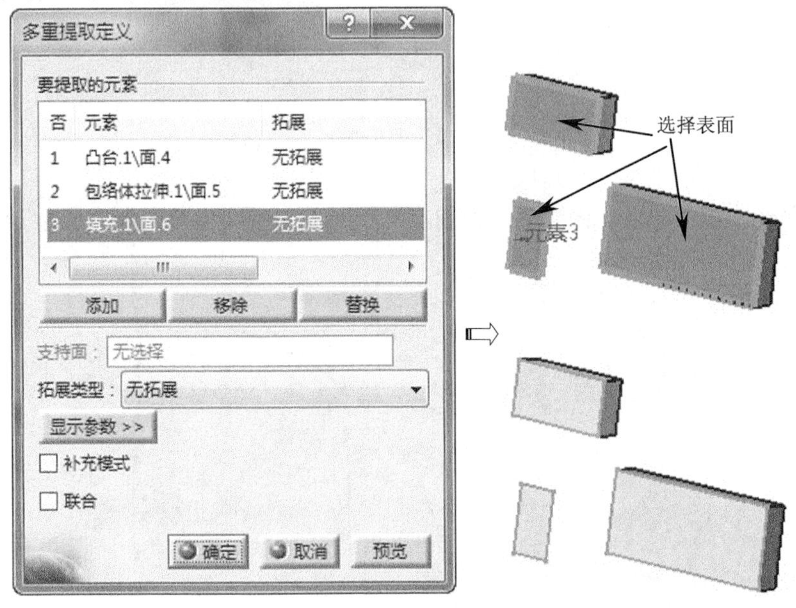

图4-87　多重提取操作

4.4.4 曲面圆角

在【操作】工具栏中单击【简单圆角】按钮右下角的黑色三角，展开工具栏，包含“简单圆角”、“倒圆角”、“可变半径圆角”、“弦圆角”、“样式圆角”、“面与面的圆角”、“三切线内圆角”等7个工具按钮，如图4-88所示。

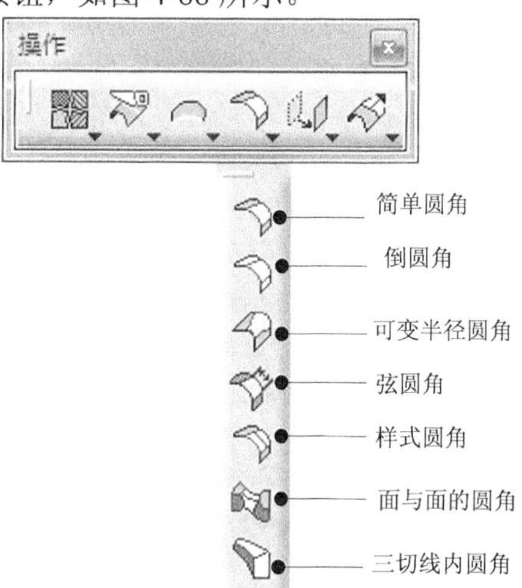

图4-88 曲面圆角命令

一、简单圆角

【简单圆角】用于对两个曲面进行倒角。

单击【操作】工具栏上的【简单圆角】按钮，弹出【圆角定义】对话框，在【圆角类型】下拉列表中选择圆角类型，选择需要倒圆角的两个曲面，在【半径】文本框中输入半径值，单击【确定】按钮，系统自动完成圆角操作，如图4-89所示。

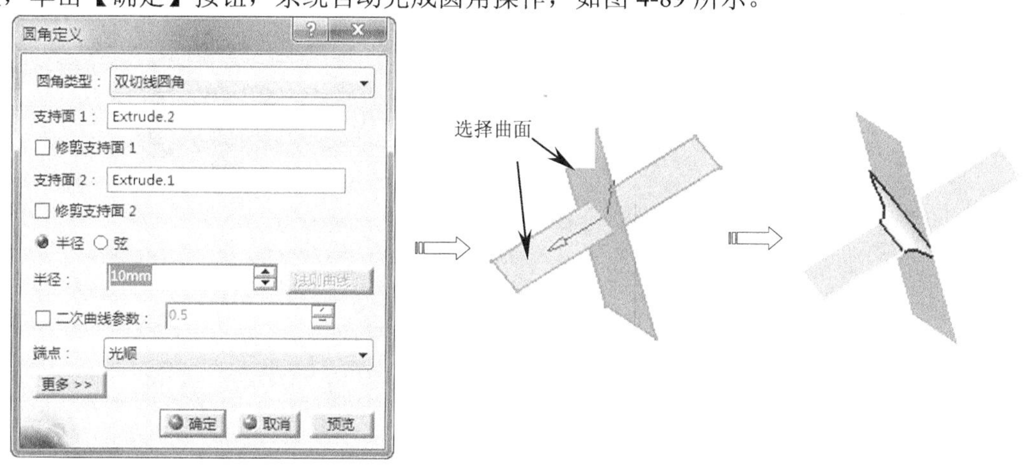

图4-89 简单圆角

二、倒圆角

【倒圆角】可对曲面的棱边进行倒角，尤其是可以对尖锐的内部棱边提供一个转移平面。

单击【操作】工具栏上的【倒圆角】按钮，弹出【倒圆角定义】对话框，选择需要倒圆角的棱边，在【半径】文本框中输入半径值，单击【确定】按钮，系统自动完成圆角操作，如图 4-90 所示。

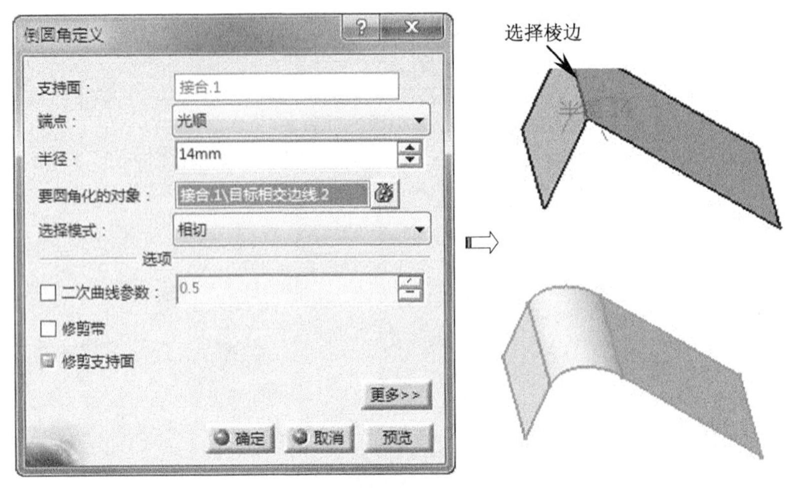

图4-90　倒圆角

三、可变半径圆角

【可变半径圆角】可以对边进行变半径倒角，边上不同点可以有不同的倒角半径。

单击【操作】工具栏上的【可变半径圆角】按钮，弹出【可变半径圆角定义】对话框，选择需要倒圆角的边，激活【点】选择框，在倒角边上选中一个或多个点产生变半径，设置倒角半径值，单击【确定】按钮，系统自动完成圆角操作，如图 4-91 所示。

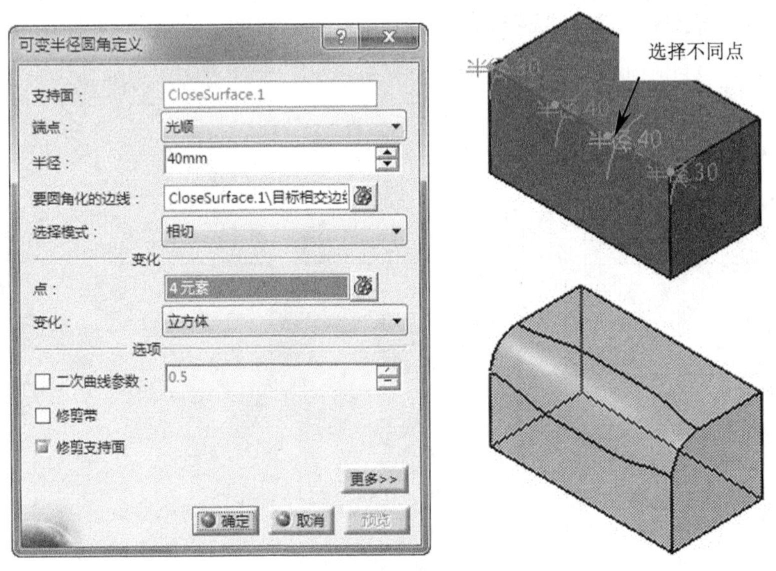

图4-91　可变半径圆角

四、面与面的圆角

【面与面的圆角】用于创建两个曲面之间的圆角。

单击【操作】工具栏上的【面与面的圆角】按钮，弹出【定义面与面的圆角】对话框，选择需要倒圆角的两个面，设置倒角半径值，单击【确定】按钮，系统自动完成圆角操作，如图 4-92 所示。

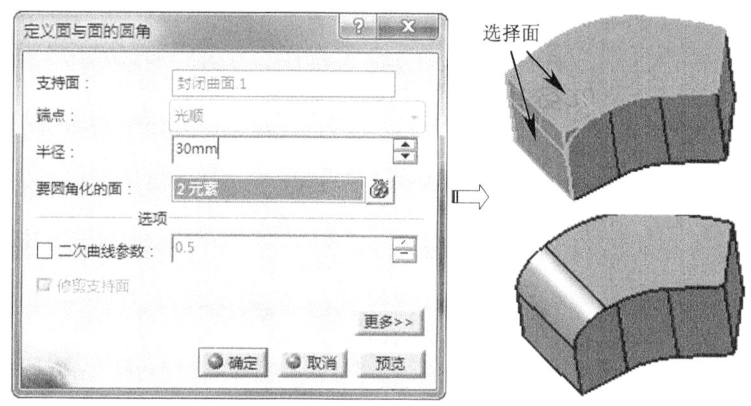

图4-92　面与面的圆角

五、三切线内圆角

【三切线内圆角】可以在三个曲面内进行倒角。由于在三个曲面内倒角，其中一个曲面就会被删除，倒角半径自动计算。

单击【操作】工具栏上的【三切线内圆角】按钮，弹出【定义三切线内圆角】对话框，选择需要倒圆角的两个面，选择一个要移除的面，单击【确定】按钮，系统自动完成圆角操作，如图 4-93 所示。

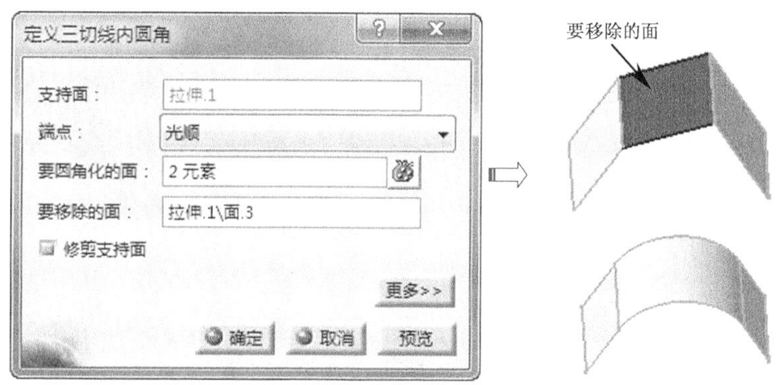

图4-93　三切线内圆角

4.4.5　曲面转换

在【操作】工具栏中单击【平移】按钮右下角的黑色三角，展开工具栏，包含“平移”、“旋转”、“对称”、“缩放”、“仿射”和“定位变换”等 6 个工具按钮，如图 4-94 所示。

一、平移

【平移】用于对点、曲线、曲面、实体等几何元素进行平移。

单击【操作】工具栏上的【平移】按钮，弹出【平移定义】对话框，选择需要平移的曲面，设置平移方向，输入平移距离，单击【确定】按钮，系统自动完成平移操作，如图 4-95 所示。

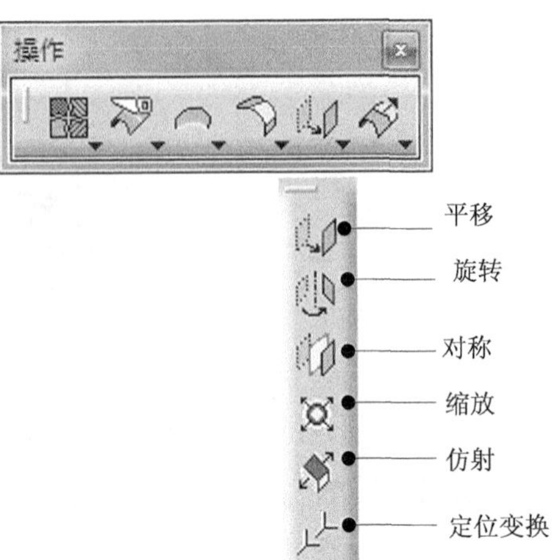

图4-94　曲面转换命令

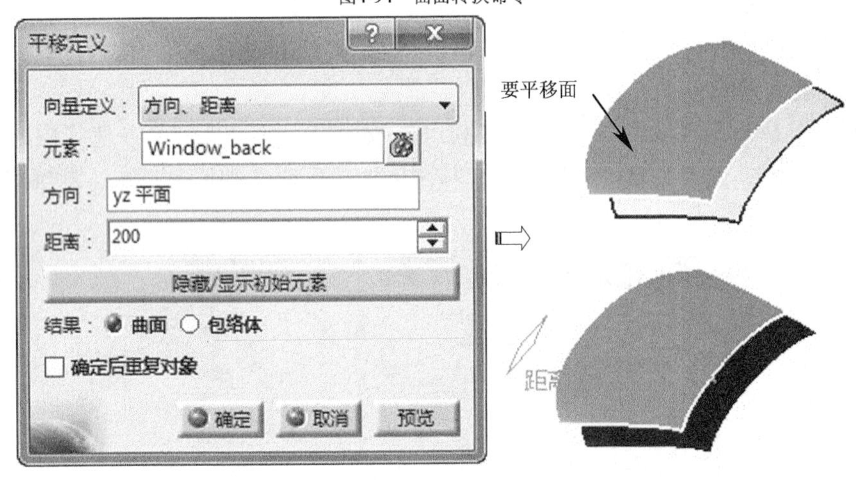

图4-95　平移

二、旋转

【旋转】用于对点、曲线、曲面、实体等几何元素进行旋转。

单击【操作】工具栏上的【旋转】按钮，弹出【旋转定义】对话框，选择需要旋转的曲面，选择一条直线作为旋转轴线，设置旋转角度，单击【确定】按钮，系统自动完成旋转操作，如图 4-96 所示。

三、对称

【对称】用于对点、曲线、曲面、实体等几何元素相对于点、线、面进行镜像。

单击【操作】工具栏上的【对称】按钮，弹出【对称定义】对话框，选择需要镜像曲面，选择点、线、面作为对称面，单击【确定】按钮，系统自动完成对称操作，如图 4-97 所示。

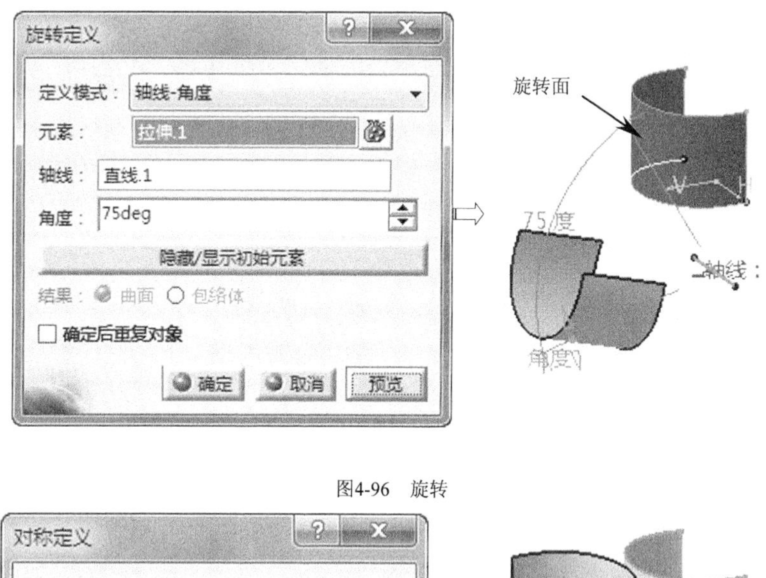

图4-96　旋转

图4-97　对称

四、缩放

【缩放】用于对某一几何元素进行等比例缩放，缩放的参考基准可以为点或者平面。

单击【操作】工具栏上的【缩放】按钮，弹出【缩放定义】对话框，选择需要缩放的曲面，选择缩放中心点，设置缩放比率，单击【确定】按钮，系统自动完成缩放操作，如图4-98所示。

图4-98　缩放

五、仿射

【仿射】用于对某一几何元素进行不等比例缩放，缩放的参考基准可以为点或者平面。

单击【操作】工具栏上的【仿射】按钮，弹出【仿射定义】对话框，选择需要缩放的曲面，选择仿射坐标系，设置新坐标系下缩放比例，单击【确定】按钮，系统自动完成仿射操作，如图 4-99 所示。

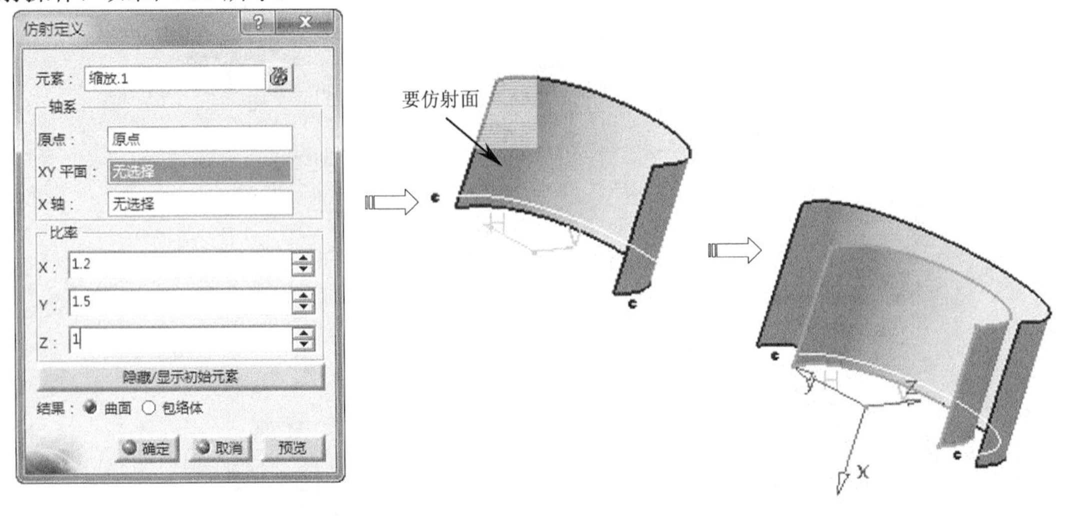

图4-99　仿射

六、定位变换

【定位变换】用于将几何图形的位置从一个坐标系转换到另一个坐标系下，此时该几何图形将被复制，转换后的几何图形为相对于新坐标系下的位置。

单击【操作】工具栏上的【定位变换】按钮，弹出【定位变换定义】对话框，选择需要曲面，选择新、旧坐标系，单击【确定】按钮，系统自动完成定位变换操作，如图 4-100 所示。

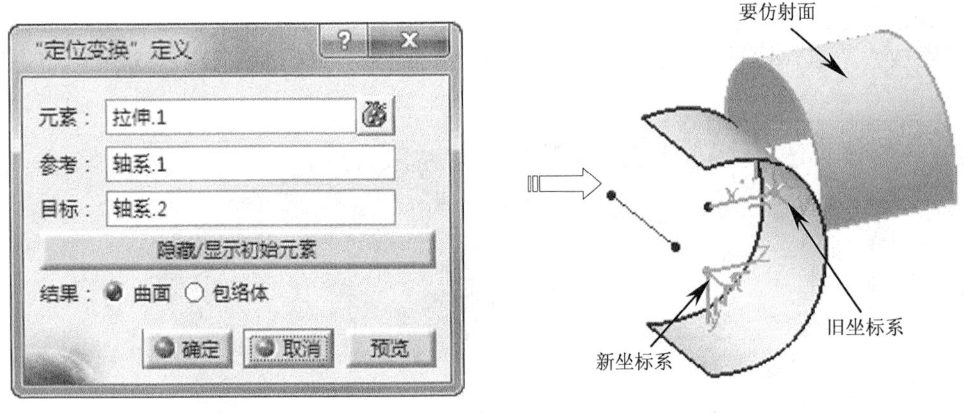

图4-100　定位变换

4.4.6　外部延伸

【外部延伸】用于将曲面或曲线从边界向外进行插值延伸。

单击【操作】工具栏上的【外部延伸】按钮，弹出【外插延伸定义】对话框，选择延伸边线，选择要延伸曲面，设置延伸长度，单击【确定】按钮，系统自动完成外部延伸操作，如图 4-101 所示。

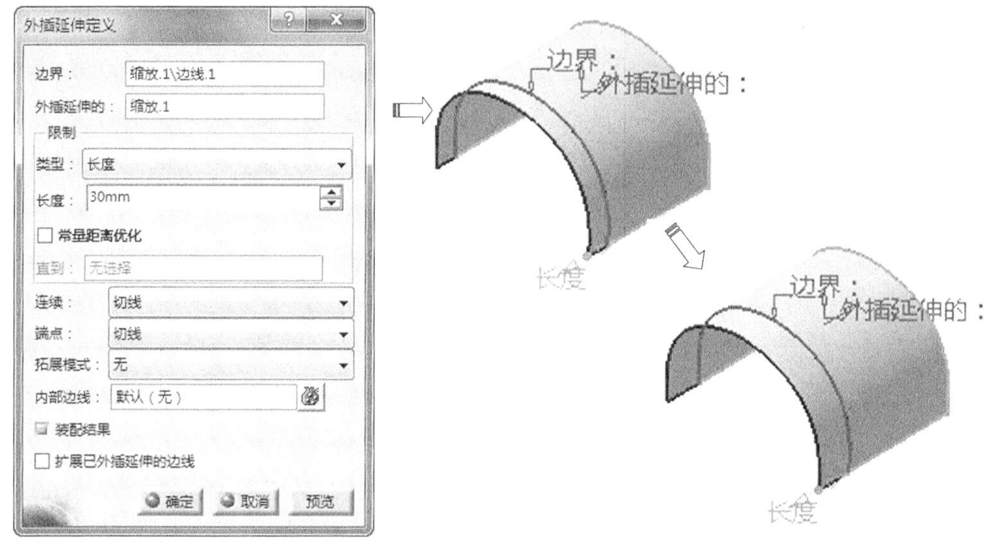

图4-101　外插延伸

【外插延伸定义】对话框中相关选项含义。

(1) 类型。

- 长度：指定延伸长度。
- 直到元素：延伸到所选定的边界曲面或者平面。

(2) 连续。

- 切线：延伸部分与原来曲面是相切关系。
- 曲率：延伸部分与原来曲面具有曲率连续关系。

4.4.7 创建复制对象

在常规曲面设计模块中可以对点、线、面及几何图形等几何特征进行复制，在【复制】工具栏包括用于进行对象复制、对象阵列和复制几何图形集等，如图 4-102 所示。

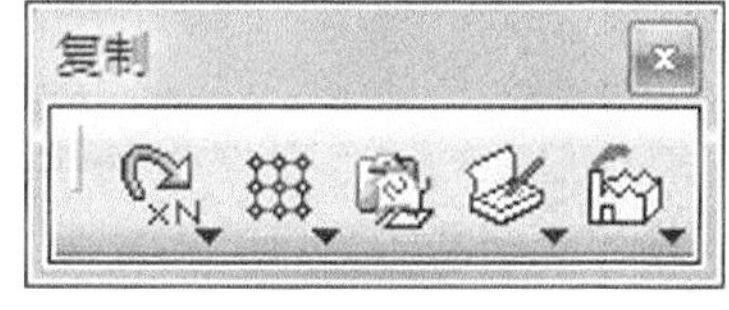

图4-102　【复制】工具栏

一、复制对象

【复制对象】用于复制生成对象的多个实例。

单击【复制】工具栏上的【复制对象】按钮，弹出【复制对象】对话框，选择要复制的对象，设置【实例】值，单击【确定】按钮，系统自动完成复制对象操作，如图 4-103 所示。

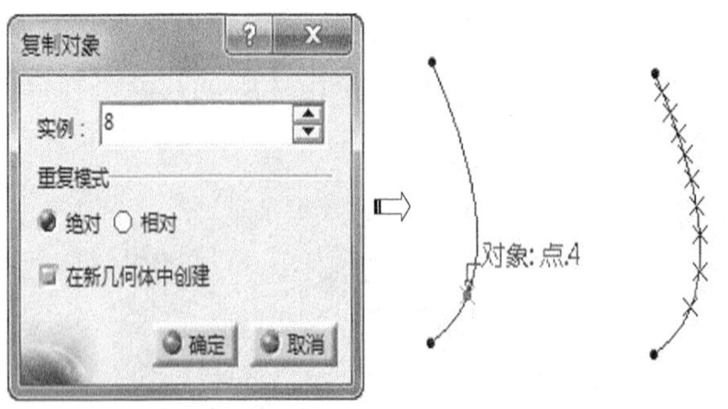

图4-103　复制对象

二、阵列

阵列包括【矩形阵列】、【圆周阵列】和【用户阵列】，阵列操作实体变换特征中相关操作相同，请读者参照学习。

三、复制几何图形集

【复制几何图形集】用于复制结构树中的几何图形集以及有序图形集。

单击【复制】工具栏上的【复制几何图形集】按钮，选择所需的几何图形集，弹出【插入对象】对话框，在【名称】文本框中输入名称，也可以单击【使用相同的名称】按钮，单击【确定】按钮，系统自动完成复制几何图形集操作，如图 4-104 所示。

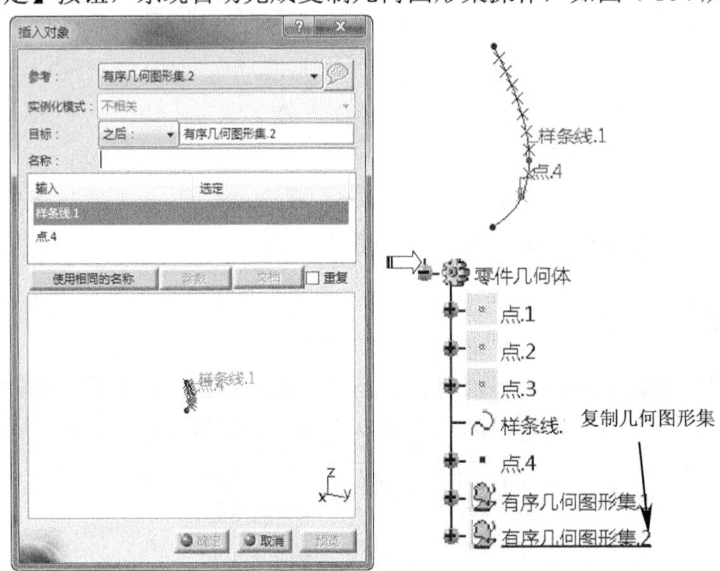

图4-104　复制几何图形集

4.5　曲面展开

曲面设计过程中，有时很难在曲面上完成设计任务，需要进行曲面展开后进行设计。有关展开命令集中于【已展开外形】工具栏上。

4.5.1 展开曲面

【展开曲面】用于展开选定曲面。

单击【已展开外形】工具栏上的【展开曲面】按钮，弹出【展开定义】对话框，选择要展开的曲面，选择参考原点和方向，选择目标原点和方向，单击【确定】按钮，选择要断开的曲线，单击【确定】按钮，完成曲面展开，如图 4-105 所示。

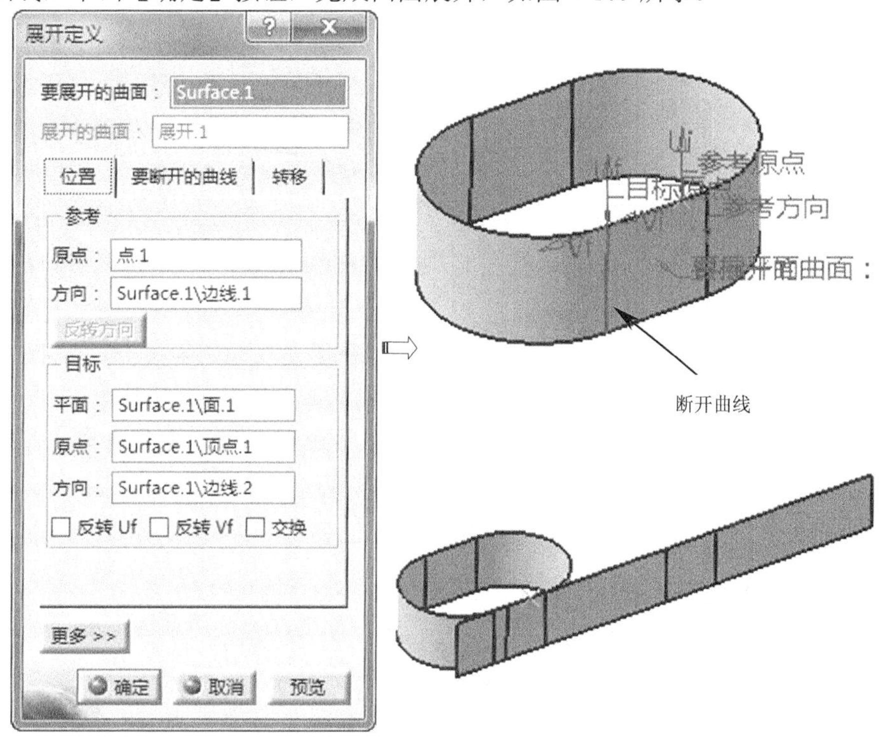

图4-105 展开曲面

【展开定义】对话框选项参数含义。

- 要展开的曲面：用于定义要展开的曲面，该曲面必须是连接和多样的。
- 参考：用于定义被展开曲面上的点和方向。
- 目标：用于定义展开曲面所在平面以及定位曲面所需的点和方向。
- 要断开的曲线：用于定义根据需要选择相应数量的要断开的内部和外部曲线和边线，曲面将沿着这些曲线或边线展开。

4.5.2 转移

【转移】用于将点、直线、曲线等任意线框从折叠曲面映射到展开的曲面上。

单击【已展开外形】工具栏上的【转换】按钮，弹出【转移定义】对话框，选择要展开的曲面和展开的曲面，选择要转移的元素，单击【确定】按钮，完成转移操作，如图 4-106 所示。

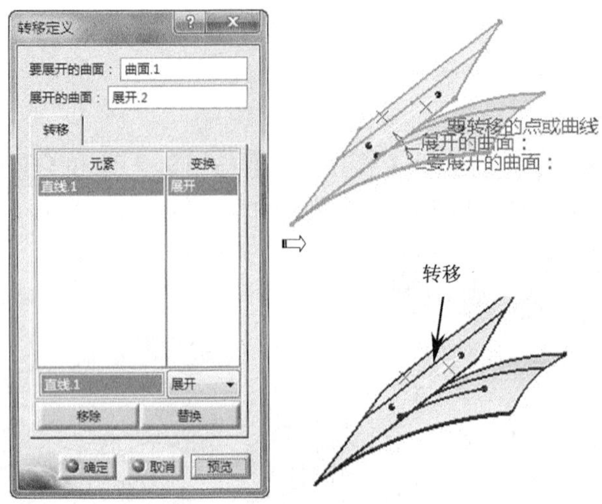

图4-106　转移

【转移定义】对话框中相关选项参数含义。

- 已展开的曲面：用于定义已经展开的曲面，需要注意的是要展开的曲面和已经展开的曲面不一定有展开关系，它们可以是任意的。
- 转移类型："展开"是指将要展开曲面上的元素映射到已展开曲面上；"折叠"是指将已展开曲面上的元素映射到要展开的曲面上。

4.5.3 展开

【展开】用于将点和线展开到旋转曲面上，根据曲面的曲率使用曲面上的局部坐标系的横坐标和纵坐标映射线的平面横坐标和纵坐标来创建新线。

单击【已展开外形】工具栏上的【展开】按钮，弹出【展开定义】对话框，选择要展开的线和支持面，选择一点作为原点，单击【确定】按钮，完成展开操作，如图 4-107 所示。

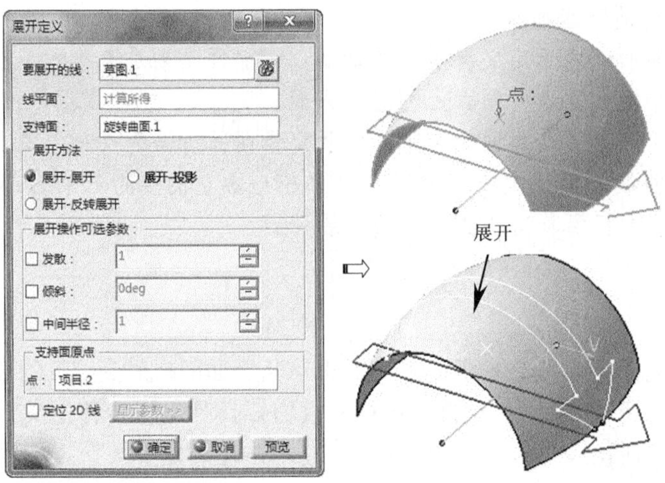

图4-107　展开

【展开定义】对话框相关选项参数含义。

- 要展开的线：用于定义要展开的线，如果该线是直线，则需要在【线平面】框中定义线平面。
- 支持面：用于定义展开线所在平面。
- 支持面原点：用于在曲面上选择一个点，定义支持面的轴系原点。

4.6 创建 BiW 模板

BiW 模板可以进行特殊曲面的设计，使用这些模板可减少设计的工作量，提高工作效率。有关展开命令集中于【BiW Templates】工具栏上。下面分别加以介绍。

4.6.1 交接曲面

【交接】用于在现有的曲面和截面轮廓之间创建交接曲面。

单击【BiW Templates】工具栏上的【交接点】按钮，弹出【交接曲面定义】对话框，依次选择 3 个曲面上截面轮廓，单击【确定】按钮，完成交接曲面创建，如图 4-108 所示。

4.6.2 拔模凹面

【拔模凹面】用于以拔模的方式将一个曲面与另一个曲面进行连接。

单击【BiW Templates】工具栏上的【拔模凹面】按钮，弹出【拔模凸面定义】对话框，依次选择座落曲面和基元素，输入拔模斜度，单击【确定】按钮，完成拔模凹面创建，如图 4-109 所示。

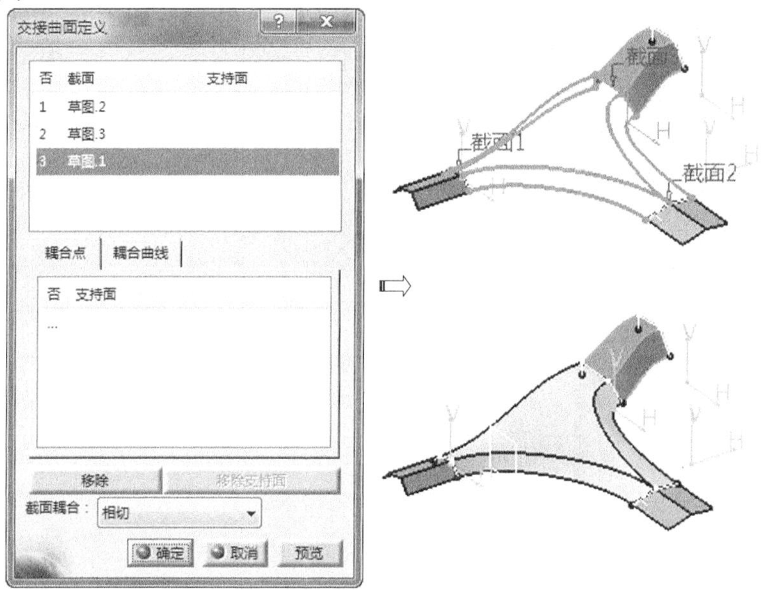

图4-108 交接曲面

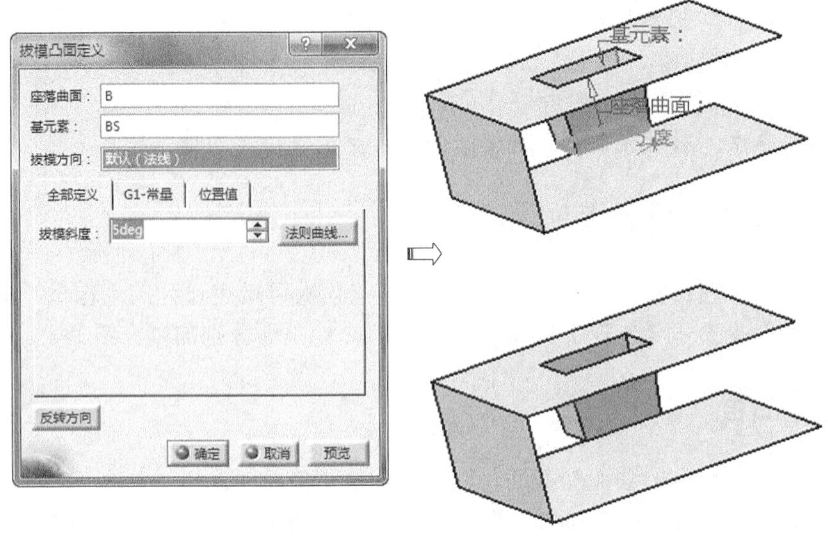

图4-109　拔模凹面

- 座落曲面：用于定义创建拔模凹面的曲面。
- 基元素：用于定义与生成的拔模凹面相连接的曲面。
- 拔模方向：用于定义拔模方向，默认设置为法线方向。

4.6.3　孔特征

【孔】用于在曲面上创建孔特征。

单击【BiW Templates】工具栏上的【孔】按钮，弹出【Hole Definition】对话框，依次选择孔中心、支持面和方向，单击【确定】按钮，完成孔特征创建，如图 4-110 所示。

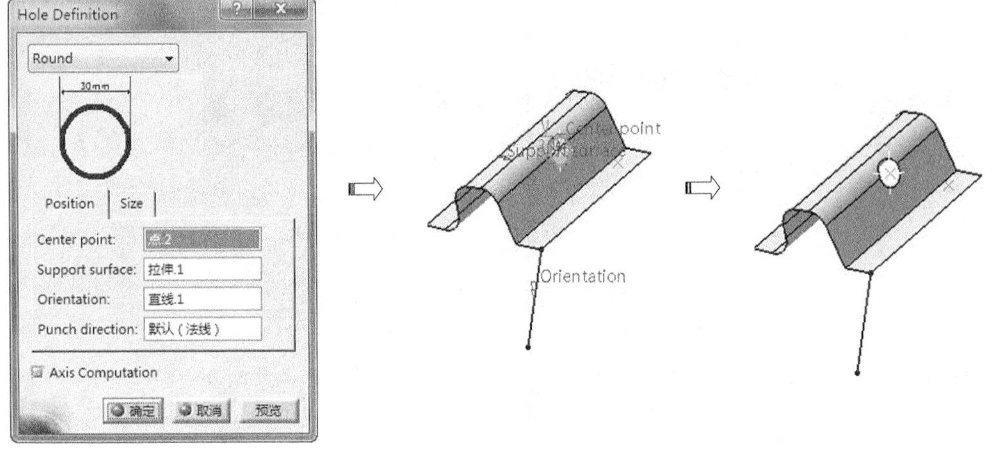

图4-110　孔特征

4.6.4 对应轮缘

【对应轮缘】用于在曲面上创建接合图元。

单击【BiW Templates】工具栏上的【Mating Flange】按钮，弹出【Mating Flange Definition】对话框，依次基元素、参考元素、方向，单击【确定】按钮，完成对应轮缘特征创建，如图 4-111 所示。

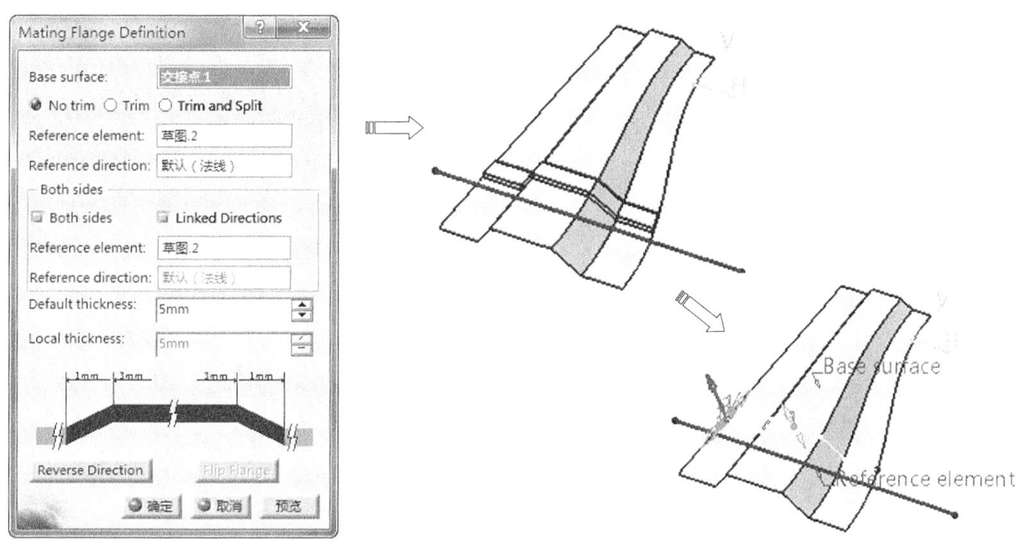

图4-111 对应轮缘

4.6.5 滴面

【滴面】用于创建三角形凸缘以增加零部件的程度。

单击【BiW Templates】工具栏上的【Bead】按钮，弹出【Bead Definition】对话框，依次基曲面、点、参考方向，单击【确定】按钮，完成滴面创建，如图 4-112 所示。

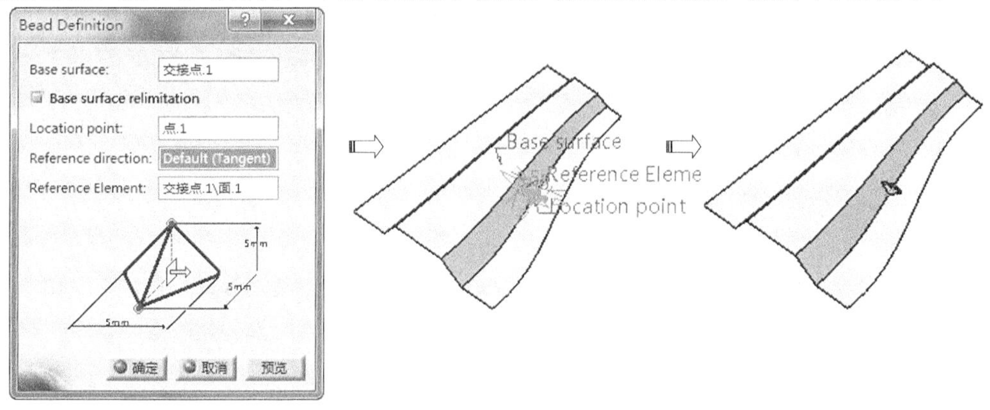

图4-112 创建滴面

4.7 体积

【包络体】工具栏用于根据曲面来创建实体，仅适用于优化创成式曲面产品。有关展开命令集中于【包络体】工具栏上。下面分别加以介绍。

4.7.1 厚曲面

【厚曲面】用于加工指定的曲面，生成实体体积。

单击【包络体】工具栏上的【厚曲面】按钮，弹出【定义厚曲面】对话框，选择曲面，设置加厚参数，单击【确定】按钮，完成曲面加厚，如图 4-113 所示。

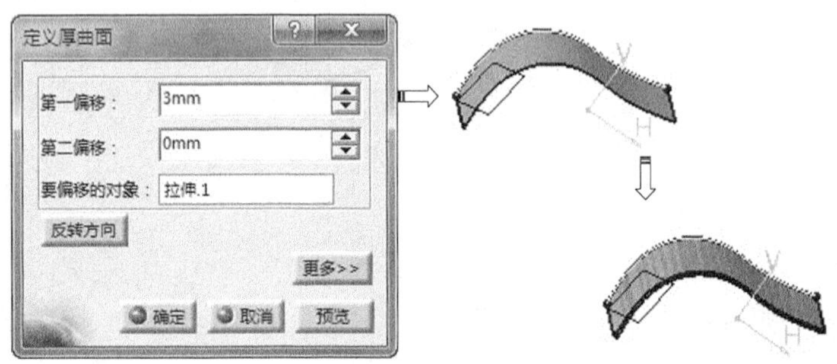

图4-113 创建厚曲面

4.7.2 封闭曲面

【封闭曲面】用于封闭开放的曲面，生成实体体积。

单击【包络体】工具栏上的【封闭曲面】按钮，弹出【定义封闭曲面】对话框，选择曲面，单击【确定】按钮，完成封闭曲面，如图 4-114 所示。

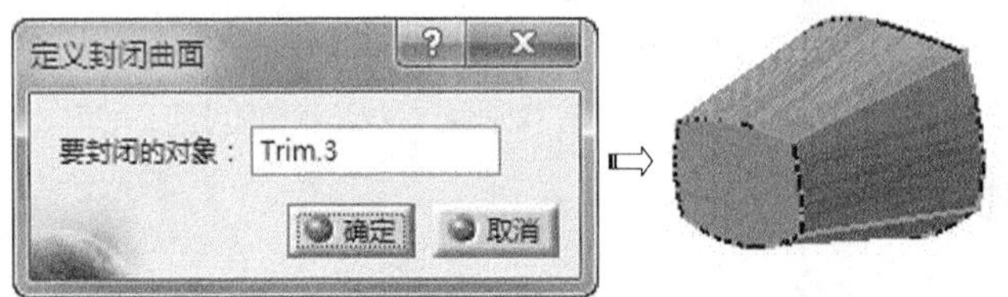

图4-114 创建封闭曲面

4.8 应用实例——水壶外形设计

本节将以水壶为例来讲解线框、创建曲面和编辑曲面功能在实际设计中的应用，如图 4-115 所示。

结果文件	光盘\练习\Ch04\ shuihu.CATPart

1. 在菜单栏执行【开始】/【形状】/【创成式外形设计】命令，系统自动进入创成式外形设计工作台。

2. 单击【草图】按钮，在工作窗口选择草图平面为 *yz* 平面，进入草图编辑器。利用圆弧、直线、轴线和圆角等工具绘制如图 4-116 所示的草图。单击【工作台】工具栏上的【退出工作台】按钮，完成草图绘制。

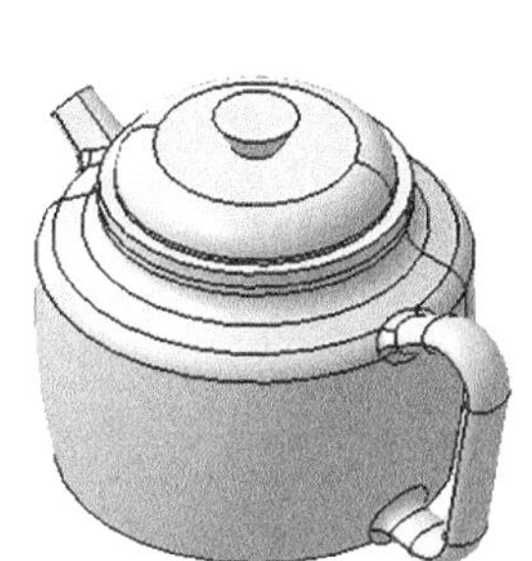
图4-115 水壶

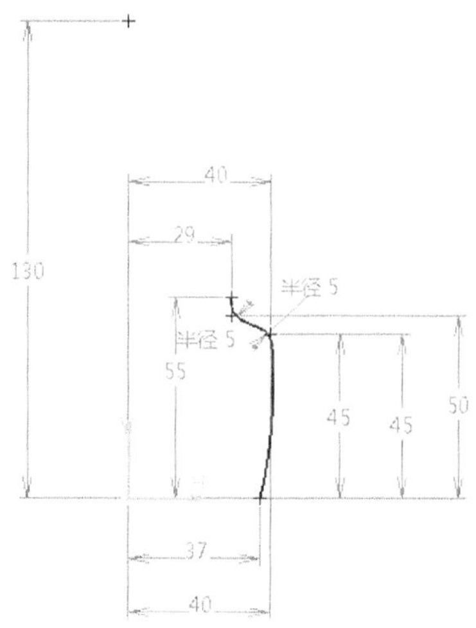

图4-116 绘制草图

3. 单击【草图】按钮，在工作窗口选择草图平面为 *yz* 平面，进入草图编辑器。利用圆弧、直线、圆角等工具绘制如图 4-117 所示的草图。单击【工作台】工具栏上的【退出工作台】按钮，完成草图绘制。

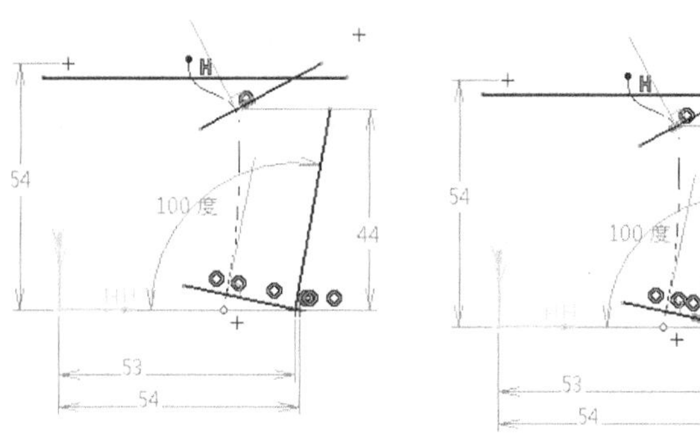

图4-117 创建草图

4. 单击【线框】工具栏上的【平面】按钮，弹出【平面定义】对话框，在【平面类型】下拉列表中选择【曲线的法线】选项，如图 4-118 所示的点和曲线，单击【确定】按钮，系统自动完成平面创建。

图4-118 创建平面

5. 选择平面.1，单击【草图】按钮，进入草图编辑器。利用椭圆等工具绘制如图 4-119 所示的长半径为 5mm，短半径为 3mm 的椭圆。单击【工作台】工具栏上的【退出工作台】按钮，完成草图绘制。
6. 单击【草图】按钮，在工作窗口选择草图平面为 *yz* 平面，进入草图编辑器。利用轮廓、轴线等工具绘制如图 4-120 所示的草图。单击【工作台】工具栏上的【退出工作台】按钮，完成草图绘制。

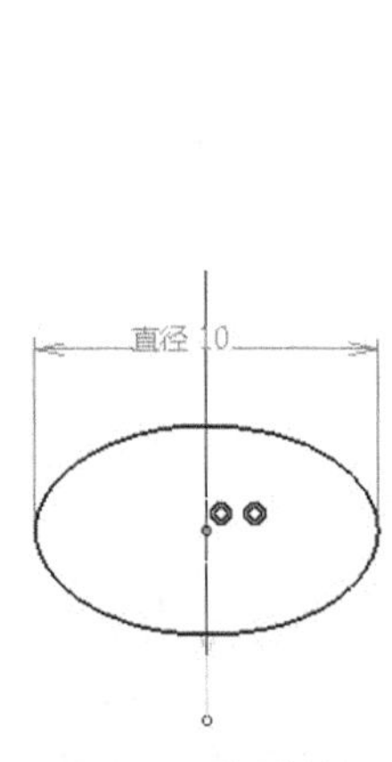

图4-119　绘制椭圆

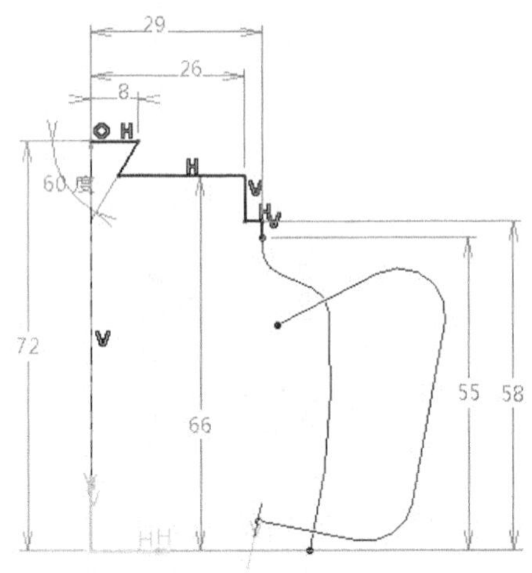

图4-120　创建草图

7. 单击【草图】按钮，在工作窗口选择草图平面为 *yz* 平面，进入草图编辑器。利用直线等工具绘制如图 4-121 所示的草图。单击【工作台】工具栏上的【退出工作台】按钮，完成草图绘制。

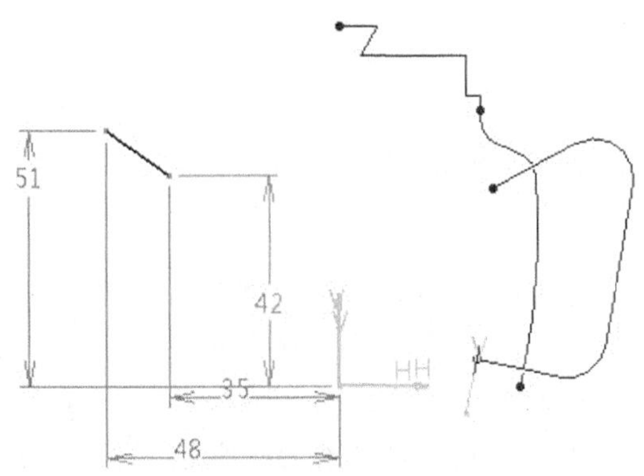

图4-121　创建草图

8. 单击【线框】工具栏上的【平面】按钮，弹出【平面定义】对话框，在【平面类型】下拉列表中选择【曲线的法线】选项，如图 4-122 所示的点和曲线，单击【确定】按钮，系统自动完成平面创建。
9. 选择平面.2，单击【草图】按钮，进入草图编辑器。利用圆等工具绘制草图。单击【工作台】工具栏上的【退出工作台】按钮，完成草图绘制，如图 4-123 所示。

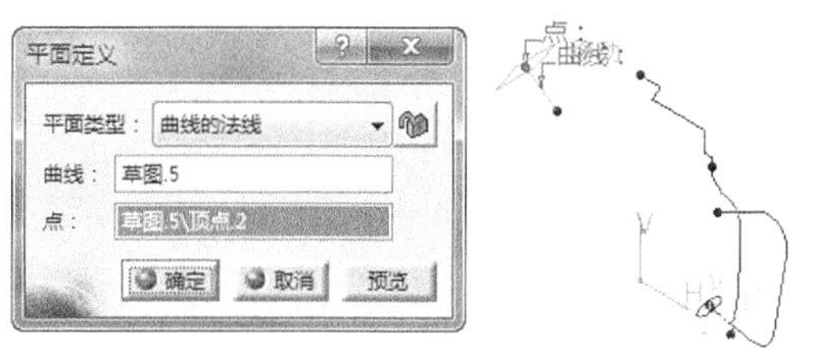

图4-122　创建平面

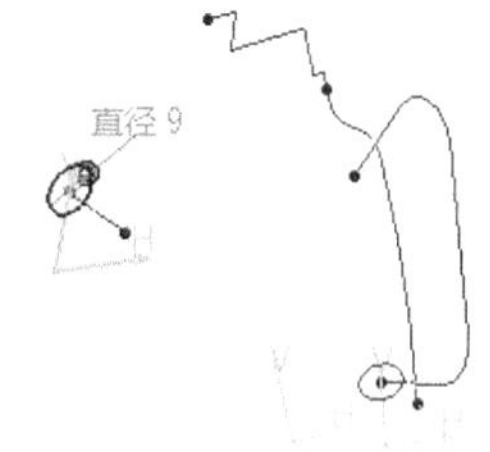

图4-123　绘制圆

10. 单击【线框】工具栏上的【平面】按钮，弹出【平面定义】对话框，在【平面类型】下拉列表中选择【曲线的法线】选项，如图 4-124 所示的点和曲线，单击【确定】按钮，系统自动完成平面创建。
11. 选择平面.3，单击【草图】按钮，进入草图编辑器。利用圆等工具绘制草图，如图 4-125 所示。单击【工作台】工具栏上的【退出工作台】按钮，完成草图绘制。

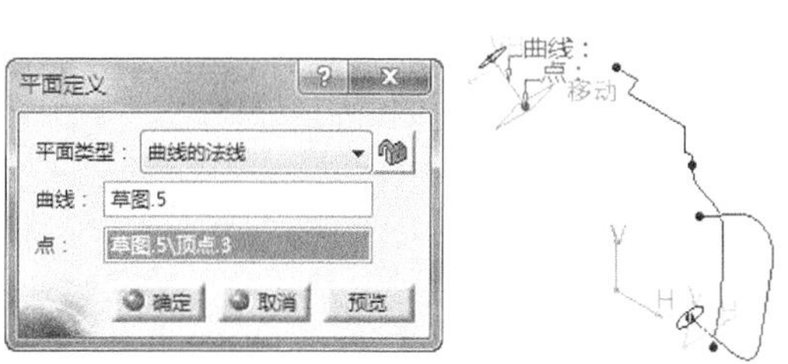

图4-124　创建平面

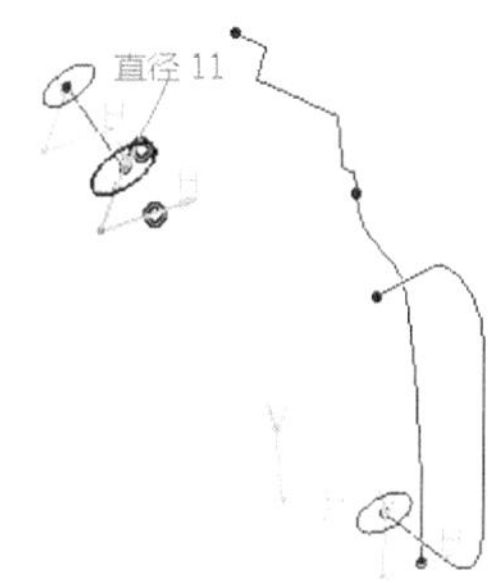

图4-125　绘制圆

12. 单击【操作】工具栏上的【接合】按钮，弹出【接合定义】对话框，依次选择草图 1 的所有曲线，单击【确定】按钮，系统自动完成接合操作，如图 4-126 所示。

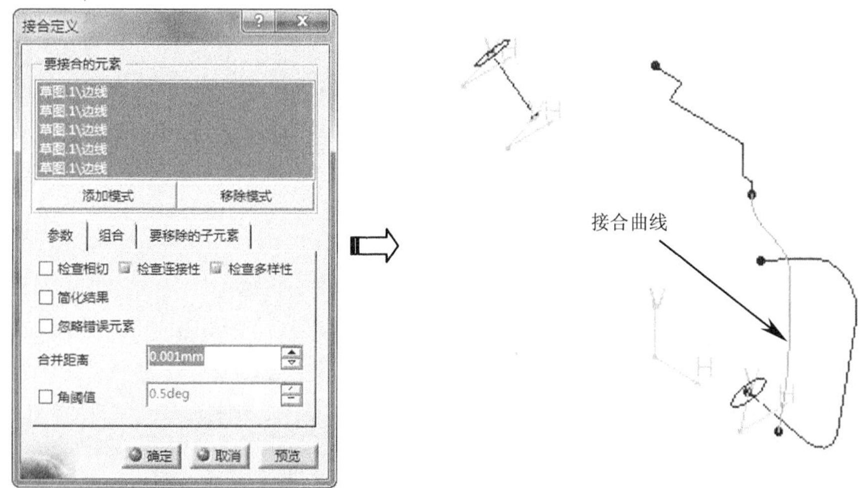

图4-126　创建接合曲线

13. 单击【操作】工具栏上的【接合】按钮，弹出【接合定义】对话框，依次选择草图 2 的所有曲线，单击【确定】按钮，系统自动完成接合操作，如图 4-127 所示。

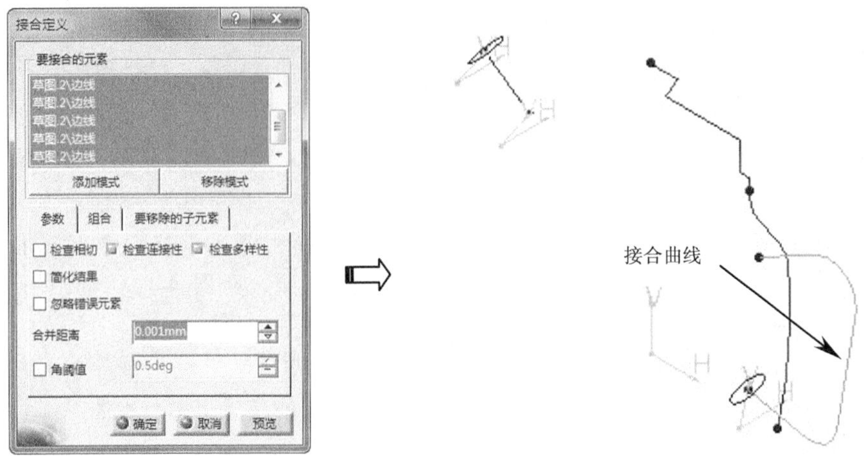

图4-127　创建接合曲线

14. 单击【曲面】工具栏上的【旋转】按钮，弹出【旋转曲面定义】对话框，激活【轮廓】选择框，选择“接合.1”作为轮廓，选择“草图 1 的纵轴”为旋转轴，单击【确定】按钮，完成旋转曲面创建，如图 4-128 所示。

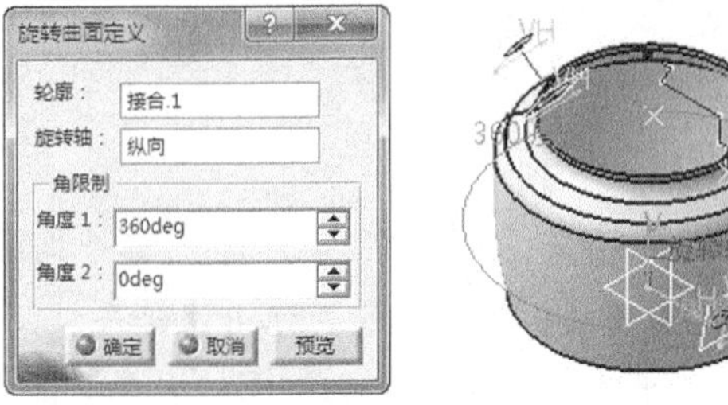

图4-128　创建旋转曲面

15. 单击【曲面】工具栏上的【扫掠】按钮，弹出【扫掠曲面定义】对话框，在【轮廓类型】选择【显式】图标，在【子类型】下拉列表中选择【使用参考曲面】选项，选择“草图 3”作为轮廓，选择“接合.2”作为引导曲线，单击【确定】按钮，系统自动完成扫掠曲面创建，如图 4-129 所示。

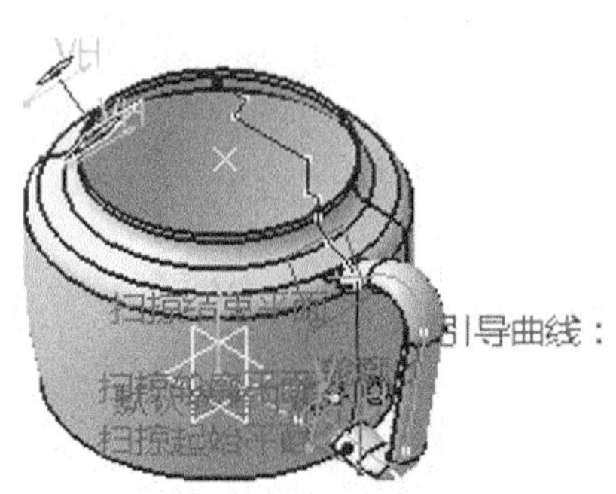

图4-129　创建扫掠曲面

16. 单击【曲面】工具栏上的【旋转】按钮，弹出【旋转曲面定义】对话框，激活【轮廓】选择框，选择“草图 4”作为轮廓，单击【确定】按钮，完成旋转曲面创建，如图 4-130 所示。

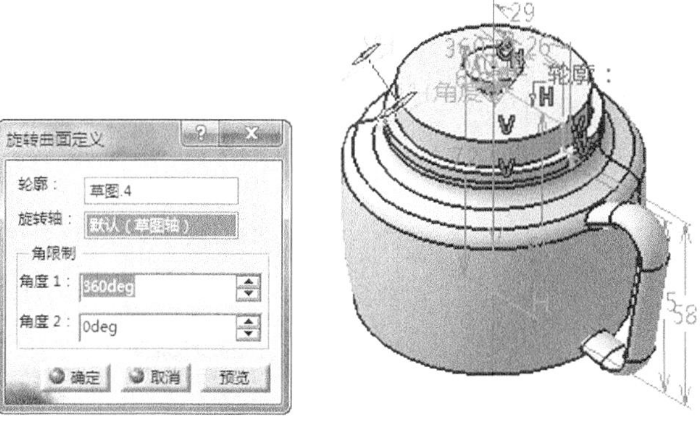

图4-130　创建旋转曲面

17. 单击【曲面】工具栏上的【多截面曲面】按钮，弹出【多截面曲面定义】对话框，依次选取草图 6 和草图 7，单击【确定】按钮，系统自动完成多截面曲面创建，如图 4-131 所示。

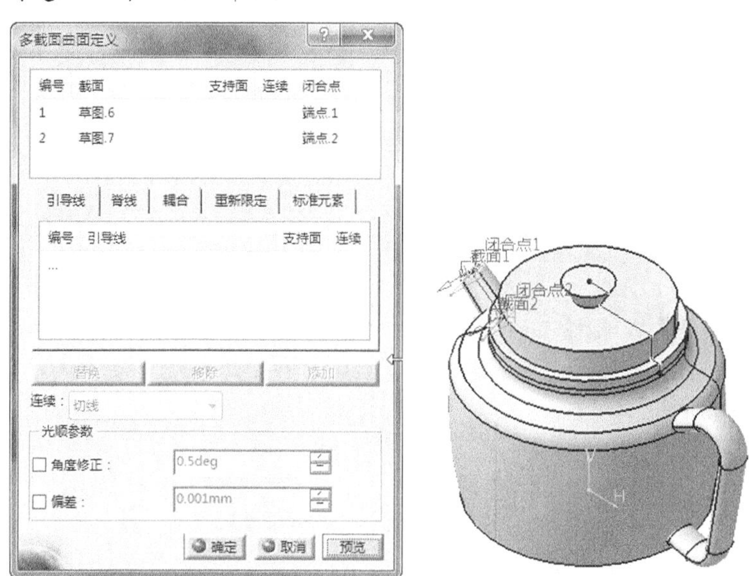

图4-131　创建多截面曲面

18. 单击【操作】工具栏上的【修剪】按钮，弹出【修剪定义】对话框，选择图中的两个曲面，单击【确定】按钮，系统自动完成修剪操作，如图 4-132 所示。

19. 单击【操作】工具栏上的【倒圆角】按钮，弹出【倒圆角定义】对话框，选择需要倒圆角的棱边，在【半径】文本框中输入半径值 3mm，单击【确定】按钮，系统自动完成圆角操作，如图 4-133 所示。

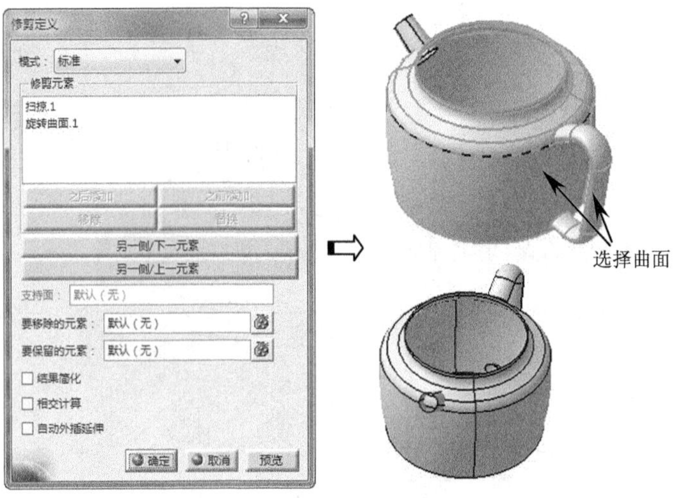

图4-132　创建修剪

图4-133　创建圆角

20. 单击【操作】工具栏上的【修剪】按钮，弹出【修剪定义】对话框，选择如图 4-131 所示的两个曲面，单击【确定】按钮，系统自动完成修剪操作，如图 4-134 所示。

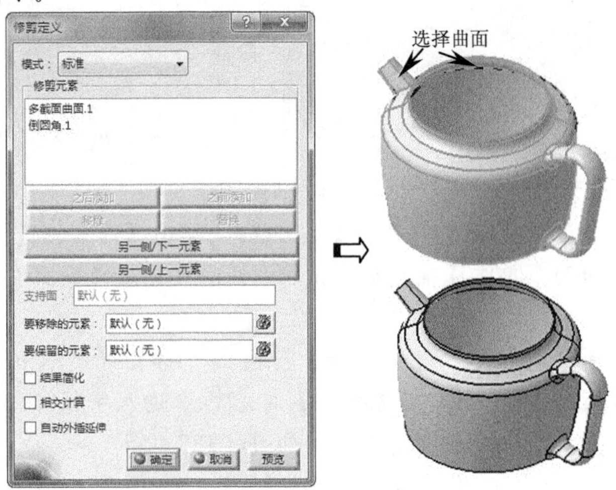

图4-134　创建修剪

21. 单击【操作】工具栏上的【倒圆角】按钮，弹出【倒圆角定义】对话框，选择需要倒圆角的棱边，在【半径】文本框中输入半径值 3mm，单击【确定】按钮，系统自动完成圆角操作，如图 4-135 所示。

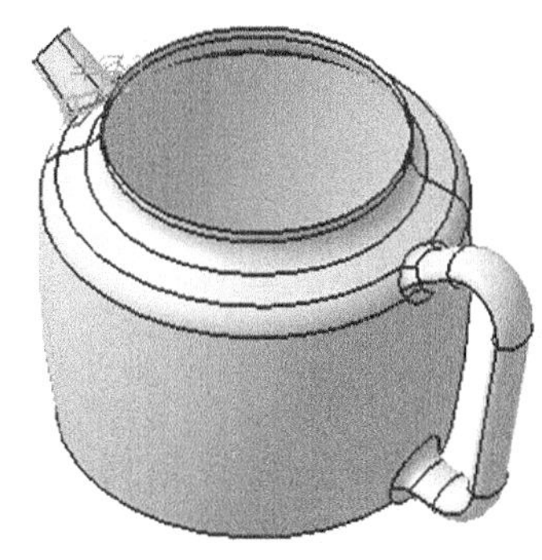

图4-135　创建圆角

22. 单击【操作】工具栏上的【倒圆角】按钮，弹出【倒圆角定义】对话框，选择需要倒圆角的棱边，在【半径】文本框中输入半径值 7mm，单击【确定】按钮，系统自动完成圆角操作，如图 4-136 所示。

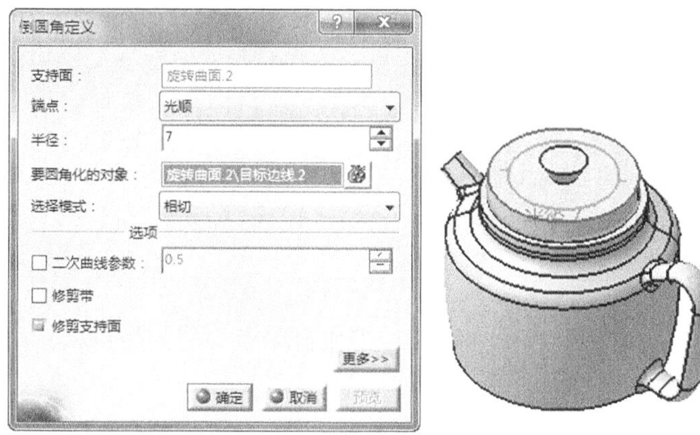

图4-136　创建圆角

4.9 小结

本章学习了 CATIA V5R21 创成式外形设计知识，主要内容有曲线创建、曲面创建、曲面编辑、曲面展开等，本章的重点和难点为曲面创建和编辑，希望读者按照讲解方法再进一步进行实例练习。

第5章 自由曲面设计

本章将详细讲解 CATIA V5R21 的自由曲面造型功能，内容包括自由曲线构建、自由曲面构建、自由曲面的编辑、曲面的操作以及曲面的形状分析。

本章要点

- CATIA V5R21 自由曲面设计工作台
- CATIA V5R21 自由曲线创建
- CATIA V5R21 自由曲面创建
- CATIA V5R21 自由曲面编辑和操作

5.1 自由曲面设计模块介绍

自由曲面设计工作台是 CATIA 的重要组成之一，自由曲面具有很高的曲面光顺度，适合于汽车、飞行器、工业艺术产品的造型设计。本节介绍创成式外形设计工作台界面和相应工具栏等。

5.1.1 进入自由曲面设计工作台

要创建自由曲面首先要进行自由曲面设计工作台环境中，常用进入自由曲面设计工作台方法如下。

选择【开始】/【形状】/【FreeStyle】命令，如图 5-1 所示。在弹出的【新建零件】对话框中的【输入零件名称】文本框中输入文件名称，单击【确定】按钮进入自由曲面设计工作台，如图 5-2 所示。

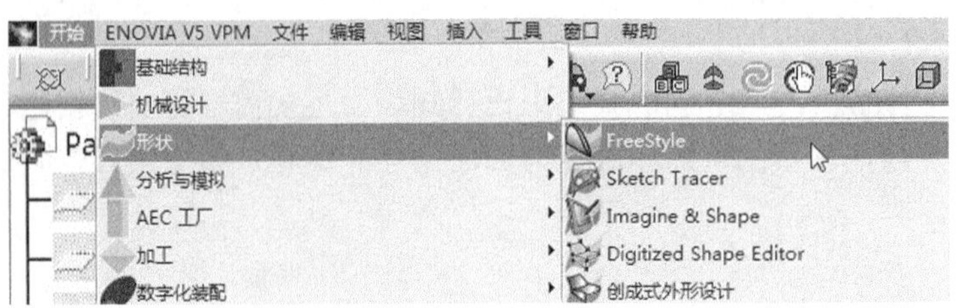

图5-1 【开始】菜单命令

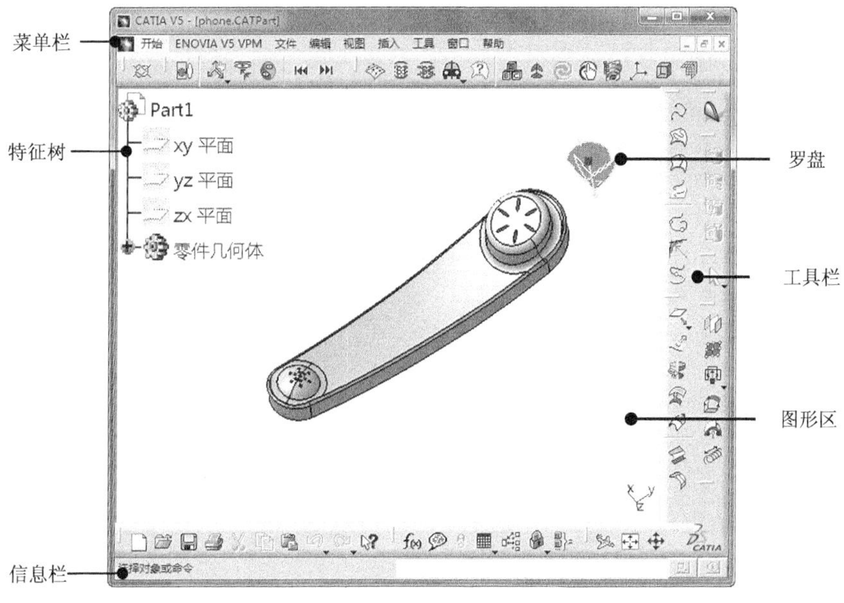

图5-2　自由曲面设计工作台

5.1.2　自由曲面设计工作台工具栏介绍

利用自由曲面设计工作台中的工具栏命令按钮是启动自由曲面命令最方便的方法。CATIA V5R21 自由曲面设计工作台常用的工具栏有 5 个：【Curve Creation】工具栏、【Surface Creation】工具栏、【Shape Modification】工具栏、【Operations】工具栏、【Shape Analysis】工具栏。工具栏显示了常用的工具按钮，单击工具右侧的黑色三角，可展开下一级工具栏。

一、【Curve Creation】工具栏

【Curve Creation】工具栏命令用于创建各种三维曲线，所创建的曲线既可以创建曲面，也可用于曲面编辑，如图 5-3 所示。

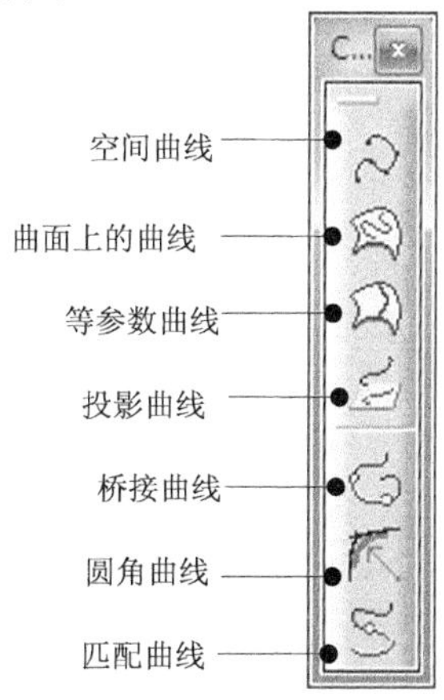

图5-3　【Curve Creation】工具栏

二、【Surface Creation】工具栏

【Surface Creation】工具栏命令可进行自由风格外形的曲面设计，如图 5-4 所示。

三、【Shape Modification】工具栏

【Shape Modification】工具栏命令用于对所创建的曲面进行编辑，如图 5-5 所示。

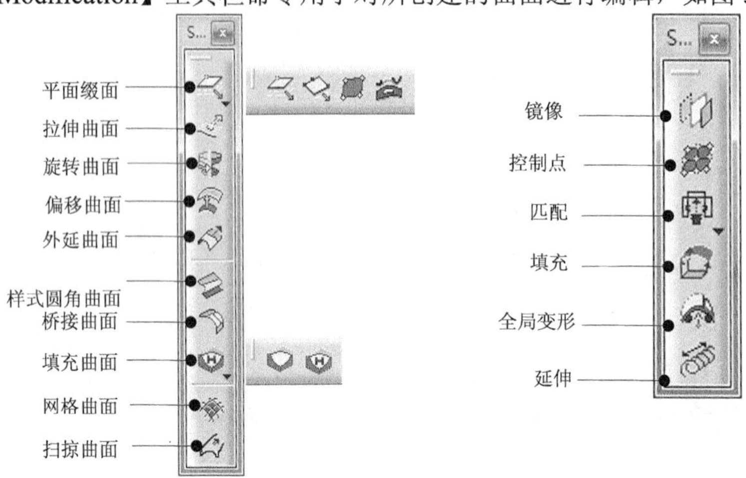

图5-4　【Surface Creation】工具栏　　　图5-5　【Shape Modification】工具栏

四、【Operations】工具栏

【Operations】工具栏命令对曲面、曲线进行剪切、连接、分解、复制等操作，如图 5-6 所示。

五、【Shape Analysis】工具栏

【Shape Analysis】工具栏命令可对自由曲面的形状进行曲率、距离、拔模等分析，如图 5-7 所示。

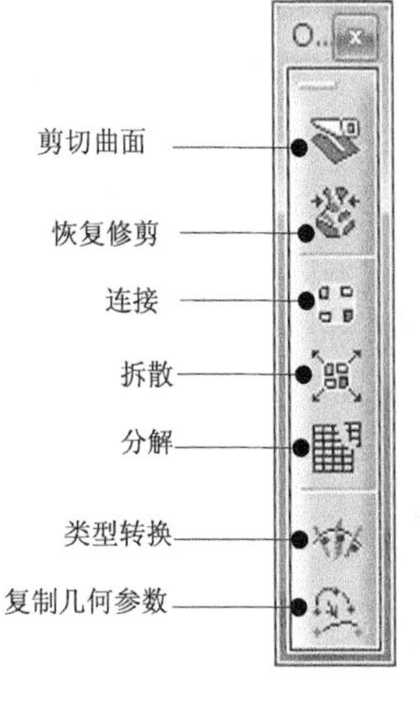

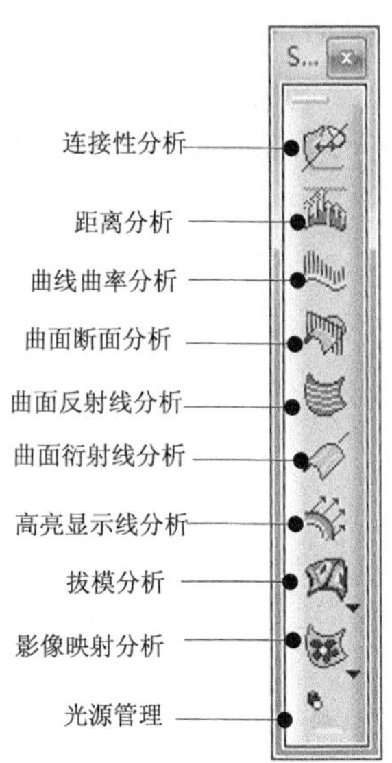

图5-6　【Operations】工具栏　　　图5-7　【Shape Analysis】工具栏

5.2 创建自由曲线

CATIA V5R21 自由曲线绘制可用于创建各种三维曲线，所创建的曲线既可以创建曲面，也可用于曲面编辑。自由曲线通过【Curve Creation】工具栏中的相关命令按钮实现，下面分别加以介绍。

5.2.1 创建空间曲线（3D Curve）

【空间曲线】用于创建空间曲线或定位于几何元素上的曲线。如果创建的曲线位于几何体上，编辑几何体后曲线自动更新。

单击【Curve Creation】工具栏上的【3D Curve】按钮，弹出【3D 曲线】对话框，在【创建类型】下拉列表中选择【通过点】选项，在图形区单击 5 点，单击【确定】按钮，系统自动完成空间曲线创建，如图 5-8 所示。

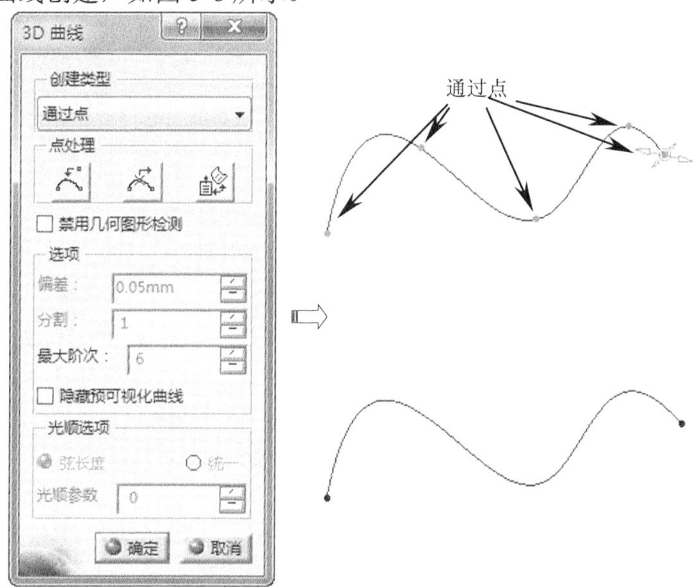

图5-8　创建空间曲线

【3D 曲线定义】对话框选项含义如下。

(1) 创建类型。

用于生成三维曲线的类型，如图 5-9 所示。包括以下选项。

- 通过点：使用定义的点作为所创建曲线的通过点。
- 控制点：使用定义的点作为所创建曲线的控制点。
- 进接点：使用定义的点生成一条拟合直线。

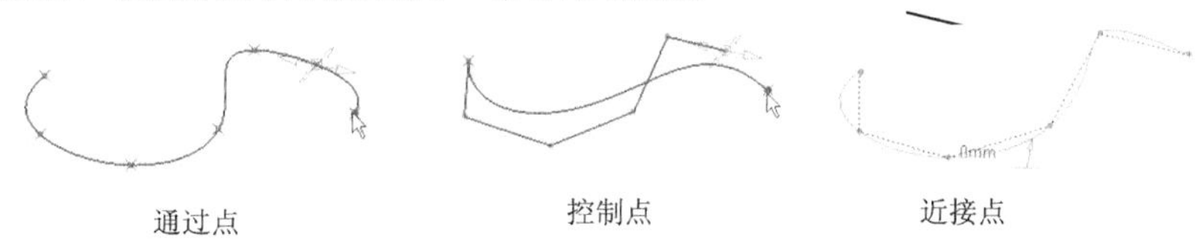

图5-9　创建类型

(2) 点处理。

用于编辑点，包括以下选项按钮。

- 【插入点】按钮：单击该按钮后选择要插入点的弧段，然后选择插入点的位置。
- 【删除点】按钮：单击该按钮再选择要删除的点。
- 【释放或约束点】按钮：用于取消或约束点位置。

(3) 禁用几何图形检测。

选中该复选框后选择某个点，如果该点紧靠在一个几何元素上，则该点不会约束到几何元素上。

(4) 选项。

用于控制曲线的质量。

(5) 光顺选项。

用于设置曲线的光顺质量。

提示：单击【3D 曲线】对话框中的【确定】按钮，或者在最后终点处单击鼠标右键，在弹出的快捷菜单中选择【约束此点】命令，完成曲线绘制。

5.2.2 创建曲面上的曲线

【曲面上的曲线】用于在曲面上创建等参数曲线或者使用曲面上的点创建曲线。

单击【Curve Creation】工具栏上的【Curve on Surface】按钮，弹出【选项】对话框，在【创建类型】下拉列表中选择【逐点】选项，在【模式】下拉列表中选择【通过点】选项，在图形区选择曲面，然后在曲面上选择通过的点，单击【确定】按钮，系统自动完成曲面上曲线创建，如图 5-10 所示。

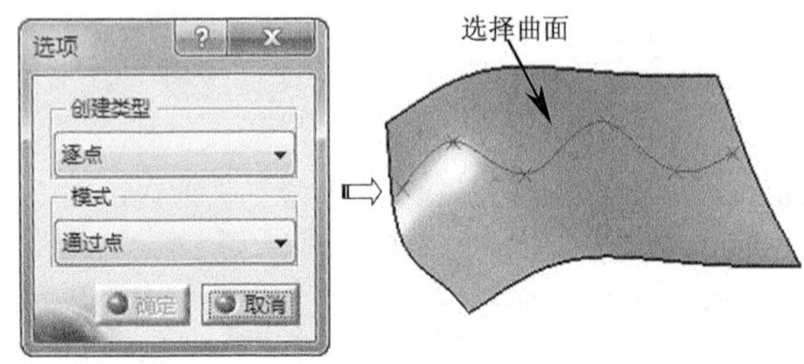

图5-10　创建曲面上的曲线

在曲面上可创建等参数曲线，要在【创建类型】选择【等参数】，然后点选等参数线位置即可，如图 5-11 所示。

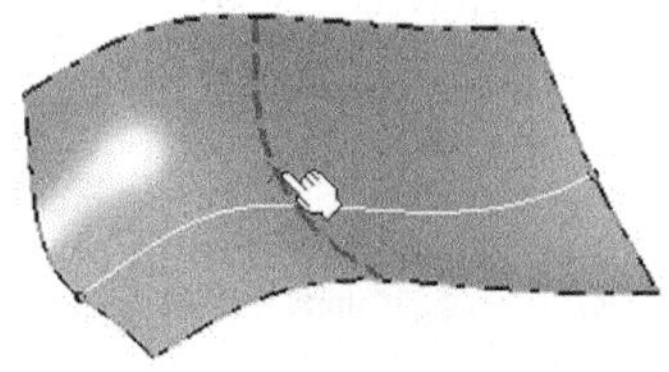

图5-11　创建曲面上的等参数曲线

5.2.3 创建等参数曲线

【等参数曲线】是指通过定义曲线的方向和指定曲面上参数相等的点创建曲线。与【创成式外形设计】中的等参数曲线相同。

单击【线框】工具栏上的【Curve Creation】按钮，弹出【等参数曲线】对话框，选择曲面作为支持面，选择点作为曲线通过点，单击【确定】按钮，系统自动完成等参数曲线创建，如图 5-12 所示。

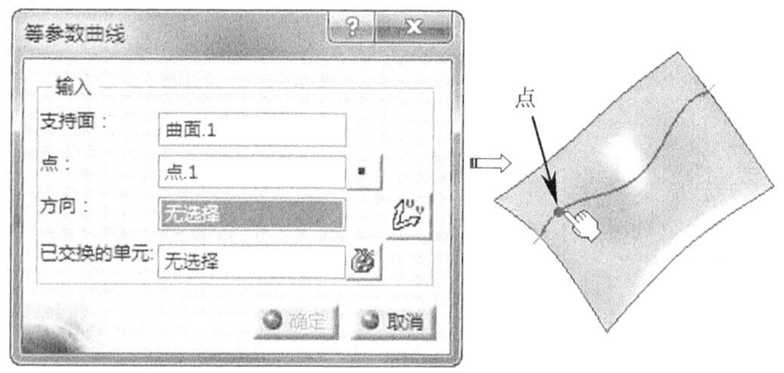

图5-12 等参数曲线

提示：【方向】用于定义生成等参数曲线的方向，单击【交换曲线方向】按钮，用于调整曲线的方向。

5.2.4 创建投影曲线

【投影曲线】用于将曲线沿某一方向投影到曲面上，投影方向可以是曲面的法线方向，也可以是自定义方向。

单击【Curve Creation】工具栏上的【Project Curve】按钮，弹出【投影】对话框，单击【法线投影】按钮，选择要投影的曲线，然后按住 Ctrl 键选择曲面，曲线上显示投影线，单击【确定】按钮，系统自动完成投影曲线创建，如图 5-13 所示。

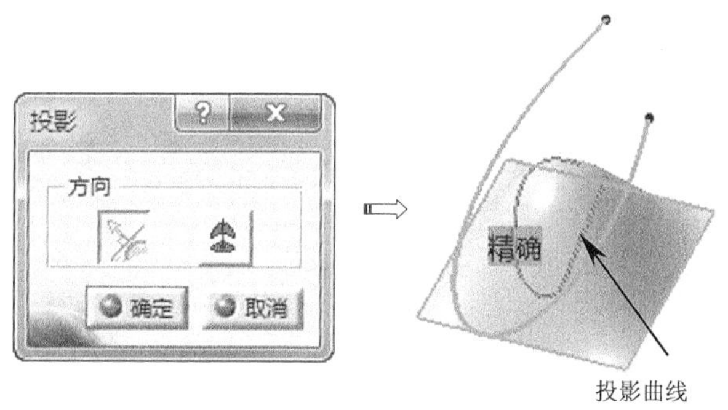

图5-13 投影曲线

5.2.5 创建桥接曲线

【桥接曲线】用于连接两条已知曲线的曲线。

单击【Curve Creation】工具栏上的【FreeStyle Blend Curve】按钮，弹出【桥接曲线】对话框，按住 Ctrl 键选择两条曲线，单击【确定】按钮，系统自动完成桥接曲线创建，如图 5-14 所示。

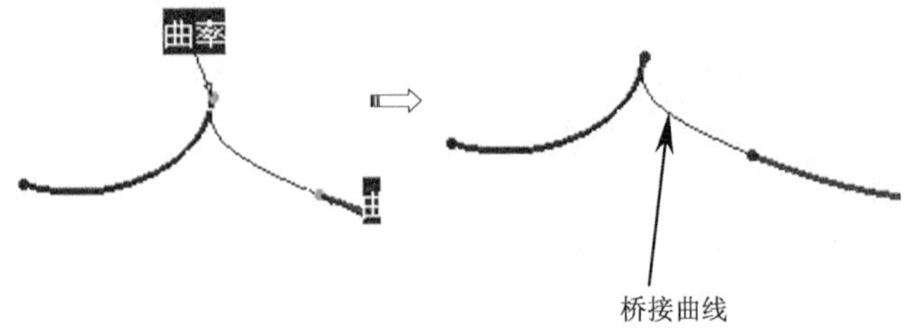

图5-14　桥接曲线

提示：桥接曲线与被桥接曲线之间的连接方式包括：点连接、切线连接和曲率连接 3 种。单击图中的【曲率】标识可切换连接方式。

5.2.6 创建圆角曲线

【圆角曲线】用于在两个共面的两条曲线创建圆角造型曲线。

单击【Curve Creation】工具栏上的【Styling Corner】按钮，弹出【样式圆角】对话框，选择两条曲线，单击【确定】按钮，系统自动完成圆角曲线创建，如图 5-15 所示。

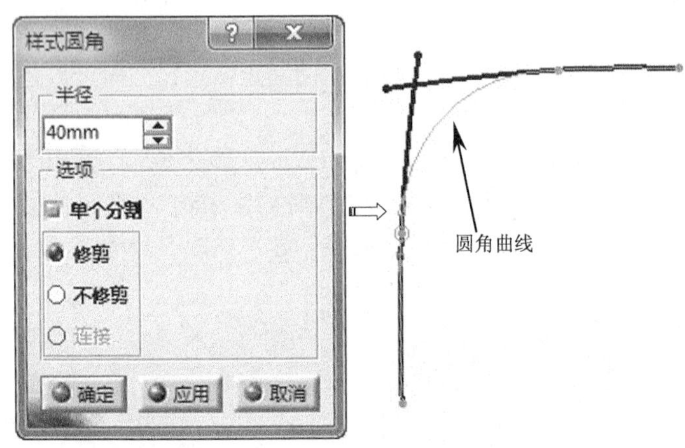

图5-15　圆角曲线

5.2.7 创建匹配曲线

【匹配曲线】是指将一条曲线匹配到另一条曲线上，并按照指定的连接约束与另一条曲线相连接。

单击【Curve Creation】工具栏上的【Match Curve】按钮，弹出【匹配曲线】对话框，选择两条曲线，单击【确定】按钮，系统自动完成匹配曲线创建，如图 5-16 所示。

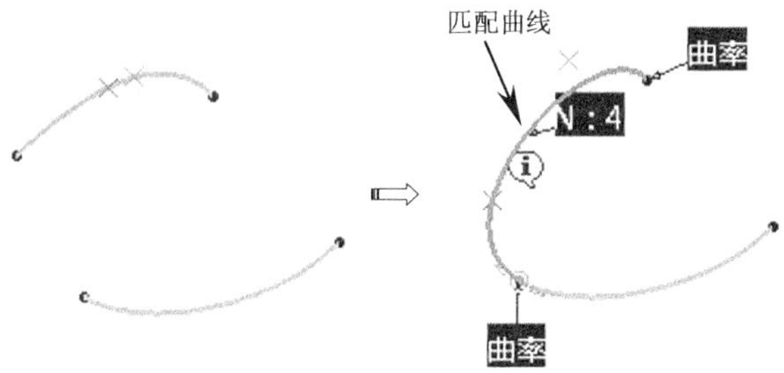

图5-16　匹配曲线

5.3 创建自由曲面

CATIA V5R21 自由曲面功能强大，可进行自由风格外形的曲面设计。自由曲面通过【Surface Creation】工具栏中的相关命令按钮实现，下面分别加以介绍。

5.3.1 创建平面缀面

单击【Surface Creation】工具栏中【Planar Patch】按钮右下角的小三角形，弹出有关生成平面缀面命令按钮，如图 5-17 所示。

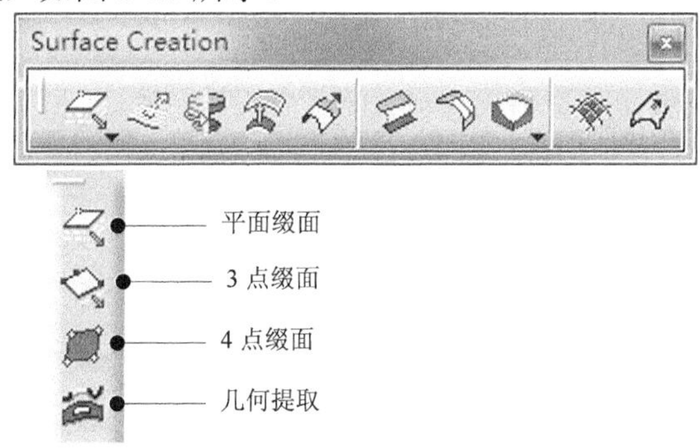

图5-17　平面缀面命令

一、平面缀面

【平面缀面】用于创建一个位于罗盘基平面上或平行于罗盘基平面的平面上的缀面。

单击【Surface Creation】工具栏上的【Planar Patch】按钮，在任意位置单击作为平面曲面的起点，移动鼠标指针缀面大小随之变化，单击另一点，绘制平面缀面，如图 5-18 示。

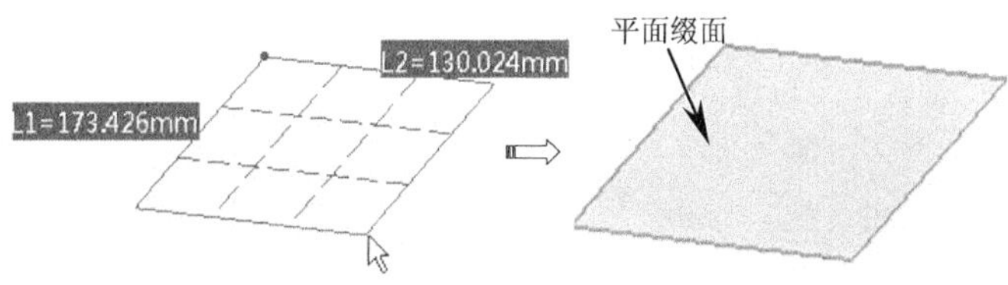

图5-18　平面缀面

二、3 点缀面

【3 点缀面】通过 3 个点创建平面缀面。

单击【Surface Creation】工具栏上的【3-Point Patch】按钮，选择 3 个点，绘制平面缀面，如图 5-19 所示。

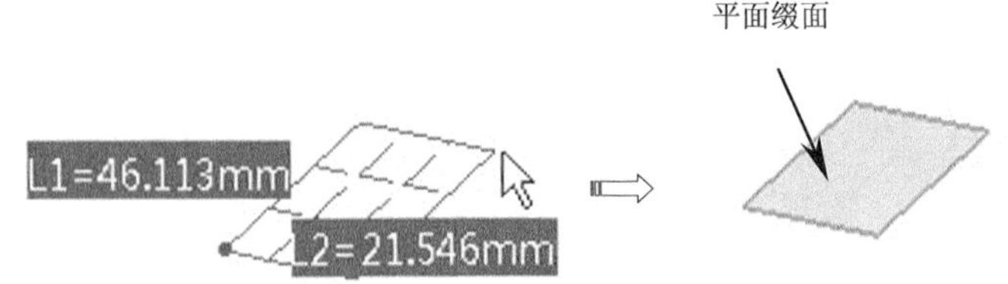

图5-19　3 点缀面

三、4 点缀面

【4 点缀面】通过 4 个点创建平面缀面。

单击【Surface Creation】工具栏上的【4-Point Patch】按钮，选择 4 个点，绘制平面缀面，如图 5-20 所示。

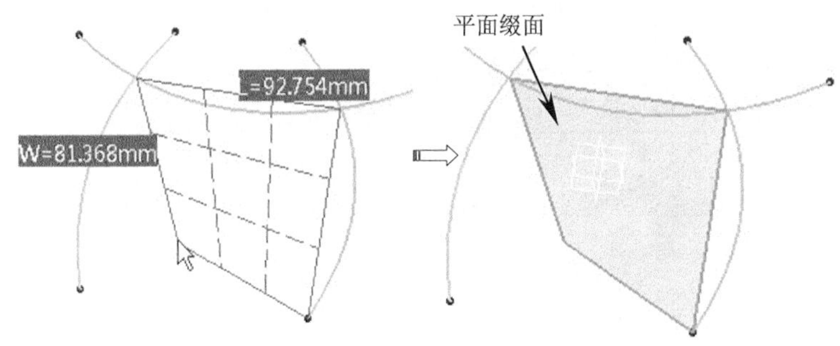

图5-20　4 点缀面

四、几何提取

【几何提取】用于在已有的曲面上生成一个小曲面，该小曲面完全位于原曲面中。

单击【Surface Creation】工具栏上的【Geometry Extraction】按钮，选择曲面作为提取源对象，依次单击两个点作为提取对象的定位点，几何提取曲面，如图 5-21 所示。

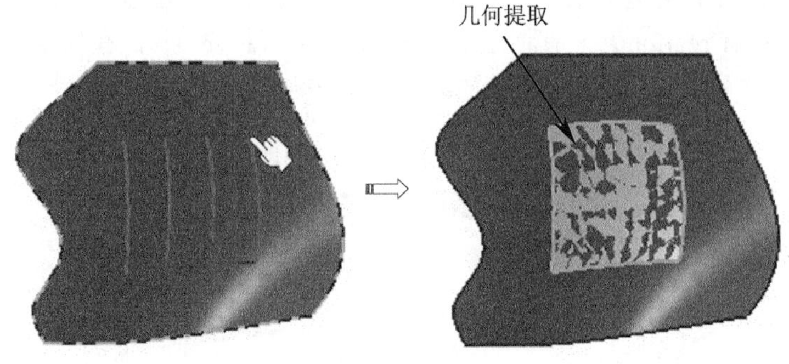

图5-21　几何提取

5.3.2 创建拉伸曲面

【拉伸曲面】用于将一条曲线沿指定方向拉伸生成曲面。

单击【Surface Creation】工具栏上的【拉伸曲面】按钮，选择要拉伸的曲线，设置拉伸长度，单击【确定】按钮，完成拉伸曲面，如图 5-22 所示。

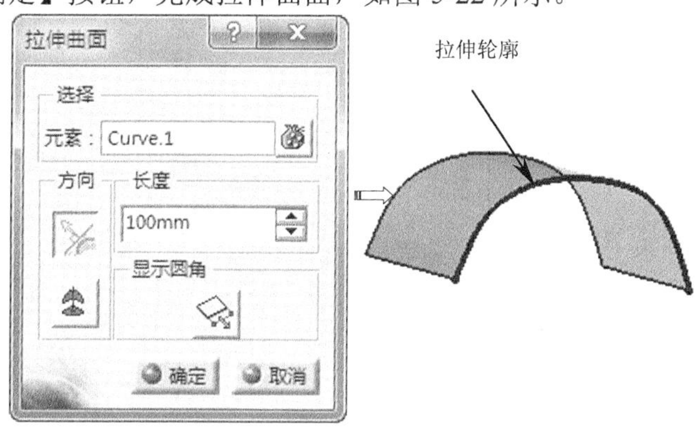

图5-22 创建拉伸曲面

提示：【自由曲面】中的拉伸曲面可拉伸平面曲线、三维曲线、曲面边界线或者位于曲面上的曲线，而【创成式外形设计】中只能拉伸开放或封闭的轮廓线。

5.3.3 创建旋转曲面

【旋转曲面】用于将轮廓线绕中心轴旋转生成曲面。

单击【Surface Creation】工具栏上的【Revolve】按钮，选择要旋转的曲线和旋转轴，单击【确定】按钮，完成旋转曲面，如图 5-23 所示。

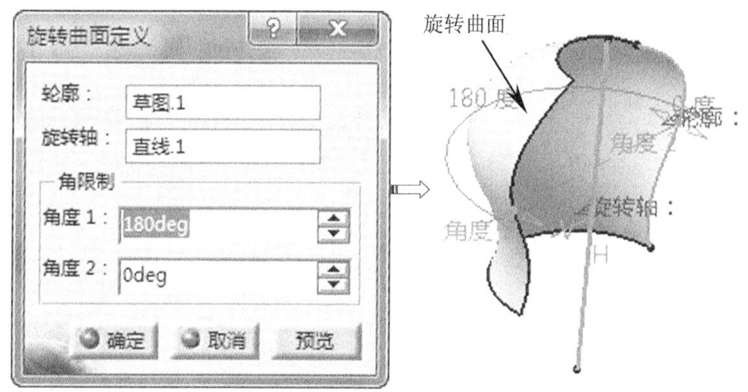

图5-23 创建旋转曲面

5.3.4 创建偏移曲面

【偏移曲面】用于创建指定曲面的偏移曲面。

单击【Surface Creation】工具栏上的【Offset】按钮，弹出【偏移曲面】对话框，选择要偏移的曲面，单击图形区偏移数值，在弹出的【编辑框】对话框中输入偏移值，单击【确定】按钮，完成偏移曲面，如图 5-24 所示。

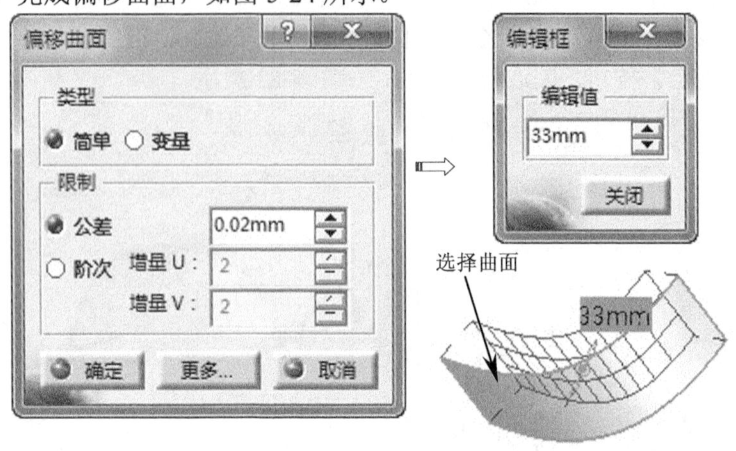

图5-24　创建偏移曲面

【偏移曲面】对话框中选项参数含义。

- 简单：生成的偏移曲面上的各个点与原始曲面上的对应点之间的距离相同，且偏移方向相同。
- 变量：可以给偏移曲面的 4 个顶点设定不同的偏移距离，从而生成变偏移距离的偏移曲面。
- 公差：用于设置在计算偏移曲面时，计算误差不能超过设定的误差值。
- 阶次：用于限制生成的偏移曲面在 U、V 方向上的阶次。

5.3.5　创建外延曲面

【外延曲面】用于在考虑连续约束情况下，为初始曲面或曲线添加一个附加曲面或曲线。

单击【Surface Creation】工具栏上的【Styling Extrapolate】按钮，弹出【外插延伸】对话框，选择要延伸的曲面边线，单击【确定】按钮，完成外延曲面，如图 5-25 所示。

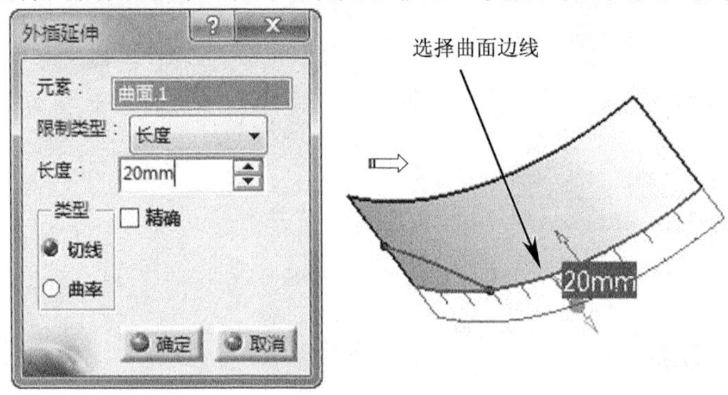

图5-25　创建外延曲面

5.3.6 创建桥接曲面

【桥接曲面】用于在两个现有曲面之间创建过渡曲面。

单击【Surface Creation】工具栏上的【Freestyle Blend Surface】按钮，弹出【桥接曲面】对话框，选择要桥接的两个曲面，单击【确定】按钮，完成桥接曲面，如图 5-26 所示。

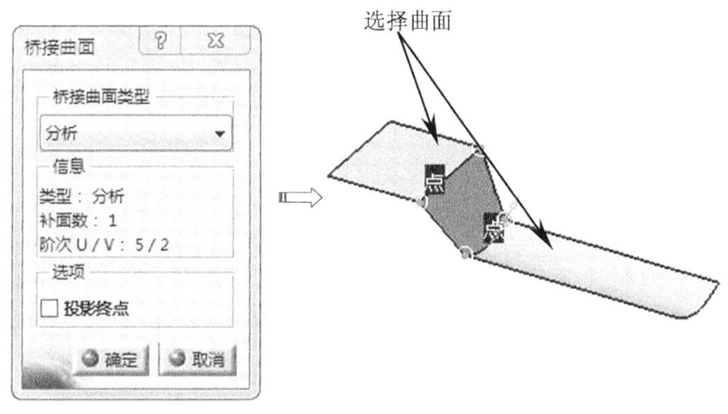

图5-26　创建桥接曲面

5.3.7 创建样式圆角曲面

【样式圆角曲面】用于在两个现有曲面之间创建某种风格的圆角曲面。

单击【Surface Creation】工具栏上的【样式圆角】按钮，弹出【样式圆角】对话框，选择两个曲面，设置圆角连接方式，输入圆角半径，单击【确定】按钮，完成样式圆角曲面创建，如图 5-27 所示。

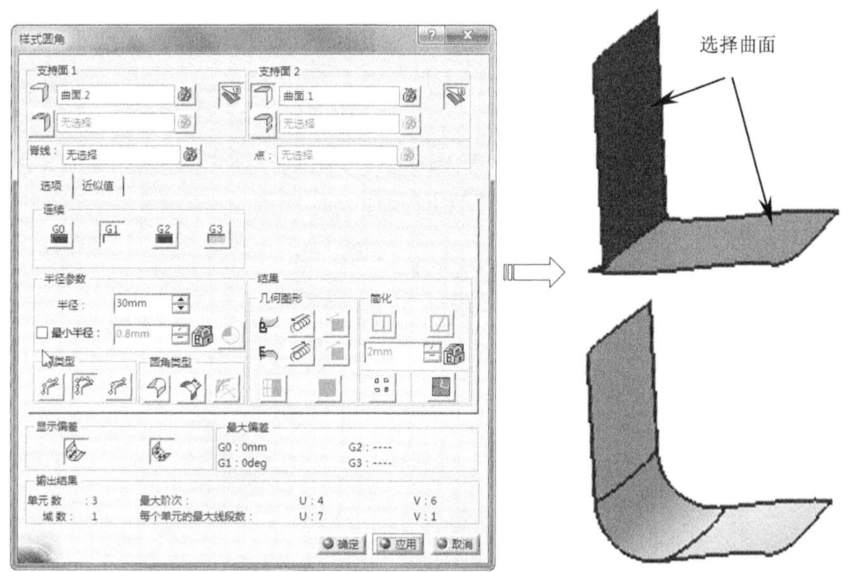

图5-27　创建样式圆角曲面

5.3.8 创建填充曲面

单击【Surface Creation】工具栏中【Fill】按钮右下角的小三角形，弹出有关生成填充曲面命令按钮，如图 5-28 所示。

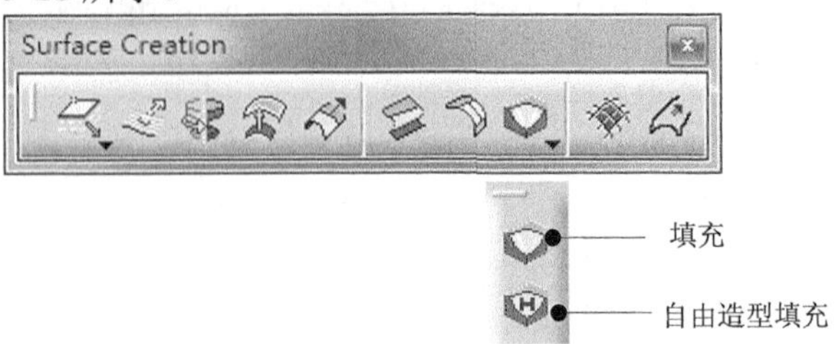

图5-28　填充曲面命令

一、填充曲面

【填充曲面】用于填充 3 个或 3 个以上（最多 9 个）元素之间的空隙区域而生成曲面。

单击【Surface Creation】工具栏上的【Fill】按钮，弹出【填充】对话框，选择填充边线，单击【确定】按钮完成填充曲面创建，如图 5-29 所示。

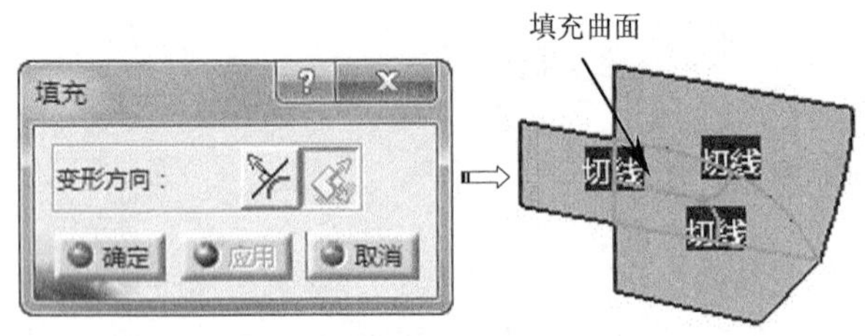

图5-29　创建填充曲面

提示：选择边界时，必须有序的选取，不能交错，否则填充曲面将绘制失败。

二、自由造型填充

【自由造型填充】用于填充 3 个或 3 个以上（最多 9 个）元素之间的空隙区域而生成曲面，填充元素可以是曲线或者曲面。

单击【Surface Creation】工具栏上的【Freestyle Fill】按钮，弹出【填充】对话框，选择填充边线，单击【确定】按钮完成填充曲面创建，如图 5-30 所示。

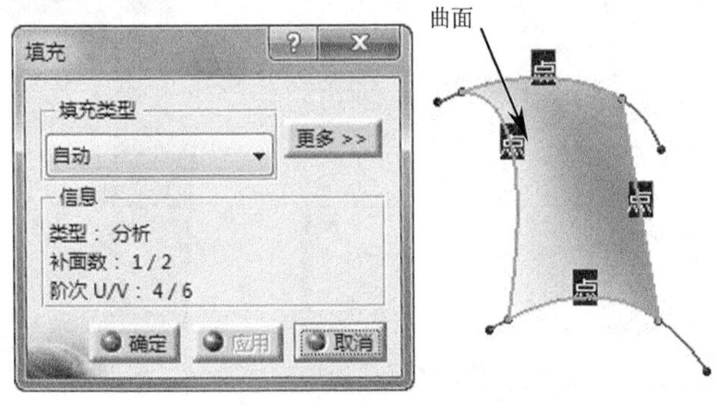

图5-30　创建自由造型填充曲面

5.3.9 创建网格曲面

【网格曲面】用于在现有曲线网格上生成曲面。

单击【Surface Creation】工具栏上的【Net Surface】按钮，弹出【网状曲面】对话框，单击【引导线】按钮，按住 Ctrl 键选择引导线，单击【轮廓】按钮，按住 Ctrl 键选择轮廓线，单击【确定】按钮完成网格曲面创建，如图 5-31 所示。

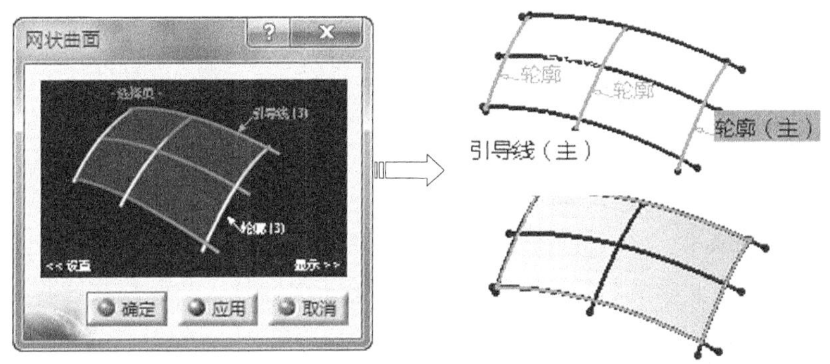

图5-31 创建网格曲面

5.3.10 创建扫掠曲面

【扫掠曲面】用于在现有曲线造型上生成扫掠曲面。

单击【Surface Creation】工具栏上的【Styling sweep】按钮，弹出【样式扫掠】对话框，选择扫掠类型，单击【轮廓】按钮，选择轮廓线，单击【脊线】按钮，选择脊线，单击【确定】按钮完成扫掠曲面创建，如图 5-32 所示。

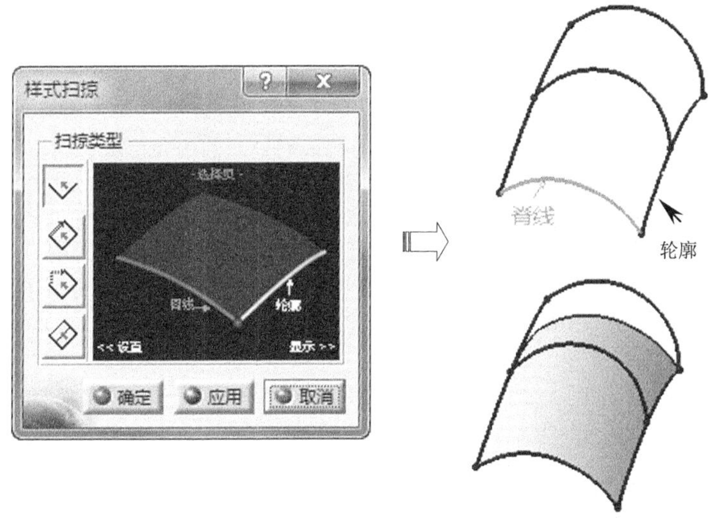

图5-32 创建扫掠曲面

【样式扫掠】对话框中的扫掠类型有 4 种。

- 简单扫掠：使用一条轮廓线和一条脊线生成扫掠曲面。

- 扫掠和捕捉：使用一条轮廓、一条脊线和一条引导线生成一个扫掠曲面，扫掠曲面被限制到引导线上，但相对于引导线，轮廓线在扫掠过程中没有变形，如图 5-33 所示。

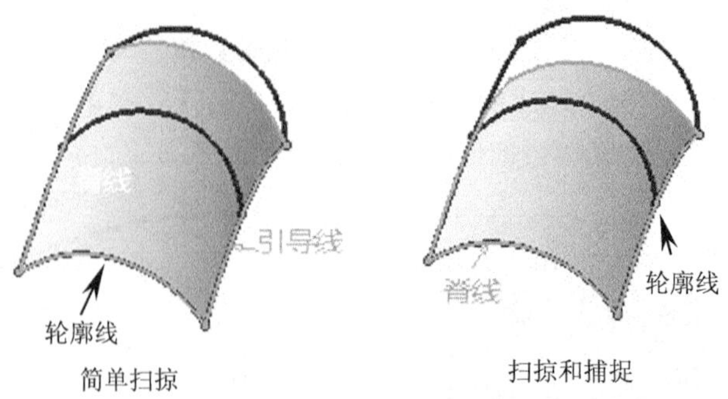

图5-33　简单扫掠、扫掠和捕捉

- 扫掠和拟合：使用一条轮廓线、一条脊线和一条引导线生成一个扫掠曲面。扫掠曲面不限制到引导线上，但相对于引导线，轮廓线在扫掠过程中发生了变形。
- 近似扫掠轮廓：至少有 4 条曲线（1 条轮廓线、1 条脊线、1 条引导线和至少 1 条参考轮廓线）生成一个扫掠曲面如图 5-34 所示。

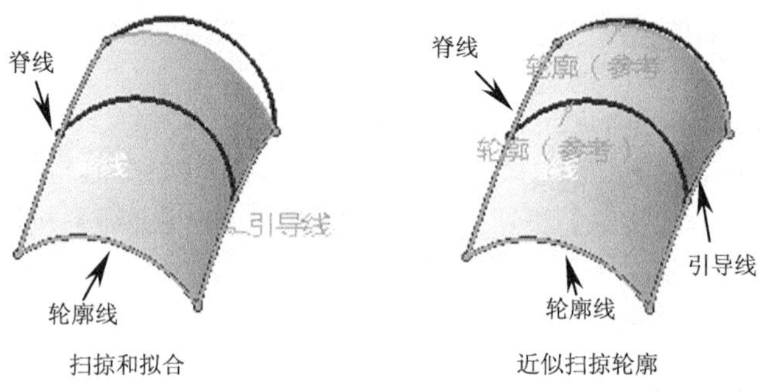

图5-34　扫掠和拟合、近似扫掠轮廓

5.4 编辑自由曲面

CATIA V5R21 自由曲面创建后还需要进行编辑，以满足设计要求。自由曲面编辑通过【Shape Modification】工具栏中的相关命令按钮实现，下面分别加以介绍。

5.4.1 镜像编辑

【镜像】用于以点、直线、轴及平面作为镜像基准，将选取的曲面镜像至镜像基准的另一侧。

单击【Shape Modification】工具栏上的【Symmetry】按钮，弹出【对称定义】对话框，选择要镜像的曲面，选择镜像基准，单击【确定】按钮完成镜像操作，如图 5-35 所示。

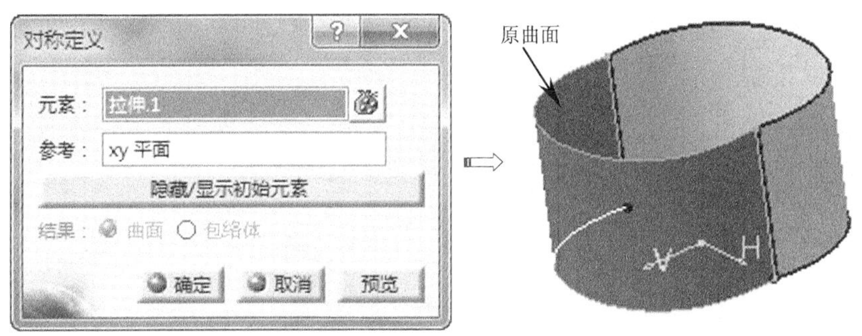

图5-35　镜像编辑

5.4.2 用控制点编辑曲线或曲面

任何曲线或曲面都是由一组控制点组成，如果控制点发生变化，曲线或曲面也会随之发生变化。【用控制点编辑曲线或曲面】可以改变控制点位置来编辑曲线或曲面。

单击【Shape Modification】工具栏上的【控制点】按钮，弹出【控制点】对话框，选择要镜像的曲面，选择镜像基准，单击【确定】按钮完成镜像操作，如图 5-36 所示。

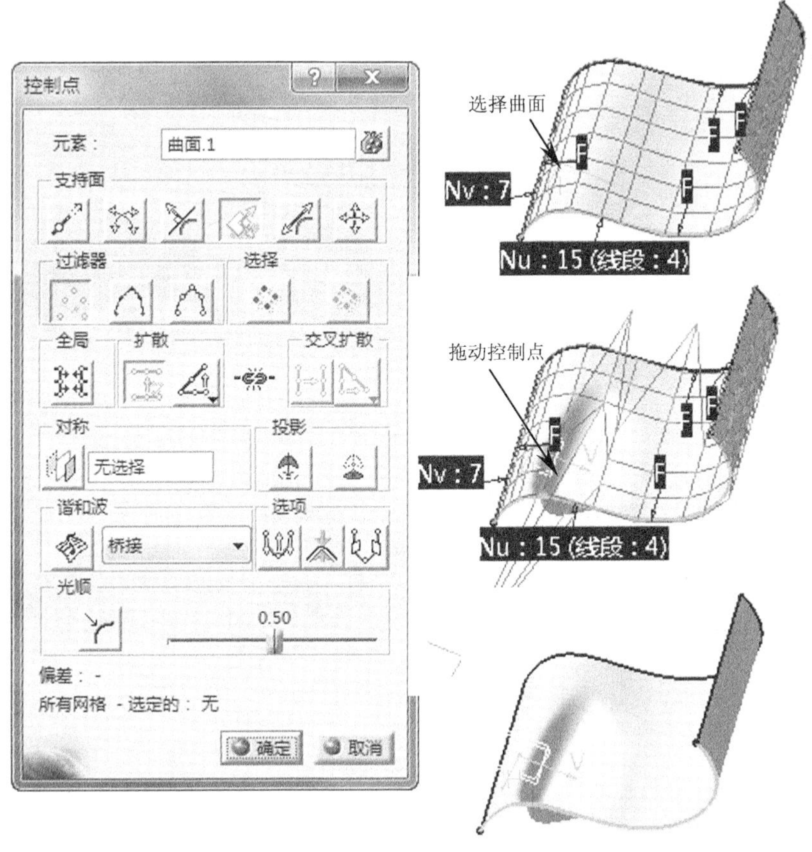

图5-36　控制点编辑

5.4.3　匹配曲面

单击【Shape Modification】工具栏中【Match Surface】按钮右下角的小三角形，弹出有关生成匹配曲面命令按钮，如图 5-37 所示。

图5-37　匹配曲面命令

一、匹配曲面

【匹配曲面】用于将一个曲面的一个边界匹配到另一个参考曲面的指定边界上，使这个曲面在匹配边界上满足一定的连续条件，包括点连续、切线连续、曲率连续和比例连续。

单击【Shape Modification】工具栏上的【Match Surface】按钮，弹出【匹配曲面】对话框，选择两个曲面，单击【确定】按钮完成匹配曲面，如图 5-38 所示。

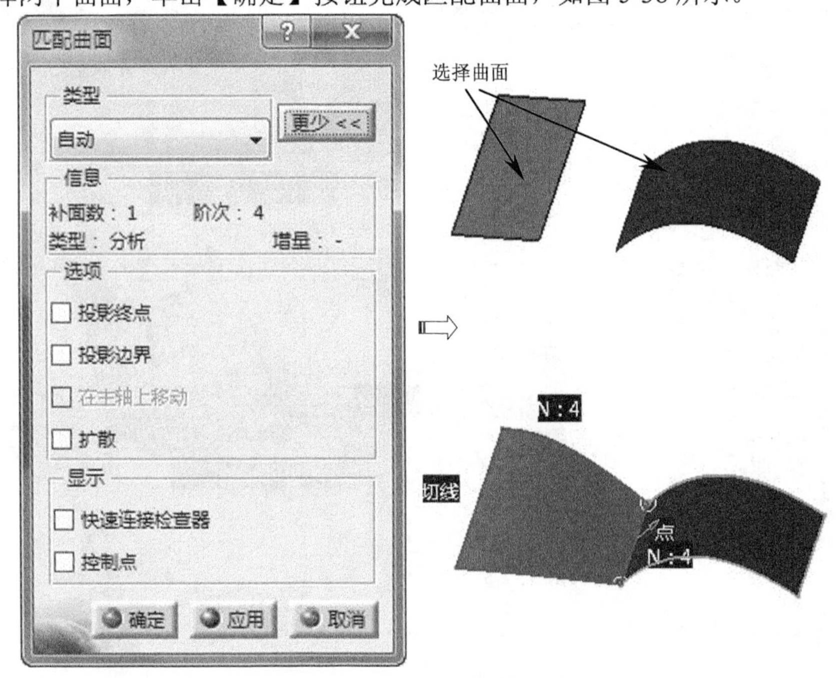

图5-38　创建匹配曲面

二、多重边匹配曲面

【多重边匹配曲面】用于一个单一的且没有重新限制的曲面匹配到多个曲面上。

单击【Shape Modification】工具栏上的【Multi-side Match Surface】按钮，弹出【多边匹配】对话框，依次选择中间曲面上要匹配的边界与其匹配的参考曲面上的边界，单击

【确定】按钮完成多重边匹配曲面，如图 5-39 所示。

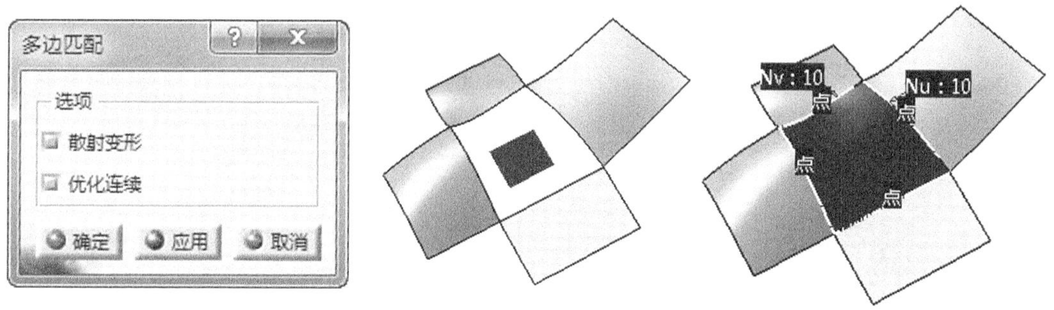

图5-39　多重边匹配曲面

5.4.4 创建填充曲面

【填充曲面】用于将曲线或曲面拟合到点云上，常用于逆向工程操作中。

单击【Shape Modification】工具栏上的【Fit To Geometry】按钮，弹出【拟合几何图形】对话框，选中【源】单选按钮，选择要拟合的曲线或曲面，选中【目标】单选按钮，选择要拟合的点云对象，单击【拟合】按钮，然后单击【确定】按钮完成填充曲面，如图 5-40 所示。

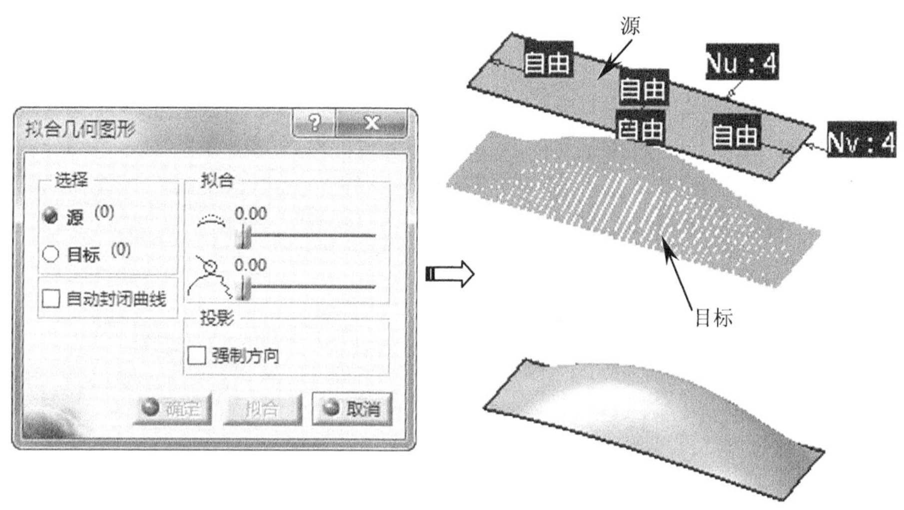

图5-40　填充曲面

5.4.5 全局变形

【全局变形】用于将多个曲面一起变形，并且保持这些曲面之间的相互关系。

单击【Shape Modification】工具栏上的【Global Deformation】按钮，弹出【全局变形】对话框，选择变形类型和引导线方式，按住 Ctrl 键选择多个曲面，单击【运行】按钮，弹出【控制点】对话框，选择控制点或网格线来编辑曲面，单击【确定】按钮完成全局变形，如图 5-41 所示。

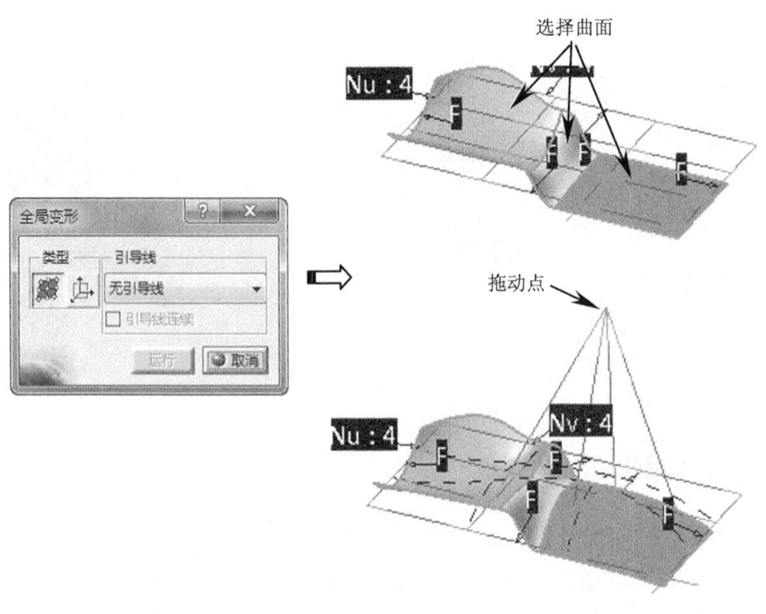

图5-41　全局变形

5.4.6　延伸曲面或曲线

【延伸曲面或曲线】用于改变曲面或曲线的大小，它既可以延伸曲线或曲面，也可以将多个曲面一起变形，并且保持这些曲面之间的相互关系。

单击【Shape Modification】工具栏上的【Extend】按钮，弹出【扩展】对话框，选择延伸曲面，在曲面的边界线上显示延伸控制点，拖动控制点延伸曲面，单击【确定】按钮完成延伸曲面，如图 5-42 所示。

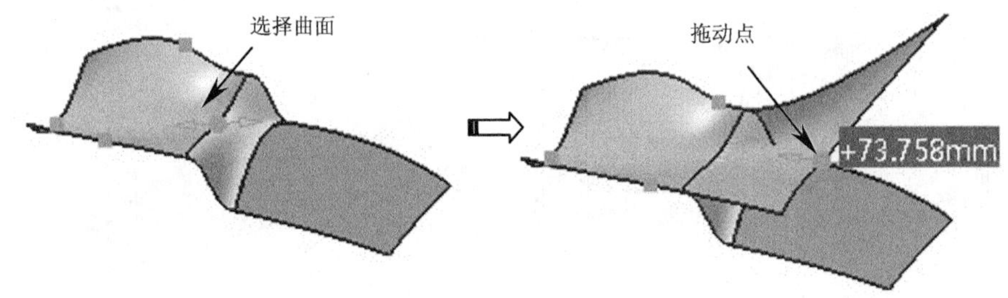

图5-42　延伸曲面

如果选中【扩展】对话框中的【保留分割】复选框，则按原来的参数延伸对象，即保持弧段数不变。否则，将按曲率连续延伸对象，即增加对象弧段数。

5.5　几何操作

CATIA V5R21 自由曲面几何操作可对曲面、曲线进行剪切、连接、分解、复制等操作。自由曲面几何操作通过【Operations】工具栏中的相关命令按钮实现，下面分别介绍。

5.5.1 剪切曲面或曲线

【剪切曲面或曲线】用于现有曲面或曲线断开。

单击【Operations】工具栏上的【中断曲面或曲线】按钮，弹出【断开】对话框，选择中断类型，激活【元素】选择框，选择创建的曲面，激活【限制】选择框，选择曲线，单击【确定】按钮完成剪切曲面，如图 5-43 所示。

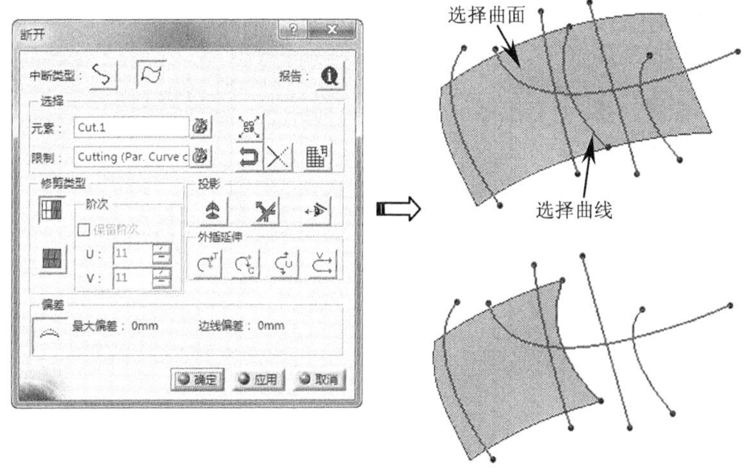

图5-43 创建剪切曲面

5.5.2 恢复剪切曲面或曲线

【恢复剪切曲面或曲线】用于取消用【中断曲面或曲线】工具对曲面或曲线进行的剪切操作，生成和原来的曲面或曲线一样的曲面或曲线。

单击【Operations】工具栏上的【Untrim Surface or Curve】按钮，弹出【取消修剪】对话框，选择修剪曲面或曲线，单击【确定】按钮完成取消剪切曲面，如图 5-44 所示。

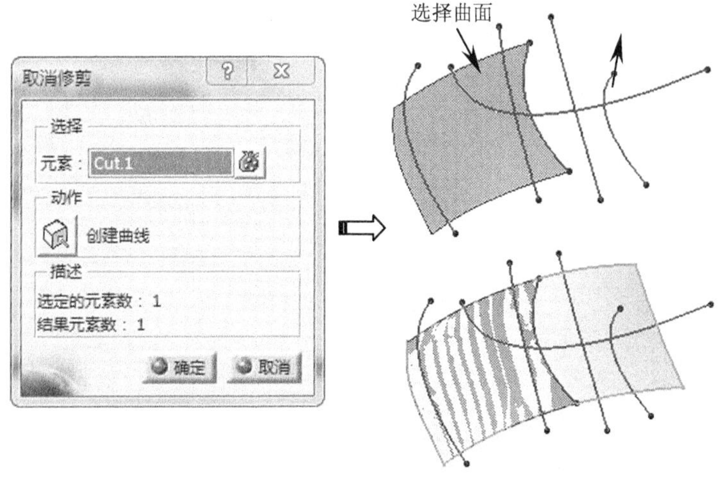

图5-44 取消剪切曲面

5.5.3 连接曲线或曲面

【连接曲线或曲面】用于将多单元曲线或多条连续曲线连接成一条单元曲线，或将两个单元曲面或两个连续曲面连接成为一个单一单元曲面。

单击【Operations】工具栏上的【Concatenate】按钮，弹出【连接】对话框，按 Ctrl 键选择曲面或曲线，单击【确定】按钮完成连接曲线或曲面，如图 5-45 所示。

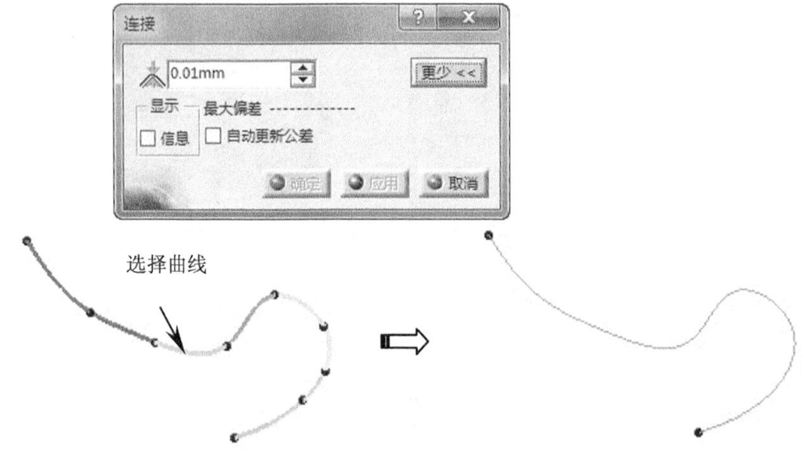

图5-45　创建连接曲线

5.5.4 拆散曲面或曲线

【拆散曲面或曲线】用于将多弧段曲线分裂成多条单弧段曲线或将多面片曲面分裂成多个单面片曲面。

单击【Operations】工具栏上的【Fragmention】按钮，弹出【分段】对话框，选择曲面或曲线，单击【确定】按钮完成拆散曲线，如图 5-46 所示。

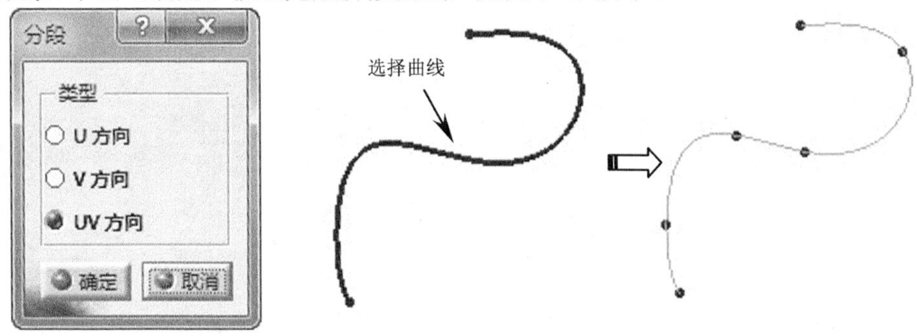

图5-46　创建拆散曲线

【分段】对话框中相关选项含义。

- U 方向：选中该单选按钮，表示在 *U* 方向上拆散曲面或曲线。
- V 方向：选中该单选按钮，表示在 *V* 方向上拆散曲面或曲线。
- UV 方向：选中该单选按钮，表示在 *U*、*V* 两个方向上拆散曲面或曲线。

5.5.5 分解曲面或曲线

【分解曲面或曲线】用于将多元素几何体分解为单一单元或单一域几何体，多元素几何体可以是曲面或曲线。

单击【Operations】工具栏上的【Disassemble】按钮，弹出【拆解】对话框，单击【所有单元】图标，选择曲线，单击【确定】按钮完成分解曲线，如图 5-47 所示。

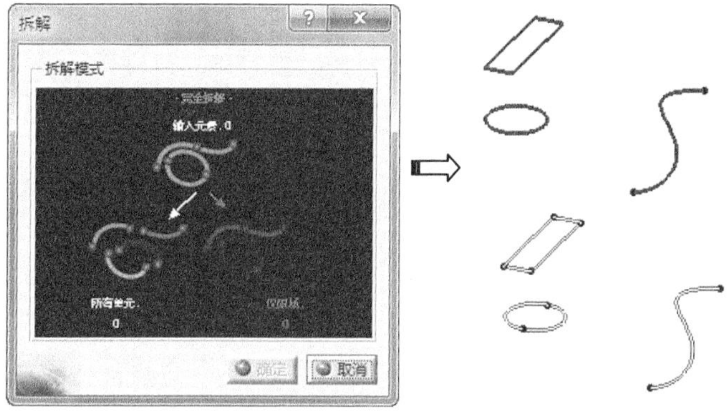

图5-47 创建分解曲线

5.5.6 类型转换

【类型转换】用于将其他模块中生成的曲线或曲面转换为 NURBS 类型的曲线或曲面，也可改变自由曲线的弧段数。

单击【Operations】工具栏上的【Converter Wizard】按钮，弹出【转换器向导】对话框，选择要转换的曲面，单击【确定】按钮完成曲面类型转换，如图 5-48 所示。

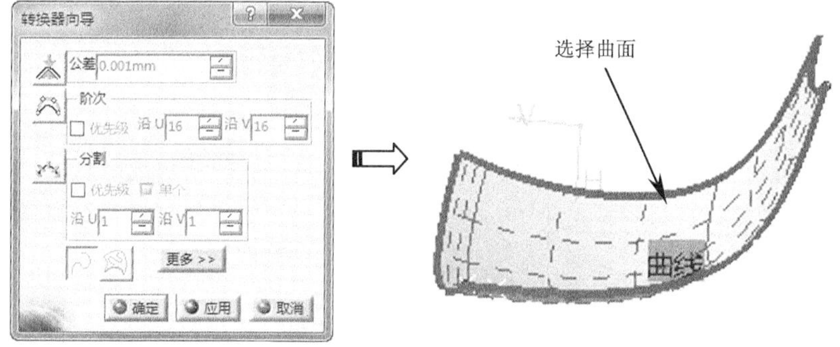

图5-48 创建类型转换

5.5.7 复制几何参数

【复制几何参数】用于将曲线（模板曲线）中的几何参数复制到一条或若干条曲线（目标曲线）上。

单击【Operations】工具栏上的【Copying Geometric Parameters】按钮，弹出【复制几何参数】对话框，单击【模板曲线】图标，选择一条曲线，单击【目标曲线】图标，按 Ctrl

键可选择多条曲线，单击【确定】按钮完成复制几何参数，如图 5-49 所示。

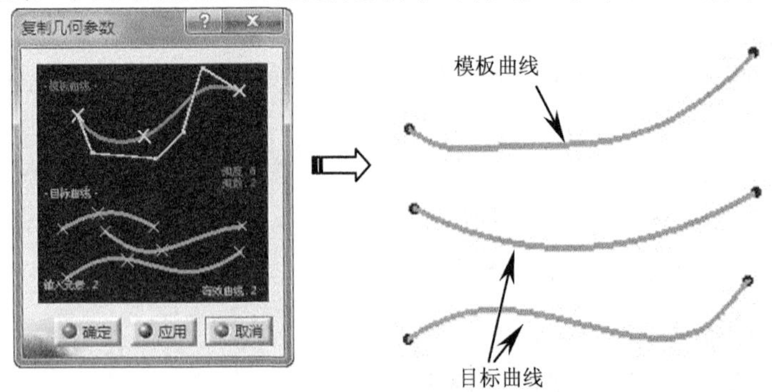

图5-49　复制几何参数

5.6　形状分析

CATIA V5R21 自由曲面形状分析可保证设计曲面和曲线具有高质量。形状分析通过【Shape Analysis】工具栏中的相关命令按钮实现，下面分别加以介绍。

5.6.1　连接性分析

【连接性分析】用于分析两个曲面或两条曲线的连接方式。

单击【Shape Analysis】工具栏上的【连接检查器分析】按钮，弹出【连接检查器】对话框，按 Ctrl 键选择两个曲面，选择【曲面-曲面连接】按钮，选择显示类型，单击 G0、G1 等按钮，显示分析结果，单击【确定】按钮生成分析结果，如图 5-50 所示。

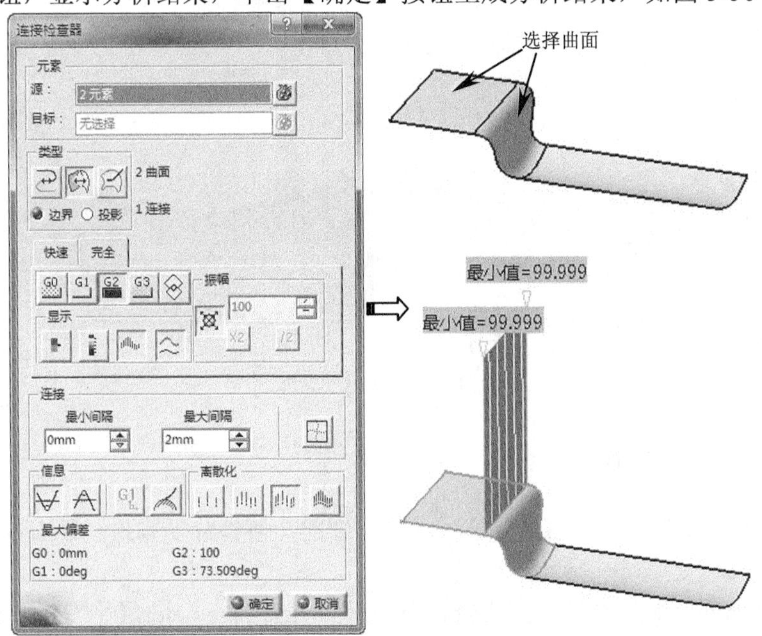

图5-50　连接性分析

【连接检查器】对话框中相关选项含义。

- 元素：用于选定多个分析元素。
- 类型：用于设置连接分析的类型，包括【曲线-曲线连接】按钮、【曲面-曲面连接】和【曲面-曲线连接】。
- 完全：用于对选定元素进行完全分析，G0 表示距离、G1 表示相切、G2 表示曲率、G3 表示曲率-相切。
- 振幅：用于设置显示曲线的振幅缩放比例。
- 显示：用于设置分析结果的显示方式。

5.6.2 距离分析

【距离分析】用于分析两个曲面或两条曲线之间的距离。

单击【Shape Analysis】工具栏上的【Distances Analysis】按钮，弹出【距离分析】对话框，按 Ctrl 键选择两个曲面，设置分析参数，单击【确定】按钮生成距离结果，如图 5-51 所示。

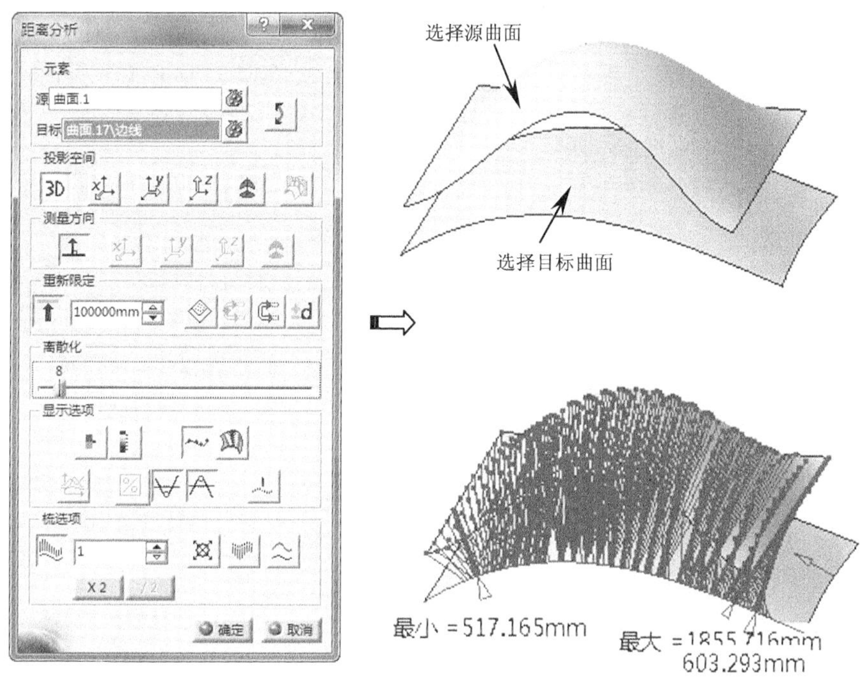

图5-51 距离分析

5.6.3 曲线曲率分析

【曲线曲率分析】用于分析曲线或曲面边界线的曲率。

单击【Shape Analysis】工具栏上的【Porcupine Curvature Analysis】按钮，弹出【箭状曲率】对话框，选择曲线或曲面边界，设置分析参数，单击【确定】按钮生成距离结果，如图 5-52 所示。

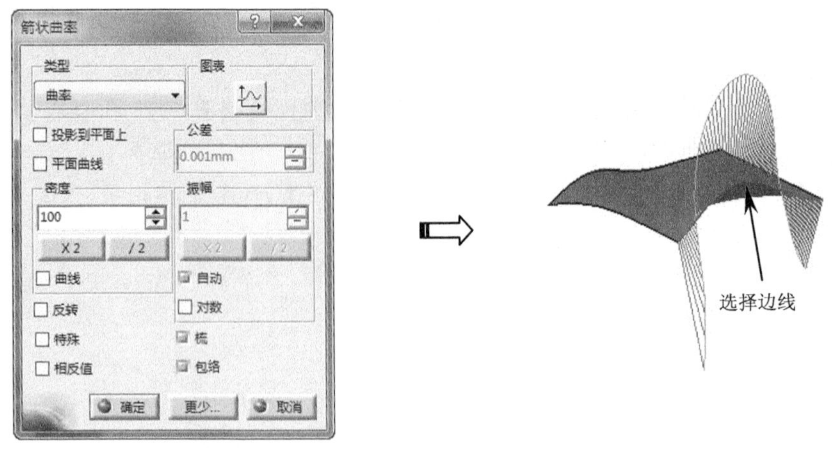

图5-52　距离分析

5.6.4　曲面断面分析

【曲面断面分析】用于使用一组平面切割曲面，并分析这组平面与曲面的交线。

单击【Shape Analysis】工具栏上的【切除面分析】按钮，弹出【分析切除面】对话框，激活【元素】框选择要分析的曲面，选择截面类型和相应曲线，设置【数目】值，单击【确定】按钮生成曲面断面分析结果，如图 5-53 所示。

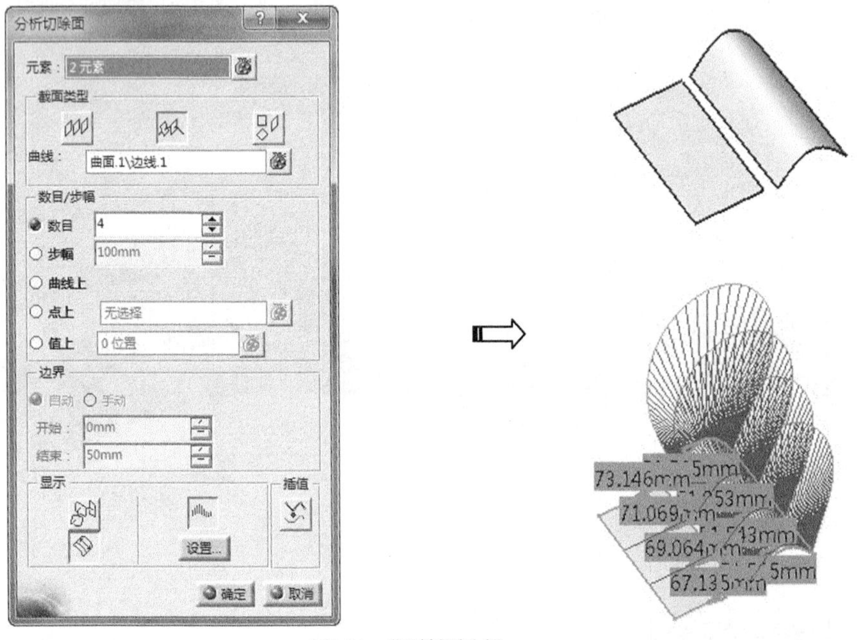

图5-53　曲面断面分析

【分析切除面】对话框中相关选项参数含义如下。

- 元素：用于选择断面分析的曲面。
- 截面类型：用于选择切割曲面的类型，包括“平行平面”、“曲线法平面”和“指定平面”。

- 数目和步幅：用于设置平面数量和间距。
- 边界：用于定义平面的边界。“自动”表示以罗盘的基平面位置为边界，“手动”需要在【开始】和【结束】框中输入相关数值。
- 显示：用于设置是否在几何图形中显示切平面和断面线的曲率。

5.6.5 曲面反射线分析

【曲面反射线分析】用于模拟设定数量和位置的氖灯照射在曲面上，并从一定的位置观察灯光的反射线来分析曲面质量。

单击【Shape Analysis】工具栏上的【Reflection Lines】按钮，弹出【反射线】对话框，选择要分析的曲面，设置 N 数量和 D 数值，单击【位置】按钮利用罗盘对氖灯定位，在【视角】中单击【与视点相关的视角】按钮，然后调节罗盘方向到合适位置，单击【确定】按钮生成曲面反射线分析结果，如图 5-54 所示。

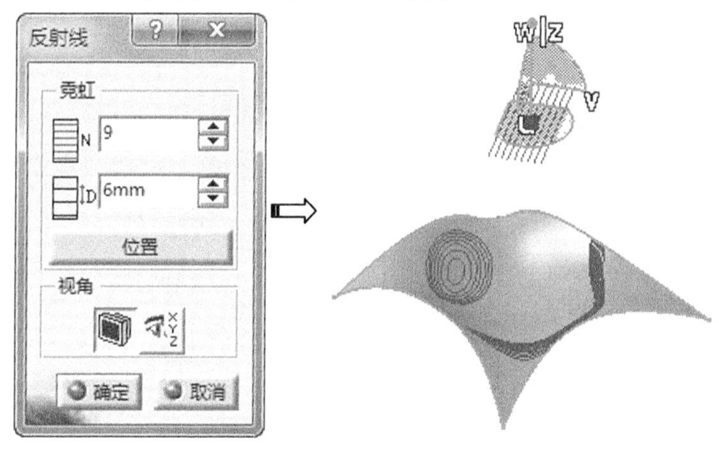

图5-54 曲面反射线分析

【反射线】对话框中相关选项参数含义如下。

- 霓虹：【N】用于设置氖灯的数量，【D】用于设置氖灯的间距，【位置】用于设置氖灯的位置。
- 视角：用于设置观察的视点。单击【与视点相关的视角】按钮，表示按照当前的三维视图动态地确定视点，当转动视图时，投影线自动计算并刷新；单击【用于定义的视角】按钮，表示自定义视点，由于观察者的视点固定，当改变视图时，投影线保持不变，可通过调节屏幕上的显示点来改变视点。

5.6.6 曲面衍射线分析

【曲面衍射线分析】用于在曲面上生成变形线，并通过分析变形线来分析曲面的质量。变形线是指曲面上曲率为 0 的点构成的曲线。

单击【Shape Analysis】工具栏上的【Inflection Lines】按钮，弹出【反射线】对话框，选择要分析的曲面，单击【确定】按钮生成曲面衍射线分析结果，如图 5-55 所示。

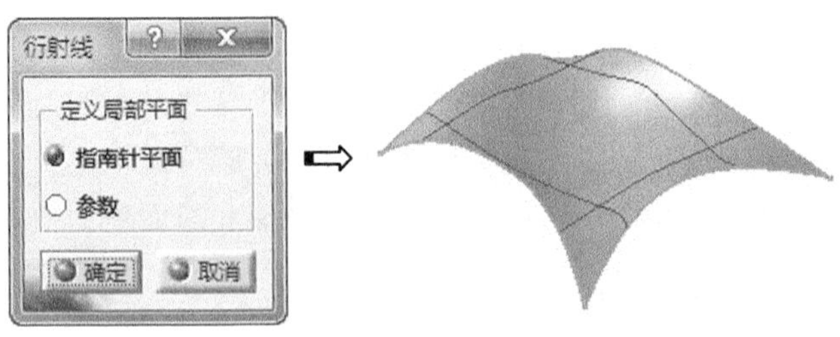

图5-55　曲面衍射线分析

5.6.7　亮度显示线分析

【高亮显示线分析】用于高亮显示曲面的参数线或参数切线。

单击【Shape Analysis】工具栏上的【Highlight Lines】按钮，弹出【强调线】对话框，选择要分析的曲面，单击【确定】按钮生成曲面高亮显示线分析结果，如图 5-56 示。

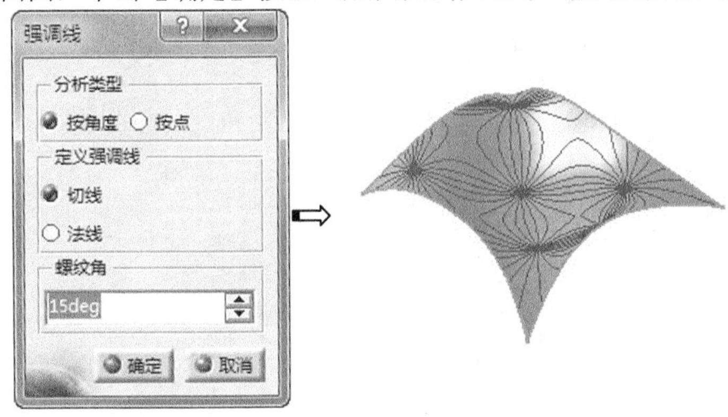

图5-56　曲面高亮显示线分析

5.6.8　拔模分析

单击【Shape Analysis】工具栏中【Match Surface】按钮右下角的小三角形，弹出有关生成拔模分析命令按钮，如图 5-57 所示。

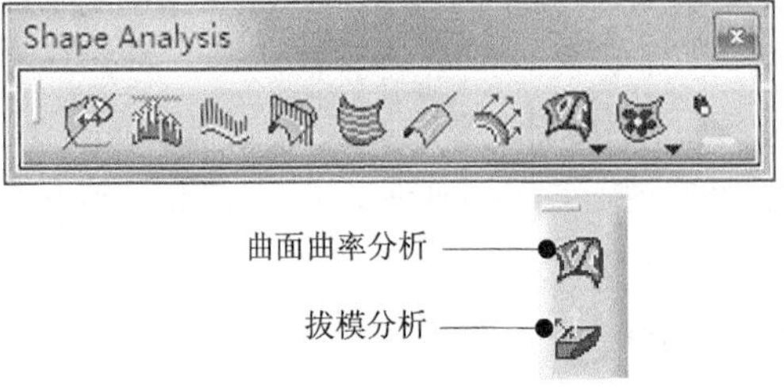

图5-57　拔模分析命令

提示：要进行拔模分析，需要打开【材料】选项。执行菜单栏【视图】/【渲染样式】/【自定义视图】命令，在弹出的对话框中选中【材料】单选按钮，单击【确定】按钮即可。

一、曲面曲率分析

【曲面曲率分析】用于对一个或一组曲面的曲率进行分析。

单击【Shape Analysis】工具栏上的【Surfacic Curvature Analysis】按钮，弹出【曲面曲率分析】对话框，选择分析曲面，单击【确定】按钮完成曲面曲率分析，如图 5-58 所示。

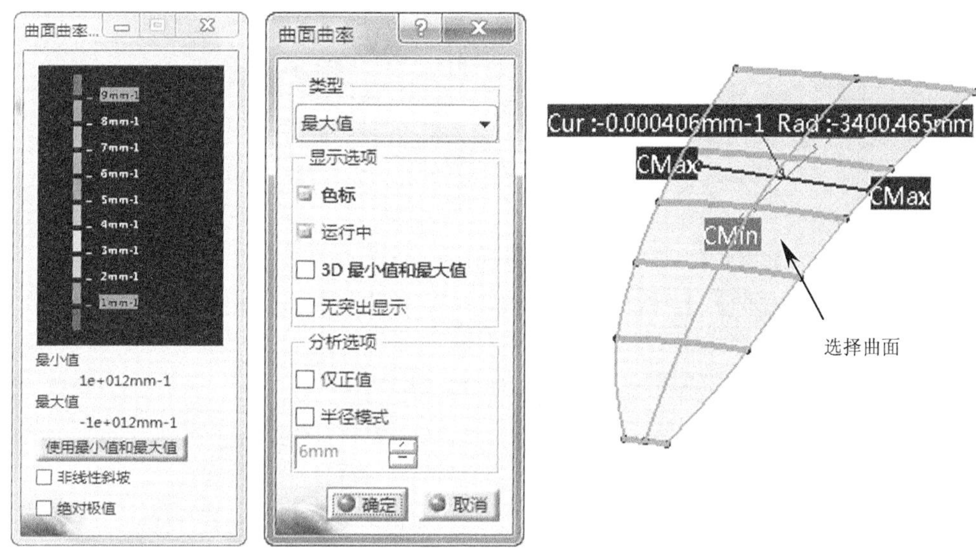

图5-58 创建曲面曲率分析

二、拔模分析

【拔模分析】用于分析曲面是否有拔模斜度。

单击【Shape Analysis】工具栏上的【Draft Analysis】按钮，弹出【拔模分析】对话框，选择分析曲面，单击【确定】按钮完成拔模分析，如图 5-59 所示。

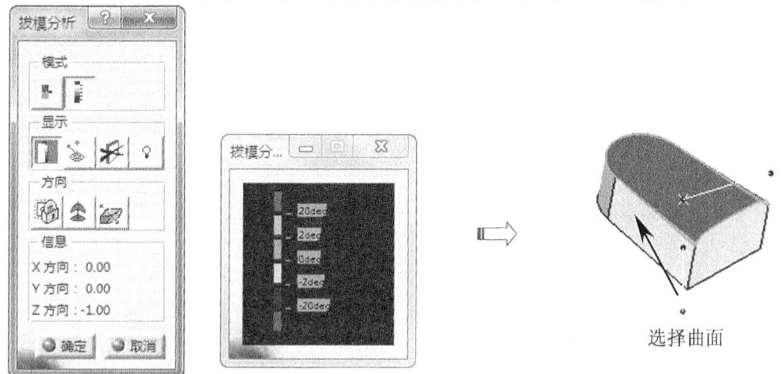

图5-59 拔模分析

5.6.9 影像映射分析

单击【Shape Analysis】工具栏中【Environment Mapping Analysis】按钮右下角的小三角形，弹出有关生成影像映射分析命令按钮，如图 5-60 所示。

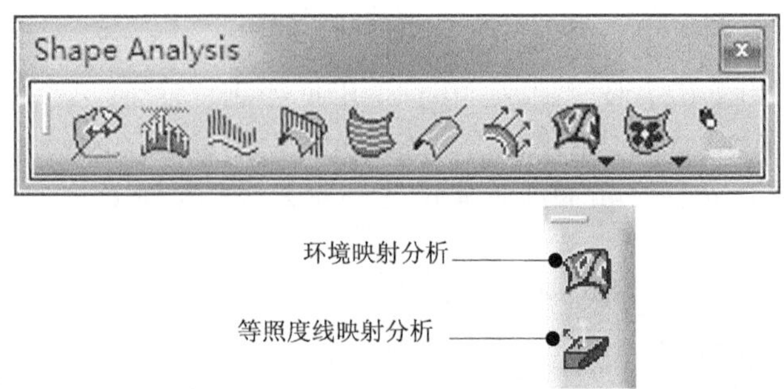

图5-60　影像映射命令

三、环境映射分析

【环境映射分析】用于将一个样例环境映射到一个自由曲面上。

单击【Shape Analysis】工具栏上的【Environment Mapping Analysis】按钮，弹出【映射】对话框，在【图像定义】对话框选择图形映射环境，拖动【视点映射】滑块调整发射率，单击【确定】按钮完成环境映射分析，如图 5-61 所示。

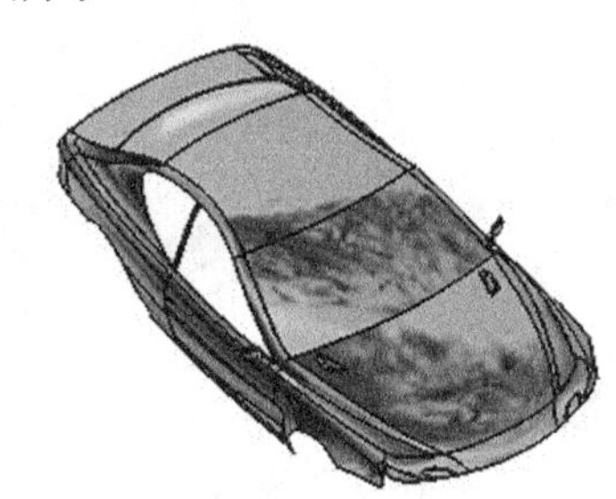

图5-61　环境映射分析

四、等照度线映射分析

【等照度线映射分析】用于使用等照度线分析曲面。

单击【Shape Analysis】工具栏上的【Isophotes Mapping Analysis】按钮，弹出【等照度线映射分析】对话框，在【类型】对话框选择映射类型，设置条纹参数，选择分析曲面，单击【确定】按钮完成等照度线映射分析，如图 5-62 所示。

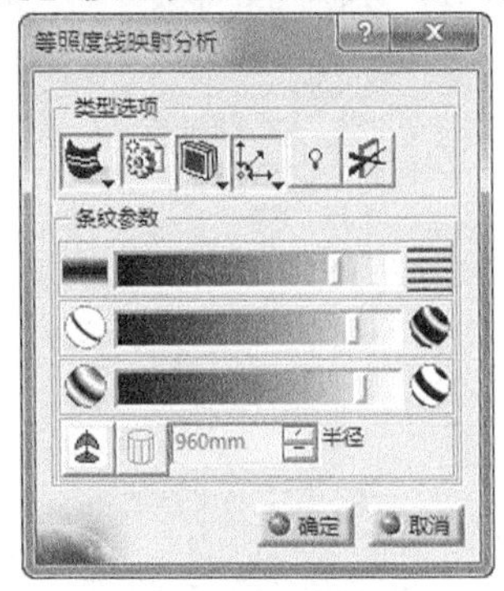

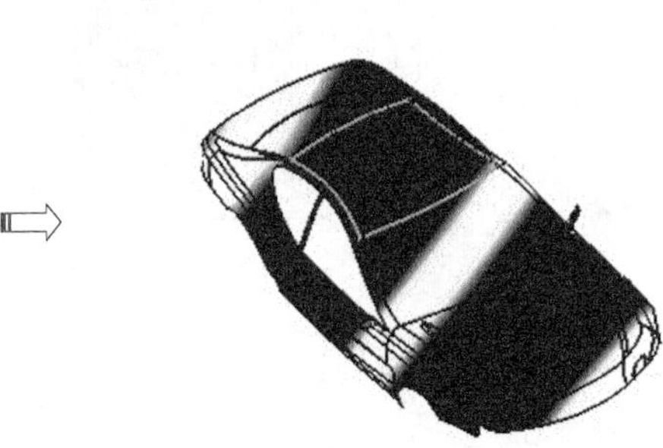

图5-62　等照度线映射分析

5.6.10　光源管理

【光源管理】用于沿着以照射目标为中心的圆形路径操作光源。

单击【Shape Analysis】工具栏上的【Match Surface】按钮，弹出【光源操作】对话框，选中【附加到视点】选项表示将光源固定在屏幕上，模型可独立于光源位置而旋转，【附加到模型】表示光源固定在当前模型的参考轴上，拖动操作控制器，调整光源到合适位置，单击【确定】按钮完成光源管理，如图 5-63 所示。

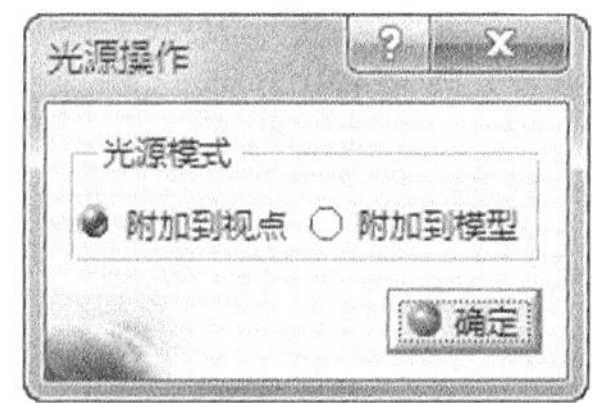

图5-63　光源管理

5.7　应用实例——绘制灯罩曲面

本节将以图 5-64 所示的灯罩曲面为例来讲解自由曲线、自由曲面和编辑曲面功能在实际设计中的应用。

结果文件	光盘\练习\Ch05\dengzhao.CATPart 

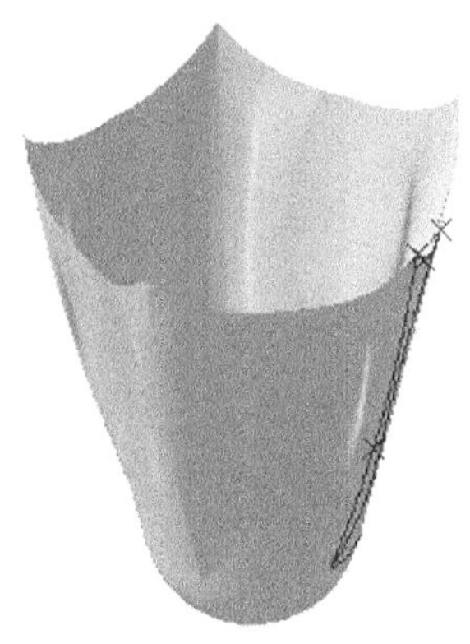

图5-64　灯罩

1. 执行【开始】/【形状】/【FreeStyle】命令，在弹出的【新建零件】对话框中的【输入零件名称】文本框中输入文件名称，单击【确定】按钮进入自由曲面设计工作台。
2. 执行【工具】/【自定义】命令，弹出【自定义】对话框，单击【工具栏】选项卡，选中左侧的【Operations】选项，单击右侧的【添加命令】按钮，如图 5-65 所示。

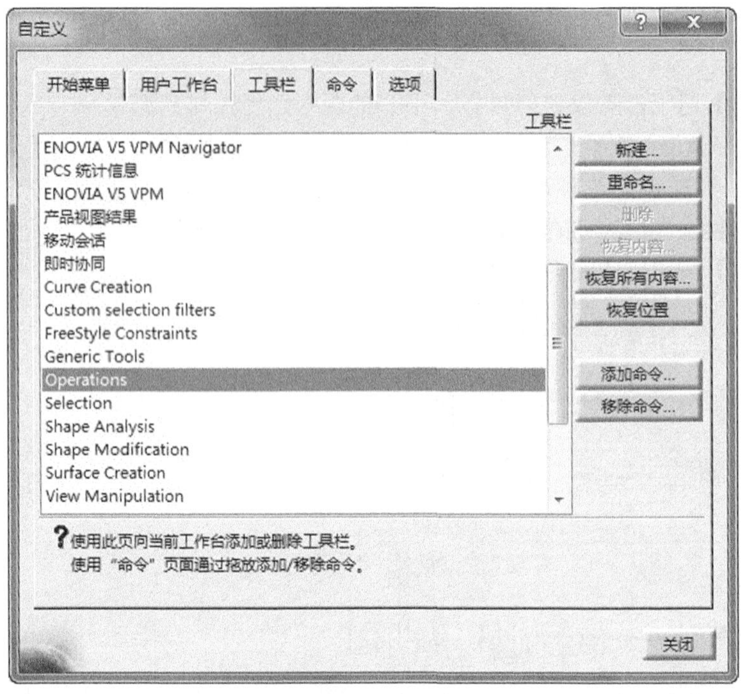

图5-65　【自定义】对话框

3. 在弹出的【命令列表】对话框中选择【草图】选项，单击【确定】按钮，完成命令添加，如图 5-66 所示。

4. 再次添加点，在弹出的【命令列表】对话框中选择【Point…】选项，单击【确定】按钮，完成命令添加，如图 5-67 所示。

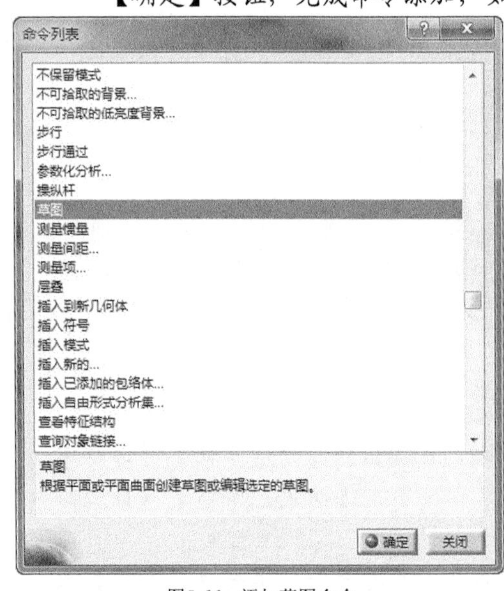

图5-66　添加草图命令

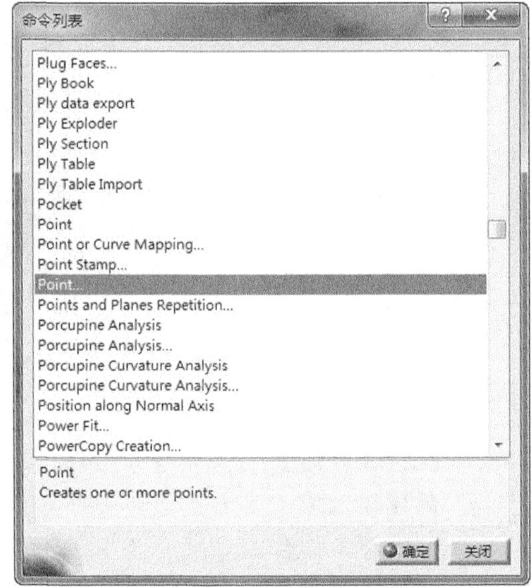

图5-67　【命令列表】对话框

5. 单击【Surface Creation】工具栏上的【Revolve】按钮，选择上一步绘制的草图，单击【确定】按钮，完成旋转曲面，如图 5-68 所示。

6. 单击【点】按钮▪，弹出【点定义】对话框，在【点类型】下拉列表中选择【平面上】选项，选择 *yz* 平面作为参考平面，在【H】、【V】文本框中输入坐标，单击【确定】按钮，系统自动完成点创建，如图 5-69 所示。

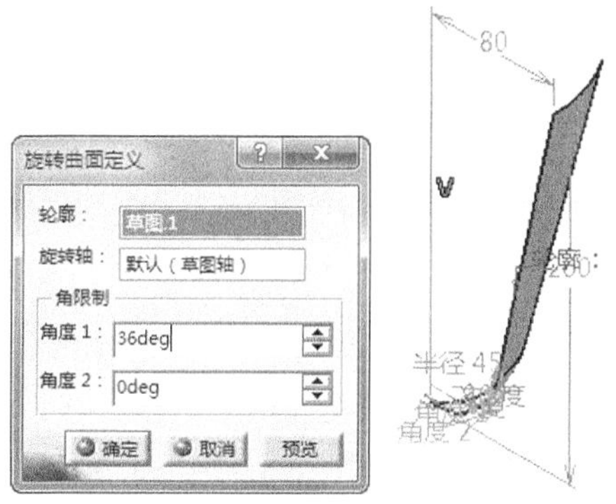

图5-68　创建旋转曲面

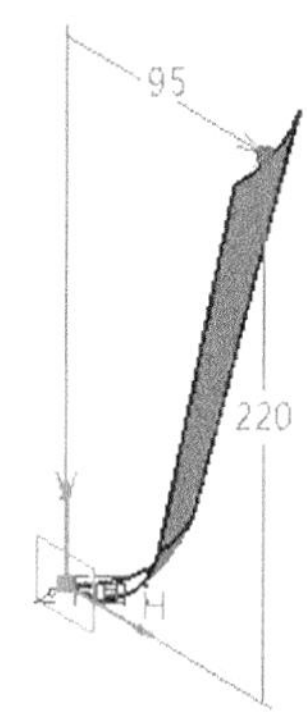

图5-69　创建点

7. 单击【点】按钮▪，弹出【点定义】对话框，在【点类型】下拉列表中选择【平面上】选项，选择 *yz* 平面作为参考平面，在【H、V】文本框中输入坐标，单击【确定】按钮，系统自动完成点创建，如图 5-70 所示。
8. 单击【点】按钮▪，弹出【点定义】对话框，在【点类型】下拉列表中选择【坐标】选项，输入坐标值（-10,90,210），单击【确定】按钮，系统自动完成点创建，如图 5-71 所示。

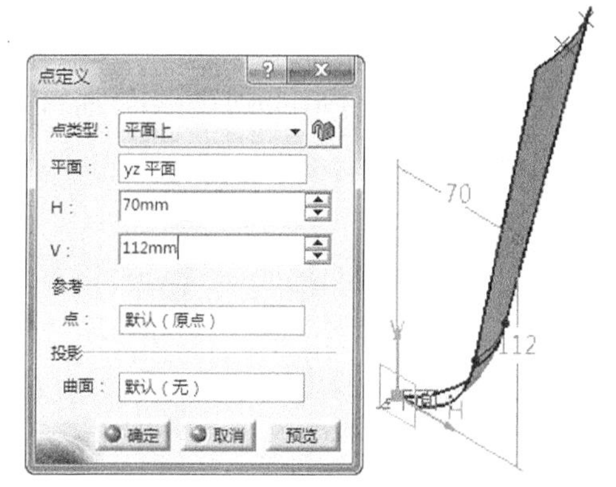

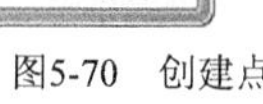

图5-70　创建点

图5-71　创建点

9. 单击【点】按钮▪，弹出【点定义】对话框，在【点类型】下拉列表中选择【曲线上】选项，选择旋转曲面上边线作为参考曲线，在【比率】文本框中输入 0.8，单击【确定】按钮，系统自动完成点创建，如图 5-72 所示。
10. 单击【草图】按钮，在工作窗口选择草图平面为 *zx* 平面，进入草图编辑器。利用直线等工具绘制如图 5-73 所示的草图。单击【工作台】工具栏上的【退出工作台】按钮，完成草图绘制。

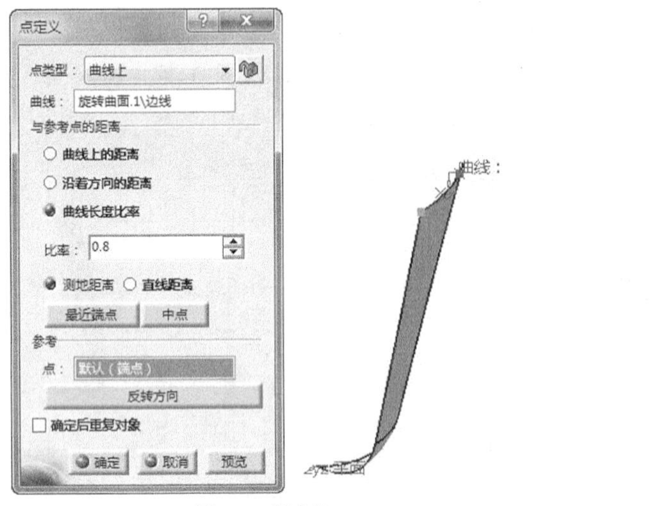

图5-72　创建点

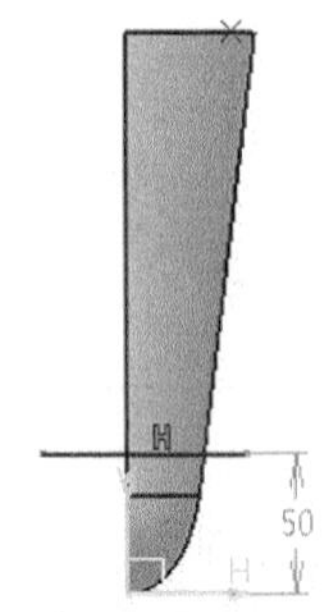

图5-73　绘制草图

11. 单击【Curve Creation】工具栏上的【Project Curve】按钮，弹出【投影】对话框，单击【法线投影】按钮，选择上一步草图为要投影的曲线，然后按住 Ctrl 键选择旋转曲面，曲线上显示投影线，单击【确定】按钮，系统自动完成投影曲线创建，如图 5-74 所示。

12. 单击【Curve Creation】工具栏上的【3D Curve】按钮，弹出【3D 曲线】对话框，在【创建类型】下拉列表中选择【通过点】选项，在图形区单击 5 点，单击【确定】按钮，系统自动完成空间曲线创建，如图 5-75 所示。

图5-74　创建投影曲线

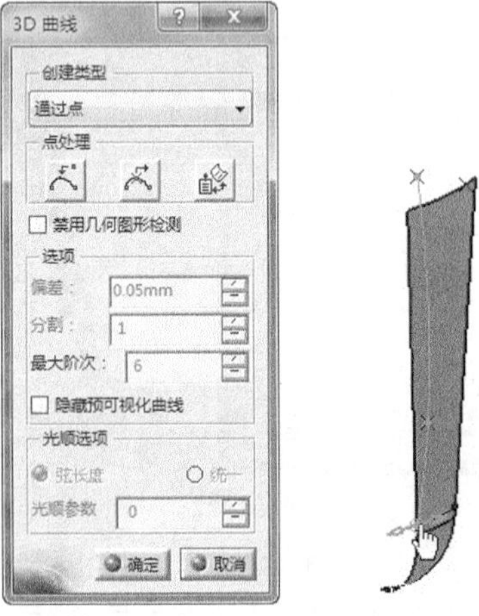

图5-75　创建 3D 空间曲线

13. 单击【Curve Creation】工具栏上的【Curve on Surface】按钮，弹出【选项】对话框，在【创建类型】下拉列表中选择【逐点】选项，在【模式】下拉列表中选择【通过点】选项，在图形区选择旋转曲面，然后在曲面上选择通过的点，单击【确定】按钮，系统自动完成曲面上曲线创建，如图 5-76 所示。

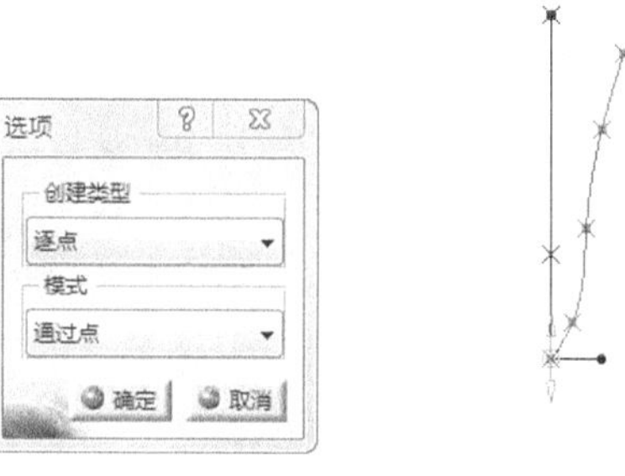

图5-76 创建曲面上的曲线

14. 单击【Curve Creation】工具栏上的【3D Curve】按钮，弹出【3D 曲线】对话框，在【创建类型】下拉列表中选择【通过点】选项，选择图形区中的 3 个点，单击【确定】按钮，系统自动完成空间曲线创建，如图 5-77 所示。

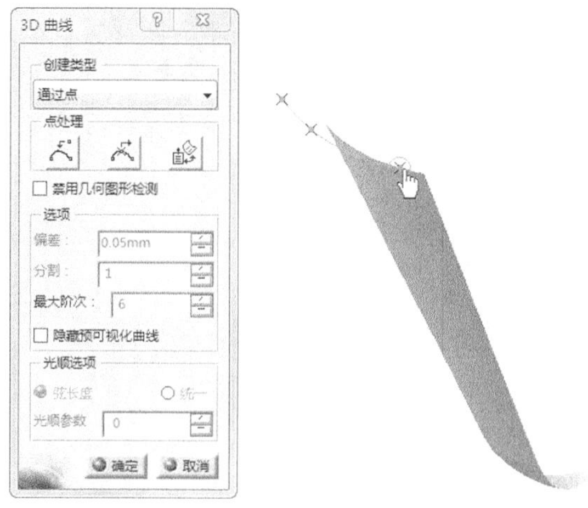

图5-77 创建 3D 曲线

15. 单击【Surface Creation】工具栏上的【Fill】按钮，弹出【填充】对话框，选择上述 3 条曲线，单击【确定】按钮完成填充曲面创建，如图 5-78 所示。

图5-78 创建填充曲面

16. 单击【Operations】工具栏上的【中断曲面或曲线】按钮，弹出【断开】对话框，选择中断类型，激活【元素】选择框，选择旋转曲面，激活【限制】选择框，选择曲面上的曲线，单击【确定】按钮完成剪切曲面，如图 5-79 所示。

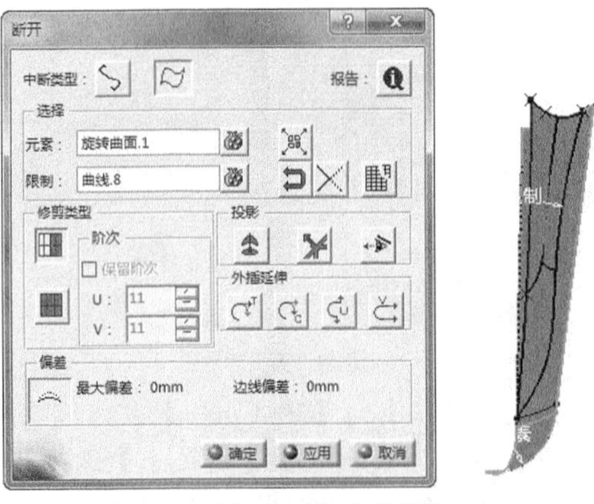

图5-79　创建中断曲面

17. 在菜单栏执行【开始】/【形状】/【创成式外形设计】命令，系统自动进入创成式外形设计工作台。
18. 单击【操作】工具栏上的【接合】按钮，弹出【接合定义】对话框，选择所有曲面，单击【确定】按钮，系统自动完成接合操作，如图 5-80 所示。

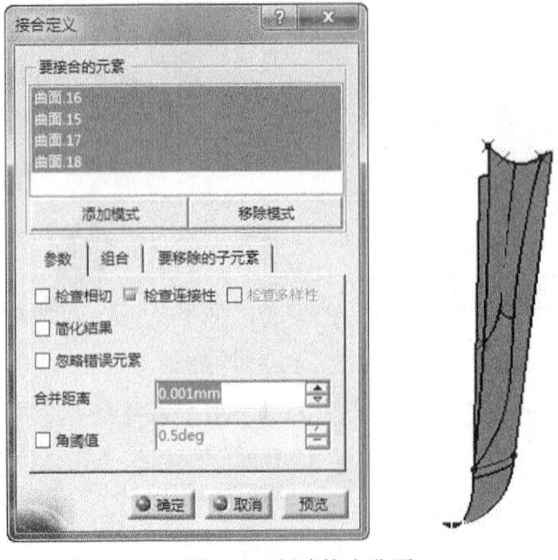

图5-80　创建接合曲面

19. 选择上述“接合”特征，单击【操作】工具栏上的【对称】按钮，选择 *yz* 平面作为镜像平面，单击【确定】按钮，系统自动完成镜像特征，如图 5-81 所示。

图5-81　创建对称特征

20. 单击【操作】工具栏上的【接合】按钮，弹出【接合定义】对话框，选择所有曲面，单击【确定】按钮，系统自动完成接合操作，如图 5-82 所示。

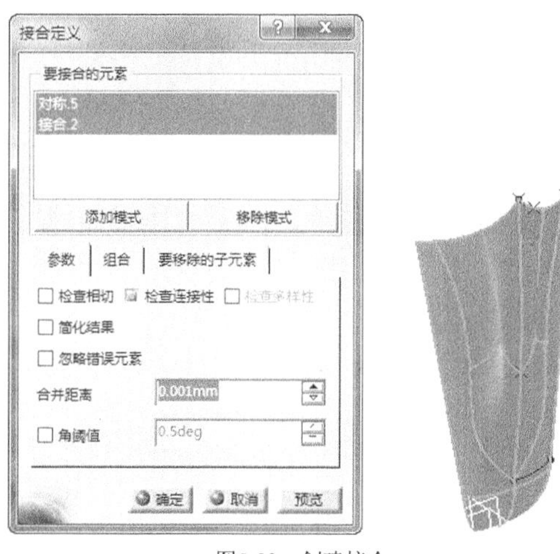

图5-82 创建接合

21. 选择上一步创建的接合特征，单击【复制】工具栏上的【圆形阵列】按钮，弹出【定义圆形阵列】对话框，在【参考元素】选项卡中设置旋转曲面作为阵列方向，设置阵列参数，单击【确定】按钮，完成圆周阵列特征，如图 5-83 所示。

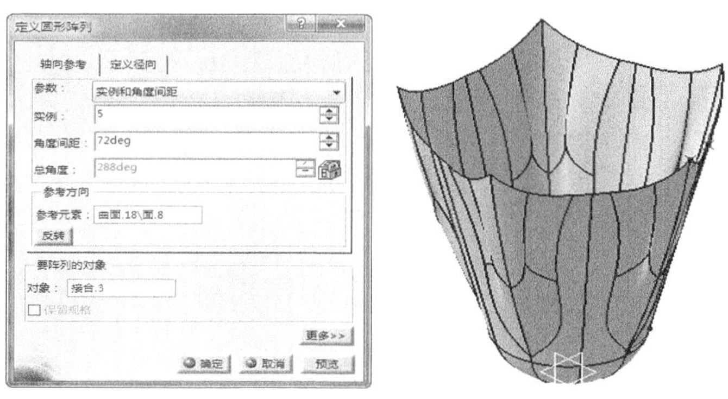

图5-83 创建圆周阵列特征

5.8 小结

本章学习了 CATIA V5R21 自由曲面设计知识，主要内容有自由曲线创建、自由曲面创建、自由曲面编辑、自由曲面操作和分析等，本章的重点和难点为自由曲面创建和编辑，希望读者按照讲解方法再进一步进行实例练习。

第6章　机械零件设计

本章利用 CATIA V5R21 的机械实体造型功能，通过设计标准件、轴类、盘盖类、支架类、箱体类、凸轮以及连杆等零件，达到实战设计的目的。

本章要点

- 常用标准件的造型
- 常用机械轴类、盘类、箱体类和支架类零件造型
- 凸轮零件造型

6.1　标准件设计

本章讲解机械设计中常用标准件（螺栓、螺母、齿轮、轴承、销、键和弹簧等）设计方法和过程，有了这些零件，可以在以后的机械设计中直接调用，提高设计效率。

6.1.1　螺栓、螺母设计

螺栓和螺母是最常用的标准件之一，因此有必要掌握螺栓和螺母的设计方法和过程。

提示： 一般机械设计中没有必要生成螺纹牙型，只需要创建螺纹修饰特征即可。如果需要牙型，采取肋和已移除的多截面实体命令创建。

一、螺栓设计

螺栓模型如图 6-1 所示，主要由头部、杆部和螺纹等 3 部分组成。

图6-1　螺栓模型

进行螺栓模型创建的操作步骤如下。

1. 在【标准】工具栏中单击【新建】按钮，在弹出的对话框中选择“part”，单击【确定】按钮新建一个零件文件；选择【开始】/【机械设计】/【零件设

计】命令，进入【零件设计】工作台。

2. 单击【草图】按钮，在工作窗口选择草图平面为 *yz* 平面，则系统自动进入草图编辑器。
3. 单击【轮廓】工具栏上的【圆】按钮，弹出【草图工具】工具栏，在图形区选择原点作为圆心，绘制直径为 18 的圆，如图 6-2 所示。

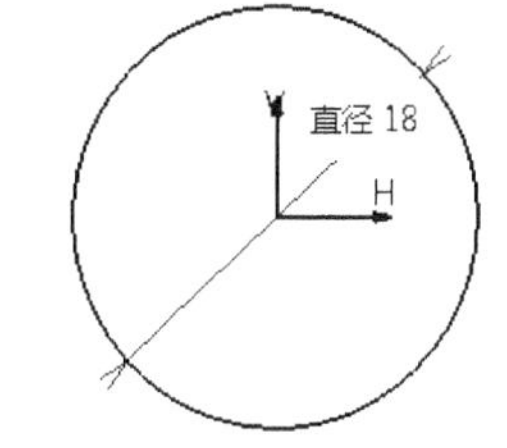

图6-2 进入【环境变量】设置

4. 单击【工作台】工具栏上的【退出工作台】按钮，完成草图绘制退出草图编辑器环境，返回零件设计工作台。
5. 单击【基于草图的特征】工具栏上的【凸台】按钮，弹出【定义凸台】对话框，选择上一步所绘制的草图，拉伸 60mm，单击【确定】按钮完成拉伸特征，如图 6-3 所示。

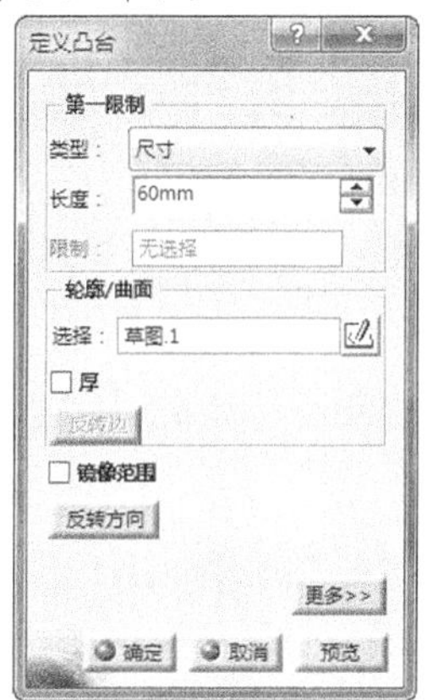

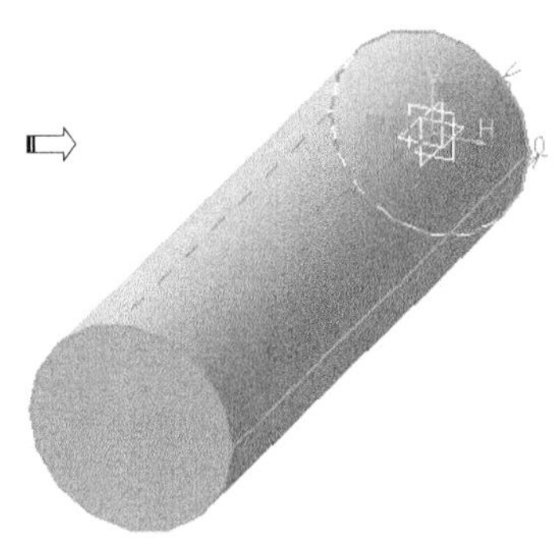
图6-3 创建拉伸特征

6. 选择上述所绘实体的表面，单击【草图】按钮，利用【六边形】工具绘制如图 6-4 所示的六边形。单击【工作台】工具栏上的【退出工作台】按钮，完成草图绘制。

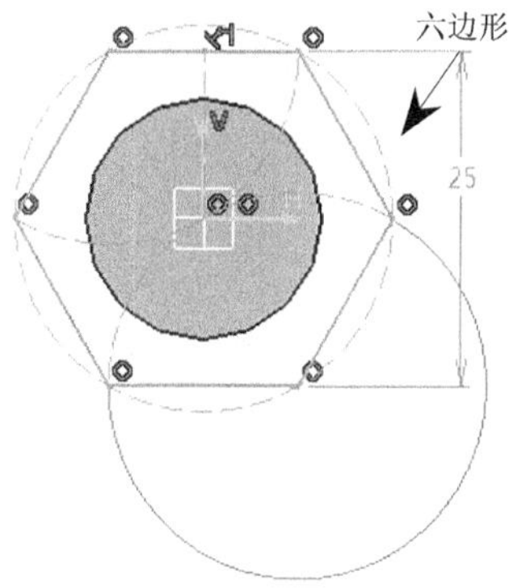

图6-4 绘制草图

7. 单击【基于草图的特征】工具栏上的【凸台】按钮，弹出【定义凸台】对话框，选择上一步所绘制的草图，拉伸 10mm，单击【确定】按钮完成拉伸特征，如图 6-5 所示。

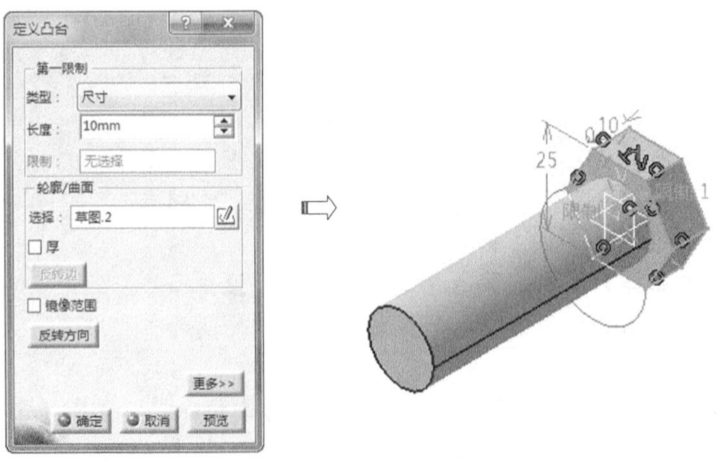

图6-5　创建拉伸特征

8. 单击【草图】按钮，在工作窗口选择草图平面为 xy 平面，利用直线、轴线、圆弧工具绘制如图 6-6 所示的草图。单击【工作台】工具栏上的【退出工作台】按钮，完成草图绘制。
9. 单击【基于草图的特征】工具栏上的【旋转槽】按钮，选择上一步绘制的草图为旋转槽截面，弹出【定义旋转槽】对话框，设置旋转槽参数后，单击【确定】按钮，系统自动完成旋转槽特征，如图 6-7 所示。

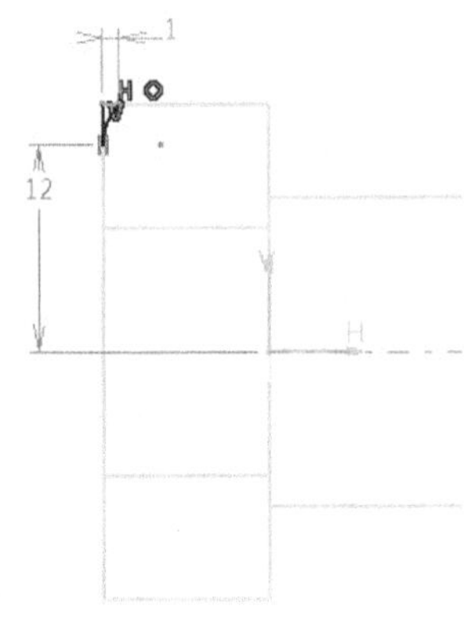

图6-6　绘制草图

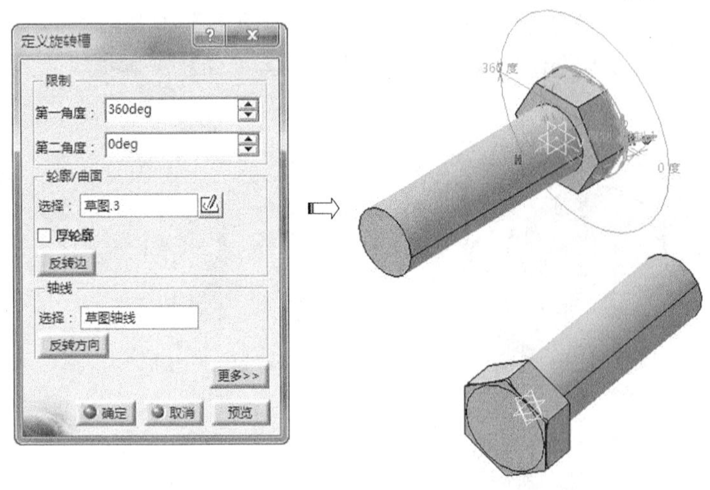

图6-7　创建旋转槽特征

10. 单击【修饰特征】工具栏上的【倒角】按钮，弹出【定义倒角】对话框，在【模式】下拉列表中选择【长度 1/角度】模式，设置倒角参数为 1.5，激活【要倒角的对象】选择框，选择大圆柱边线，单击【确定】按钮，系统自动完成倒角特征，如图 6-8 所示。

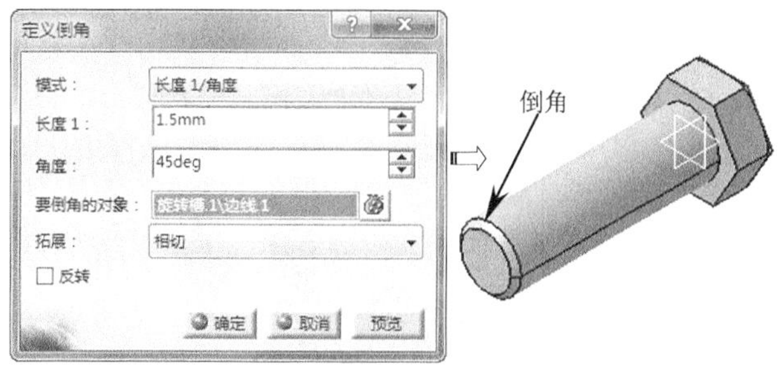

图6-8 创建倒角

创建螺纹修饰特征，具体步骤如下。

1. 单击【修饰特征】工具栏上的【倒角】按钮，弹出【定义倒角】对话框，在【模式】下拉列表中选择【长度 1/角度】模式，设置倒角参数为 1.5，激活【要倒角的对象】选择框，选择小圆柱边线，单击【确定】按钮，系统自动完成倒角特征，如图 6-9 所示。

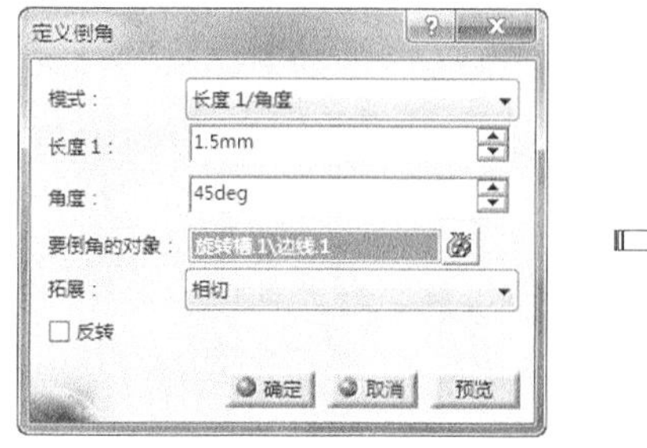

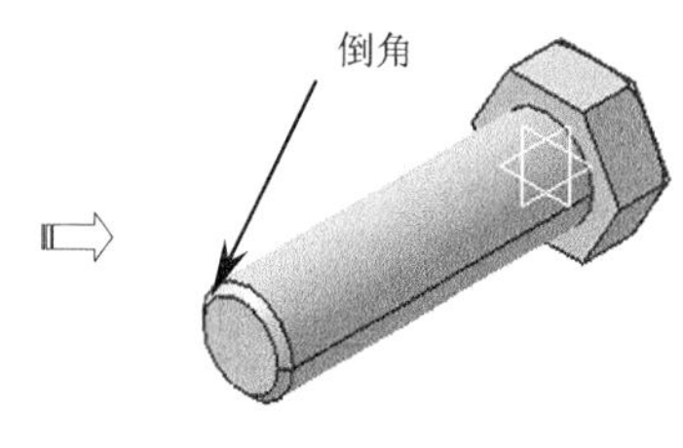

图6-9 创建倒角

2. 单击【修饰特征】工具栏上的【内螺纹/外螺纹】按钮，弹出【定义内螺纹/外螺纹】对话框，激活【侧面】编辑框，选择产生螺纹的小圆柱表面，激活【限制面】编辑框，选择小圆柱端面为螺纹起始位置，设置螺纹尺寸参数，如图 6-10 所示。单击【确定】按钮，系统自动完成螺纹特征。

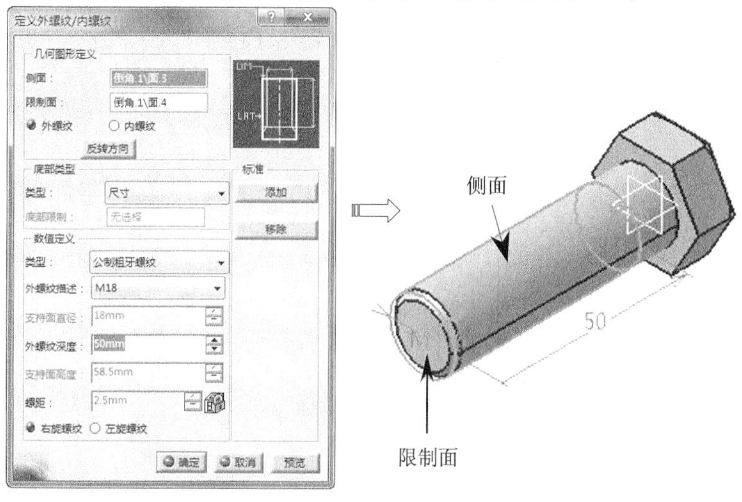

图6-10 创建螺纹修饰特征

二、螺母设计

M12 螺母模型如图 6-11 所示，主要由螺母主体、螺纹孔和倒角等 3 部分组成。

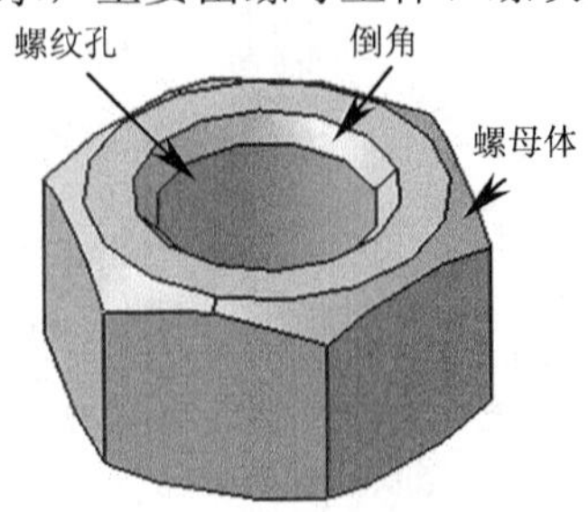

图6-11　螺母模型

1. 在【标准】工具栏中单击【新建】按钮，在弹出的对话框中选择“part”，单击【确定】按钮新建一个零件文件；选择【开始】/【机械设计】/【零件设计】命令，进入【零件设计】工作台。
2. 单击【草图】按钮，在工作窗口选择草图平面为 *xy* 平面，利用【六边形】工具绘制如图 6-12 所示的六方形。单击【工作台】工具栏上的【退出工作台】按钮，完成草图绘制。

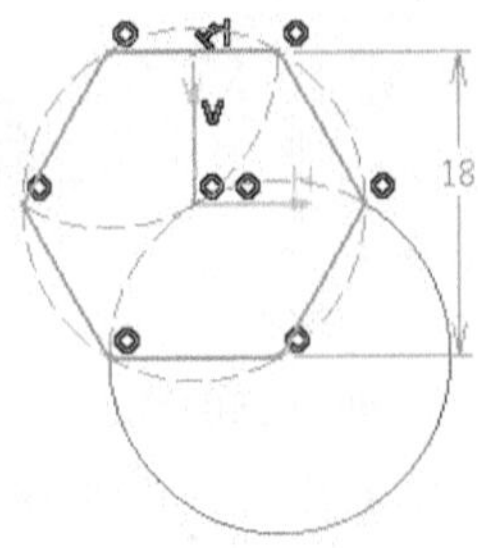

图6-12　绘制草图

3. 单击【基于草图的特征】工具栏上的【凸台】按钮，弹出【定义凸台】对话框，选择上一步所绘制的草图，拉伸深度 5.25mm，选中【镜像范围】复选框，单击【确定】按钮完成拉伸特征，如图 6-13 所示。

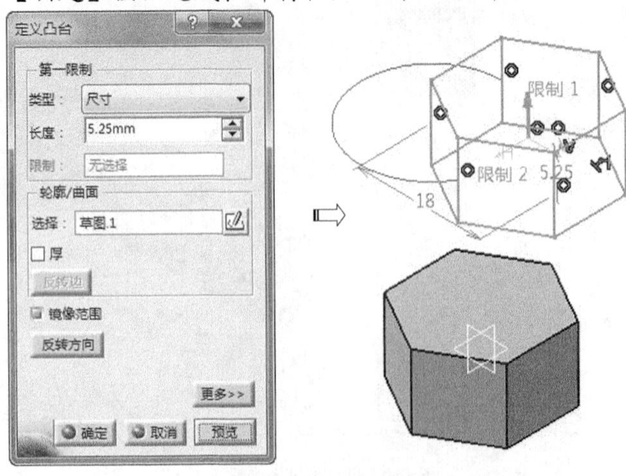

图6-13　创建拉伸特征

4. 单击【草图】按钮，在工作窗口选择草图平面为 *zx* 平面，利用直线、轴线工具绘制如图 6-14 所示的三角形草图。单击【工作台】工具栏上的【退出工作台】按钮，完成草图绘制。

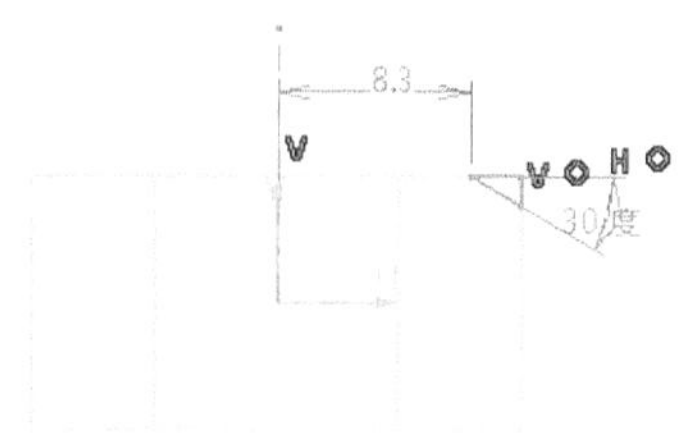

图6-14　绘制草图

5. 单击【基于草图的特征】工具栏上的【旋转槽】按钮，选择上一步绘制的草图为旋转槽截面，弹出【定义旋转槽】对话框，设置旋转槽参数后，单击【确定】按钮，系统自动完成旋转槽特征，如图 6-15 所示。

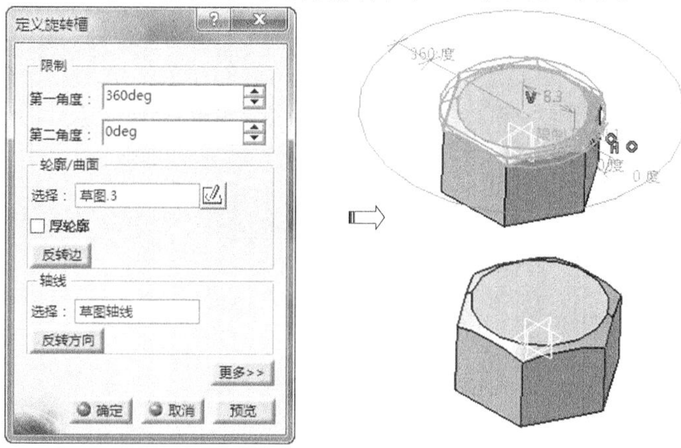

图6-15　创建旋转槽特征

6. 选择上一步旋转槽特征，单击【变换特征】工具栏上的【镜像】按钮，选择 *xy* 平面作为镜像平面，单击【确定】按钮，系统自动完成镜像特征，如图 6-16 所示。

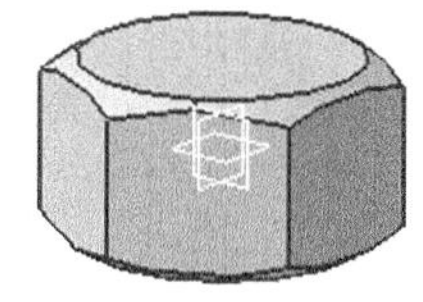
图6-16　创建镜像特征

创建螺纹孔特征，具体步骤如下。

1. 单击【基于草图的特征】工具栏上的【孔】按钮，选择上表面为钻孔的实体表面后，弹出【定义孔】对话框，设置【扩展】为【直到最后】，【直径】为 10.106，如图 6-17 所示。

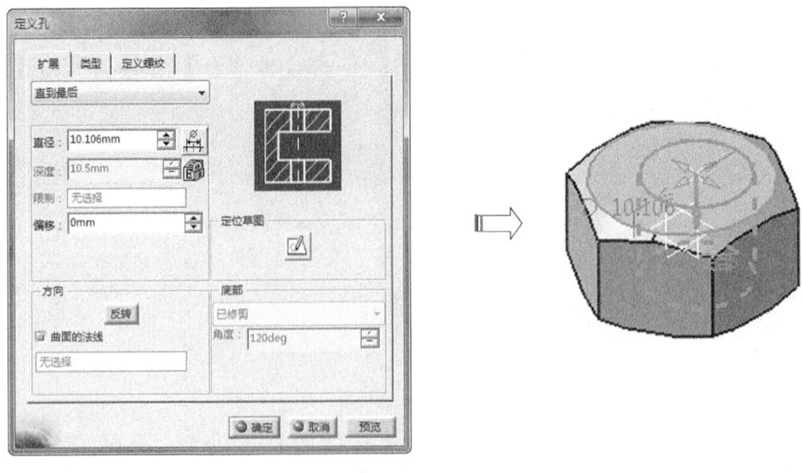

图6-17　选择孔表面和设置孔参数

2. 单击【定位草图】按钮，进入草图编辑器，约束定位钻孔位置如图 6-18 所示。单击【工作台】工具栏上的【退出工作台】按钮返回。

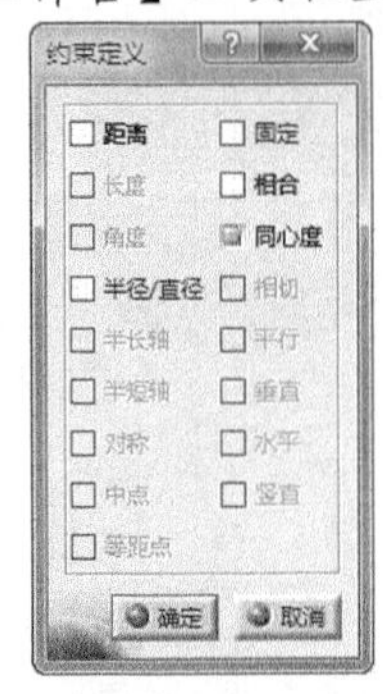

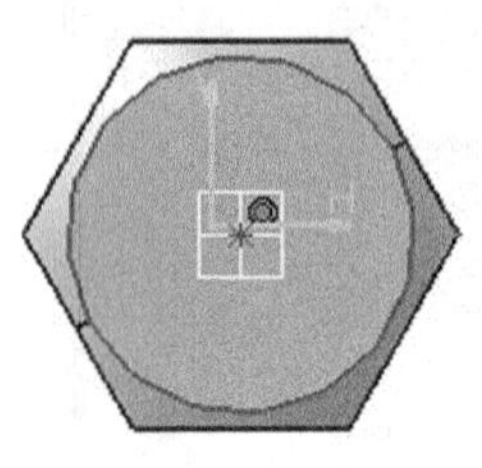

图6-18　定位孔位置

3. 单击【定义螺纹】选项卡，设置螺纹孔参数如图 6-19 所示。单击【定义孔】对话框中的【确定】按钮，系统自动完成孔特征，如图 6-20 所示。

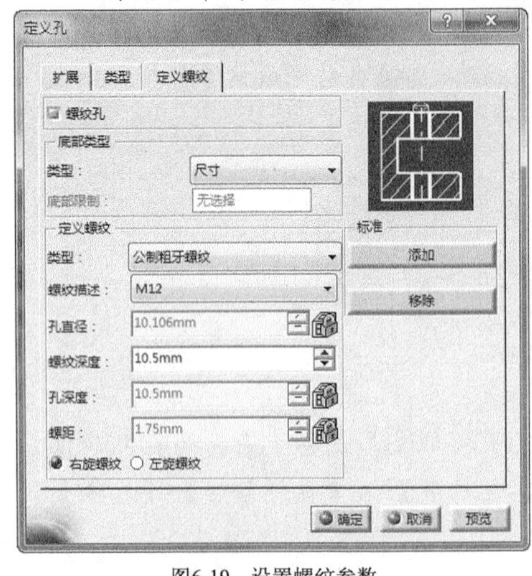

图6-19　设置螺纹参数

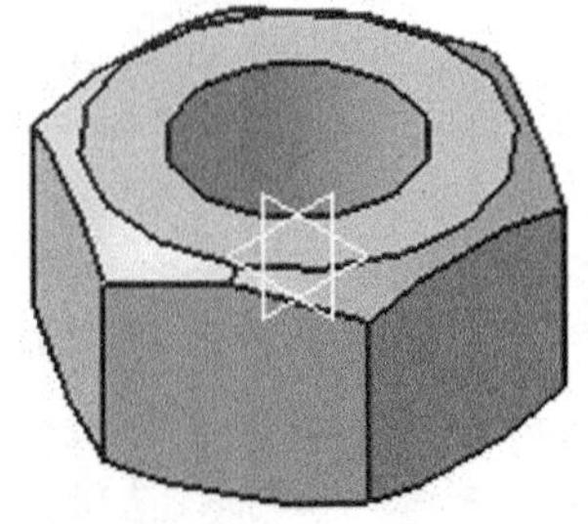

图6-20　创建孔特征

4. 单击【修饰特征】工具栏上的【倒角】按钮，弹出【定义倒角】对话框，在【模式】下拉列表中选择【长度 1/角度】模式，设置倒角参数为 1，激活【要倒角的对象】选择框，选择孔两端边线，单击【确定】按钮，系统自动完成倒角特征，如图 6-21 所示。

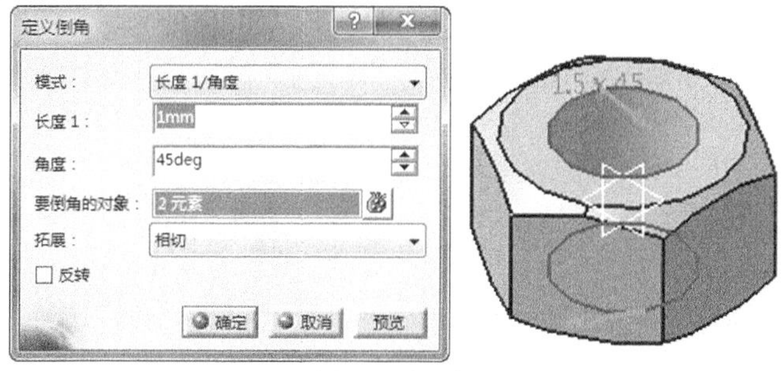

图6-21　创建倒角

6.1.2　齿轮设计

齿轮类零件是常用机械传动零件之一，主要种类有直齿轮、斜齿轮、圆锥齿轮等。下面仅介绍常用的直齿轮和斜齿轮的画法。

一、直齿圆柱齿轮

直齿圆柱齿轮由齿形和齿轮基体组成，如图 6-22 所示。

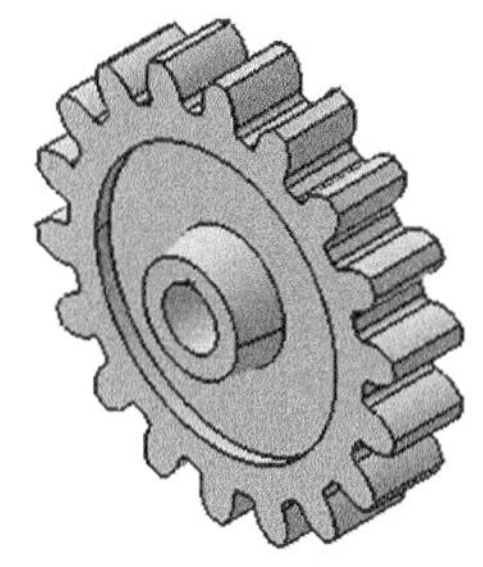

图6-22　直齿圆柱齿轮模型

1. 在【标准】工具栏中单击【新建】按钮，在弹出的对话框中选择“part”，单击【确定】按钮新建一个零件文件；选择【开始】/【机械设计】/【零件设计】命令，进入【零件设计】工作台。
2. 单击【草图】按钮，在工作窗口选择草图平面为 *yz* 平面，进入草图编辑器。
3. 利用圆、圆弧、倒角、轴线等工具绘制如图 6-23 所示的草图。

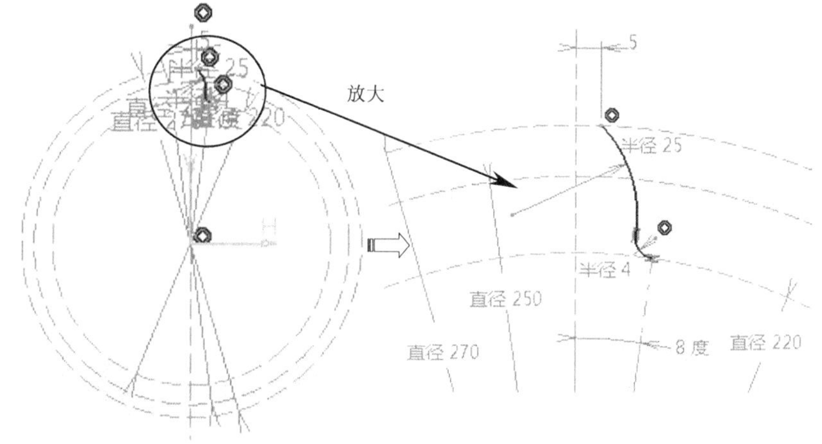

图6-23　绘制一侧齿轮廓

4. 单击【操作】工具栏上的【镜像】按钮，首先选择上一步所绘制的齿轮廓，

然后选择竖直轴线作为镜像线，系统自动完成镜像操作，如图 6-24 所示。

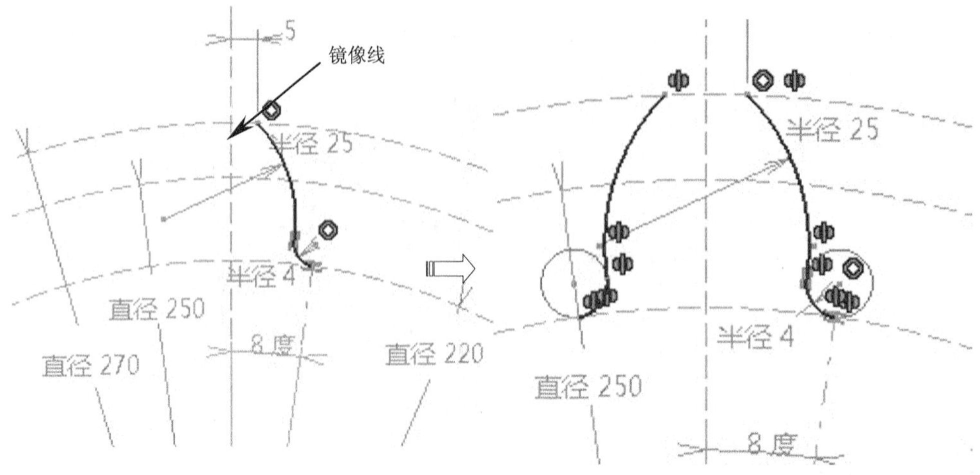

图6-24　镜像轮廓

5. 单击【操作】工具栏上的【旋转】按钮，弹出【旋转定义】对话框，选择齿形轮廓为旋转元素，再次选择原点为旋转中心点，设置【实例】为 17，角度为 20，单击【确定】按钮，系统自动完成旋转操作，如图 6-25 所示。

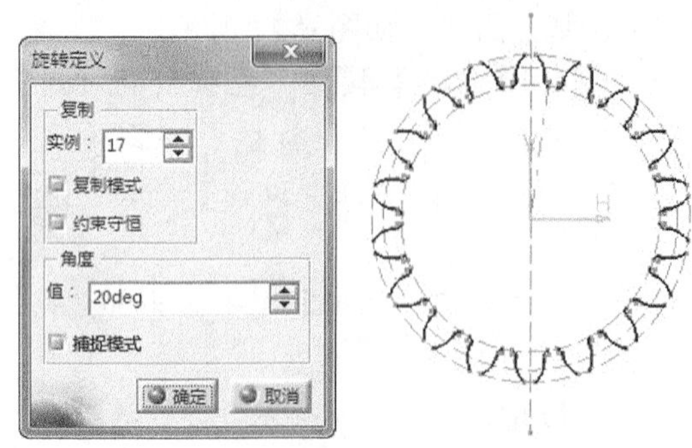

图6-25　旋转操作

6. 利用圆、修剪工具绘制如图 6-26 所示的轮廓，单击【工作台】工具栏上的【退出工作台】按钮，完成草图绘制。

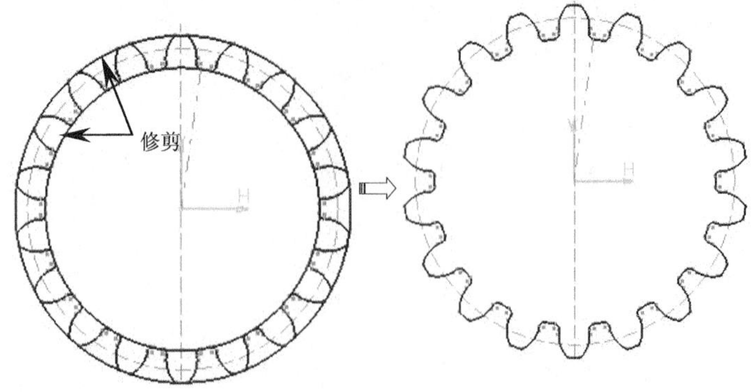

图6-26　绘制草图轮廓

7. 单击【基于草图的特征】工具栏上的【凸台】按钮，弹出【定义凸台】对话框，选择上一步所绘制的草图，拉伸深度 25mm，选中【镜像范围】复选框，单击【确定】按钮完成拉伸特征，如图 6-27 所示。

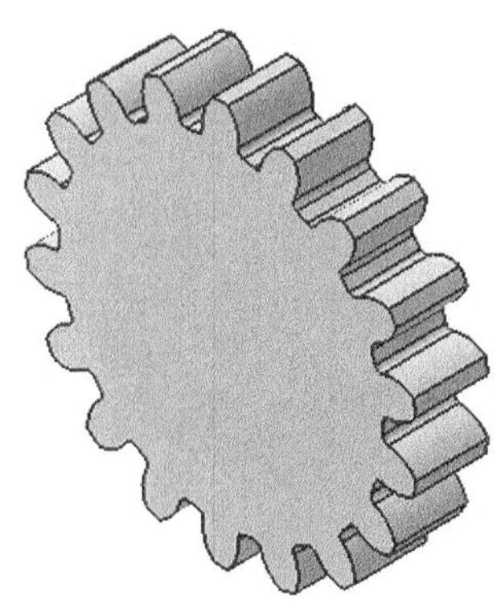

图6-27 创建拉伸特征

8. 选择齿轮实体的一个端面，单击【草图】按钮，利用圆工具绘制如图 6-28 所示的草图。单击【工作台】工具栏上的【退出工作台】按钮，完成草图绘制。

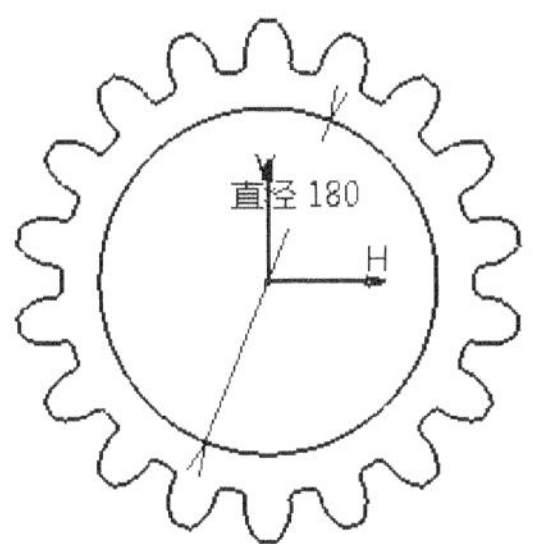

图6-28 绘制圆草图

9. 单击【基于草图的特征】工具栏上的【凹槽】按钮，选择上一步绘制的草图，弹出【定义凹槽】对话框，设置凹槽【深度】为 10，单击【确定】按钮，系统自动完成凹槽特征，如图 6-29 所示。

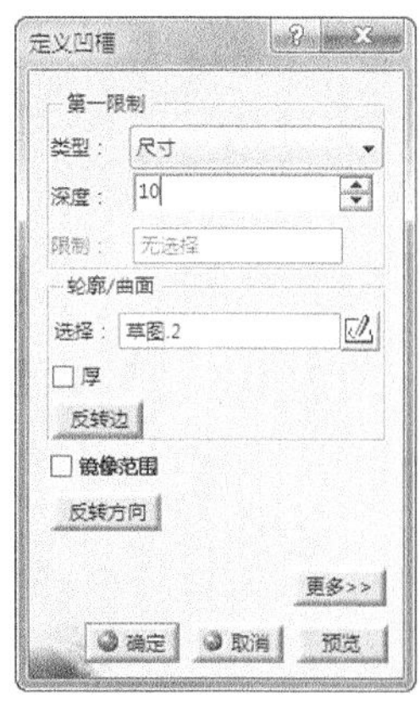

图6-29 创建凹槽特征

10. 选择表面为草绘平面，单击【草图】按钮，利用【圆】工具绘制如图 6-30

所示的轮廓。单击【工作台】工具栏上的【退出工作台】按钮，完成草图绘制。

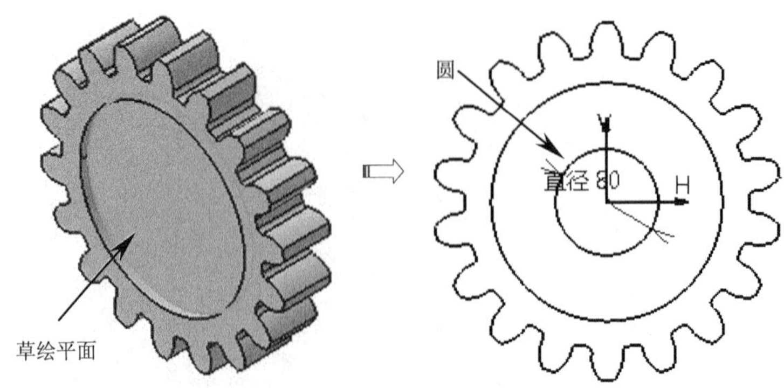

图6-30　绘制草图

11. 单击【基于草图的特征】工具栏上的【凸台】按钮，弹出【定义凸台】对话框，选择上一步所绘制的草图，拉伸深度 30mm，单击【确定】按钮完成拉伸特征，如图 6-31 所示。

图6-31　创建拉伸特征

12. 单击【修饰特征】工具栏上的【拔模斜度】按钮，弹出【定义拔模】对话框，在【角度】文本框中输入拔模角，激活【要拔模的面】编辑框，选择凸台侧面为要拔模面，激活【中性元素】中的【选择】编辑框，选择凹槽底面为中性面，激活【拔模方向】中的【选择】编辑框，选择凹槽底面为拔模方向，单击【确定】按钮，系统自动完成拔模特征，如图 6-32 所示。

图6-32　创建拔模特征

13. 选择凹槽、凸台、拔模特征，单击【变换特征】工具栏上的【镜像】按钮

![]，选择 yz 平面作为镜像平面，单击【确定】按钮，系统自动完成镜像特征，如图 6-33 所示。

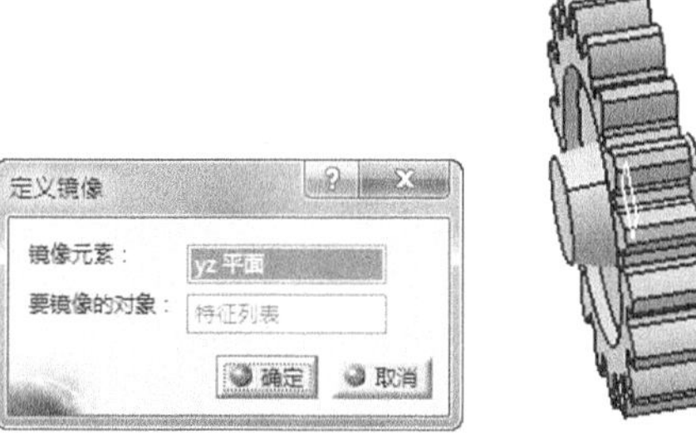

图6-33　创建镜像特征

14. 选择图中的表面为草绘平面，单击【草图】按钮，利用圆、直线工具绘制如图 6-34 所示的轮廓。单击【工作台】工具栏上的【退出工作台】按钮，完成草图绘制。

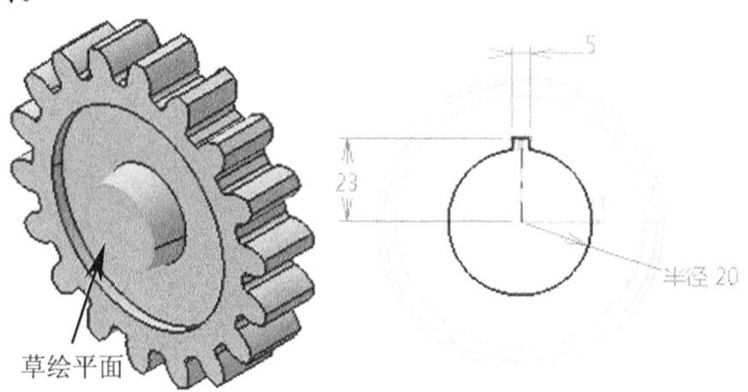

图6-34　绘制草图

15. 单击【基于草图的特征】工具栏上的【凹槽】按钮，选择上一步绘制的草图，弹出【定义凹槽】对话框，设置凹槽参数后，单击【确定】按钮，系统自动完成凹槽特征，如图 6-35 所示。

图6-35　创建凹槽特征

二、斜齿圆柱齿轮

斜齿圆柱齿轮由齿形和齿轮基体组成，如图 6-36 所示。

图6-36　斜齿圆柱齿轮模型

1. 在【标准】工具栏中单击【新建】按钮，在弹出的对话框中选择“part”，单击【确定】按钮新建一个零件文件；选择【开始】/【机械设计】/【零件设计】命令，进入【零件设计】工作台。
2. 单击【草图】按钮，在工作窗口选择草图平面为 *yz* 平面，进入草图编辑器。
3. 利用圆、圆弧、倒角、轴线等工具绘制如图 6-37 所示的草图。

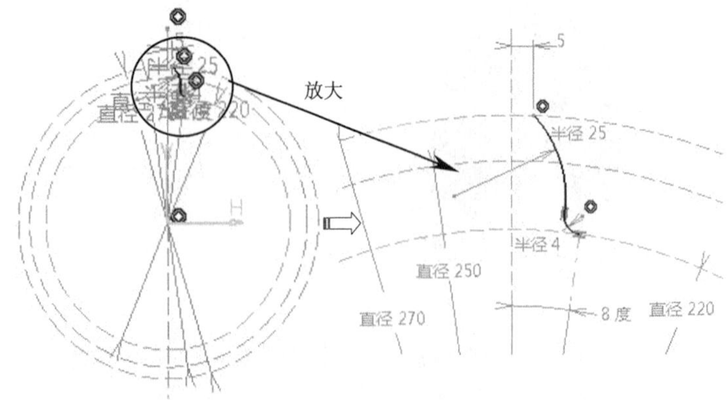

图6-37　绘制一侧齿廓

4. 单击【操作】工具栏上的【镜像】按钮，首先选择上一步所绘制的齿轮廓，然后选择竖直轴线作为镜像线，系统自动完成镜像操作，如图 6-38 所示。

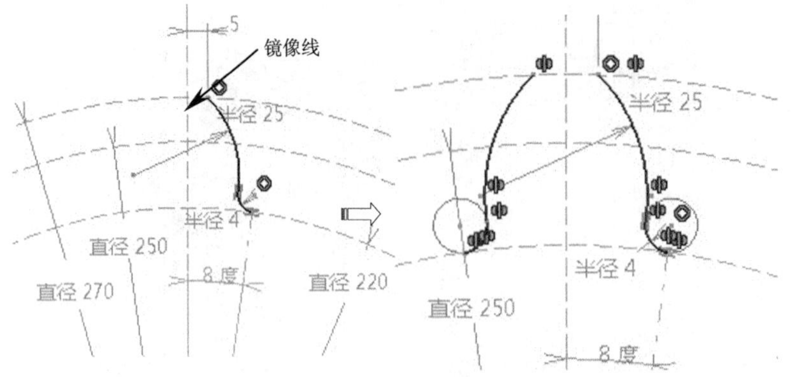

图6-38　镜像轮廓

5. 单击【操作】工具栏上的【旋转】按钮，弹出【旋转定义】对话框，选择齿形轮廓为旋转元素，再次选择原点为旋转中心点，设置【实例】为 17，角度为 20，单击【确定】按钮，系统自动完成旋转操作，如图 6-39 所示。

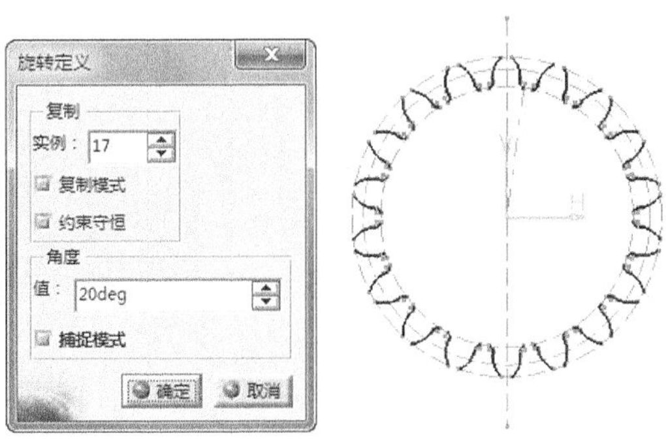

图6-39 旋转操作

6. 利用圆、修剪工具绘制如图 6-40 所示的轮廓，单击【工作台】工具栏上的【退出工作台】按钮，完成草图绘制。

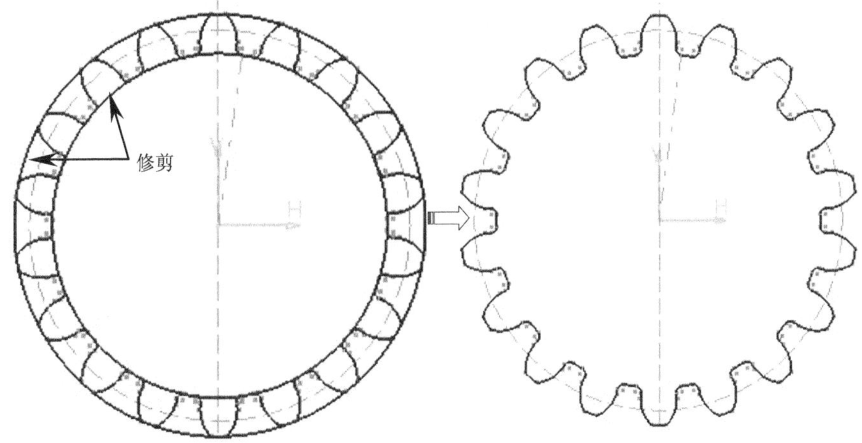

图6-40 绘制草图轮廓

7. 单击【参考元素】工具栏上的【平面】按钮，弹出【平面定义】对话框，在【平面类型】下拉列表中选择【偏移平面】选项，选择 *yz* 平面作为参考，在【偏移】文本框输入 60，单击【确定】按钮，系统自动完成平面创建，如图 6-41 所示。

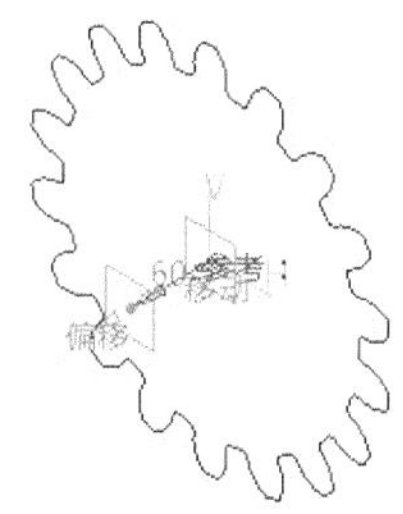

图6-41 创建平面

8. 单击【参考元素】工具栏上的【平面】按钮，弹出【平面定义】对话框，在【平面类型】下拉列表中选择【偏移平面】选项，选择 *yz* 平面作为参考，在【偏移】文本框输入 30，单击【确定】按钮，系统自动完成平面创建，如图 6-42 所示。

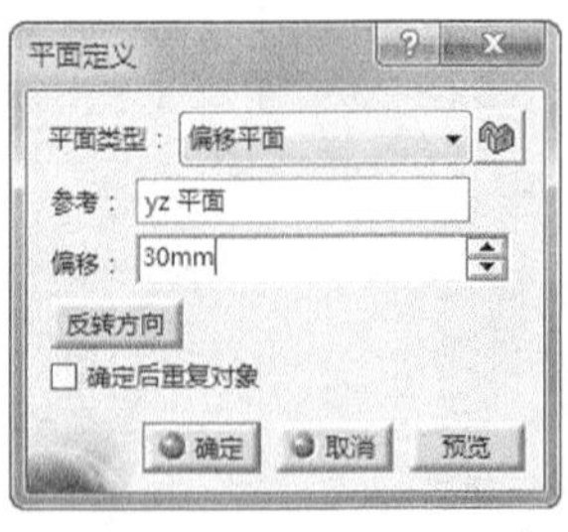

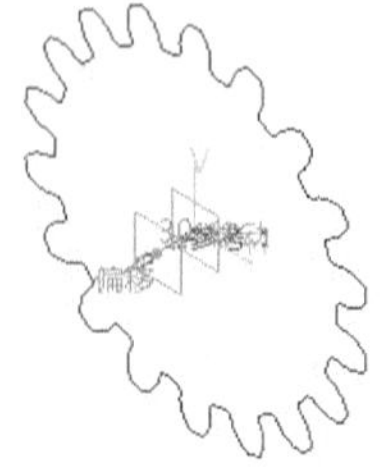

图6-42　创建平面

9. 选择平面.1，单击【草图】按钮，进入草图编辑器。具体步骤如下。

(1) 选择上一步齿轮轮廓草图，单击【操作】工具栏上的【投影 3D 元素】按钮，将其投影到草图平面上，并显示为黄色，如图 6-43 所示。

(2) 选择上一步投影后元素，单击【操作】工具栏上的【旋转】按钮，弹出【旋转定义】对话框，定义旋转相关参数，然后选择要旋转的元素，再次选择旋转中心点，单击【确定】按钮，系统自动完成旋转操作，如图 6-44 所示。

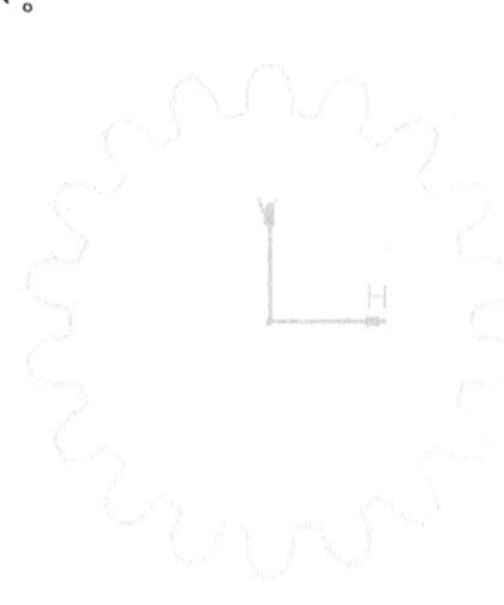

图6-43　投影 3D 元素

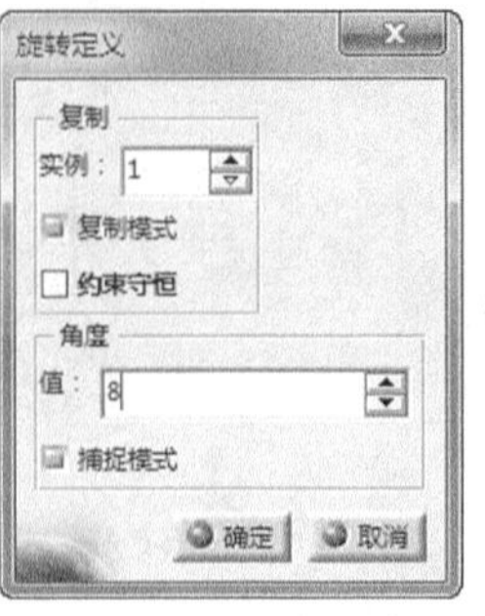

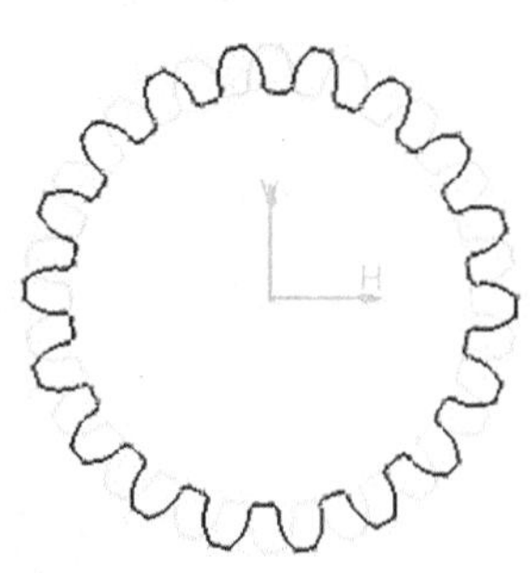

图6-44　绘制圆草图

(3) 选择上一步投影后的元素，按 Delete 键删除，如图 6-45 所示。单击【工作台】工具栏上的【退出工作台】按钮，完成草图绘制。

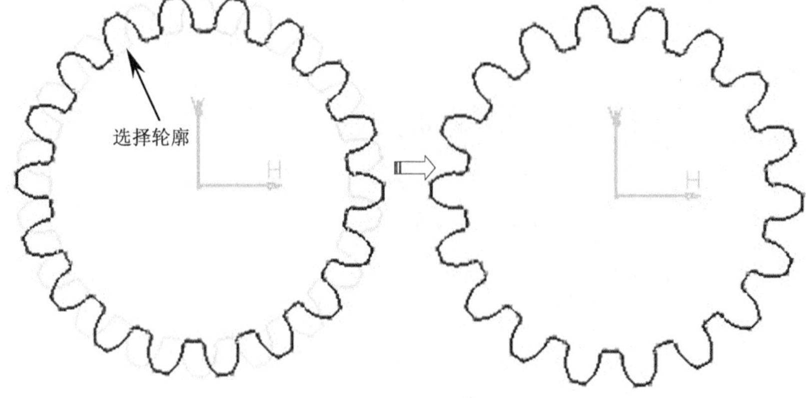

图6-45　删除轮廓

10. 单击【基于草图的特征】工具栏上的【多截面实体】按钮，弹出【多截面实体定义】对话框，依次选择两个草图截面，单击【确定】按钮，系统创建多截面实体特征，如图 6-46 所示。

11. 选择齿轮实体的一个端面，单击【草图】按钮，利用【圆】工具绘制如图 6-47 所示的草图。单击【工作台】工具栏上的【退出工作台】按钮，完成草图绘制。

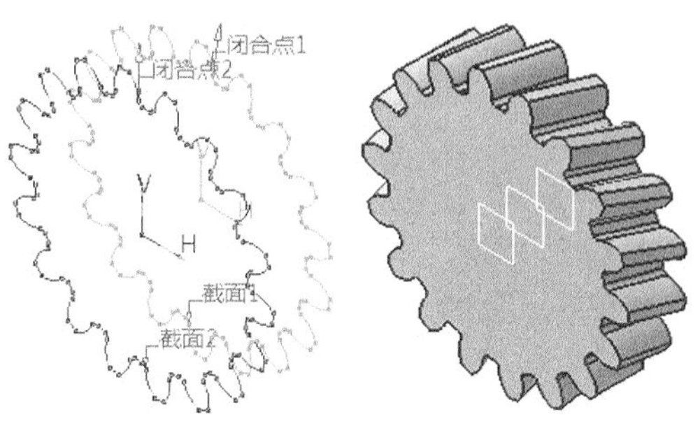

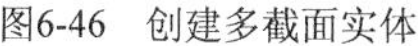
图6-46　创建多截面实体

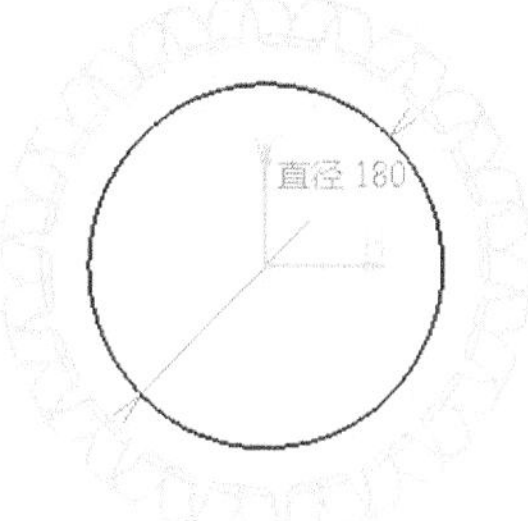

图6-47　绘制草图

12. 单击【基于草图的特征】工具栏上的【凹槽】按钮，选择上一步绘制的草图，弹出【定义凹槽】对话框，设置凹槽【深度】为 15，单击【确定】按钮，系统自动完成凹槽特征，如图 6-48 所示。

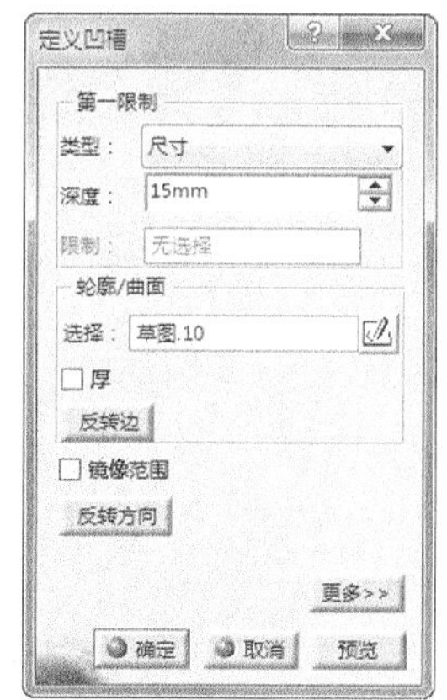

图6-48　创建凹槽特征

13. 选择零件表面为草绘平面，单击【草图】按钮，利用【圆】工具绘制如图 6-49 所示的轮廓。单击【工作台】工具栏上的【退出工作台】按钮，完成草图绘制。

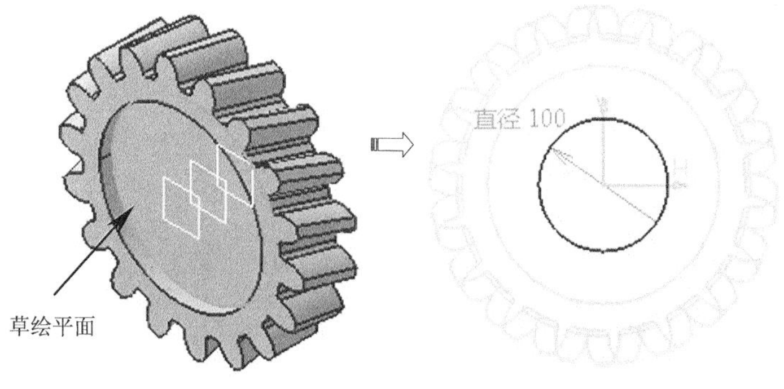

图6-49　绘制草图

14. 单击【基于草图的特征】工具栏上的【凸台】按钮，弹出【定义凸台】对话框，选择上一步所绘制的草图，拉伸深度 40mm，单击【确定】按钮完成拉伸特征，如图 6-50 所示。

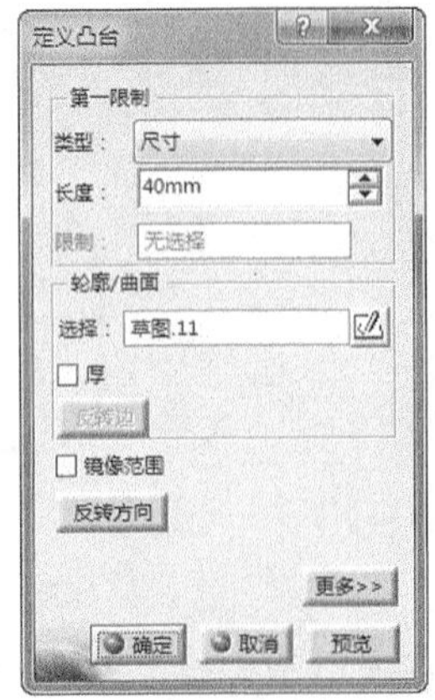

图6-50　创建拉伸特征

15. 单击【修饰特征】工具栏上的【拔模斜度】按钮，弹出【定义拔模】对话框，在【角度】文本框中输入拔模角，激活【要拔模的面】编辑框，选择凸台侧面为要拔模面，激活【中性元素】中的【选择】编辑框，选择凹槽底面为中性面，激活【拔模方向】中的【选择】编辑框，选择凹槽底面为拔模方向，单击【确定】按钮，系统自动完成拔模特征，如图 6-51 所示。

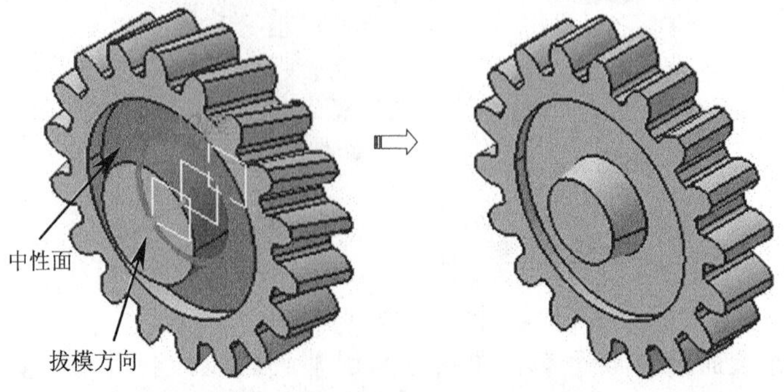

图6-51　创建拔模特征

16. 选择凹槽、凸台、拔模特征，单击【变换特征】工具栏上的【镜像】按钮，选择平面.2 作为镜像平面，单击【确定】按钮，系统自动完成镜像特征，如图 6-52 所示。

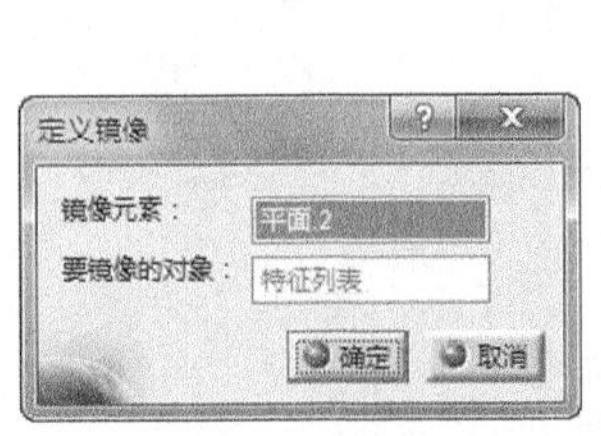

图6-52　创建镜像特征

17. 选择零件表面为草绘平面，单击【草图】按钮，利用圆、直线工具绘制如图 6-53 所示的轮廓。单击【工作台】工具栏上的【退出工作台】按钮，完成草图绘制。

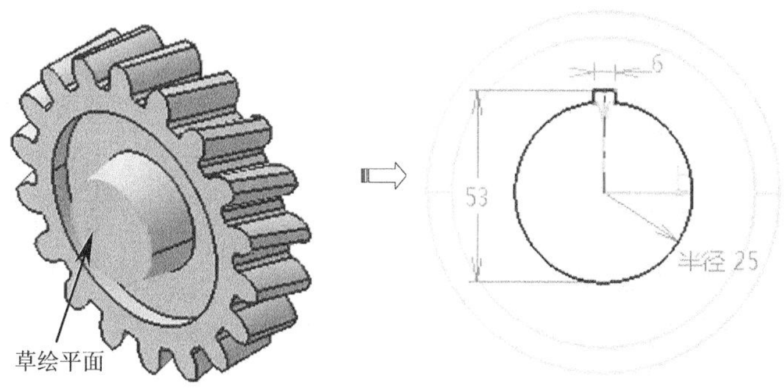

图6-53　绘制草图

18. 单击【基于草图的特征】工具栏上的【凹槽】按钮，选择上一步绘制的草图，弹出【定义凹槽】对话框，设置凹槽参数后，单击【确定】按钮，系统自动完成凹槽特征，如图 6-54 所示。

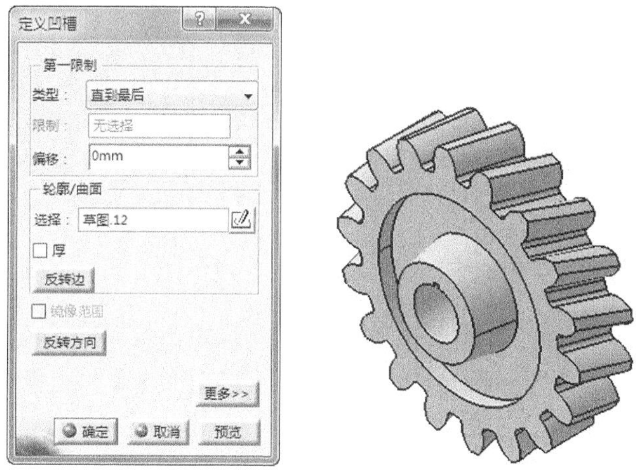

图6-54　创建凹槽特征

6.1.3　轴承设计

滚动轴承如图 6-55 所示，主要由内圈、外圈、保持架、滚珠等 4 部分组成。

1. 在【标准】工具栏中单击【新建】按钮，在弹出的对话框中选择“part”，单击【确定】按钮新建一个零件文件；选择【开始】/【机械设计】/【零件设计】命令，进入【零件设计】工作台。
2. 单击【草图】按钮，在工作窗口选择草图平面为 *yz* 平面，进入草图编辑器。利用矩形、轴线等工具绘制如图 6-56 所示的草图。单击【工作台】工具栏上的【退出工作台】按钮，完成草图绘制。

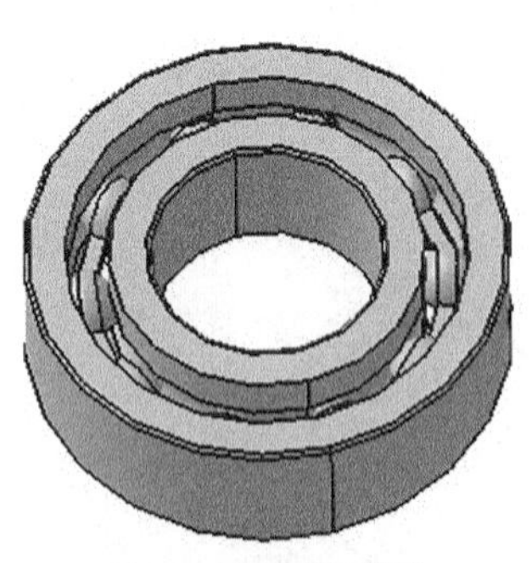

图6-55　滚动轴承模型

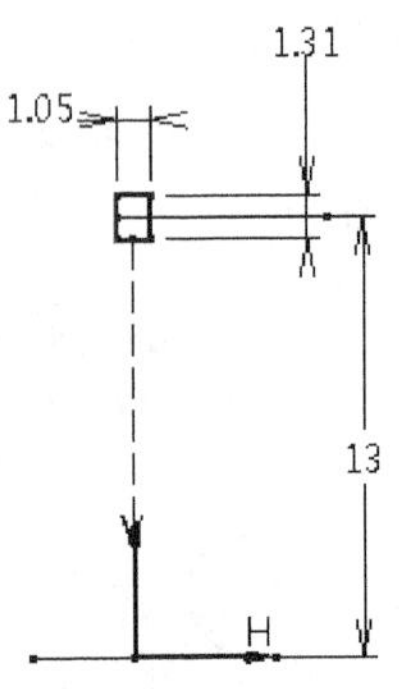

图6-56　绘制草图

3. 单击【基于草图的特征】工具栏上的【旋转体】按钮，选择旋转截面，弹出【定义旋转体】对话框，选择上一步绘制的草图为旋转槽截面，选择草图 H 轴为旋转轴线，单击【确定】按钮，系统自动完成旋转槽特征，如图 6-57 所示。

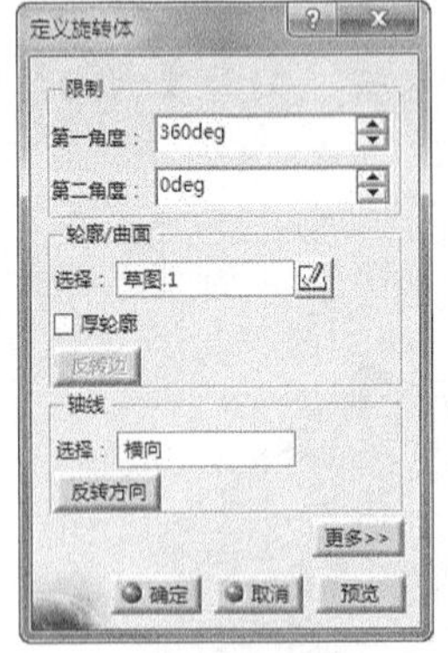

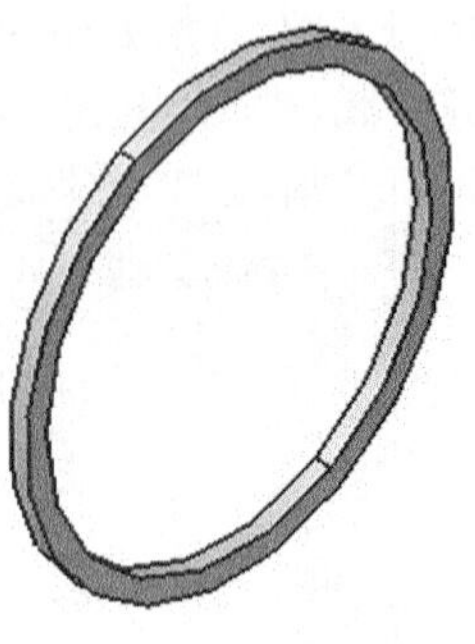

图6-57　创建旋转体特征

4. 单击【草图】按钮，在工作窗口选择草图平面为 *zx* 平面，利用圆弧、直线、轴线等工具绘制如图 6-58 所示的草图。单击【工作台】工具栏上的【退出工作台】按钮，完成草图绘制。

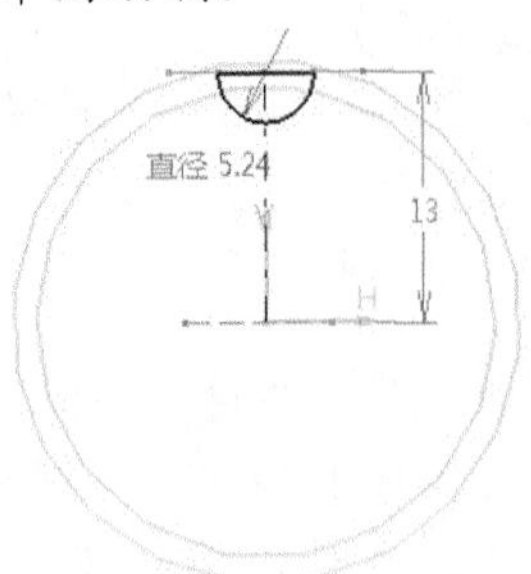

图6-58　绘制草图

5. 单击【基于草图的特征】工具栏上的【旋转体】按钮，选择旋转截面，弹出【定义旋转体】对话框，选择上一步绘制的草图为旋转槽截面，选择草图 *H* 轴为旋转轴线，单击【确定】按钮，系统自动完成旋转槽特征，如图 6-59 所示。

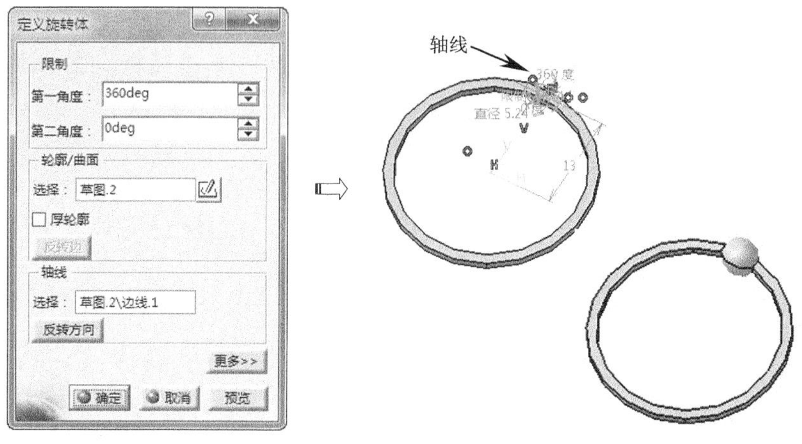

图6-59　创建旋转体特征

6. 选择要上一步所创建的球特征，单击【变换特征】工具栏上的【圆形阵列】按钮，弹出【定义圆形阵列】对话框，在【轴向参考】选项卡中设置阵列参数，选择圆环上表面为阵列轴，如图 6-60 所示。

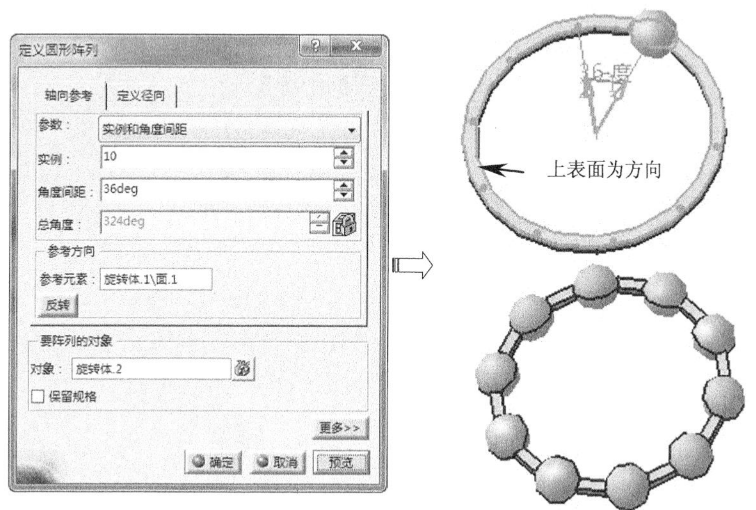

图6-60　创建圆形阵列特征

7. 单击【草图】按钮，在工作窗口选择草图平面为 *zx* 平面，利用圆工具绘制如图 6-61 所示的草图。单击【工作台】工具栏上的【退出工作台】按钮，完成草图绘制。

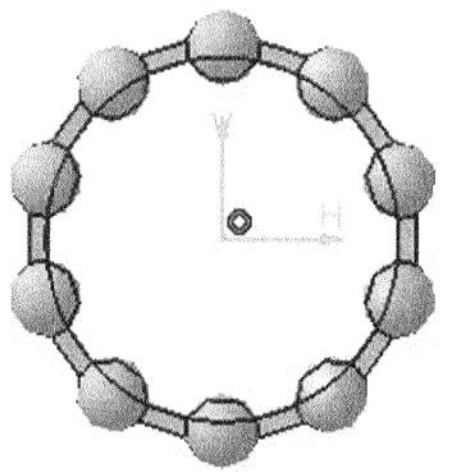

图6-61　绘制圆草图

8. 单击【基于草图的特征】工具栏上的【凹槽】按钮，选择上一步绘制的草图，弹出【定义凹槽】对话框，设置凹槽参数后，单击【确定】按钮，系统自动完成凹槽特征，如图 6-62 所示。

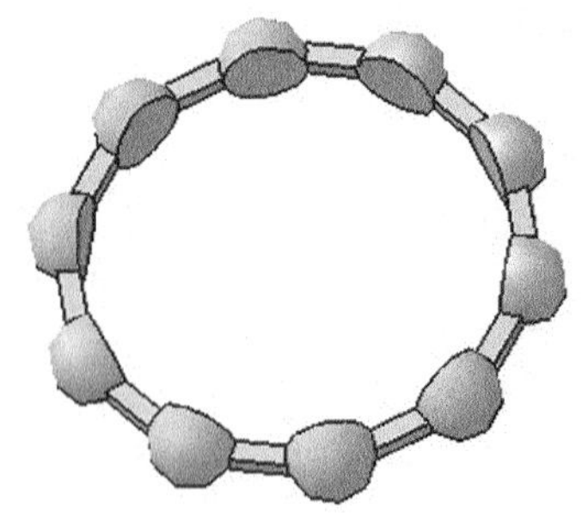

图6-62　创建凹槽特征

9. 单击【草图】按钮，在工作窗口选择草图平面为 *zx* 平面，利用圆工具绘制如图 6-63 所示的草图。单击【工作台】工具栏上的【退出工作台】按钮，完成草图绘制。

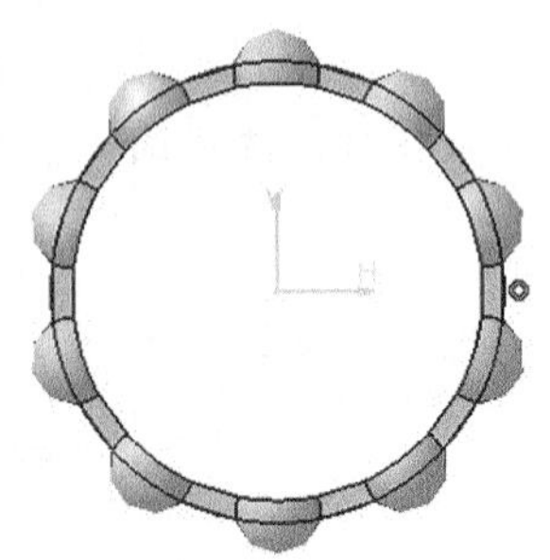

图6-63　绘制圆草图

10. 单击【基于草图的特征】工具栏上的【凹槽】按钮，选择上一步绘制的草图，弹出【定义凹槽】对话框，设置凹槽参数后，单击【确定】按钮，系统自动完成凹槽特征，如图 6-64 所示。

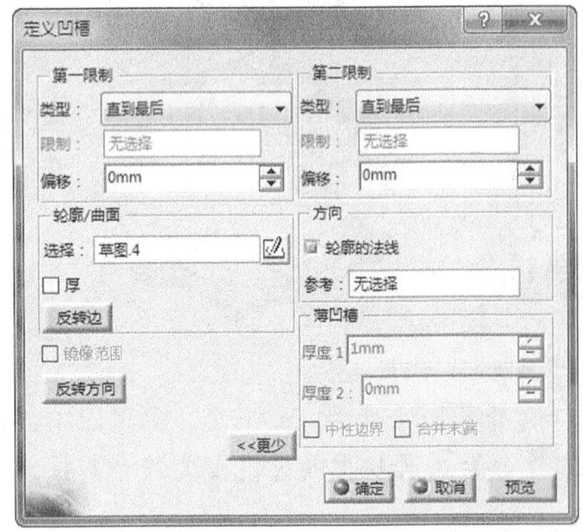

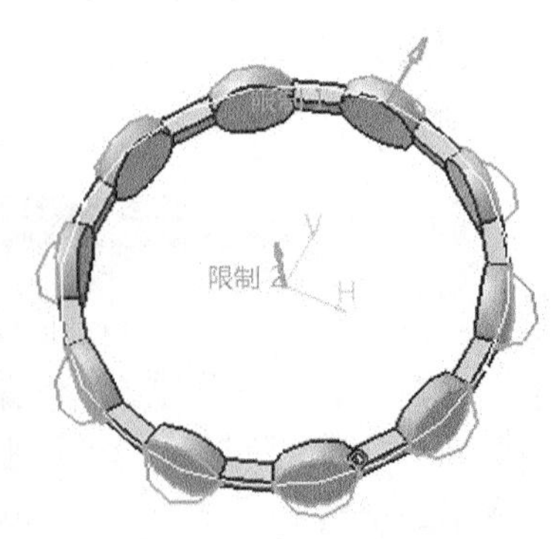

图6-64　创建凹槽特征

11. 单击【草图】按钮，在工作窗口选择草图平面为 *zx* 平面，利用圆弧、直线、轴线等工具绘制如图 6-65 所示的草图。单击【工作台】工具栏上的【退出工作台】按钮，完成草图绘制。

12. 单击【基于草图的特征】工具栏上的【旋转体】按钮，选择旋转截面，弹出【定义旋转体】对话框，选择上一步绘制的草图为旋转槽截面，单击【确定】按钮，系统自动完成旋转槽特征，如图 6-66 所示。

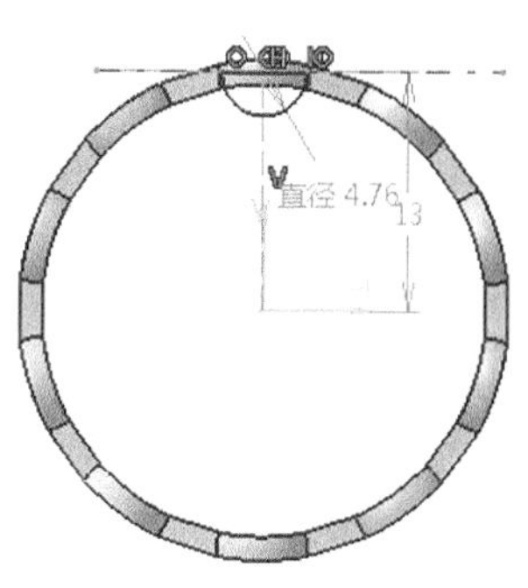

图6-65 绘制草图

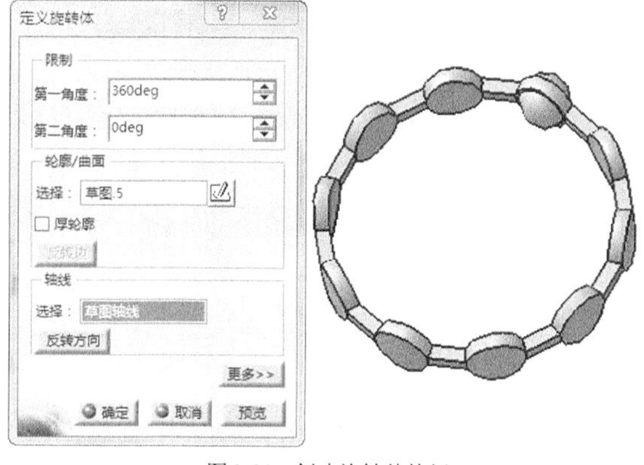

图6-66 创建旋转体特征

13. 选择上一步所创建的球特征，单击【变换特征】工具栏上的【圆形阵列】按钮，弹出【定义圆形阵列】对话框，在【轴向参考】选项卡中设置阵列参数，选择如图 6-67 所示的侧面为阵列轴，如图 6-67 所示。

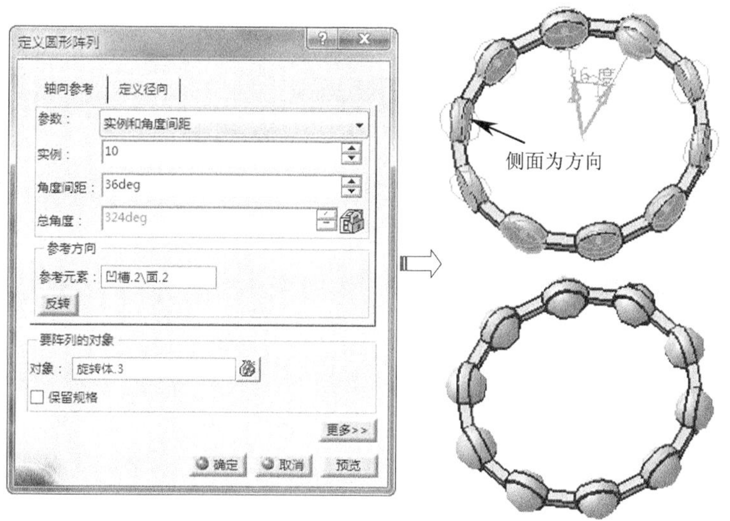

图6-67 创建圆形阵列特征

14. 单击【草图】按钮，在工作窗口选择草图平面为 *yz* 平面，进入草图编辑器。利用矩形、轴线、圆弧等工具绘制如图 6-68 所示的草图。单击【工作台】工具栏上的【退出工作台】按钮，完成草图绘制。

15. 单击【基于草图的特征】工具栏上的【旋转体】按钮，选择旋转截面，弹出【定义旋转体】对话框，选择上一步绘制的草图为旋转槽截面，单击【确定】按钮，系统自动完成旋转槽特征，如图 6-69 所示。

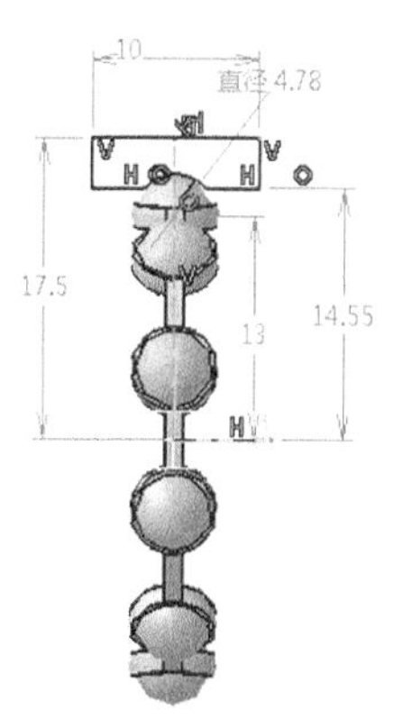

图6-68 绘制草图

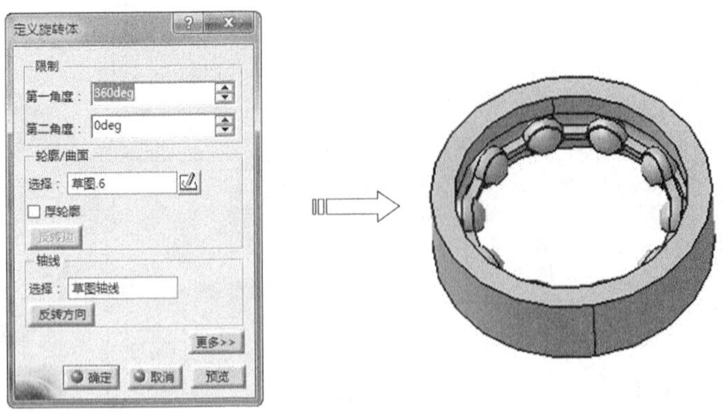

图6-69　创建旋转体特征

16. 单击【草图】按钮，在工作窗口选择草图平面为 *yz* 平面，进入草图编辑器。利用矩形、轴线、圆弧等工具绘制如图 6-70 所示的草图。单击【工作台】工具栏上的【退出工作台】按钮，完成草图绘制。

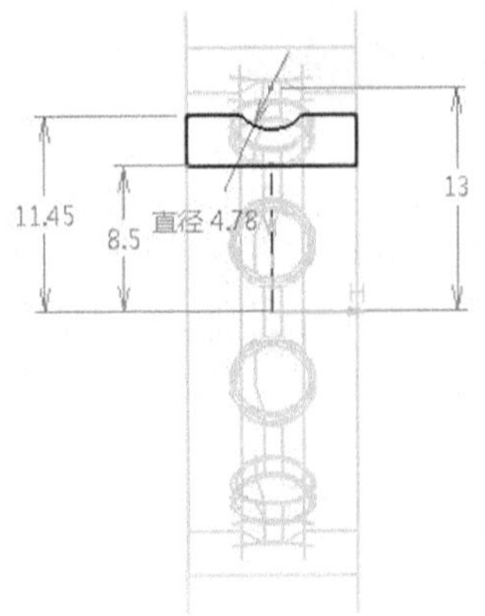

图6-70　绘制草图

17. 单击【基于草图的特征】工具栏上的【旋转体】按钮，选择旋转截面，弹出【定义旋转体】对话框，选择上一步绘制的草图为旋转槽截面，单击【确定】按钮，系统自动完成旋转槽特征，如图 6-71 所示。

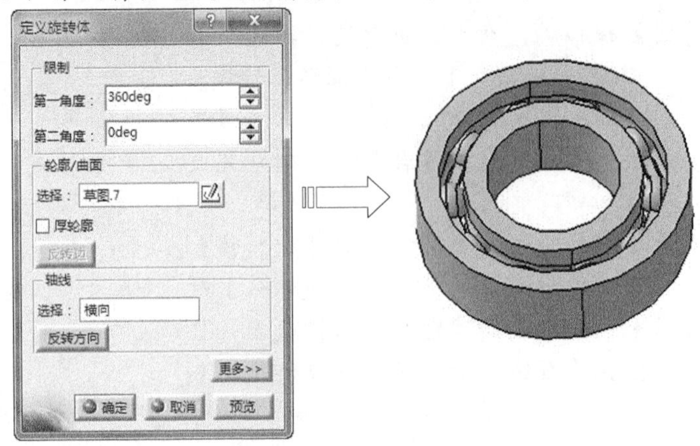

图6-71　创建旋转体特征

18. 单击【修饰特征】工具栏上的【倒圆角】按钮，弹出【倒圆角定义】对话框，在【半径】文本框中输入圆角半径 0.3，然后激活【要圆角化的对象】编辑框，选择实体上将要进行圆角的边或者面，单击【确定】按钮，系统自动完成圆角特征，如图 6-72 所示。

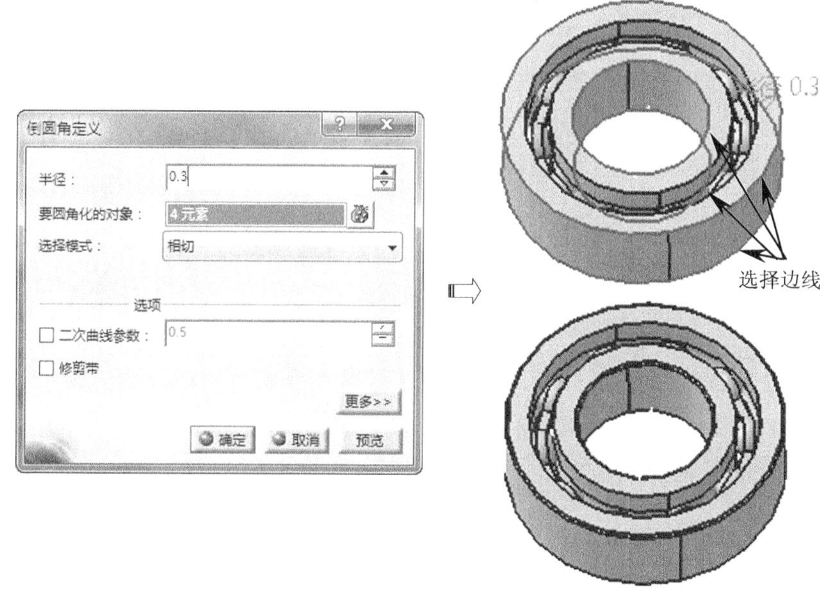

图6-72　创建倒圆角特征

6.1.4　销、键连接设计

销和键是常用的标准件之一。销主要有圆锥销、圆柱销、开口销、销轴、带孔销等，键主要有平键、半圆键和花键等。

一、销

销主要是回转体零件，结构较为简单，下面以开口销为例介绍销的造型过程，如图 6-73 所示。

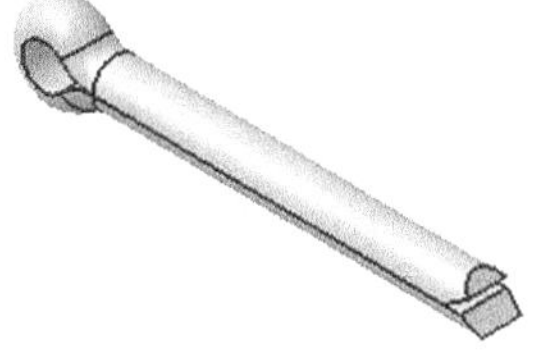

图6-73　开口销模型

1. 在【标准】工具栏中单击【新建】按钮，在弹出的对话框中选择“part”，单击【确定】按钮新建一个零件文件；选择【开始】/【机械设计】/【零件设计】命令，进入【零件设计】工作台。
2. 单击【参考元素】工具栏上的【平面】按钮，弹出【平面定义】对话框，在【平面类型】下拉列表中选择【偏移平面】选项，选择 *zx* 平面作为参考，

在【偏移】文本框输入 160，单击【确定】按钮，系统自动完成平面创建，如图 6-74 所示。

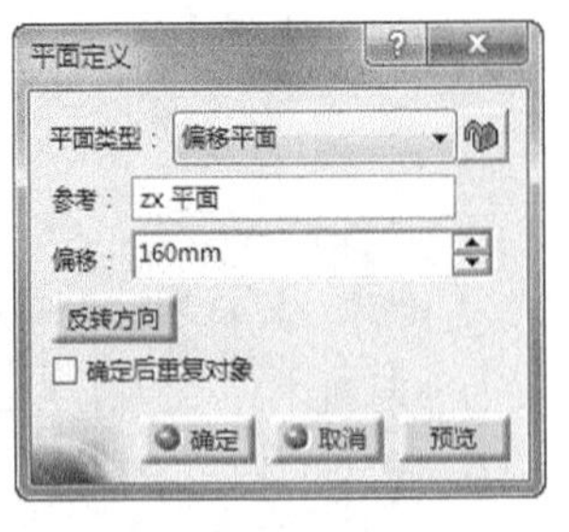

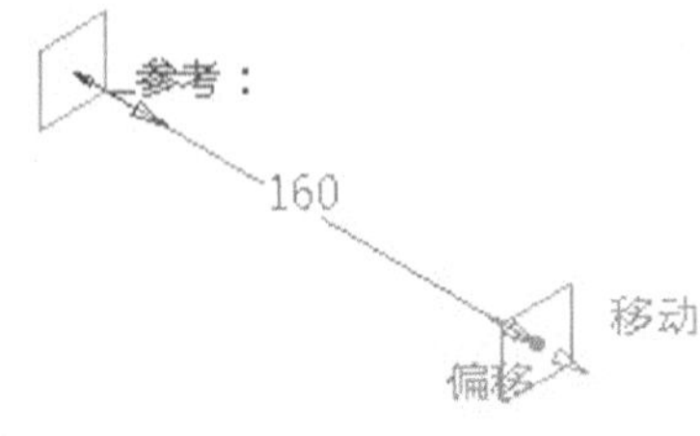

图6-74　创建平面

3. 单击【草图】按钮，在工作窗口选择新建的平面.1，进入草图编辑器。利用圆弧、直线等工具绘制如图 6-75 所示的草图。单击【工作台】工具栏上的【退出工作台】按钮，完成草图绘制。
4. 单击【草图】按钮，在工作窗口选择草图平面为 *yz* 平面，进入草图编辑器。利用直线、圆弧、圆角等工具绘制如图 6-76 所示的草图。单击【工作台】工具栏上的【退出工作台】按钮，完成草图绘制。

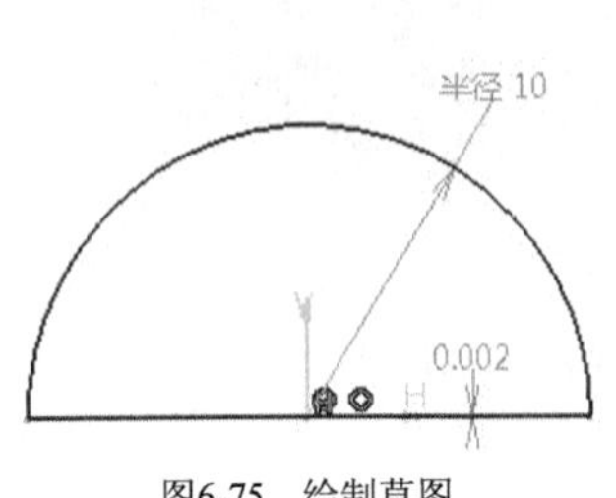

图6-75　绘制草图

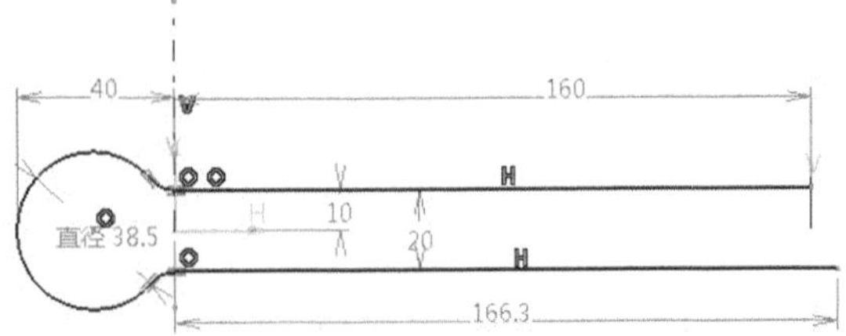

图6-76　绘制草图

5. 单击【基于草图的特征】工具栏上的【肋】按钮，弹出【定义肋】对话框，选择“草图.1”为轮廓，选择“草图.2”为中心曲线，单击【确定】按钮，系统创建肋特征，如图 6-77 所示。

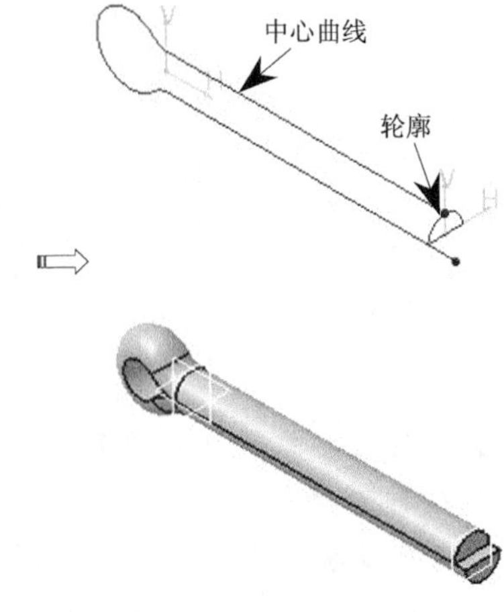

图6-77　创建肋特征

6. 单击【草图】按钮，在工作窗口选择草图平面为 *yz* 平面，进入草图编辑器。利用直线等工具绘制如图 6-78 所示的草图。单击【工作台】工具栏上的【退出工作台】按钮，完成草图绘制。

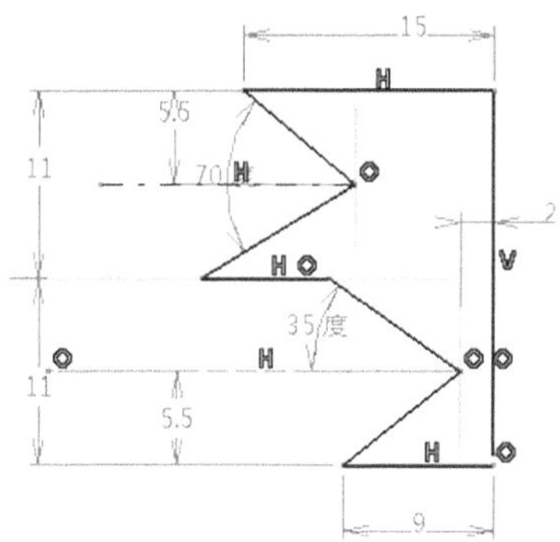

图6-78　绘制草图

7. 单击【基于草图的特征】工具栏上的【凹槽】按钮，选择上一步绘制的草图，弹出【定义凹槽】对话框，设置凹槽参数后，单击【确定】按钮，系统自动完成凹槽特征，如图 6-79 所示。

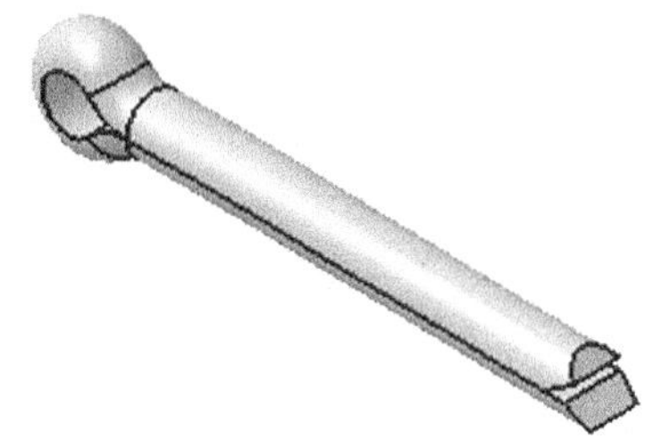

图6-79　创建凹槽特征

二、键

键主要有平键、半圆键和花键等。下面以导向平键为例，介绍键的造型过程，如图 6-80 所示。

1. 在【标准】工具栏中单击【新建】按钮，在弹出的对话框中选择“part”，单击【确定】按钮新建一个零件文件；选择【开始】/【机械设计】/【零件设计】命令，进入【零件设计】工作台。
2. 单击【草图】按钮，在工作窗口选择草图平面为 *xy* 平面，进入草图编辑器。利用矩形等工具绘制如图 6-81 所示的草图。单击【工作台】工具栏上的【退出工作台】按钮，完成草图绘制。

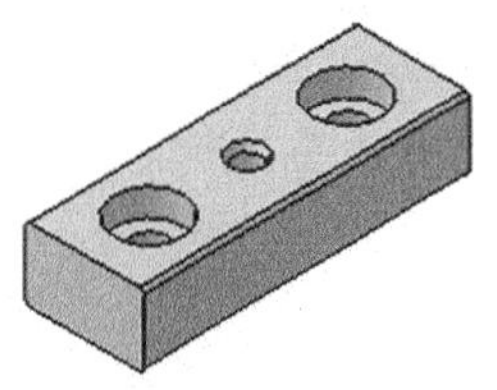

图6-80　导向平键

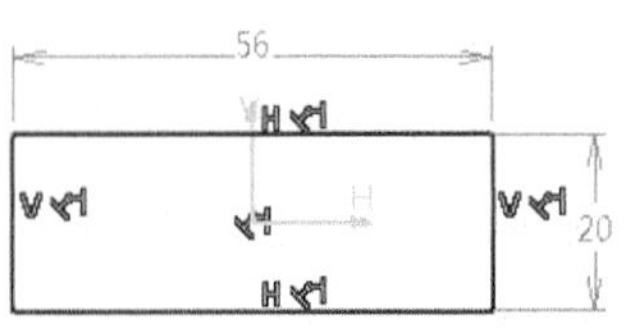

图6-81　绘制草图

3. 单击【基于草图的特征】工具栏上的【凸台】按钮，弹出【定义凸台】对话框，选择上一步所绘制的草图，拉伸 12mm，单击【确定】按钮完成拉伸特征，如图 6-82 所示。

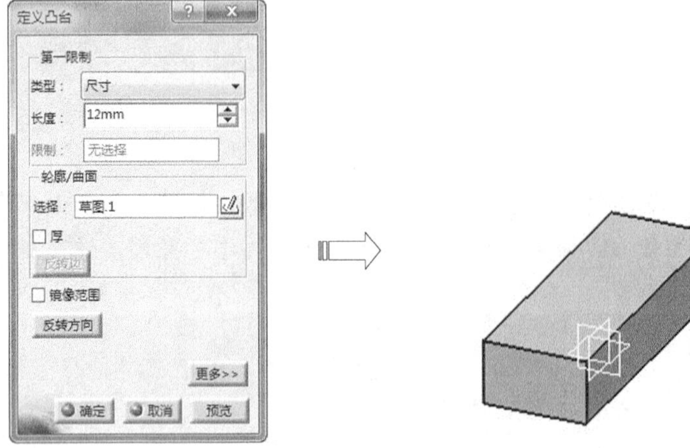

图6-82　创建拉伸特征

4. 单击【修饰特征】工具栏上的【倒圆角】按钮，弹出【倒圆角定义】对话框，在【半径】文本框中输入圆角半径 0.7，然后激活【要圆角化的对象】编辑框，选择实体上将要进行圆角的边，单击【确定】按钮，系统自动完成圆角特征，如图 6-83 所示。

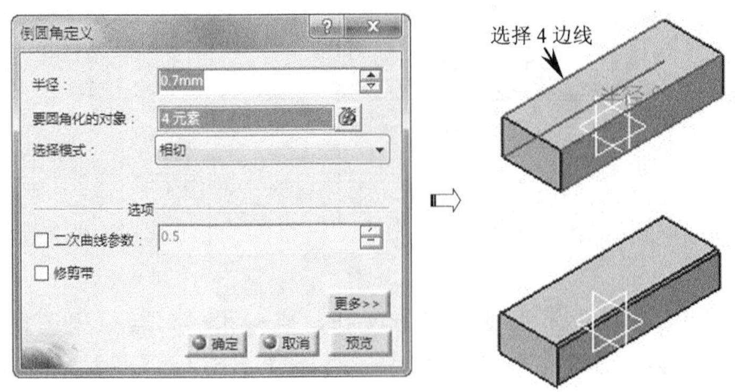

图6-83　创建倒圆角特征

5. 创建沉孔特征，具体步骤如下。

(1) 单击【基于草图的特征】工具栏上的【孔】按钮，选择上表面为钻孔的实体表面后，弹出【定义孔】对话框，设置【扩展】为【直到最后】，【直径】为 6.6，如图 6-84 所示。

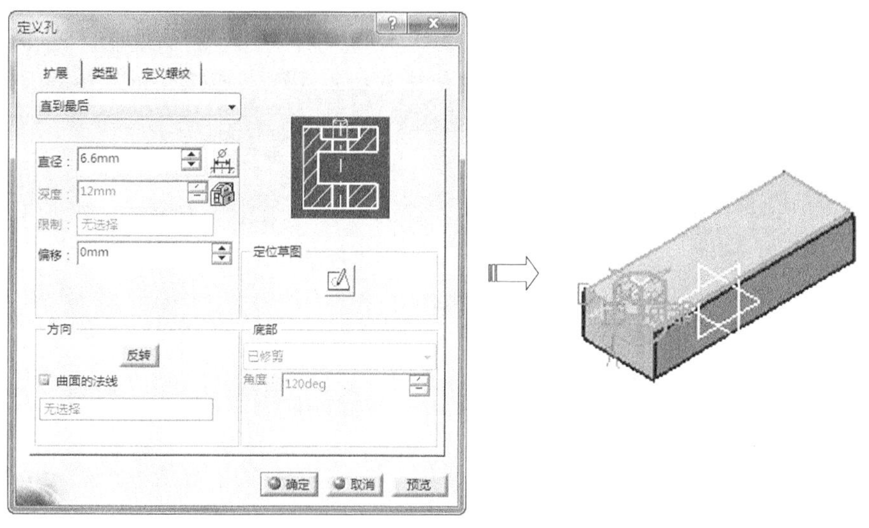

图6-84　选择孔表面和设置孔参数

(2) 单击【定位草图】按钮，进入草图编辑器，约束定位钻孔位置如图 6-85 所示。单击【工作台】工具栏上的【退出工作台】按钮返回。

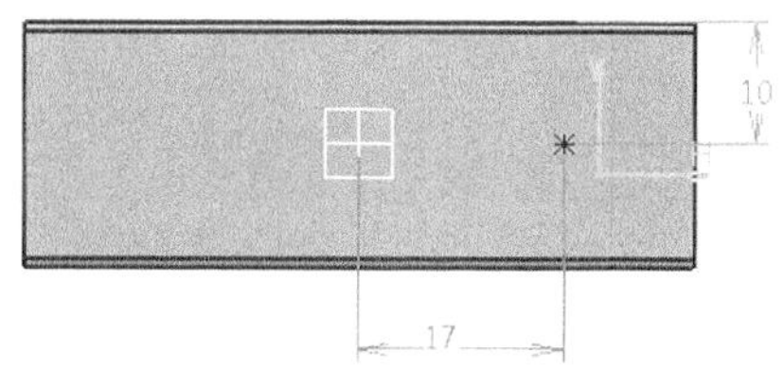

图6-85　定位孔位置

(3) 单击【类型】选项卡，设置沉孔参数如图 6-86 所示。单击【定义孔】对话框中的【确定】按钮，系统自动完成孔特征，如图 6-87 所示。

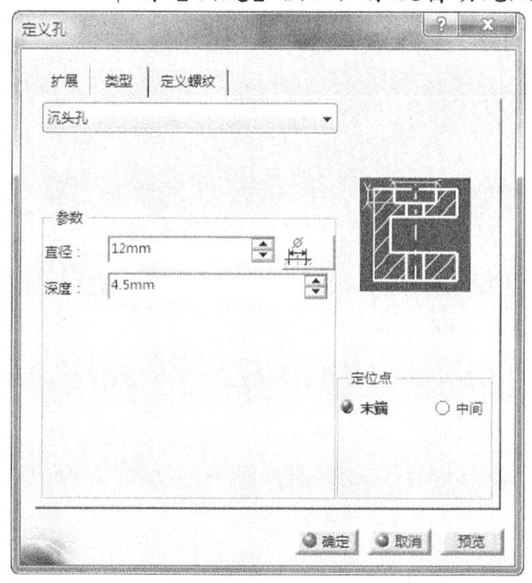

图6-86　设置沉孔参数

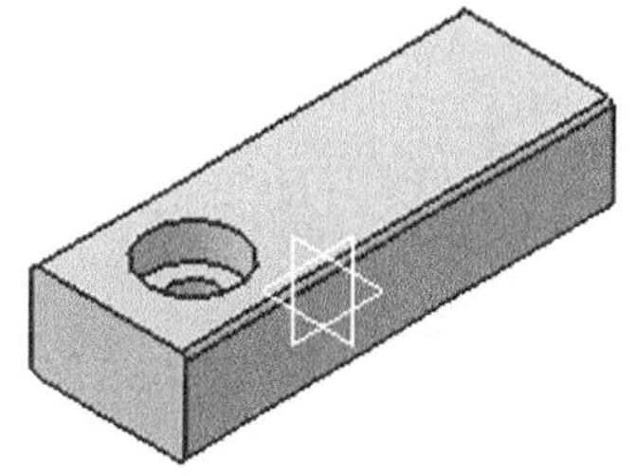

图6-87　创建孔特征

6. 选择上一步孔特征，单击【变换特征】工具栏上的【镜像】按钮，选择 *yz* 平面作为镜像平面，单击【确定】按钮，系统自动完成镜像特征，如图 6-88 所示。

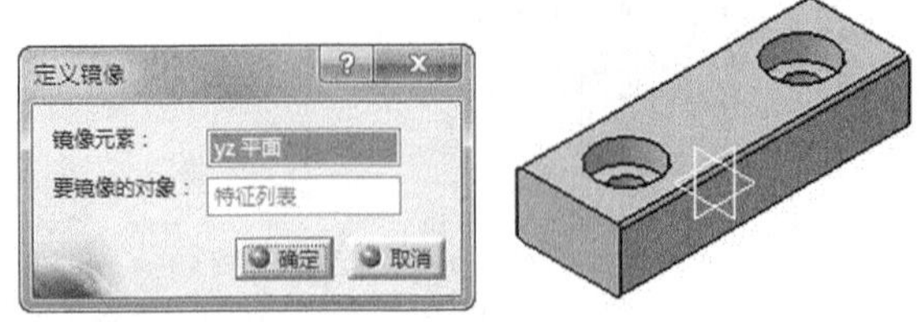

图6-88　创建镜像特征

7. 创建螺纹孔特征，具体步骤如下。

(1) 单击【基于草图的特征】工具栏上的【孔】按钮，选择上表面为钻孔的实体表面后，弹出【定义孔】对话框，设置【扩展】为【直到最后】，如图 6-89 所示。

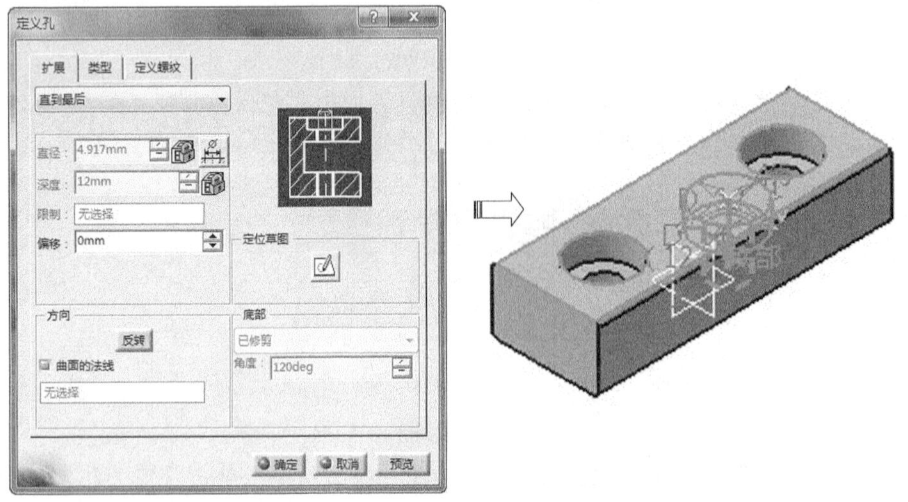

图6-89　选择孔表面和设置孔参数

(2) 单击【定位草图】按钮，进入草图编辑器，约束定位钻孔位置如图 6-90 所示。单击【工作台】工具栏上的【退出工作台】按钮返回。

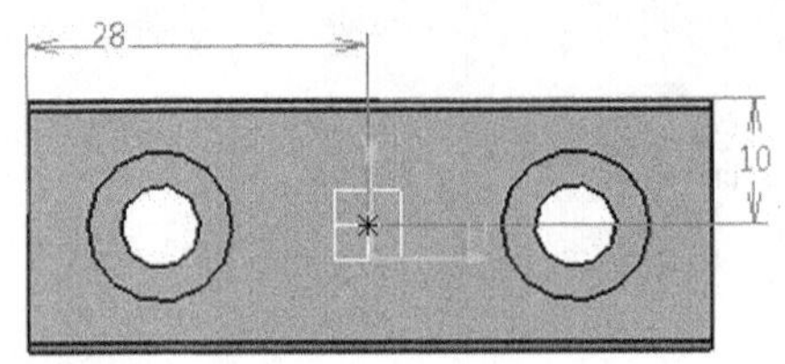

图6-90　定位孔位置

(3) 单击【定义螺纹】选项卡，设置螺纹孔参数如图 6-91 所示。单击【定义孔】对话框中的【确定】按钮，系统自动完成孔特征，如图 6-92 所示。

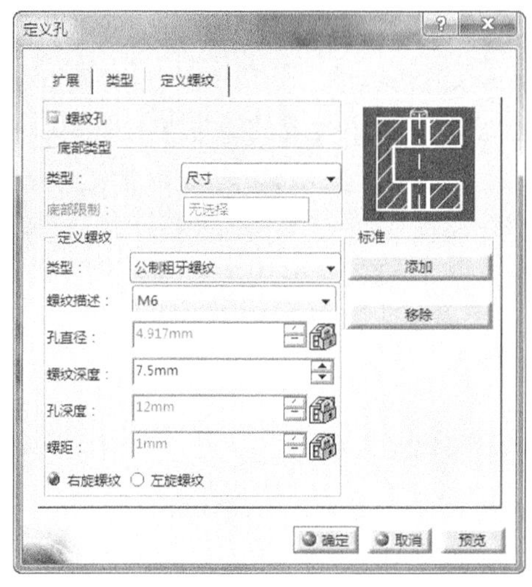

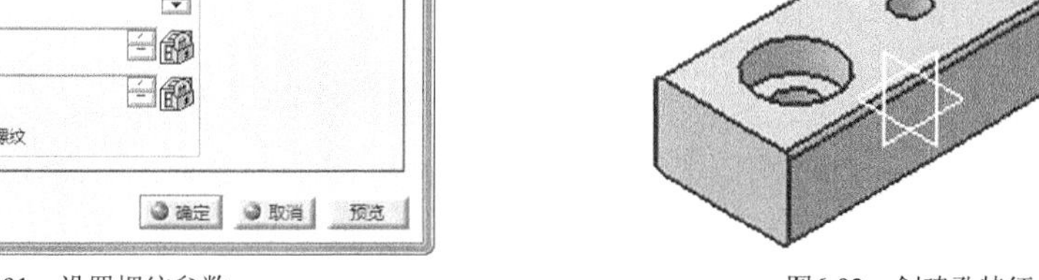

图6-91　设置螺纹参数　　图6-92　创建孔特征

8. 单击【修饰特征】工具栏上的【倒角】按钮，弹出【定义倒角】对话框，设置倒角的长度和角度，激活【要倒角的对象】编辑框，选择要倒角的边线，单击【确定】按钮，系统自动完成倒角特征，如图 6-93 所示。

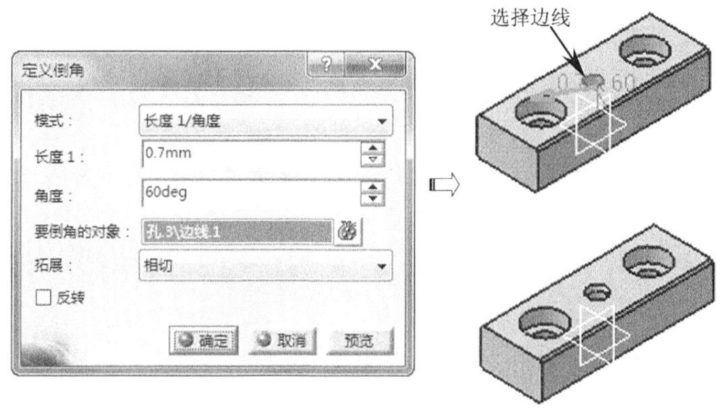

图6-93　创建倒角特征

6.1.5 弹簧设计

弹簧主要有不等节距截锥螺旋弹簧、环形螺旋弹簧、圆柱螺旋拉伸弹簧、圆柱螺旋压缩弹簧等。下面以圆柱螺旋压缩弹簧为例介绍弹簧的造型方法，如图 6-94 所示。

图6-94　圆柱螺旋压缩弹簧

1. 在【标准】工具栏中单击【新建】按钮，在弹出的对话框中选择“part”，单击【确定】按钮新建一个零件文件；选择【开始】/【机械设计】/【零件设计】命令，进入【零件设计】工作台。
2. 选择【开始】/【形状】/【创成式外形设计】命令，进入创成式外形设计工作台。

3. 单击【线框】工具栏上的【点】按钮，弹出【点定义】对话框，在(50,0,0)、(0,0,0)、(0,0,100)处创建点，如图 6-95 所示。
4. 单击【参考元素】工具栏上的【直线】按钮，弹出【直线定义】对话框，在【线型】下拉列表中选择【点-点】选项，选择如图 6-96 所示两点作为参考，单击【确定】按钮，系统自动完成直线创建。

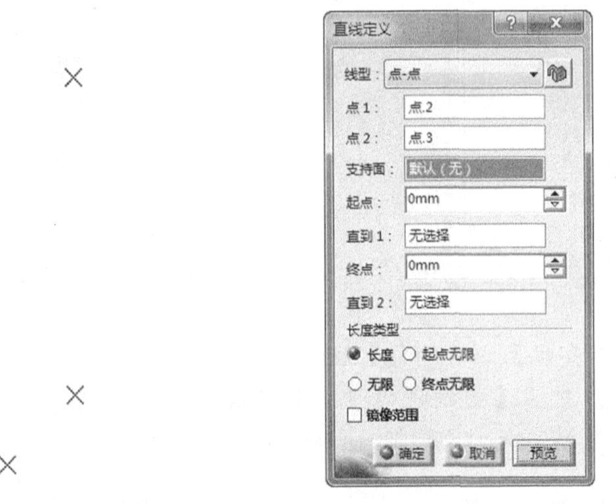

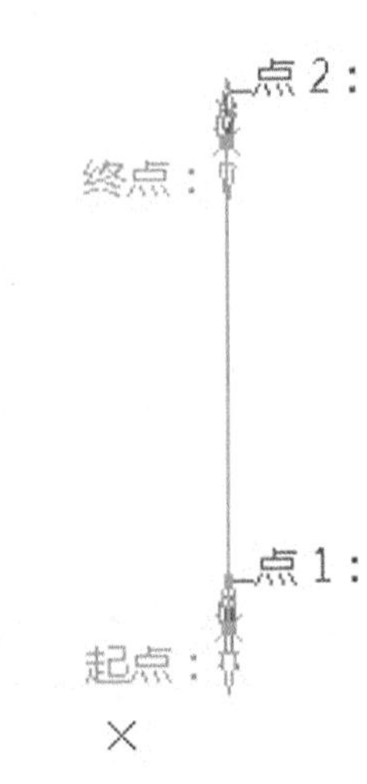

图6-95　创建点　　图6-96　创建直线

5. 单击【线框】工具栏上的【螺旋】按钮，弹出【螺旋曲线定义】对话框，激活【起点】选择框，选择螺旋线的起点，激活【轴】选择框选择轴线，在【螺距】文本框中设置螺旋线的节距，在【高度】文本框中设置高度，单击【确定】按钮，系统自动完成螺旋线创建，如图 6-97 所示。

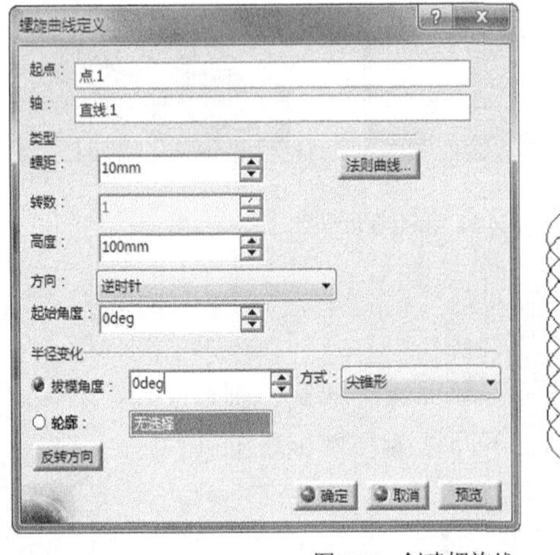

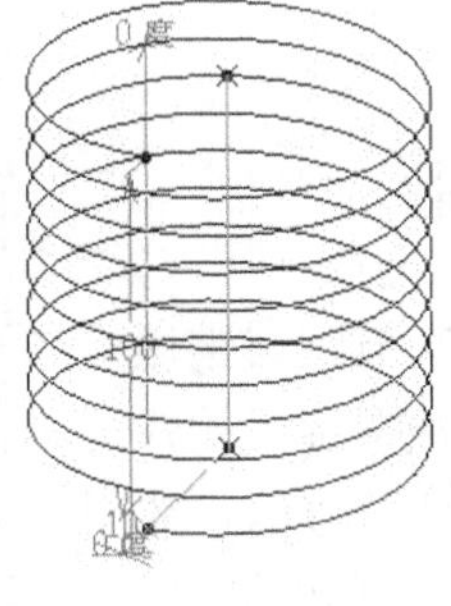

图6-97　创建螺旋线

6. 选择【开始】/【机械设计】/【零件设计】命令，进入零件设计工作台。
7. 单击【草图】按钮，在工作窗口选择草图平面为 *zx* 平面，进入草图编辑器。利用圆等工具绘制如图 6-98 所示的草图。单击【工作台】工具栏上的【退出工作台】按钮，完成草图绘制。
8. 单击【基于草图的特征】工具栏上的【肋】按钮，弹出【定义肋】对话框框，选择草图为轮廓、螺旋线为中心曲线，并设置相关参数后，单击【确定】按钮，系统创建肋特征，如图 6-99 所示。

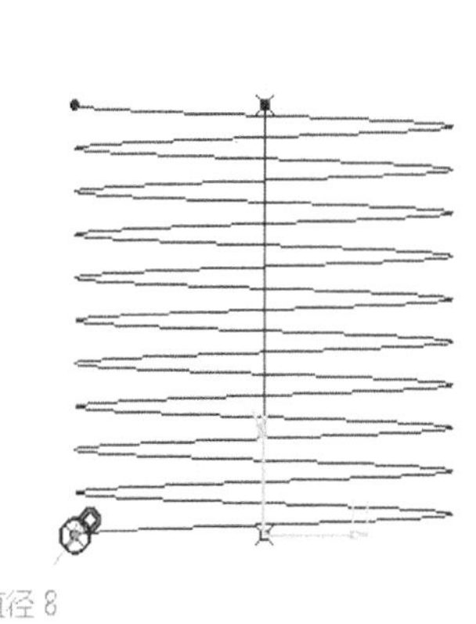

图6-98　绘制草图

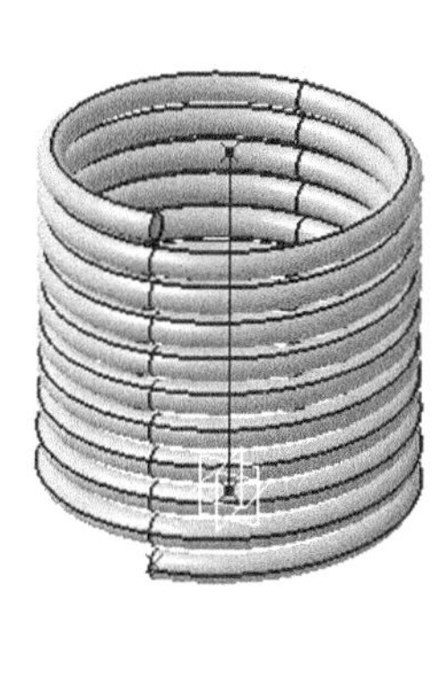

图6-99　创建肋特征

9. 选择 *yz* 平面作为草绘平面，单击【草图】按钮，利用矩形工具绘制如图 6-100 所示的轮廓。单击【工作台】工具栏上的【退出工作台】按钮，完成草图绘制。

10. 单击【基于草图的特征】工具栏上的【凹槽】按钮，选择上一步绘制的草图，弹出【定义凹槽】对话框，设置凹槽参数后，单击【确定】按钮，系统自动完成凹槽特征，如图 6-101 所示。

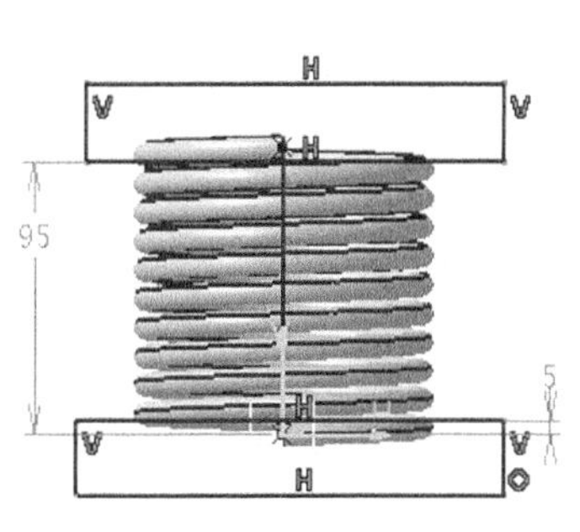

图6-100　绘制草图

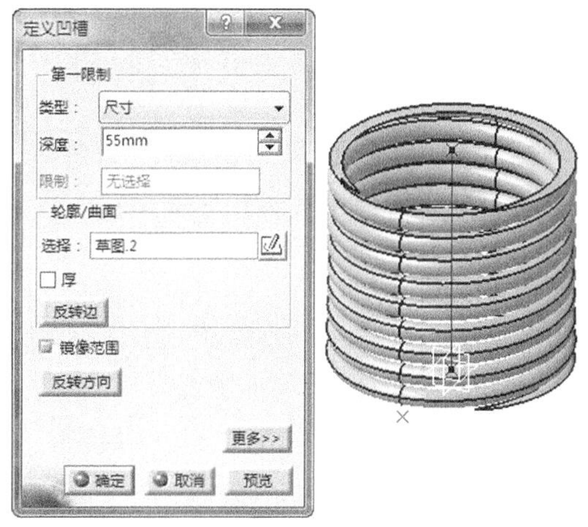

图6-101　创建凹槽特征

6.2 机械 4 大类零件设计

用的机械零件主要有轴类、盘盖类、箱体类、支架类、钣金类、叶轮叶片类等，下面介绍最常用的 4 大类零件绘制方法和过程。

6.2.1　轴类零件设计

轴类零件的共同特点是：它们一般是回转体，各轴段直径有一定差异呈阶梯状；当传递扭矩时，轴类零件具有键槽或花键槽结构，同时轴端倒角。如果忽略轴类零件的一些次要结构及非对称性结构，那么它的主要结构将是由不同直径的等径圆柱体组合而成的，其外形结构一般为阶梯轴。下面以如图 6-102 所示的传动轴为例来讲解传动轴绘制过程。

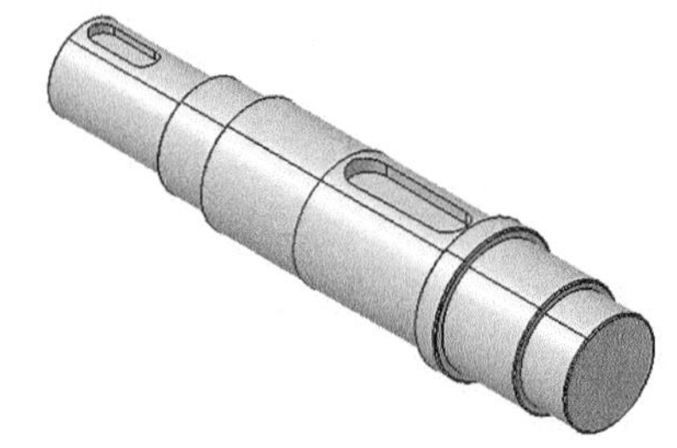

图6-102　传动轴

1. 在【标准】工具栏中单击【新建】按钮，在弹出的对话框中选择“part”，单击【确定】按钮新建一个零件文件；选择【开始】/【机械设计】/【零件设计】命令，进入【零件设计】工作台。
2. 单击【草图】按钮，在工作窗口选择草图平面为 *yz* 平面，进入草图编辑器。利用轮廓、直线、轴线等工具绘制如图 6-103 所示的草图。单击【工作台】工具栏上的【退出工作台】按钮，完成草图绘制。

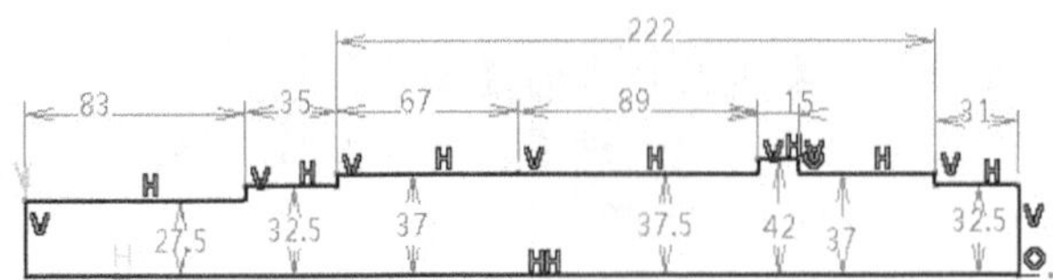

图6-103　绘制草图

3. 单击【基于草图的特征】工具栏上的【旋转体】按钮，选择旋转截面，弹出【定义旋转体】对话框，选择上一步绘制的草图为旋转槽截面，单击【确定】按钮，系统自动完成旋转体特征，如图 6-104 所示。

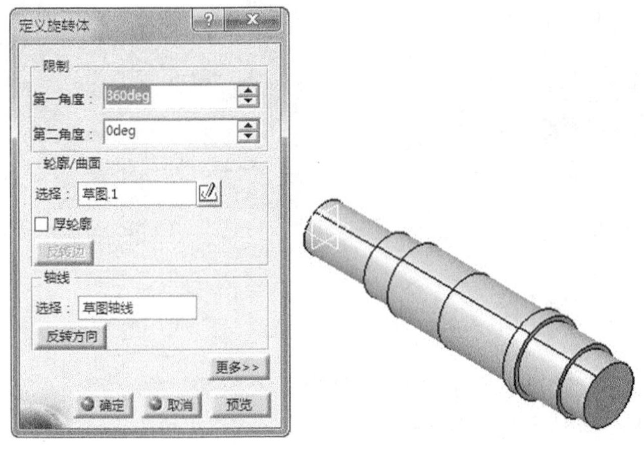

图6-104　创建旋转体特征

4. 单击【参考元素】工具栏上的【平面】按钮，弹出【平面定义】对话框，在【平面类型】下拉列表中选择【偏移平面】选项，选择 *xy* 平面作为参考，在【偏移】文本框输入 37.5，单击【确定】按钮，系统自动完成平面创建，如图 6-105 所示。

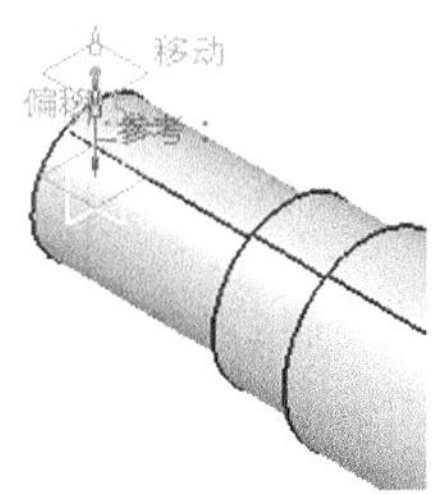

图6-105　创建平面

5. 选择上一步所创建平面作为草绘平面，单击【草图】按钮，进入草图编辑器。利用延长孔等工具绘制如图 6-106 所示的草图。单击【工作台】工具栏上的【退出工作台】按钮，完成草图绘制。

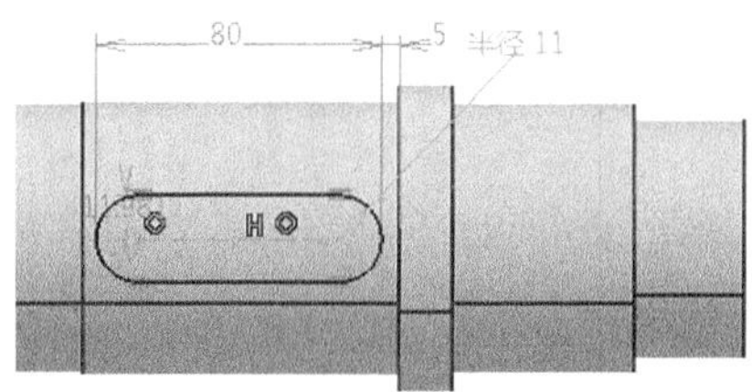

图6-106　创建草图

6. 单击【基于草图的特征】工具栏上的【凹槽】按钮，选择上一步绘制的草图，弹出【定义凹槽】对话框，设置凹槽【深度】为 9，单击【确定】按钮，系统自动完成凹槽特征，如图 6-107 所示。

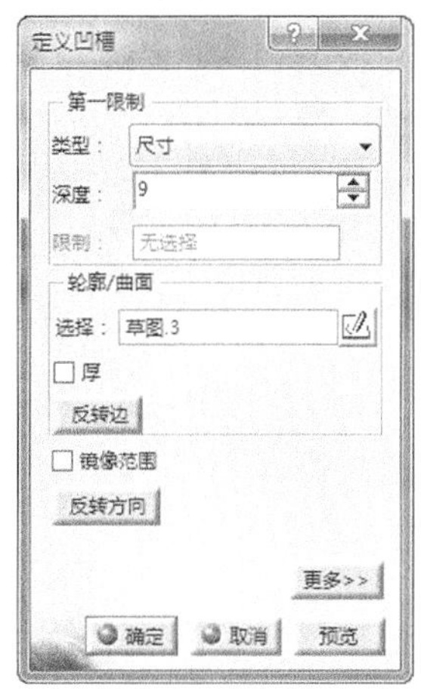

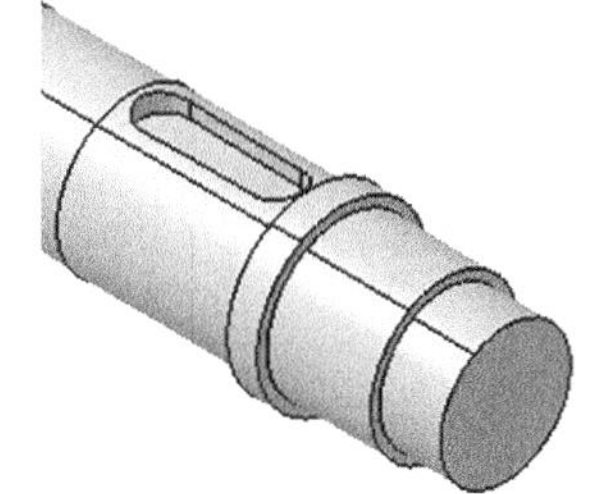

图6-107　创建凹槽特征

7. 选择上一步所创建平面.1 作为草绘平面，单击【草图】按钮，进入草图编辑器。利用延长孔等工具绘制如图 6-108 所示的草图。单击【工作台】工具栏上的【退出工作台】按钮，完成草图绘制。

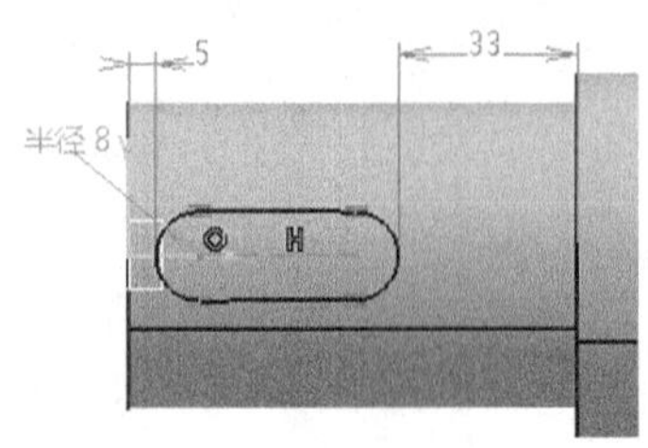

图6-108　创建草图

8. 单击【基于草图的特征】工具栏上的【凹槽】按钮，选择上一步绘制的草图，弹出【定义凹槽】对话框，设置凹槽【深度】为 16，单击【确定】按钮，系统自动完成凹槽特征，如图 6-109 所示。

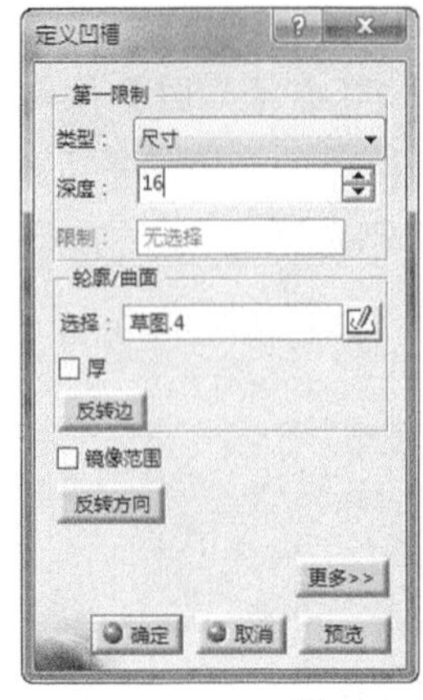

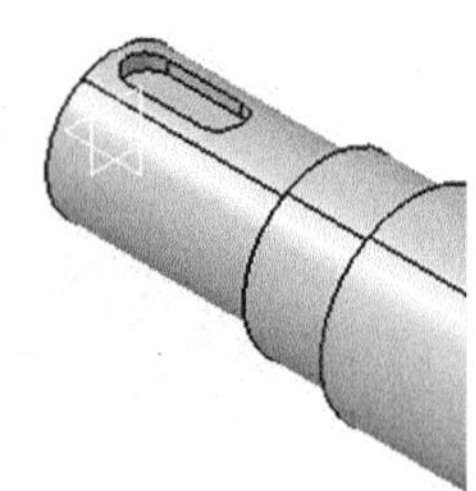

图6-109　创建凹槽特征

9. 单击【修饰特征】工具栏上的【倒角】按钮，弹出【定义倒角】对话框，设置倒角的长度为 1mm，激活【要倒角的对象】编辑框，选择所有台肩边，单击【确定】按钮，系统自动完成倒角特征，如图 6-110 所示。

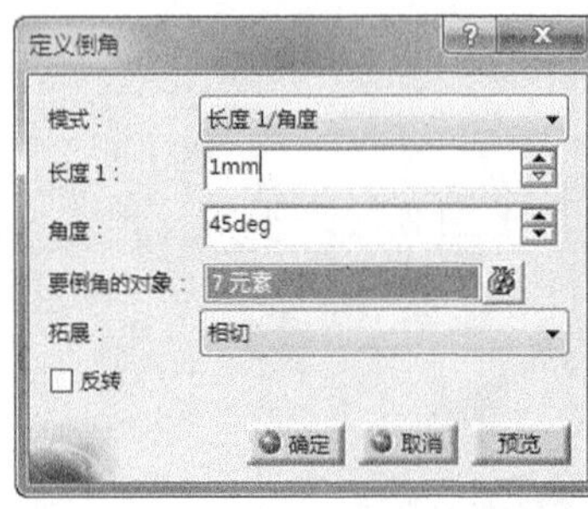

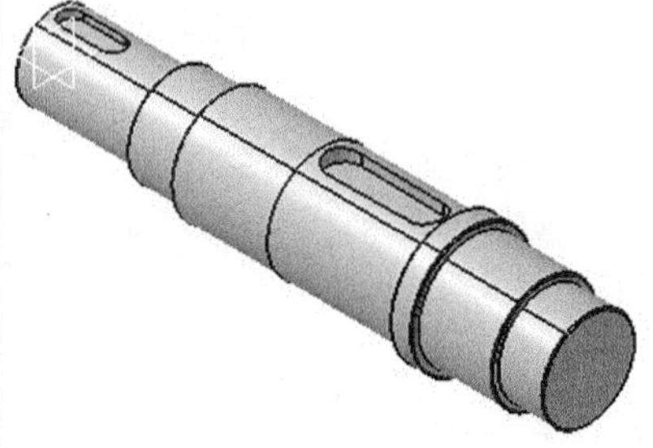

图6-110　创建倒角特征

6.2.2 盘盖类零件

盘盖类零件形状复杂多样，建模方法灵活，本节通过某法兰连接盘为例来讲解盘盖类零件建模方法，如图 6-111 所示。

1. 在【标准】工具栏中单击【新建】按钮，在弹出的对话框中选择“part”，单击【确定】按钮新建一个零件文件；选择【开始】/【机械设计】/【零件设计】命令，进入【零件设计】工作台。

2. 单击【草图】按钮，在工作窗口选择草图平面为 *yz* 平面，进入草图编辑器。利用轮廓、直线、轴线等工具绘制如图 6-112 所示的草图。单击【工作台】工具栏上的【退出工作台】按钮，完成草图绘制。

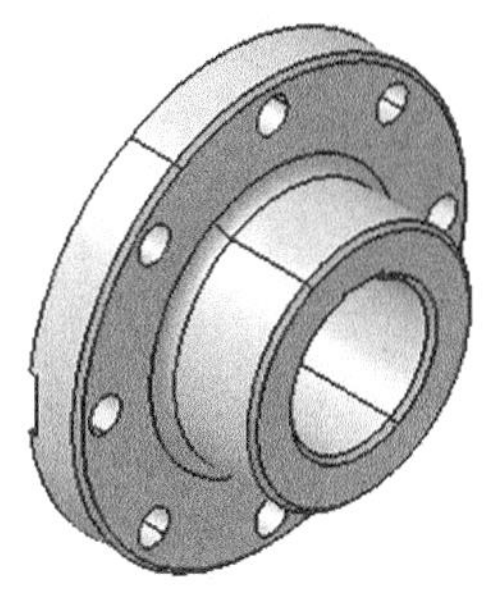

图6-111 法兰连接盘

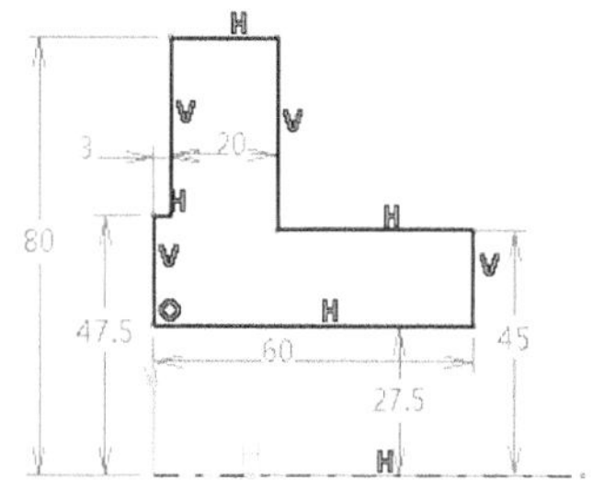

图6-112 绘制草图

3. 单击【基于草图的特征】工具栏上的【旋转体】按钮，选择旋转截面，弹出【定义旋转体】对话框，选择上一步绘制的草图为旋转槽截面，单击【确定】按钮，系统自动完成旋转体特征，如图 6-113 所示。

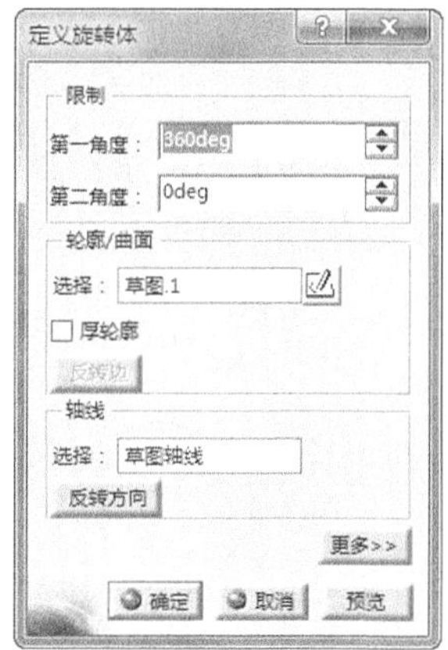

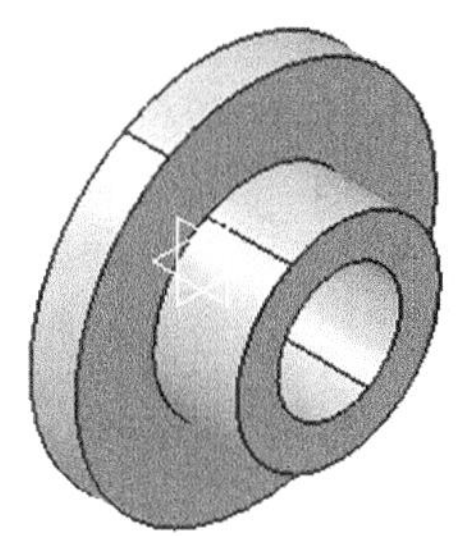

图6-113 创建旋转体特征

4. 选择旋转体小头端面，单击【草图】按钮，进入草图编辑器。利用矩形等工具绘制如图 6-114 所示的草图。单击【工作台】工具栏上的【退出工作台】按钮，完成草图绘制。

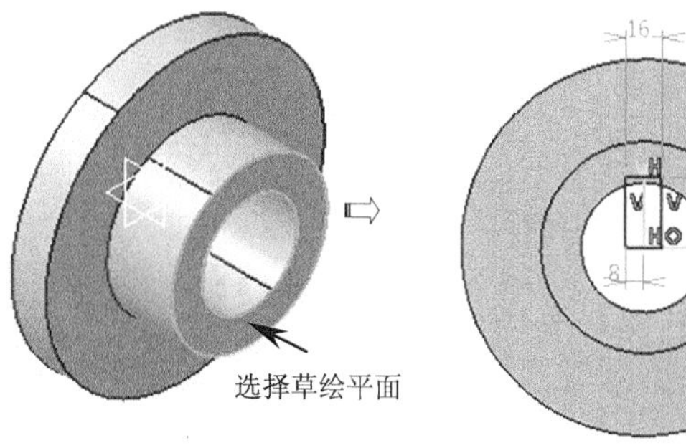

图6-114 绘制草图

5. 单击【基于草图的特征】工具栏上的【凹槽】按钮，选择上一步绘制的草图，弹出【定义凹槽】对话框，设置凹槽【类型】为【直到最后】，单击【确定】按钮，系统自动完成凹槽特征，如图 6-115 所示。

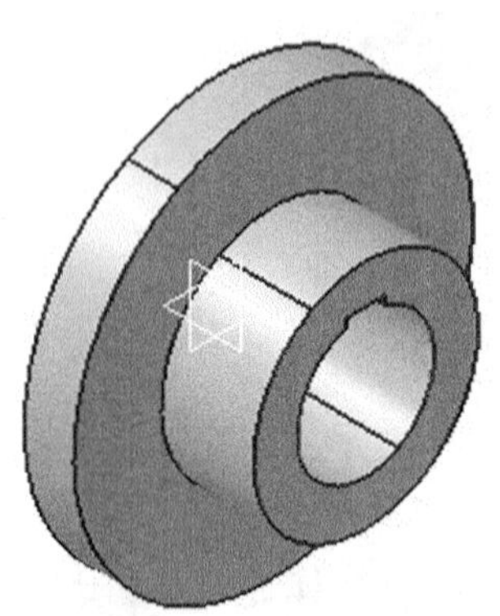

图6-115　创建凹槽特征

6. 选择旋转体大头端面，单击【草图】按钮，进入草图编辑器。利用矩形等工具绘制如图 6-116 所示的草图。单击【工作台】工具栏上的【退出工作台】按钮，完成草图绘制。

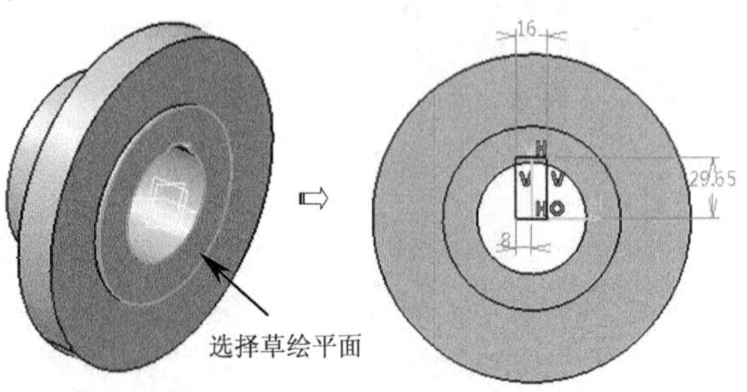

图6-116　绘制草图

7. 单击【基于草图的特征】工具栏上的【凹槽】按钮，选择上一步绘制的草图，弹出【定义凹槽】对话框，设置凹槽【类型】为【直到最后】，单击【确定】按钮，系统自动完成凹槽特征，如图 6-117 所示。

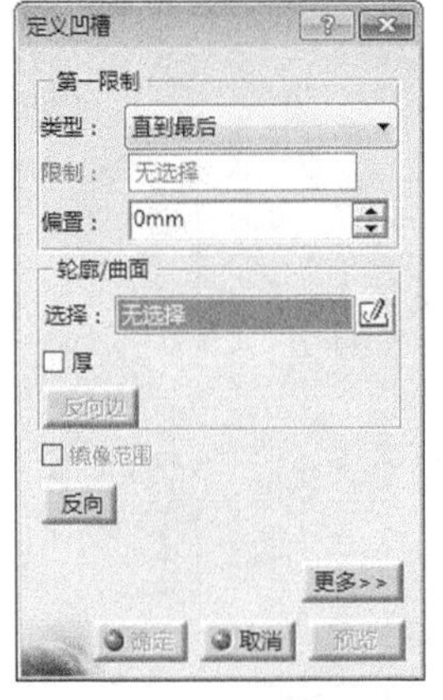

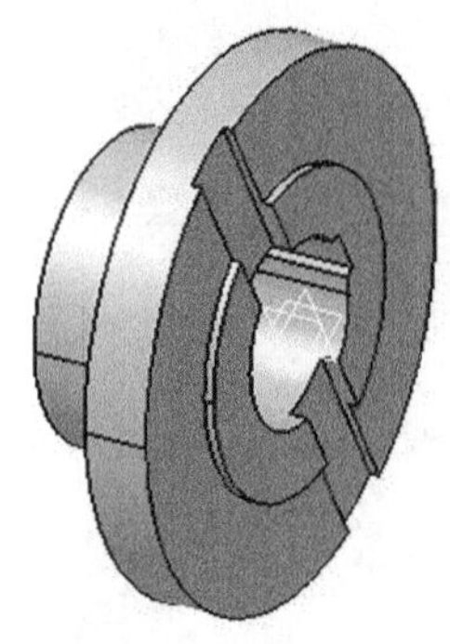

图6-117　创建凹槽特征

8. 单击【修饰特征】工具栏上的【倒角】按钮，弹出【定义倒角】对话框，设置倒角的长度为 2mm，激活【要倒角的对象】编辑框，选择 3 条边线，单击【确定】按钮，系统自动完成倒角特征，如图 6-118 所示。

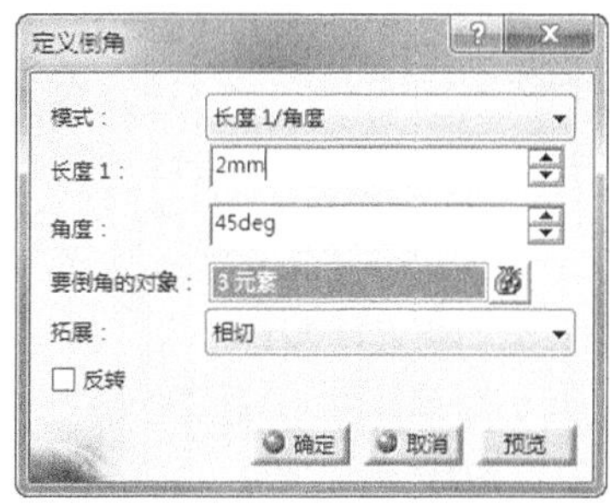

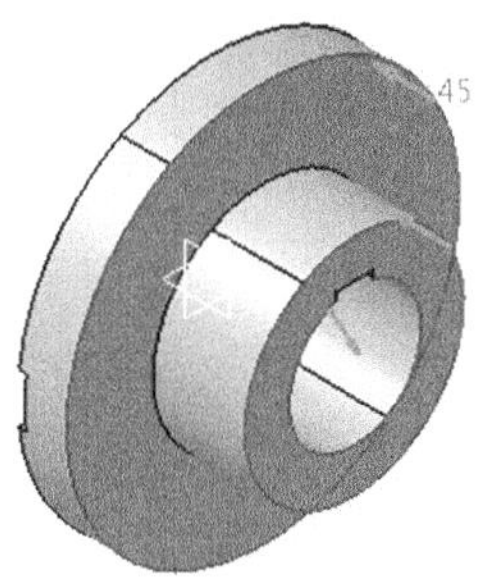

图6-118　创建倒角特征

9. 单击【修饰特征】工具栏上的【倒圆角】按钮，弹出【倒圆角定义】对话框，在【半径】文本框中输入圆角半径 5，然后激活【要圆角化的对象】编辑框，选择实体上将要进行圆角的边，单击【确定】按钮，系统自动完成圆角特征，如图 6-119 所示。

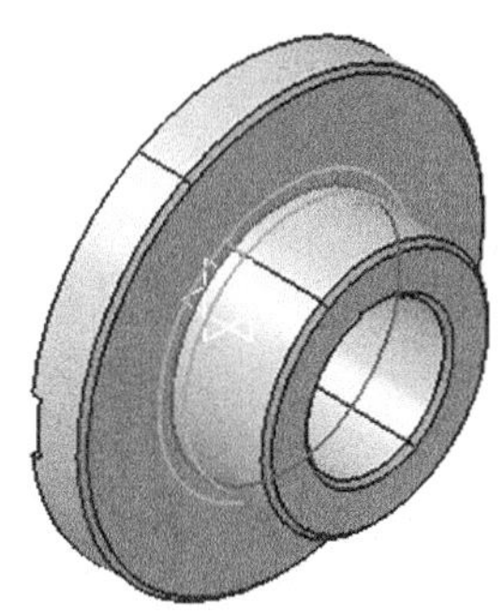

图6-119　创建倒圆角特征

10. 选择旋转体如图 6-120 所示的平面，单击【草图】按钮，进入草图编辑器。利用圆、旋转等工具绘制如图 6-120 所示的草图。单击【工作台】工具栏上的【退出工作台】按钮，完成草图绘制。

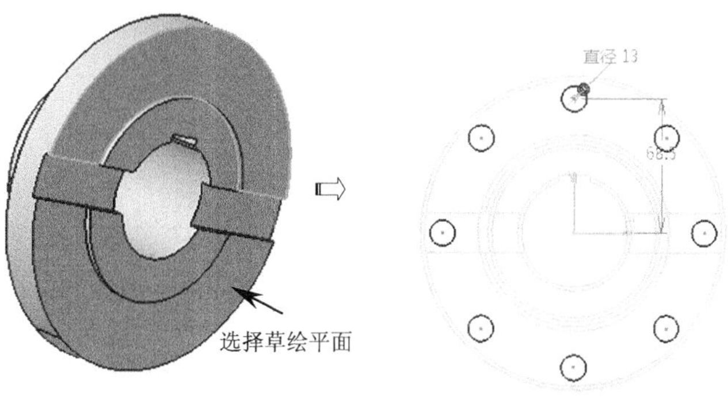

图6-120　绘制草图

11. 单击【基于草图的特征】工具栏上的【凹槽】按钮，选择上一步绘制的草图，弹出【定义凹槽】对话框，设置凹槽【类型】为【直到最后】，单击【确

定】按钮，系统自动完成凹槽特征，如图 6-121 所示。

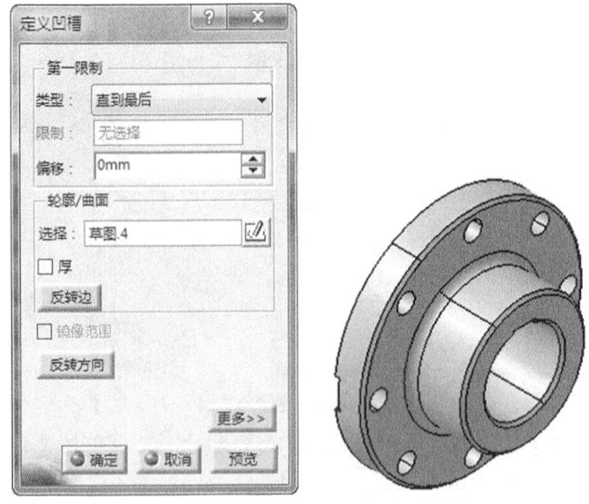

图6-121　创建凹槽特征

6.2.3 箱体类零件

箱体零件种类繁多，结构差异很大，其结构以箱壁、筋板和框架为主，工作表面以孔和凸台为主。在结构上箱体类零件的共性较少，只能针对具体零件具体设计。本节通过变速箱体的设计来介绍箱体类零件的创建过程，如图 6-122 所示。

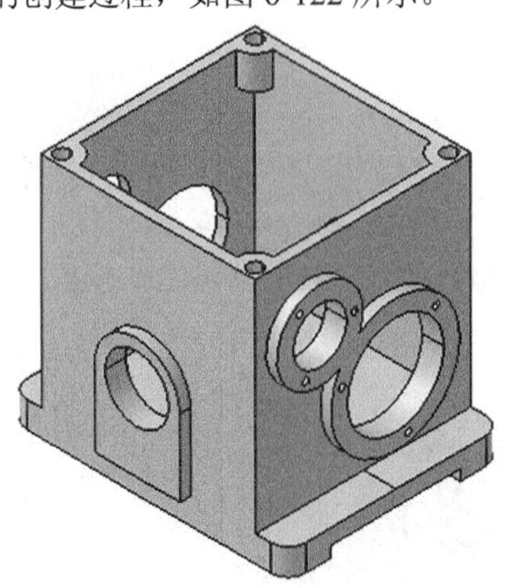

图6-122　变速箱箱体

1. 在【标准】工具栏中单击【新建】按钮，在弹出的对话框中选择“part”，单击【确定】按钮新建一个零件文件；选择【开始】/【机械设计】/【零件设计】命令，进入【零件设计】工作台。
2. 单击【草图】按钮，在工作窗口选择草图平面为 *xy* 平面，进入草图编辑器。利用矩形等工具绘制如图 6-123 所示的草图。单击【工作台】工具栏上的【退出工作台】按钮，完成草图绘制。

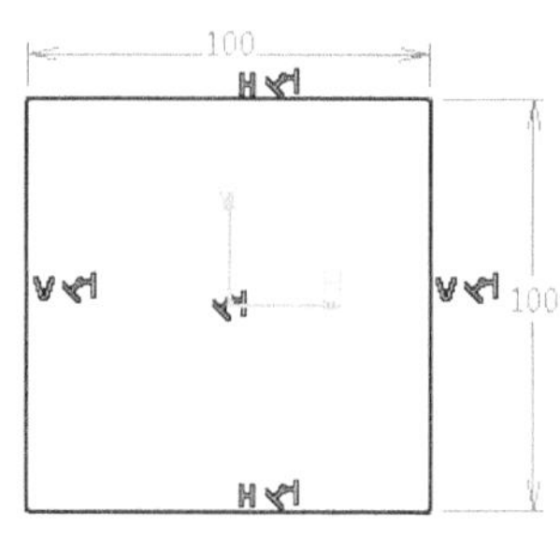

图6-123　绘制草图

3. 单击【基于草图的特征】工具栏上的【凸台】按钮，弹出【定义凸台】对话框，选择上一步所绘制的草图，拉伸 100mm，单击【确定】按钮完成拉伸特征，如图 6-124 所示。

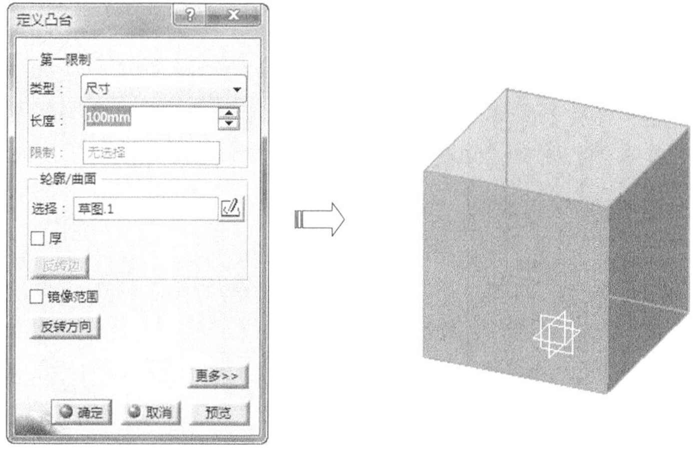

图6-124　建拉伸特征

4. 选择拉伸实体上端面，单击【草图】按钮，进入草图编辑器。利用矩形、圆等工具绘制如图 6-125 所示的草图。单击【工作台】工具栏上的【退出工作台】按钮，完成草图绘制。

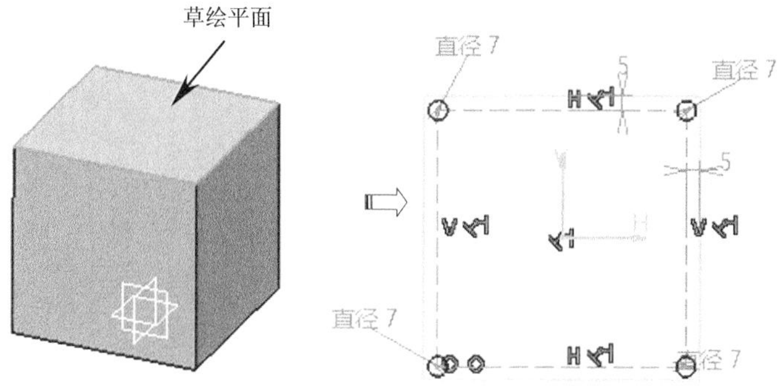

图6-125　绘制草图

5. 单击【基于草图的特征】工具栏上的【凹槽】按钮，选择上一步绘制的草图，弹出【定义凹槽】对话框，设置凹槽【深度】为 10，单击【确定】按钮，系统自动完成凹槽特征，如图 6-126 所示。

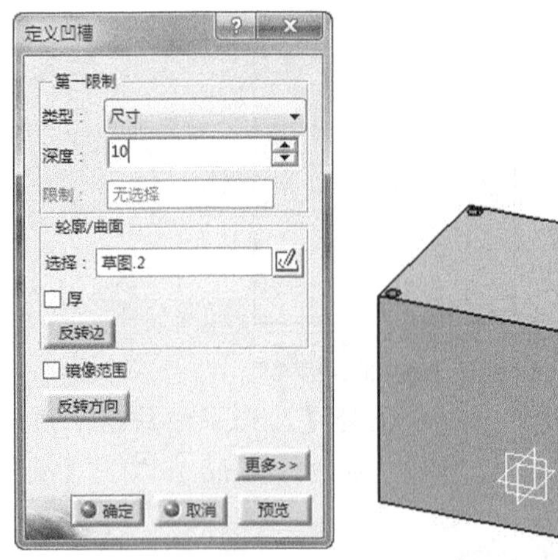

图6-126　创建凹槽特征

6. 单击【修饰特征】工具栏上的【盒体】按钮，弹出【定义盒体】对话框，在【默认内侧厚度】文本框中 5mm，激活【要移除的面】编辑框，选择上表面，单击【确定】按钮，系统自动完成抽壳特征，如图 6-127 所示。

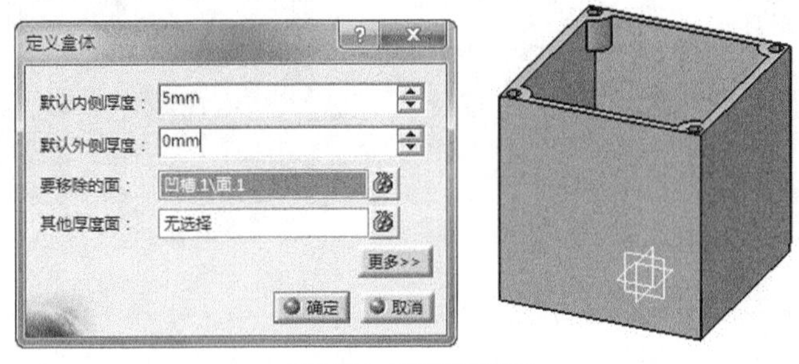

图6-127　创建抽壳特征

7. 选择实体前端面，单击【草图】按钮，进入草图编辑器。利用圆弧、直线等工具绘制如图 6-128 所示的草图。单击【工作台】工具栏上的【退出工作台】按钮，完成草图绘制。

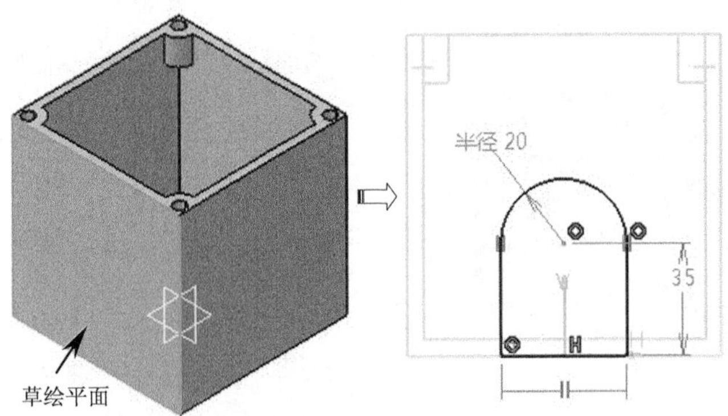

图6-128　绘制草图

8. 单击【基于草图的特征】工具栏上的【凸台】按钮，弹出【定义凸台】对话框，选择上一步所绘制的草图，拉伸 5mm，单击【确定】按钮完成拉伸特征，如图 6-129 所示。

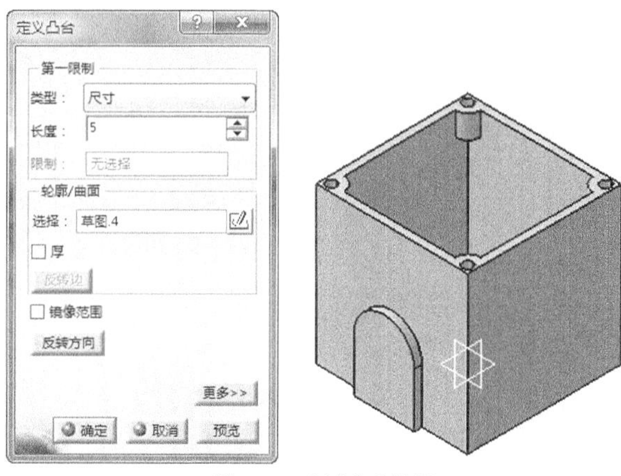

图6-129 创建拉伸特征

9. 选择凸台端面，单击【草图】按钮，进入草图编辑器。利用圆弧、直线等工具绘制如图 6-130 所示的草图。单击【工作台】工具栏上的【退出工作台】按钮，完成草图绘制。

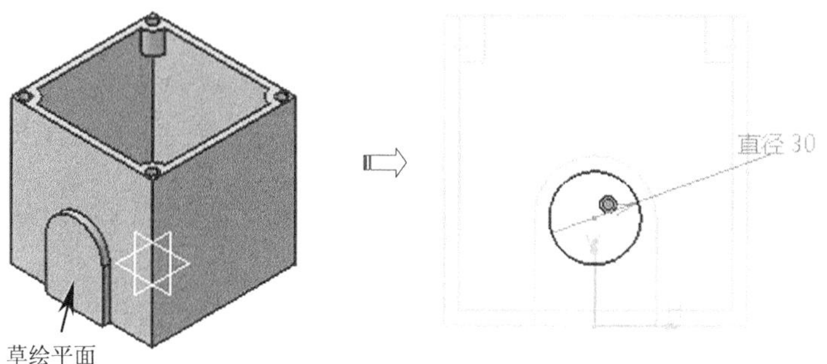

图6-130 绘制草图

10. 单击【基于草图的特征】工具栏上的【凹槽】按钮，选择上一步绘制的草图，弹出【定义凹槽】对话框，设置凹槽【类型】为【直到最后】，单击【确定】按钮，系统自动完成凹槽特征，如图 6-131 所示。

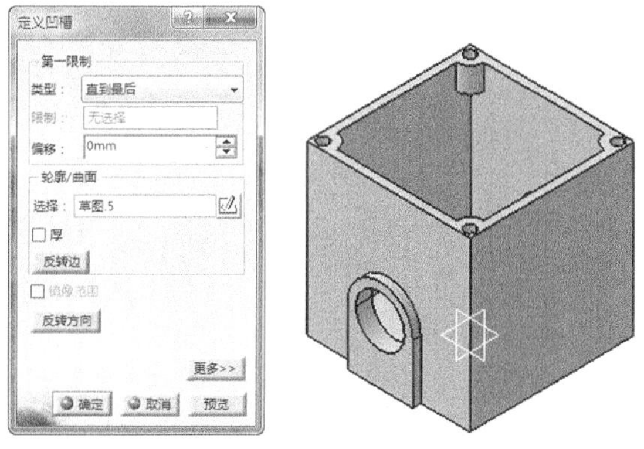

图6-131 创建凹槽特征

11. 单击【草图】按钮，在工作窗口选择草图平面为 *zx* 平面，进入草图编辑器。利用轮廓、镜像等工具绘制如图 6-132 所示的草图。单击【工作台】工具栏上的【退出工作台】按钮，完成草图绘制。

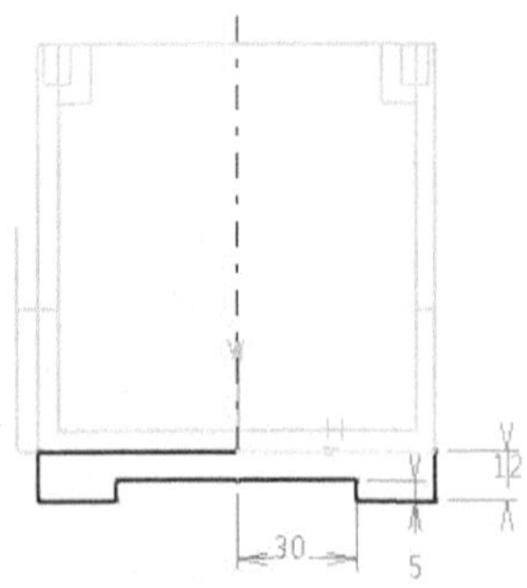

图6-132　绘制草图

12. 单击【基于草图的特征】工具栏上的【凸台】按钮，弹出【定义凸台】对话框，选择上一步所绘制的草图，拉伸 65mm，选中【镜像范围】复选框，单击【确定】按钮完成拉伸特征，如图 6-133 所示。

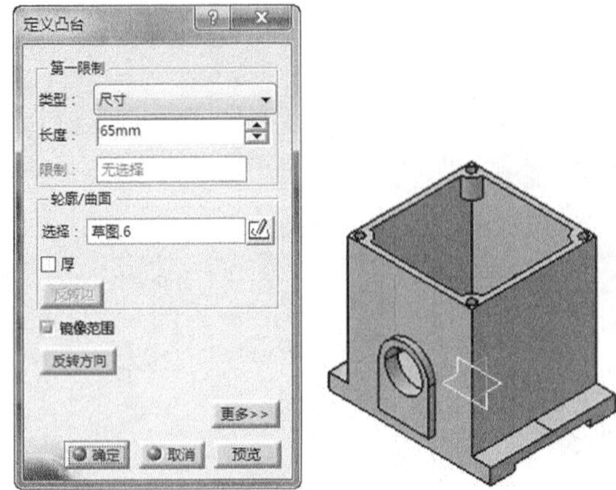

图6-133　创建拉伸特征

13. 选择实体右端面，单击【草图】按钮，进入草图编辑器。利用圆弧等工具绘制如图 6-134 所示的草图。单击【工作台】工具栏上的【退出工作台】按钮，完成草图绘制。

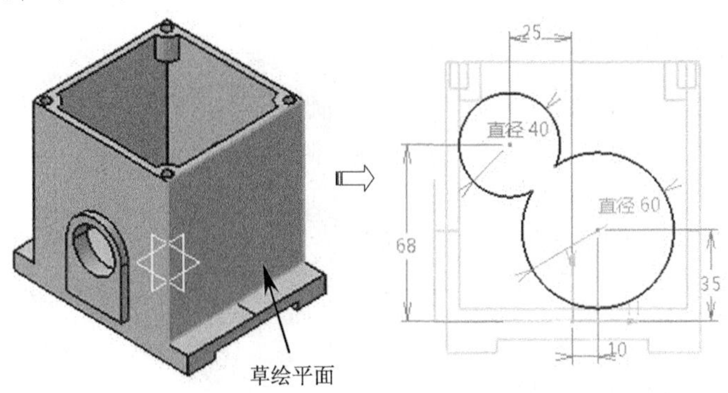

图6-134　绘制草图

14. 单击【基于草图的特征】工具栏上的【凸台】按钮，弹出【定义凸台】对话框，选择上一步所绘制的草图，拉伸 5mm，单击【确定】按钮完成拉伸特征，如图 6-135 所示。

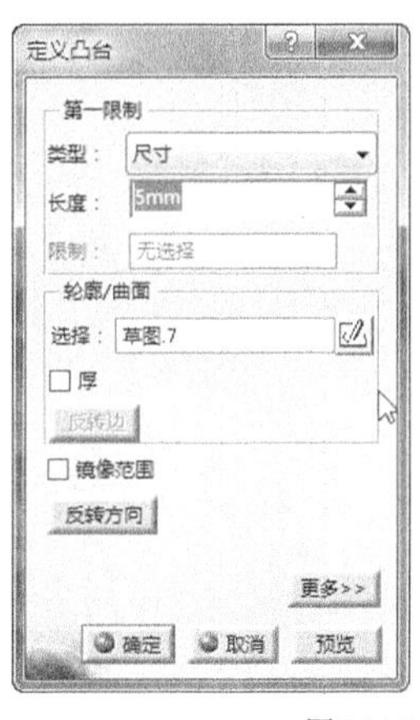

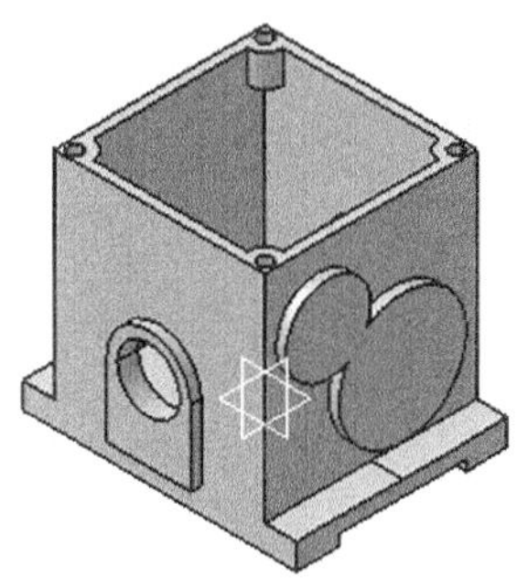

图6-135　创建拉伸特征

15. 选择大凸台端面，单击【草图】按钮，进入草图编辑器。利用圆等工具绘制如图 6-136 所示的草图。单击【工作台】工具栏上的【退出工作台】按钮，完成草图绘制。

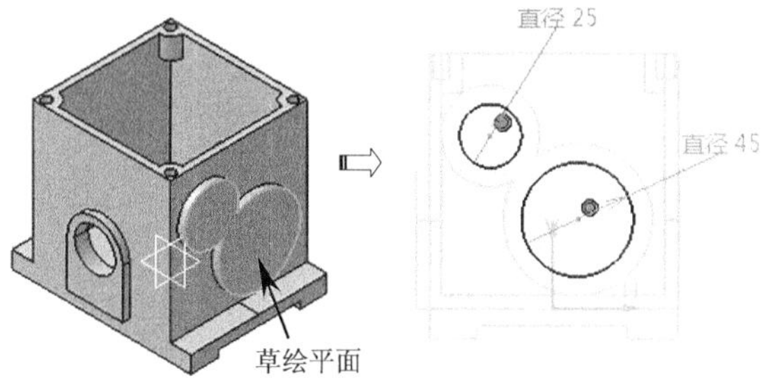

图6-136　绘制草图

16. 单击【基于草图的特征】工具栏上的【凹槽】按钮，选择上一步绘制的草图，弹出【定义凹槽】对话框，设置凹槽【类型】为【直到最后】，单击【确定】按钮，系统自动完成凹槽特征，如图 6-137 所示。

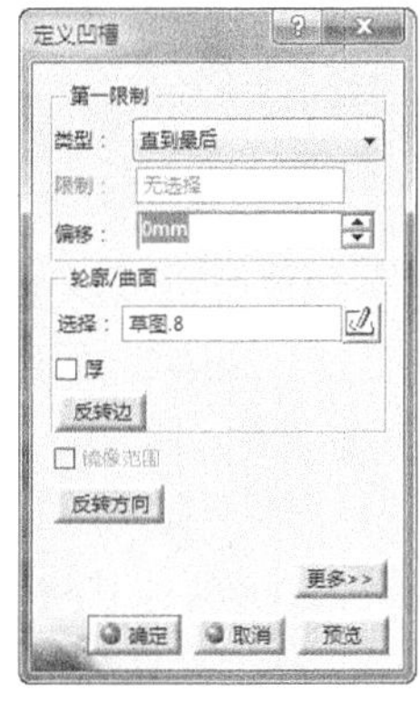

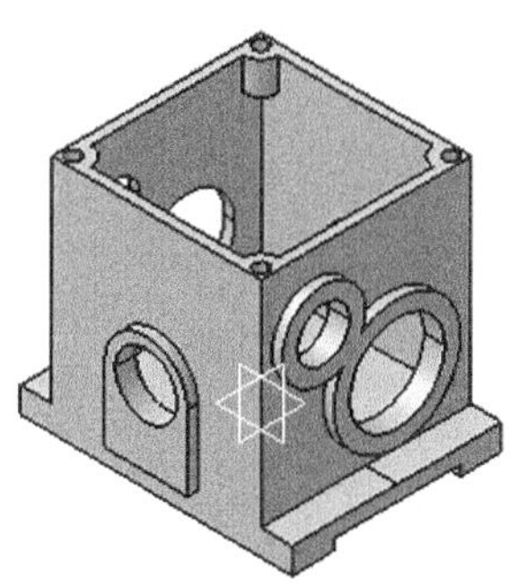

图6-137　创建凹槽特征

17. 创建螺纹孔特征，具体步骤如下。

(1) 单击【基于草图的特征】工具栏上的【孔】按钮，选择上表面为钻孔的实体表面后，弹出【定义孔】对话框，设置【扩展】为【直到最后】，【直径】为 10.106，如图 6-138 所示。

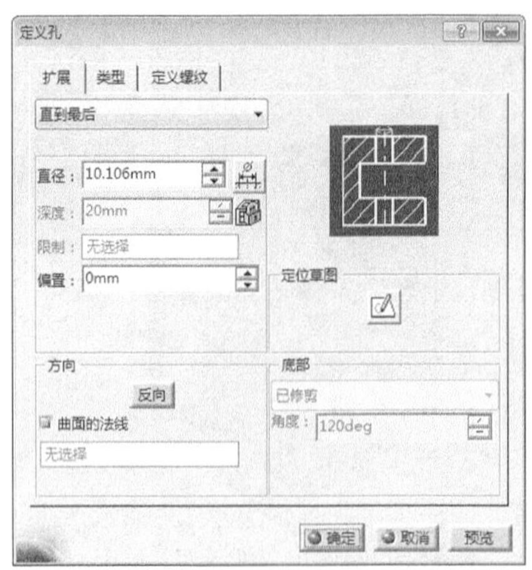

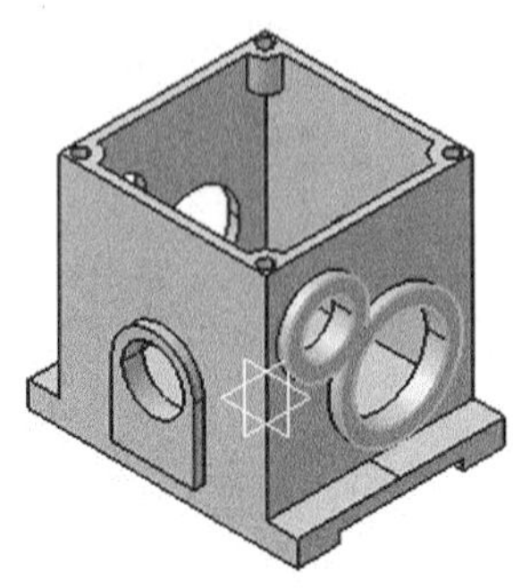

图6-138　选择孔表面和设置孔参数

(2) 单击【定位草图】按钮，进入草图编辑器，约束定位钻孔位置如图 6-139 所示。单击【工作台】工具栏上的【退出工作台】按钮返回。

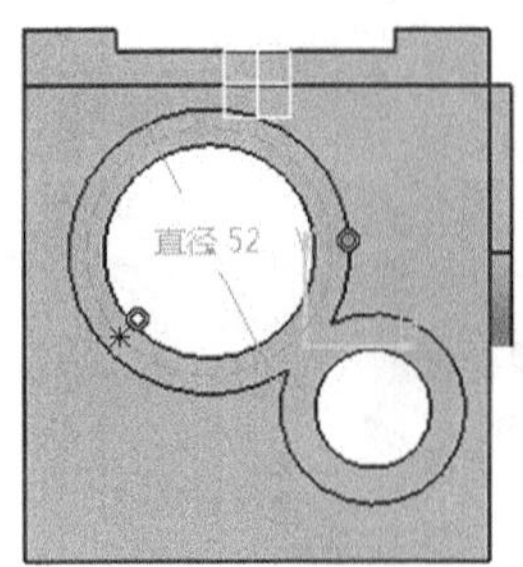

图6-139　定位孔位置

(3) 单击【定义螺纹】选项卡，设置螺纹孔参数。单击【定义孔】对话框中的【确定】按钮，系统自动完成孔特征，如图 6-140 所示。

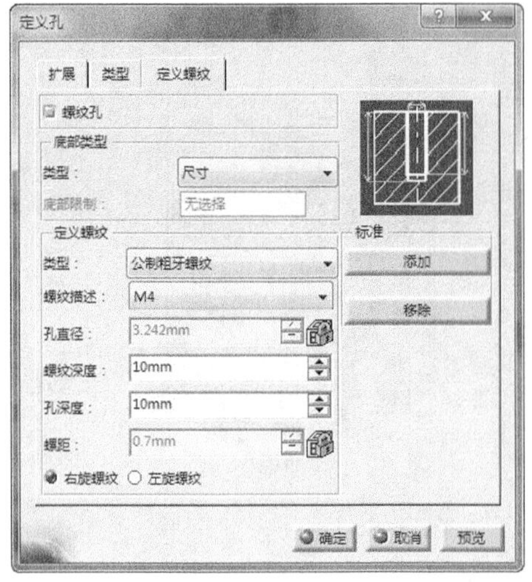

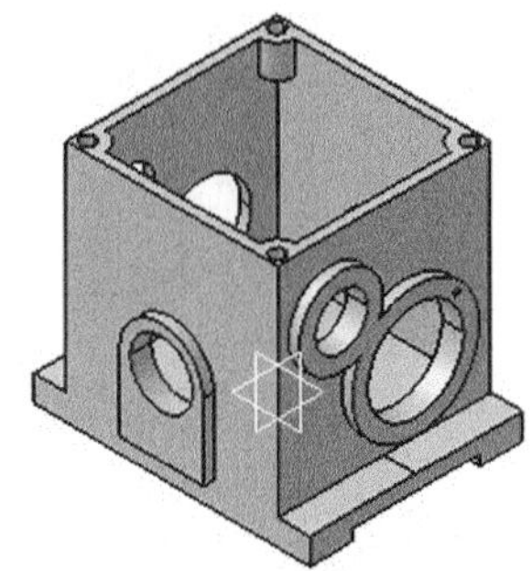

图6-140　设置螺纹参数和创建孔特征

18. 选择螺纹孔，单击【变换特征】工具栏上的【圆形阵列】按钮，弹出【定义圆形阵列】对话框，设置阵列参数，选择内孔表面作为阵列方向，单击【确定】按钮，完成圆周阵列特征，如图 6-141 所示。

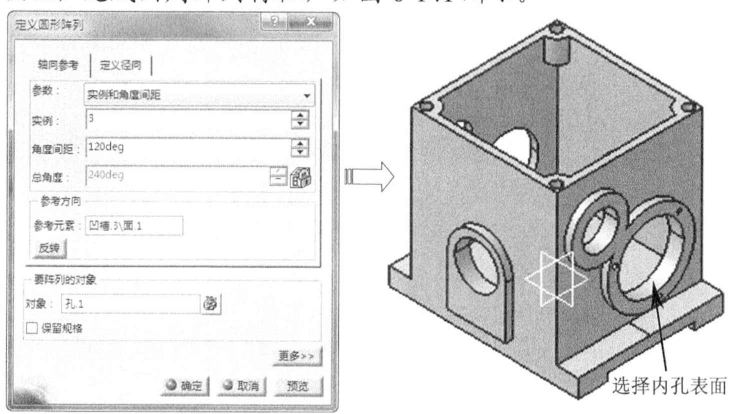

图6-141　创建环形阵列

19. 重复步骤 17 创建螺纹孔，然后进行倒角，最终效果如图 6-142 所示。

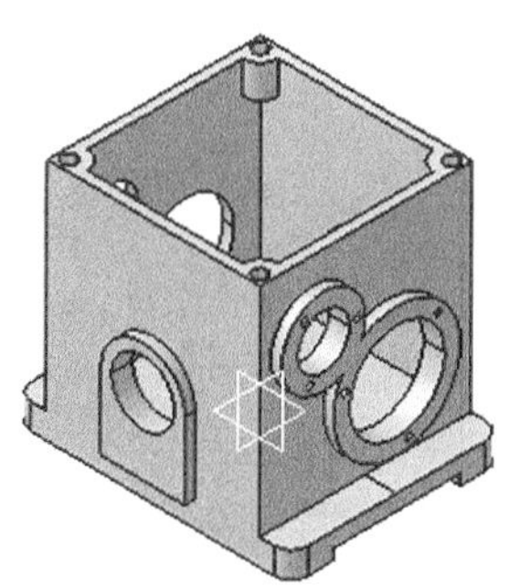

图6-142　变速箱箱体

6.2.4　支架类零件

支架类零件主要起支撑和连接作用，其形状结构按功能常分为三部分：工作部分、安装定位部分和连接部分，如图 6-143 所示。

1. 在【标准】工具栏中单击【新建】按钮，在弹出的对话框中选择“part”，单击【确定】按钮新建一个零件文件；选择【开始】/【机械设计】/【零件设计】命令，进入【零件设计】工作台。
2. 单击【草图】按钮，在工作窗口选择草图平面为 *yz* 平面，进入草图编辑器。利用矩形等工具绘制如图 6-144 所示的草图。单击【工作台】工具栏上的【退出工作台】按钮，完成草图绘制。

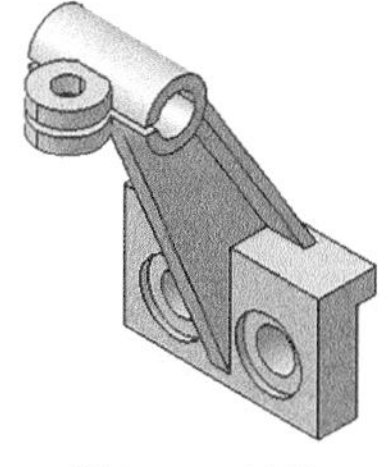

图6-143　托架

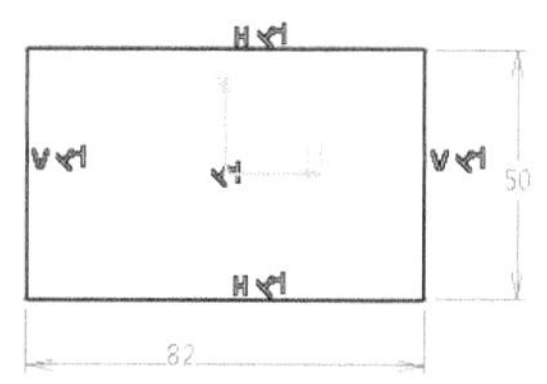

图6-144　绘制草图

3. 单击【基于草图的特征】工具栏上的【凸台】按钮，弹出【定义凸台】对话框，选择上一步所绘制的草图，拉伸 24mm，单击【确定】按钮完成拉伸特征，如图 6-145 所示。

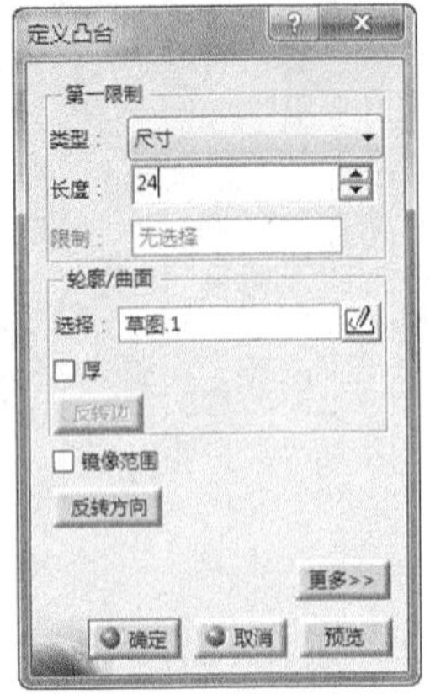

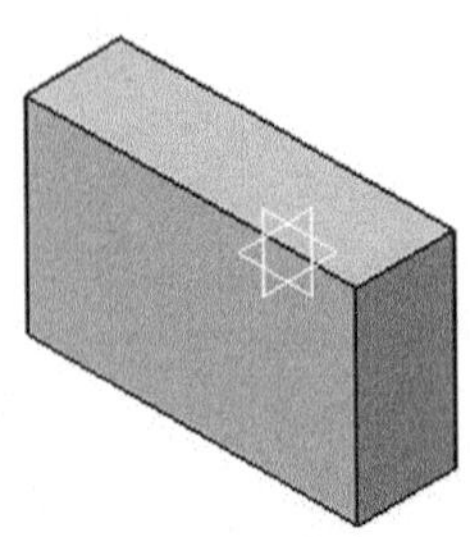

图6-145　创建拉伸特征

4. 单击【草图】按钮，在工作窗口选择草图平面为 *zx* 平面，进入草图编辑器。利用圆等工具绘制如图 6-146 所示的草图。单击【工作台】工具栏上的【退出工作台】按钮，完成草图绘制。
5. 单击【基于草图的特征】工具栏上的【凸台】按钮，弹出【定义凸台】对话框，选择上一步所绘制的草图，拉伸 25mm，选中【镜像范围】复选框，单击【确定】按钮完成拉伸特征，如图 6-147 所示。

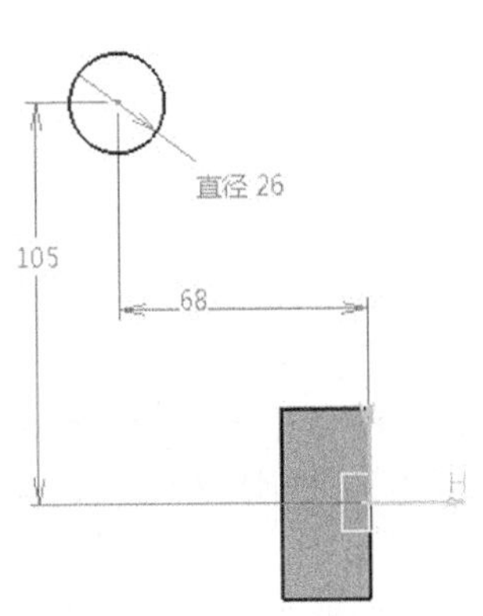

图6-146　绘制草图

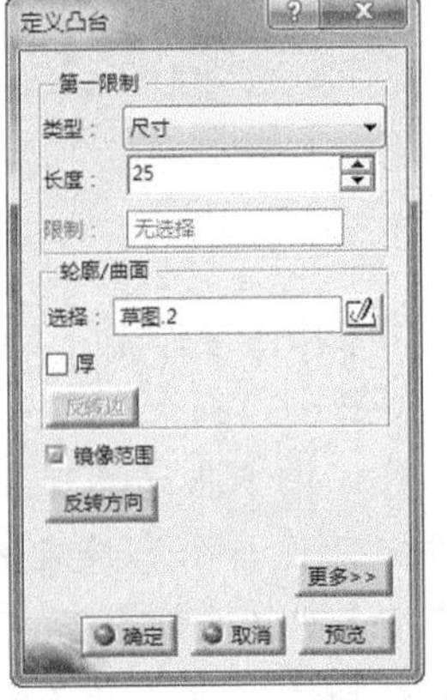

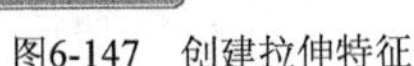

图6-147　创建拉伸特征

6. 单击【参考元素】工具栏上的【平面】按钮，弹出【平面定义】对话框，在【平面类型】下拉列表中选择【偏移平面】选项，选择 *xy* 平面作为参考，在【偏移】文本框输入 105，单击【确定】按钮，系统自动完成平面创建，如图 6-148 所示。
7. 选择上一步所创建的平面，单击【草图】按钮，进入草图编辑器。利用圆等工具绘制如图 6-149 所示的草图。单击【工作台】工具栏上的【退出工作台】按钮，完成草图绘制。

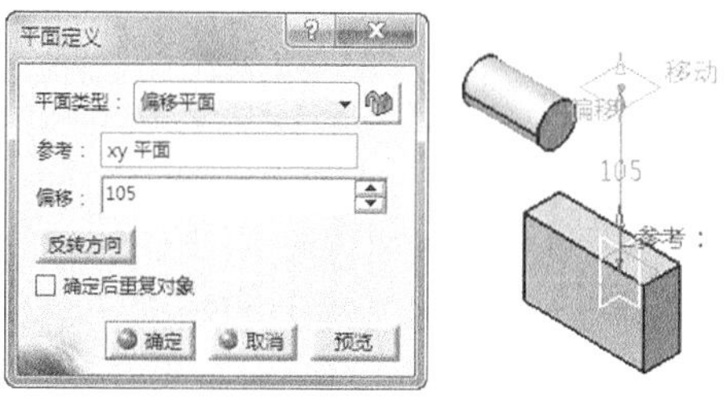

图6-148　创建平面

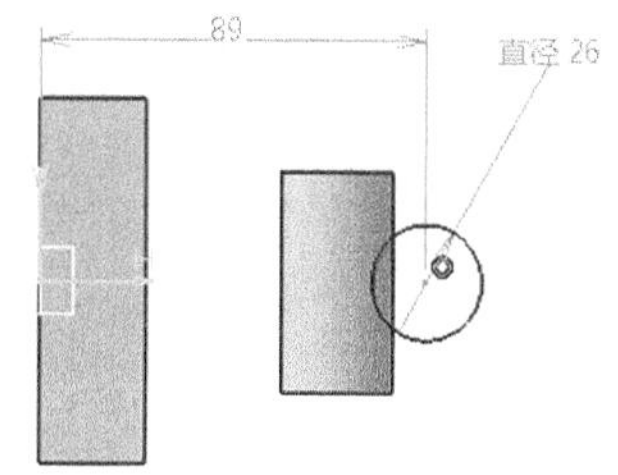

图6-149　绘制草图

8. 单击【基于草图的特征】工具栏上的【凸台】按钮，弹出【定义凸台】对话框，选择上一步所绘制的草图，设置拉伸参数，单击【确定】按钮完成拉伸特征，如图 6-150 所示。
9. 单击【草图】按钮，在工作窗口选择草图平面为 *zx* 平面，进入草图编辑器。利用圆、直线等工具绘制如图 6-151 所示的草图。单击【工作台】工具栏上的【退出工作台】按钮，完成草图绘制。

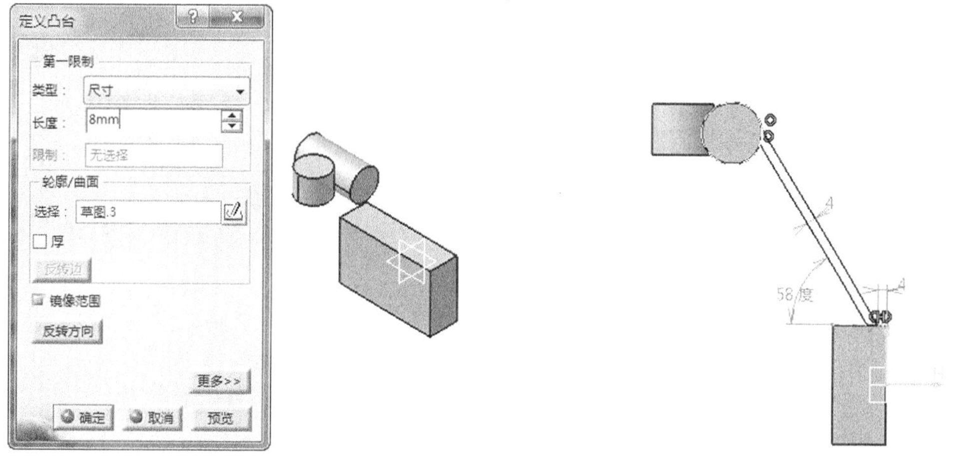

图6-150　创建拉伸特征

图6-151　绘制草图

10. 单击【基于草图的特征】工具栏上的【凸台】按钮，弹出【定义凸台】对话框，选择上一步所绘制的草图，拉伸 20mm，选中【镜像范围】复选框，单击【确定】按钮完成拉伸特征，如图 6-152 所示。

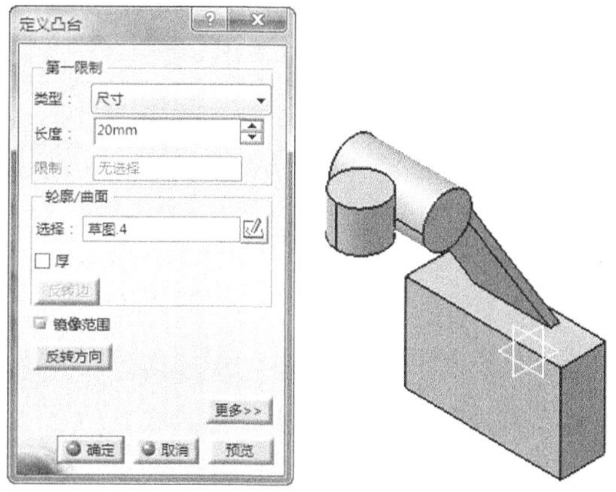

图6-152　创建拉伸特征

11. 单击【草图】按钮，在工作窗口选择草图平面为 *zx* 平面，进入草图编辑器。利用圆、直线等工具绘制如图 6-153 所示的草图。单击【工作台】工具栏上的【退出工作台】按钮，完成草图绘制。
12. 单击【基于草图的特征】工具栏上的【凸台】按钮，弹出【定义凸台】对话框，选择上一步所绘制的草图，拉伸 4mm，选中【镜像范围】复选框，单击【确定】按钮完成拉伸特征，如图 6-154 所示。

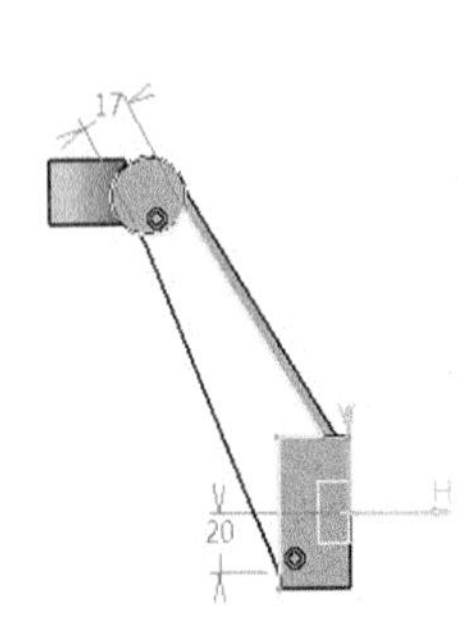

图6-153　绘制草图

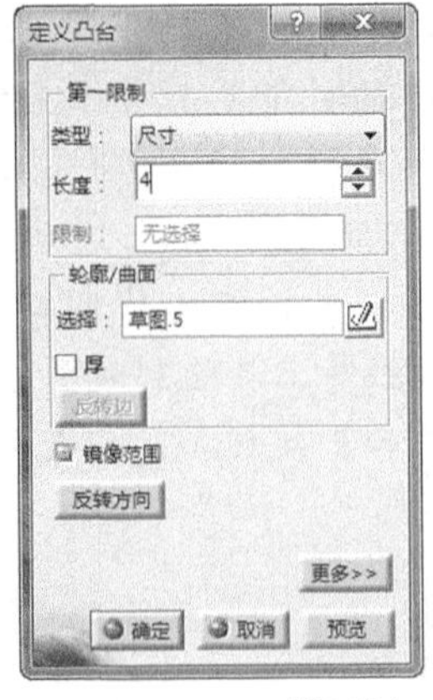

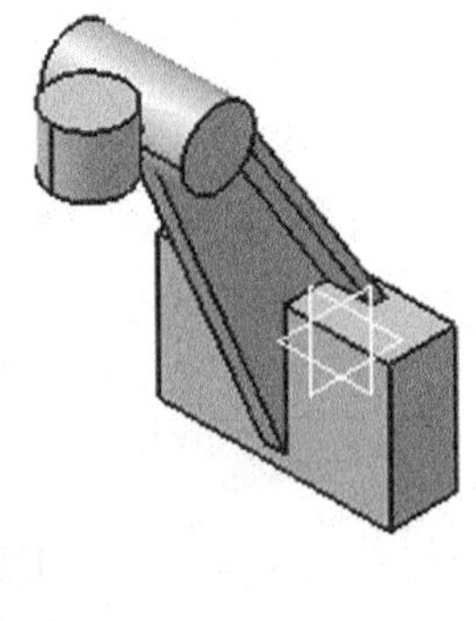

图6-154　创建拉伸特征

13. 单击【草图】按钮，在工作窗口选择草图平面为 *zx* 平面，进入草图编辑器。利用圆、直线等工具绘制如图 6-155 所示的草图。单击【工作台】工具栏上的【退出工作台】按钮，完成草图绘制。
14. 单击【基于草图的特征】工具栏上的【凹槽】按钮，选择上一步绘制的草图，弹出【定义凹槽】对话框，设置凹槽【深度】为 50，选中【镜像范围】复选框，单击【确定】按钮，系统自动完成凹槽特征，如图 6-156 所示。

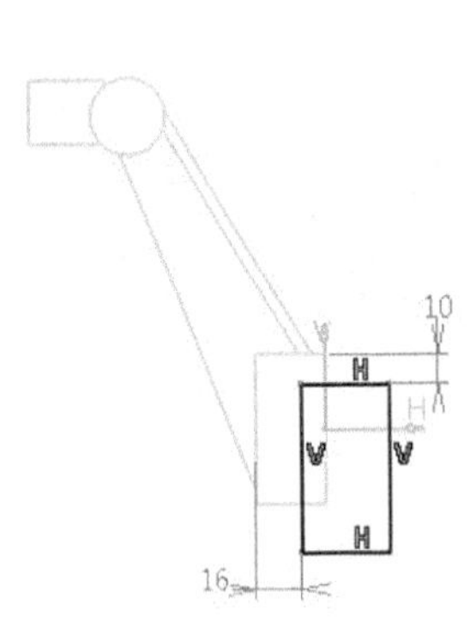

图6-155　绘制草图

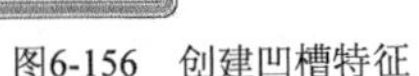
图6-156　创建凹槽特征

15. 创建沉头孔特征，具体步骤如下。

(1) 单击【基于草图的特征】工具栏上的【孔】按钮，选择上表面为钻孔的实体表面后，弹出【定义孔】对话框，设置【扩展】为【直到最后】，【直径】为 16.5，如图 6-157 所示。

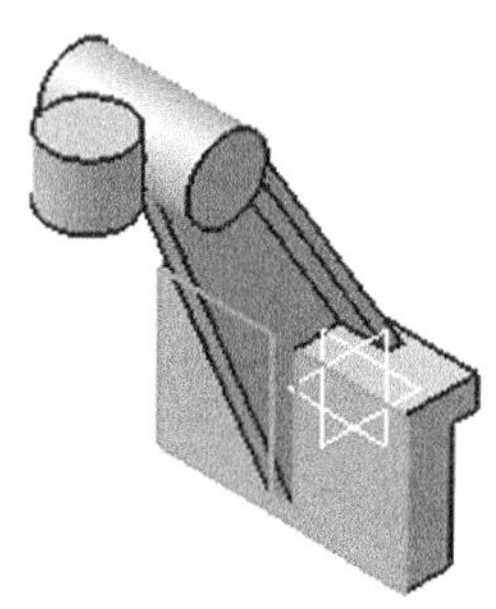

图6-157 选择孔表面和设置孔参数

(2) 单击【定位草图】按钮，进入草图编辑器，约束定位钻孔位置如图 6-158 所示。单击【工作台】工具栏上的【退出工作台】按钮返回。

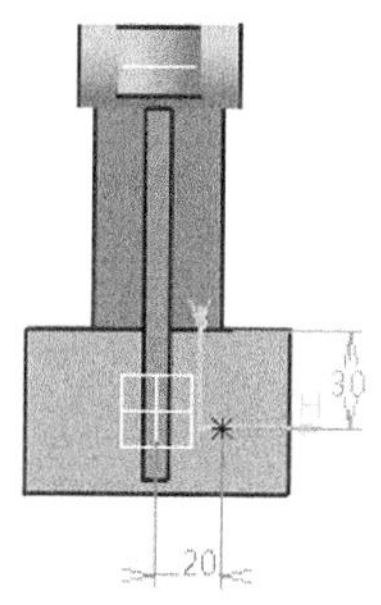

图6-158 定位孔位置

(3) 单击【类型】选项卡，选择【沉头孔】，设置相关参数。单击【定义孔】对话框中的【确定】按钮，系统自动完成孔特征，如图 6-159 所示。

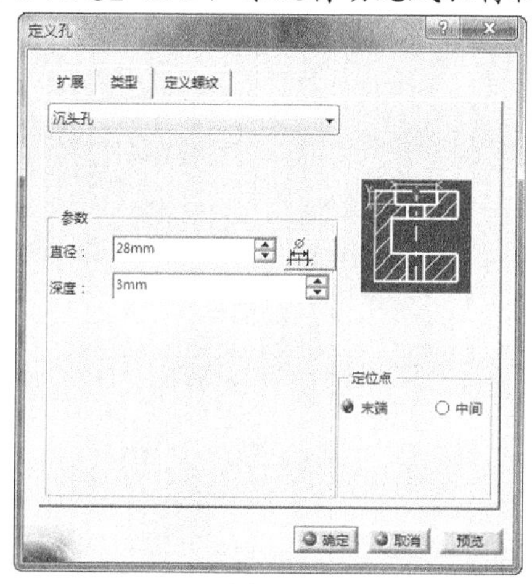

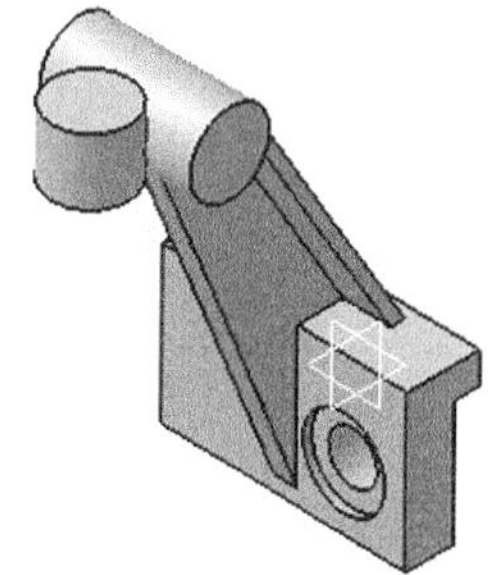

图6-159 设置深头孔参数和创建孔特征

16. 选择上一步创建的旋转槽特征，单击【变换特征】工具栏上的【镜像】按钮，选择 zx 平面作为镜像平面，单击【确定】按钮，系统自动完成镜像特征，如图 6-160 所示。

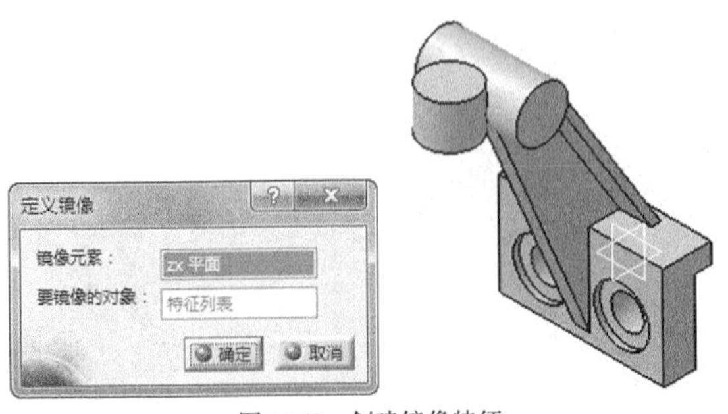

图6-160　创建镜像特征

17. 选择如图 6-161 所示的端面，单击【草图】按钮，利用圆等工具绘制如图 6-163 所示的草图。单击【工作台】工具栏上的【退出工作台】按钮，完成草图绘制。

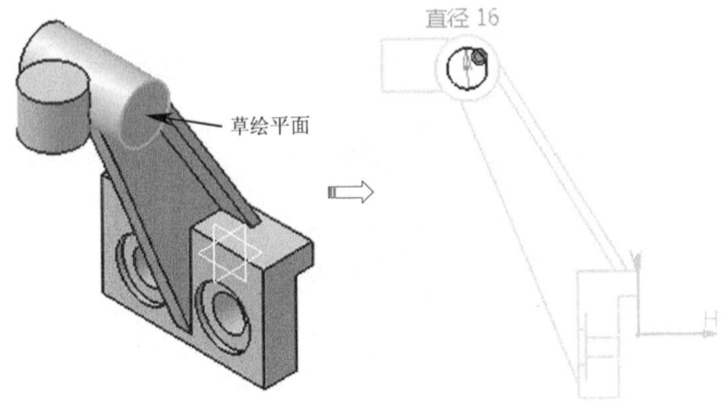

图6-161　绘制草图

18. 单击【基于草图的特征】工具栏上的【凹槽】按钮，选择上一步绘制的草图，弹出【定义凹槽】对话框，设置凹槽【深度】为 55，选中【镜像范围】复选框，单击【确定】按钮，系统自动完成凹槽特征，如图 6-162 所示。

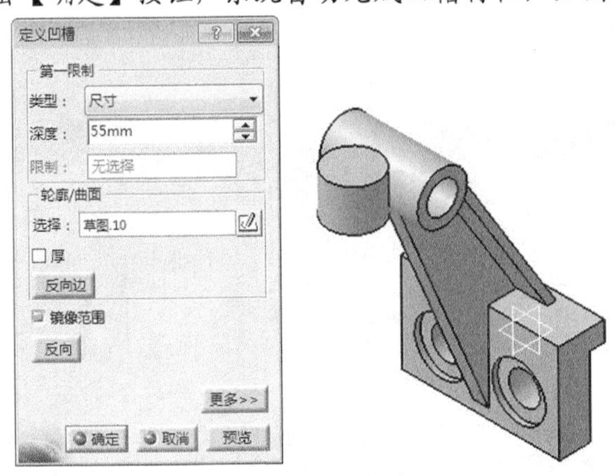

图6-162　创建凹槽特征

19. 选择零件端面，单击【草图】按钮，利用圆等工具绘制如图 6-163 所示的草图。单击【工作台】工具栏上的【退出工作台】按钮，完成草图绘制。

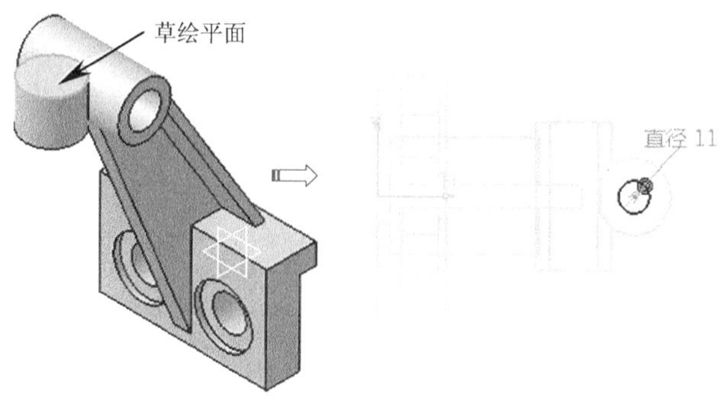

图6-163　绘制草图

20. 单击【基于草图的特征】工具栏上的【凹槽】按钮，选择上一步绘制的草图，弹出【定义凹槽】对话框，设置凹槽【深度】为 55，选中【镜像范围】复选框，单击【确定】按钮，系统自动完成凹槽特征，如图 6-164 所示。

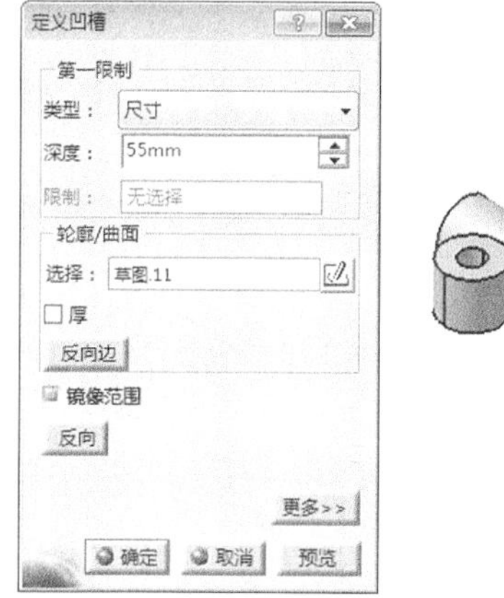

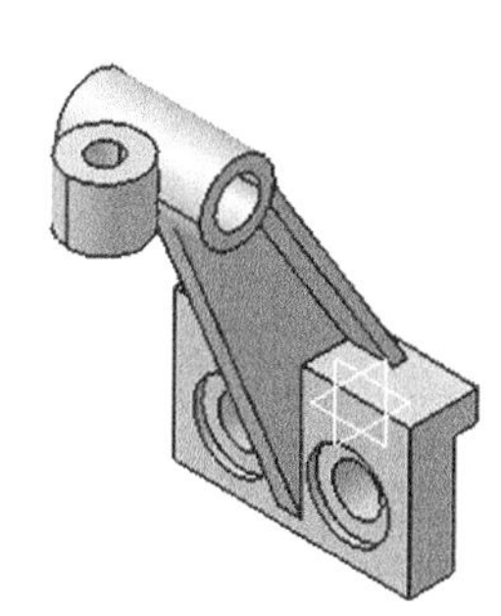

图6-164　创建凹槽特征

21. 选择平面.1，单击【草图】按钮，进入草图编辑器。利用圆等工具绘制如图 6-165 所示的草图。单击【工作台】工具栏上的【退出工作台】按钮，完成草图绘制。

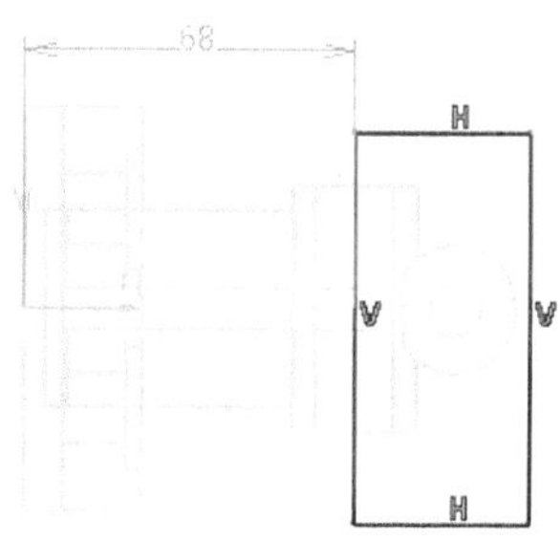

图6-165　绘制草图

22. 单击【基于草图的特征】工具栏上的【凹槽】按钮，选择上一步绘制的草图，弹出【定义凹槽】对话框，设置凹槽【深度】为 50，选中【镜像范围】复选框，单击【确定】按钮，系统自动完成凹槽特征，如图 6-166 所示。

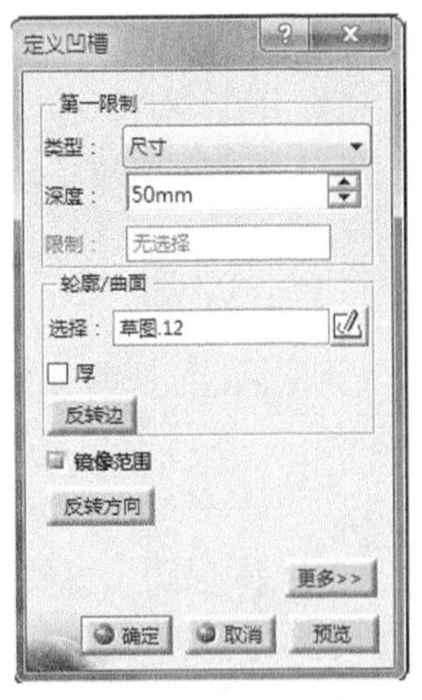

图6-166　创建凹槽特征

6.3　凸轮及凸轮结构设计

用的凸轮有盘形凸轮、圆柱凸轮、线性凸轮和端面凸轮等，下面介绍主要凸轮的创建方法和过程。

6.3.1　盘形凸轮

盘形凸轮如图 6-167 所示，主要与基体和凸轮槽组成。

1. 在【标准】工具栏中单击【新建】按钮，在弹出的对话框中选择“part”，单击【确定】按钮新建一个零件文件；选择【开始】/【机械设计】/【零件设计】命令，进入【零件设计】工作台。
2. 单击【草图】按钮，在工作窗口选择草图平面为 *yz* 平面，进入草图编辑器。利用轮廓、轴线等工具绘制如图 6-168 所示的草图。单击【工作台】工具栏上的【退出工作台】按钮，完成草图绘制。

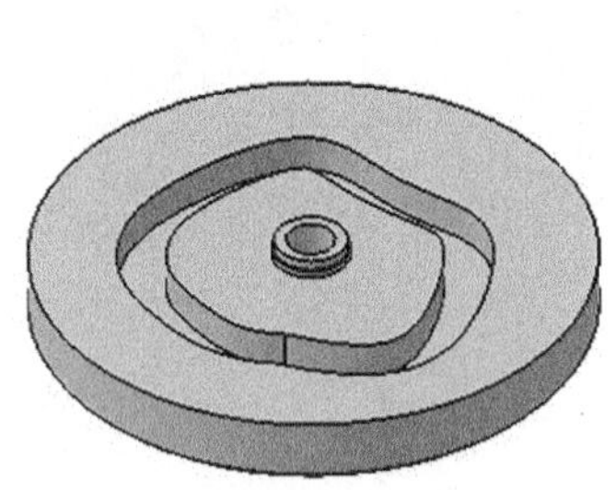

图6-167　盘形凸轮

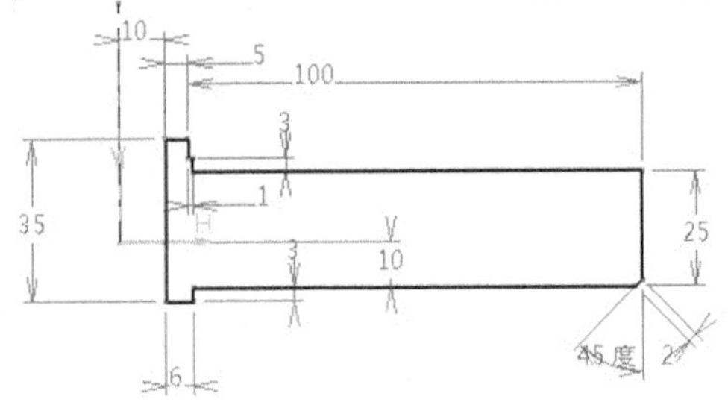

图6-168　绘制草图

3. 单击【基于草图的特征】工具栏上的【旋转体】按钮，选择旋转截面，弹出【定义旋转体】对话框，选择上一步绘制的草图为旋转槽截面，单击【确定】按钮，系统自动完成旋转体特征，如图 6-169 所示。

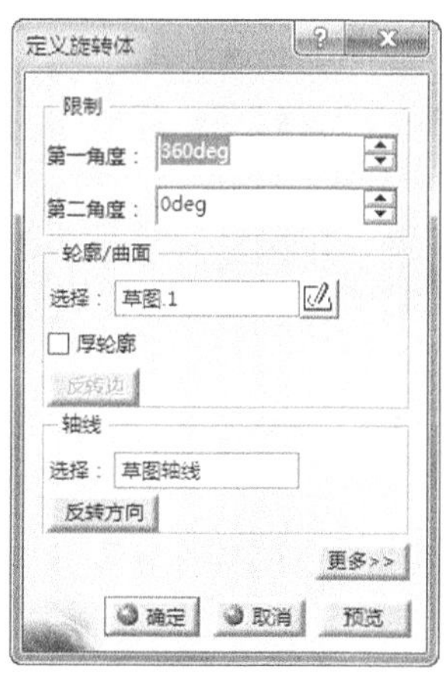

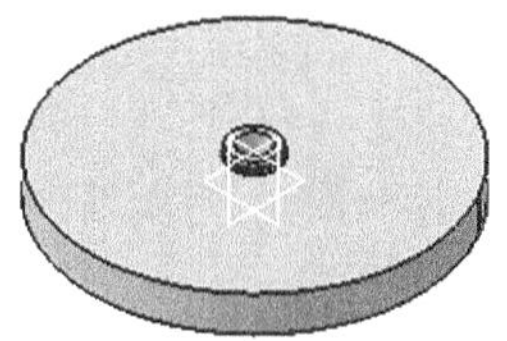

图6-169　创建旋转体特征

4.　选择拉伸实体上端面，单击【草图】按钮，进入草图编辑器。利用草图绘制工具绘制如图 6-170 所示的草图。单击【工作台】工具栏上的【退出工作台】按钮，完成草图绘制。

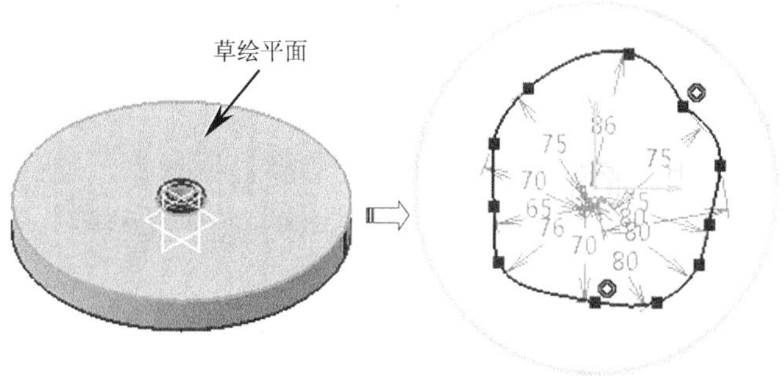

图6-170　绘制草图

5.　单击【基于草图的特征】工具栏上的【凹槽】按钮，选择上一步绘制的草图，弹出【定义凹槽】对话框，设置凹槽【深度】为 15，设置厚度，单击【确定】按钮，系统自动完成凹槽特征，如图 6-171 所示。

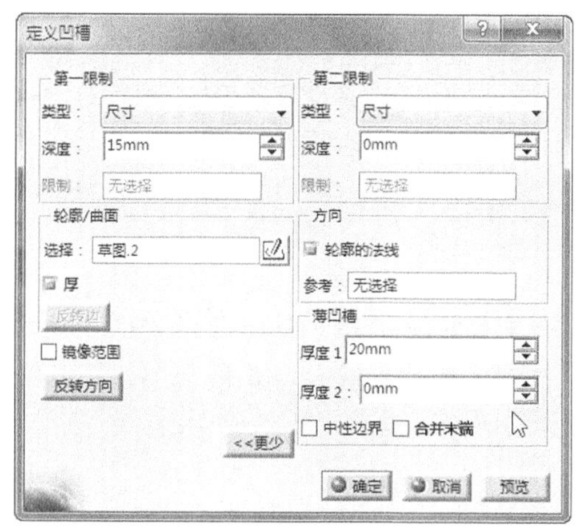

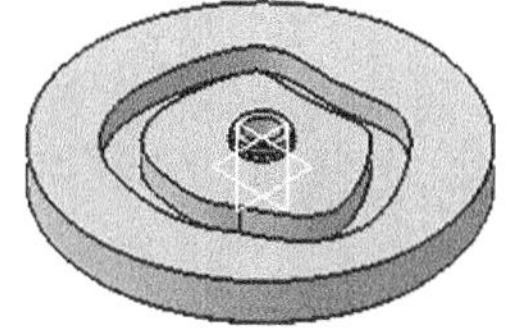

图6-171　创建凹槽特征

6.3.2 圆柱凸轮

圆柱凸轮如图 6-172 所示，主要与基体和凸轮槽组成。

1. 在【标准】工具栏中单击【新建】按钮，在弹出的对话框中选择“part”，单击【确定】按钮新建一个零件文件；选择【开始】/【机械设计】/【零件设计】命令，进入【零件设计】工作台。
2. 单击【草图】按钮，在工作窗口选择草图平面为 *xy* 平面，进入草图编辑器。利用圆等工具绘制如图 6-173 所示的草图。单击【工作台】工具栏上的【退出工作台】按钮，完成草图绘制。

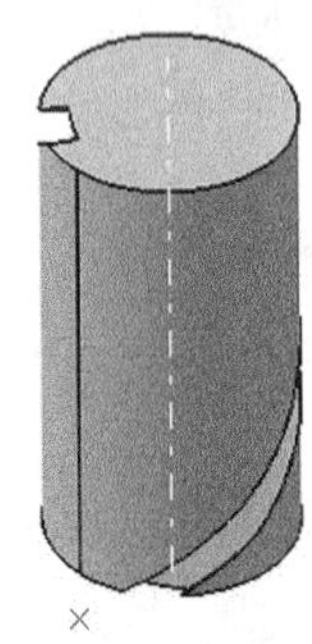

图6-172　圆柱凸轮

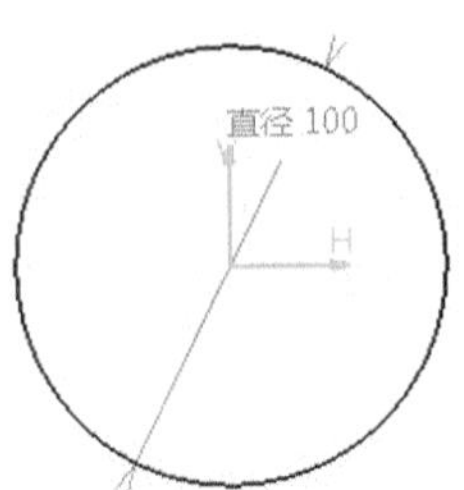

图6-173　绘制草图

3. 单击【基于草图的特征】工具栏上的【凸台】按钮，弹出【定义凸台】对话框，选择上一步所绘制的草图，拉伸 180mm，单击【确定】按钮完成拉伸特征，如图 6-174 所示。

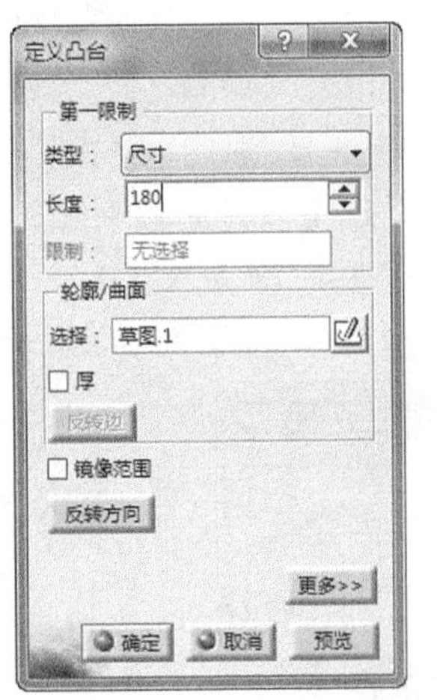

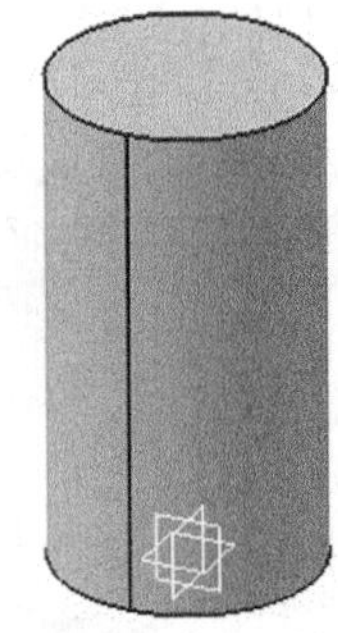

图6-174　创建拉伸特征

4. 单击【参考元素】工具栏上的【点】按钮，弹出【点定义】对话框，在【点类型】下拉列表中选择【坐标】选项，输入 *X*、*Y*、*Z* 坐标(50,0,-20)，单击【确定】按钮，系统自动完成点创建，如图 6-175 所示。

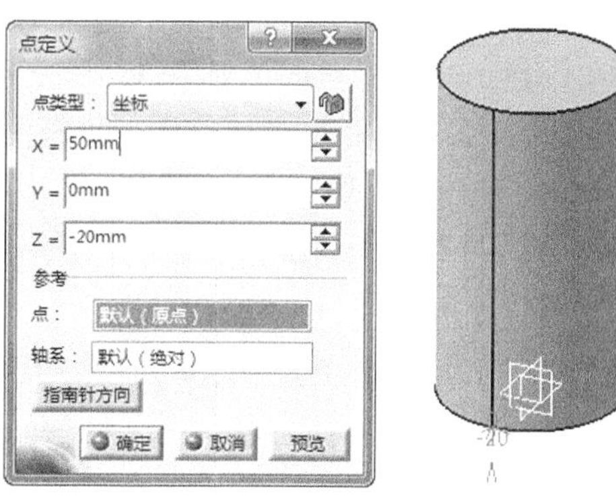

图6-175　创建点

5. 选择【开始】/【形状】/【创成式外形设计】命令，进入创成式外形设计工作台。
6. 单击【线框】工具栏上的【轴线】按钮，弹出【轴线定义】对话框，选择圆柱表面，单击【确定】按钮，系统自动完成轴线创建，如图 6-176 所示。

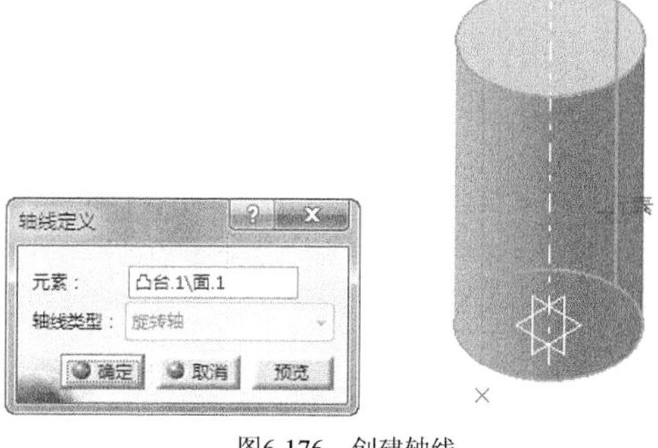

图6-176　创建轴线

7. 单击【线框】工具栏上的【螺旋】按钮，弹出【螺旋曲线定义】对话框，激活【起点】选择框，选择螺旋线的起点，激活【轴】选择框选择轴线，在【螺距】文本框中设置螺旋线的节距，在【高度】文本框中设置高度，单击【确定】按钮，系统自动完成螺旋线创建，如图 6-177 所示。

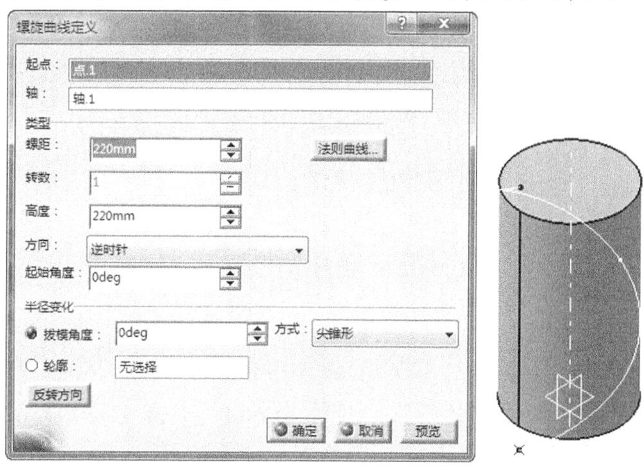

图6-177　创建螺旋线

8. 选择【开始】/【机械设计】/【零件设计】命令，进入零件设计工作台。
9. 单击【草图】按钮，在工作窗口选择草图平面为 *zx* 平面，进入草图编辑器。利用矩形等工具绘制如图 6-178 所示的草图。单击【工作台】工具栏上的【退出工作台】按钮，完成草图绘制。
10. 单击【基于草图的特征】工具栏上的【开槽】按钮，弹出【定义开槽】对话框，选择上一步绘制的草图为轮廓，螺旋线为中心曲线，并设置相关参数后，单击【确定】按钮，系统创建开槽特征，如图 6-179 所示。

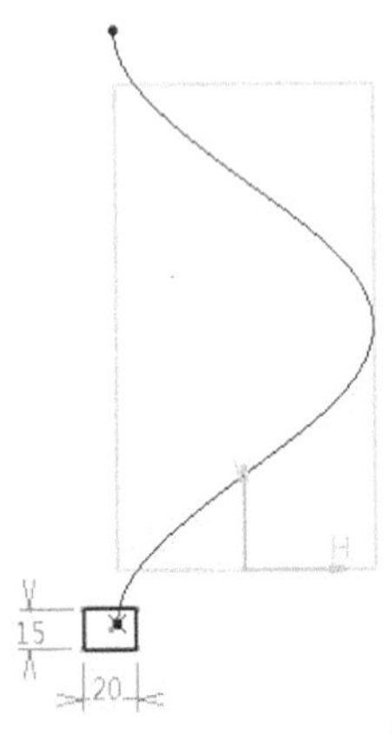

图6-178 绘制草图

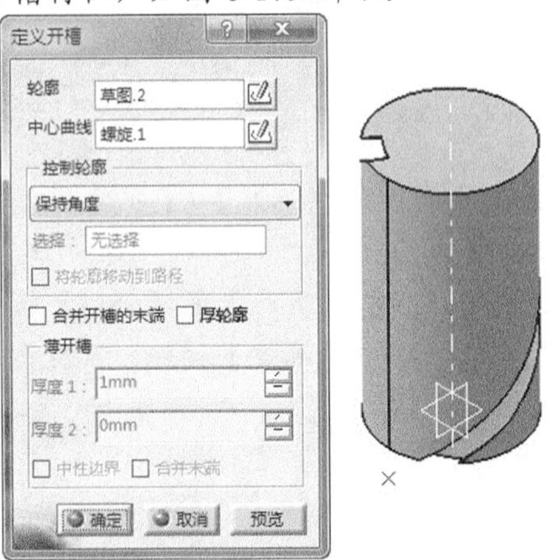

图6-179 创建开槽特征

6.3.3 端面凸轮

端面凸轮如图 6-180 所示，主要与基体和凸轮端面组成。

1. 在【标准】工具栏中单击【新建】按钮，在弹出的对话框中选择“part”，单击【确定】按钮新建一个零件文件；选择【开始】/【机械设计】/【零件设计】命令，进入【零件设计】工作台。
2. 单击【草图】按钮，在工作窗口选择草图平面为 *xy* 平面，进入草图编辑器。利用圆等工具绘制如图 6-181 所示的草图。单击【工作台】工具栏上的【退出工作台】按钮，完成草图绘制。

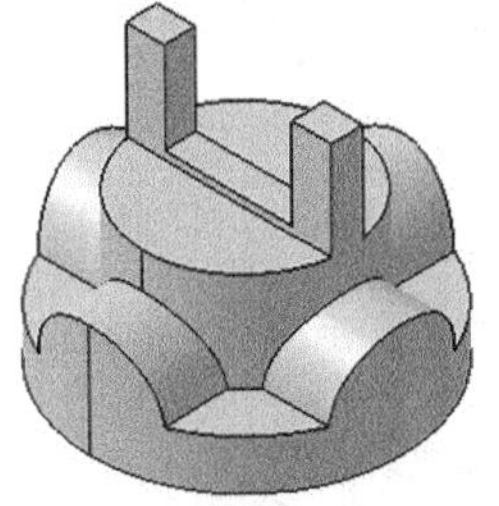

图6-180 端面凸轮

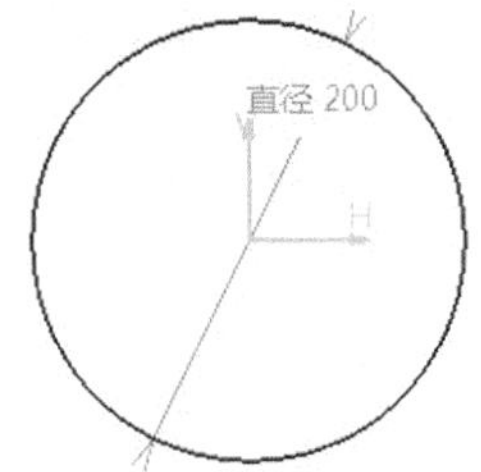

图6-181 绘制草图

3. 单击【基于草图的特征】工具栏上的【凸台】按钮，弹出【定义凸台】对话框，选择上一步所绘制的草图，拉伸 30mm，单击【确定】按钮完成拉伸特征，如图 6-182 所示。

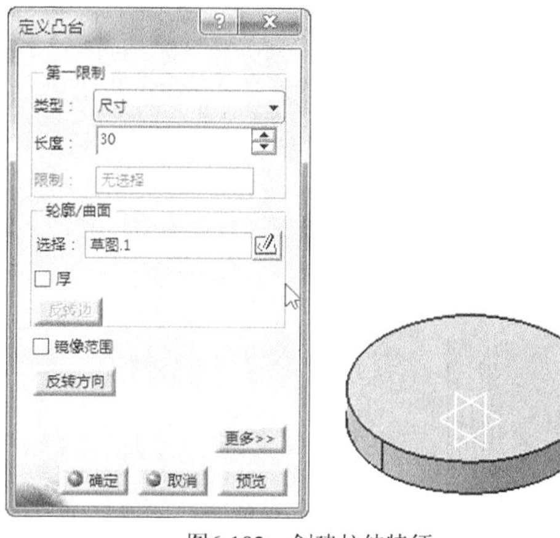

图6-182　创建拉伸特征

4. 选择拉伸实体上端面，单击【草图】按钮，进入草图编辑器。利用圆等工具绘制如图 6-183 所示的草图。单击【工作台】工具栏上的【退出工作台】按钮，完成草图绘制。

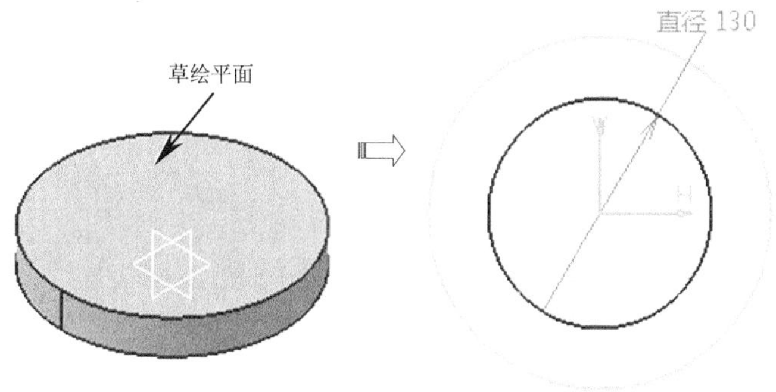

图6-183　绘制草图

5. 单击【基于草图的特征】工具栏上的【凸台】按钮，弹出【定义凸台】对话框，选择上一步所绘制的草图，拉伸 120mm，单击【确定】按钮完成拉伸特征，如图 6-184 所示。

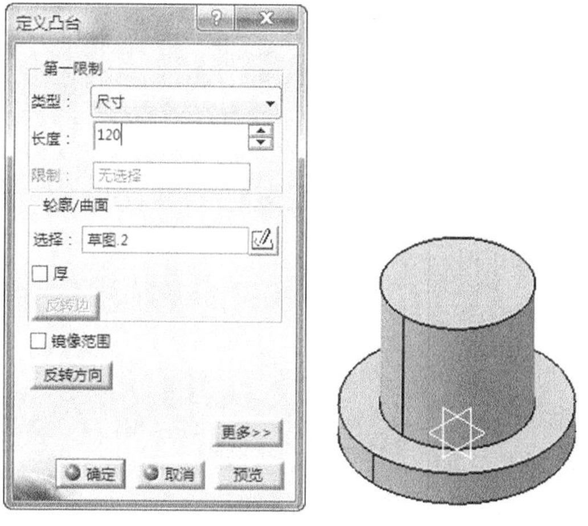

图6-184　创建拉伸特征

6. 选择拉伸实体上端面，单击【草图】按钮，进入草图编辑器。利用矩形等工具绘制如图 6-185 所示的草图。单击【工作台】工具栏上的【退出工作台】按钮，完成草图绘制。

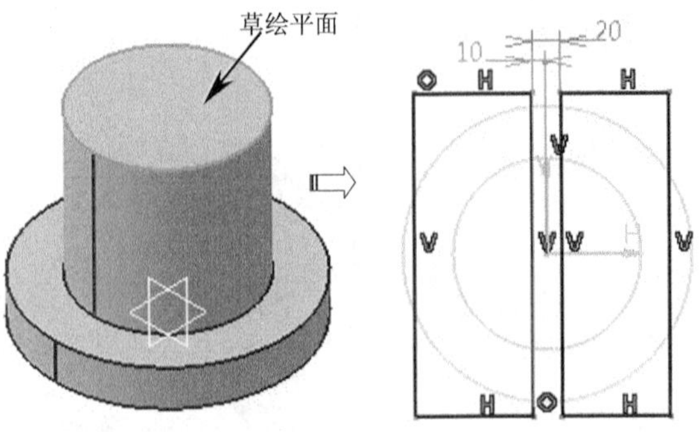

图6-185　绘制草图

7. 单击【基于草图的特征】工具栏上的【凹槽】按钮，选择上一步绘制的草图，弹出【定义凹槽】对话框，设置凹槽【深度】为 60，单击【确定】按钮，系统自动完成凹槽特征，如图 6-186 所示。

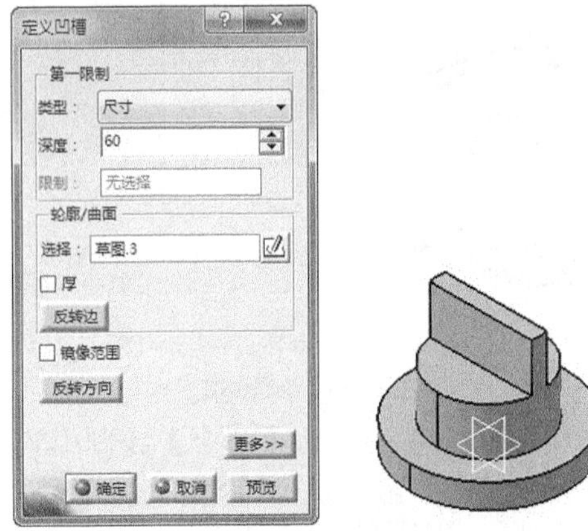

图6-186　创建凹槽特征

8. 选择凹槽侧面，单击【草图】按钮，进入草图编辑器。利用矩形等工具绘制如图 6-187 所示的草图。单击【工作台】工具栏上的【退出工作台】按钮，完成草图绘制。

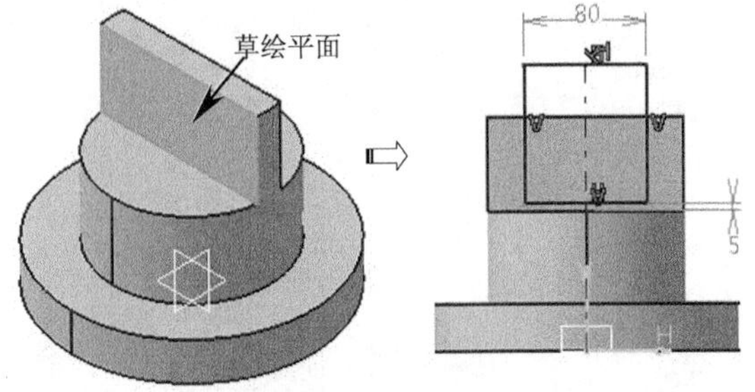

图6-187　绘制草图

9. 单击【基于草图的特征】工具栏上的【凹槽】按钮，选择上一步绘制的草图，弹出【定义凹槽】对话框，设置凹槽【深度】为 30，单击【确定】按钮，系统自动完成凹槽特征，如图 6-188 所示。

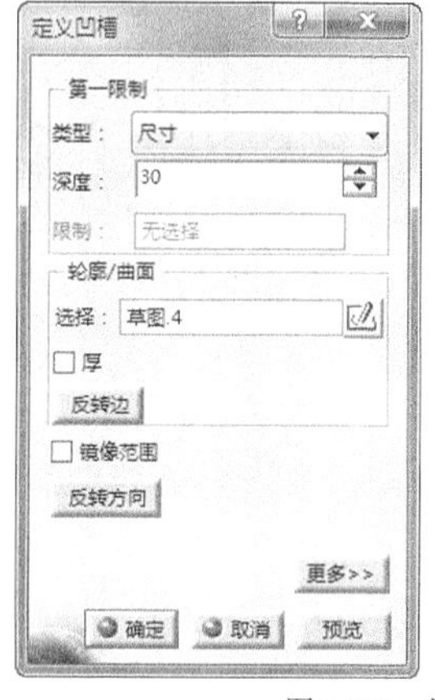

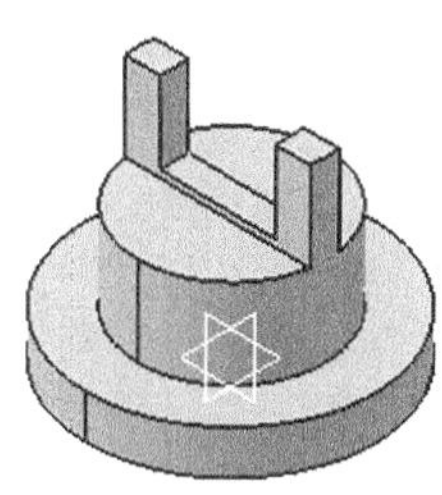

图6-188　创建凹槽特征

10. 单击【草图】按钮，在工作窗口选择草图平面为 *zx* 平面，进入草图编辑器。利用圆等工具绘制如图 6-189 所示的草图。单击【工作台】工具栏上的【退出工作台】按钮，完成草图绘制。

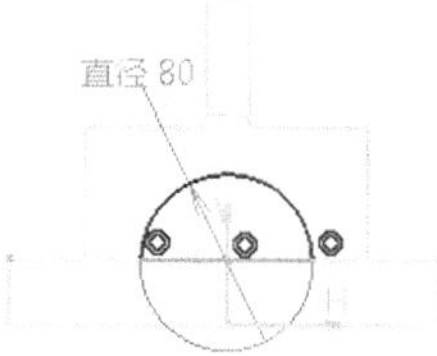

图6-189　绘制草图

11. 单击【基于草图的特征】工具栏上的【凸台】按钮，弹出【定义凸台】对话框，选择上一步所绘制的草图，拉伸 130mm，单击【确定】按钮完成拉伸特征，如图 6-190 所示。

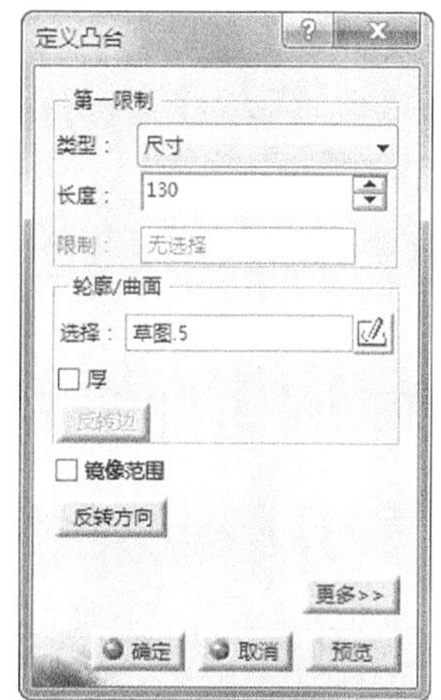

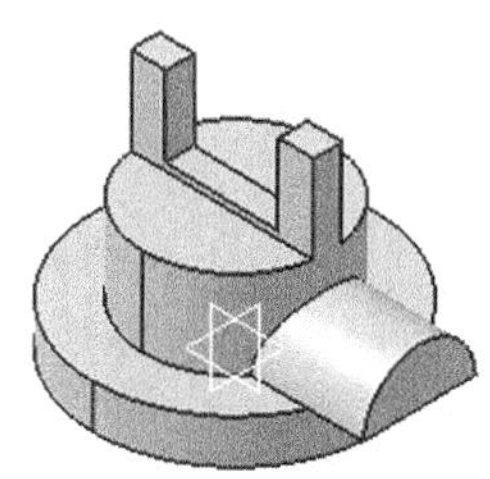

图6-190　创建拉伸特征

12. 选择凸台，单击【变换特征】工具栏上的【圆形阵列】按钮，弹出【定义圆形阵列】对话框，设置阵列参数，选择圆柱表面作为阵列方向，单击【确

定】按钮，完成圆周阵列特征，如图 6-191 所示。

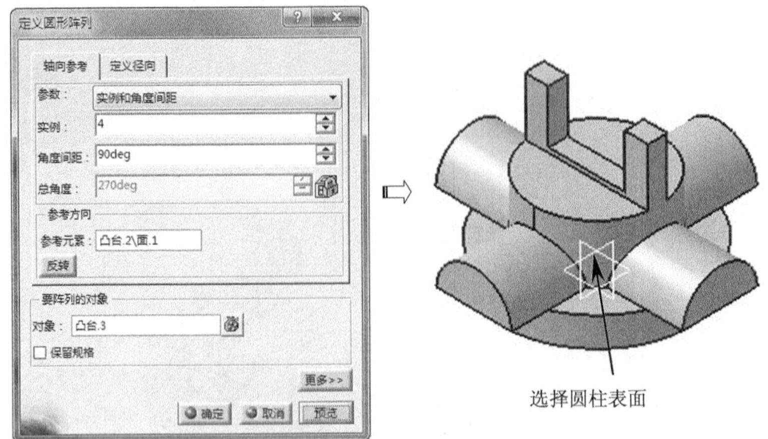

图6-191　创建环形阵列

13. 选择凹槽侧面，单击【草图】按钮，进入草图编辑器。利用投影 3D 元素等工具绘制如图 6-192 所示的草图。单击【工作台】工具栏上的【退出工作台】按钮，完成草图绘制。

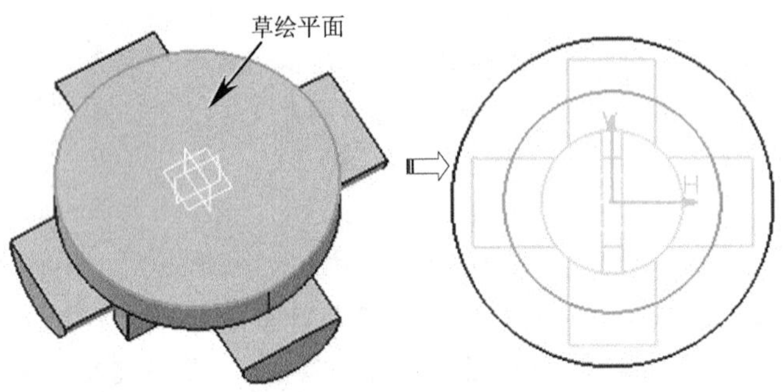

图6-192　绘制草图

14. 单击【基于草图的特征】工具栏上的【凹槽】按钮，选择上一步绘制的草图，弹出【定义凹槽】对话框，设置凹槽【深度】为 130，单击【确定】按钮，系统自动完成凹槽特征，如图 6-193 所示。

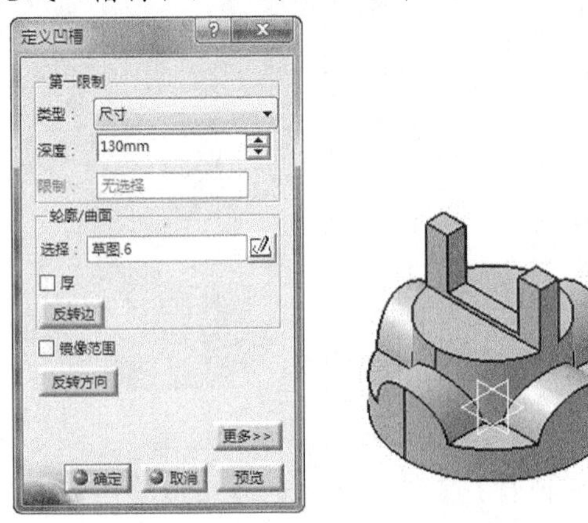

图6-193　创建凹槽特征

6.4 应用实例——连杆结构设计

本节将以连杆结构为例来讲解实体造型中特征创建、特征操作等功能在实际设计中的应用。

结果文件 光盘\练习\Ch06\liangan.CATPart 

图 6-194 所示为连杆零件。

1. 在【标准】工具栏中单击【新建】按钮，在弹出的对话框中选择“part”，单击【确定】按钮新建一个零件文件；选择【开始】/【机械设计】/【零件设计】命令，进入【零件设计】工作台。
2. 单击【草图】按钮，在工作窗口选择草图平面为 *xy* 平面，进入草图编辑器。利用圆等工具绘制如图 6-195 所示的草图。单击【工作台】工具栏上的【退出工作台】按钮，完成草图绘制。

图6-194 连杆

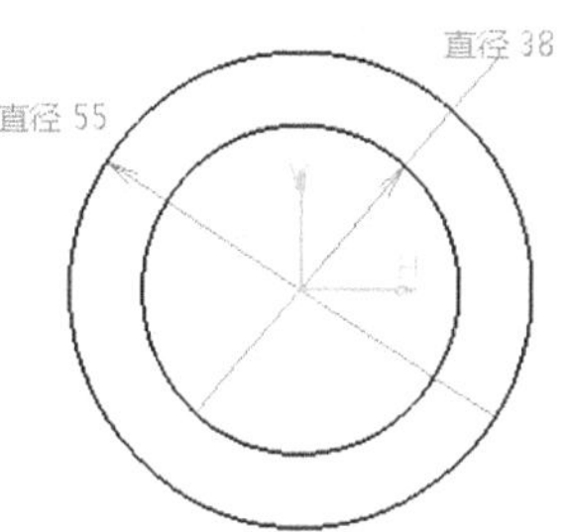

图6-195 绘制草图

3. 单击【基于草图的特征】工具栏上的【凸台】按钮，弹出【定义凸台】对话框，选择上一步所绘制的草图，拉伸 8mm，单击【确定】按钮完成拉伸特征，如图 6-196 所示。

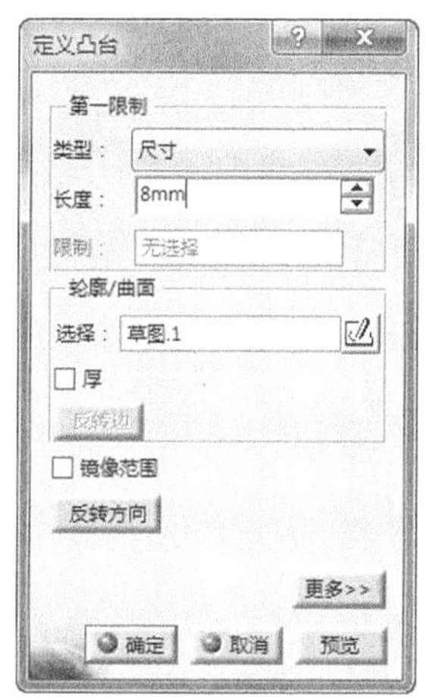

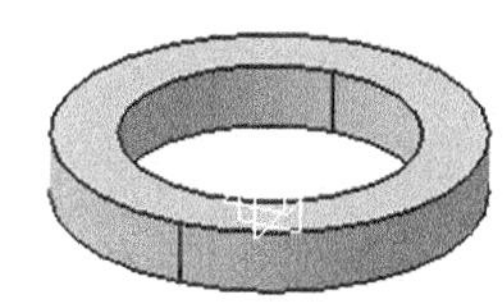

图6-196 创建凸台特征

4. 单击【草图】按钮，在工作窗口选择草图平面为 *xy* 平面，进入草图编辑器。利用圆等工具绘制如图 6-197 所示的草图。单击【工作台】工具栏上的

【退出工作台】按钮，完成草图绘制。

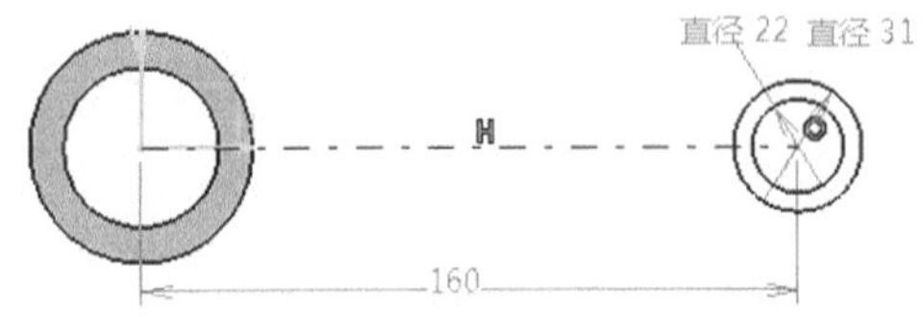

图6-197 绘制草图

5. 单击【基于草图的特征】工具栏上的【凸台】按钮，弹出【定义凸台】对话框，选择上一步所绘制的草图，拉伸 13mm，单击【确定】按钮完成拉伸特征，如图 6-198 所示。

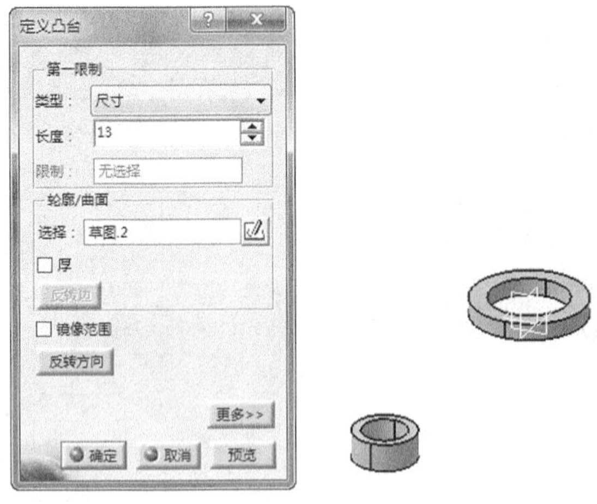

图6-198 创建拉伸特征

6. 单击【修饰特征】工具栏上的【拔模斜度】按钮，弹出【定义拔模】对话框，在【角度】文本框中输入 7，激活【要拔模的面】编辑框，选择小圆柱外表面，激活【中性元素】中的【选择】编辑框，选择 *xy* 平面，单击【确定】按钮，系统自动完成拔模特征，如图 6-199 所示。

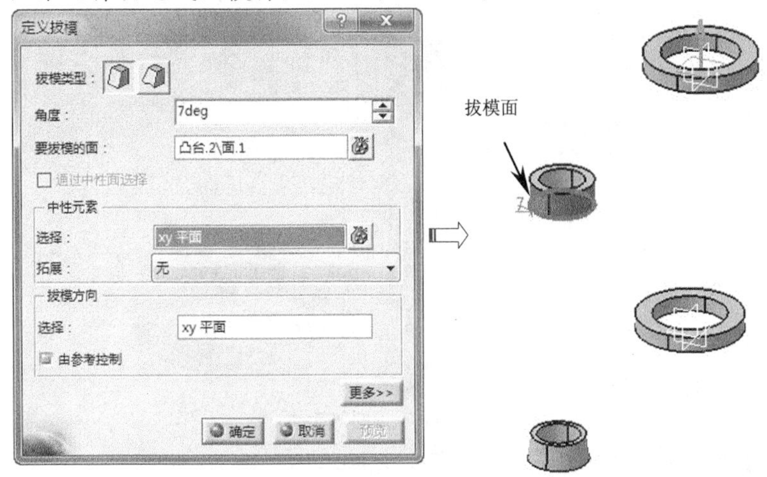

图6-199 创建拔模特征

7. 单击【草图】按钮，在工作窗口选择草图平面为 *xy* 平面，进入草图编辑器。利用圆等工具绘制如图 6-200 所示的草图。单击【工作台】工具栏上的【退出工作台】按钮，完成草图绘制。

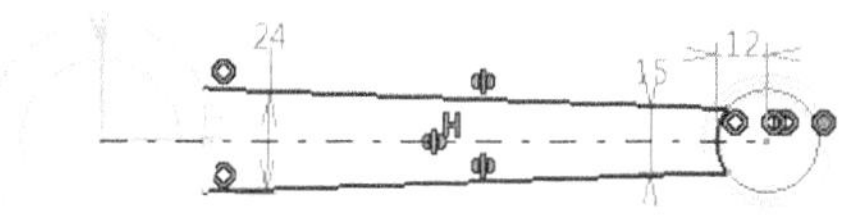

图6-200 绘制草图

8. 单击【基于草图的特征】工具栏上的【凸台】按钮，弹出【定义凸台】对话框，选择上一步所绘制的草图，拉伸 5.5mm，单击【确定】按钮完成拉伸特征，如图 6-201 所示。

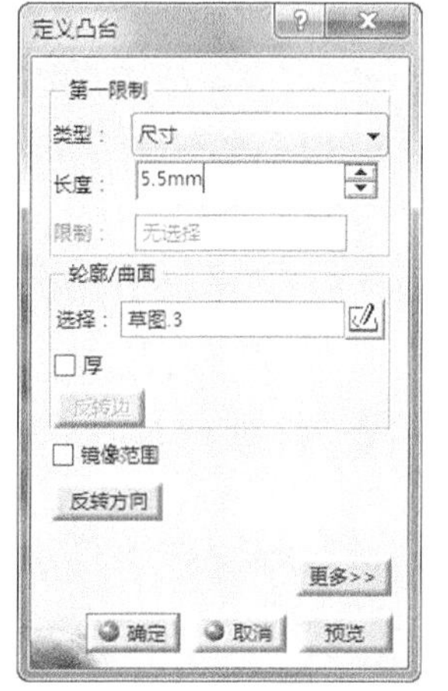

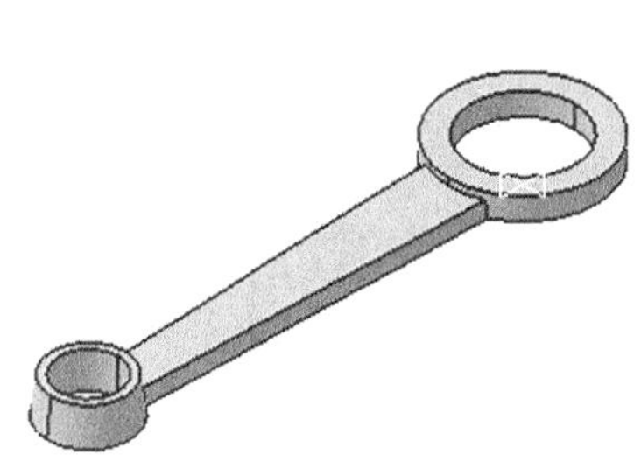

图6-201 创建拉伸特征

9. 单击【修饰特征】工具栏上的【拔模斜度】按钮，弹出【定义拔模】对话框，在【角度】文本框中输入 7，激活【要拔模的面】编辑框，选择连接体侧面，激活【中性元素】中的【选择】编辑框，选择 *xy* 平面，单击【确定】按钮，系统自动完成拔模特征，如图 6-202 所示。

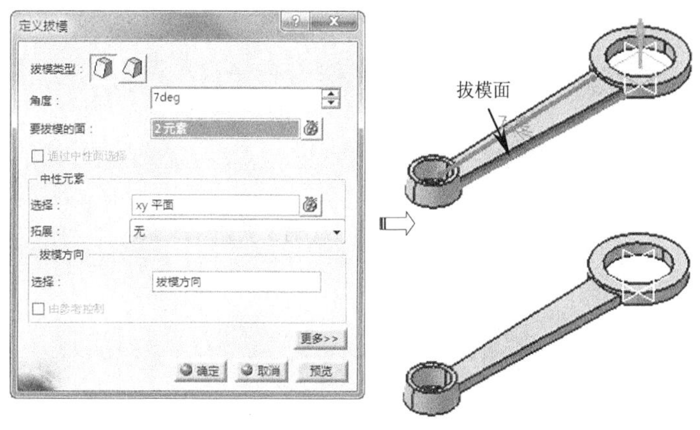

图6-202 创建拔模特征

10. 选择 *xy* 平面，单击【草图】按钮，进入草图编辑器。利用圆、圆角、偏移等工具绘制如图 6-203 所示的草图。单击【工作台】工具栏上的【退出工作台】按钮，完成草图绘制。

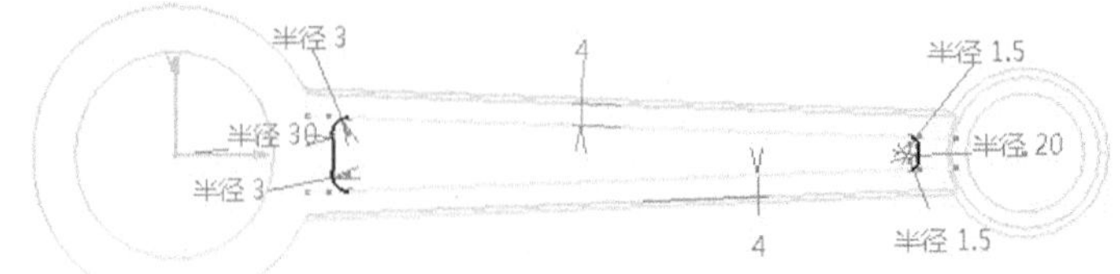

图6-203　绘制草图

11. 单击【基于草图的特征】工具栏上的【凹槽】按钮，选择上一步绘制的草图，弹出【定义凹槽】对话框，设置凹槽深度为 4mm，单击【确定】按钮，系统自动完成凹槽特征，如图 6-204 所示。

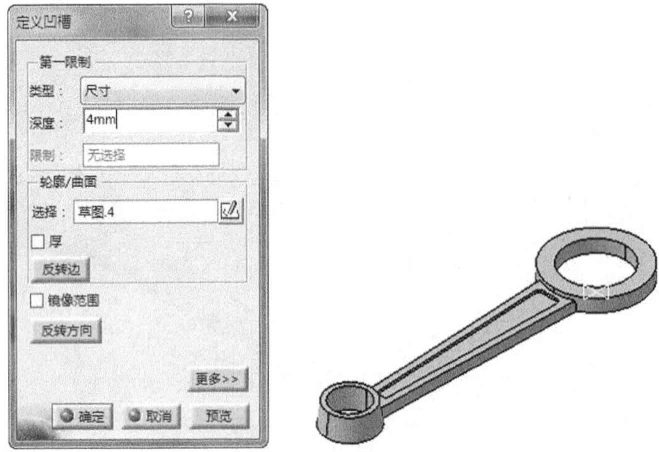

图6-204　创建凹槽特征

12. 单击【修饰特征】工具栏上的【倒圆角】按钮，弹出【倒圆角定义】对话框，在【半径】文本框中输入圆角半径 40mm，然后激活【要圆角化的对象】编辑框，选择连杆与大圆接触边线，单击【确定】按钮，系统自动完成圆角特征，如图 6-205 所示。

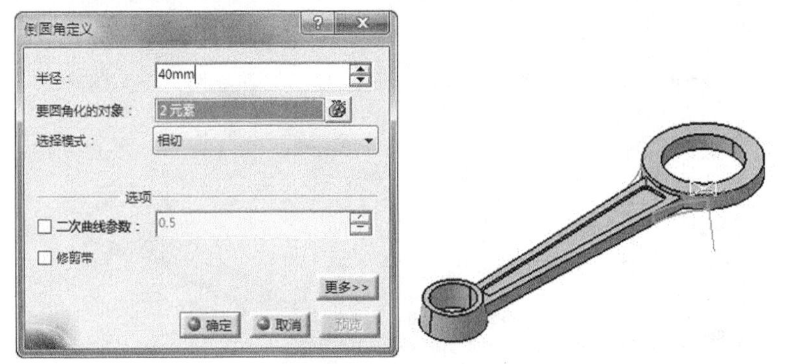

图6-205　创建倒圆角特征

13. 单击【修饰特征】工具栏上的【倒圆角】按钮，弹出【倒圆角定义】对话话

框，在【半径】文本框中输入圆角半径 15mm，然后激活【要圆角化的对象】编辑框，选择连杆与大圆接触边线，单击【确定】按钮，系统自动完成圆角特征，如图 6-206 所示。

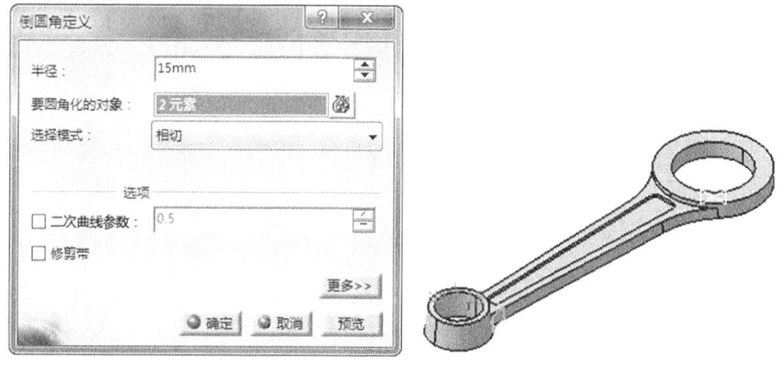

图6-206 创建倒圆角特征

14. 单击【变换特征】工具栏上的【镜像】按钮，选择 *xy* 平面作为镜像平面，单击【确定】按钮，系统自动完成镜像特征，如图 6-207 所示。

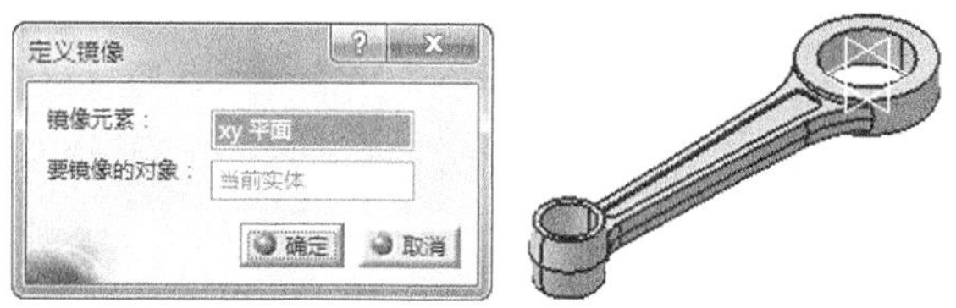

图6-207 创建镜像特征

6.5 小结

本章通过标准件、轴类、盘盖类、支架类、箱体类、凸轮以及连杆为例讲解了 CATIA V5R21 实体设计的具体应用，希望读者按照步骤认真练习，做到举一反三，达到融会贯通的目的。

第7章　零件装配设计

本章将详细讲解 CATIA V5R21 的零件装配功能与实战应用。所介绍的内容包括装配设计工作台简介、装配零部件的管理、装配的约束方式、装配特征和移动部件等。

本章要点

- CATIA V5R21 装配设计工作台
- CATIA V5R21 装配零部件管理
- CATIA V5R21 装配约束
- CATIA V5R21 装配中的部件移动

7.1　装配设计模块的简介

在 CATIA V5R21 中把各种零件、部件组合在一起形成一个完整装配体的过程叫做装配设计，而装配体实际上是保存在单个 CATPart 文档文件中的相关零件集合，该文件的扩展名为.CATProduct。装配体中的零部件是通过装配约束关系来确定它们之间的正确位置和相互关系，添加到装配体中的零件与源零件之间是相互关联的，改变其中的一个则另一个也将随之改变。本节首先介绍装配体模块基本知识。

7.1.1　进入装配设计工作台

要进行装配设计，首先必须进入装配设计工作台。进入装配设计工作台有 2 种方法：【开始】菜单法和新建装配文档法。

一、【开始】菜单法

启动 CATIA V5R21 后，在菜单栏执行【开始】/【机械设计】/【装配设计】命令，系统自动进入装配设计工作台，如图 7-1 所示。

图7-1　【开始】菜单

二、新建装配文档法

1. 启动 CATIA 之后，在菜单栏执行【文件】/【新建】/命令，弹出【新建】对话框，在【类型列表】中选择【Product】选项，如图 7-2 所示。

图7-2 【新建】对话框

2. 单击【确定】按钮，系统自动进入装配设计工作台中，如图 7-3 所示。

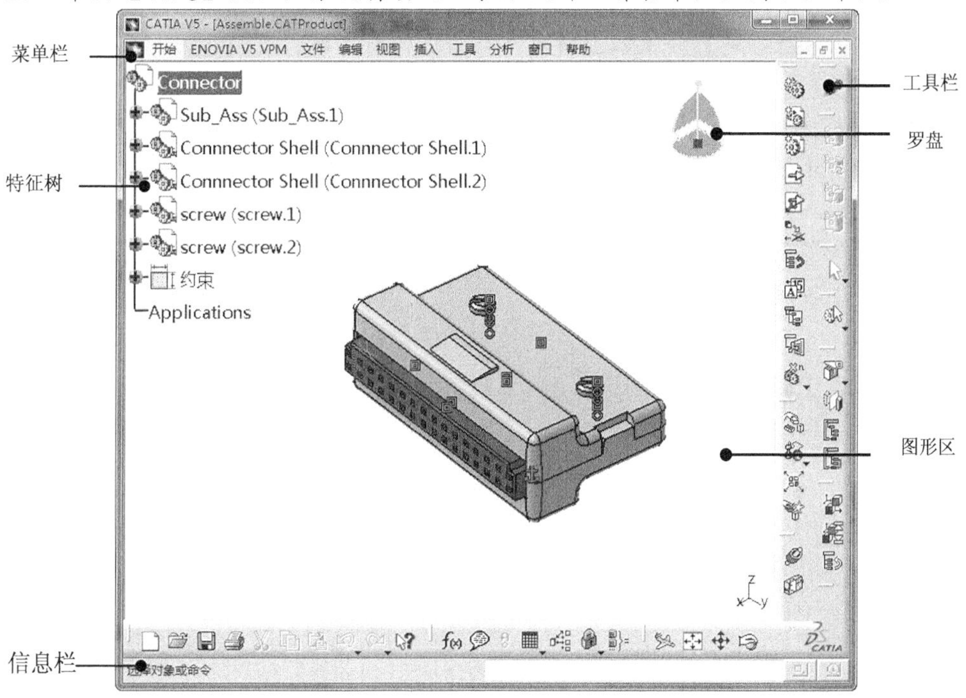

图7-3 装配设计工作台

7.1.2 装配设计工具栏介绍

利用装配设计工作台中的工具栏命令按钮是启动装配命令最方便的方法。CATIA V5R21 装配设计中常用的工具栏有：【产品结构工具】工具栏、【约束】工具栏、【移动】工具栏和【装配特征】工具栏。

提示：产品（Product）、部件（Componet）、零件（Part）是逐级减小的关系，产品的概念范畴比部件大，

部件的概念范畴比零件大。或者说产品可以称为总装，部件（组件）称为部装，零件就是零件了。

三、【产品结构工具】工具栏

【产品结构工具】工具栏用于产品部件管理功能组合，包括部件插入和部件管理，如图 7-4 所示。

图7-4　【轮廓】工具栏

- 【部件】按钮：插入一个新的部件。
- 【产品】按钮：插入一个新的产品。
- 【零件】按钮：插入一个新零件。
- 【现有部件】：插入系统中已经存在的零部件。
- 【具有定位的现有部件】按钮：插入系统具有定位的零部件。
- 【替换部件】按钮：将现有的部件以新的部件代替。
- 【图形树重新排序】按钮：将零件在特征树中重新排列。
- 【生成编号】按钮：将零部件逐一按序号排列。
- 【选择性加载】按钮：单击将打开【产品加载管理】对话框。
- 【管理展示】按钮：单击该按钮在选择装配特征树种的“Product”将弹出【管理展示】对话框。
- 【快速多实例化】按钮：根据定义多实例化输入的参数快速定义零部件。
- 【定义多实例化】按钮：根据输入的数量及规定的方向创建多个相同的零部件。

四、【约束】工具栏

【约束】工具栏用于定义装配体零部件的约束定位关系，如图 7-5 所示。

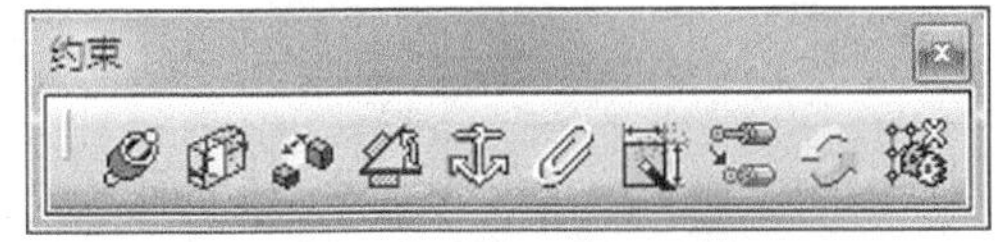

图7-5　【约束】工具栏

- 【相合约束】按钮：在轴系间创建相合约束，轴与轴之间必须有相同的方向与方位。
- 【接触约束】按钮：在两个共面间的共同区域创建接触约束，共同的区域可以是平面、直线和点。
- 【偏移约束】按钮：在两个平面间创建偏移约束，输入的偏移值可以为负值。
- 【角度约束】按钮：在两个平行面间创建角度约束。
- 【修复部件】按钮：部件固定的位置方式有两种：绝对位置和相对位置，目的是在更新操作时避免此部件从父级中移开。
- 【固联】按钮：将选定的部件连接在一起。

- 【快速约束】按钮：用于快速自动建立约束关系。
- 【柔性/刚性子装配】按钮：将子装配作为一个刚性或柔性整体。
- 【更改约束】按钮：用于更改已经定义的约束类型。
- 【重复使用阵列】按钮：按照零件上已有的阵列样式来生成其他零件的阵列。

五、【移动】工具栏

【移动】工具栏用于移动插入到装配工作台中的零部件，如图 7-6 所示。

图7-6 【移动】工具栏

- 【操作】按钮：将零部件向指定的方向移动或旋转。
- 【捕捉】按钮：以单捕捉的形式移动零部件。
- 【智能移动】按钮：以单捕捉和双捕捉结合在一起移动零部件。
- 【分解】按钮：不考虑所有的装配约束，将部件分解。
- 【碰撞时停止操作】按钮：检测部件移动时是否存在冲突，如有将停止动作。

六、【装配特征】工具栏

【装配特征】工具栏用于在装配体中同时在多个零部件上创建特征，如图 7-7 所示。

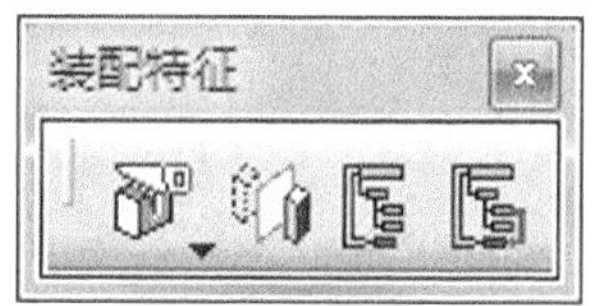

图7-7 【装配特征】工具栏

- 【分割】按钮：利用平面或曲面作为分割工具，将零部件实体分割。
- 【对称】按钮：以一平面为镜像面，将现在零部件镜像至镜像面的另一侧。
- 【孔】按钮：创建可同时穿过多个零件部的孔特征。
- 【凹槽】按钮：创建可同时穿过多个零部件的凹槽特征。
- 【添加】按钮：单击此按钮，在装配体中选择要添加的零件，然后将其添加为装配体中的一个组件。
- 【移除】按钮：单击此按钮，可以从装配体中选择要移除的组件，此组件变成零件。

7.2 装配零部件管理

新建的装配文件是一个空白文档，需要将现有的部件添加到装配文件中，也可以在装配体直接创建部件。对于已经建立的装配，还可以对部件进行替换、排序和序号等管理。装配

零部件管理集中在【产品结构工具】工具栏中的相关命令按钮实现，下面分别加以介绍。

7.2.1　创建新产品

【产品】用于在空白装配文件或已有装配文件中添加产品。

单击【产品结构工具】工具栏中的【产品】按钮，系统提示“选择部件以添加产品”，在特征树中选择部件节点，系统自动添加一个产品，如图 7-8 所示。

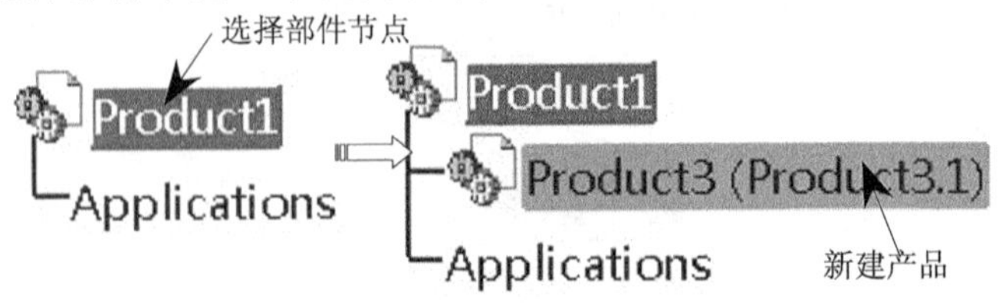

图7-8　创建新产品

7.2.2　创建新部件

【部件】用于在空白装配文件或已有装配文件中添加部件。

单击【产品结构工具】工具栏中的【部件】按钮，系统提示“选择部件以添加新部件”，在特征树中选择部件节点，系统自动添加一个产品，如图 7-9 所示。

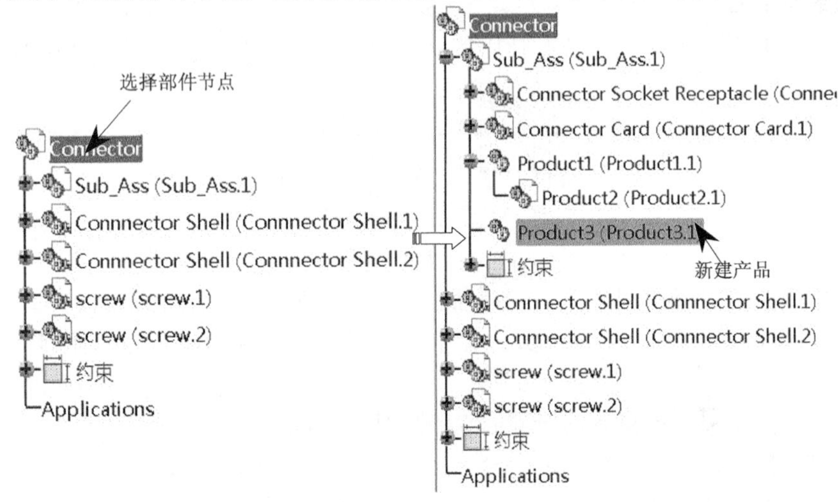

图7-9　创建新部件

7.2.3　插入新零件

【零件】用于在现有产品中直接添加一个零件。

单击【产品结构工具】工具栏中的【零件】按钮，系统提示“选择部件以插入新零件”，系统弹出【新零件：原点】对话框，如图 7-10 所示。新增的零件需要定位原点，单击【是】按钮，读取插入零件的原点，原点位置单独定义，单击【否】按钮，表示插入零件的原点位置同它的父组件原点位置相同。

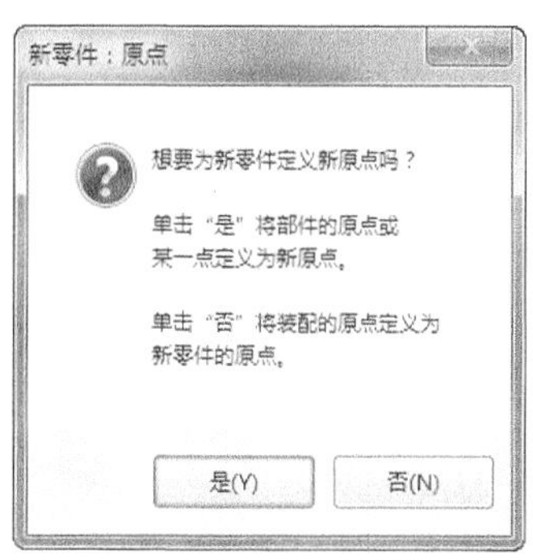

图7-10　【新零件：原点】对话框

7.2.4　加载已经存在的零部件

【现有部件】用于将已经存储在计算中的零件、部件或者产品作为一个部件插入当前产品中。

单击【产品结构工具】工具栏中的【现有部件】按钮，在特征树中选取插入位置，可以是当前产品或者产品中的某个部件，弹出【选择文件】对话框，选择需要插入的文件，单击【打开】按钮，系统自动载入部件，如图 7-11 所示。

图7-11　【选择文件】对话框

7.2.5　替换部件

【替换零部件】可将一个部件替换为同一系列的其他部件，也可将某一部件替换为与其完全不同的部件。

在特征树中选择要被替换的零部件，单击【产品结构工具】工具栏中的【替换部件】按钮，利用弹出的对话框选择替换部件，弹出【对替换的影响】对话框，单击【确定】按钮，系统完成部件替换，如图 7-12 所示。

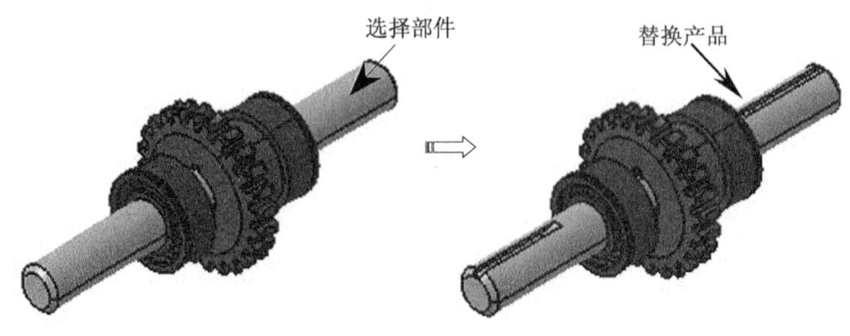

图7-12　替换部件

7.2.6　结构树排序

【结构树排序】用于重新调整结构树中零部件的前后顺序。

选择将要重新排序的产品 Product，单击【产品结构工具】工具栏中的【图形树重新排序】按钮，弹出【图形树重新排序】对话框，可选中要调整的零部件，单击右侧的上下箭头后，单击【确定】按钮可调整结构树中零部件的顺序，如图 7-13 所示。

图7-13　【图形树重新排序】对话框

7.2.7　零部件编号

【零部件编号】用于重新编写零部件编号。

选择将要重新编号的产品 Product，单击【产品结构工具】工具栏中的【生成编号】按钮，弹出【生成编号】对话框，选择编号模式和保留替换类型，单击【确定】按钮完成编号调整，如图 7-14 所示。

图7-14　【生成编号】对话框

提示：选中零部件，单击鼠标右键，选择【属性】命令，在弹出对话框中【产品】选项卡查看。侧面是指螺纹生成表面，限制面是指螺纹起始表面，必须为平面。

7.2.8 复制零部件

复制零部件可以对已插入的零部件进行多重复制，并可预先设置复制的数量及方向。主要用于在装配体中重复使用的零部件。复制零部件相关命令如图 7-15 所示。

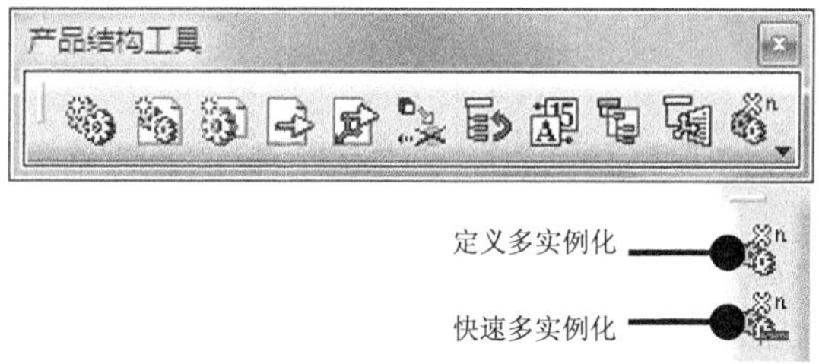

图7-15 复制零部件命令

一、定义多实例化

单击【产品结构工具】工具栏中的【定义多实例化】按钮，弹出【多实例化】对话框，选择要实例化的部件，设置相关参数，单击【确定】按钮，完成实例化，如图 7-16 所示。

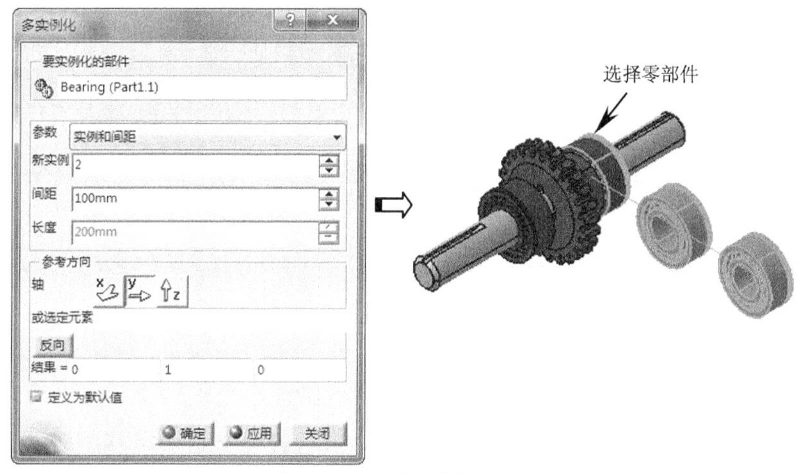

图7-16 【多实例化】对话框

【多实例化】对话框相关选项参数含义。

(1) 参数。

- 实例和间距：定义实例数和各实例之间的间距来生成实例，间距是指两生成实例间的距离。
- 实例和长度：定义实例数和实例分布长度来生成实例，生成的实例将在此长度上均匀分布。
- 间距和长度：定义相邻实例间距和实例分布长度来生成实例，生成实例将按照用于所定义的间距在分布长度上均匀分布。

(2) 参考方向。

- 轴：可单击 X、Y、Z 三个按钮当中的一个，实例将在该坐标轴方向上进行复制。
- 选定元素：选择几何图形中的直线、轴线或边线作为复制方向。
- 反转：反转已经定义的复制方向。
- 定义为默认值：选中该复选框，将当前设置的参数作为默认参数。同时，该参数将被保存并在【快速多实例化】命令中重复使用。

二、快速多实例化

单击【产品结构工具】工具栏中的【快速多实例化】按钮，选择要实例化的部件，单击【确定】按钮，完成实例化，如图 7-17 所示。

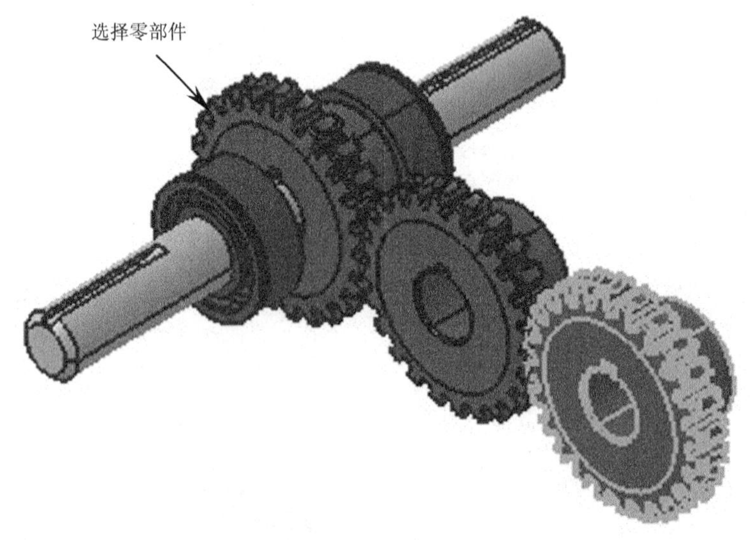

图7-17　快速多实例化

7.3　装配约束

装配产品中每个部件需要确定其相对位置，称为约束。通过约束将所有零件组成一个产品，约束命令集中【约束】工具栏上的相关命令按钮，下面分别加以介绍。

7.3.1　创建约束方式

对于一个装配体来说，组成装配体的所有零部件之间的位置不是任意的，而是按照一定关系组合起来的。因此，零部件之间必须要进行定位，移动和旋转零部件并不能精确地定位装配体中的零件，还必须通过建立零件之间的配合关系来达到设计要求。

设置约束必须在激活部件的两个子部件之间进行，在图形区显示约束几何符号，特征树中标记约束符号，如表 7-1 所示。

表 7-1　约束类型

约束	几何显示符号	特征树中符号
相合		
接触		
偏移		
角度		
平行		
垂直		
固定		

7.3.2　相合约束

【相合约束】是通过设置两个部件中的点、线、面等几何元素重合来约束部件之间的相对几何关系。

单击【约束】工具栏上的【相合约束】按钮，选择第一个零部件约束表面，然后选择第二个零部件约束表面，如果是两个平面约束，弹出【约束属性】对话框，如图 2-1 所示。在【名称】框可改变约束名称，在【方向】下拉列表中选择约束方向，单击【确定】按钮，完成约束，如图 7-18 所示。

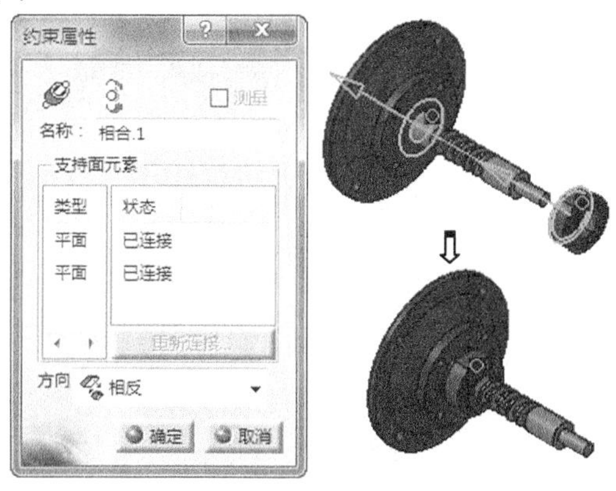

图7-18　创建相合约束

提示：如果确定后，部件的相对几何关系未发生变化，可单击【工具】工具栏上的【更新】按钮，部件之间的相互位置将发生改变。

7.3.3　接触约束

【接触约束】是对选定的两个面或平面进行约束，使它们处于点、线或者面接触状态。单击【约束】工具栏上的【接触约束】按钮，依次选择两个部件的约束表面，系统自动完成接触约束，如图 7-19 所示。

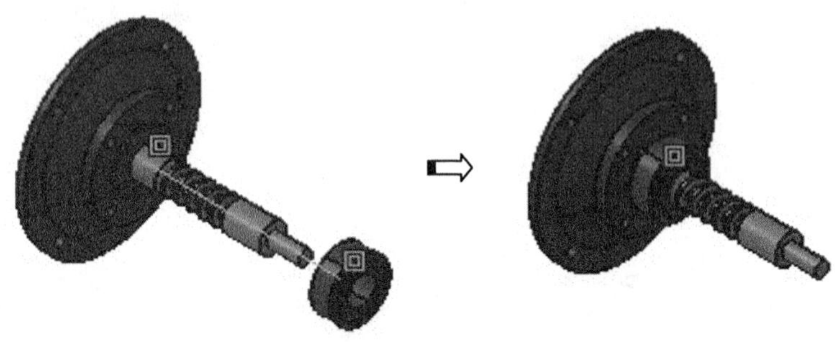

图7-19　创建接触约束

7.3.4　偏移约束

【偏移约束】通过设置两个部件上的点、线、面等几何元素之间的距离几何关系。

单击【约束】工具栏上的【偏移约束】按钮，依次选择两个部件的约束表面，弹出【约束属性】对话框，在【名称】框可改变约束名称，在【方向】下拉列表中选择约束方向，在【偏移】框中输入距离值，单击【确定】按钮，系统自动完成偏移约束，如图 7-20 所示。

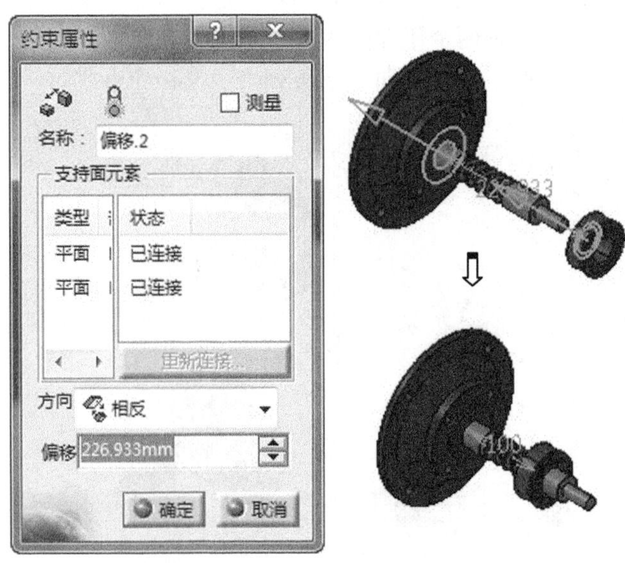

图7-20　创建偏移约束

7.3.5 角度约束

【角度约束】是指通过设定两个部件几何元素的角度关系来约束两个部件之间的相对几何关系。

单击【约束】工具栏上的【偏角度约束】按钮，依次选择两个部件的约束表面，弹出【约束属性】对话框，选择约束类型为【角度】，在【名称】框可改变约束名称，在【角度】框中输入角度值，单击【确定】按钮，系统自动完成角度约束，如图 7-21 所示。

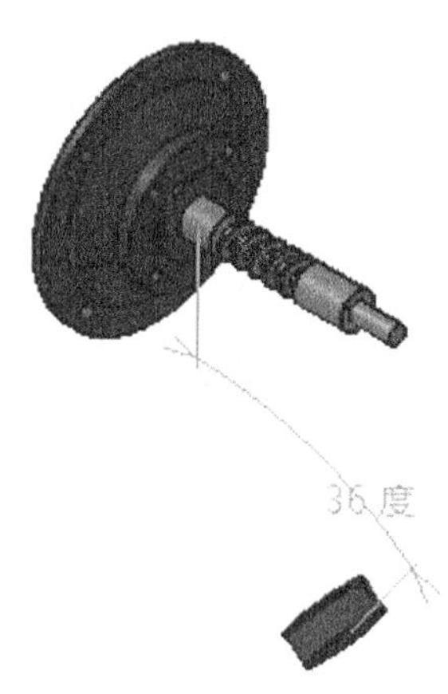

图7-21 创建角度约束

7.3.6 固定约束

【固定约束】是将一个部件固定在设计环境中，一种是将部件固定于空间固定处，称为绝对固定；另外一种是将其他部件与固定部件的相对位置关系固定，当移动时，其他部件相对固定组件会移动。

单击【约束】工具栏上的【固定约束】按钮，选择要固定部件，系统自动创建固定约束，如图 7-22 所示。

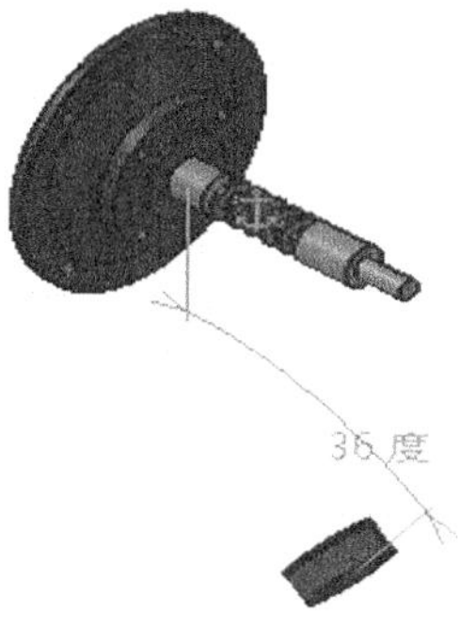

图7-22 创建固定约束

7.3.7　固联约束

【固联约束】用于将多个部件固定在一起作为一个整体移动。

单击【约束】工具栏上的【固定约束】按钮，弹出【固联】对话框，选择要固定部件，单击【确定】按钮，系统自动创建固定约束，如图 7-23 所示。

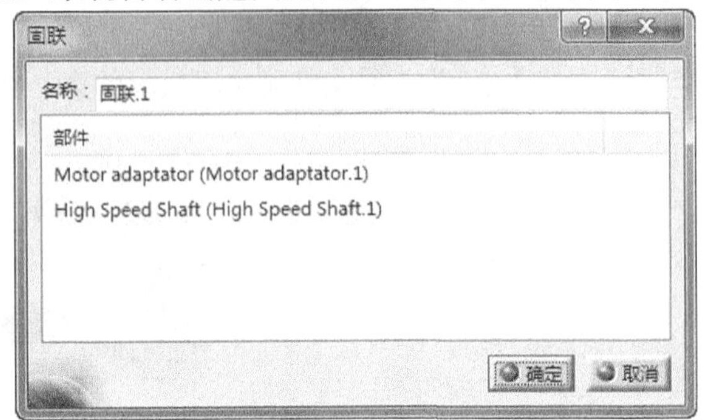

图7-23　【固联】对话框

7.3.8　快速约束

【快速约束】用于快速添加一些已经设置好的约束，例如“面接触”、“相合接触”、“距离”、“角度”和“平行”等。

单击【约束】工具栏上的【快速约束】按钮，选择两个约束部件表面，系统根据所选部件情况自动创建相关约束，如图 7-24 所示。

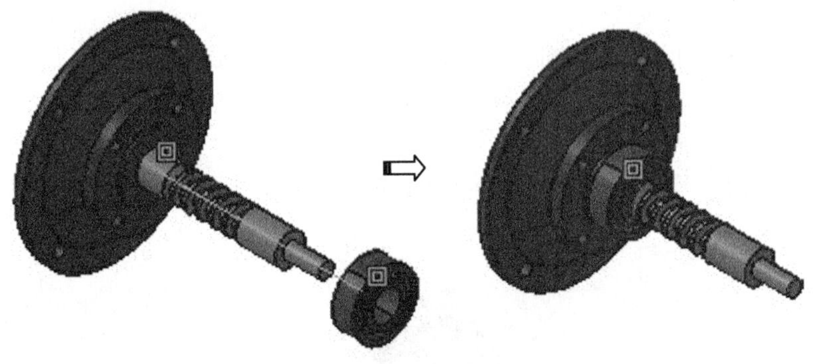

图7-24　创建快速约束

7.3.9　更改约束

【更改约束】是指在一个已经完成的约束上，更改一个约束类型。

在特征树上选择需要更改的约束，单击【约束】工具栏上的【更改约束】按钮，弹出【可能的约束】对话框，选择要更改的约束类型，单击【确定】按钮，系统完成约束更改，如图 7-25 所示。

图7-25 【可能的约束】对话框

7.3.10 阵列约束

【阵列约束】是按照零件上已有的阵列样式来生成其他零件的阵列，并设置相关约束关系。

单击【约束】工具栏上的【重复使用阵列】按钮，弹出【在阵列上实例化】对话框，激活【要实例化的部件】选择框，选择要阵列部件，然后激活【阵列】选择框，在特征树上选择零件的阵列特征，单击【确定】按钮，系统完成阵列约束，如图 7-26 所示。

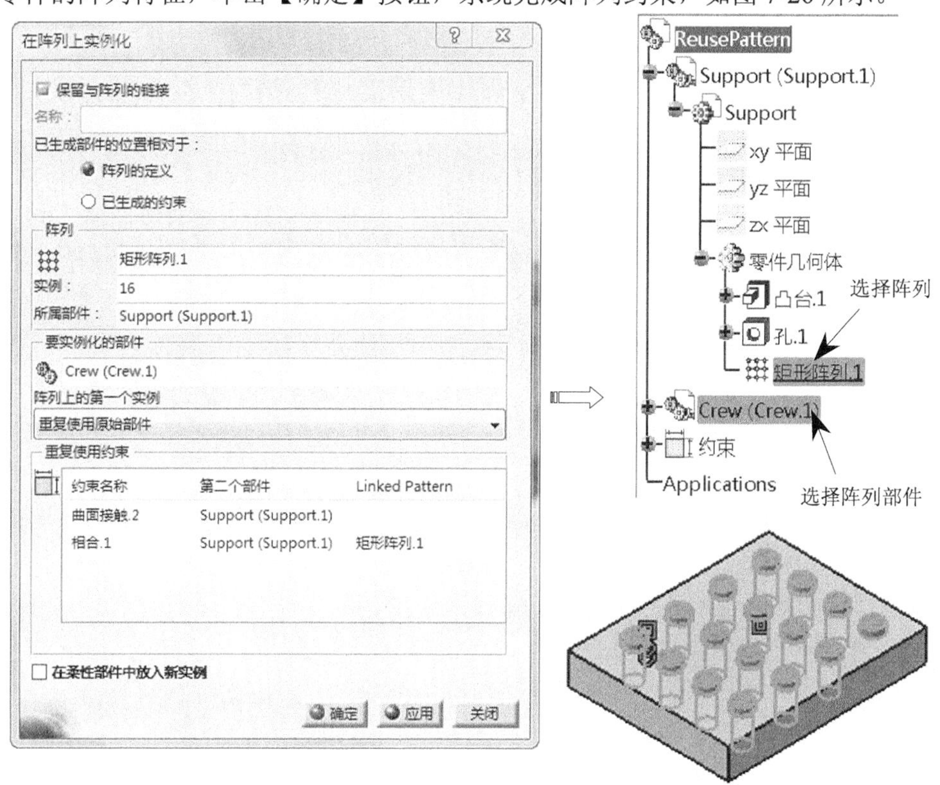

图7-26 创建阵列约束

提示：【在阵列上实例化】对话框选中【保留与阵列的链接】复选框，表示生成的阵列与生成阵列的原零件的关联性。更改原零件，阵列后零件也将进行更新。

7.4　装配特征

装配特征是在装配设计时，同时应用到多个零件上的特征。装配特征命令集中【装配特征】工具栏上的相关命令按钮，下面分别加以介绍。

7.4.1　分割

CATIA V5R21 提供了多种装配体分割方法，单击【装配特征】工具栏中【分割】按钮右下角的小三角形，弹出有关分割命令按钮，如图 7-27 所示。

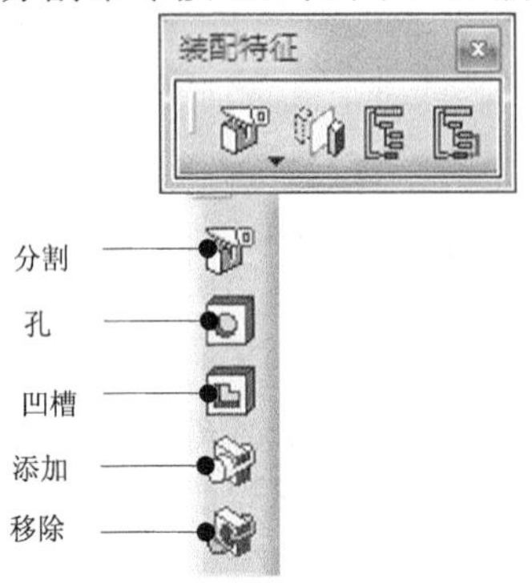

图7-27　尺寸标注命令

一、分割

【分割】命令用于通过曲面或平面来切割多个零部件。

单击【装配特征】工具栏上的【分割】按钮，选择分割所需平面或曲面，弹出【定义装配特征】对话框，选择要分割的零部件，单击【确定】按钮，完成分割操作，如图 7-28 所示。

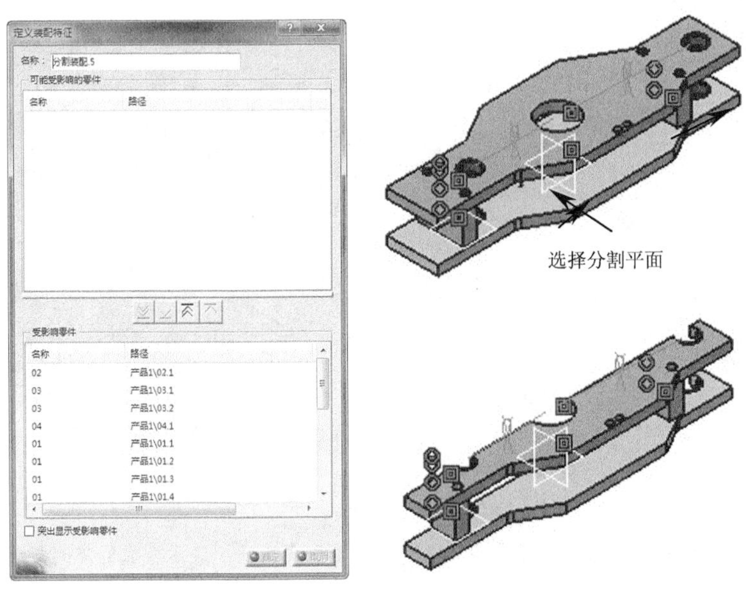

图7-28　分割

二、孔

【孔】命令用于在装配体不同零件上同时创建一个孔特征。

单击【装配特征】工具栏上的【孔】按钮，选择钻孔的表面后，在【定义装配特征】对话框中选择孔特征影响零部件，在【定义孔】对话框中设置孔参数后，单击【确定】按钮，系统自动完成孔特征的创建，如图 7-29 所示。

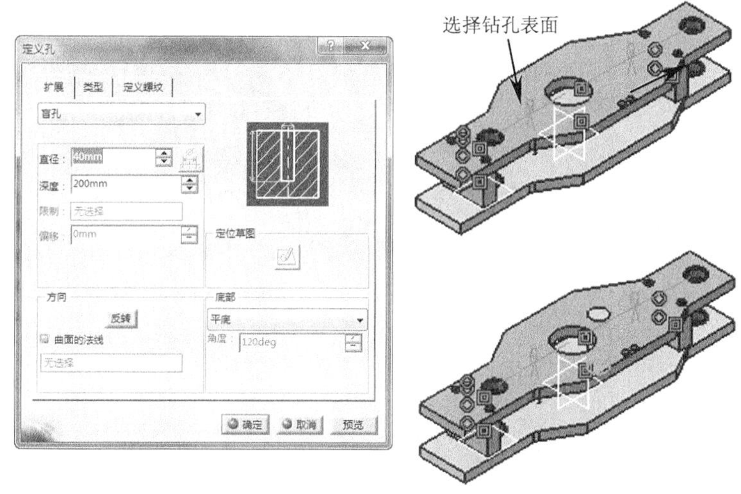

图7-29　孔

三、凹槽

【凹槽】命令用于在装配体不同零件上同时创建一个拉伸除料特征。

单击【装配特征】工具栏上的【凹槽】按钮，选择零部件中的凹槽特征或轮廓，后，在【定义装配特征】对话框中选择特征影响零部件，在【定义凹槽】对话框中设置参数后，单击【确定】按钮，系统自动完成凹槽特征的创建，如图 7-30 所示。

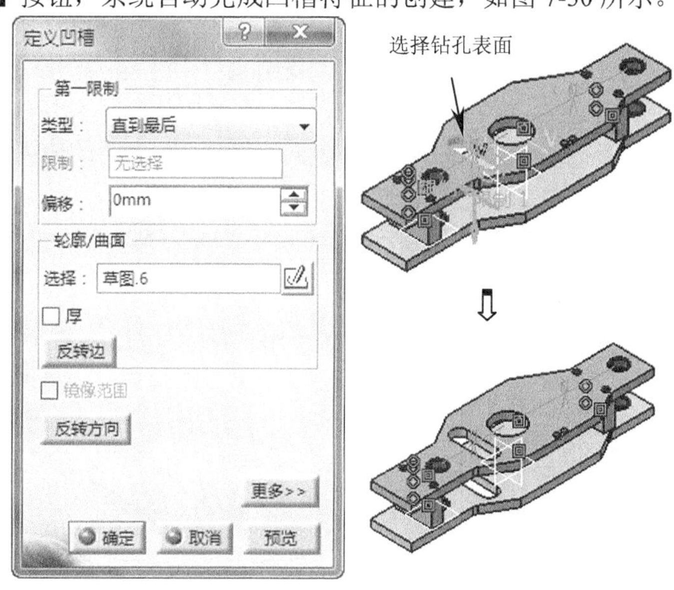

图7-30　凹槽

四、移除

【移除】命令用于在多个零件上同时去除一个实体。

单击【装配特征】工具栏上的【移除】按钮，选择要移除的零部件后，在【定义装配特征】对话框中选择特征影响零部件，单击【移除】对话框中的【确定】按钮，系统自动完成布尔移除特征的创建，如图 7-31 所示。

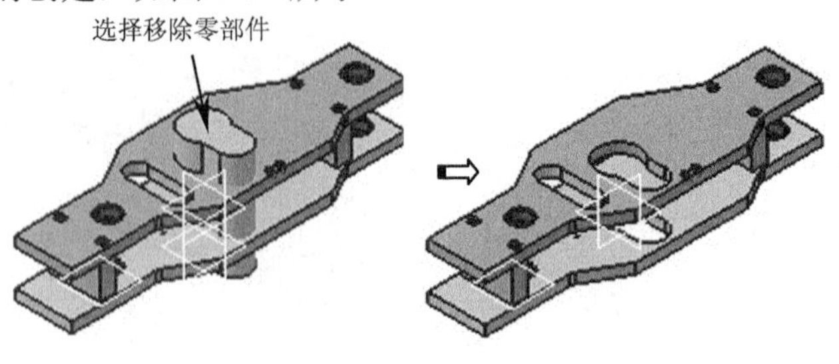

图7-31　移除

7.4.2 对称

【对称】是指在装配体中通过镜像、旋转等操作来简化装配相同零部件。

单击【装配特征】工具栏上的【对称】按钮，选择要对称的零部件和对称面后，在【装配对称向导】对话框中设置相关参数，单击【确定】按钮，系统自动完成对称操作，如图 7-32 所示。

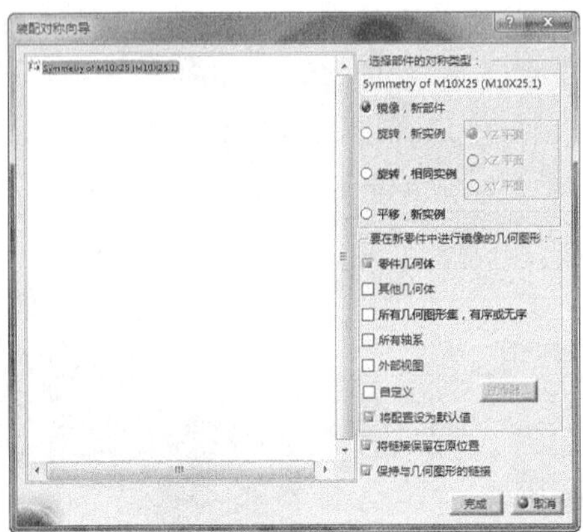

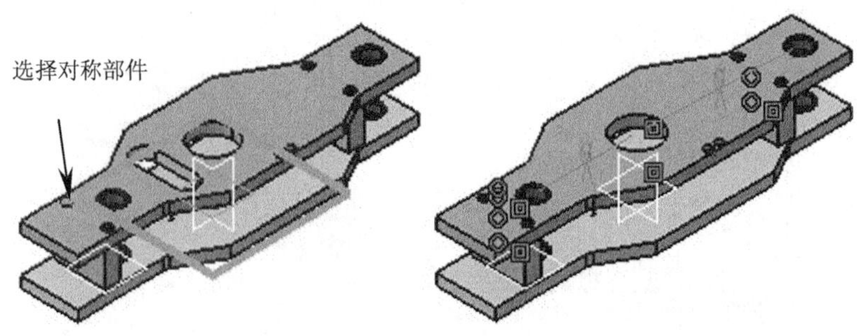

图7-32　对称

7.5 移动部件

创建零部件时坐标原点不是按装配关系确定的，导致装配中所插入零部件可能位置相互干涉，影响装配，因此需要调整零部件的位置，便于约束和装配。移动命令集中【移动】工具栏上的相关命令按钮，下面分别加以介绍。

7.5.1 移动零部件

【操作】命令允许用户使用鼠标徒手移动部件。

单击【移动】工具栏上的【操作】按钮，弹出【操作参数】对话框，选择相应的移动方式后，拖动鼠标拖动零部件，单击【确定】按钮，完成移动操作，如图 7-33 所示。

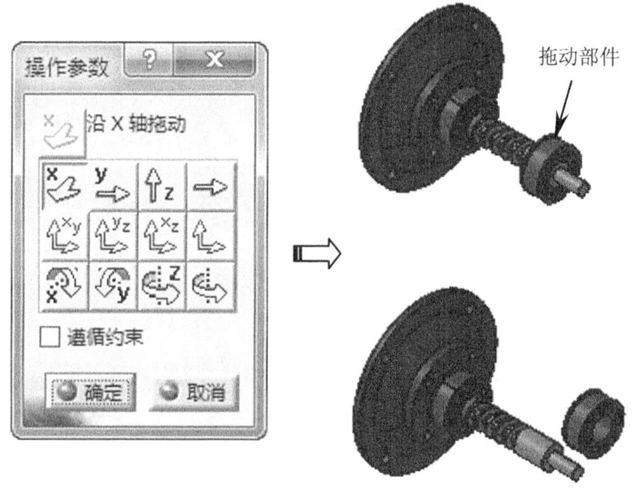

图7-33 操作部件

【操作参数】对话框相关选项参数含义如下。

- ：用于零部件沿着 x、y、z 坐标轴和任意选定线的方向移动，选定线可以是棱线或轴线。
- ：用于零部件在 xy、yz、xz 坐标平面和某一任意选定面内移动。
- ：用于零部件绕着 x、y、z 坐标轴和某一任意选定轴旋转，选定轴可以是棱线或轴线。
- 遵循约束：选中该复选框后，不允许对已经施加约束部件进行违反约束要求的移动、旋转等操作。

7.5.2 快速移动零部件

快速移动零部件可快速平移或旋转部件，根据所选几何元素的先后顺序不同，将获得不同的捕捉结果，并且最先被选中的元素总是移动的元素。

单击【移动】工具栏上的【捕捉】按钮，选择第一个部件，选择第二个部件，自动

创建移动，同时在第一个部件上显示绿色箭头，单击箭头可翻转部件，如图 7-34 所示。

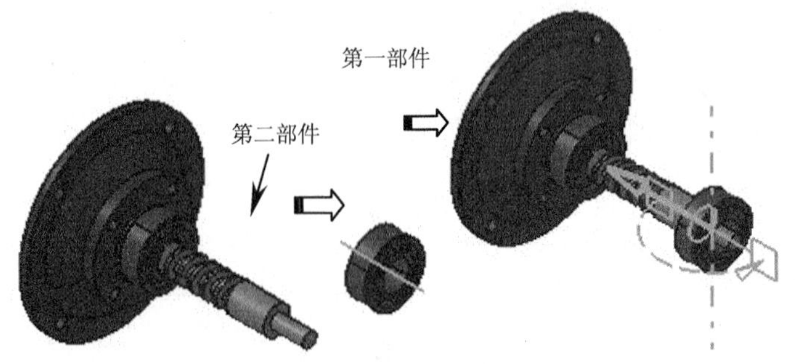

图7-34　快速移动零部件

7.5.3　生成装配爆炸图

生成装配爆炸图用于分解装配体以查看它们的关系，爆炸图用于更好地观察一个产品。

选择要分解的产品，单击【移动】工具栏上的【分解】按钮，弹出【分解】对话框，在【深度】框中选择级别，设置其他参数，单击【应用】按钮，出现【信息框】对话框，提示可用 3D 罗盘在分解视图内移动产品，单击【确定】按钮，完成分解，如图 7-35 所示。

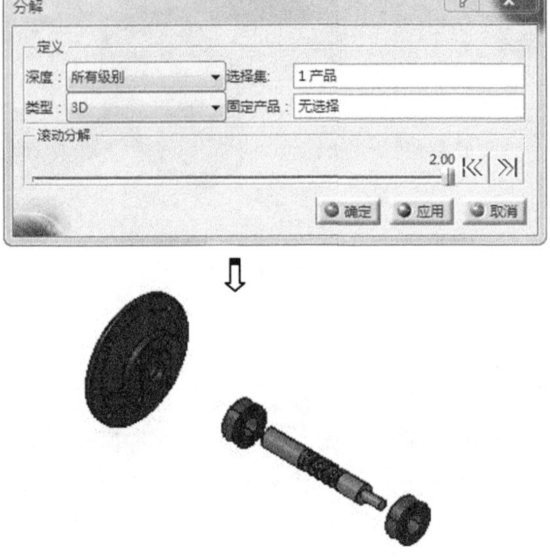

图7-35　分解零部件

提示： 如果要想将分解图恢复到装配状态，可单击【工具】工具栏上的【更新】按钮即可。

7.5.4　碰撞停止

装配体中的零部件之间可能产生冲突，使用碰撞停止可在操作零部件发生冲突时，所涉及的部件停止并高亮显示。

单击【移动】工具栏上的【碰撞时停止操作】按钮，慢慢移动部件，在冲突即将产生之前停止移动操作，如图 7-36 所示。再次单击【碰撞时停止操作】按钮，即可取消碰撞检查。

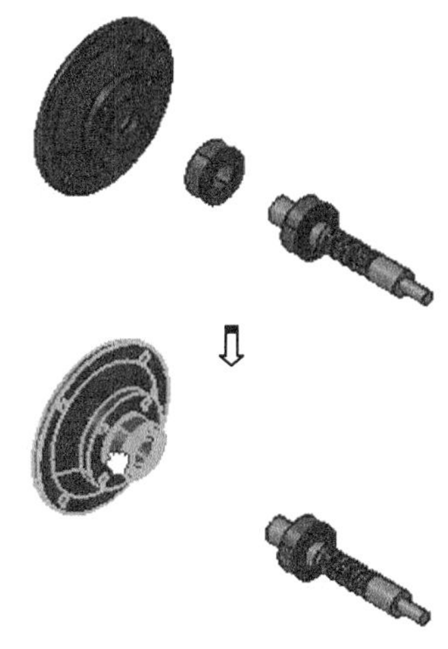

图7-36 碰撞停止

7.6 应用实例——机械手装配

本节将以机械手装配为例来讲解装配工作台中装配约束、爆炸图功能在实际设计中的应用。

结果文件 光盘\练习\Ch07\jixieshou.CATPart 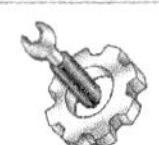

1. 在菜单栏执行【开始】/【机械设计】/【装配设计】命令，系统自动进入装配设计工作台。
2. 加载底座零件并建立约束，具体操作步骤如下。

(1) 单击【产品结构工具】工具栏中的【现有部件】按钮，在特征树中选取 Product1，弹出【选择文件】对话框，选择文件 dizuo.CATPart，单击【打开】按钮，系统自动载入部件，如图 7-37 所示。

(2) 单击【约束】工具栏上的【固定约束】按钮，选择 dizuo 部件，系统自动创建固定约束，如图 7-38 所示。

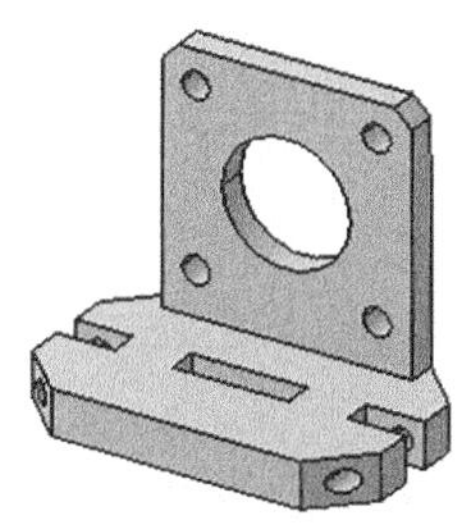

图7-37 打开底座

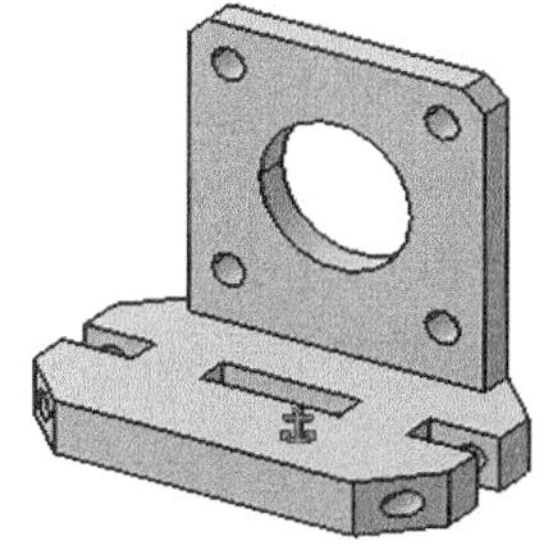

图7-38 固定约束

3. 加载电机并建立约束，具体操作步骤如下。

(1) 单击【产品结构工具】工具栏中的【现有部件】按钮，在特征树中选取 Product1，弹出【选择文件】对话框，选择文件 dianji.CATPart，单击【打开】按钮，系统自动载入部件，利用移动操作调整好位置，如图 7-39 所示。

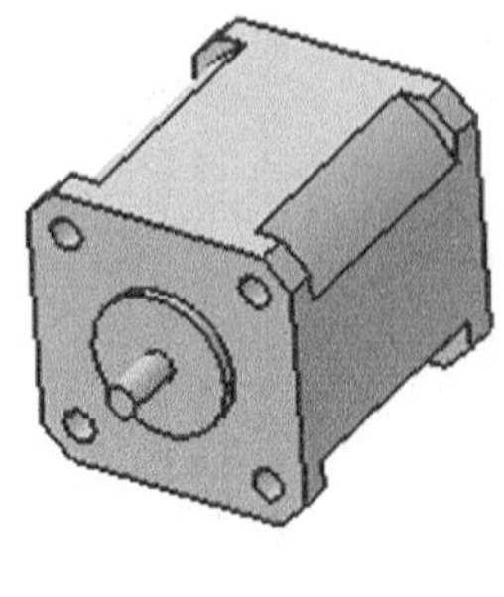

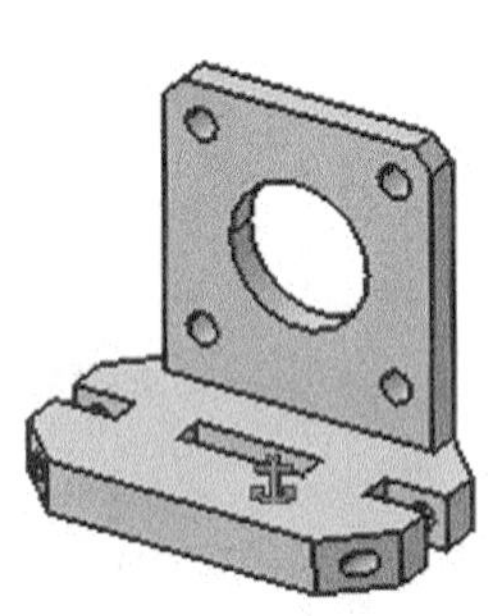

图7-39　加载电机

(2) 单击【约束】工具栏上的【相合约束】按钮，电机轴和底座孔，单击【确定】按钮，完成约束，如图 7-40 所示。

(3) 单击【约束】工具栏上的【接触约束】按钮，依次选择电机和底座表面，系统自动完成接触约束，如图 7-41 所示。

4. 加载偏心轴并建立约束，具体操作步骤如下。

(1) 单击【产品结构工具】工具栏中的【现有部件】按钮，在特征树中选取 Product1，弹出【选择文件】对话框，选择文件 pianxinzhou.CATPart，单击【打开】按钮，系统自动载入部件，利用移动操作调整好位置，如图 7-42 所示。

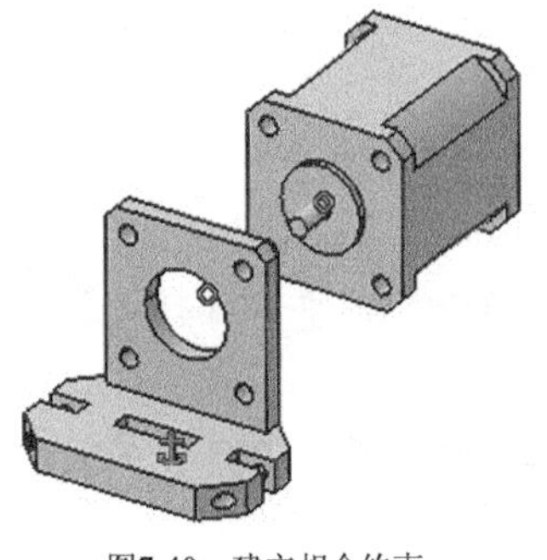

图7-40　建立相合约束

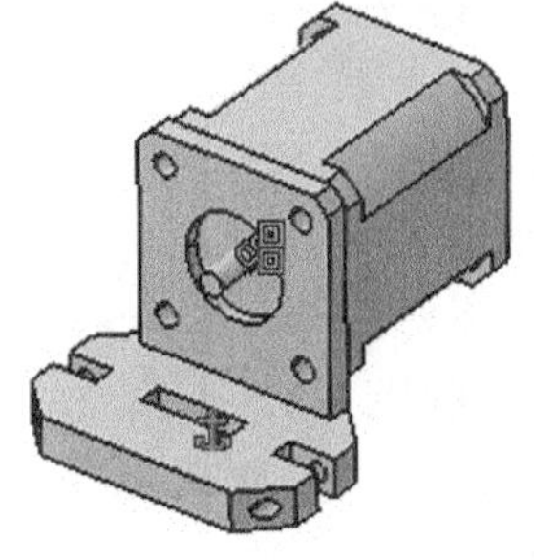

图7-41　创建接触约束

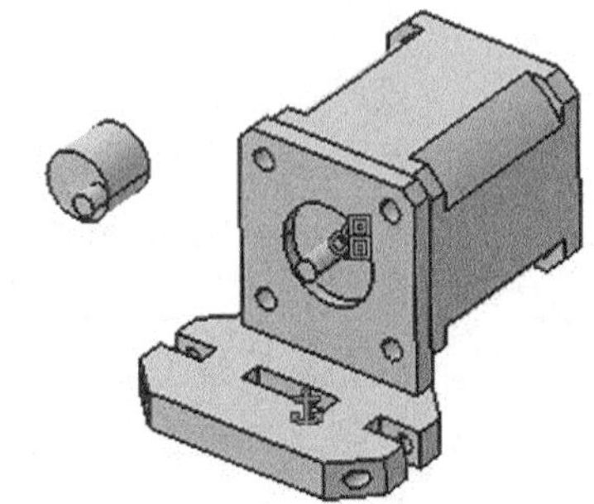

图7-42　加载偏心轴

(2) 单击【约束】工具栏上的【相合约束】按钮，选择如图 7-43 所示的部件表面，单击【确定】按钮，完成约束，如图 7-43 所示。

(3) 单击【约束】工具栏上的【接触约束】按钮，选择如图 7-44 所示的部件表面，系统自动完成接触约束，如图 7-44 所示。

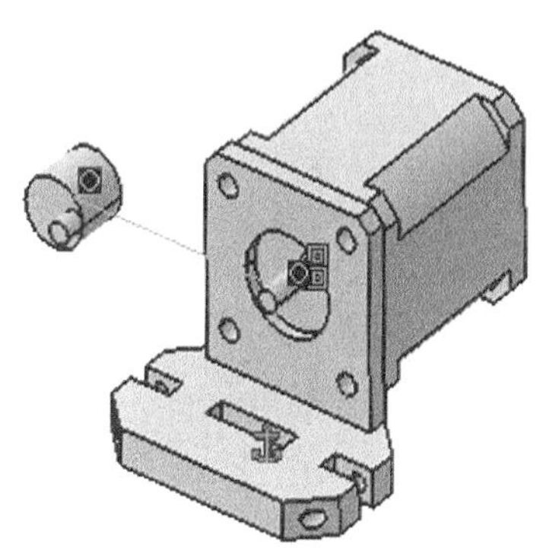

图7-43　建立相合约束

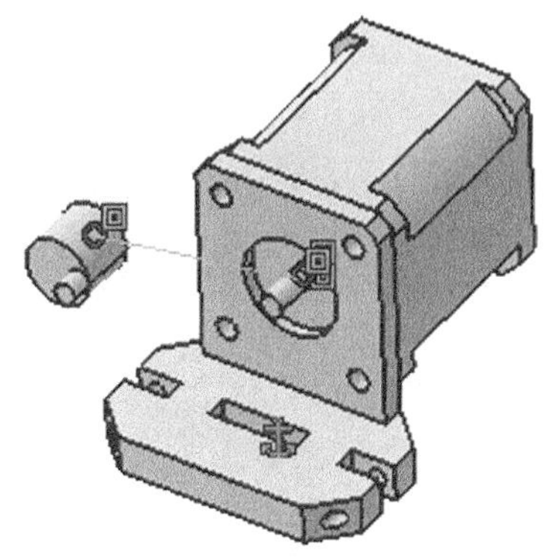

图7-44　创建接触约束

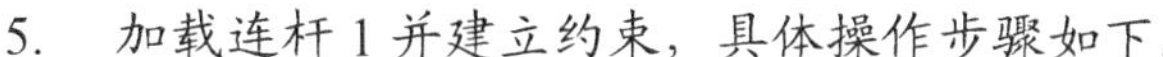

5.　加载连杆 1 并建立约束，具体操作步骤如下。

(1)　单击【产品结构工具】工具栏中的【现有部件】按钮，在特征树中选取 Product1，弹出【选择文件】对话框，选择文件 liangan1.CATPart，单击【打开】按钮，系统自动载入部件，利用移动操作调整好位置，如图 7-45 所示。

(2)　单击【约束】工具栏上的【接触约束】按钮，选择如图 7-46 所示的部件表面，系统自动完成接触约束，如图 7-46 所示。

(3)　单击【约束】工具栏上的【接触约束】按钮，选择如图 7-46 所示的部件表面，系统自动完成接触约束，如图 7-47 所示。

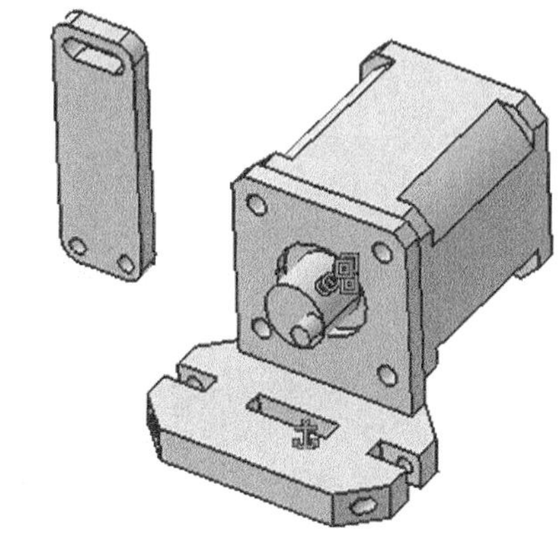

图7-45　加载连杆 1

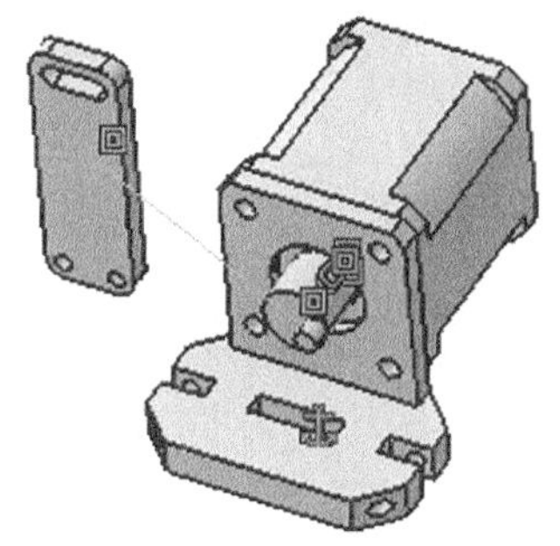

图7-46　创建接触约束

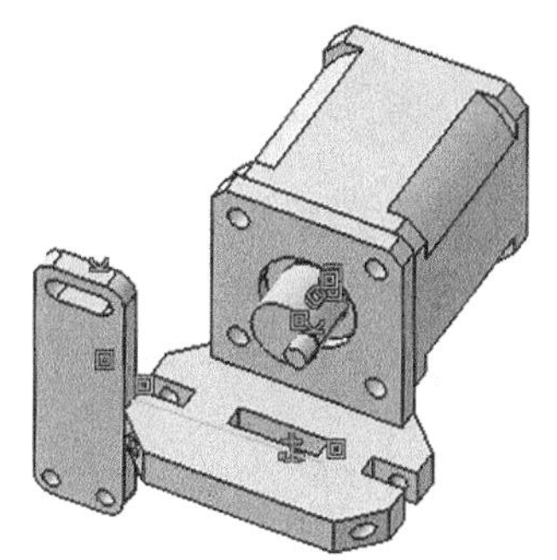

图7-47　创建接触约束

(4)　单击【约束】工具栏上的【相合约束】按钮，选择如图 7-48 所示的部件表面，单击【确定】按钮，完成约束，如图 7-48 所示。

6.　加载手指并建立约束，具体操作步骤如下。

(1)　单击【产品结构工具】工具栏中的【现有部件】按钮，在特征树中选取 Product1，弹出【选择文件】对话框，选择文件 shouzhi.CATPart，单击【打开】按钮，系统自动载入部件，利用移动操作调整好位置，如图 7-49 所

示。

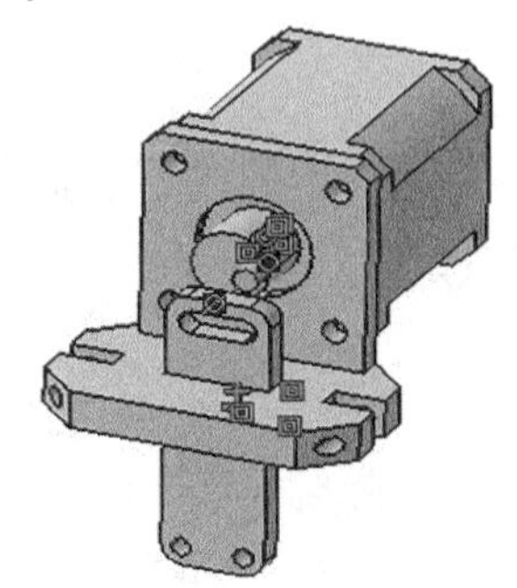

图7-48　创建相合约束

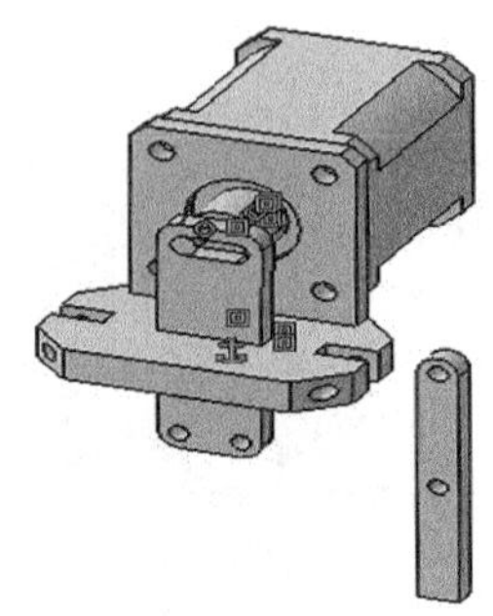

图7-49　加载手指

(2) 单击【约束】工具栏上的【接触约束】按钮，选择如图 7-50 所示的部件表面，系统自动完成接触约束，如图 7-50 所示。

(3) 单击【约束】工具栏上的【相合约束】按钮，选择如图 7-51 所示的部件表面，单击【确定】按钮，完成约束，如图 7-51 所示。

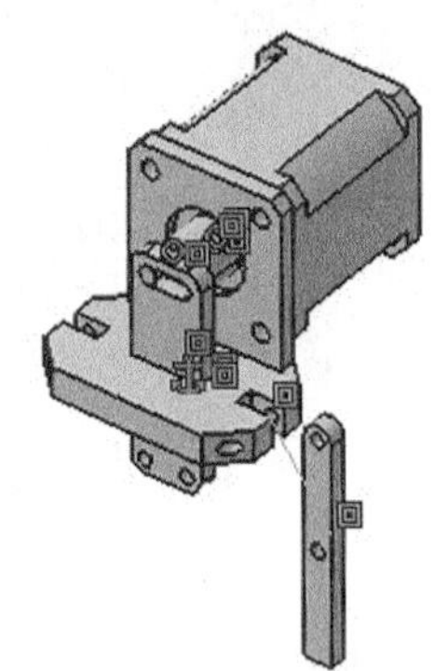

图7-50　创建接触约束

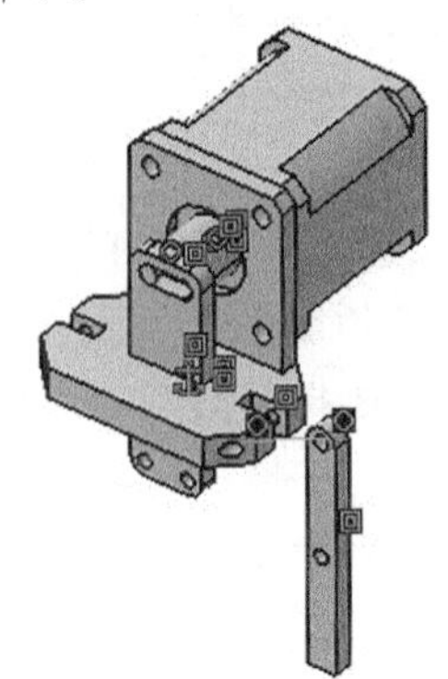

图7-51　创建相合约束

7. 重复步骤 6，加载手指并建立约束，如图 7-52 所示。

8. 加载连杆 2 并建立约束，具体操作步骤如下。

(1) 单击【产品结构工具】工具栏中的【现有部件】按钮，在特征树中选取 Product1，弹出【选择文件】对话框，选择文件 liangan2.CATPart，单击【打开】按钮，系统自动载入部件，利用移动操作调整好位置，如图 7-53 所示。

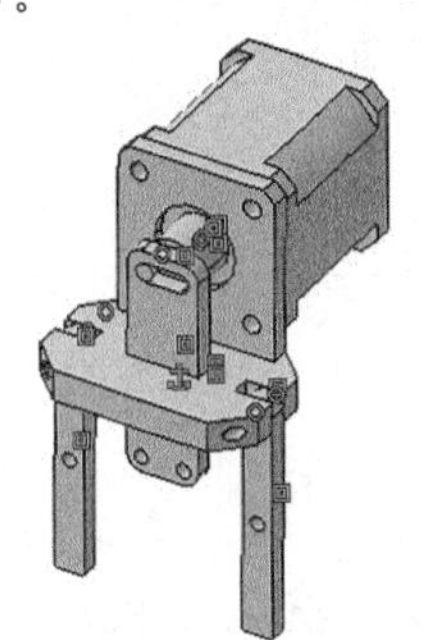

图7-52　加载手指并建立约束

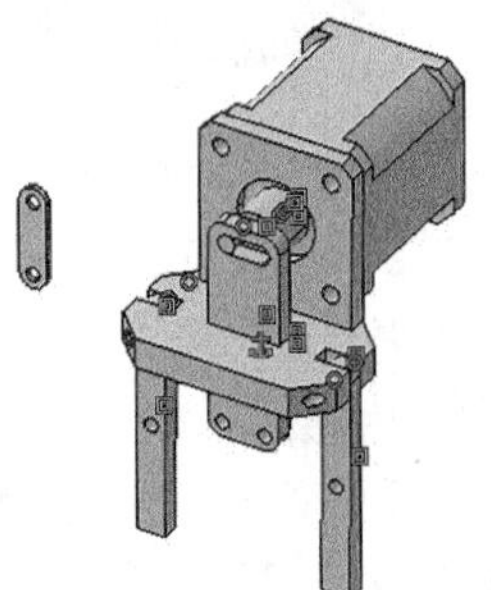

图7-53　加载连杆 2

(2) 单击【约束】工具栏上的【接触约束】按钮，选择如图 7-54 所示的部件表面，系统自动完成接触约束，如图 7-54 所示。

(3) 单击【约束】工具栏上的【相合约束】按钮，选择如图 7-55 所示的部件表面，单击【确定】按钮，完成约束，如图 7-55 所示。

(4) 单击【约束】工具栏上的【相合约束】按钮，选择如图 7-56 所示的部件表面，单击【确定】按钮，完成约束，如图 7-56 所示。

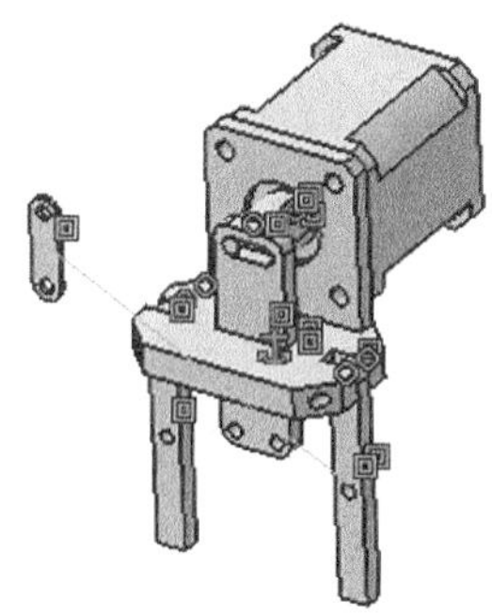
图7-54 创建接触约束

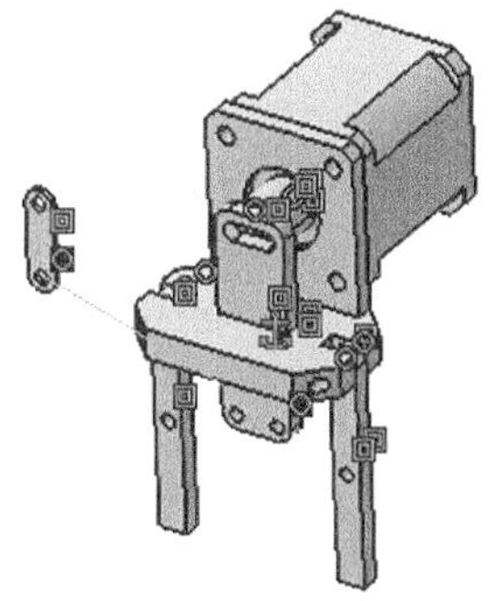
图7-55 创建相合约束

9. 重复步骤 8，加载连杆 2 并建立约束，如图 7-57 所示。

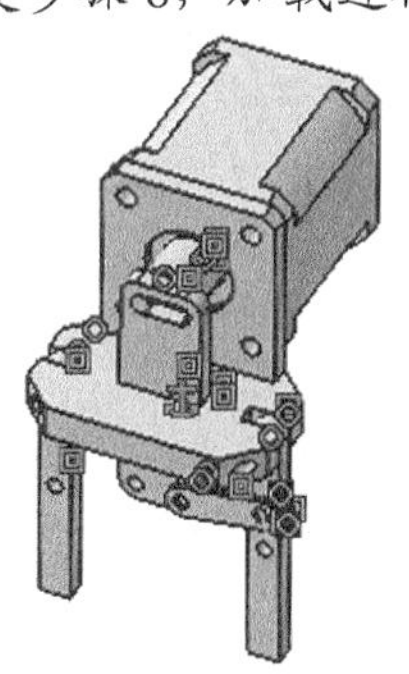
图7-56 创建相合约束

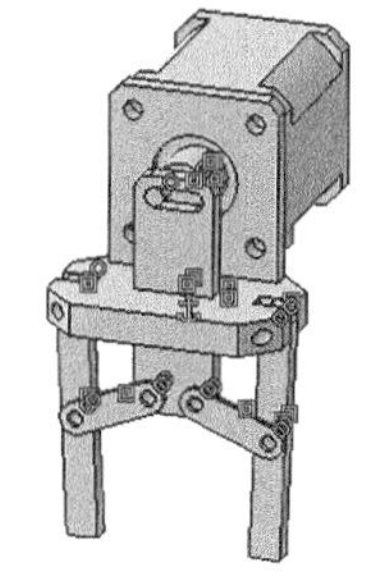
图7-57 加载连杆 2 并建立约束

10. 选择要分解的产品 Product1，单击【移动】工具栏上的【分解】按钮，弹出【分解】对话框，单击【应用】按钮，出现【信息框】对话框，单击【确定】按钮，完成分解，如图 7-58 所示。

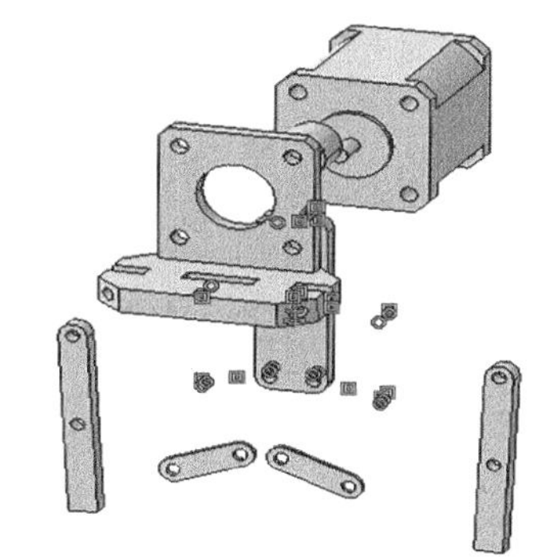
图7-58 创建爆炸图

7.7 小结

本章学习了 CATIA V5R21 装配基本知识，主要内容有装配部件管理、装配约束以及部件移动等，本章的重点和难点为装配约束应用，希望读者按照讲解方法再进一步进行实例练习。

第8章 工程图设计

本章将会学习 CATIA V5R21 的强大制图功能。这些功能介绍包括工程图模块介绍、图框与标题栏设计、创建基本视图、创建图纸、标注尺寸、自动生成尺寸和序号、文字粗糙度符号注释、修饰特征等。

本章要点

- 工程制图模块
- 工程图图框和标题栏
- 创建视图
- 绘图
- 标注尺寸
- 自动生成尺寸和序号
- 注释功能
- 生成修饰特征
- 在装配图中生成零件表（BOM）功能

8.1 工程制图模块介绍

CATIA V5R21 提供了两种制图方法：交互式制图和创成式制图。交互式制图类似于 AutoCAD 设计制图，通过人与计算机之间的交互操作完成；创成式制图从 3D 零件和装配中直接生成相互关联的 2D 图样。无论哪种方式，都需要进入工程制图工作台。

8.1.1 进入工程制图工作台

在利用 CATIA V5R21 创建工程图时，需要先完成零件或装配设计，然后由三维实体创建二维工程图，这样才能保持相关性，所以在进入 CATIA V5R21 工程图时要求先打开产品或零件模型，然后再转入工程制图工作台。常用以下两种形式进入工程制图工作台。

一、【开始】菜单法

(1) 执行【开始】/【机械设计】/【工程制图】命令，如图 8-1 所示。

(2) 在弹出的【创建新工程图】对话框选择布局，如图 8-2 所示。单击【确定】按钮，进入工程制图工作台。

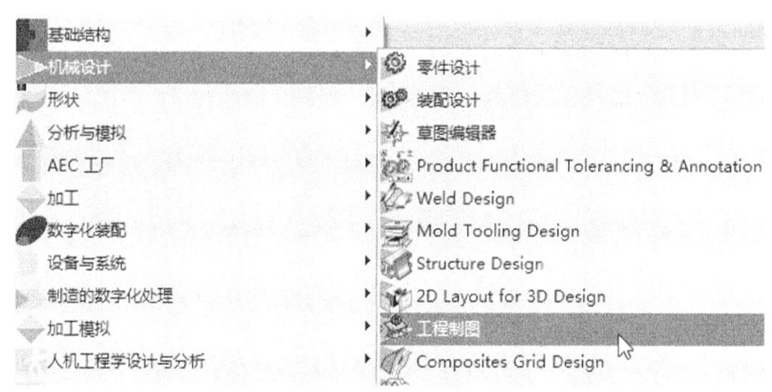

图8-1 【开始】菜单命令

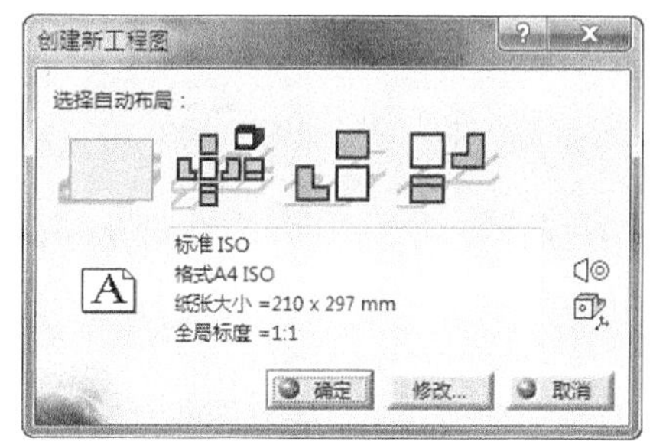

图8-2 【创建新工程图】对话框

- 空图纸：在进入工程制图工作台后将打开一页空白图纸。
- 所有视图：在进入工程制图工作台后自动创建全部 6 个基本视图外加 1 个轴测图。
- 正视图、仰视图和右视图：在进入工程制图工作台后自动创建正视图、仰视图和右视图。
- 正视图、仰视图和左视图：在进入工程制图工作台后自动创建正视图、仰视图和左视图。

二、新建文件法

(1) 选择【文件】/【新建】命令，弹出【新建】对话框，在【类型列表】中选择【Drawing】选项，单击【确定】按钮，如图 8-3 所示。

(2) 在弹出的【新建工程图】对话框中选择标准、图纸样式等，如图 8-4 所示。

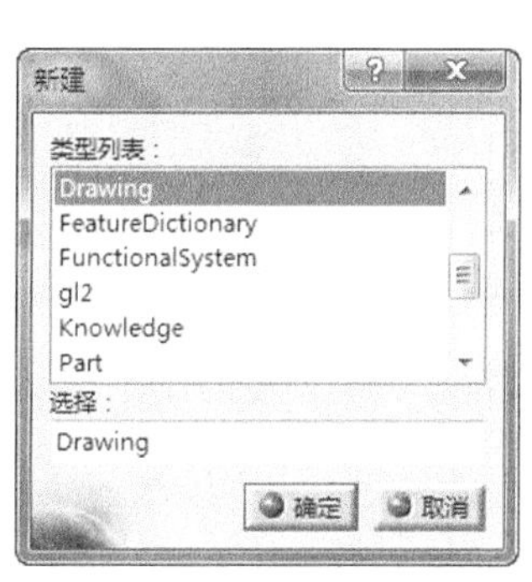

图8-3 【新建】对话框

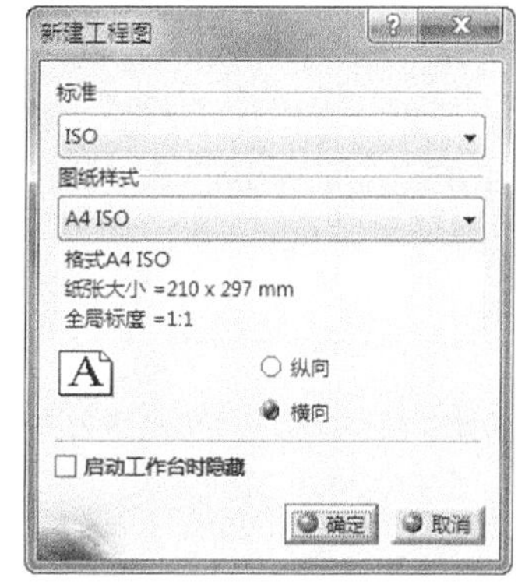

图8-4 【新建工程图】对话框

- 标准：选择相应的制图标准，如 ISO 国际标准、ANSI 美国标准、JIS 日本标准，由于我国 GB 多采用国际标准，所以选择 ISO 即可。
- 图样样式：选择所需的图纸幅面代号。如选择 ISO，则对应有 A0 ISO、A1 ISO、A2 ISO、A3 ISO、A4 ISO 等。
- 图纸方向：选择“纵向”和“横向”图纸。

(3) 单击【确定】按钮，进入工程制图工作台，如图 8-5 所示。

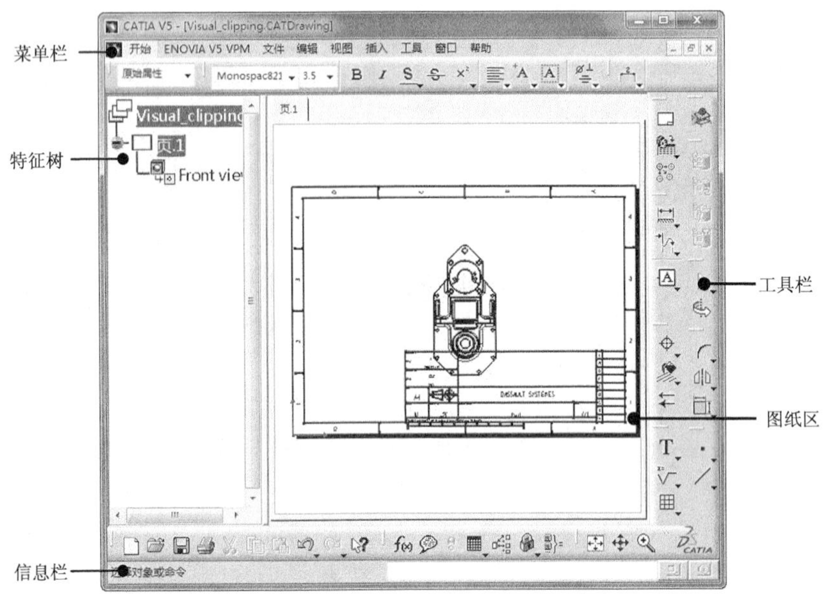

图8-5　工程制图工作台

8.1.2　工具栏介绍

利用工程制图工作台中的工具栏命令按钮是启动实体特征命令最方便的方法。CATIA V5R21 的工程制图工作台主要由【视图】工具栏、【工程图】工具栏、【标注】工具栏、【尺寸标注】工具栏、【修饰】工具栏等组成。工具栏显示了常用的工具按钮，单击工具右侧的黑色三角，可展开下一级工具栏。

一、【工程图】工具栏

【工程图】工具栏命令用于添加新图纸页、创建新视图、实例化 2D 部件，如图 8-6 所示。

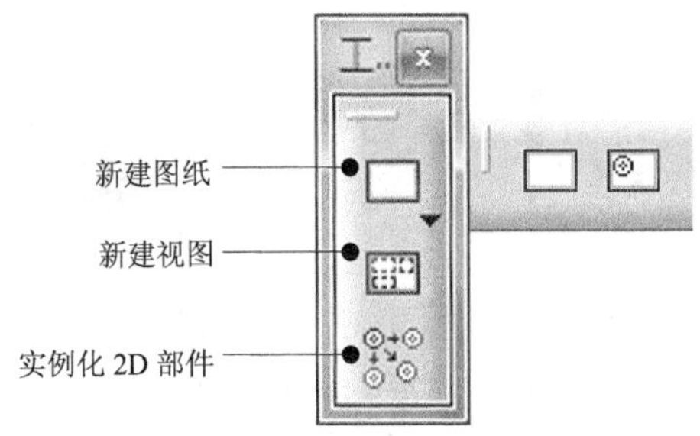

图8-6　【工程图】工具栏

二、【视图】工具栏

【视图】工具栏提供了多种视图生成方式，可以方便地从三维模型生成各种二维视图，如图 8-7 所示。

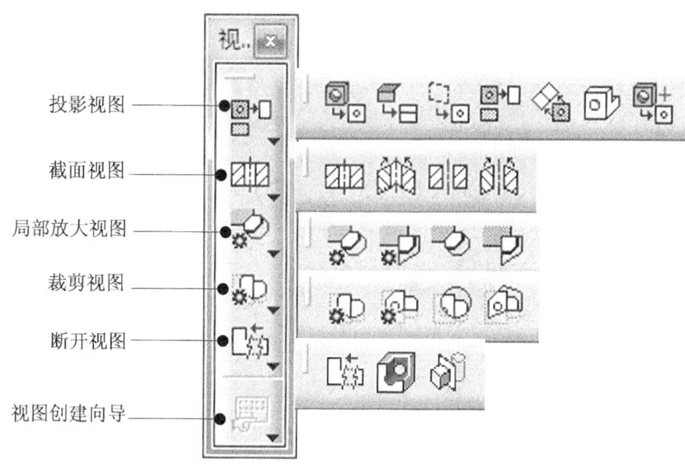

图8-7 【视图】工具栏

三、【尺寸标注】工具栏

【尺寸标注】工具栏可以方便地标注几何尺寸、尺寸公差和形位公差，如图 8-8 所示。

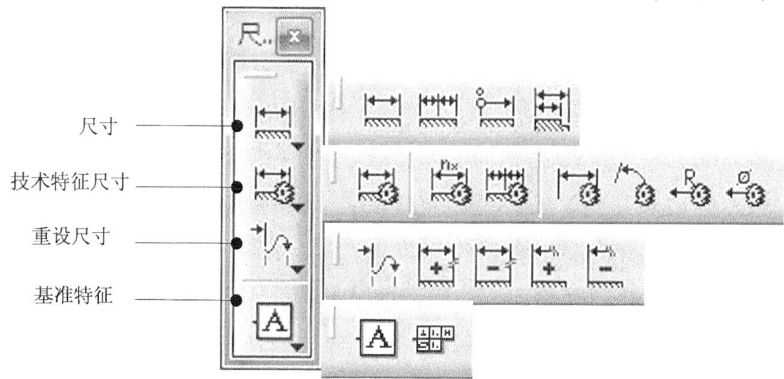

图8-8 【尺寸标注】工具栏

四、【标注】工具栏

【标注】工具栏用于文字注释、粗糙度标注、焊接符号标注，如图 8-9 所示。

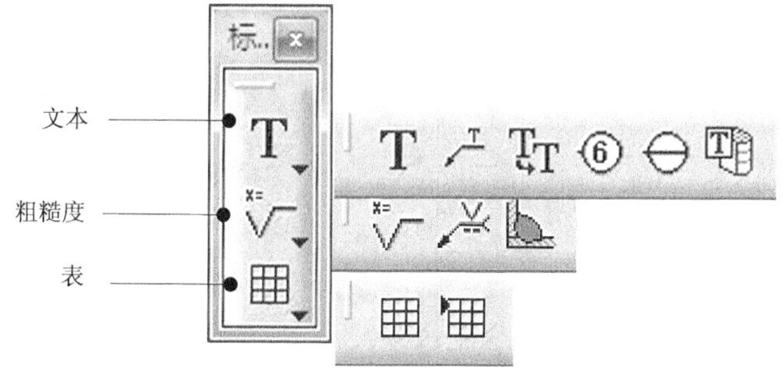

图8-9 【标注】工具栏

五、【修饰】工具栏

【修饰】工具栏用于中心线、轴线、螺纹线和剖面线的生成，如图 8-10 所示。

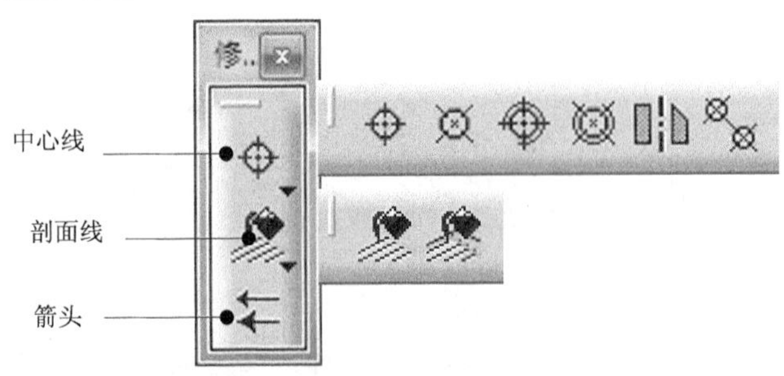

图8-10　【修饰】工具栏

8.2　工程图图框和标题栏设计

完整的工程图要有图框和标题栏，CATIA V5R21 提供了 2 种工程图图框和标题栏设置功能，一种是创建图框和标题栏，另外一种是直接调用已有的图框和标题栏。下面分别加以介绍。

8.2.1　创建图框和标题栏

在图纸背景下利用绘图和编辑命令直接绘制图框和标题栏，绘制好的图框和标题栏可以为后续图纸所重用。

提示：选择【编辑】/【图纸背景】命令进入背景编辑环境，在该图层处理完图框和标题栏后，选择菜单栏【编辑】/【工作视图】命令，可返回工作视图层。

选择【编辑】/【图纸背景】命令进入背景编辑环境，利用【几何图形创建】工具栏和【几何图形修改】工具栏上的相关命令绘制图框。

一、【几何图形创建】工具栏

【几何图形创建】工具栏用于创建二维图形元素，如图 8-11 所示。

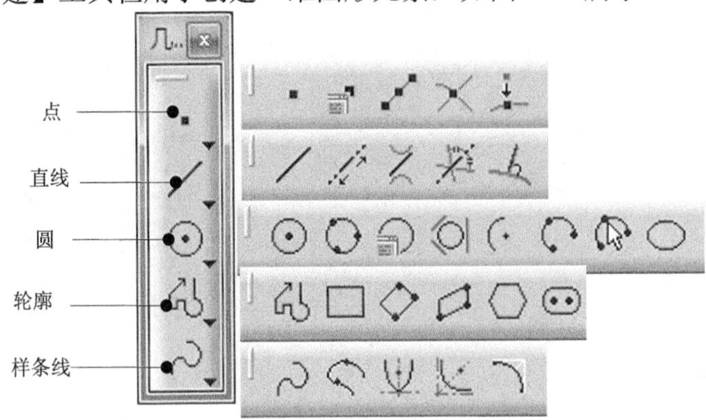

图8-11　【几何图形创建】工具栏

二、【几何图形修改】工具栏

【几何图形修改】工具栏用于编辑二维图形元素，如图 8-12 所示。

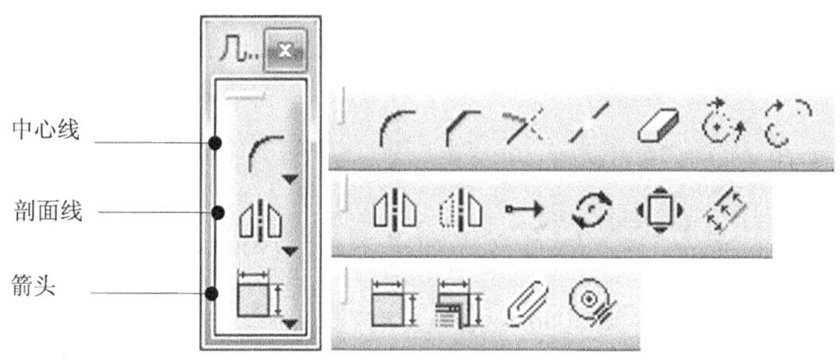

图8-12 【几何图形修改】工具栏

8.2.2 引入已有图框和标题栏

CATIA V5R21 系统提供了有限几个图框和标题栏文件，可以在工程图设计过程中直接插入已有图框和标题栏。

(1) 选择【编辑】/【图纸背景】命令，进入图纸背景。

(2) 单击【工程图】工具栏中的【框架和标题节点】按钮，弹出【管理框架和标题块】对话框，如图 8-13 所示。

(3) 在【标题块的样式】下拉列表中选择已有的样式，选择对应【指令】，在右侧【预览】框显示出样式预览，单击【确定】按钮，即可插入选择的图框和标题栏，如图 8-14 所示。

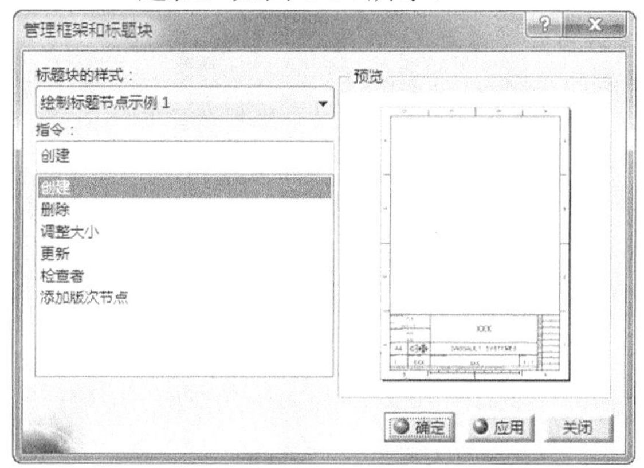

图8-13 【管理框架和标题块】对话框

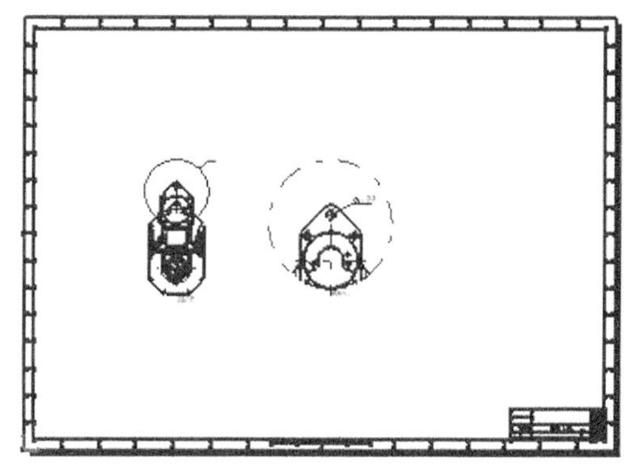

图8-14 插入后图框和标题栏

8.3 创建视图

CATIA 工程图是由多个视图组成，并用它来表达机件内部和外部形状和结构，在【视图】工具栏提供了 CATIA V5R21 有关视图创建命令，本节将介绍如何利用 CATIA 工程图工作台创建视图的方法。

8.3.1 创建投影视图

用正投影方法绘制视图称为投影视图。单击【视图】工具栏中【偏移剖视图】按钮

右下角的小三角形，弹出有关截面视图命令按钮，如图 8-15 所示。

一、正视图

正视图最能表达零件整体外观特征，是 CATIA 工程视图创建的第一步，有了它之后才能创建其他视图、剖视图和断面图等。

1. 单击【标准】工具栏上的【打开】按钮，打开【选择文件】对话框，选择配套光盘中的“练习\Ch08\shitu.CATDrawing”文件，单击【OK】按钮，文件打开后为空白文档。
2. 单击【视图】工具栏上的【正视图】按钮，系统提示，将当前窗口切换到 3D 模型窗口，选择一个平面作为投影平面，如图 8-16 所示。

图8-15　投影视图命令

图8-16　选择投影平面

3. 选择一个平面作为正视图投影平面后，系统自动返回工程图工作台，将显示正视图预览，同时在图纸页右上角显示一个视图操纵盘，如图 8-17 所示。调整至满意方位后，单击圆盘中心按钮或图纸页空白处，即自动创建出实体模型对应的主视图，如图 8-18 所示。

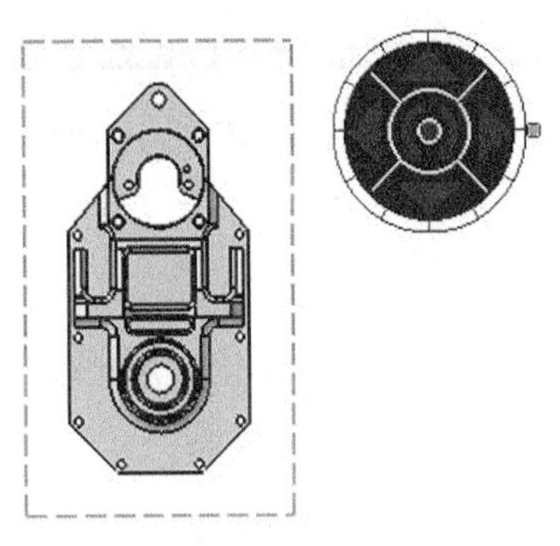

图8-17　视图预览

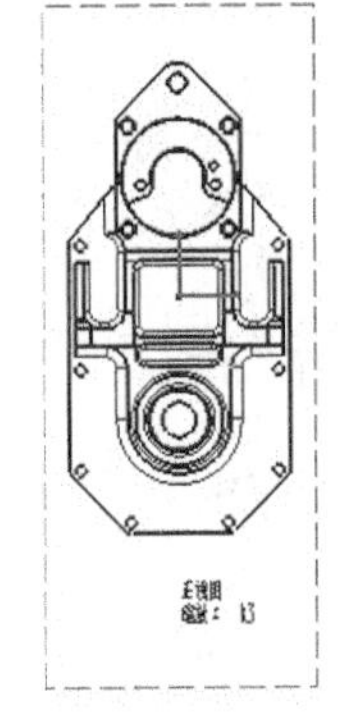

图8-18　创建的正视图

4. 创建视图后，如果要调整视图的位置，可将鼠标移到主视图虚线边框，光标变成手形，通过拖动其边框将正视图移动到任意位置，如图 8-19 所示。
5. 在特征树上选择创建的视图，或者鼠标移到主视图虚线边框，光标变成手形，单击鼠标右键，在弹出的快捷菜单中选择【属性】命令，弹出【属性】对话框，利用该对话框可对视图进行编辑，如图 8-20 所示。

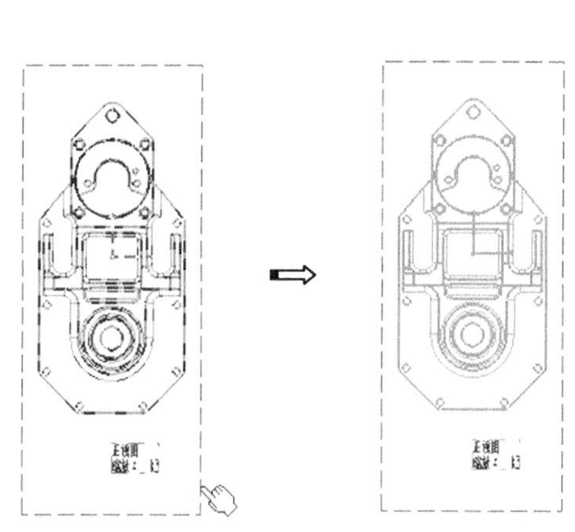

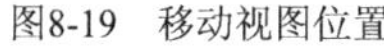
图8-19　移动视图位置

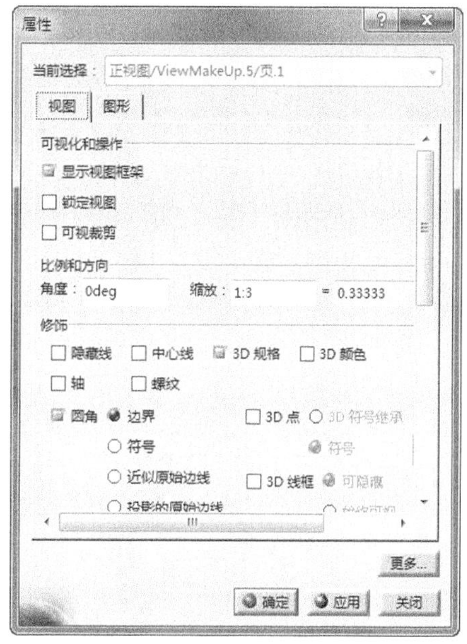

图8-20　【属性】对话框

【属性】对话框相关选项含义如下。

- 【显示视图框架】：选中该复选框，可用一个虚线边框来将视图与其他视图隔开。
- 【锁定视图】：选中该复选框，使视图锁定，该视图将无法编辑。
- 【可视裁剪】：选中该复选框，出现一个可编辑边框，拖动边框 4 个顶点的小正方形，可缩放显示区域范围。
- 【比例和方向】：用于设置视图比例和角度。
- 【修饰】：设置图纸的一些修饰符号，例如隐藏线、中心线、螺纹、轴等。

二、创建投影视图

【投影视图】该功能用于以已有二维视图为基准生成其投影图。

激活当前视图，单击【视图】工具栏上的【投影视图】按钮，移动鼠标至所需视图位置（上图中绿框内视图），单击鼠标左键，即生成所需的视图，如图 8-21 所示。

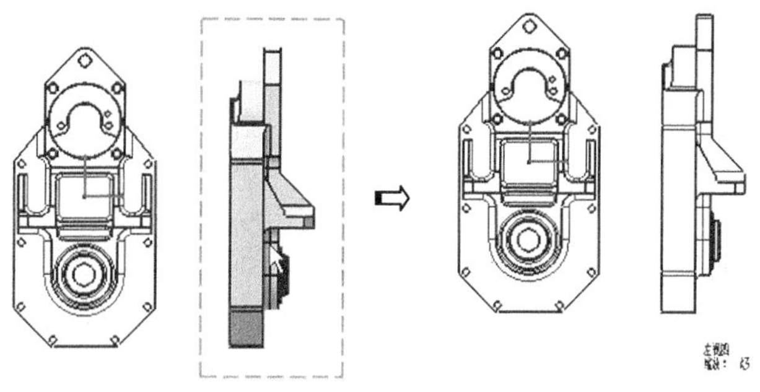

图8-21　创建投影视图

三、创建辅助视图

【辅助视图】用于物体向不平行于基本投影面的平面投影所得的视图，用于表达机件倾斜部分外部表面形状。

提示： 创建辅助视图系统默认与父视图对应关系，要想使两者脱离，可激活所创建的辅助视图，单击鼠标右键，在弹出快捷菜单中选择【视图定位】下的相关命令，然后在拖动辅助视图即可。

单击【视图】工具栏上的【辅助视图】按钮，单击一点来定义线性方向，选择一条直线，系统自动生成一条与选定直线平行的线，移动鼠标单击空白位置结束视图方向定位，再移动鼠标到视图所需位置，单击鼠标左键，即生成所需的视图，如图 8-22 所示。

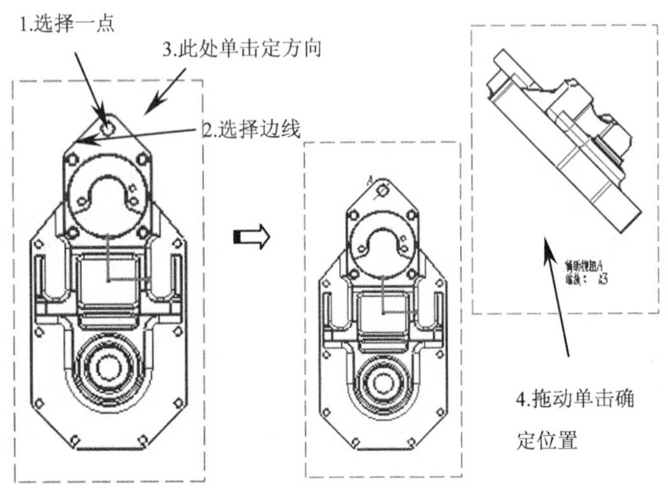

图8-22　创建辅助视图

四、等轴侧视图

等轴侧视图是轴测投影方向与轴侧投影面垂直时所投影得到的轴侧图。

单击【视图】工具栏上的【等轴侧视图】按钮，在零件窗口中选择一个基准面，返回工程图工作台，同时在图纸页右上角显示一个视图操纵盘，调整至满意方位后，单击圆盘中心按钮或图纸页空白处，即创建轴侧图，如图 8-23 所示。

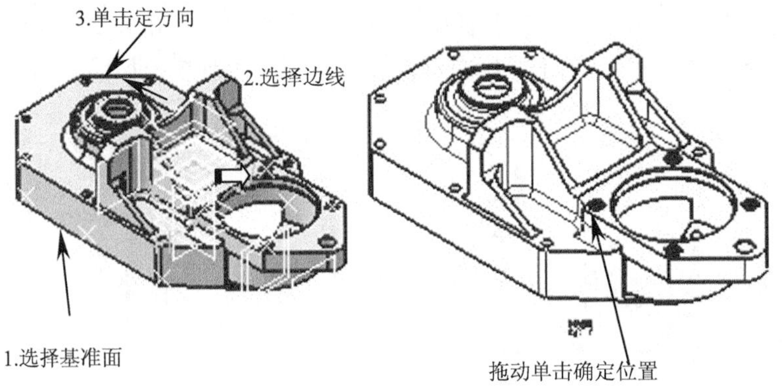

图8-23　创建等轴侧视图

8.3.2 创建截面视图

截面视图是用假想剖切平面剖开部件，将处在观察者和剖切平面之间的部分移去，而将其余部分向投影面投影得到图形，包括全剖、半剖、阶梯剖、局部剖等。

单击【视图】工具栏中【偏移剖视图】按钮右下角的小三角形，弹出有关截面视图命令按钮，如图 8-24 所示。

一、全剖视图

对于内部复杂而又不对称的机件常常采用全剖，以表达其内部结构。

提示：按照国标规定全剖符号不标注，可直接选择剖切符号隐藏即可。如果要修改剖面线属性，可选中剖面线，单击鼠标右键，选择【属性】命令，在弹出的【属性】对话框中的【阵列】选项卡中设置。

单击【视图】工具栏上的【偏移剖视图】按钮，依次单击两点来定义剖切平面，在拾取第二点时双击鼠标结束拾取，移动鼠标到视图所需位置，单击鼠标左键，即生成所需的视图，如图 8-25 所示。

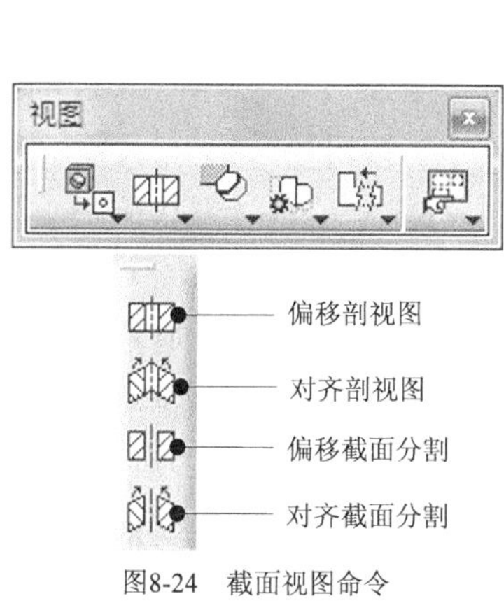

图8-24　截面视图命令

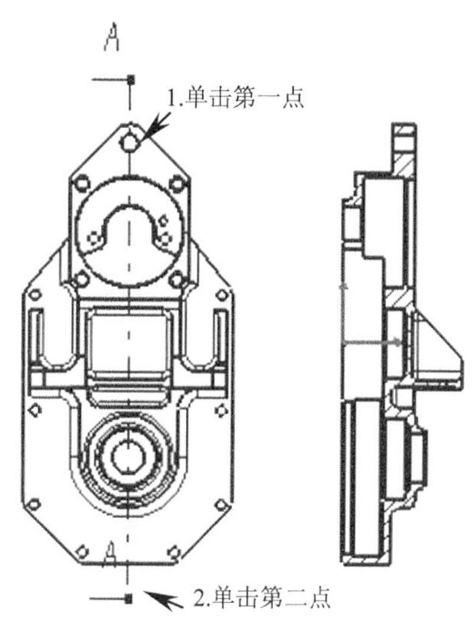

图8-25　创建全剖视图

二、半剖视图

对于兼顾内部结构形状表达且具有对称结构的机件常常考虑采用半剖。

提示：CATIA V5R21 没有直接创建半剖视图的命令，可采用两个平行平面的方法来实现。创建半剖视图时，在定义剖切平面时，前两点在视图之内，用于定义半剖的剖切面，而后两点则在视图之外，为空剖。

单击【视图】工具栏上的【偏移剖视图】按钮，依次选取 4 点来定义个剖切平面，在拾取第 4 点时双击鼠标结束拾取，移动鼠标到视图所需位置，单击鼠标左键，即生成所需的视图，如图 8-26 所示。

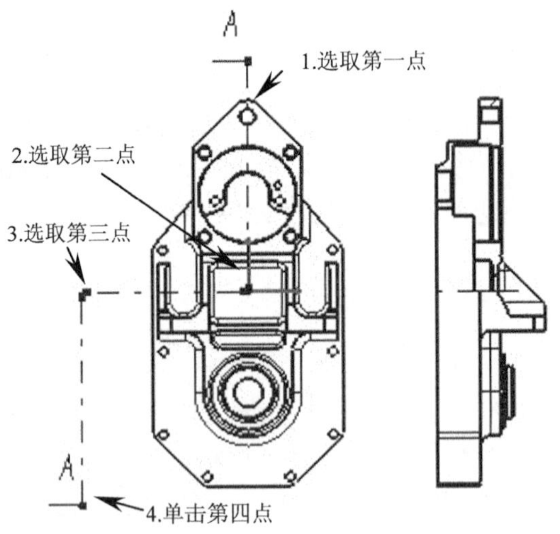

图8-26　创建半剖视图

三、阶梯剖视图

阶梯剖视图是用几个相互平行的剖切平面剖切机件。

单击【视图】工具栏上的【偏移剖视图】按钮，依次单击 4 点来定义剖切平面，在拾取第 4 点时双击鼠标结束拾取，移动鼠标到视图所需位置，单击鼠标左键，即生成所需的视图，如图 8-27 所示。

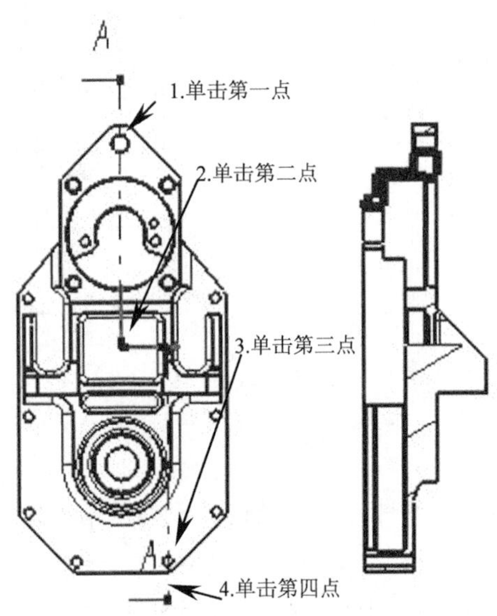

图8-27　创建阶梯剖视图

四、旋转剖视图

旋转剖视图是用两个相交的剖切平面剖切机件的方法。

单击【视图】工具栏上的【偏移剖视图】按钮，依次单击 4 点来定义剖切平面，在拾取第 4 点时双击鼠标结束拾取，移动鼠标到视图所需位置，单击鼠标左键，即生成所需的视图，如图 8-28 所示。

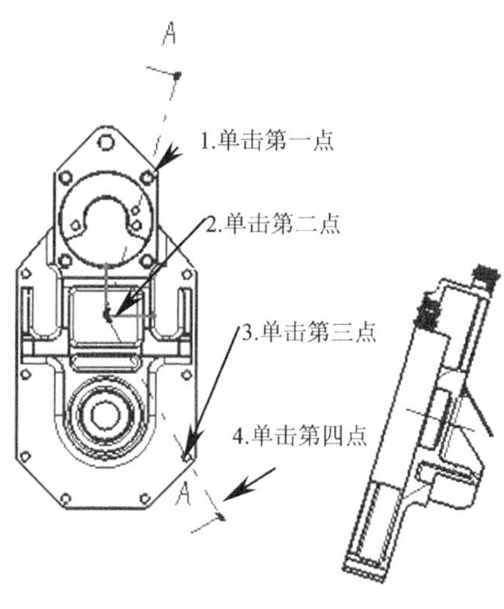

图8-28　创旋转剖视图

8.3.3 创建局部放大视图

局部放大视图适用于把机件视图上某些表达不清楚或不便于标注尺寸的细节用放大比例画出时使用。

单击【视图】工具栏中【详细视图】按钮右下角的小三角形，弹出有关局部放大视图命令按钮，如图 8-29 所示。

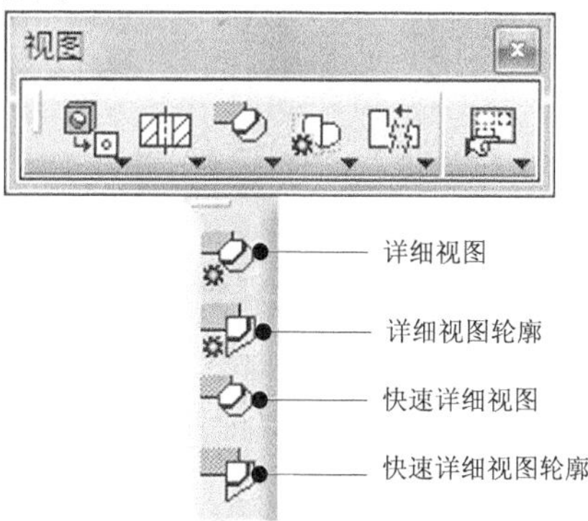

图8-29　局部放大视图命令

提示： 快速详细视图由二维视图直接计算生成，而普通详细视图由三维零件计算生成，因此快速生成局部放大视图比局部放大视图生成速度快。

一、详细视图

单击【视图】工具栏上的【详细视图】按钮，选择圆心位置，然后再次单击一点确定圆半径，移动鼠标到视图所需位置，单击鼠标左键，即生成所需的视图，如图 8-30 所示。

二、详细视图轮廓

单击【视图】工具栏上的【详细视图轮廓】按钮，绘制任意的多边形轮廓，双击鼠

标左键可使轮廓自动封闭，移动鼠标到视图所需位置，单击鼠标左键，即生成所需的视图，如图 8-31 所示。

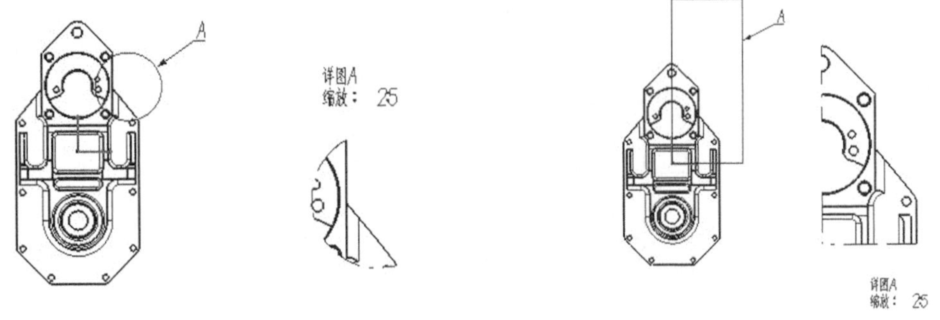

图8-30　创建详细视图　　图8-31　创建详细视图轮廓

8.3.4 创建裁剪视图

裁剪视图用于通过圆或多边形来裁剪现有视图使其只显示需要的部分。

单击【视图】工具栏中【裁剪视图】按钮右下角的小三角形，弹出有关裁剪视图命令按钮，如图 8-32 所示。

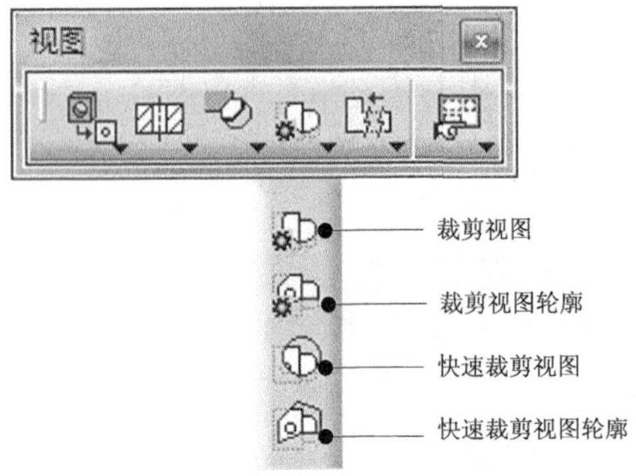

图8-32　裁剪视图命令

一、裁剪视图

单击【视图】工具栏上的【裁剪视图】按钮，选择圆心位置，然后再次单击一点确定圆半径，即生成所需的视图，如图 8-33 所示。

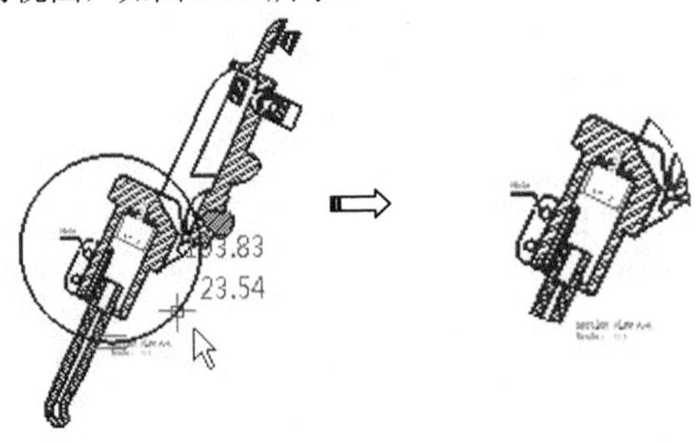

图8-33　创建裁剪视图

二、裁剪视图轮廓

单击【视图】工具栏上的【裁剪视图轮廓】按钮，绘制任意的多边形轮廓，双击鼠标左键可使轮廓自动封闭，即生成所需的视图，如图 8-34 所示。

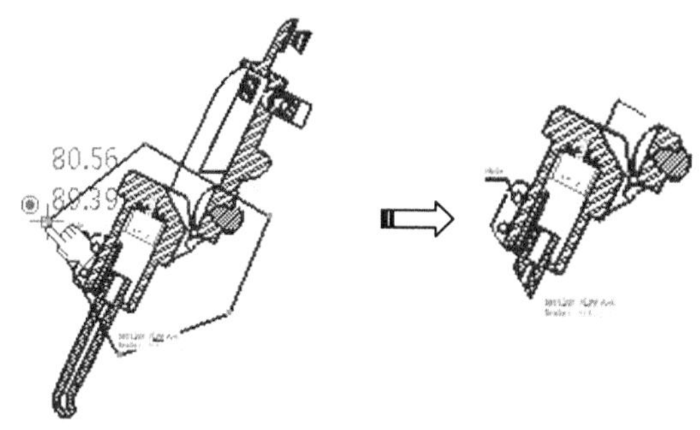

图8-34　创建裁剪视图轮廓

8.3.5　创建断开视图

对于较长且沿长度方向形状一致或按一定规律变化的机件，如轴、型材、连杆等，通常采用将视图中间一部分截断并删除，余下两部分靠近绘制，即断开视图。

单击【视图】工具栏中【裁剪视图】按钮右下角的小三角形，弹出有关裁剪视图命令按钮，如图 8-35 所示。

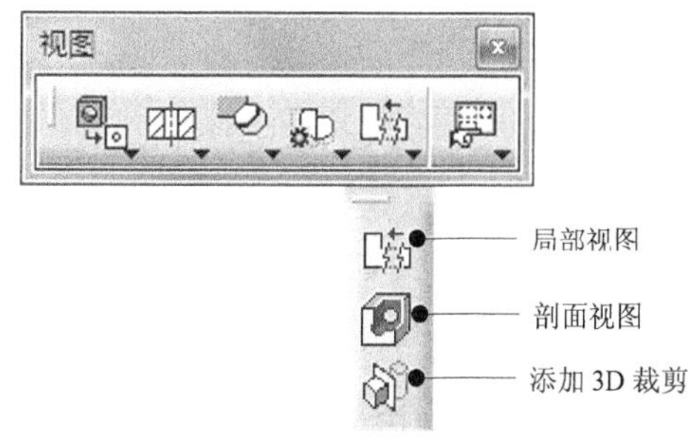

图8-35　断开视图命令

一、断开视图

单击【视图】工具栏上的【局部视图】按钮，选取一点以作为第一条断开线的位置点，移动鼠标使第一条断开线水平或垂直，单击左键确定第一条断开线，移动鼠标使第二条断开线至所需位置，单击左键确定第二条断开线，在图纸任意位置单击左键，即生成断开视图，如图 8-36 所示。

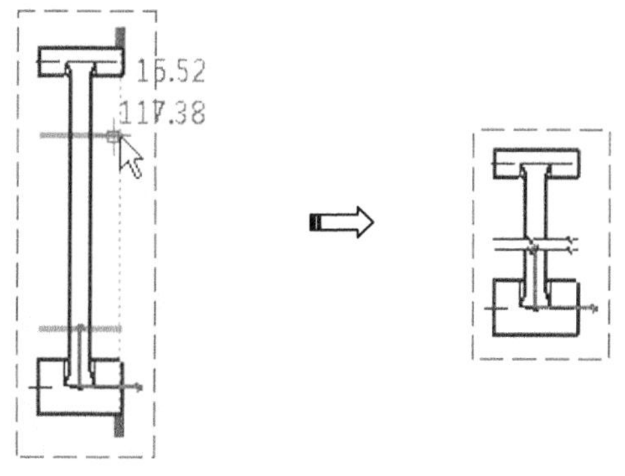

图8-36　创建断开视图

二、剖面视图

剖面视图是在原来视图的基础上对机件进行局部剖切以表达该部件内部结构形状的一种视图。

单击【视图】工具栏上的【剖面视图】按钮，连续选取多个点，在最后点处双击封闭形成多边形，弹出【3D 查看器】对话框，可以拖动剖切面来确定剖切位置，单击【确定】按钮，即生成剖面视图，如图 8-37 所示。

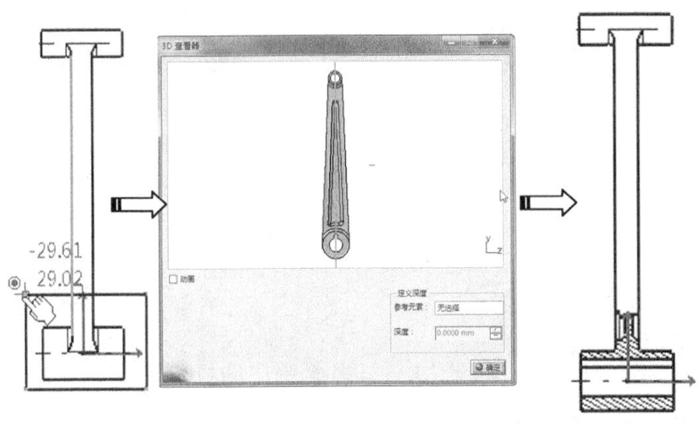

图8-37　创建剖面视图

8.4 绘图

绘图是指交互式制图方法，主要包括生成新图纸、创建新视图、二维元素示例，本节将介绍如何利用 CATIA V5R21 创建绘图。

8.4.1 生成新图纸

一旦进入工程制图工作台，系统即自动创建一个默认名为“页.1”，这对绘制一个零件工作图已经足够，但对一个包含多个零件的产品来说显得不够。CATIA V5R21 可创建一个工程图文件可以包含多个图纸页，不同图纸页上可以绘制不同零件或者装配图的图样，一个产品的所有相关图样都可以集中在一个工程图文件中。

单击【工程图】工具栏上的【新建图纸】按钮，添加一个新图纸页，如图 8-38 所示。

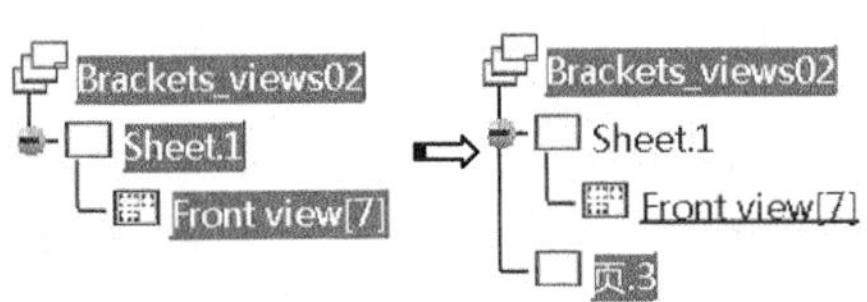

图8-38　创建新图纸

8.4.2 创建新视图

新建的图纸是一个空白图纸页，无法在其上绘制图形和注释。需要插入一个新视图后激活视图可在上面创建图形和文字，而且所创建的文字依附于当前工作视图。

单击【工程图】工具栏上的【新建视图】按钮，然后在图纸页上选择一个点作为新视图的插入点，即可见将视图插入，如图 8-39 所示。利用【几何图形创建】工具栏和【几何图形修改】工具栏上的相关命令绘制工程图。

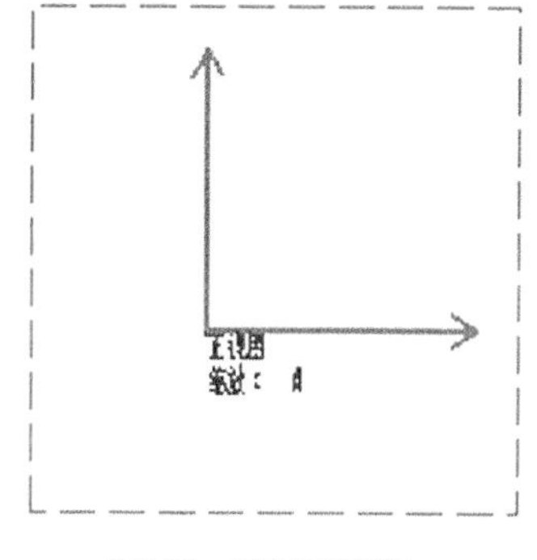

图8-39 创建新建视图

8.4.3 二维元素示例

用于重复使用二维元素。

单击【工程图】工具栏上的【实例化 2D 部件】按钮，选取 2D 部件，拖动鼠标放置到所需的位置上，如图 8-40 所示。

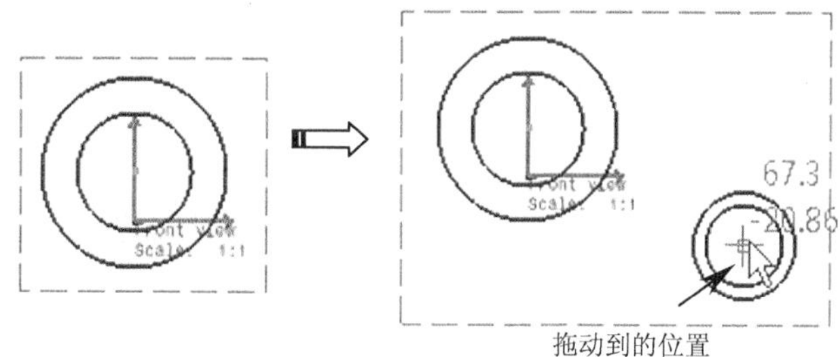

图8-40 创建实例化 2D 部件

8.5 标注尺寸

尺寸标注是工程图的一个重要组成部分，直接影响到实际的生产和加工。CATIA 提供了方便的尺寸标注功能，主要集中在【尺寸标注】工具栏下的相关命令按钮来实现。下面分别介绍。

8.5.1 标注尺寸

尺寸标注指的是在工程图上标注不同的尺寸，包括长度、直径、螺纹、倒角等。CATIA V5R21 提供了多种尺寸标注方式，单击【尺寸标注】工具栏中【尺寸】按钮右下角的小三角形，弹出有关标注尺寸命令按钮，如图 8-41 所示。

一、尺寸

【尺寸】命令是一种推导式尺寸标注，可根据用户选择的标注元素自动生成相应尺寸标注，可以产生长度、角度、直径、半径等尺寸标注。

单击【尺寸标注】工具栏上的【尺寸】按钮，弹出【工具控制板】工具栏，选择需要标注的元素，移动鼠标使尺寸移到合适位置，单击鼠标左键，系统自动完成尺寸标注，如图 8-42 所示。

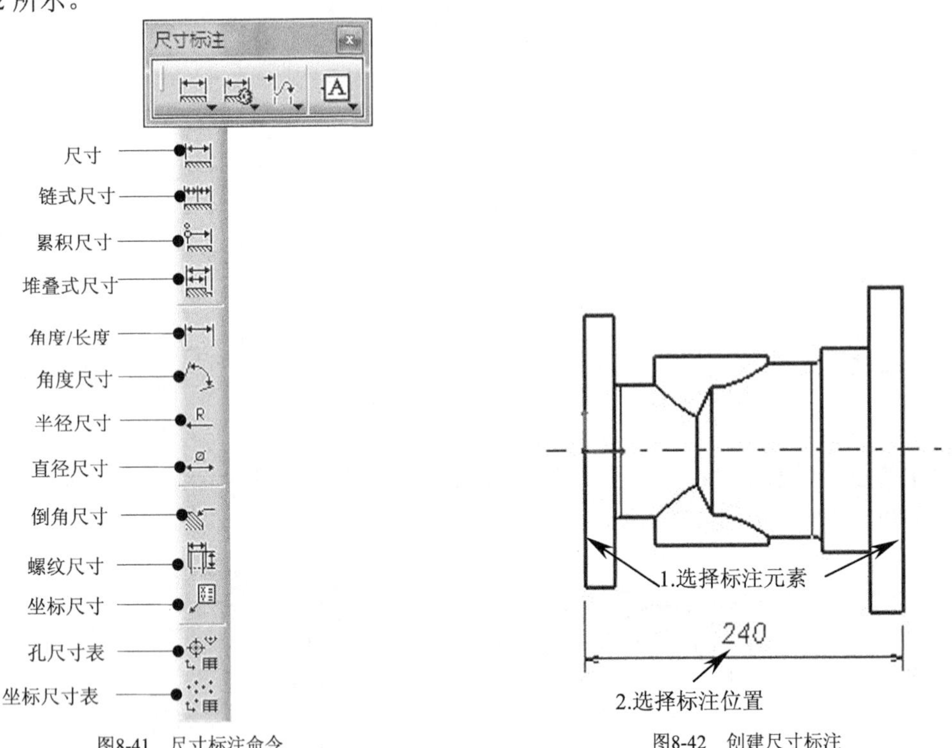

图8-41　尺寸标注命令

图8-42　创建尺寸标注

二、链式尺寸

【链式尺寸】用于创建链式尺寸标注，如果要删除一个尺寸，所有的尺寸都被删除，移动一个尺寸所有尺寸全部移动。

单击【尺寸标注】工具栏上的【链式尺寸】按钮，弹出【工具控制板】工具栏，选中第一个点或线，选中其他的点或线，移动鼠标使尺寸移到合适位置，单击鼠标左键，系统自动完成尺寸标注，如图 8-43 所示。

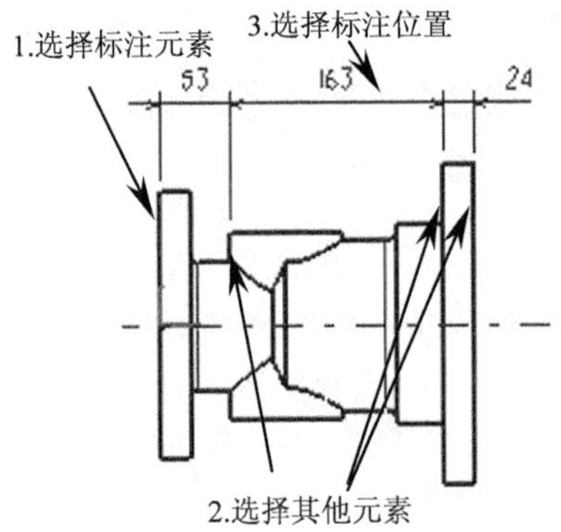

图8-43　创建链式尺寸标注

三、累积尺寸

【累积尺寸】用于以一个点或线为基准创建坐标式尺寸标注。

单击【尺寸标注】工具栏上的【累积尺寸】按钮，弹出【工具控制板】工具栏，选中第一个点或线，选中其他的点或线，移动鼠标使尺寸移到合适位置，单击鼠标左键，系统自动完成尺寸标注，如图 8-44 所示。

四、堆叠式尺寸

【堆叠式尺寸】用于以一个点或线为基准创建阶梯式尺寸标注。

单击【尺寸标注】工具栏上的【堆叠式尺寸】按钮，弹出【工具控制板】工具栏，选中第一个点或线，选中其他的点或线，移动鼠标使尺寸移到合适位置，单击鼠标左键，系统自动完成尺寸标注，如图 8-45 所示。

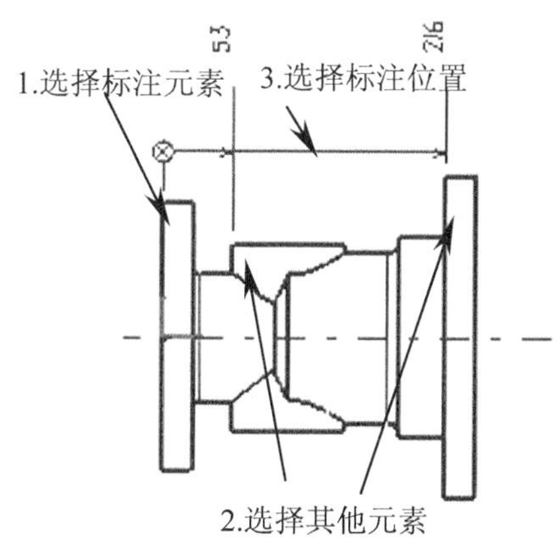

图8-44　创建累积尺寸标注

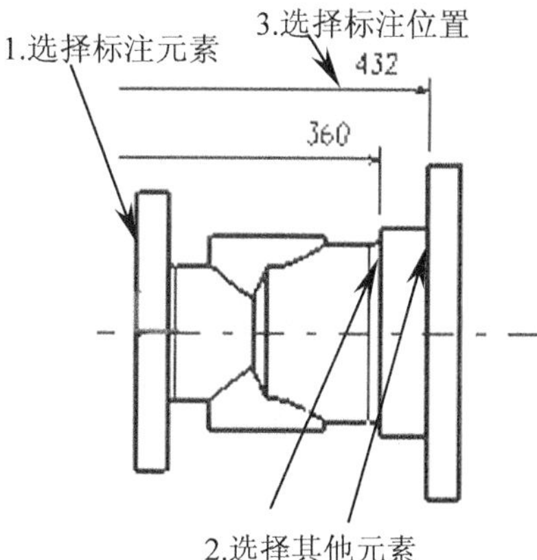

图8-45　创建堆叠式尺寸标注

五、长度/距离尺寸

【长度/距离尺寸】用于标注长度和距离。

单击【尺寸标注】工具栏上的【长度/距离尺寸】按钮，弹出【工具控制板】工具栏，选中所需元素，移动鼠标使尺寸移到合适位置，单击鼠标左键，系统自动完成尺寸标注，如图 8-46 所示。

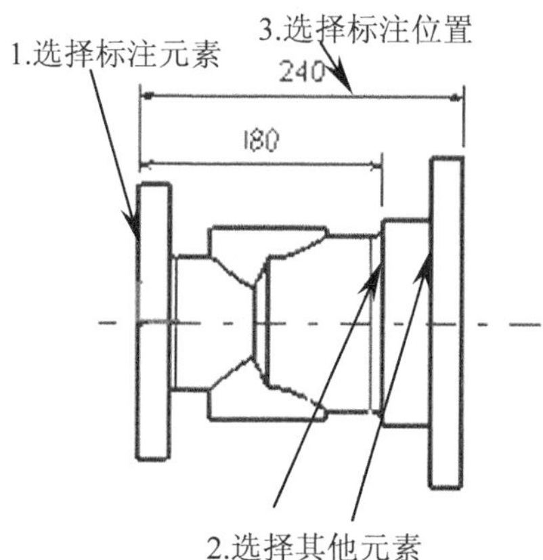

图8-46　创建长度/距离尺寸标注

六、角度尺寸

【角度尺寸】用于标注角度。

单击【尺寸标注】工具栏上的【角度尺寸】按钮，弹出【工具控制板】工具栏，选中所需元素，移动鼠标使尺寸移到合适位置，单击鼠标左键，系统自动完成尺寸标注，如图 8-47 所示。

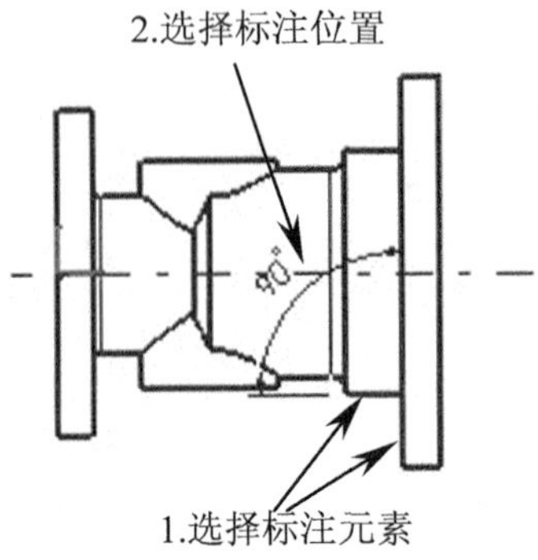

图8-47 创建角度尺寸标注

七、半径尺寸

【半径尺寸】用于标注半径。

单击【尺寸标注】工具栏上的【半径尺寸】按钮，弹出【工具控制板】工具栏，选中所需元素，移动鼠标使尺寸移到合适位置，单击鼠标左键，系统自动完成尺寸标注，如图 8-48 所示。

八、直径尺寸

【直径尺寸】用于标注直径。

单击【尺寸标注】工具栏上的【直径尺寸】按钮，弹出【工具控制板】工具栏，选中所需元素，移动鼠标使尺寸移到合适位置，单击鼠标左键，系统自动完成尺寸标注，如图 8-49 所示。

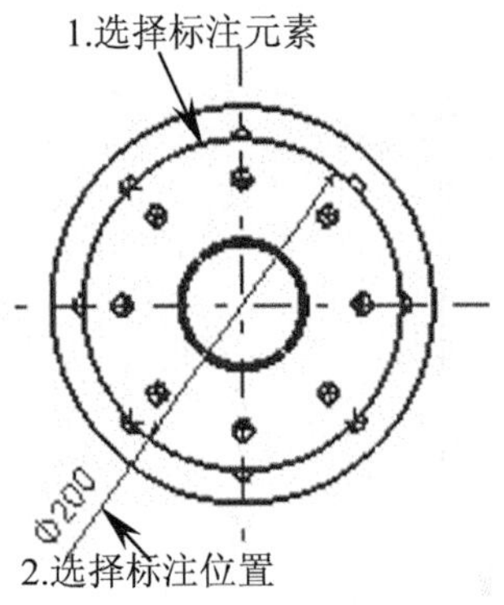

图8-48 创建角度尺寸标注

1.选择标注元素

R100

2.选择标注位置

图8-49 创建直径尺寸标注

九、倒角尺寸

【倒角尺寸】用于标注倒角尺寸。

单击【尺寸标注】工具栏上的【倒角尺寸】按钮，弹出【工具控制板】工具栏，选择角度类型，然后选中欲标注的线，选择参考线或面，移动鼠标使尺寸移到合适位置，单击鼠标左键，系统自动完成尺寸标注，如图 8-50 所示。

十、螺纹尺寸

【螺纹尺寸】用于标注关联螺纹尺寸。

单击【尺寸标注】工具栏上的【螺纹尺寸】按钮，弹出【工具控制板】工具栏，选中螺纹线，系统自动完成尺寸标注，如图 8-51 所示。

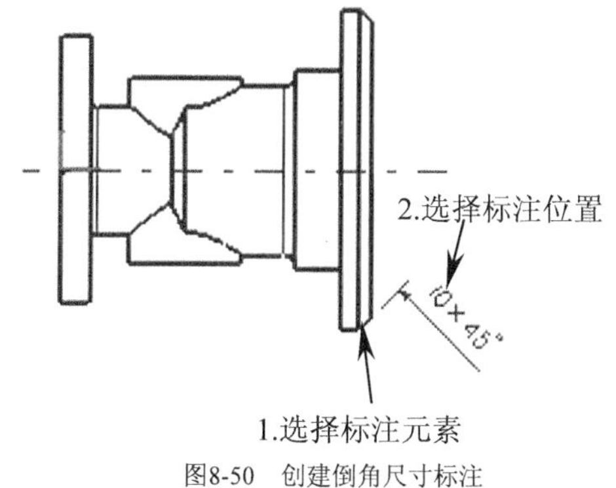

图8-50　创建倒角尺寸标注

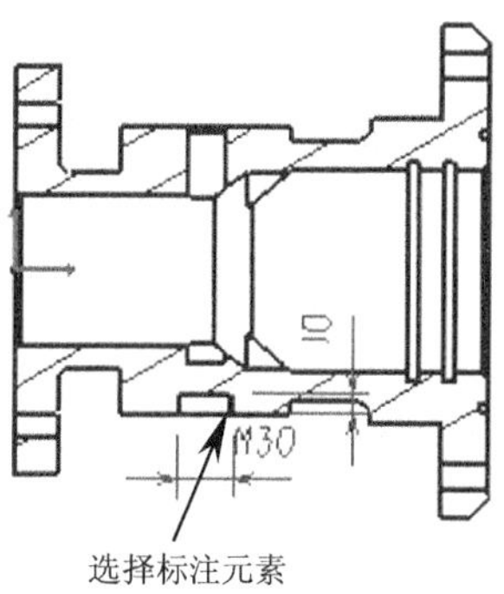

图8-51　创建螺纹尺寸标注

8.5.2　修改标注尺寸

CATIA V5R21 提供了多种标注尺寸修改功能，单击【尺寸标注】工具栏中【重设尺寸】按钮右下角的小三角形，弹出有关修改标注尺寸的命令按钮，如图 8-52 所示。

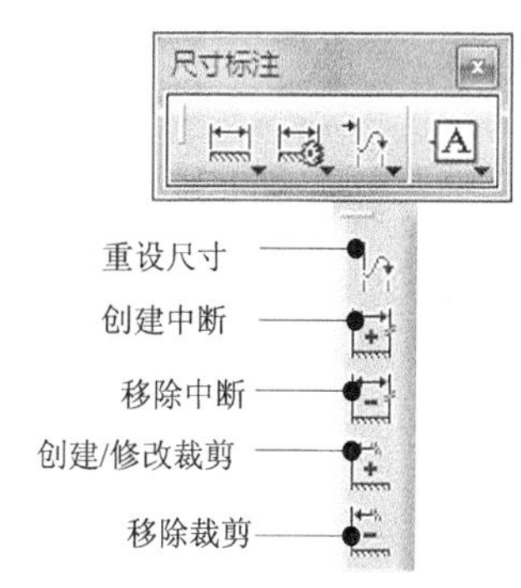

图8-52　修改标注尺寸命令

一、重设尺寸

【重设尺寸】用于重新选择尺寸标注元素，即尺寸线起始点。

单击【尺寸标注】工具栏上的【重设尺寸】按钮，选择重设尺寸，依次选择尺寸标注元素，系统自动重设尺寸标注，如图 8-53 所示。

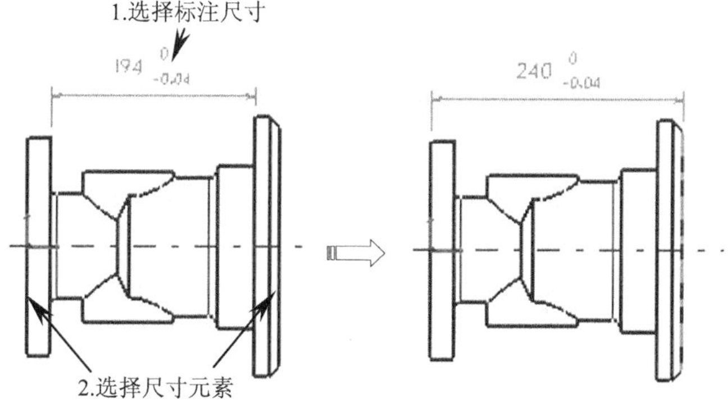

图8-53　重设尺寸

二、创建中断

【创建中断】用于打断图形中的尺寸线。

单击【尺寸标注】工具栏上的【创建中断】按钮，弹出【工具控制板】工具栏，先选择要打断的尺寸线，再分别选择要打断的起点和终点，尺寸引出线即断开，如图 8-54 所示。

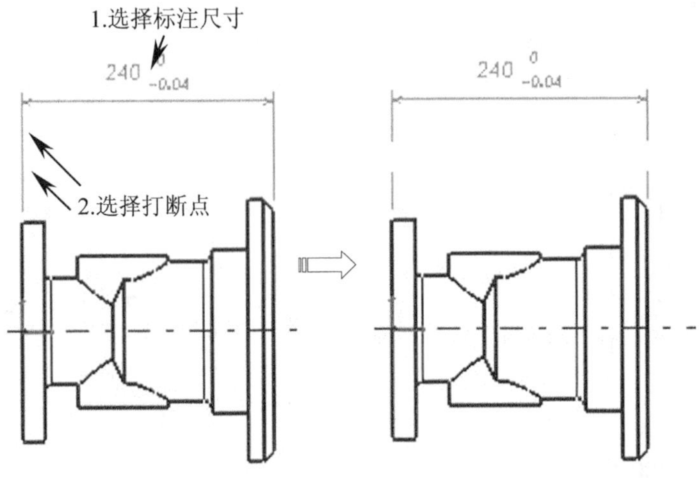

图8-54　创建中断

提示：在【工具控制板】工具栏中选择打断尺寸线的样式共有两种：第一种是指打断一条尺寸线，第二种是指同时打断两条尺寸线。

三、移除中断

【移除中断】用于恢复已经打断的尺寸线。

单击【尺寸标注】工具栏上的【创建中断】按钮，弹出【工具控制板】工具栏，先选择要恢复打断的尺寸线，再选择要恢复的一边或是这一边的附近距离，则完成这一边的恢复尺寸线，如图 8-55 所示。

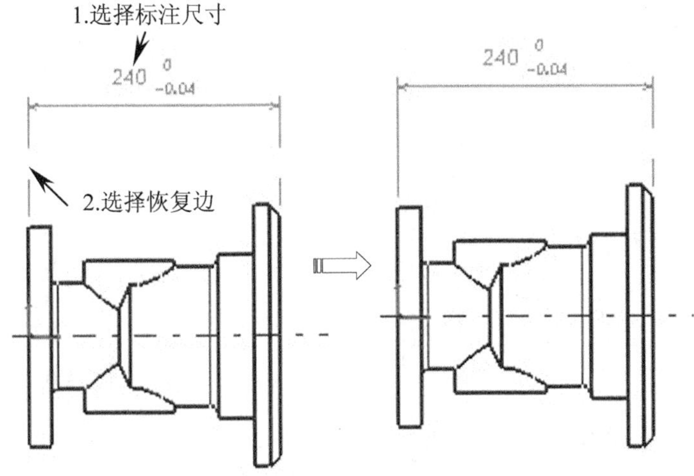

图8-55　移除中断

四、创建/修改裁剪

【创建/修改裁剪】用于创建或修改裁剪尺寸线。

单击【尺寸标注】工具栏上的【创建/修改裁剪】按钮，先选择要修剪尺寸线，再选择要保留侧，然后选择裁剪点，则系统完成修剪尺寸线，如图 8-56 所示。

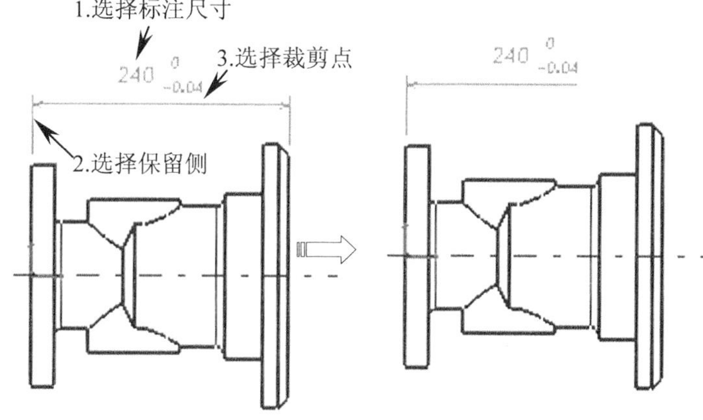

图8-56 创建/修改裁剪

五、移除裁剪

【移除裁剪】用于移除修剪的尺寸线。

单击【尺寸标注】工具栏上的【移除裁剪】按钮，先选择要恢复的尺寸线，则系统完成尺寸线恢复，如图 8-57 所示。

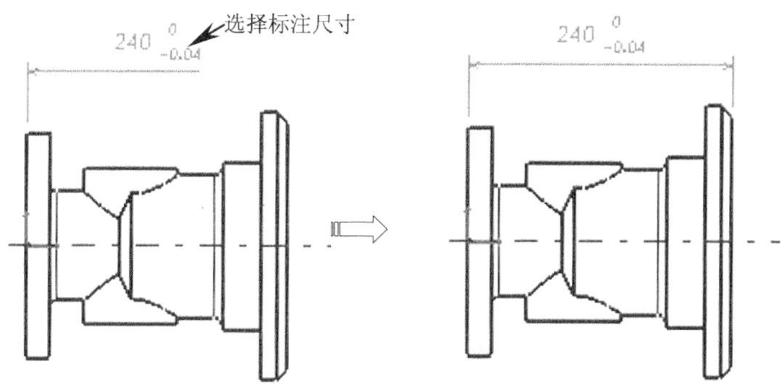

图8-57 移除裁剪

8.5.3 标注公差

工程图标注完尺寸之后，就要为其标注形状和位置公差。CATIA V5R21 中提供的公差功能主要包括：基准和形位公差等。单击【尺寸标注】工具栏中【基准特征】按钮右下角的小三角形，弹出有关标注公差命令按钮，如图 8-58 所示。

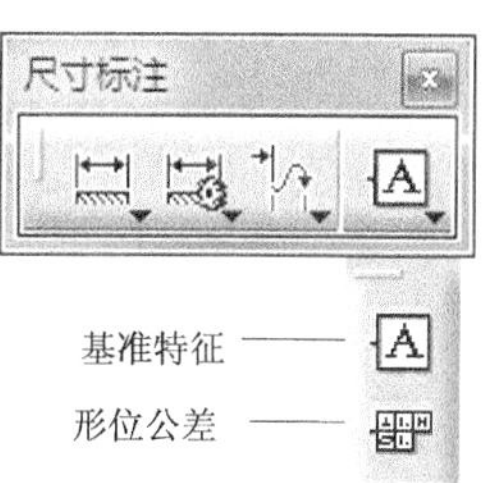

图8-58 标注公差命令

一、基准特征

【基准特征】用于在工程图上标注基准。

单击【尺寸标注】工具栏上的【基准特征】按钮，再单击图上要标注基准的直线或尺寸线，出现【创建基准特征】对话框，在对话框中输入基准代号，单击【确定】按钮，则标注出基准特征，如图 8-59 所示。

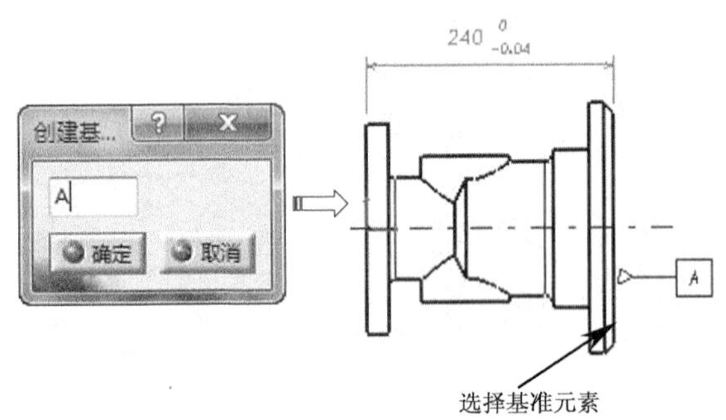

图8-59　创建基准特征

二、形位公差

【形位公差】用于在工程图上标注形位公差。

单击【尺寸标注】工具栏上的【形位公差】按钮，再单击图上要标注公差的直线或尺寸线，出现【形位公差】对话框，设置形位公差参数，单击【确定】按钮，完成形位公差标注，如图 8-60 所示。

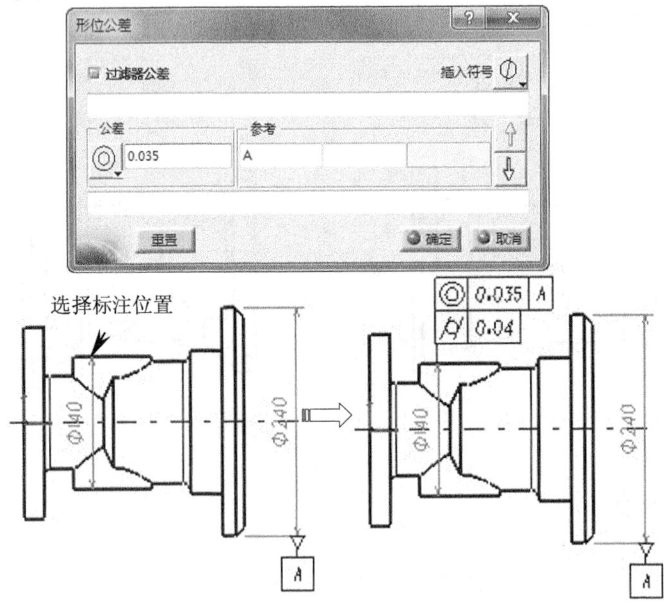

图8-60　形位公差

8.5.4　尺寸属性

CATIA V5R21 中标注的尺寸具有属性，相应的数值可进行修改编辑。通常有两种尺寸属性修改方式：一种是在【尺寸属性】工具栏中修改，另一种是通过单击尺寸右键，选择【属性】命令，在弹出【属性】对话框中进行编辑。

一、【尺寸属性】工具栏

在尺寸标注时，或者单击要修改的尺寸后，【尺寸属性】工具栏中的选项将激活，如图8-61 所示。

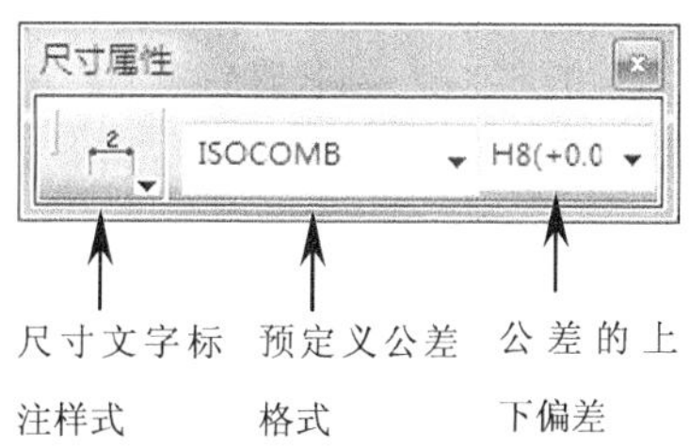

图8-61 【尺寸属性】工具栏

1. 单击【标准】工具栏上的【打开】按钮，打开【选择文件】对话框，选择配套光盘中的"练习\Ch08\8.5\biaozhuchicun.CATDrawing"文件，单击【OK】按钮，文件打开后如图 8-62 所示。

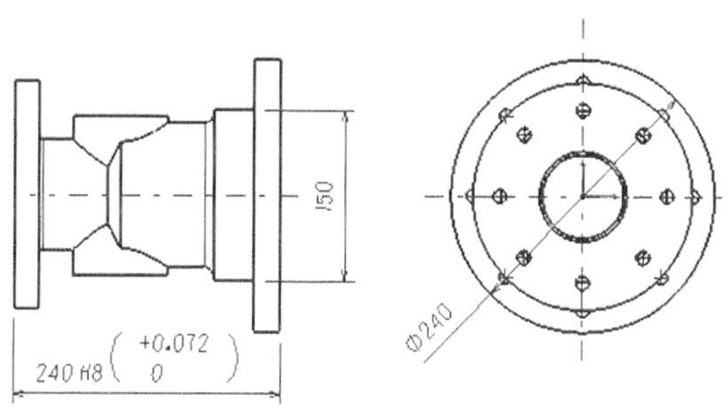

图8-62 打开文件

2. 选择ф240 尺寸，激活【尺寸属性】工具栏，选择尺寸文字标注样式，如图 8-63 所示。
3. 选择公差样式【ISONUM】，在【偏差】框中输入"+0.035/0"，按 Enter 键确定，如图 8-64 所示。

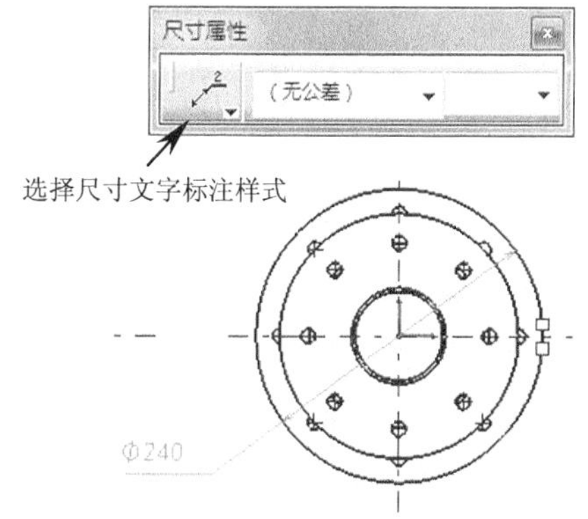

图8-63 选择尺寸文字标注样式

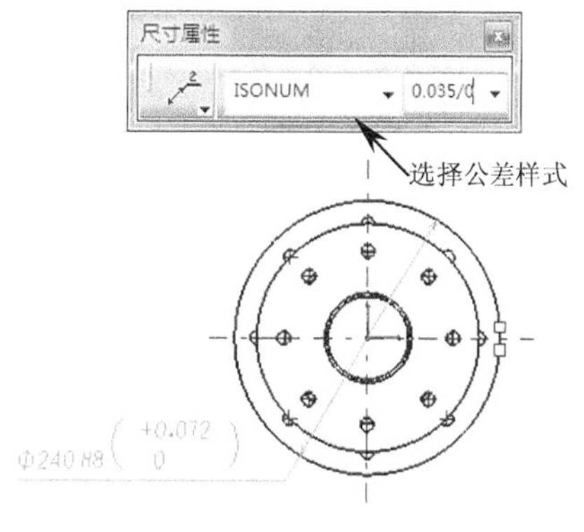

图8-64 设置尺寸公差

提示：在【偏差】框中输入上、下偏差值之间需要用斜杠（/）分开，例如，上偏差+0.035，下偏差为-0.012，则需输入 0.035/-0.012。

二、【属性】对话框

选择要修改的尺寸，单击鼠标右键，选择【属性】命令，弹出【属性】对话框来进行尺寸属性编辑。

1. 单击【标准】工具栏上的【打开】按钮，打开【选择文件】对话框，选择配套光盘中的“练习\Ch08\8.5\biaozhuchicun.CATDrawing”文件，单击【OK】按钮，文件打开后如图 8-65 所示。

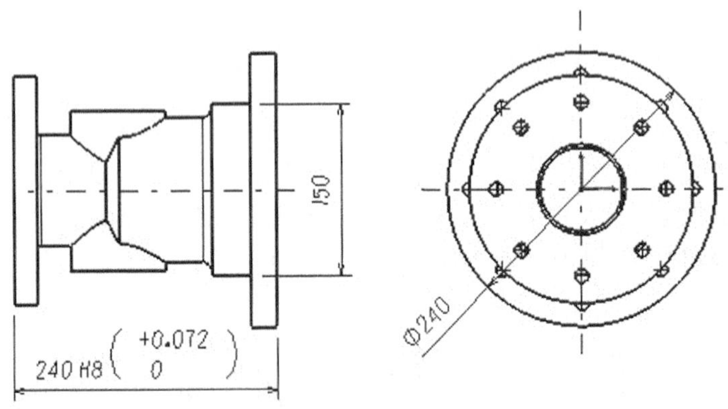

图8-65　打开文件

2. 选择 150 尺寸，单击鼠标右键，弹出【属性】对话框，单击【值】选项卡，修改尺寸数值，单击【应用】按钮，如图 8-66 所示。

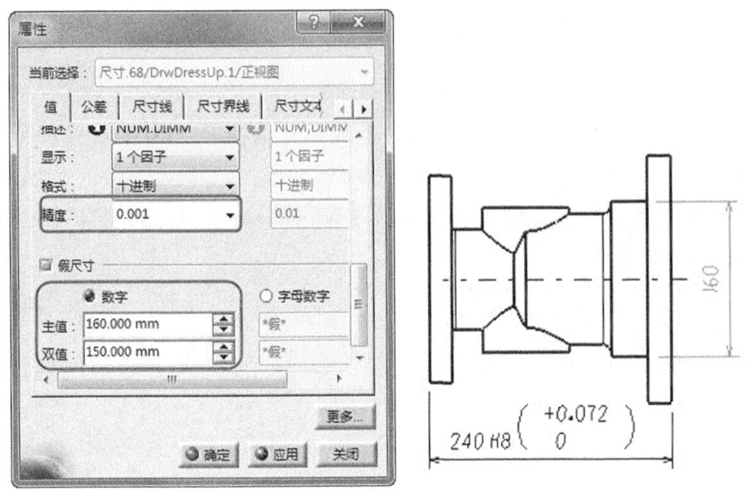

图8-66　修改尺寸值

3. 单击【公差】选项卡，在【主值】下拉列表中选择公差标注样式，在【上限值】和【下限值】文本框中输入公差，单击【应用】按钮，如图 8-67 所示。

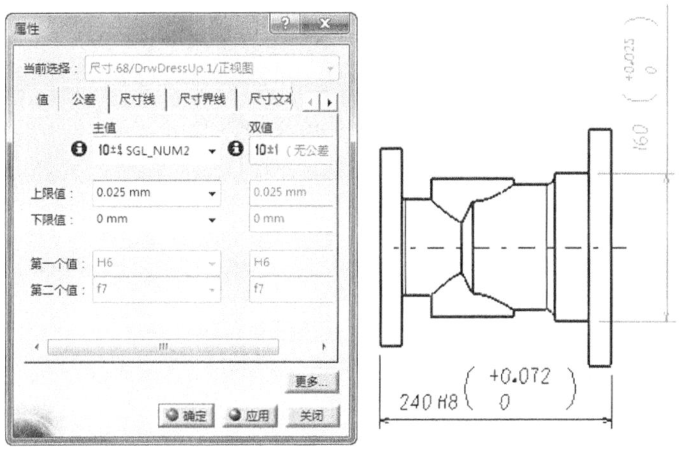

图8-67 修改尺寸公差

4. 单击【尺寸文本】选项卡，单击按钮，出现相关插入符号，选择直径符号，单击【确定】按钮，如图 8-68 所示。

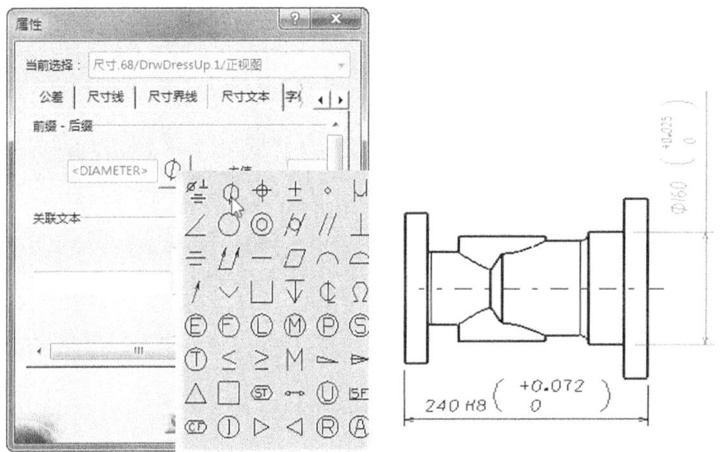

图8-68 插入前缀

8.6 自动生成尺寸和序号

生成功能包括自动标注尺寸、逐步标注尺寸、在装配图中自动标注零件编号。生成功能由集中在【生成】工具栏下的相关命令按钮来实现。下面分别加以介绍。

8.6.1 自动标注尺寸

自动标注尺寸用于根据建模时尺寸自动标注工程图中零件尺寸。

选择标注的视图，单击【生成】按钮，弹出【尺寸生成过滤器】对话框，欲分析的约束和尺寸，单击【确定】按钮，弹出【生成的尺寸分析】对话框，单击【确定】按钮，自动完成尺寸标注，如图 8-69 所示。

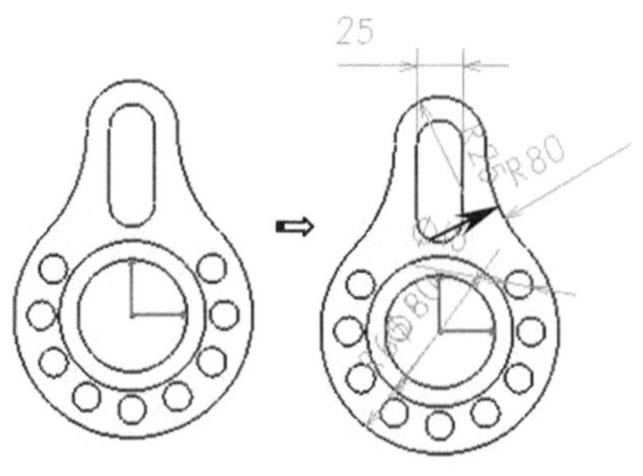

图8-69　自动标注尺寸

8.6.2　逐步标注尺寸

用于半自动标注尺寸。

单击【生成】工具栏中的【逐步标注尺寸】按钮，弹出【尺寸生成过滤器】对话框，弹出【逐步生成】对话框，单击【下一个尺寸生成】按钮，开始一个接一个地生成尺寸，如图 8-70 所示。

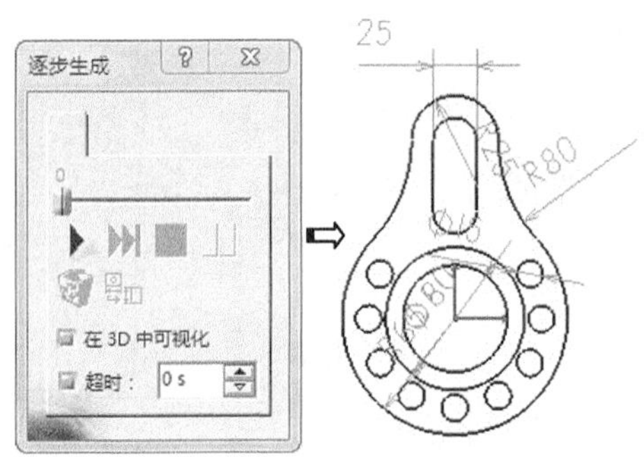

图8-70　逐步标注尺寸

8.6.3　在装配图中自动标注零件编号

用于自动生成装配图中的零件序号。

选择要生成序号的视图，单击【生成】工具栏中的【生成零件序号】按钮，系统自动标注装配图中的零件序号，如图 8-71 所示。

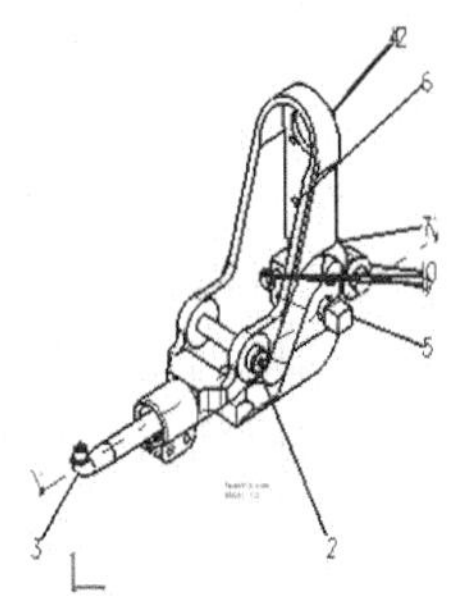

图8-71　生成零件序号

8.7 注释功能

注释工程图的一个重要组成部分，也会影响到实际的生产和加工。CATIA 提供了方便的注释功能，主要集中在【标注】工具栏下的相关命令按钮来实现。下面分别介绍。

8.7.1 标注文本

标注文本是指在工程图中添加文字信息说明。单击【标注】工具栏中【文本】按钮 T 右下角的小三角形，弹出有关标注文本命令按钮，如图 8-72 所示。

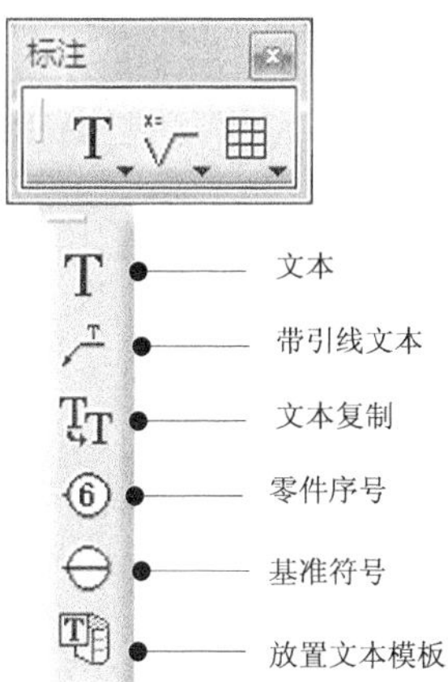

图8-72 标注文本命令

一、文本

【文本】用于标注文字。

单击【标注】工具栏上的【文本】按钮 T，选择欲标注文字的位置，弹出【文本编辑器】对话框，输入文字（可以通过选择字体输入汉字），单击【确定】按钮，完成文字添加，如图 8-73 所示。

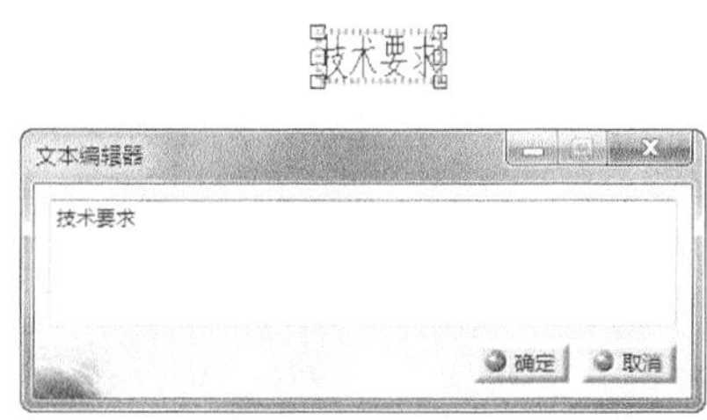

图8-73 创建文本

二、带引线的文本

【带引线的文本】用于标注带引出线的文字。

单击【标注】工具栏上的【带引线的文本】按钮，选中引出线箭头所指的位置，选中欲标注文字的位置，弹出【文本编辑器】对话框，输入文字（可以通过选择字体输入汉

字），单击【确定】按钮，完成文字添加，如图 8-74 所示。

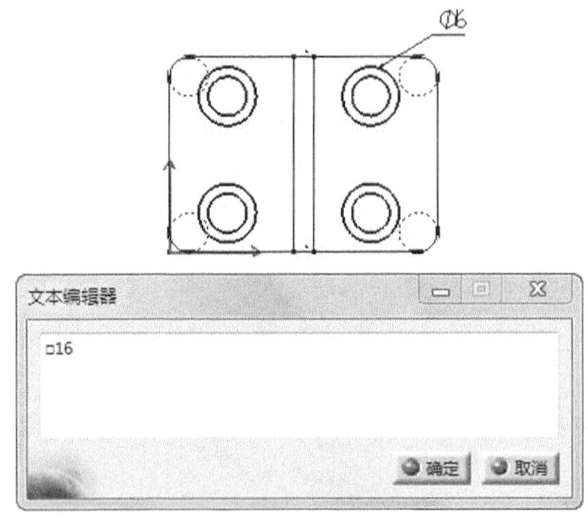

图8-74　创建带引线的文本

三、零件序号

【零件序号】用于标注装配图中的零件。

单击【标注】工具栏上的【零件序号】按钮，选择欲标注的元素，选择气球符号所在位置，弹出【创建零件序号】对话框，在对话框中输入文字，完成零件序号添加，如图 8-75 所示。

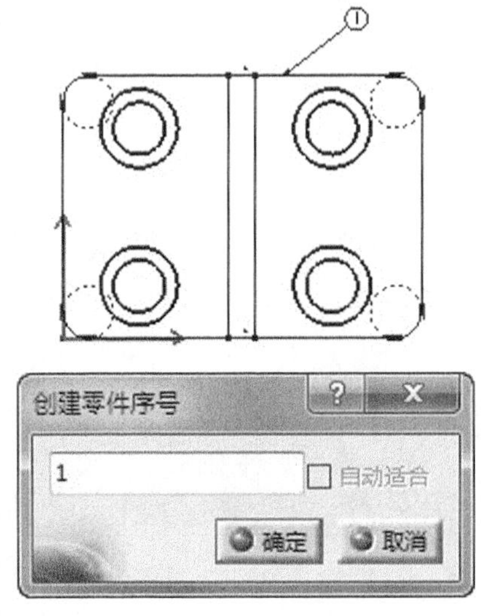

图8-75　创建零件序号

8.7.2　标注粗糙度和焊接符号

单击【标注】工具栏中【文本】按钮T右下角的小三角形，弹出有关标注粗糙度和焊接符号的命令按钮，如图 8-76 所示。

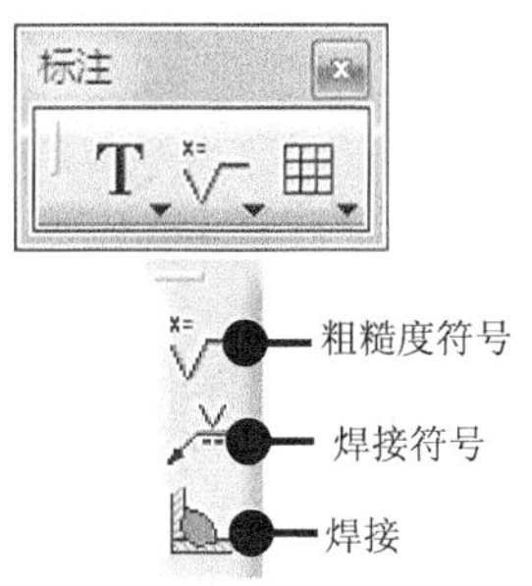

图8-76　粗糙度和焊接符号命令

一、粗糙度符号

粗糙度符号用于标注粗糙度符号。

单击【标注】工具栏上的【粗糙度符号】按钮，选择粗糙度符号所在位置，弹出【粗糙度符号】对话框，输入粗糙度的值、选择粗糙度类型，单击【确定】按钮即可完成粗糙度符号标注，如图 8-77 所示。

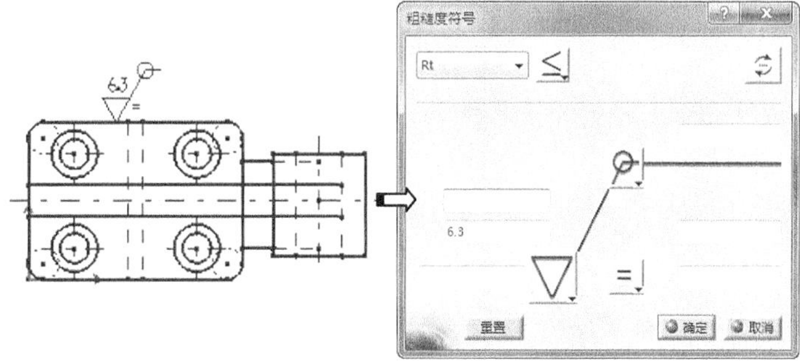

图8-77　创建粗糙度符号

二、焊接符号

单击【标注】工具栏上的【焊接符号】按钮，选择焊接符号所在位置，弹出【焊接符号】对话框，输入焊接符号和数值，单击【确定】按钮即可完成焊接符号标注，如图 8-78 所示。

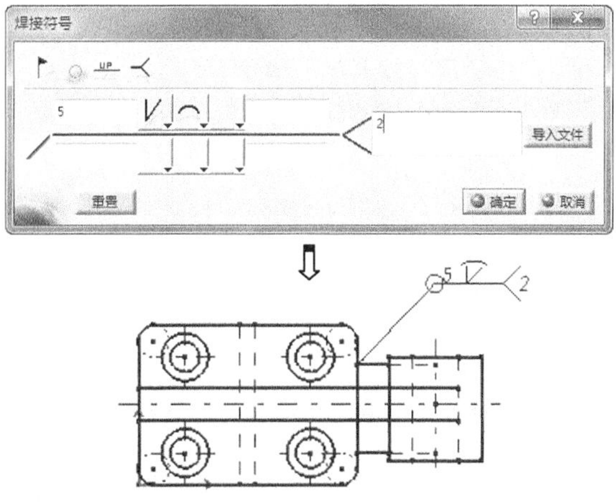

图8-78　创建焊接符号

三、焊接

单击【标注】工具栏上的【焊接】按钮，选择第一个元素，如一根直线，选择第二个元素，如另一根直线，弹出【焊接编辑器】对话框，选择焊接类型、输入焊接厚度和角度，单击【确定】按钮即可完成焊接标注，如图 8-79 所示。

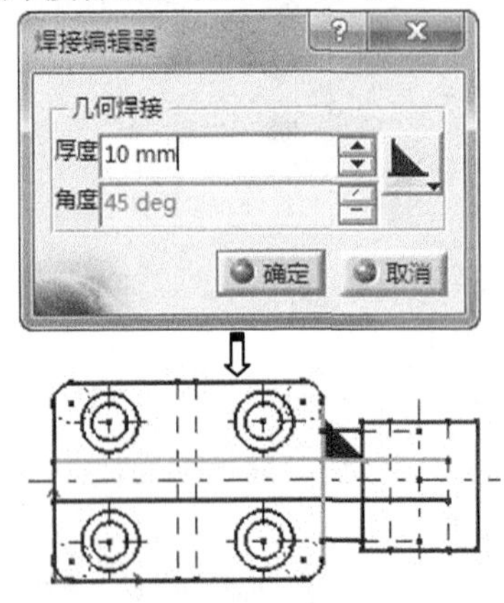

图8-79　创建焊接

8.7.3　创建表

用于创建注释功能用的表格。

单击【标注】工具栏上的【表】按钮，弹出【表编辑器】对话框，设置表行列数，单击【确定】按钮，单击合适位置来放置表，双击表格格框内，弹出【文本编辑器】对话框，输入相关文本注释信息，如图 8-80 所示。

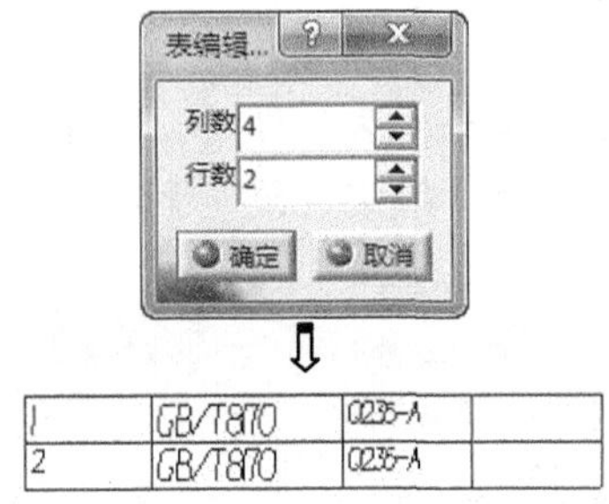

1	GB/T870	Q235-A	
2	GB/T870	Q235-A	

图8-80　创建表

8.8　生成修饰特征

修饰特征包括生成中心线、生成螺纹线、生成轴线和中心线、生成剖面线（Area Fill）等功能，主要由集中在【修饰】工具栏下的相关命令按钮来实现，下面分别加以介绍。

8.8.1　生成中心线

用于生成中心线、螺纹线等。单击【标注】工具栏中【中心线】按钮右下角的小三角形，弹出有关生成中心线命令按钮，如图 8-81 所示。

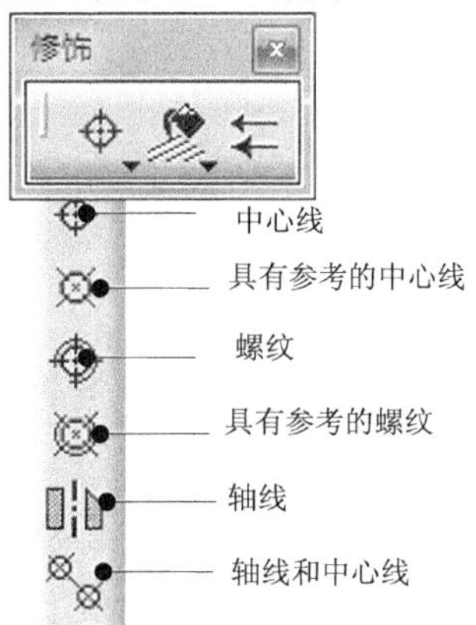

图8-81　中心线命令

一、中心线

用于生成圆中心线。

单击【修饰】工具栏上的【中心线】按钮，选择圆系统自动生成中心线，如图 8-82 所示。

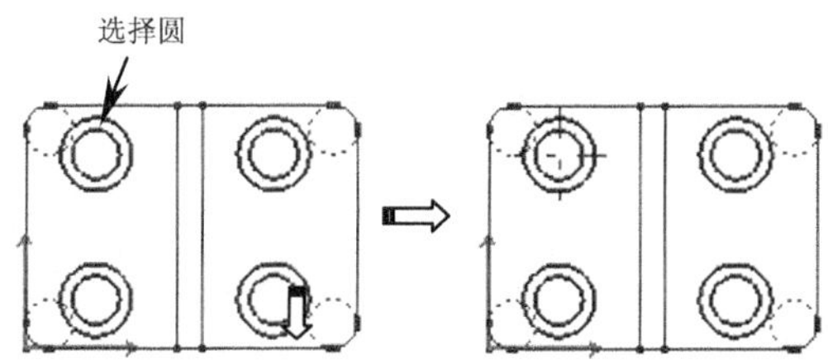

图8-82　创建中心线

二、具有参考的中心线

用于参考其他元素生成中心线。

单击【修饰】工具栏上的【具有参考的中心线】按钮，选中圆，选中参考的元素，中心线自动生成，如图 8-83 所示。若参考元素为直线，则中心线分别与参考直线平行和垂直；若参考元素为圆，则中心线分别与两个圆圆心的连线平行和垂直。

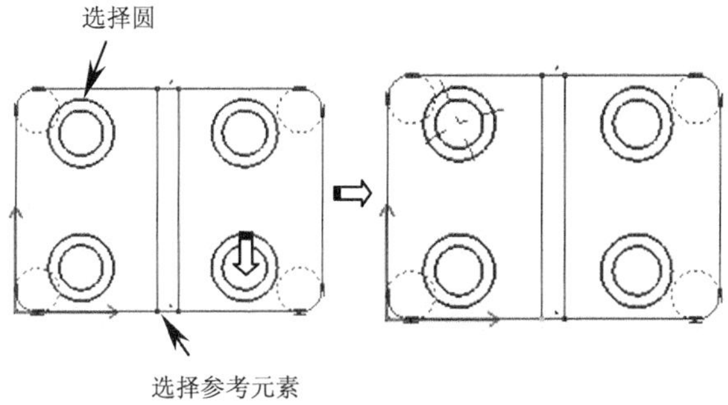

图8-83　创建具有参考的中心线

三、螺纹

用于生成螺纹线。

单击【修饰】工具栏上的【螺纹】按钮，弹出【工具控制板】工具栏，选择内螺纹或外螺纹，选择圆，系统自动创建螺纹线，如图 8-84 所示。

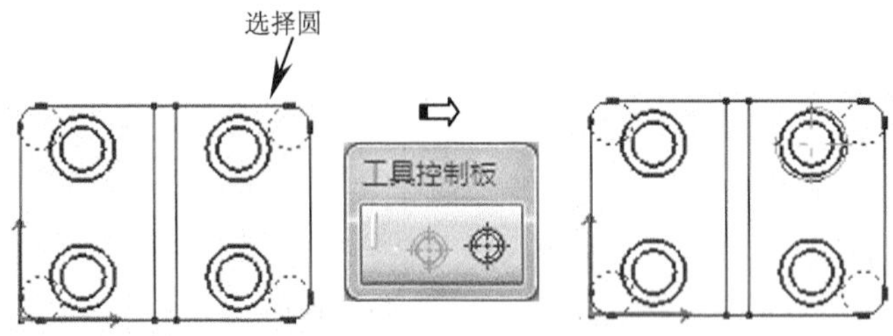

图8-84　创建螺纹线

四、具有参考的螺纹

用于参考其他元素生成螺纹线。

单击【修饰】工具栏上的【具有参考的螺纹】按钮，弹出【工具控制板】工具栏，选择内螺纹或外螺纹，选中圆，选中参考的元素，螺纹线自动生成，如图 8-85 所示。

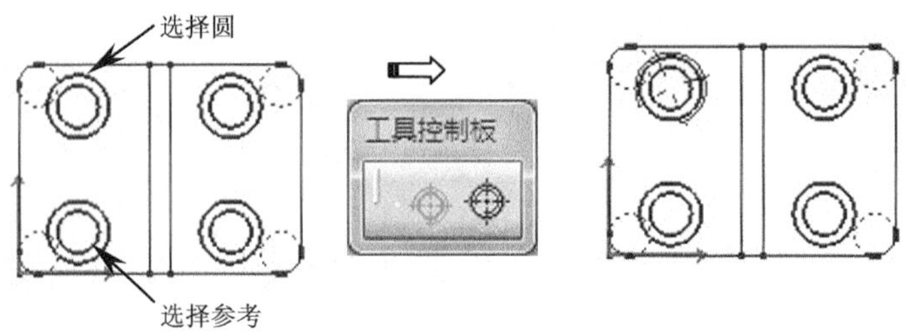

图8-85　创建具有参考的螺纹线

五、轴线

用于生成轴线。

单击【修饰】工具栏上的【轴线】按钮，选中两条直线，轴线自动生成，如图 8-86 所示。

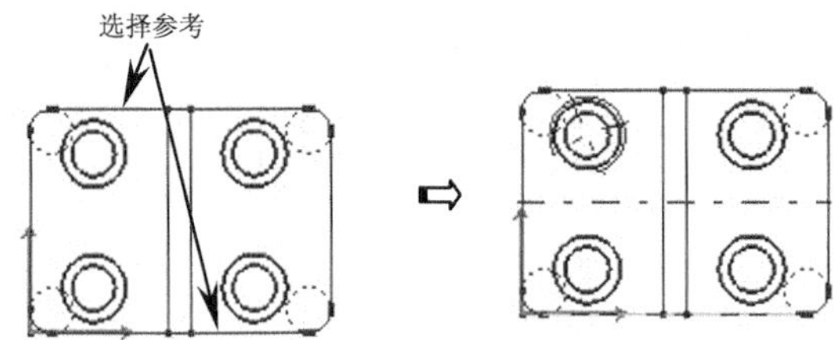

图8-86　创建轴线

六、轴线和中心线

用于生成轴线和中心线。

单击【修饰】工具栏上的【轴线和中心线】按钮，选中两个圆，则自动生成两圆之间的轴线和中心线，如图 8-87 所示。

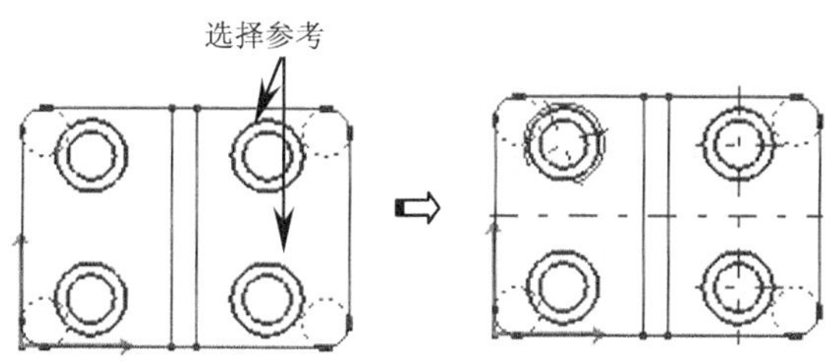

图8-87　创建轴线和中心线

8.8.2　创建填充剖面线

用于生成剖面线等。单击【标注】工具栏中【创建区域填充】按钮右下角的小三角形，弹出有关生成剖面线的命令按钮，如图 8-88 所示。

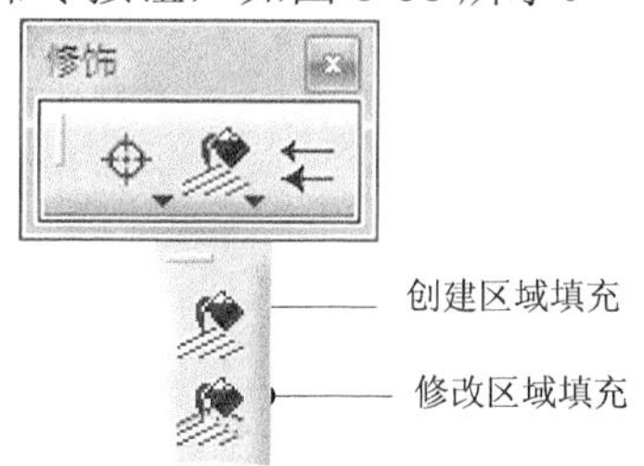

图8-88　填充剖面线命令

一、创建区域填充

用于生成剖面线。

单击【修饰】工具栏上的【创建区域填充】按钮，选择填充区域，系统自动填充剖面线，如图 8-89 所示。

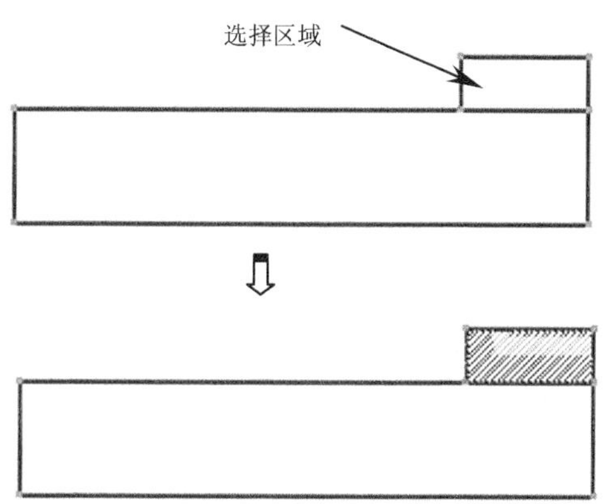

图8-89　创建区域填充

提示：要修改剖面线，双击剖面线，在弹出的【属性】对话框中修改即可。

二、修改区域填充

用于切换剖面线填充区域。

单击【修饰】工具栏上的【修改区域填充】按钮，选择已填充区域，然后选择要填充的区域，系统自动将剖面线切换到新区域，如图 8-90 所示。

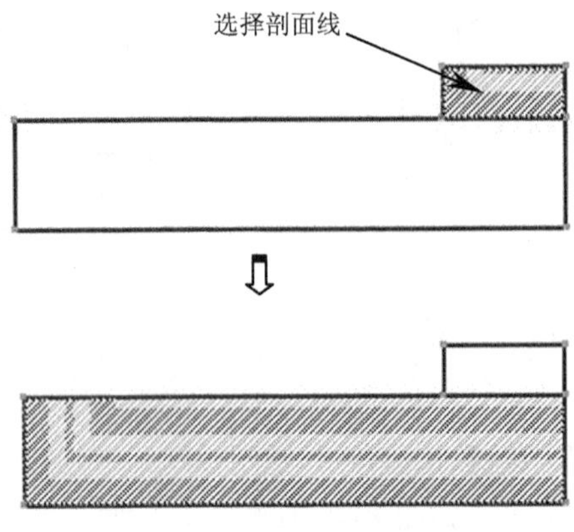

图8-90　创建区域填充

8.8.3　标注箭头

用于增加箭头符号。

单击【修饰】工具栏上的【箭头】按钮，选择一个点作为起点，单击另外一点作为终点，系统自动增加箭头符号，如图 8-91 所示。

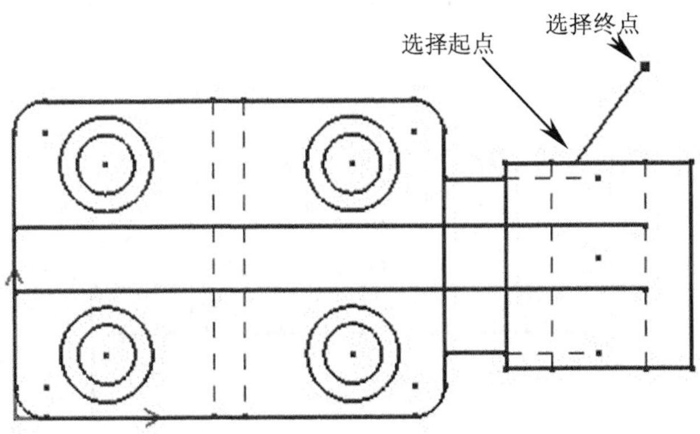

图8-91　创建区域填充

8.9　在装配图中生成零件表（BOM）功能

CATIA 工程制图工作台可以方便生成零件表，本节将介绍零件表相关内容。

打开装配图工程图，选择菜单栏【插入】/【生成】/【物料清单】/【物料清单】命令，选择插入物料清单位置，系统自动在装配图中生成，如图 8-92 所示。

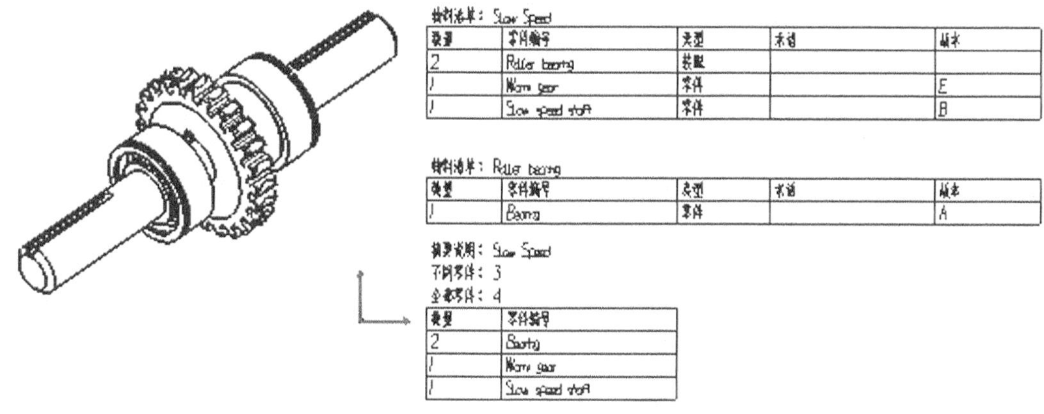

材料清单：Slow Speed

数量	零件编号	类型	术语	版本
2	Roller bearing	装配		
1	Worm gear	零件		E
1	Slow speed shaft	零件		B

材料清单：Roller bearing

数量	零件编号	类型	术语	版本
1	Bearing	零件		A

摘要说明：Slow Speed
不同零件：3
全部零件：4

数量	零件编号
2	Bearing
1	Worm gear
1	Slow speed shaft

图8-92 插入零件表（BOM）

8.10 应用实例——生成轴承座工程图

本节将以法兰草图为例来讲解草图轮廓创建、草图操作和草图约束等功能在实际设计中的应用。

结果文件 光盘\练习\Ch08\zhouchengzuo.CATDrawing 

根据三维实体模型轴承座，绘制如图 8-93 所示的轴承座工程图。

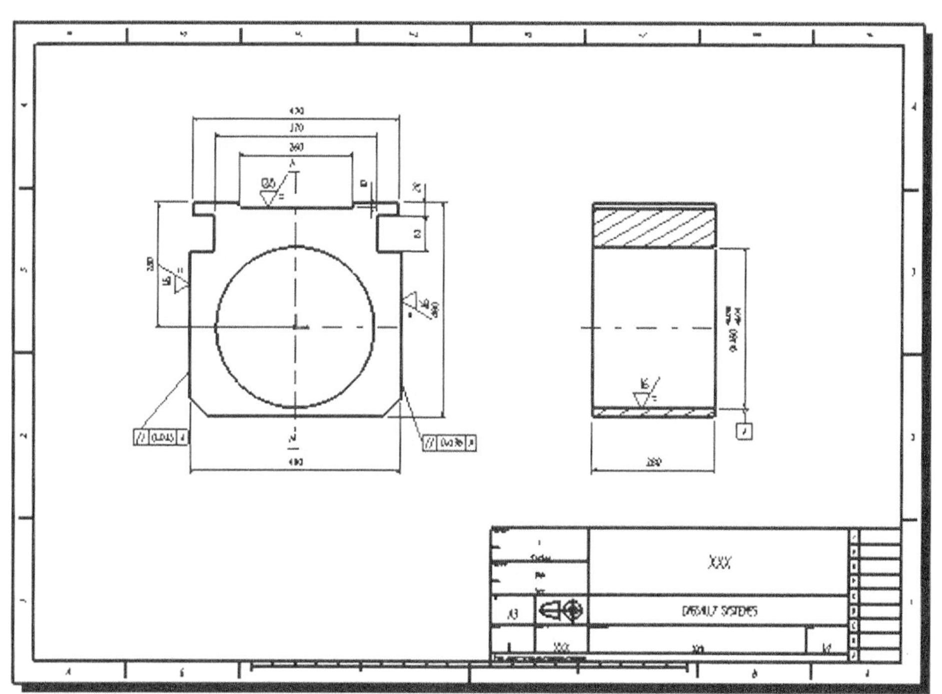

图8-93 轴承座工程图

1. 打开配套光盘中的“练习\Ch08\zhouchengzou.CATPart”文件，执行【开始】/【机械设计】/【工程制图】命令。

2. 在弹出的【创建新工程图】对话框，选择【空白】图标，如图 8-94 所示。

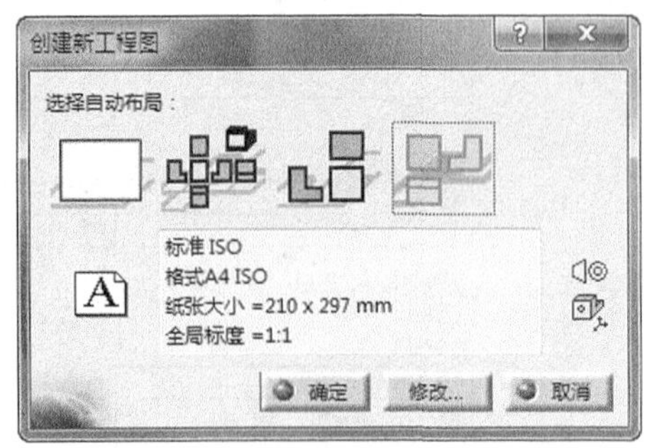

图8-94　【创建新工程图】对话框

3. 单击【修改】按钮，弹出【新建工程图】对话框，设置相关参数如图 8-95 所示。依次单击【确定】按钮，进入工程图工作台，如图 8-96 所示。

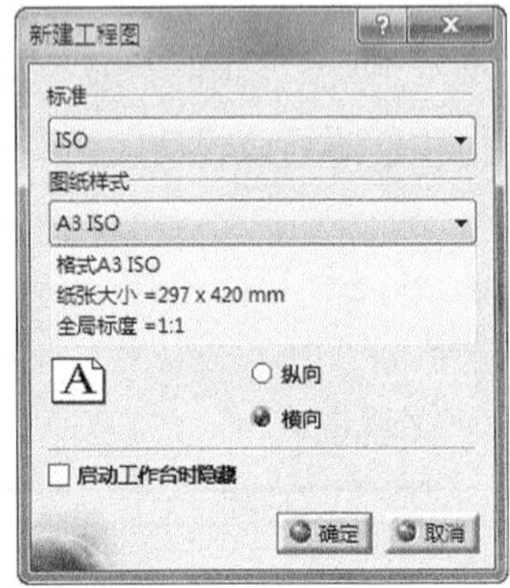

图8-95　【新建工程图】对话框

图8-96　新建工程图

4. 选择【编辑】/【图纸背景】命令，进入图纸背景。
5. 单击【工程图】工具栏中的【框架和标题节点】按钮□，弹出【管理框架和标题块】对话框，如图 8-97 所示。

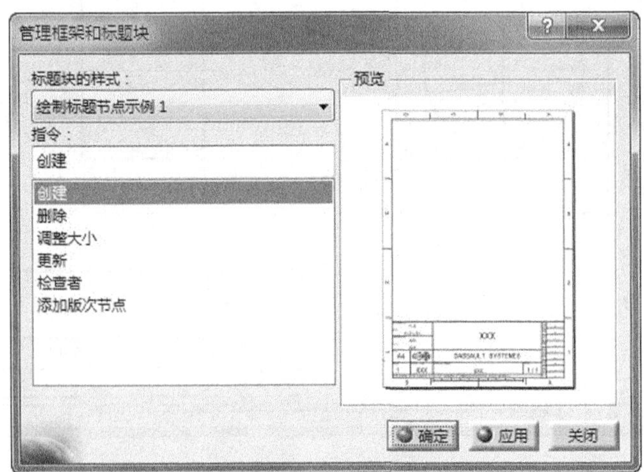

图8-97　【管理框架和标题块】对话框

6. 在【标题块的样式】下拉列表中选择已有的样式，选择对应【指令】，在右侧

【预览】框显示出样式预览，单击【确定】按钮，即可插入选择的图框和标题栏，如图 8-98 所示。

7. 选择【编辑】/【工作视图】命令，进入视图环境。
8. 单击【视图】工具栏上的【正视图】按钮，系统提示，将当前窗口切换到 3D 模型窗口，选择一个平面作为投影平面，如图 8-99 所示。

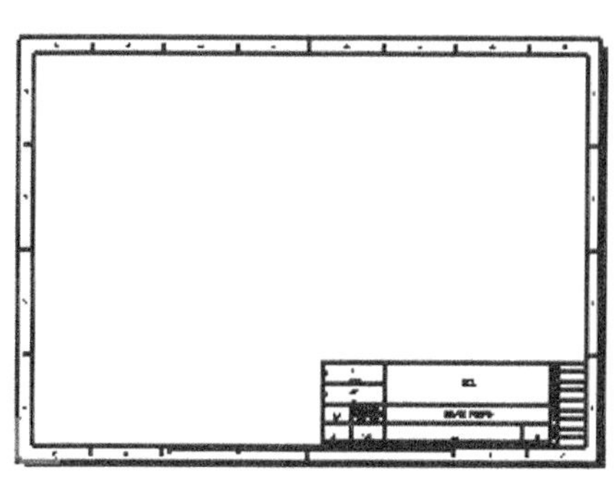

图8-98 插入后图框和标题栏

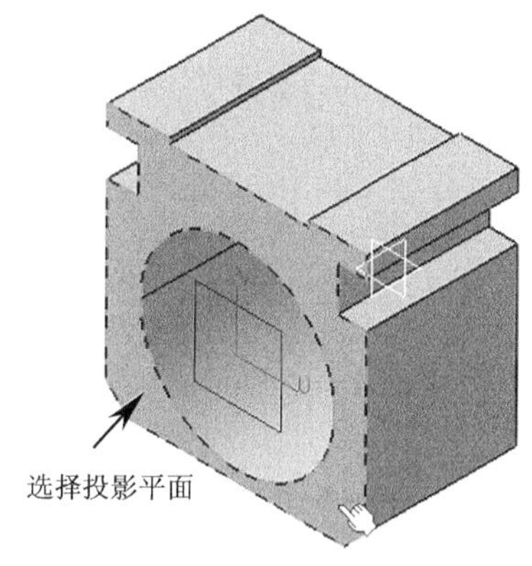

图8-99 选择投影平面

9. 选择一个平面作为正视图投影平面后，系统自动返回工程图工作台，调整至满意方位后，单击圆盘中心按钮或图纸页空白处，即自动创建出实体模型对应的主视图，如图 8-100 所示。
10. 单击【视图】工具栏上的【偏移剖视图】按钮，依次单击两点（通过圆心）来定义个剖切平面，在拾取第二点时双击鼠标结束拾取，移动鼠标到视图所需位置，单击鼠标，即生成所需的视图，如图 8-101 所示。

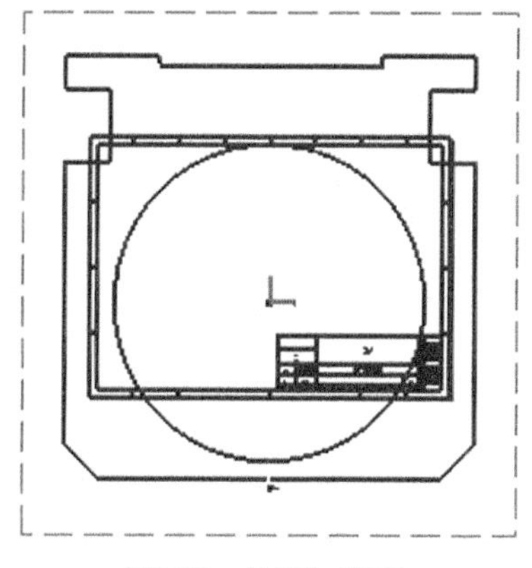

图8-100 创建的正视图

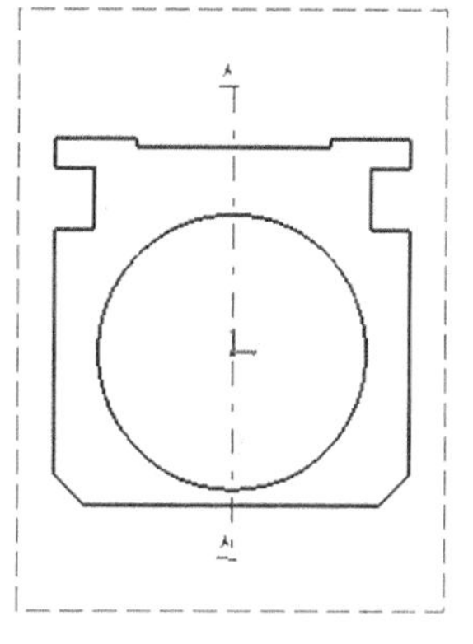

图8-101 创建剖视图

11. 单击【修饰】工具栏上的【中心线】按钮，选择圆系统自动生成中心线，如图 8-102 所示。
12. 单击【修饰】工具栏上的【轴线】按钮，选中右侧孔边线，轴线自动生成，如图 8-103 所示。
13. 单击【尺寸标注】工具栏上的【尺寸】按钮，弹出【工具控制板】工具栏，选择需要标注的元素，移动鼠标使尺寸移到合适位置，单击鼠标左键，系统自动完成尺寸标注，如图 8-104 所示。

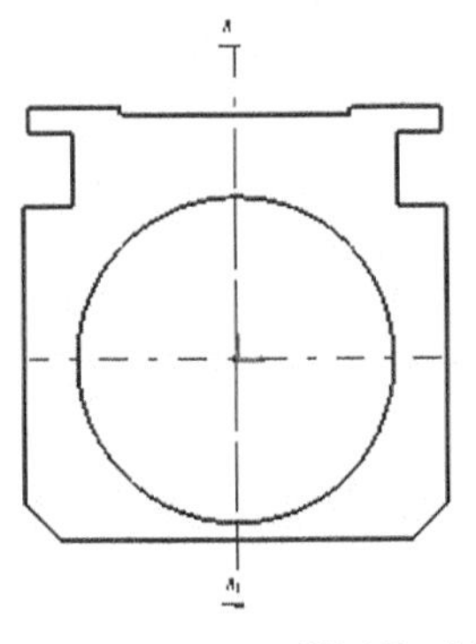

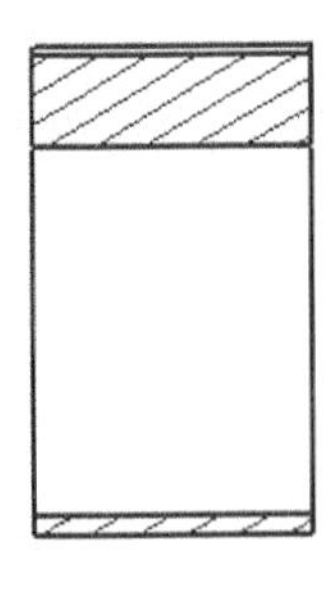

图8-102　创建中心线

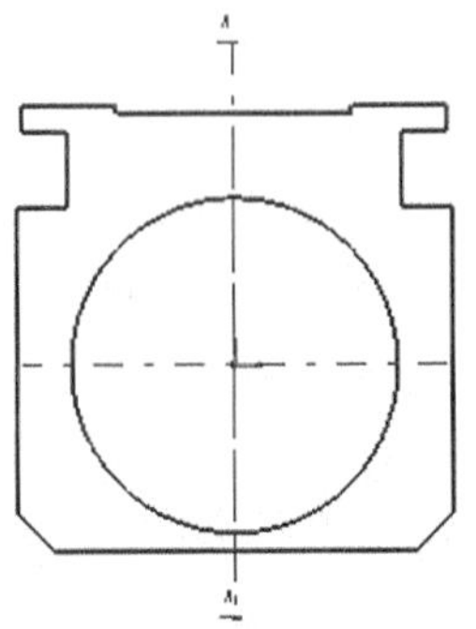

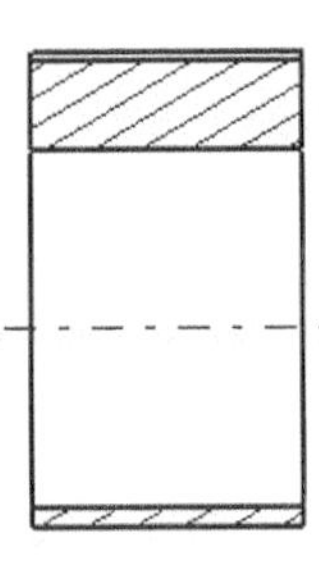

图8-103　创建轴线

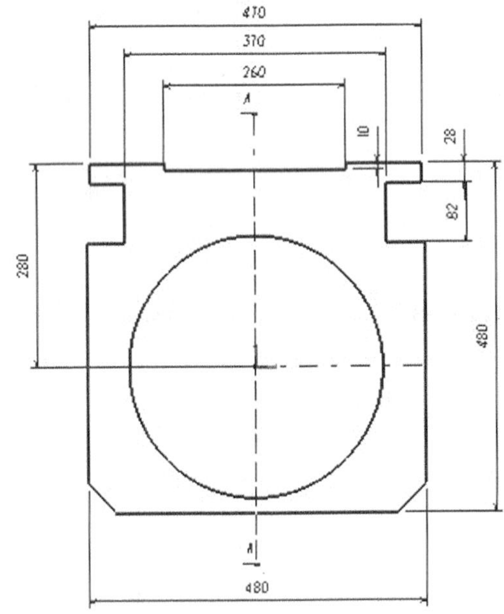

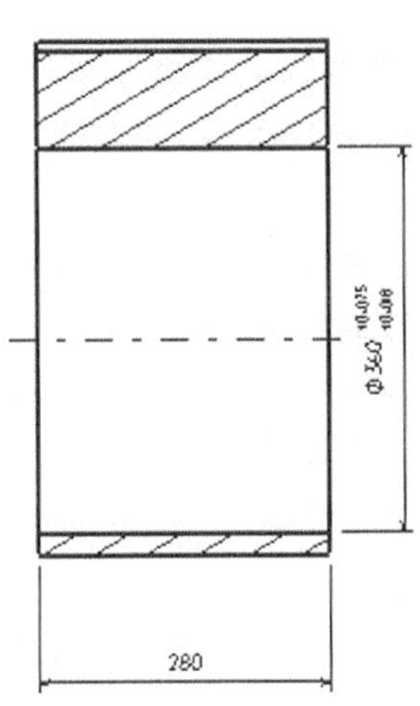

图8-104　标注尺寸

14. 单击【尺寸标注】工具栏上的【基准特征】按钮，再单击图上 360mm 尺寸，出现【创建基准特征】对话框，在对话框中输入基准代号，单击【确定】按钮，则标注出基准特征，如图 8-105 所示。
15. 单击【尺寸标注】工具栏上的【形位公差】按钮，选择侧面边线，出现【形位公差】对话框，设置形位公差参数，单击【确定】按钮，完成形位公差标注，如图 8-106 所示。

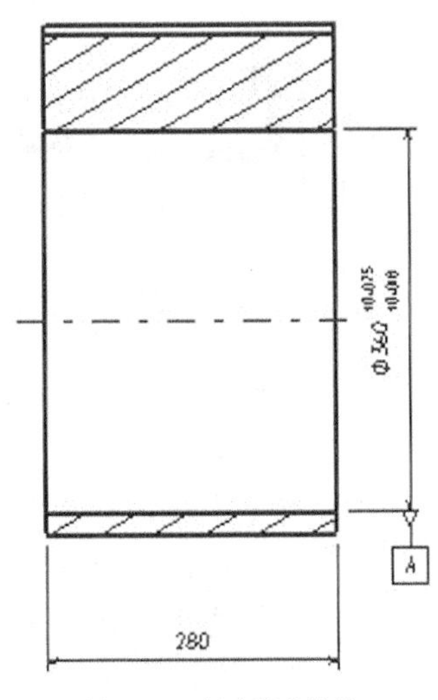

图8-105　创建基准符号

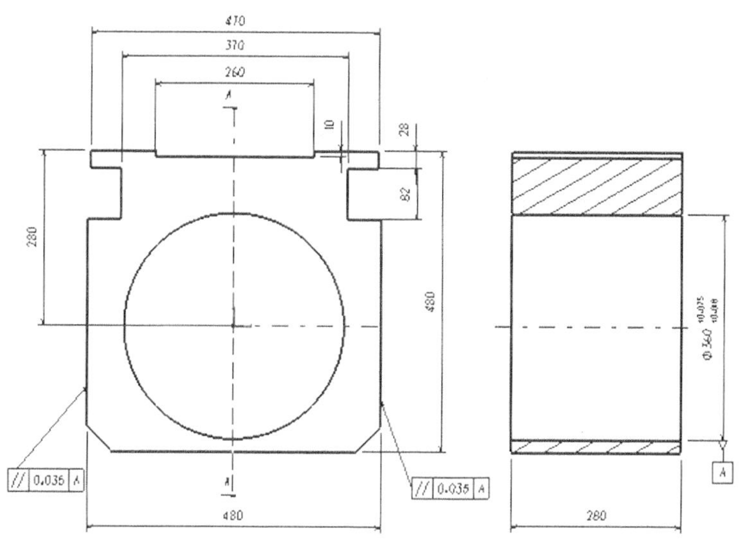

图8-106　创建形位公差

16. 单击【标注】工具栏上的【粗糙度符号】按钮，选择粗糙度符号所在位置，弹出【粗糙度符号】对话框中输入粗糙度的值、选择粗糙度类型，单击【确定】按钮即可完成粗糙度符号标注，如图 8-107 所示。

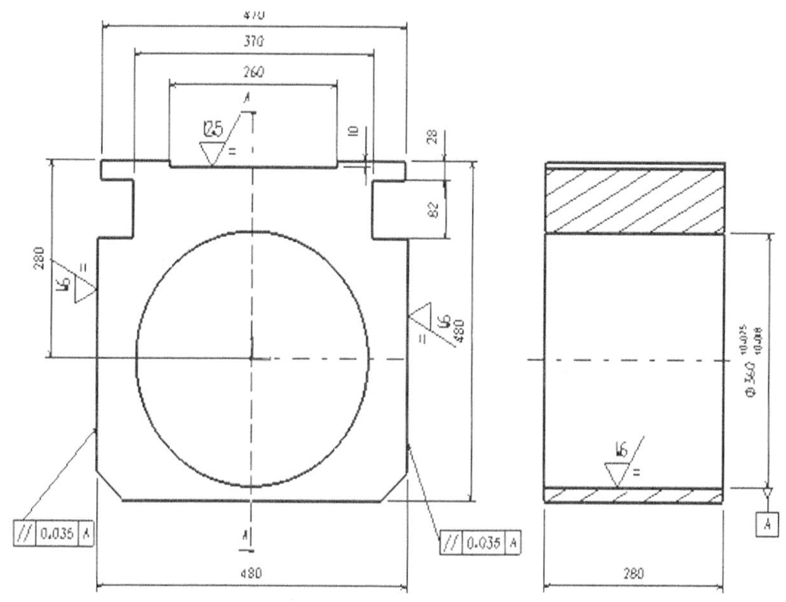

图8-107　创建粗糙度

8.11　小结

本章介绍了 CATIA V5R21 工程图基本知识，主要内容有视图创建、图框和标题栏创建和调用、尺寸标注、注释等功能，这样读者能熟悉 CATIA 工程图绘制的基本命令，本章的重点和难点为视图创建和尺寸标注约束应用，希望读者进一步进行实例练习。

第9章　CATIA 产品设计案例

造型美观且结构比较复杂的产品，一般用曲面功能来设计，因为 CATIA 的曲面功能十分强大。下面的案例中，将使用各曲面造型功能来讲解玩具产品、小家电产品的造型设计过程。

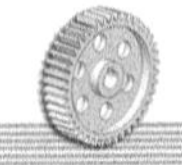

本章要点

- 玩具产品造型设计
- 小家电产品造型设计

9.1 玩具造型设计

在这一节中，我们讲一讲玩具零件造型设计（杯子、手枪、帽子等）设计方法和过程，通过学习可掌握玩具类零件曲面和实体混合造型设计方法。

9.1.1 杯子设计

杯子模型如图 9-1 所示，主要由杯子上部、下部（杯子座）等 2 部分组成。

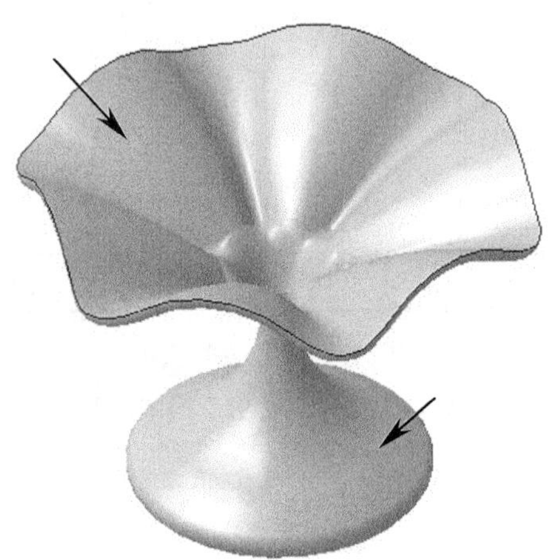

图9-1　杯子模型

结果文件	光盘\练习\Ch09\beizi.CATPart

1. 在【标准】工具栏中单击【新建】按钮，在弹出的对话框中选择“part”，单

击【确定】按钮新建一个零件文件，在菜单栏执行【开始】/【形状】/【创成式外形设计】命令，系统自动进入创成式外形设计工作台。

2. 在菜单栏执行【插入】/【几何图形集】命令，弹出【插入几何图形集】对话框，单击【确定】按钮完成插入，如图 9-2 所示。

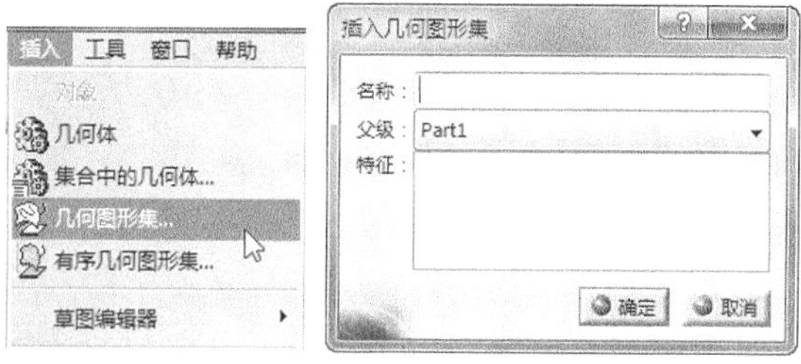

图9-2　插入几何图形集

3. 单击【草图】按钮，在工作窗口选择草图平面为 *xy* 平面，利用直线、轴线工具绘制草图，如图 9-3 所示。单击【工作台】工具栏上的【退出工作台】按钮，完成草图绘制退出草图编辑器环境。

4. 单击【曲面】工具栏上的【拉伸】按钮，弹出【拉伸曲面定义】对话框，选择上一步绘制的草图为拉伸截面，设置拉伸参数后，单击【确定】按钮，系统自动完成拉伸曲面创建，如图 9-4 所示。

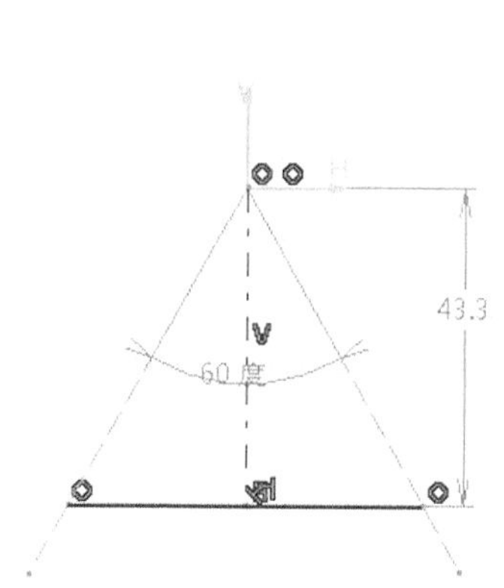

图9-3　绘制草图

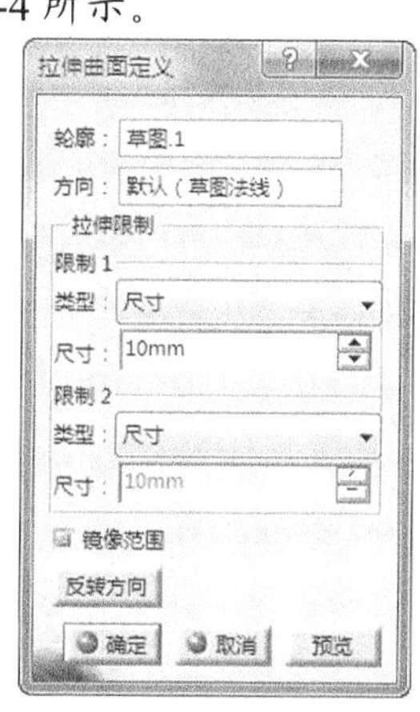

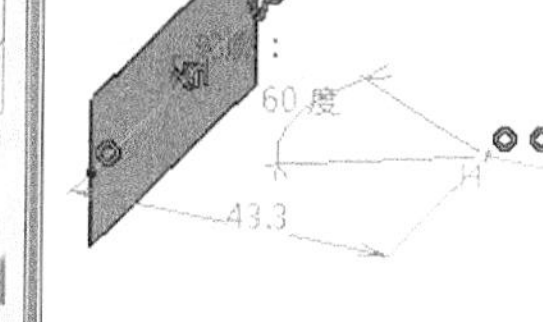

图9-4　创建拉伸曲面

5. 单击【草图】按钮，在工作窗口选择草图平面为 *zx* 平面，利用圆弧工具绘制草图，如图 9-5 所示。单击【工作台】工具栏上的【退出工作台】按钮，完成草图绘制退出草图编辑器环境。

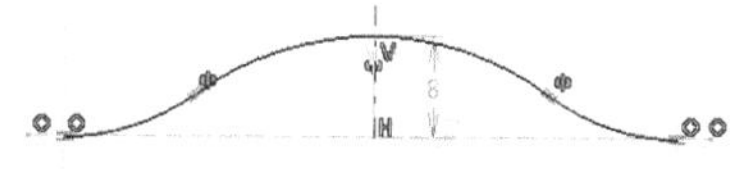

图9-5　绘制草图

6. 单击【曲面】工具栏上的【拉伸】按钮，弹出【拉伸曲面定义】对话框，选择上一步绘制的草图为拉伸截面，设置拉伸参数后，单击【确定】按钮，系统自动完成拉伸曲面创建，如图 9-6 所示。

7. 单击【操作】工具栏上的【分割】按钮，弹出【定义分割】对话框，选择需要被分割的曲线或曲面，然后选择曲线或曲面作为切除元素；单击【确定】按钮，系统自动完成分割操作，如图 9-7 所示。

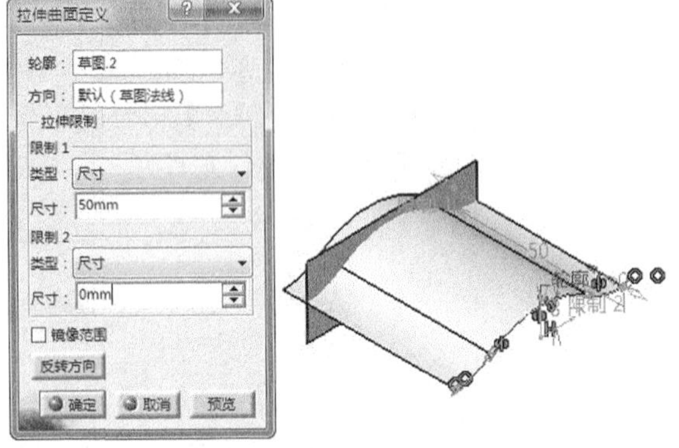

图9-6　创建拉伸曲面

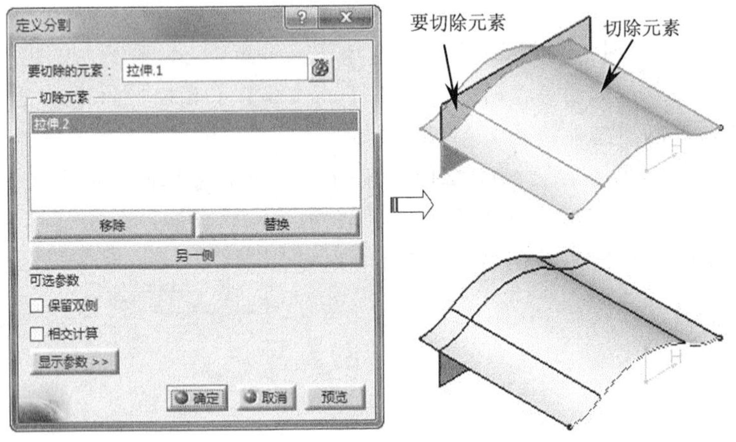

图9-7　定义分割

8. 选择要分割后的曲面，单击【复制】工具栏上的【圆形阵列】按钮，弹出【定义圆形阵列】对话框，在【轴向参考】选项卡中设置阵列参数，选择 *xy* 平面为阵列轴，如图 9-8 所示。

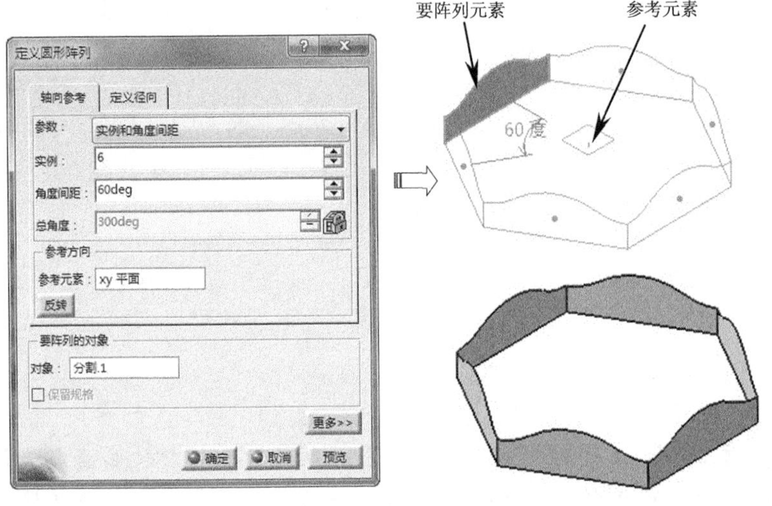

图9-8　创建圆周阵列

9. 单击【操作】工具栏上的【接合】按钮，弹出【接合定义】对话框，依次选择所有曲面，单击【确定】按钮，系统自动完成接合操作，如图 9-9 所示。

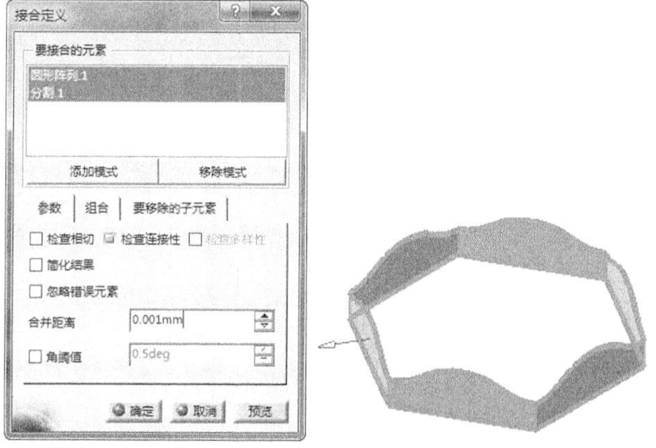

图9-9　创建接合

10. 单击【操作】工具栏上的【倒圆角】按钮，弹出【倒圆角定义】对话框，选择所有棱边，在【半径】文本框中输入半径值 8mm，单击【确定】按钮，系统自动完成圆角操作，如图 9-10 所示。

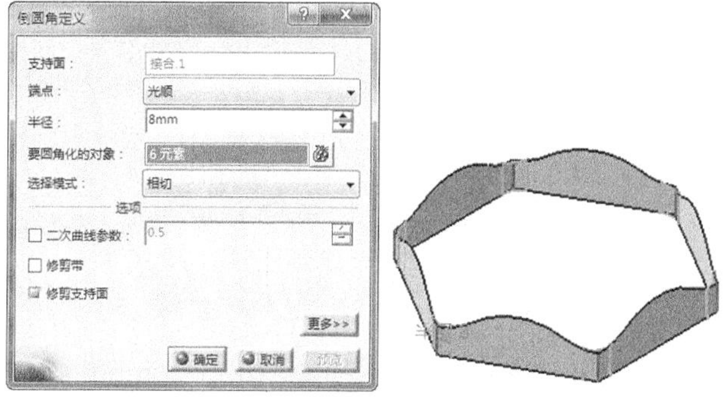

图9-10　创建圆角

11. 单击【操作】工具栏上的【接合】按钮，弹出【接合定义】对话框，依次选择所有曲面的上边线，单击【确定】按钮，系统自动完成接合操作，如图 9-11 所示。

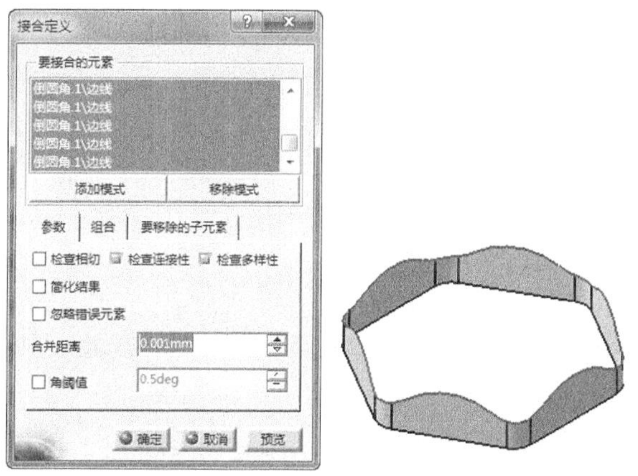

图9-11　创建接合

12. 单击【草图】按钮，在工作窗口选择草图平面为 *zx* 平面，利用圆弧工具绘制草图，如图 9-12 所示。单击【工作台】工具栏上的【退出工作台】按钮，完成草图绘制退出草图编辑器环境。

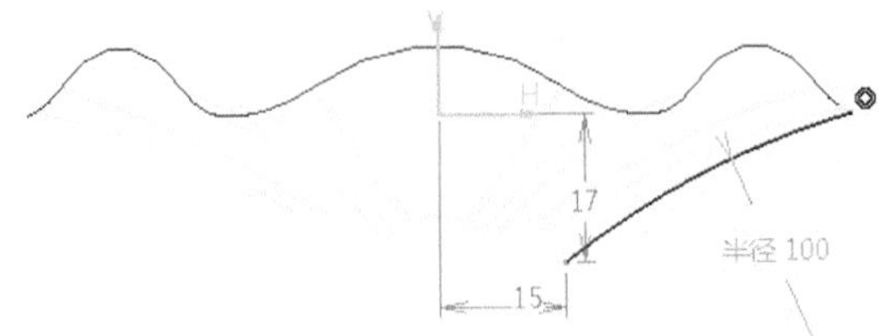

图9-12　绘制草图

13. 单击【曲面】工具栏上的【扫掠】按钮，弹出【扫掠曲面定义】对话框，在【轮廓类型】选择【显式】图标，在【子类型】下拉列表中选择【使用参考曲面】选项，选择如图 9-13 所示的轮廓和引导曲线，单击【确定】按钮，系统自动完成扫掠曲面创建。

图9-13　创建扫掠曲面

14. 单击【操作】工具栏上的【接合】按钮，弹出【接合定义】对话框，依次选择所有扫掠曲面的下边线，单击【确定】按钮，系统自动完成接合操作，如图 9-14 所示。

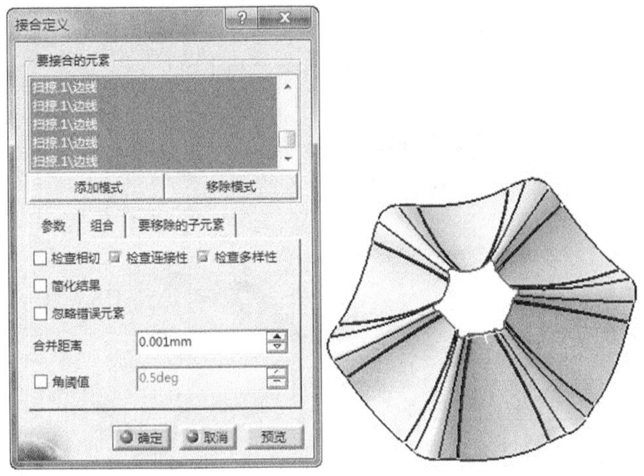

图9-14　创建接合

15. 单击【线框】工具栏上的【点】按钮，弹出【点定义】对话框，在【点类型】下拉列表中选择【坐标】选项，输入 *x*、*y*、*z* 坐标（0,0,-25），单击【确定】按钮，系统自动完成点创建，如图 9-15 所示。

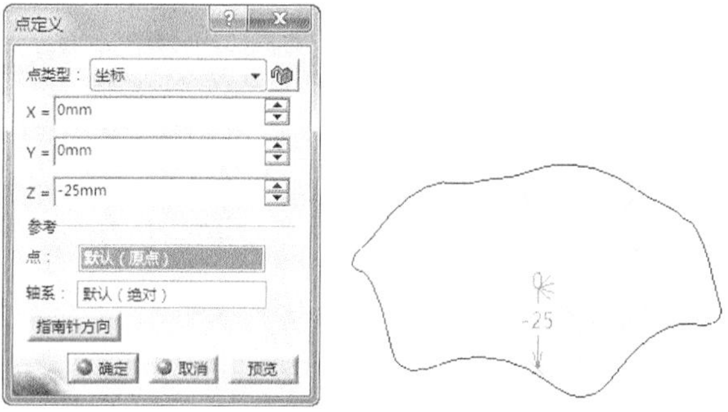

图9-15　创建点

16. 单击【曲面】工具栏上的【填充】按钮，弹出【填充曲面定义】对话框，选择上一步绘制的接合曲线，设置穿越点为上一步所创建的点，单击【确定】按钮，系统自动完成填充曲面创建，如图 9-16 所示。

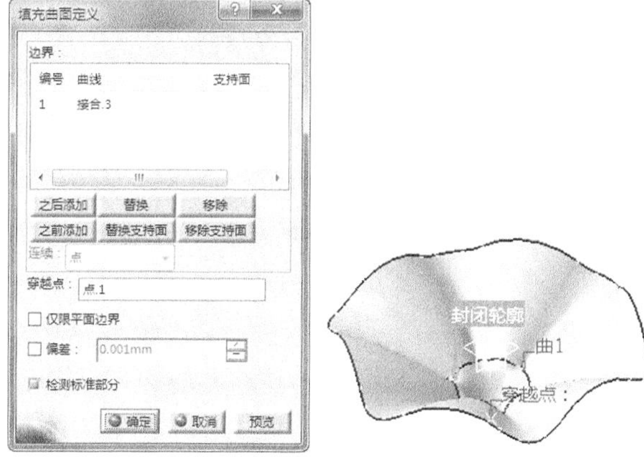

图9-16　创建填充曲面

17. 单击【操作】工具栏上的【接合】按钮，弹出【接合定义】对话框，依次选择所有曲面，单击【确定】按钮，系统自动完成接合操作，如图 9-17 所示。

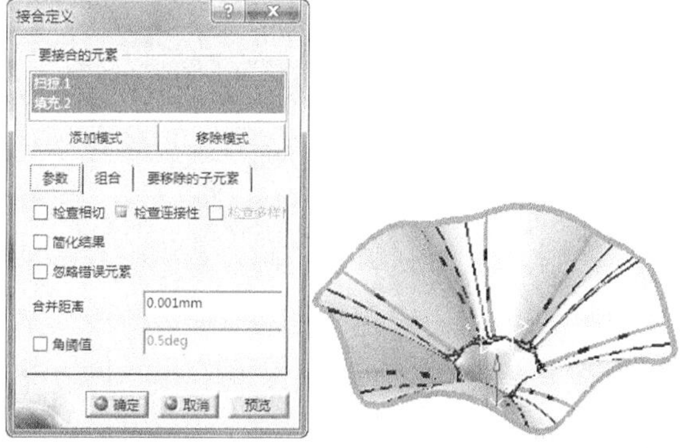

图9-17　创建接合

18. 单击【操作】工具栏上的【倒圆角】按钮，弹出【倒圆角定义】对话框，

选择两曲面相交线，在【半径】文本框中输入半径值 2mm；单击【确定】按钮，系统自动完成圆角操作，如图 9-18 所示。

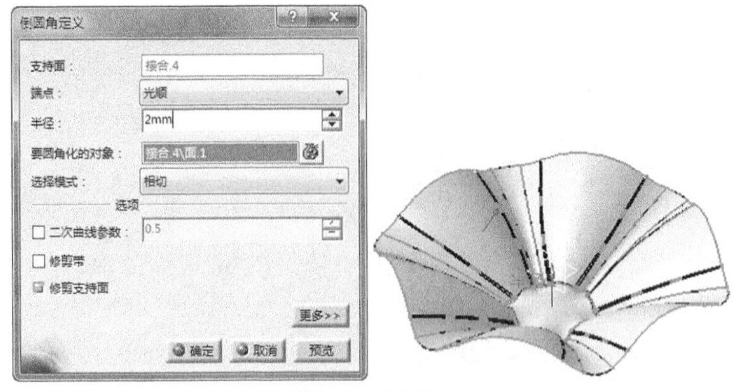

图9-18　创建圆角

19. 选择【开始】/【机械设计】/【零件设计】命令，进入【零件设计】工作台，在特征树中选择【零件几何体】，单击右键在弹出的快捷菜单中选择【定义工作对象】命令，如图 9-19 所示。

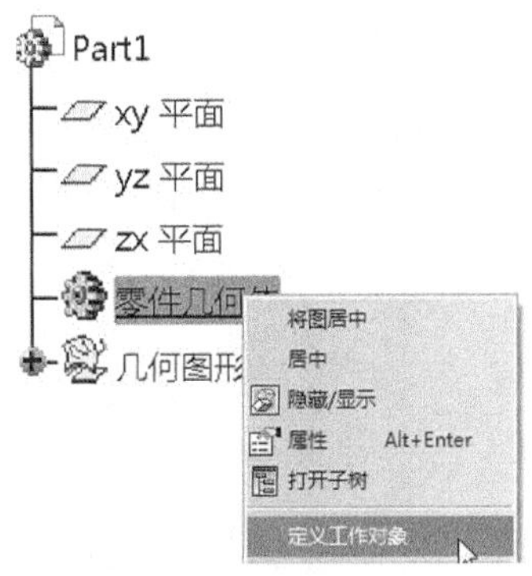

图9-19　选择工作对象

20. 单击【基于曲面的特征】工具栏上的【厚曲面】按钮，弹出【定义厚曲面】对话框，选择所需加厚的曲面，在【偏移】文本框中输入加厚值 2mm，单击【确定】按钮，系统创建曲面加厚实体特征，如图 9-20 所示。

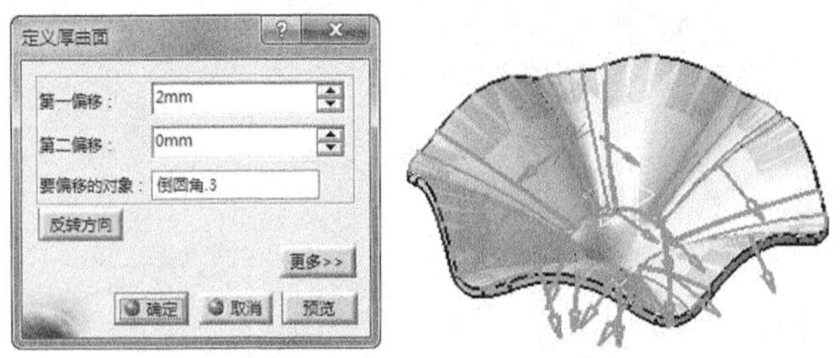

图9-20　创建曲面加厚特征

21. 单击【修饰特征】工具栏上的【倒圆角】按钮，弹出【倒圆角定义】对话框，在【半径】文本框中输入圆角半径值 2mm，然后激活【要圆角化的对象】编辑框，选择实体上外边线，单击【确定】按钮，系统自动完成圆角特征，如图 9-21 所示。

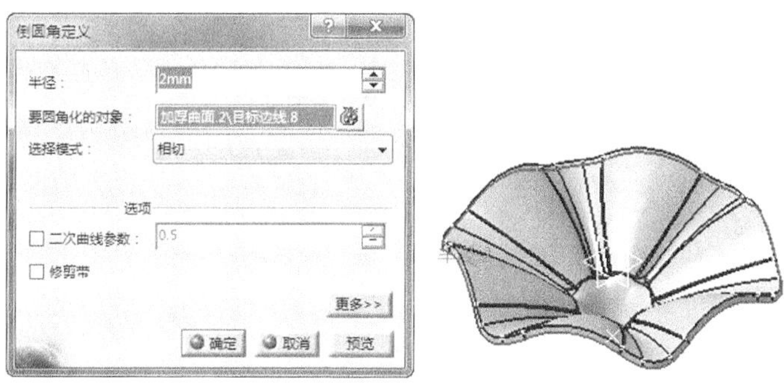

图9-21　创建圆角

22. 单击【草图】按钮，在工作窗口选择草图平面为 *yz* 平面，利用直线、圆弧工具绘制草图，如图 9-22 所示。单击【工作台】工具栏上的【退出工作台】按钮，完成草图绘制退出草图编辑器环境。

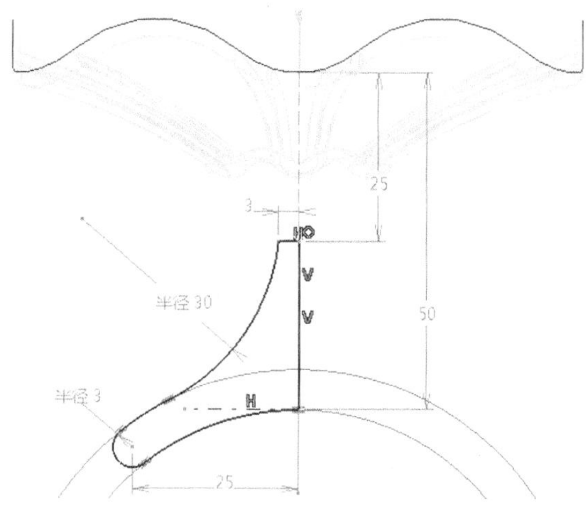

图9-22　绘制草图

23. 单击【基于草图的特征】工具栏上的【旋转体】按钮，选择旋转截面，弹出【定义旋转体】对话框，选择上一步绘制的草图为旋转槽截面，单击【确定】按钮，系统自动完成旋转体特征，如图 9-23 所示。

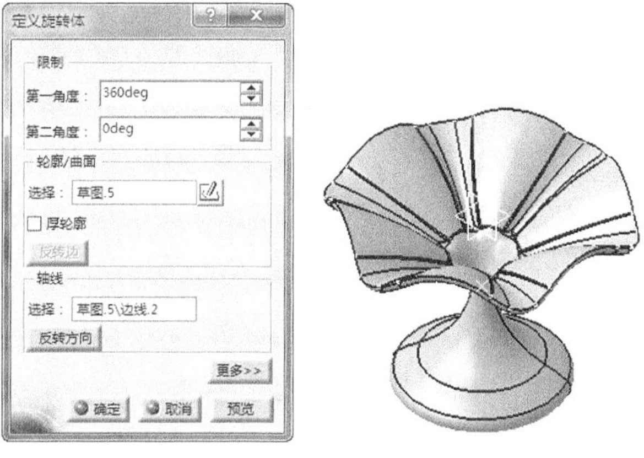

图9-23　创建旋转体特征

9.1.2 手枪设计

手枪模型如图 9-24 所示，主要由枪身、扳机、枪管、握把、保险杆等 5 部分组成。

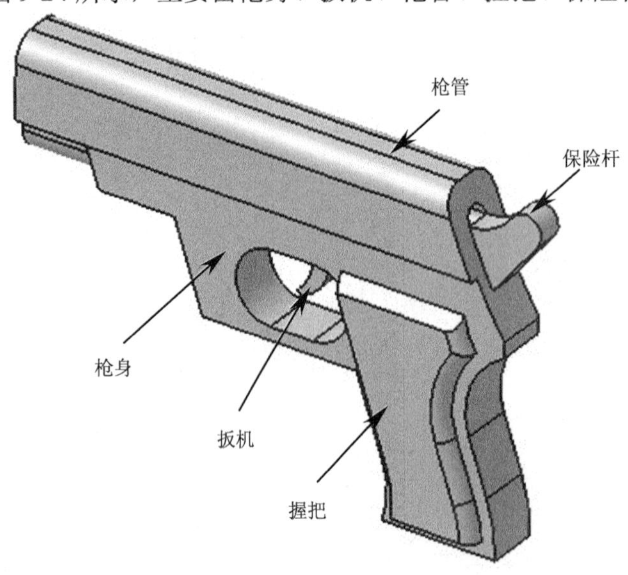

图9-24　手枪模型

结果文件　光盘\练习\Ch09\shouqiang.CATPart

1. 在【标准】工具栏中单击【新建】按钮，在弹出的对话框中选择“part”，单击【确定】按钮新建一个零件文件，在菜单栏执行【开始】/【机械设计】/【零件设计】命令，进入【零件设计】工作台。
2. 单击【草图】按钮，在工作窗口选择草图平面为 *zx* 平面，进入草图编辑器。利用矩形、圆、倒角等工具绘制如图 9-25 所示的草图。单击【工作台】工具栏上的【退出工作台】按钮，完成草图绘制。

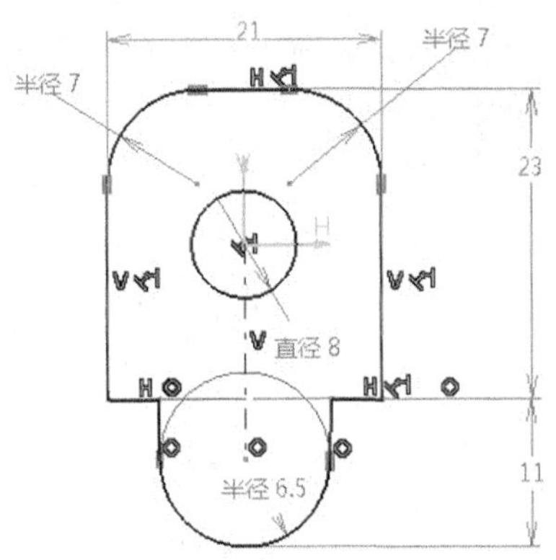

图9-25　绘制草图

3. 单击【基于草图的特征】工具栏上的【凸台】按钮，弹出【定义凸台】对话框，选择上一步所绘制的草图，拉伸 170mm，单击【确定】按钮完成拉伸特征，如图 9-26 所示。

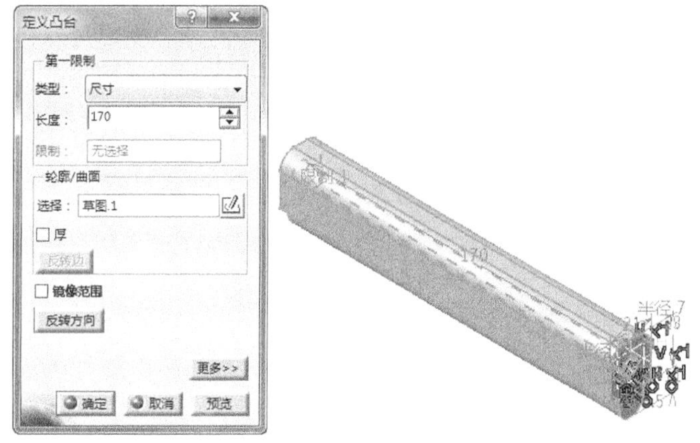

图9-26　创建拉伸特征

4. 单击【草图】按钮，在工作窗口选择草图平面为 *yz* 平面，进入草图编辑器。利用矩形、圆、倒角等工具绘制如图 9-27 所示的草图。单击【工作台】工具栏上的【退出工作台】按钮，完成草图绘制。

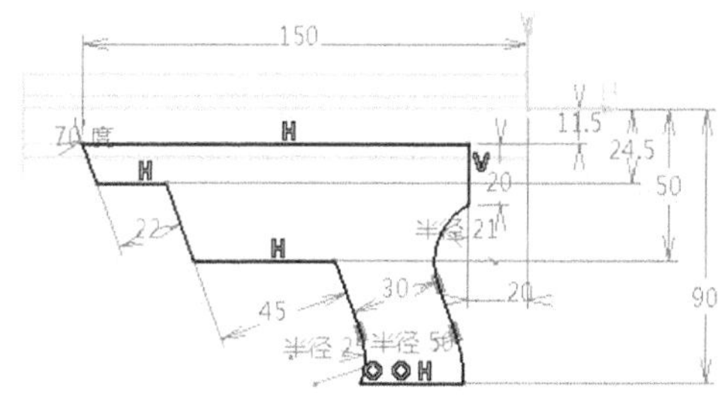

图9-27　绘制草图

5. 单击【基于草图的特征】工具栏上的【凸台】按钮，弹出【定义凸台】对话框，选择上一步所绘制的草图，拉伸 8mm，选中【镜像范围】复选框，单击【确定】按钮完成拉伸特征，如图 9-28 所示。

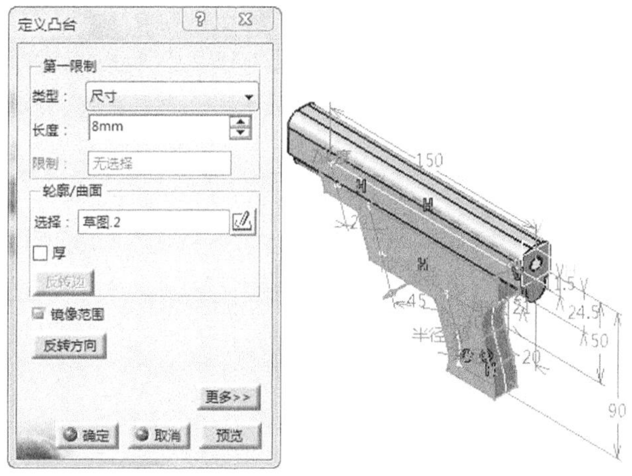

图9-28　创建拉伸特征

6. 单击【草图】按钮，在工作窗口选择草图平面为 *yz* 平面，进入草图编辑器，绘制如图 9-29 所示的草图。单击【工作台】工具栏上的【退出工作台】按钮，完成草图绘制。

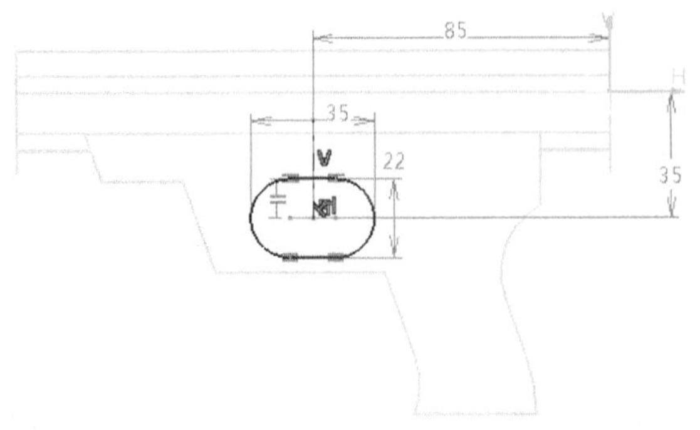

图9-29　绘制草图

7. 单击【基于草图的特征】工具栏上的【凹槽】按钮，选择上一步绘制的草图，弹出【定义凹槽】对话框，设置凹槽【深度】为 12，选中【镜像范围】复选框，单击【确定】按钮，系统自动完成凹槽特征，如图 9-30 所示。

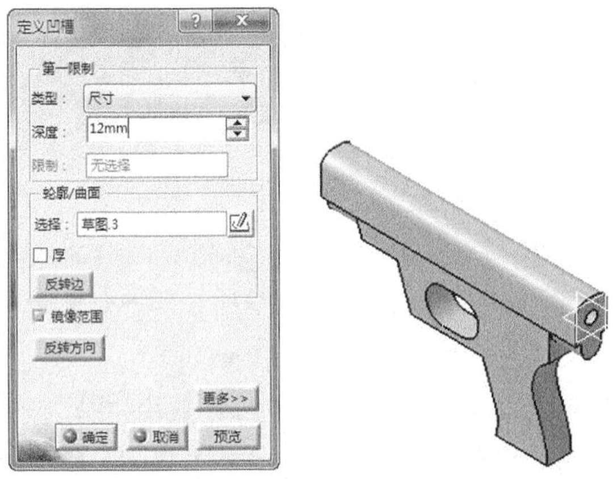

图9-30　创建凹槽特征

8. 单击【草图】按钮，在工作窗口选择草图平面为 *yz* 平面，进入草图编辑器，绘制如图 9-31 所示的草图。单击【工作台】工具栏上的【退出工作台】按钮，完成草图绘制。

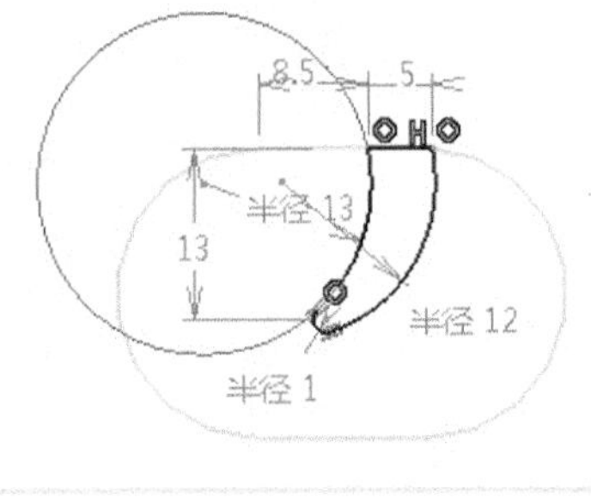

图9-31　绘制草图

9. 单击【基于草图的特征】工具栏上的【凸台】按钮，弹出【定义凸台】对话框，选择上一步所绘制的草图，拉伸 2mm，选中【镜像范围】复选框，单击【确定】按钮完成拉伸特征，如图 9-32 所示。

图9-32 创建凸台特征

10. 选中如图 9-33 所示的实体表面作为草绘平面，单击【草图】按钮，绘制如图 9-33 所示的草图。单击【工作台】工具栏上的【退出工作台】按钮，完成草图绘制。

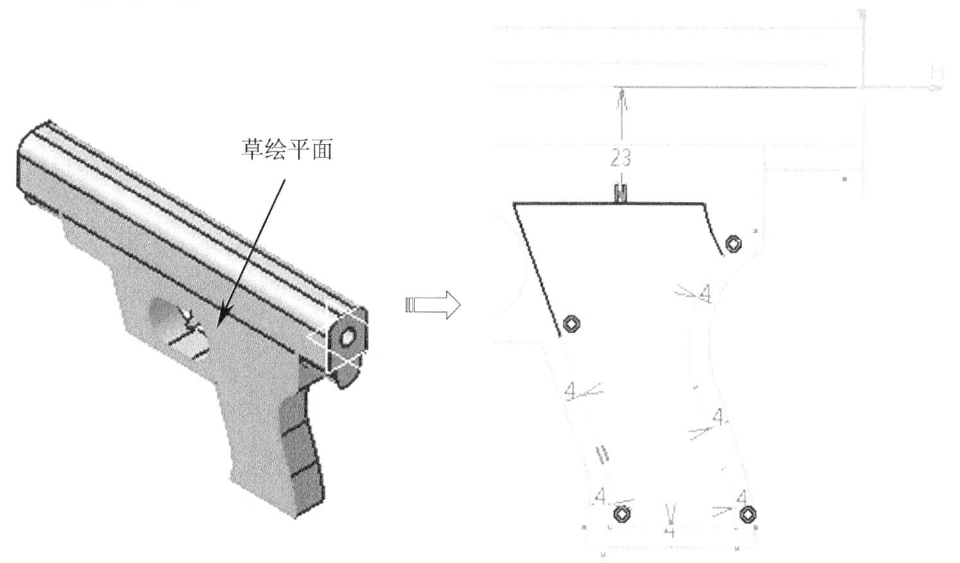

图9-33 绘制草图

11. 单击【基于草图的特征】工具栏上的【凸台】按钮，弹出【定义凸台】对话框，选择上一步所绘制的草图，拉伸 4mm，单击【确定】按钮完成拉伸特征，如图 9-34 所示。

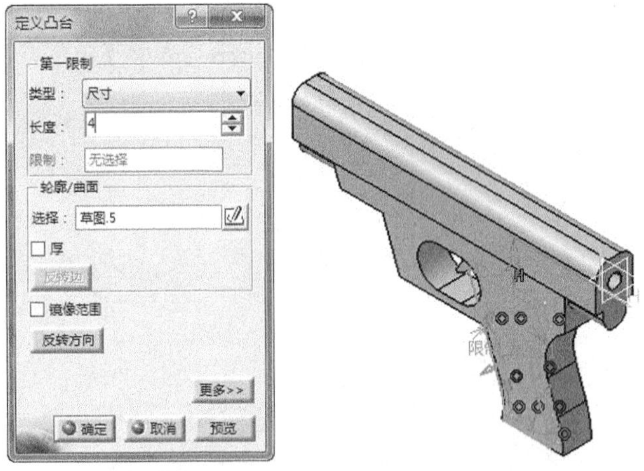

图9-34 创建凸台特征

12. 单击【修饰特征】工具栏上的【倒角】按钮，弹出【定义倒角】对话框，在【模式】下拉列表中选择【长度 1/角度】模式，设置倒角参数为 4，激活【要倒角的对象】选择框，选择如图 9-35 所示的实体边线，单击【确定】按钮，系统自动完成倒角特征，如图 9-35 所示。

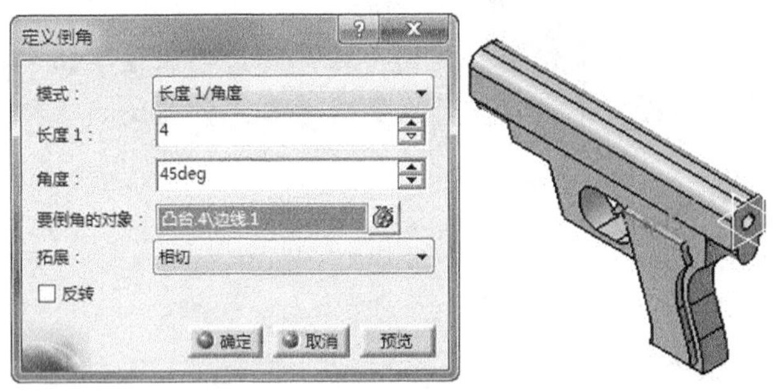

图9-35 创建倒角特征

13. 单击【操作】工具栏上的【倒圆角】按钮，弹出【倒圆角定义】对话框，选择如图 9-36 所示的边线，在【半径】文本框中输入半径值 4mm，单击【确定】按钮，系统自动完成圆角操作，如图 9-36 所示。

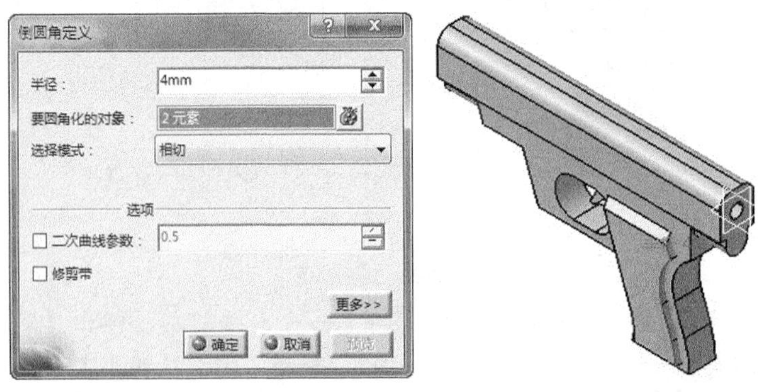

图9-36 创建倒圆角

14. 选择上一步凸台特征、倒角、倒圆角特征，单击【变换特征】工具栏上的

【镜像】按钮，选择 yz 平面作为镜像平面，单击【确定】按钮，系统自动完成镜像特征，如图 9-37 所示。

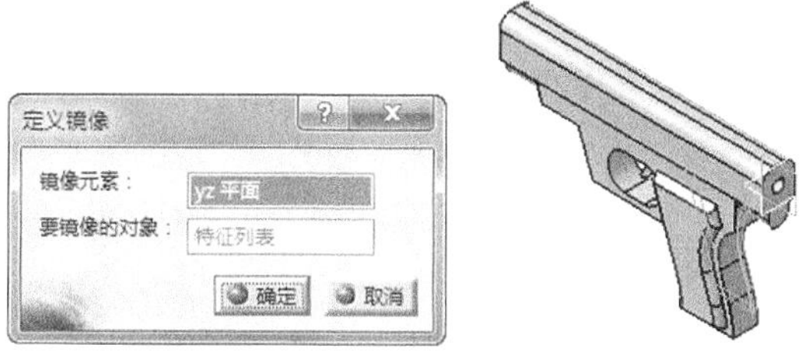

图9-37 创建镜像特征

15. 执行【开始】/【形状】/【创成式外形设计】命令，系统自动进入创成式外形设计工作台。
16. 单击【草图】按钮，在工作窗口选择草图平面为 yz 平面，绘制如图 9-38 所示的草图，单击【工作台】工具栏上的【退出工作台】按钮，完成草图绘制退出草图编辑器环境。

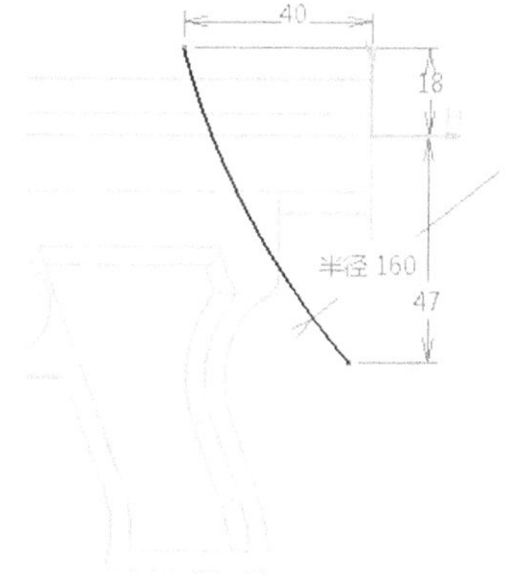

图9-38 绘制草图

17. 单击【曲面】工具栏上的【拉伸】按钮，弹出【拉伸曲面定义】对话框，选择上一步绘制的草图为拉伸截面，设置拉伸深度为 20，选中【镜像范围】复选框，单击【确定】按钮，系统自动完成拉伸曲面的创建，如图 9-39 所示。

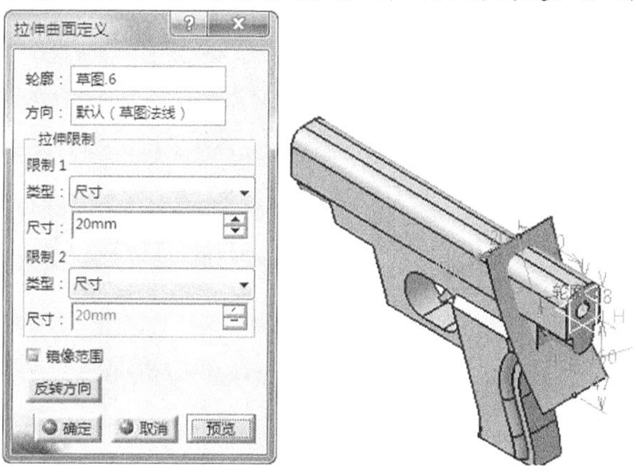

图9-39 创建拉伸曲面

18. 执行【开始】/【机械设计】/【零件设计】，进入【零件设计】工作台。
19. 单击【基于曲面的特征】工具栏上的【分割】按钮，弹出【定义分割】对话框，选择上一步绘制的拉伸曲面为分割曲面，单击【确定】按钮，系统创建分割实体特征，如图 9-40 所示。

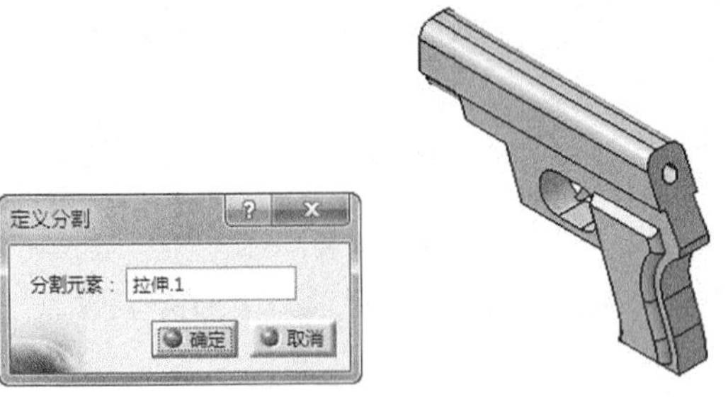

图9-40　创建曲面分割实体

20. 单击【草图】按钮，在工作窗口选择草图平面为 *yz* 平面，进入草图编辑器，绘制如图 9-41 所示的草图。单击【工作台】工具栏上的【退出工作台】按钮，完成草图绘制。

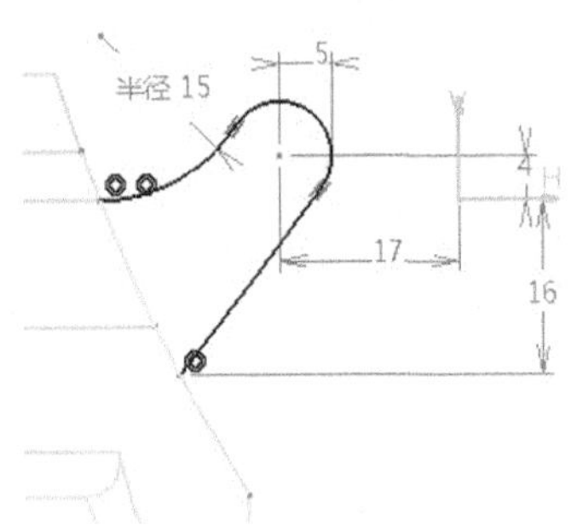

图9-41　绘制草图

21. 单击【基于草图的特征】工具栏上的【凸台】按钮，弹出【定义凸台】对话框，选择上一步所绘制的草图，拉伸深度 4mm，选中【镜像范围】复选框，单击【确定】按钮完成拉伸特征，如图 9-42 所示。

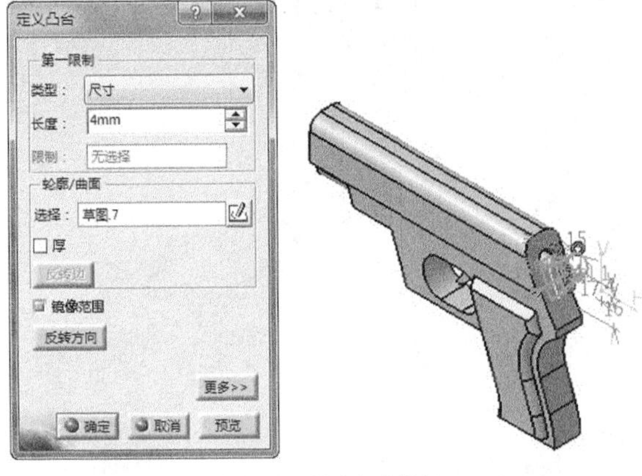

图9-42　创建凸台特征

9.1.3 圣诞帽设计

圣诞帽如图 9-43 所示，主要由帽体、帽顶、帽沿等 3 部分组成。

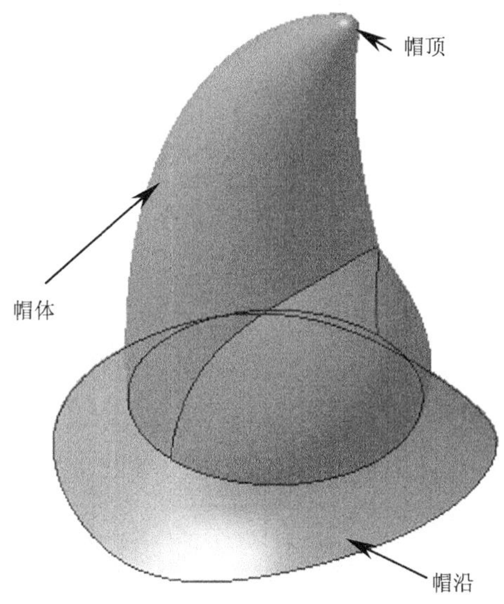

图9-43 帽子模型

结果文件 光盘\练习\Ch09\maozi.CATPart 

1. 在【标准】工具栏中单击【新建】按钮，在弹出的对话框中选择“part”，单击【确定】按钮新建一个零件文件；在菜单栏执行【开始】/【形状】/【创成式外形设计】命令，系统自动进入创成式外形设计工作台。
2. 单击【草图】按钮，在工作窗口选择草图平面为 *yz* 平面，进入草图编辑器，绘制如图 9-44 所示的草图。单击【工作台】工具栏上的【退出工作台】按钮，完成草图绘制。

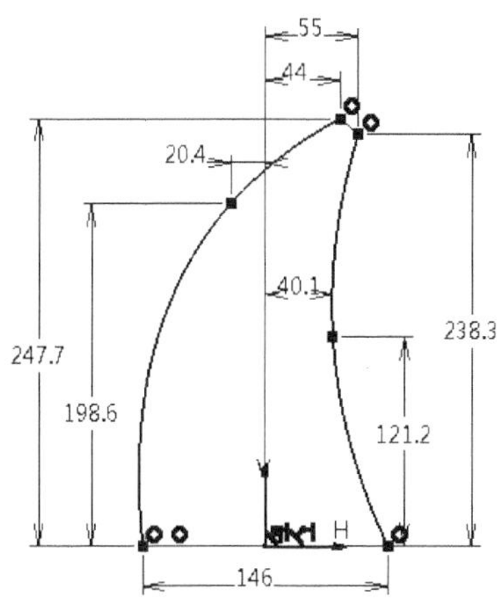

图9-44 绘制草图

3. 单击【草图】按钮，在工作窗口选择草图平面为 *xy* 平面，进入草图编辑器，绘制如图 9-45 所示的圆。单击【工作台】工具栏上的【退出工作台】按钮，完成草图绘制。

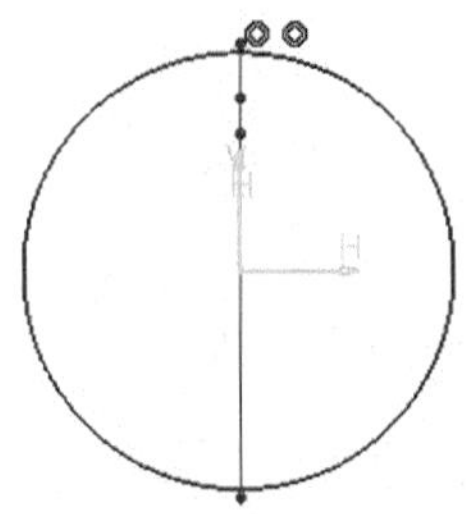

图9-45　绘制圆

4. 单击【曲面】工具栏上的【拉伸】按钮，弹出【拉伸曲面定义】对话框，选择样条线草图为拉伸截面，设置拉伸深度 10mm，单击【确定】按钮，系统自动完成拉伸曲面创建，如图 9-46 所示。

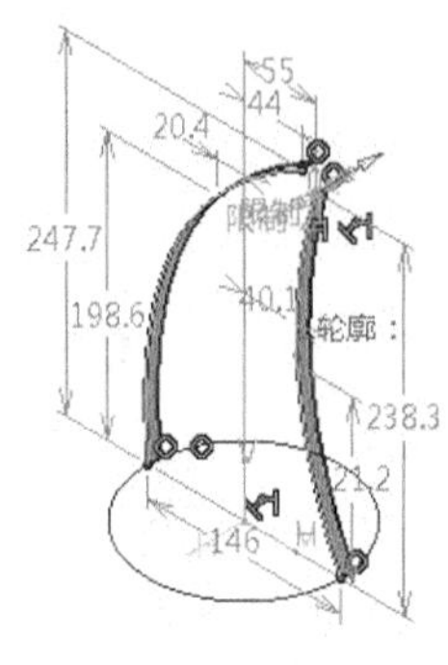

图9-46　创建拉伸曲面

5. 单击【参考元素】工具栏上的【平面】按钮，弹出【平面定义】对话框，在【平面类型】下拉列表中选择【通过三个点】选项，依次选择如图 9-47 所示的三个点，单击【确定】按钮，系统自动完成平面创建。

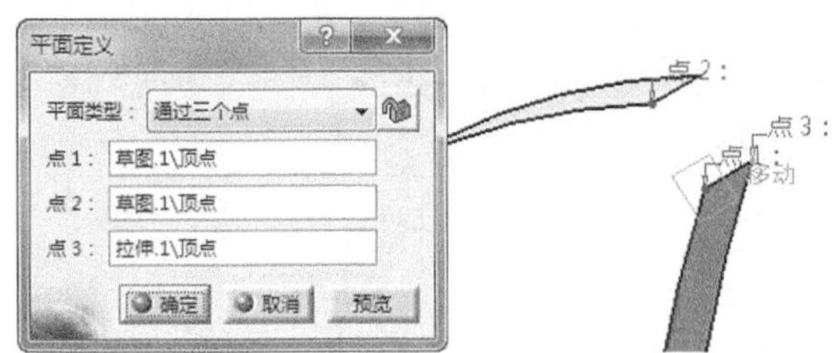

图9-47　创建平面

6. 选择上一步绘制的平面为草绘平面，单击【草图】按钮，进入草图编辑器，绘制如图 9-48 所示的圆。单击【工作台】工具栏上的【退出工作台】按钮，完成草图绘制。

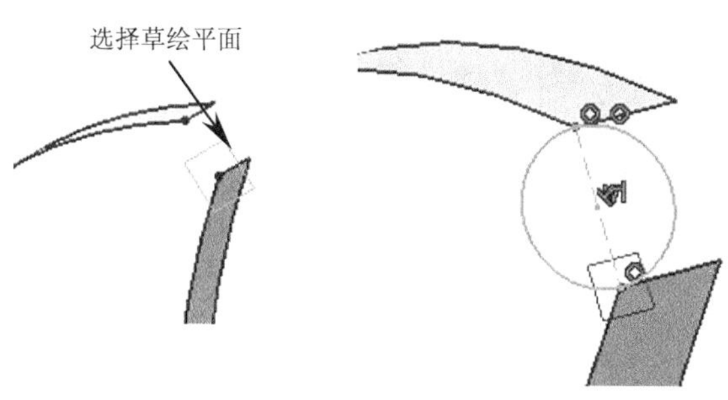

图9-48　绘制草图

7. 单击【操作】工具栏上的【接合】按钮，弹出【接合定义】对话框，选择拉伸曲面边线，单击【确定】按钮，系统自动完成接合操作，如图 9-49 所示。

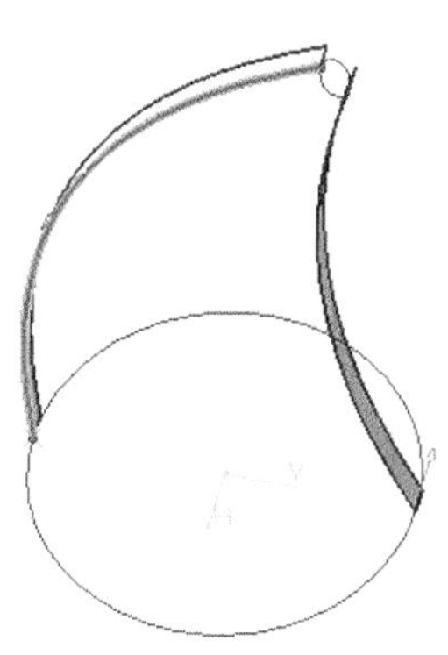

图9-49　创建接合

8. 单击【操作】工具栏上的【接合】按钮，弹出【接合定义】对话框，选择拉伸曲面边线，单击【确定】按钮，系统自动完成接合操作，如图 9-50 所示。

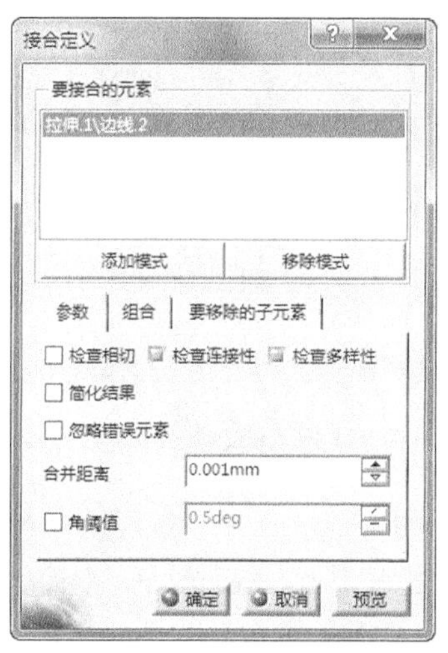

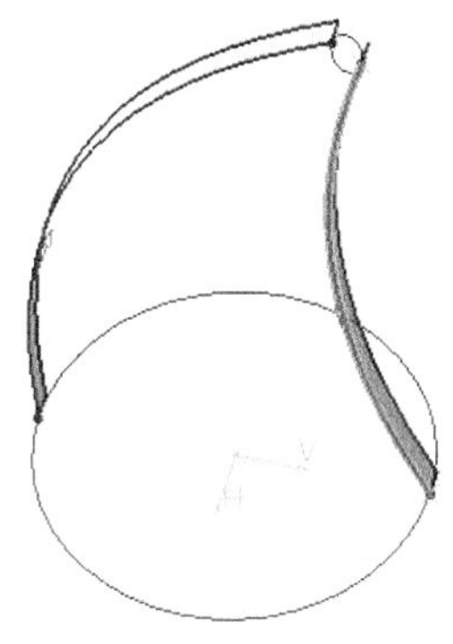

图9-50　创建接合

9. 单击【曲面】工具栏上的【多截面曲面】按钮，弹出【多截面曲面定义】对话框，依次选取两个草图为截面轮廓，选择上一步创建的两条接合曲线为引导线，单击【确定】按钮，系统自动完成多截面曲面创建，如图 9-51 所示。

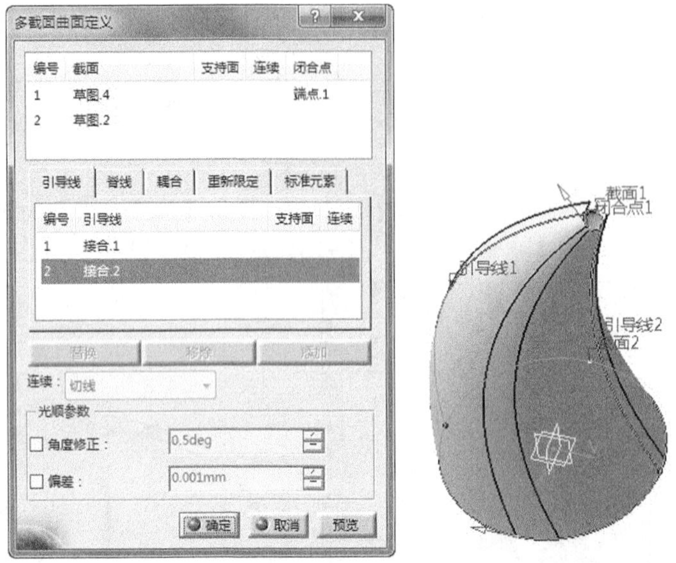

图9-51　创建多截面曲面

10. 单击【曲面】工具栏上的【填充】按钮，弹出【填充曲面定义】对话框，选择如图 9-52 所示的边界曲线，选择上一步所创建的曲面为支持面，单击【确定】按钮，系统自动完成填充曲面创建，如图 9-52 所示。

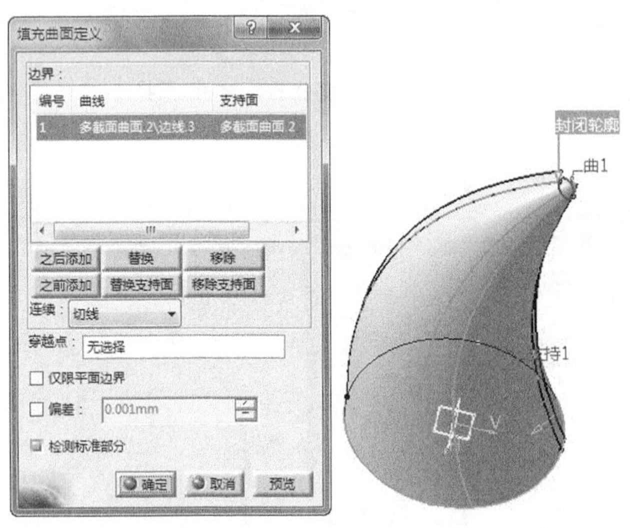

图9-52　创建填充曲面

11. 单击【草图】按钮，在工作窗口选择草图平面为 *yz* 平面，进入草图编辑器，绘制如图 9-53 所示的草图。单击【工作台】工具栏上的【退出工作台】按钮，完成草图绘制。

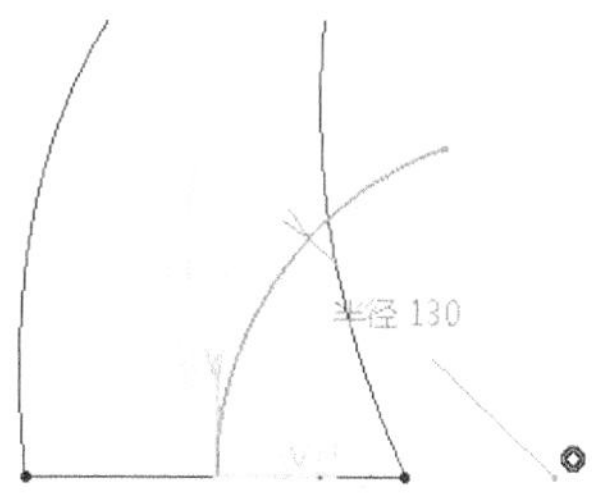

图9-53　绘制草图

12. 单击【曲面】工具栏上的【拉伸】按钮，弹出【拉伸曲面定义】对话框，选择上一步绘制的草图为拉伸截面，设置拉伸深度 100mm，选中【镜像范围】复选框，单击【确定】按钮，系统自动完成拉伸曲面创建，如图 9-54 所示。

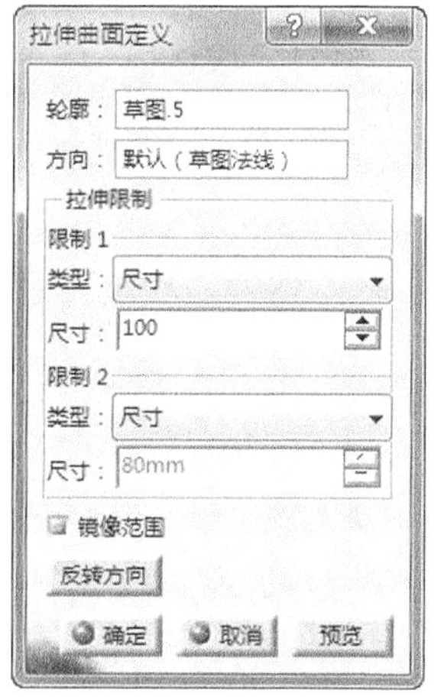

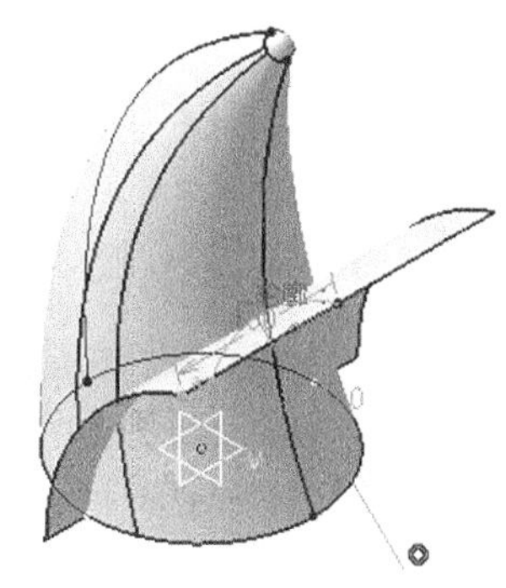

图9-54　创建拉伸曲面

13. 单击【操作】工具栏上的【分割】按钮，弹出【定义分割】对话框，选择多截面曲面为要切除的元素，然后选择上一步拉伸曲面为切除元素，单击【确定】按钮，系统自动完成分割操作，如图 9-55 所示。

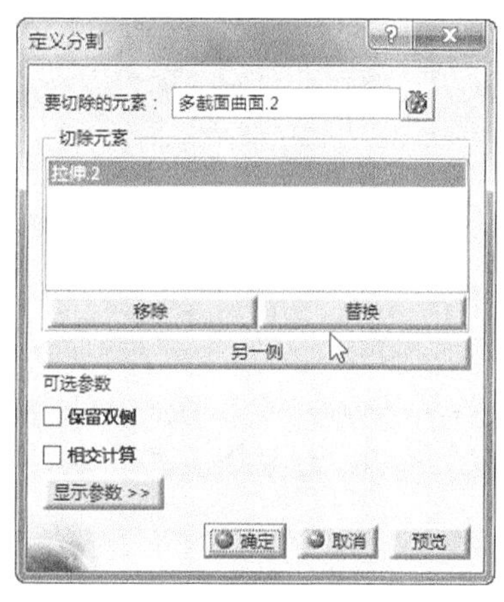

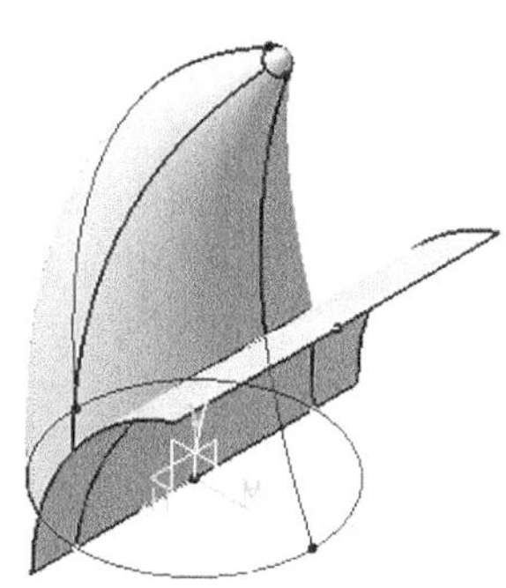

图9-55　创建分割

14. 单击【草图】按钮，在工作窗口选择草图平面为 *yz* 平面，进入草图编辑器，绘制如图 9-56 所示的圆弧。单击【工作台】工具栏上的【退出工作台】按钮，完成草图绘制。
15. 单击【草图】按钮，在工作窗口选择草图平面为 *xy* 平面，进入草图编辑器，绘制如图 9-57 所示的圆弧。单击【工作台】工具栏上的【退出工作台】按钮，完成草图绘制。

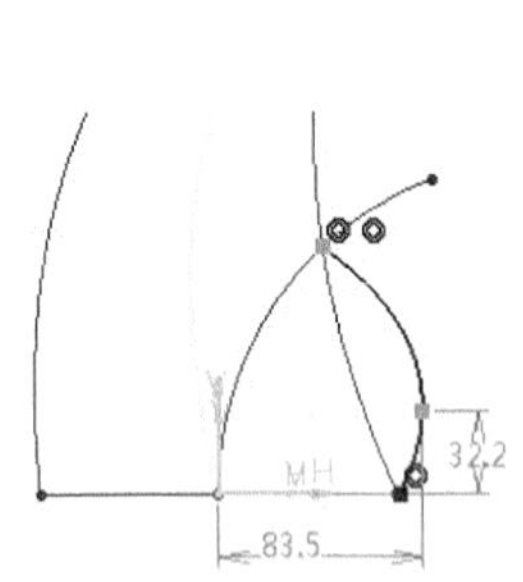

图9-56　绘制草图

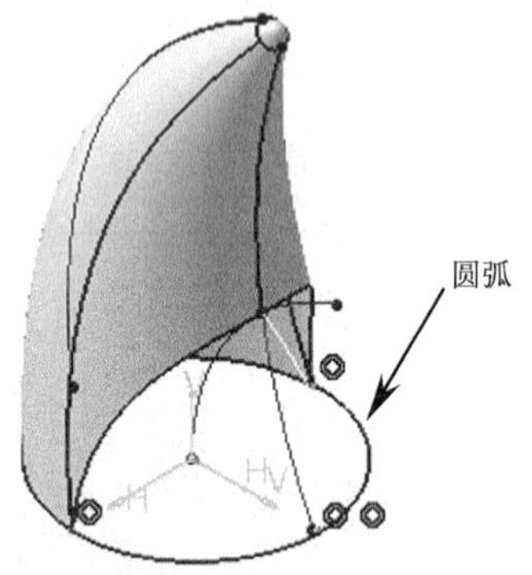

图9-57　绘制草图

16. 单击【曲面】工具栏上的【多截面曲面】按钮，弹出【多截面曲面定义】对话框，选择如图 9-58 所示的截面轮廓和引导线，单击【确定】按钮，系统自动完成多截面曲面创建，如图 9-58 所示。

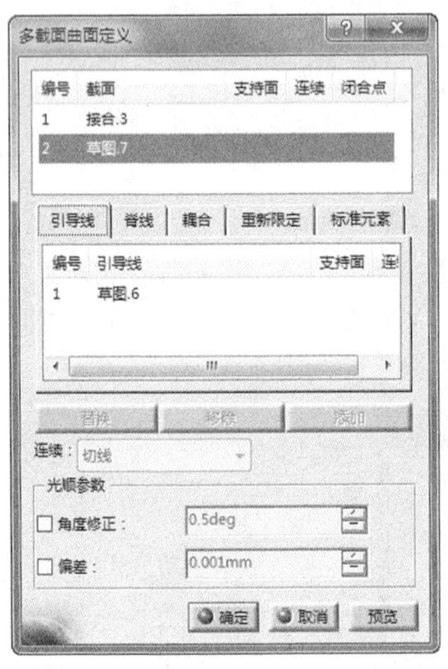

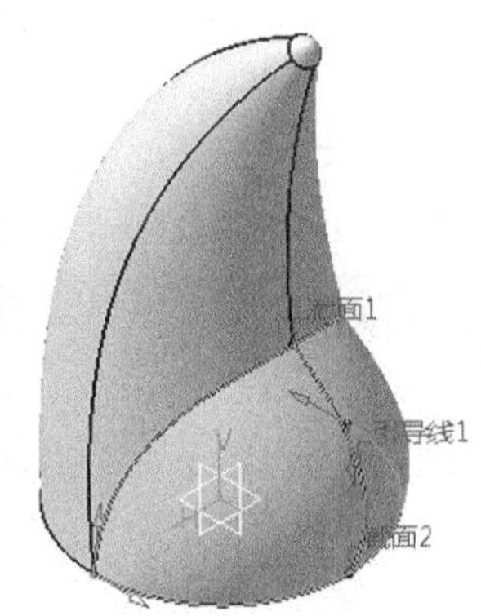

图9-58　创建多截面曲面

17. 单击【草图】按钮，在工作窗口选择草图平面为 *xy* 平面，进入草图编辑器，绘制如图 9-59 所示的圆。单击【工作台】工具栏上的【退出工作台】按钮，完成草图绘制。

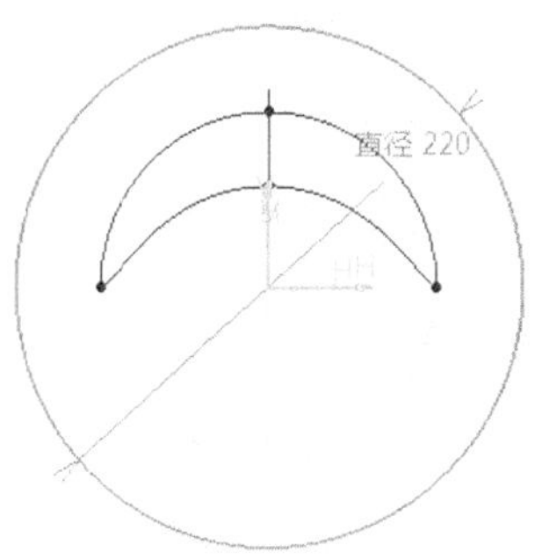

图9-59　绘制草图

18. 单击【曲面】工具栏上的【拉伸】按钮，弹出【拉伸曲面定义】对话框，选择上一步绘制的草图为拉伸截面，设置拉伸深度 50mm，选中【镜像范围】复选框，单击【确定】按钮，系统自动完成拉伸曲面创建，如图 9-60 所示。

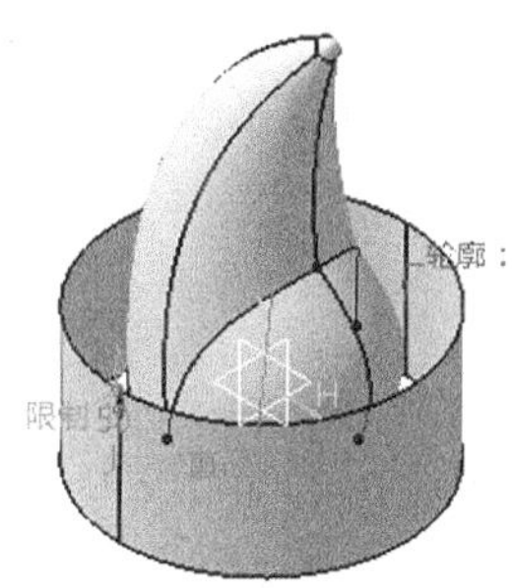

图9-60　创建拉伸曲面

19. 单击【参考元素】工具栏上的【平面】按钮，弹出【平面定义】对话框，在【平面类型】下拉列表中选择【偏移平面】选项，选择 *yz* 平面作为参考，在【偏移】文本框输入偏移距离 110，单击【确定】按钮，系统自动完成平面创建，如图 9-61 所示。

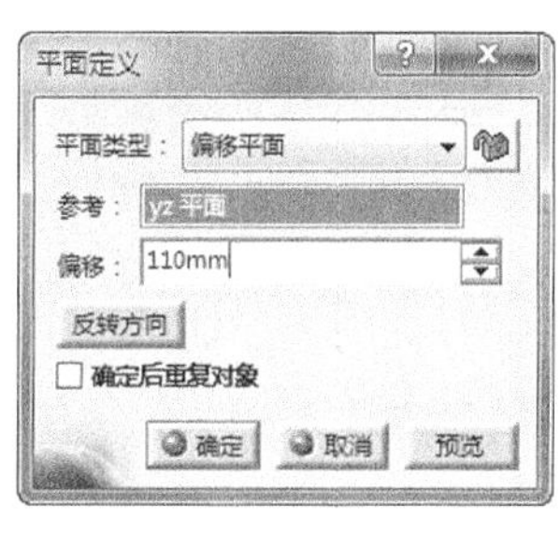

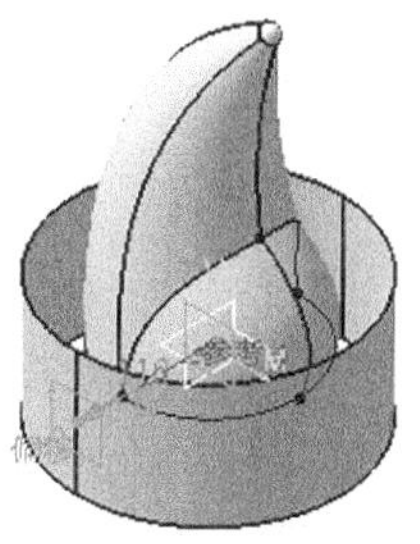

图9-61　创建偏移平面

20. 选择上一步创建的平面作为草绘平面，单击【草图】按钮，进入草图编辑器，绘制如图 9-62 所示的样条。单击【工作台】工具栏上的【退出工作台】按钮，完成草图绘制。

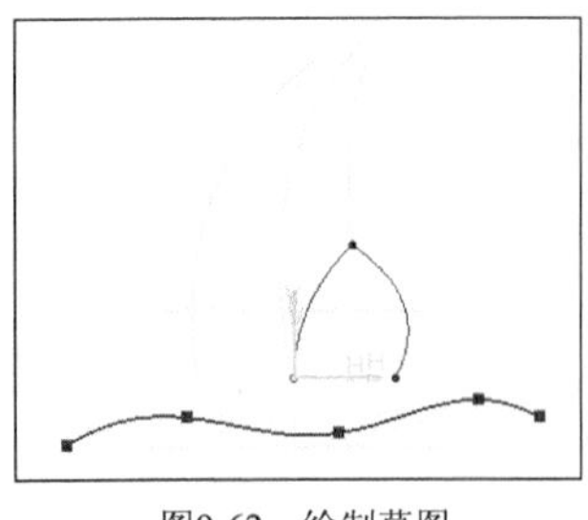

图9-62　绘制草图

21. 单击【曲面】工具栏上的【拉伸】按钮，弹出【拉伸曲面定义】对话框，选择上一步绘制的草图为拉伸截面，设置拉伸深度一侧为 250mm，一侧为 10mm，单击【确定】按钮，系统自动完成拉伸曲面创建，如图 9-63 所示。

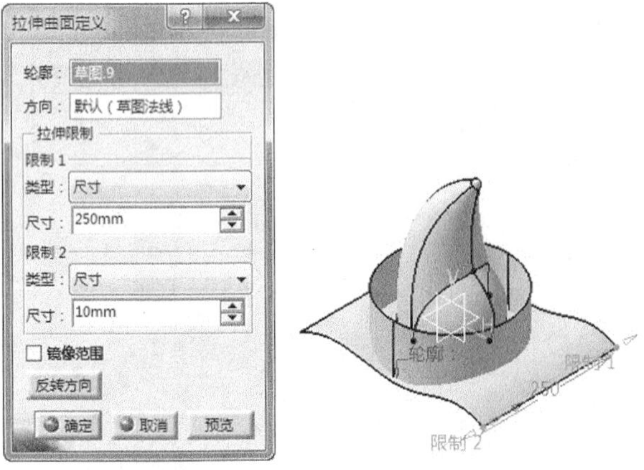

图9-63　创建拉伸曲面

22. 单击【操作】工具栏上的【分割】按钮，弹出【定义分割】对话框，选择要切除的元素和切除元素，单击【确定】按钮，系统自动完成分割操作，如图 9-64 所示。

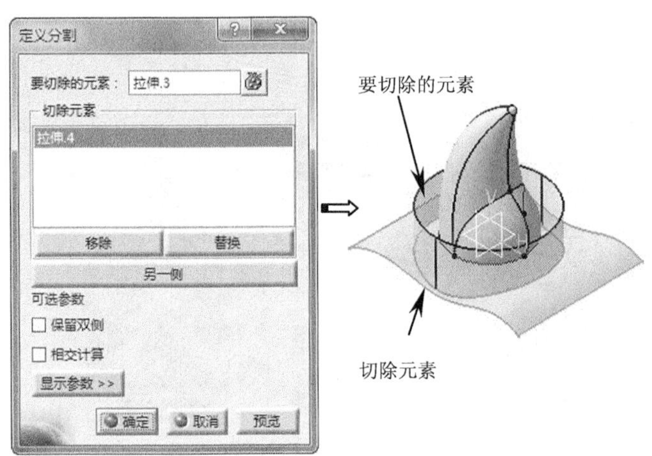

图9-64　创建分割

23. 单击【操作】工具栏上的【接合】按钮，弹出【接合定义】对话框，选择切除曲面的上边线，单击【确定】按钮，系统自动完成接合操作，如图 9-65 所示。

图9-65　创建接合

24. 单击【操作】工具栏上的【接合】按钮，弹出【接合定义】对话框，选择如图 9-66 所示曲面边线，单击【确定】按钮，系统自动完成接合操作。

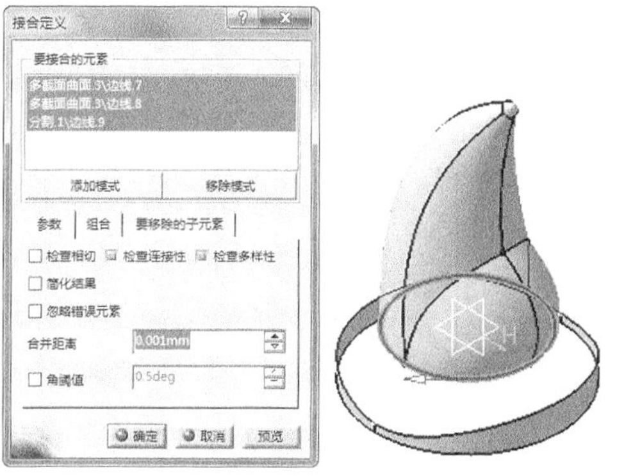

图9-66　创建接合

25. 单击【曲面】工具栏上的【多截面曲面】按钮，弹出【多截面曲面定义】对话框，选择上一步创建的 2 条接合曲线，单击【确定】按钮，系统自动完成多截面曲面创建，如图 9-67 所示。

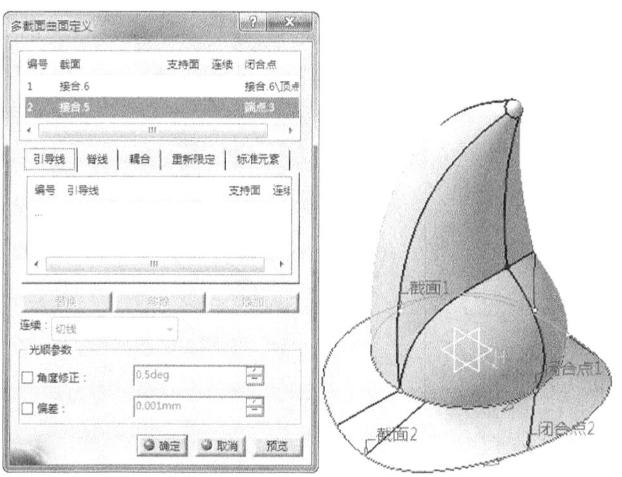

图9-67　创建多截面曲面

26. 单击【包络体】工具栏上的【厚曲面】按钮，弹出【定义厚曲面】对话框，选择帽顶曲面，设置加厚为 1mm，单击【确定】按钮，完成曲面加厚，如图 9-68 所示。
27. 重复步骤 26，依次选择其他曲面，分别进行加厚，结果如图 9-69 所示。

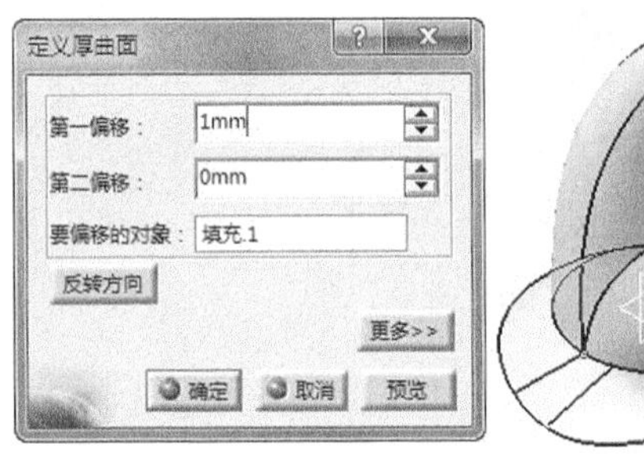

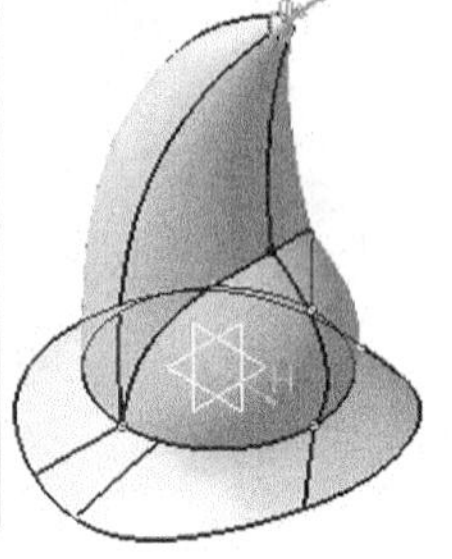

图9-68　创建加厚曲面

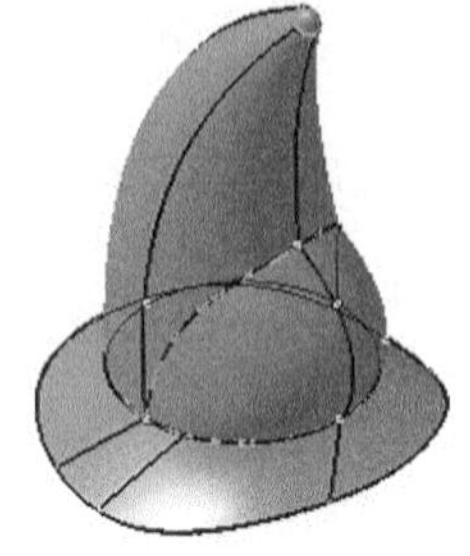

图9-69　加厚效果

9.2 日用品造型设计

在这一节中，讲述日用品（台灯、雨伞、电饭煲等）造型设计的方法和过程，通过学习可掌握日用品类零件曲面和实体混合造型的设计方法。

9.2.1 台灯设计

台灯模型如图 9-70 所示，主要由灯台、灯罩、装饰等组成。

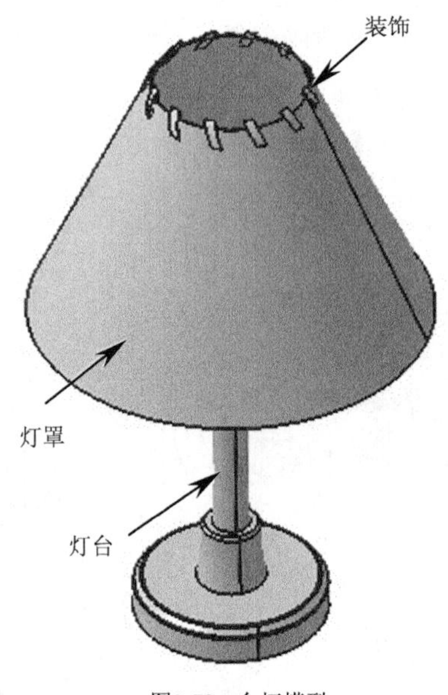

图9-70　台灯模型

结果文件　光盘\练习\Ch09\taideng.CATPart

1. 在【标准】工具栏中单击【新建】按钮，在弹出的对话框中选择“part”，单

击【确定】按钮新建一个零件文件；在菜单栏执行【开始】/【机械设计】/【零件设计】命令，进入【零件设计】工作台。

2. 单击【草图】按钮，在工作窗口选择草图平面为 yz 平面，进入草图编辑器。利用草绘工具绘制如图 9-71 所示的草图。单击【工作台】工具栏上的【退出工作台】按钮，完成草图绘制。

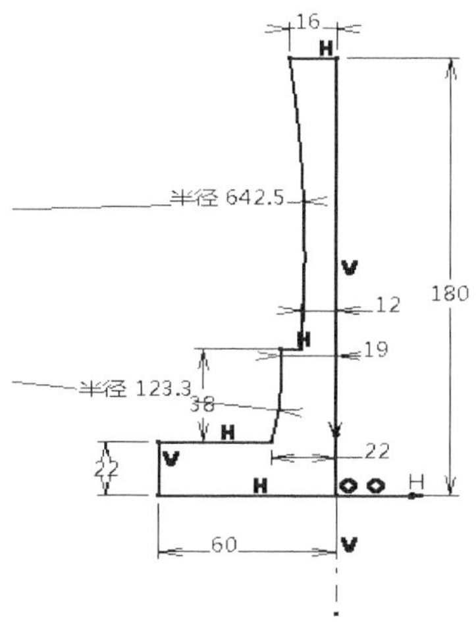

图9-71　绘制草图

3. 单击【基于草图的特征】工具栏上的【旋转体】按钮，选择旋转截面，弹出【定义旋转体】对话框，选择上一步绘制的草图为旋转槽截面，单击【确定】按钮，系统自动完成旋转体特征，如图 9-72 所示。

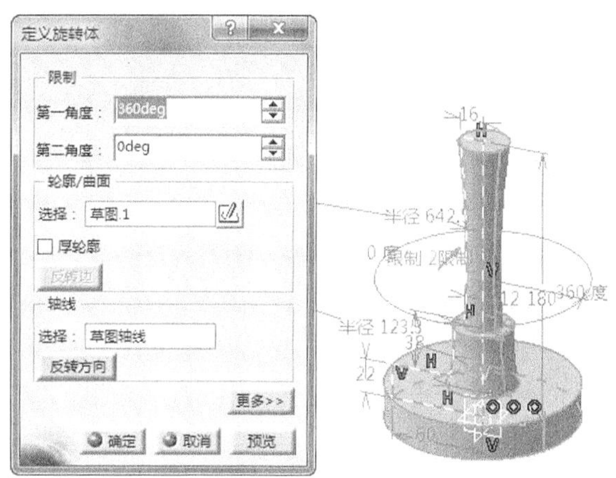

图9-72　创建旋转体特征

4. 单击【草图】按钮，在工作窗口选择草图平面为 yz 平面，进入草图编辑器。利用草绘工具绘制如图 9-73 所示的草图。单击【工作台】工具栏上的【退出工作台】按钮，完成草图绘制。

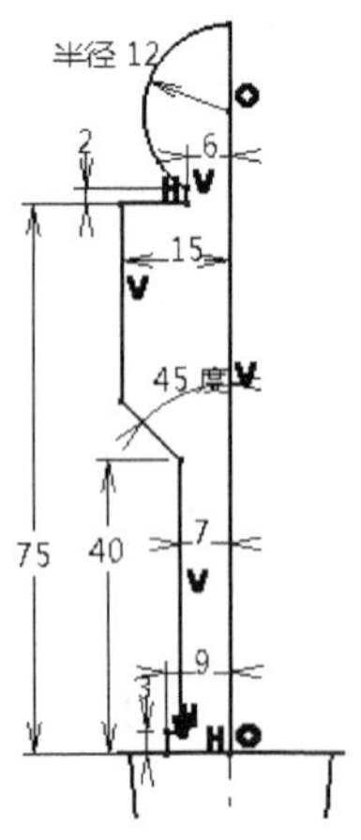

图9-73　绘制草图

5. 单击【基于草图的特征】工具栏上的【旋转体】按钮，选择旋转截面，弹出【定义旋转体】对话框，选择上一步绘制的草图为旋转槽截面，单击【确定】按钮，系统自动完成旋转体特征，如图 9-74 所示。

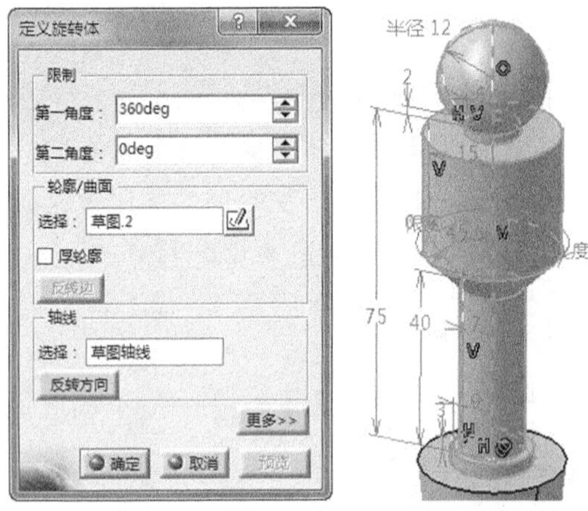

图9-74　创建旋转体特征

6. 单击【修饰特征】工具栏上的【倒角】按钮，弹出【定义倒角】对话框，激活【要倒角的对象】编辑框，选择如图 9-75 所示的边线，单击【确定】按钮，系统自动完成倒角特征。

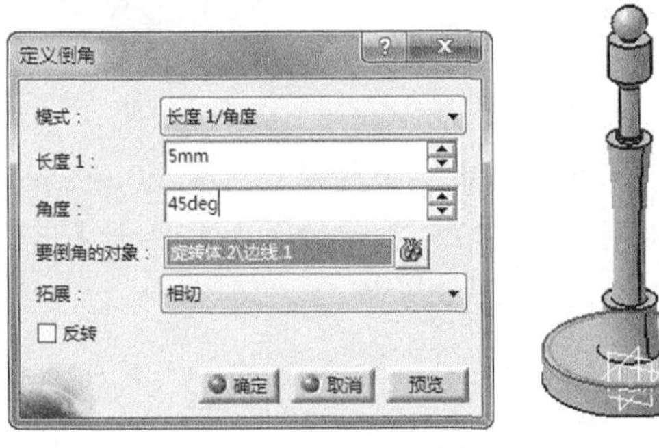

图9-75　创建倒角

7. 单击【修饰特征】工具栏上的【倒圆角】按钮，弹出【倒圆角定义】对话框，在【半径】文本框中输入圆角半径值 2mm，然后激活【要圆角化的对象】编辑框，选择如图 9-76 所示的边，单击【确定】按钮，系统自动完成圆角特征。

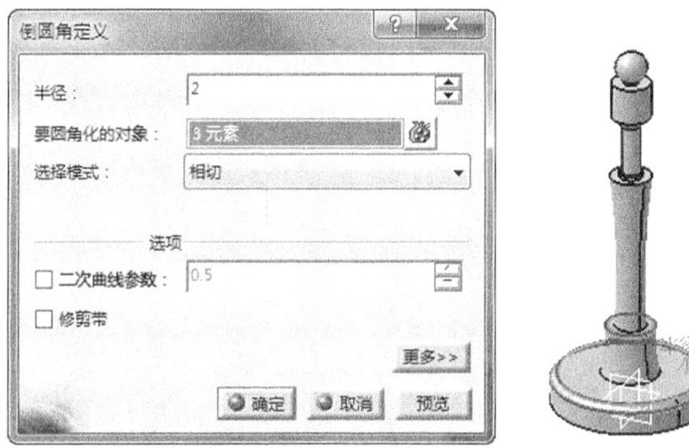

图9-76 创建倒圆角

8. 在菜单栏执行【开始】/【形状】/【创成式外形设计】命令，系统自动进入创成式外形设计工作台。
9. 单击【草图】按钮，在工作窗口选择草图平面为 *yz* 平面，进入草图编辑器。利用草绘工具绘制如图 9-77 所示的草图。单击【工作台】工具栏上的【退出工作台】按钮，完成草图绘制。
10. 单击【曲面】工具栏上的【旋转】按钮，弹出【旋转曲面定义】对话框，选择上一步所创建草图作为轮廓，设置旋转角度后单击【确定】按钮，系统自动完成旋转曲面创建，如图 9-78 所示。

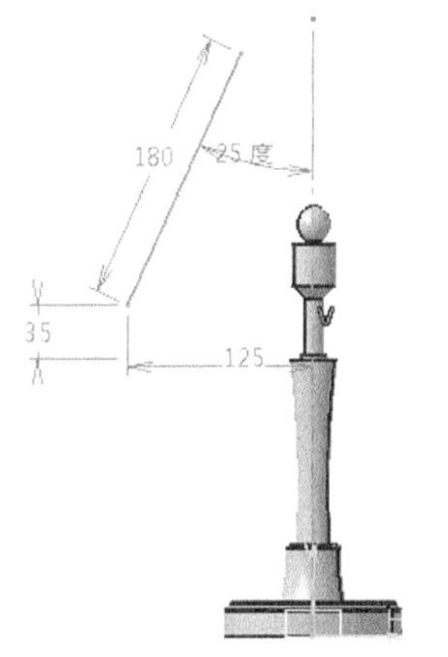

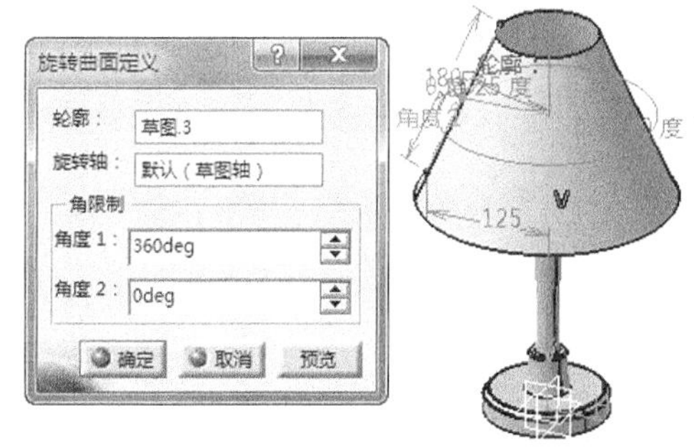

图9-77 绘制草图

图9-78 创建旋转曲面

11. 单击【草图】按钮，在工作窗口选择草图平面为 *zx* 平面，进入草图编辑器。利用草绘工具绘制如图 9-79 所示的草图。单击【工作台】工具栏上的【退出工作台】按钮，完成草图绘制。

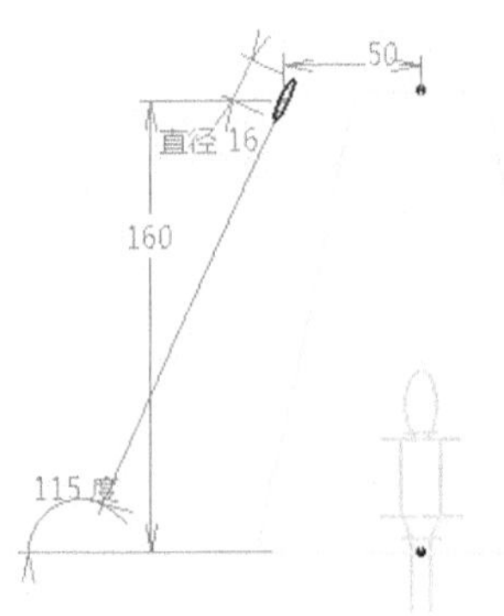

图9-79　绘制草图

12. 单击【曲面】工具栏上的【拉伸】按钮，弹出【拉伸曲面定义】对话框，选择上一步绘制的草图为拉伸截面，设置拉伸深度 15mm，选中【镜像范围】复选框，单击【确定】按钮，系统自动完成拉伸曲面创建，如图 9-80 所示。

图9-80　创建拉伸曲面

13. 单击【草图】按钮，在工作窗口选择草图平面为 *yz* 平面，进入草图编辑器。利用草绘工具绘制如图 9-81 所示的草图。单击【工作台】工具栏上的【退出工作台】按钮，完成草图绘制。

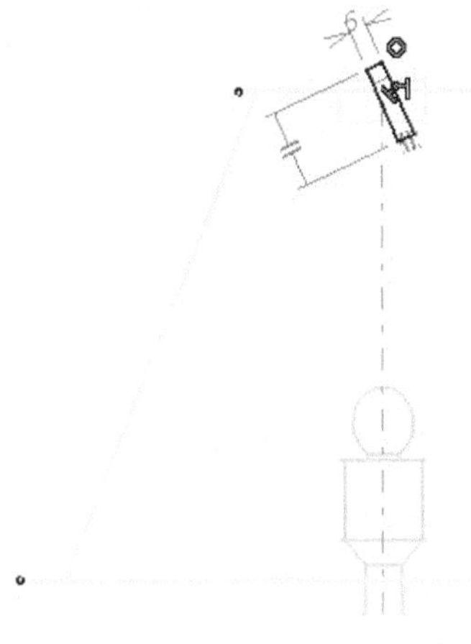

图9-81　绘制草图

14. 单击【曲面】工具栏上的【拉伸】按钮，弹出【拉伸曲面定义】对话框，选择上一步绘制的草图为拉伸截面，设置拉伸深度 80mm，单击【确定】按钮，系统自动完成拉伸曲面创建，如图 9-82 所示。

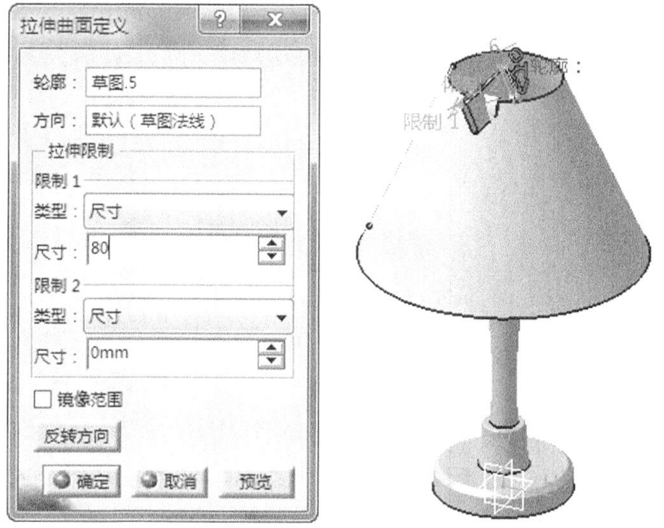

图9-82　创建拉伸曲面

15. 单击【操作】工具栏上的【分割】按钮，弹出【定义分割】对话框，选择如图 9-83 所示要分割曲面和切除元素，单击【确定】按钮，系统自动完成分割操作。

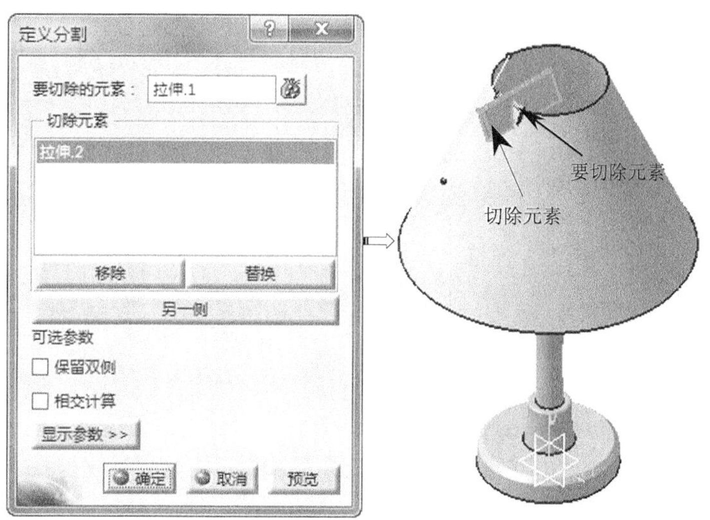

图9-83　创建分割

16. 选择要分割后曲面为阵列对象，单击【变换特征】工具栏上的【圆形阵列】按钮，弹出【定义圆形阵列】对话框，在【轴向参考】选项卡中设置阵列参数，选择旋转曲面线作为阵列方向，单击【确定】按钮，完成圆周阵列特征，如图 9-84 所示。

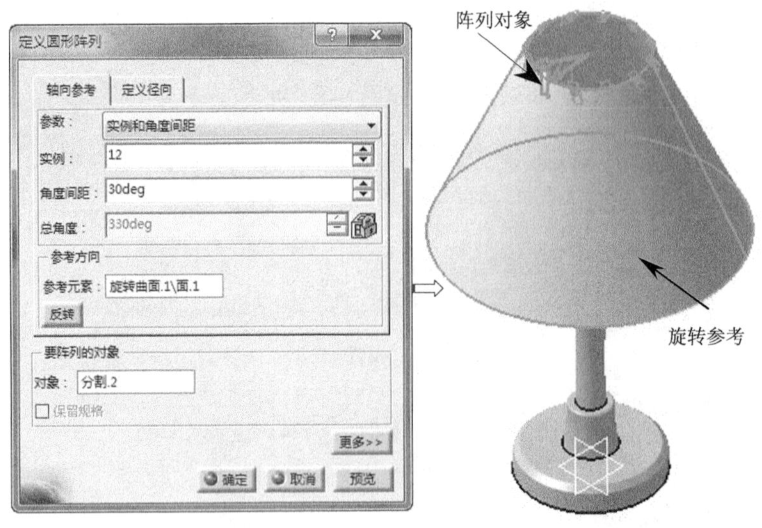

图9-84　创建圆形阵列

17. 在菜单栏执行【开始】/【机械设计】/【零件设计】命令，进入【零件设计】工作台。

18. 单击【基于曲面的特征】工具栏上的【厚曲面】按钮，弹出【定义后曲面】对话框，选择灯罩曲面，在【偏移】文本框中输入加厚值 1mm，单击【确定】按钮，系统创建曲面加厚实体特征，如图 9-85 所示。

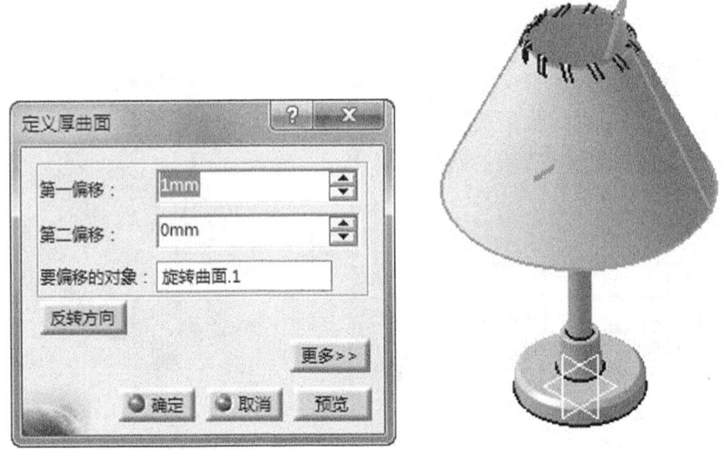

图9-85　创建厚曲面

19. 单击【草图】按钮，在工作窗口选择草图平面为 *yz* 平面，进入草图编辑器。利用草绘工具绘制如图 9-86 所示的草图。单击【工作台】工具栏上的【退出工作台】按钮，完成草图绘制。

20. 单击【草图】按钮，在工作窗口选择草图平面为 *zx* 平面，进入草图编辑器。利用草绘工具绘制如图 9-87 所示的圆。单击【工作台】工具栏上的【退出工作台】按钮，完成草图绘制。

图9-86　绘制草图　　　　图9-87　绘制草图

21. 单击【基于草图的特征】工具栏上的【肋】按钮，弹出【定义肋】对话框，选择如图 9-88 所示的轮廓和中心曲线，单击【确定】按钮，系统创建肋特征。

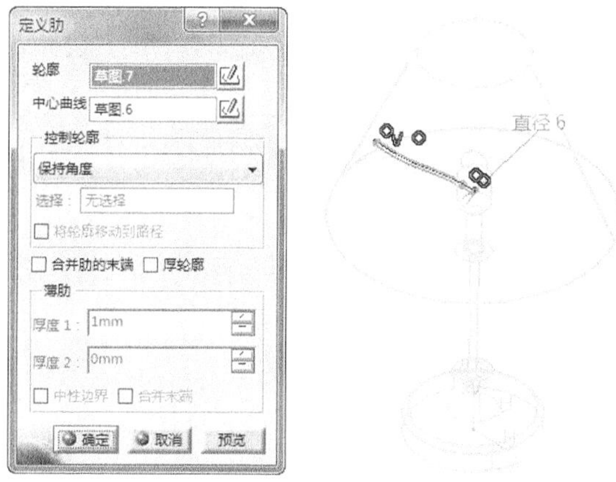

图9-88　创建肋特征

22. 选择上一步创建肋实体特征，单击【变换特征】工具栏上的【圆形阵列】按钮，弹出【定义圆形阵列】对话框，在【轴向参考】选项卡中设置阵列参数，选择灯罩旋转体表面作为阵列方向，单击【确定】按钮，完成圆周阵列特征，如图 9-89 所示。

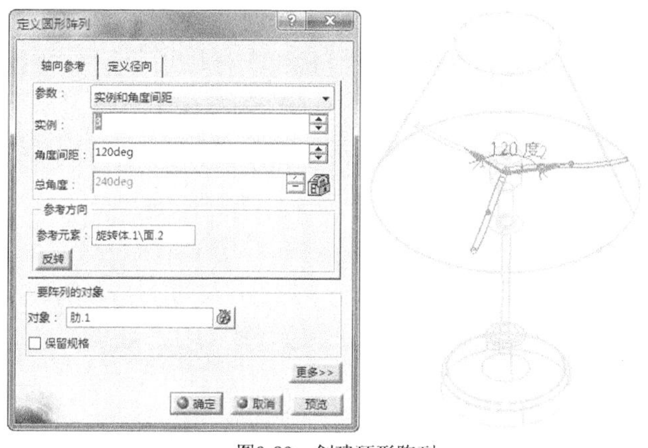

图9-89　创建环形阵列

9.2.2　雨伞设计

雨伞模型如图 9-90 所示，主要由伞面和伞柄组成。

图9-90　雨伞模型

结果文件　光盘\练习\Ch09\yusan.CATPart

1. 在【标准】工具栏中单击【新建】按钮，在弹出的对话框中选择“part”，单击【确定】按钮新建一个零件文件；在菜单栏执行【开始】/【形状】/【创成式外形设计】命令，系统自动进入创成式外形设计工作台。
2. 单击【草图】按钮，在工作窗口选择草图平面为 *yz* 平面，进入草图编辑器。利用草图工具绘制如图 9-91 所示的草图。单击【工作台】工具栏上的【退出工作台】按钮，完成草图绘制。

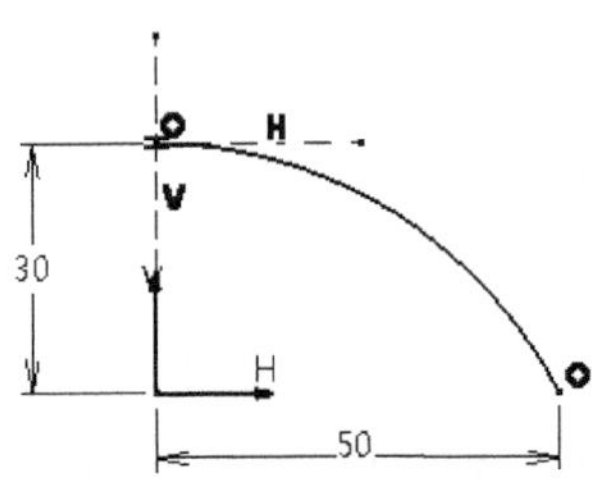

图9-91　绘制草图

3. 单击【曲面】工具栏上的【旋转】按钮，弹出【旋转曲面定义】对话框，选择上一步创建的草图，设置旋转角度后单击【确定】按钮，系统自动完成旋转曲面创建，如图 9-92 所示。

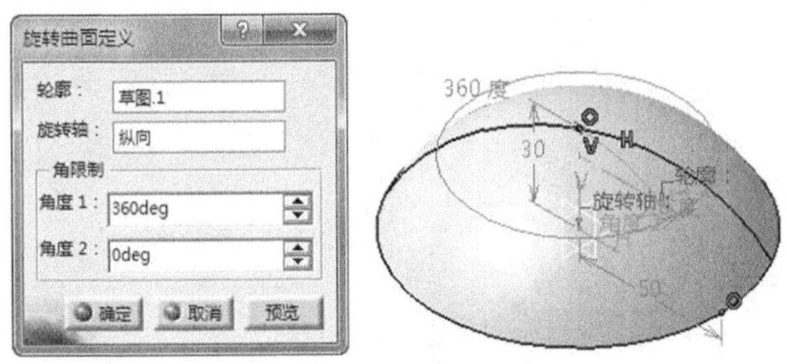

图9-92　创建旋转曲面

4. 单击【草图】按钮，在工作窗口选择草图平面为 *xy* 平面，进入草图编辑器。利用草图工具绘制如图 9-93 所示的草图。单击【工作台】工具栏上的【退出工作台】按钮，完成草图绘制。

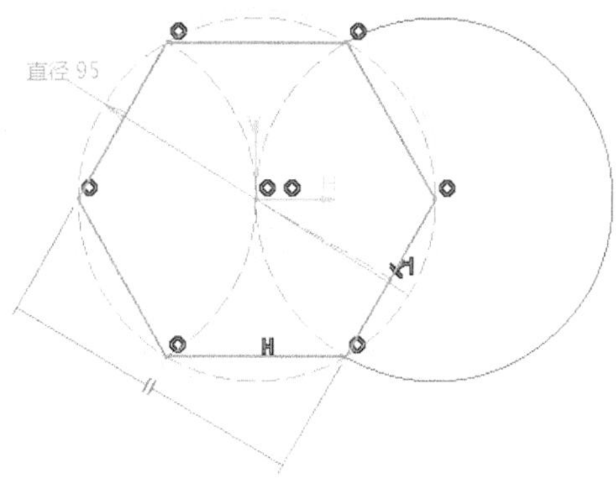

图9-93 绘制草图

5. 单击【草图】按钮，在工作窗口选择草图平面为 *yz* 平面，进入草图编辑器。利用草图工具绘制如图 9-94 所示的草图。单击【工作台】工具栏上的【退出工作台】按钮，完成草图绘制。

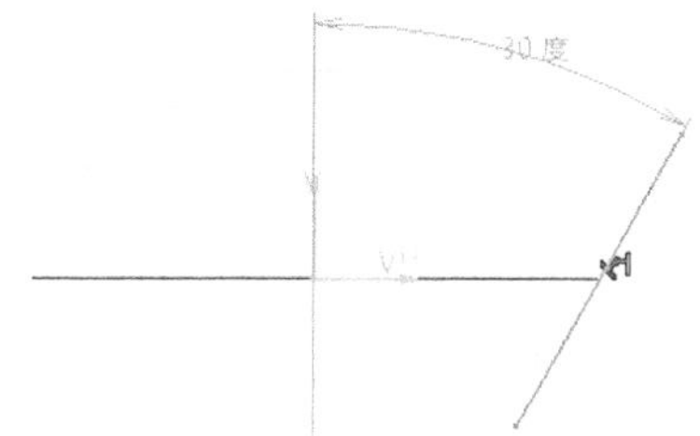

图9-94 绘制草图

6. 单击【曲面】工具栏上的【扫掠】按钮，弹出【扫掠曲面定义】对话框，在【轮廓类型】选择【显式】图标，在【子类型】下拉列表中选择【使用参考曲面】选项，选择如图 9-95 所示的轮廓和引导曲线，单击【确定】按钮，系统自动完成扫掠曲面创建。

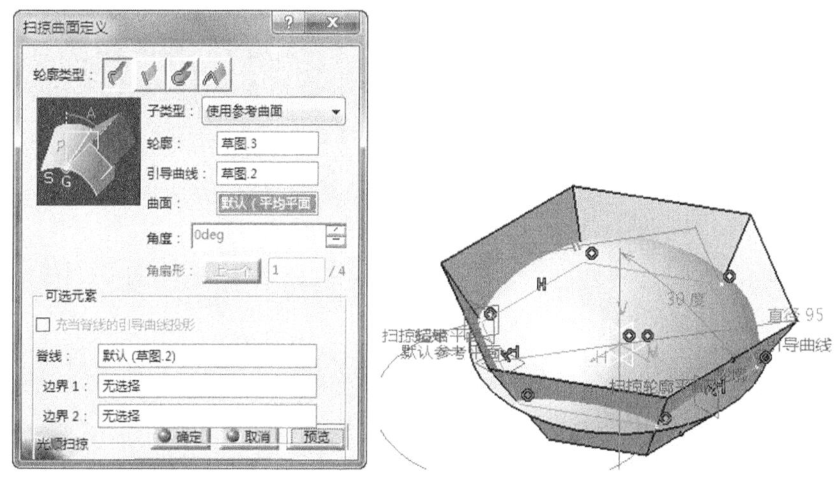

图9-95 创建扫掠曲面

7. 单击【操作】工具栏上的【分割】按钮，弹出【定义分割】对话框，选择如图 9-96 所示要分割曲面和切除元素，单击【确定】按钮，系统自动完成分割操作。

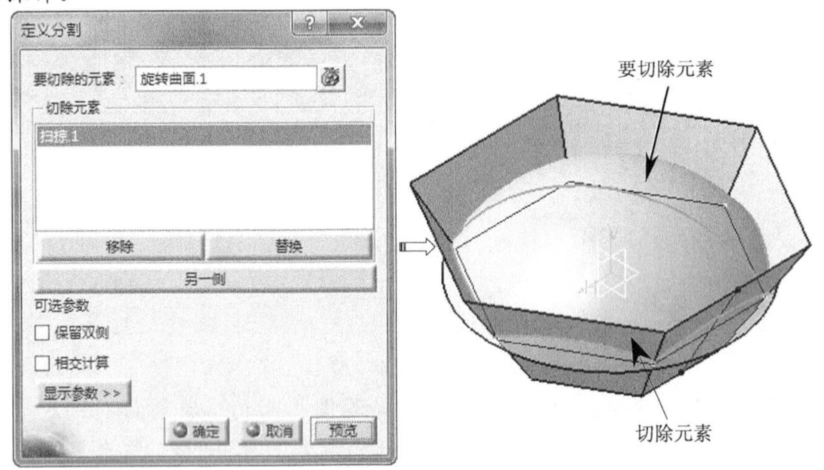

图9-96　创建分割

8. 在菜单栏执行【开始】/【机械设计】/【零件设计】命令，进入【零件设计】工作台。
9. 单击【草图】按钮，在工作窗口选择草图平面为 *zx* 平面，进入草图编辑器。利用草图工具绘制如图 9-97 所示的草图。单击【工作台】工具栏上的【退出工作台】按钮，完成草图绘制。

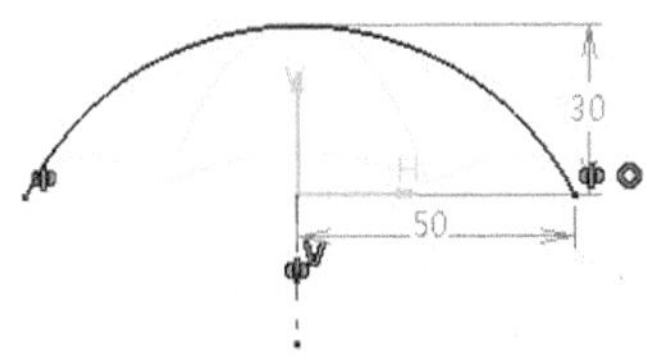

图9-97　绘制草图

10. 单击【参考元素】工具栏上的【平面】按钮，弹出【平面定义】对话框，在【平面类型】下拉列表中选择【曲线的法线】选项，选择上一步绘制的草图曲线和端点，单击【确定】按钮，系统自动完成平面创建，如图 9-98 所示。

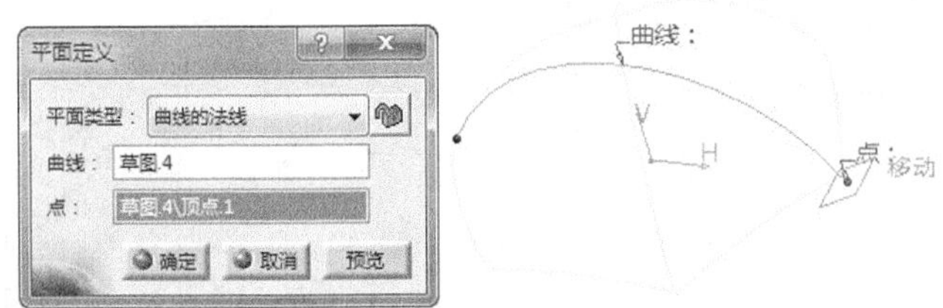

图9-98　创建平面

11. 选择上一步创建的平面为草绘平面，单击【草图】按钮，进入草图编辑器。利用草图工具绘制如图 9-99 所示的草图。单击【工作台】工具栏上的

【退出工作台】按钮，完成草图绘制。

图9-99 绘制圆

12. 单击【基于草图的特征】工具栏上的【肋】按钮，弹出【定义肋】对话框，选择如图 9-100 所示的轮廓和中心曲线，单击【确定】按钮，系统创建肋特征。

图9-100 创建肋特征

13. 单击【修饰特征】工具栏上的【倒圆角】按钮，弹出【倒圆角定义】对话框，在【半径】文本框中输入圆角半径值 0.75mm，然后激活【要圆角化的对象】编辑框，选择如图 9-101 所示的边，单击【确定】按钮，系统自动完成圆角特征。

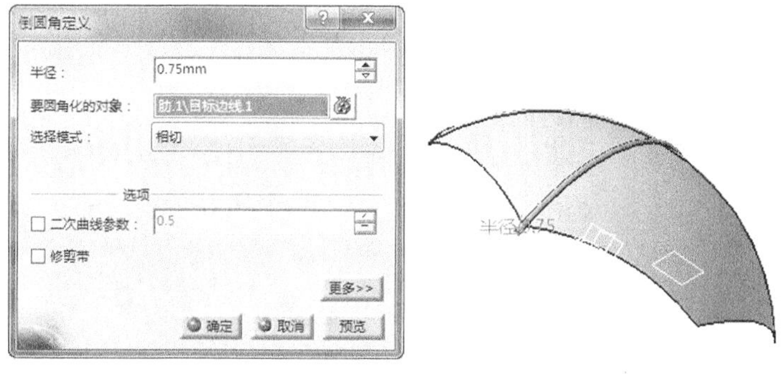

图9-101 创建倒圆角

14. 单击【修饰特征】工具栏上的【倒圆角】按钮，弹出【倒圆角定义】对话框，在【半径】文本框中输入圆角半径值 0.75mm，然后激活【要圆角化的对象】编辑框，选择如图 9-102 所示的边，单击【确定】按钮，系统自动完成圆角特征。

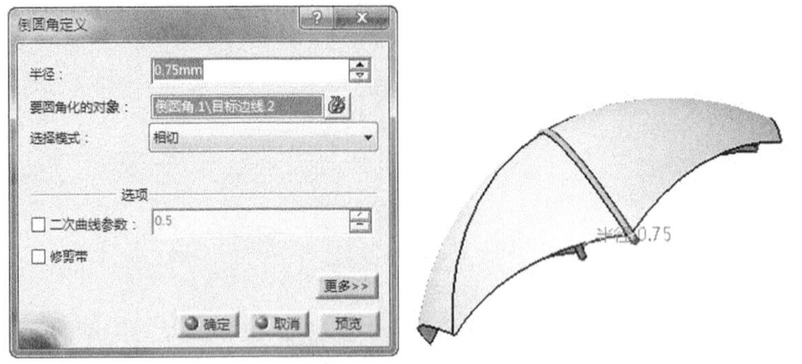

图9-102　创建倒圆角

15. 选择上一步创建肋、圆角特征，单击【变换特征】工具栏上的【圆形阵列】按钮，弹出【定义圆形阵列】对话框，在【轴向参考】选项卡中设置阵列参数，选择伞面作为阵列方向，单击【确定】按钮，完成圆周阵列特征，如图 9-103 所示。

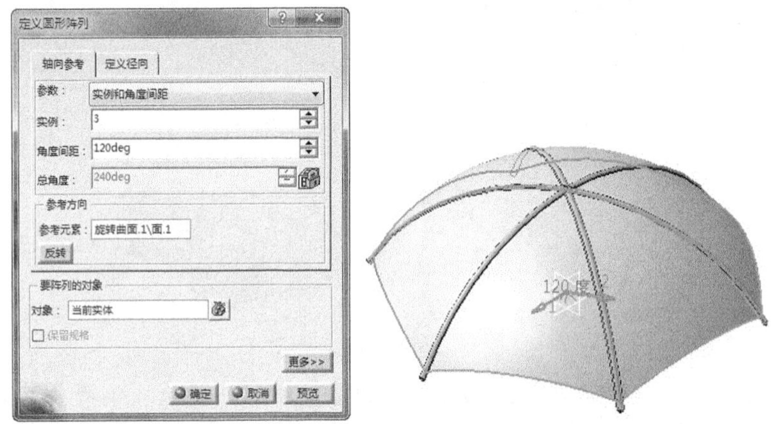

图9-103　创建圆形阵列

16. 单击【基于曲面的特征】工具栏上的【厚曲面】按钮，弹出【定义后曲面】对话框，选择伞面曲面，在【偏移】文本框中输入加厚值 0.2，单击【确定】按钮，系统创建曲面加厚实体特征，如图 9-104 所示。

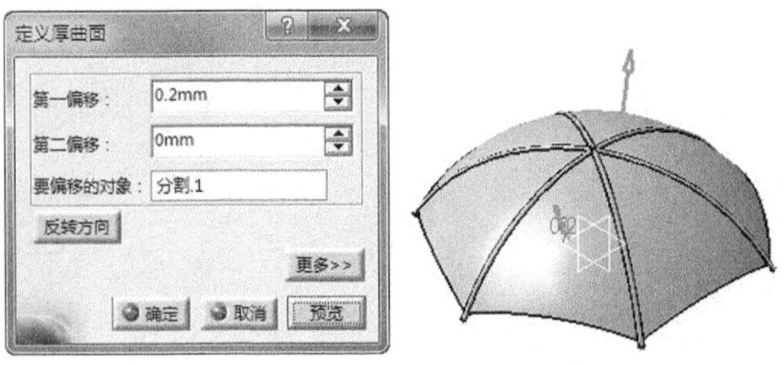

图9-104　创建曲面加厚

17. 单击【草图】按钮，在工作窗口选择草图平面为 yz 平面，进入草图编辑器。利用草图工具绘制如图 9-105 所示的草图。单击【工作台】工具栏上的【退出工作台】按钮，完成草图绘制。

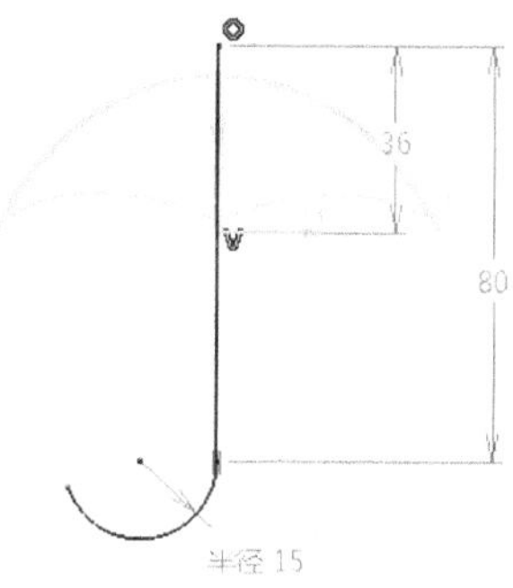

图9-105 绘制草图

18. 单击【参考元素】工具栏上的【平面】按钮，弹出【平面定义】对话框，在【平面类型】下拉列表中选择【曲线的法线】选项，选择上一步绘制的草图曲线和端点，单击【确定】按钮，系统自动完成平面创建，如图 9-106 所示。

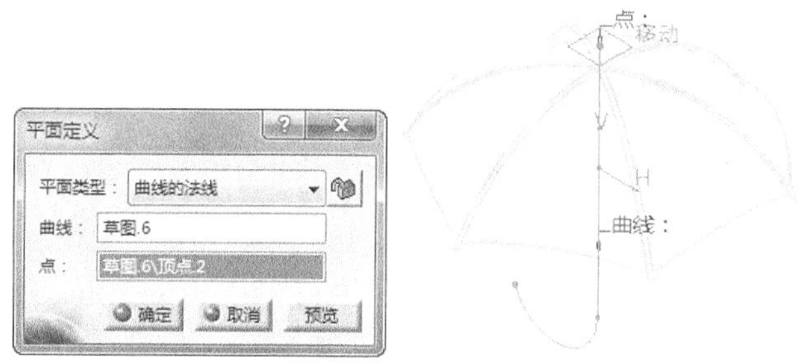

图9-106 创建平面

19. 选择上一步创建的平面为草绘平面，单击【草图】按钮，进入草图编辑器。利用草图工具绘制如图 9-107 所示的草图。单击【工作台】工具栏上的【退出工作台】按钮，完成草图绘制。

图9-107 绘制草图圆

20. 单击【基于草图的特征】工具栏上的【肋】按钮，弹出【定义肋】对话话

框，选择如图 9-108 所示的轮廓和中心曲线，单击【确定】按钮，系统创建肋特征。

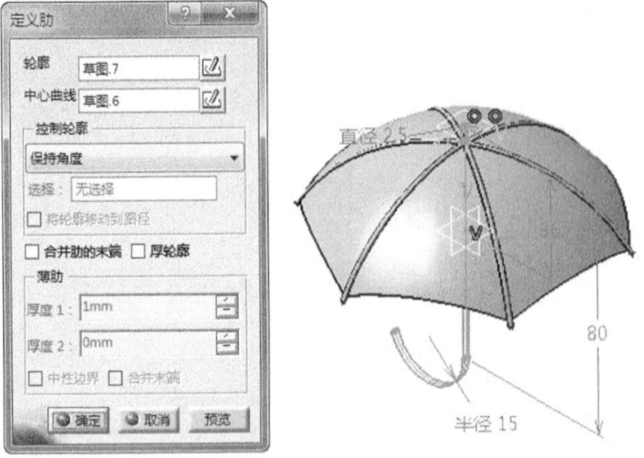

图9-108　创建肋特征

21. 单击【修饰特征】工具栏上的【倒圆角】按钮，弹出【倒圆角定义】对话框，在【半径】文本框中输入圆角半径值 1.25mm，然后激活【要圆角化的对象】编辑框，选择如图 9-109 所示的边，单击【确定】按钮，系统自动完成圆角特征。

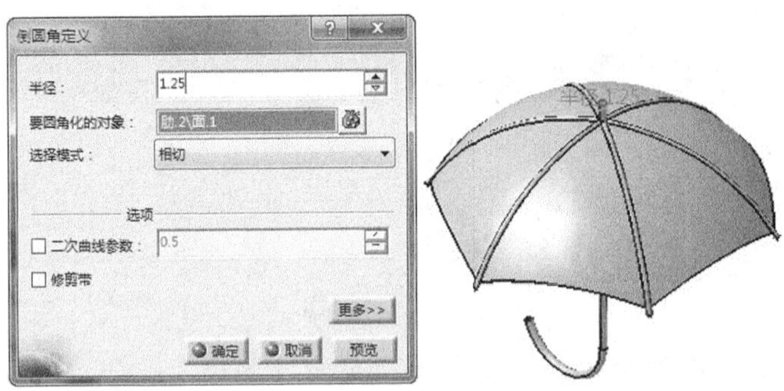

图9-109　创建倒圆角

22. 单击【修饰特征】工具栏上的【倒圆角】按钮，弹出【倒圆角定义】对话框，在【半径】文本框中输入圆角半径值 1.25mm，然后激活【要圆角化的对象】编辑框，选择如图 9-110 所示的边，单击【确定】按钮，系统自动完成圆角特征。

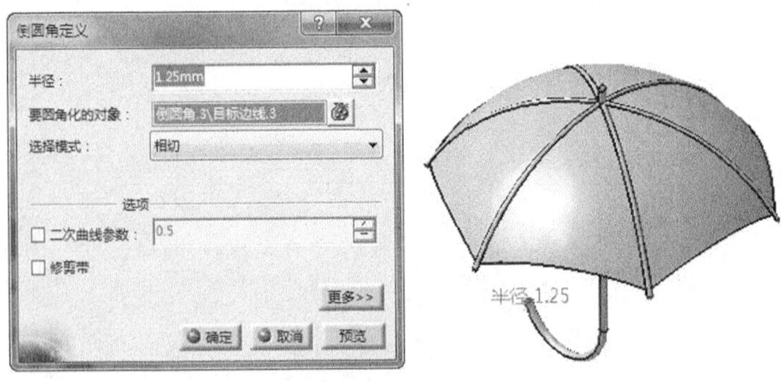

图9-110　创建倒圆角

9.2.3 电饭煲设计

电饭煲模型如图 9-111 所示，主要由基体、盖子、提手、电源插座等组成。

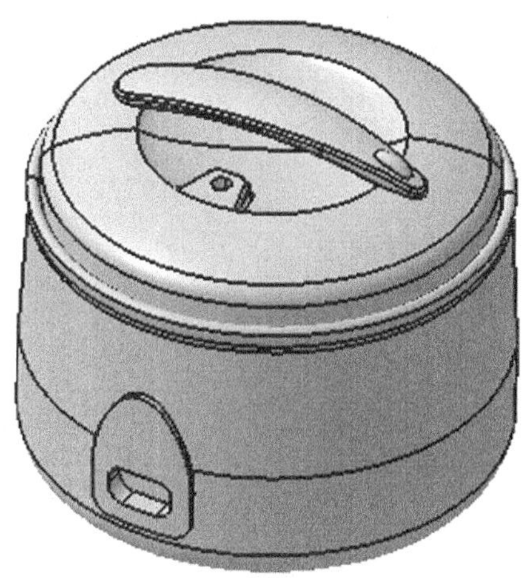

图9-111 电饭煲模型

结果文件	光盘\练习\Ch09\dianfanbao.CATPart 

1. 在【标准】工具栏中单击【新建】按钮，在弹出的对话框中选择“part”，单击【确定】按钮新建一个零件文件；选择【开始】/【机械设计】/【零件设计】命令，进入【零件设计】工作台。
2. 单击【草图】按钮，在工作窗口选择草图平面为 *yz* 平面，进入草图编辑器。利用草图工具绘制如图 9-112 所示的草图。单击【工作台】工具栏上的【退出工作台】按钮，完成草图绘制。

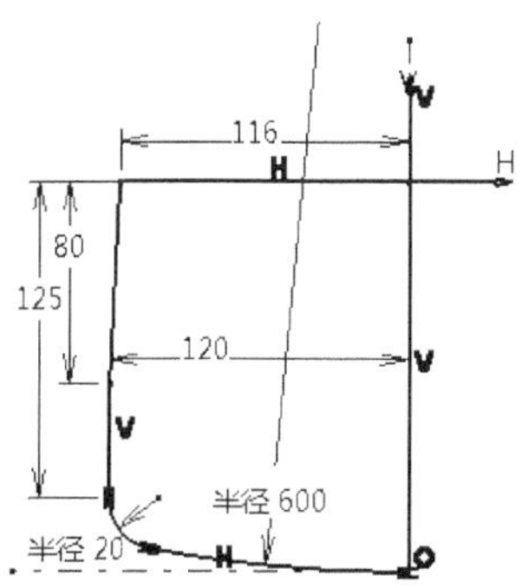

图9-112 绘制草图

3. 单击【基于草图的特征】工具栏上的【旋转体】按钮，选择旋转截面，弹出【定义旋转体】对话框，选择上一步绘制的草图为旋转槽截面，单击【确定】按钮，系统自动完成旋转体特征，如图 9-113 所示。

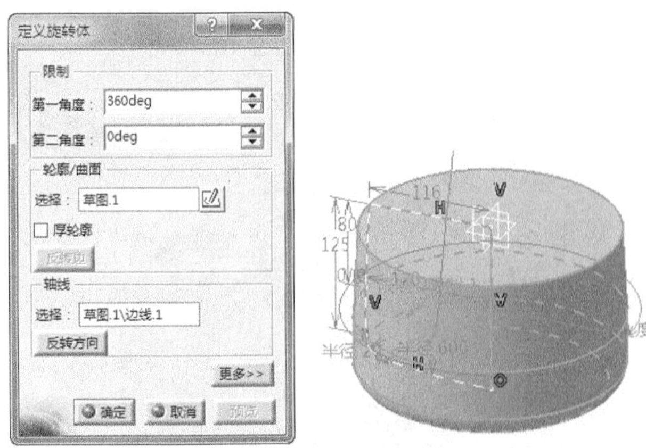

图9-113　创建旋转体特征

4. 单击【草图】按钮，在工作窗口选择草图平面为 *yz* 平面，进入草图编辑器。利用草图工具绘制如图 9-114 所示的草图。单击【工作台】工具栏上的【退出工作台】按钮，完成草图绘制。

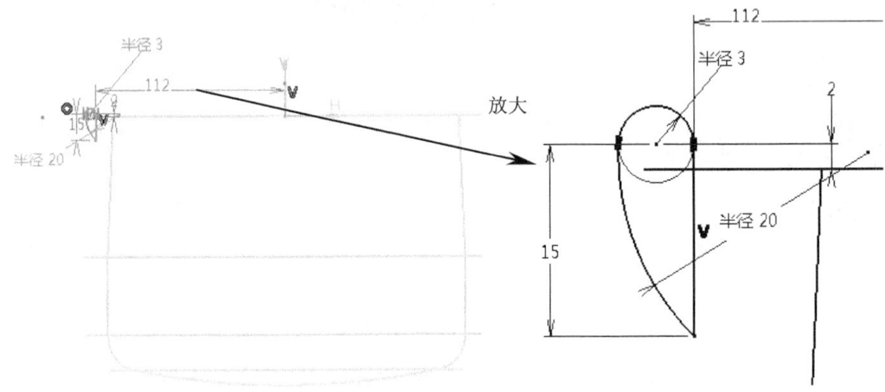

图9-114　绘制草图

5. 单击【基于草图的特征】工具栏上的【旋转体】按钮，选择旋转截面，弹出【定义旋转体】对话框，选择上一步绘制的草图为旋转槽截面，单击【确定】按钮，系统自动完成旋转体特征，如图 9-115 所示。

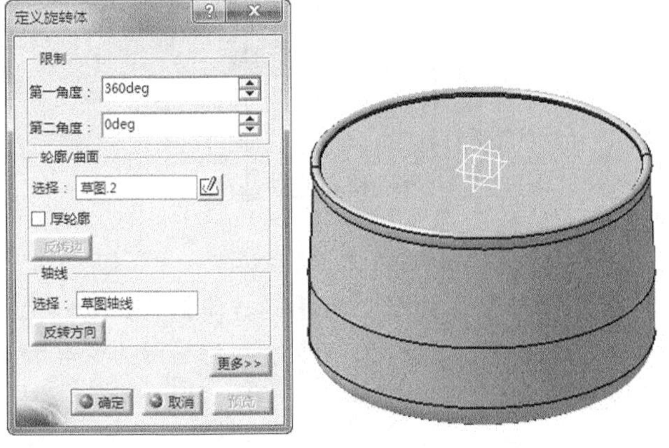

图9-115　创建旋转体

6. 单击【修饰特征】工具栏上的【倒圆角】按钮，弹出【倒圆角定义】对话框，在【半径】文本框中输入圆角半径值 10mm，然后激活【要圆角化的对象】编辑框，选择如图 9-116 所示的边，单击【确定】按钮，系统自动完成圆角特征。

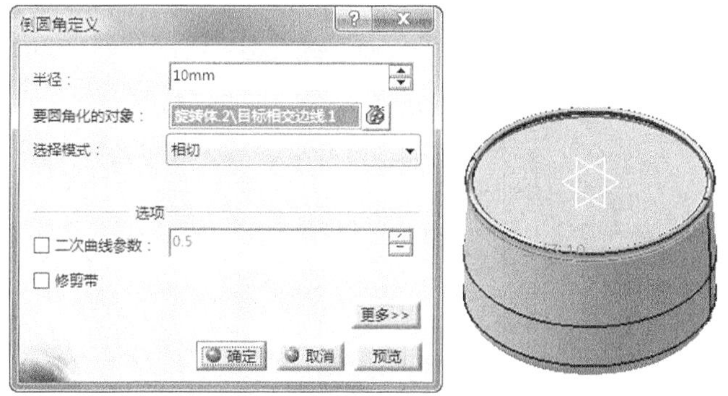

图9-116　创建倒圆角

7. 单击【草图】按钮，在工作窗口选择草图平面为 *yz* 平面，进入草图编辑器。利用草图工具绘制如图 9-117 所示的草图。单击【工作台】工具栏上的【退出工作台】按钮，完成草图绘制。

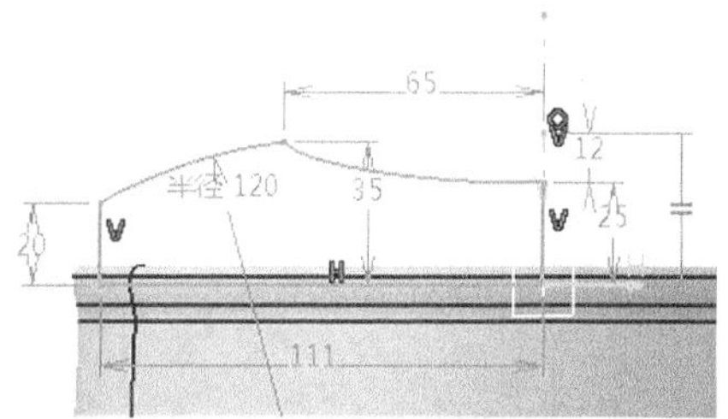

图9-117　绘制草图

8. 单击【基于草图的特征】工具栏上的【旋转体】按钮，选择旋转截面，弹出【定义旋转体】对话框，选择上一步绘制的草图为旋转槽截面，单击【确定】按钮，系统自动完成旋转体特征，如图 9-118 所示。

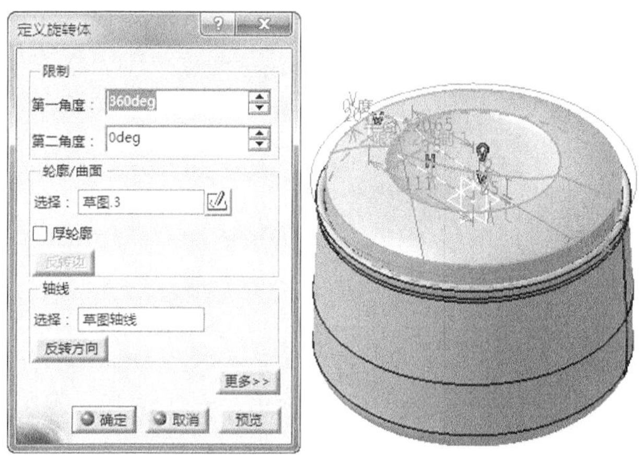

图9-118　创建旋转体

9. 单击【修饰特征】工具栏上的【倒圆角】按钮，弹出【倒圆角定义】对话框，在【半径】文本框中输入圆角半径值 10mm，然后激活【要圆角化的对象】编辑框，选择如图 9-119 所示的边，单击【确定】按钮，系统自动完成圆角特征。

图9-119　创建倒圆角

10. 单击【参考元素】工具栏上的【平面】按钮，弹出【平面定义】对话框，在【平面类型】下拉列表中选择【通过平面曲线】选项，选择如图 9-120 所示的边线，单击【确定】按钮，系统自动完成平面创建。

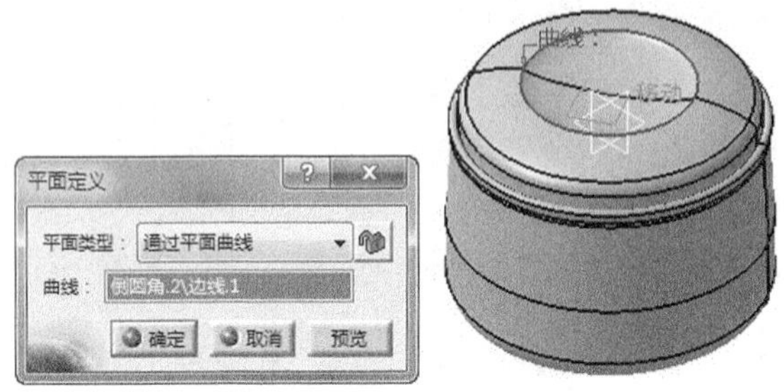

图9-120　创建平面

11. 选择上一步所创建的平面，单击【草图】按钮，进入草图编辑器。利用草图工具绘制如图 9-121 所示的草图。单击【工作台】工具栏上的【退出工作台】按钮，完成草图绘制。

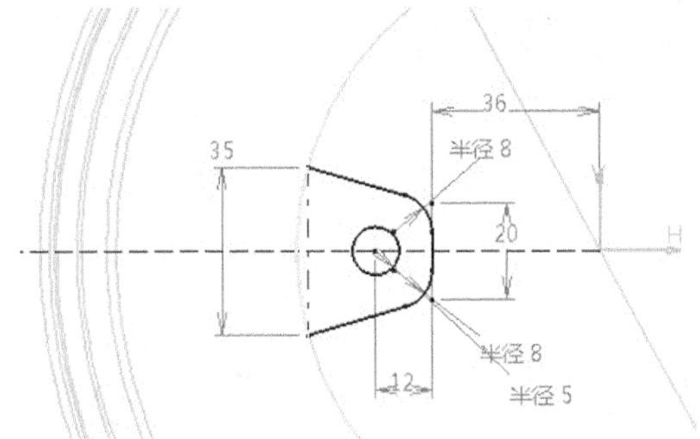

图9-121　绘制草图

12. 单击【基于草图的特征】工具栏上的【凸台】按钮，弹出【定义凸台】对话框，选择上一步所绘制的草图，拉伸类型为【直到下一个】，单击【确定】按钮完成拉伸特征，如图 9-122 所示。

图9-122　创建凸台特征

13. 单击【修饰特征】工具栏上的【倒圆角】按钮，弹出【倒圆角定义】对话框，在【半径】文本框中输入圆角半径值 2mm，然后激活【要圆角化的对象】编辑框，选择如图 9-123 所示的边，单击【确定】按钮，系统自动完成圆角特征。

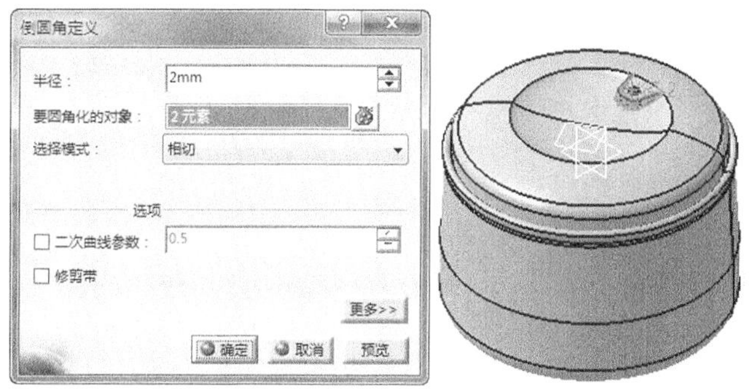

图9-123　创建倒圆角

14. 在菜单栏执行【开始】/【形状】/【创成式外形设计】命令，系统自动进入创成式外形设计工作台。

15. 单击【草图】按钮，在工作窗口选择草图平面为 *xy* 平面，进入草图编辑器。利用草图工具绘制如图 9-124 所示的草图。单击【工作台】工具栏上的【退出工作台】按钮，完成草图绘制。

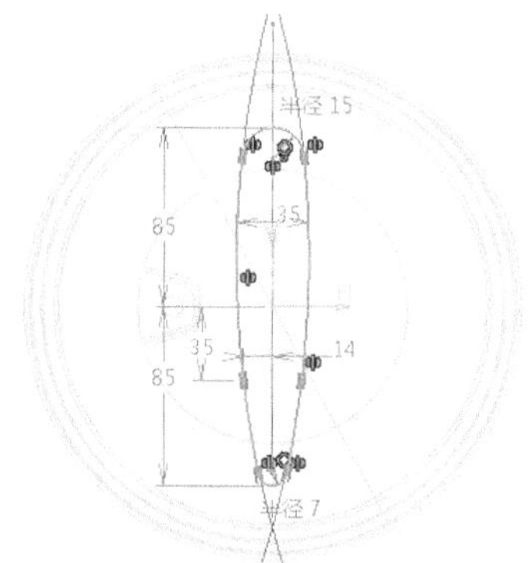

图9-124　绘制草图

16. 单击【曲面】工具栏上的【拉伸】按钮，弹出【拉伸曲面定义】对话框，选择上一步绘制的草图为拉伸截面，设置拉伸深度 60mm，选中【镜像范围】复选框，单击【确定】按钮，系统自动完成拉伸曲面创建，如图 9-125 所示。

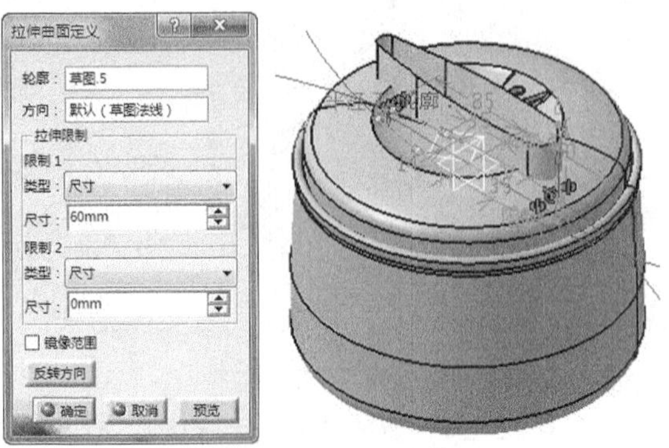

图9-125　创建拉伸曲面

17. 单击【草图】按钮，在工作窗口选择草图平面为 *yz* 平面，进入草图编辑器。利用草图工具绘制如图 9-126 所示的草图。单击【工作台】工具栏上的【退出工作台】按钮，完成草图绘制。

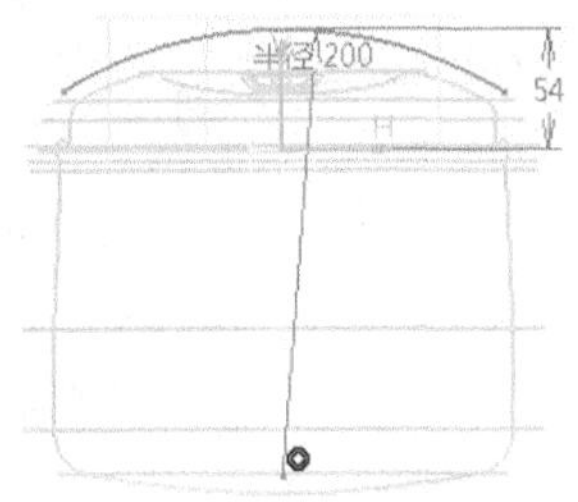

图9-126　绘制草图

18. 单击【参考元素】工具栏上的【平面】按钮，弹出【平面定义】对话框，在【平面类型】下拉列表中选择【曲线的法线】选项，选择上一步绘制的草图曲线和端点，单击【确定】按钮，系统自动完成平面创建，如图 9-127 所示。

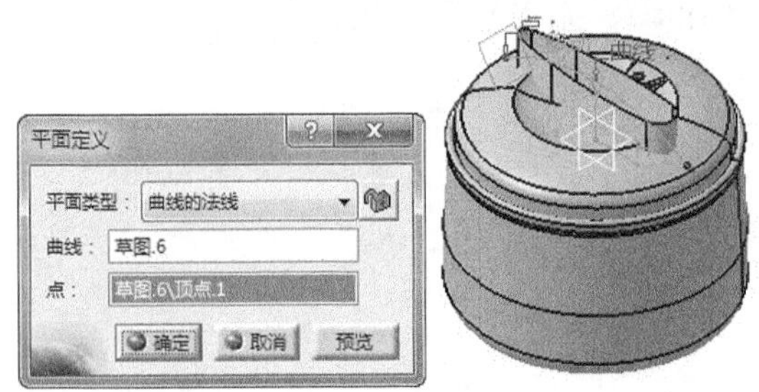

图9-127　创建平面

19. 选择上一步创建的平面作为草绘平面，单击【草图】按钮，进入草图编辑器。利用草图工具绘制如图 9-128 所示的草图。单击【工作台】工具栏上的【退出工作台】按钮，完成草图绘制。

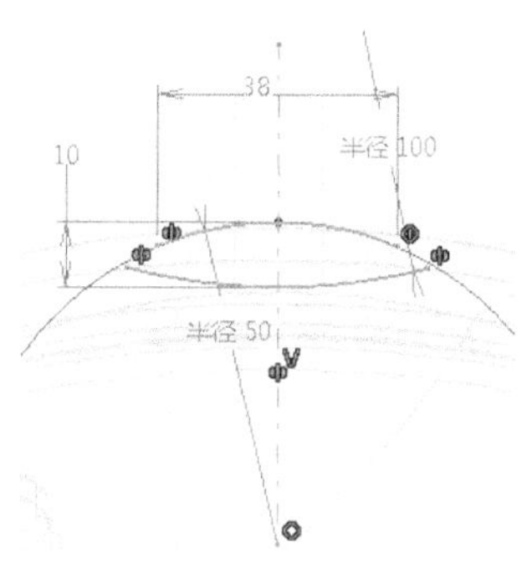

图9-128　绘制草图

20. 单击【曲面】工具栏上的【扫掠】按钮，弹出【扫掠曲面定义】对话框，在【轮廓类型】选择【显式】图标，在【子类型】下拉列表中选择【使用参考曲面】选项，激活【轮廓】选择框，单击鼠标右键选择【创建提取】命令，弹出【提取定义】对话框，选择草图一条曲面作为轮廓，选择如图 9-129 所示草图作为引导曲线，单击【确定】按钮，系统自动完成扫掠曲面创建。

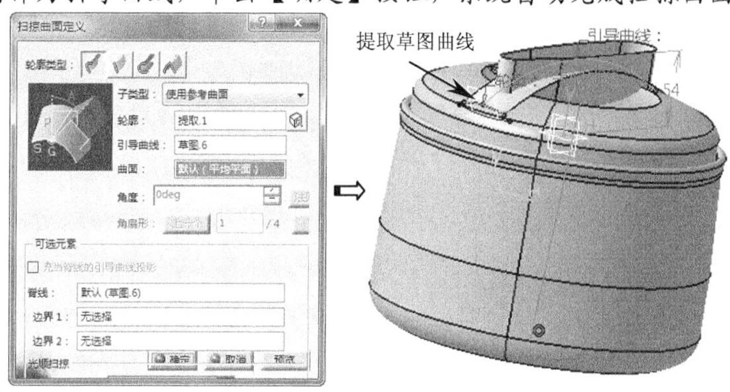

图9-129　创建扫掠曲面

21. 单击【曲面】工具栏上的【扫掠】按钮，弹出【扫掠曲面定义】对话框，在【轮廓类型】选择【显式】图标，在【子类型】下拉列表中选择【使用参考曲面】选项，激活【轮廓】选择框，单击鼠标右键选择【创建提取】命令，弹出【提取定义】对话框，选择草图一条曲面作为轮廓，选择如图 9-130 所示草图作为引导曲线，单击【确定】按钮，系统自动完成扫掠曲面创建。

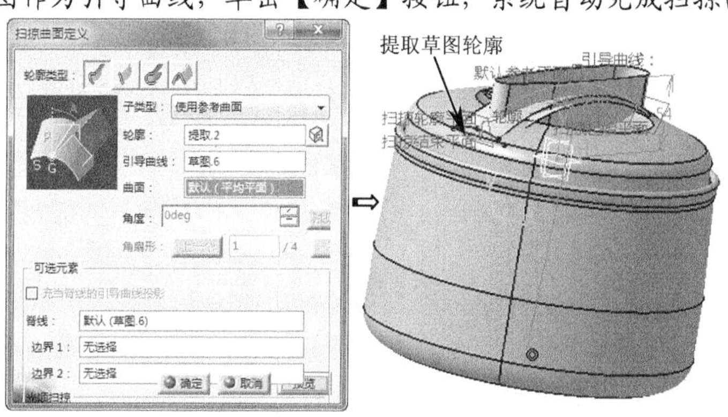

图9-130　创建扫掠曲面

22. 单击【操作】工具栏上的【修剪】按钮，弹出【修剪定义】对话框，选择如图 9-131 所示要修剪曲面，单击【确定】按钮，系统自动完成修剪操作。

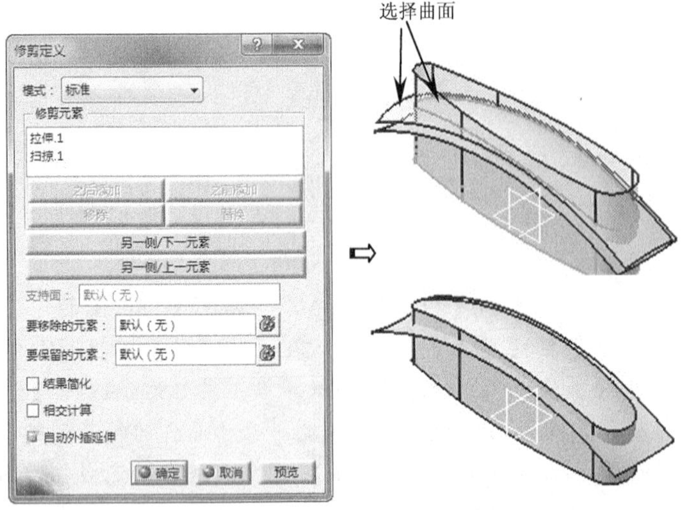

图9-131　创建修剪操作

23. 单击【操作】工具栏上的【修剪】按钮，弹出【修剪定义】对话框，选择如图 9-132 所示要修剪曲面，单击【确定】按钮，系统自动完成修剪操作。

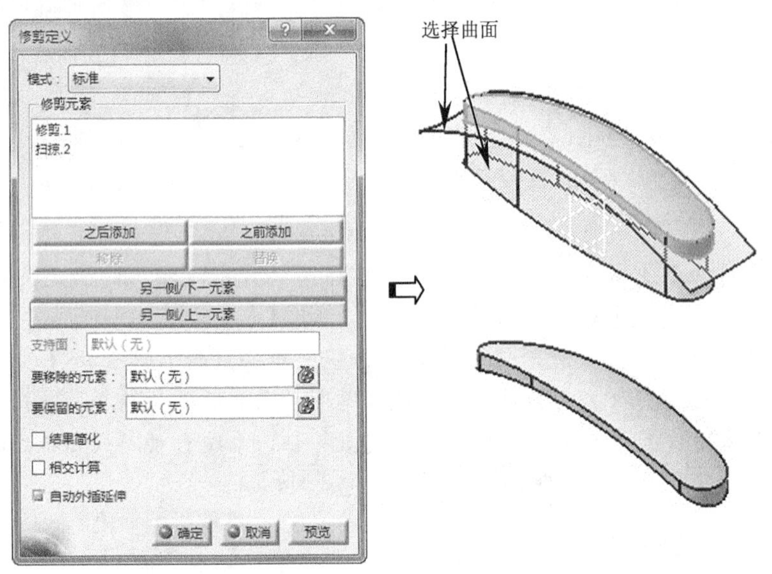

图9-132　创建修剪操作

24. 在菜单栏执行【开始】/【机械设计】/【零件设计】命令，进入【零件设计】工作台。
25. 单击【基于曲面的特征】工具栏上的【封闭曲面】按钮，弹出【定义封闭曲面】对话框，选择上一步修剪曲面为目标封闭曲面，单击【确定】按钮，系统创建封闭曲面实体特征，如图 9-133 所示。

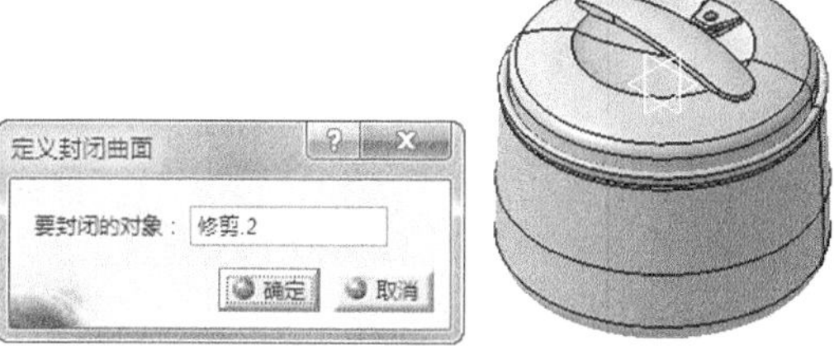

图9-133　创建封闭曲面实体特征

26. 单击【修饰特征】工具栏上的【倒圆角】按钮，弹出【倒圆角定义】对话框，在【半径】文本框中输入圆角半径值 2mm，然后激活【要圆角化的对象】编辑框，选择如图 9-134 所示的边，单击【确定】按钮，系统自动完成圆角特征。

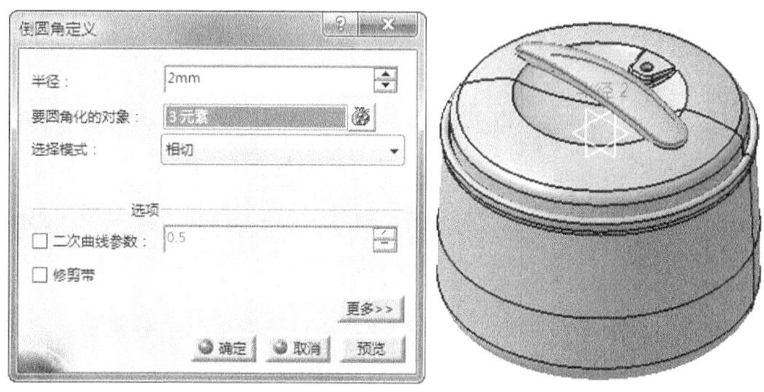

图9-134　创建倒圆角特征

27. 单击【草图】按钮，在工作窗口选择草图平面为 *yz* 平面，进入草图编辑器。利用草图工具绘制如图 9-135 所示的草图。单击【工作台】工具栏上的【退出工作台】按钮，完成草图绘制。
28. 单击【基于草图的特征】工具栏上的【凸台】按钮，弹出【定义凸台】对话框，选择上一步所绘制的草图，拉伸深度 4mm，选中【镜像范围】复选框，单击【确定】按钮完成拉伸特征，如图 9-136 所示。

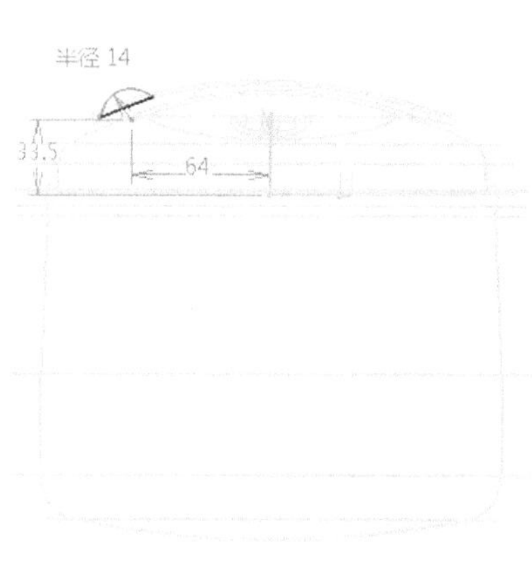

图9-135　绘制草图

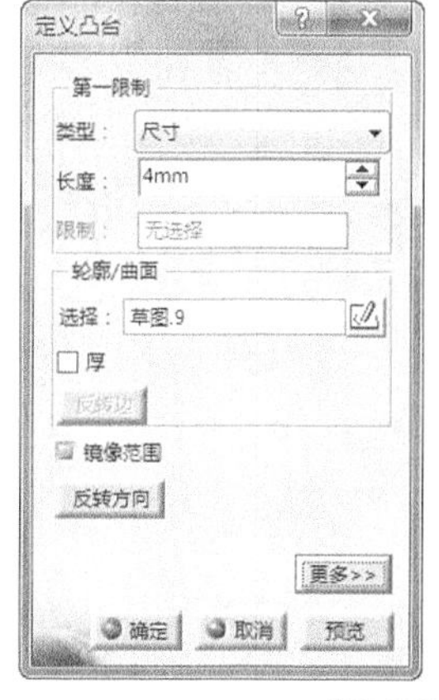

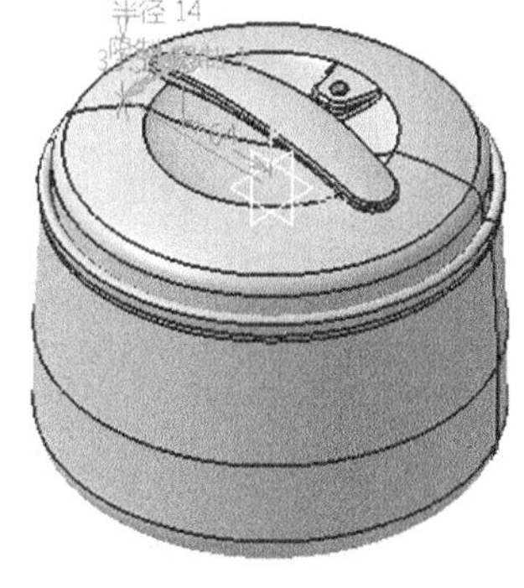

图9-136　创建凸台特征

29. 单击【修饰特征】工具栏上的【三切线内圆角】按钮，弹出【定义三切线内圆角】对话框，激活【要圆角化的面】编辑框，选择如图 9-137 所示的两个

面，然后激活【要移除的面】编辑框，选择如图 9-137 所示的要移除面，单击【确定】按钮，系统自动完成圆角特征。

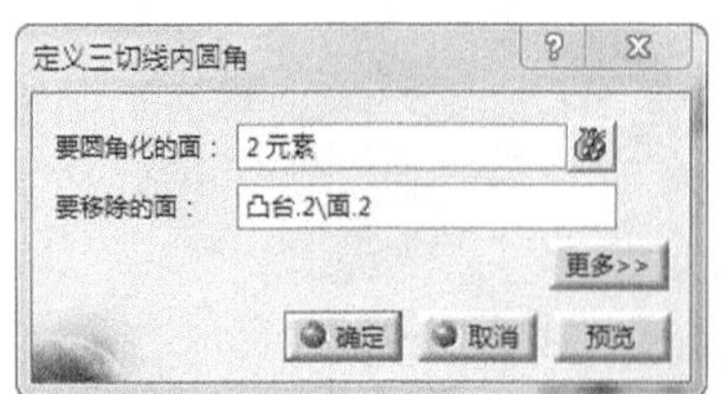

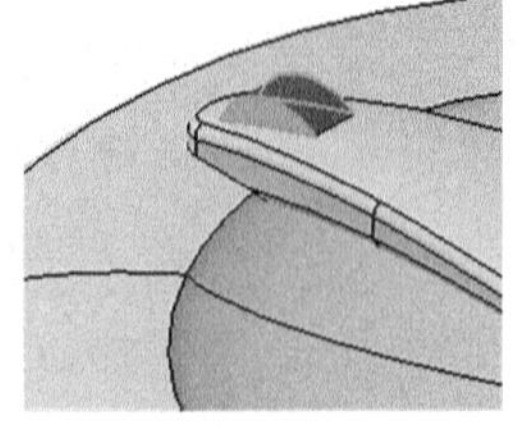

图9-137　创建圆角

30. 单击【草图】按钮，在工作窗口选择草图平面为 *yz* 平面，进入草图编辑器。利用草图工具绘制如图 9-138 所示的草图。单击【工作台】工具栏上的【退出工作台】按钮，完成草图绘制。
31. 在菜单栏执行【开始】/【形状】/【创成式外形设计】命令，系统自动进入创成式外形设计工作台。
32. 单击【草图】按钮，在工作窗口选择草图平面为 *xy* 平面，进入草图编辑器。利用草图工具绘制如图 9-139 所示的草图。单击【工作台】工具栏上的【退出工作台】按钮，完成草图绘制。

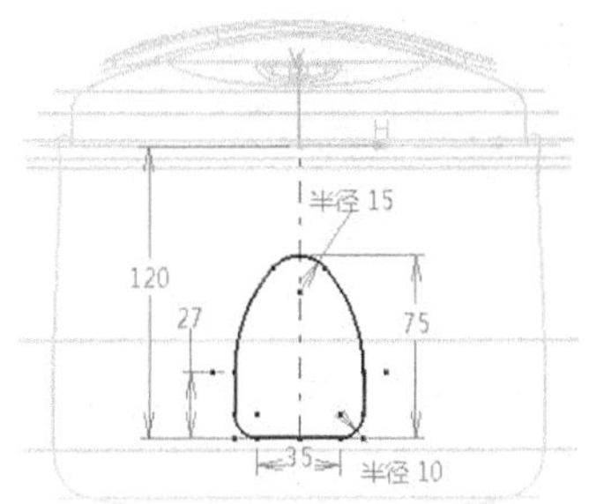

图9-138　绘制草图

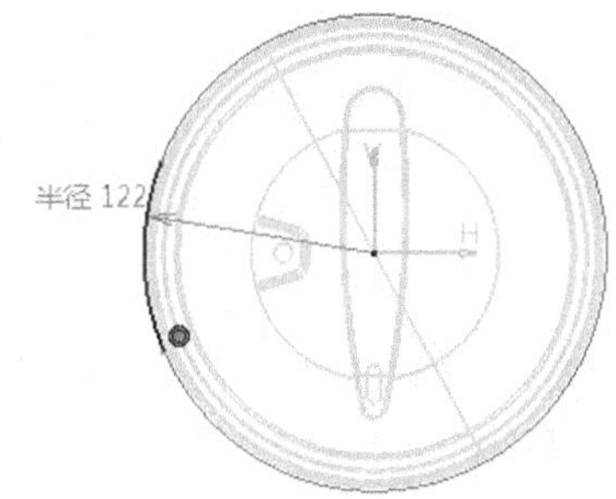

图9-139　绘制草图

33. 单击【曲面】工具栏上的【拉伸】按钮，弹出【拉伸曲面定义】对话框，选择上一步绘制的草图为拉伸截面，设置拉伸深度 150mm，选中【镜像范围】复选框，单击【确定】按钮，系统自动完成拉伸曲面创建，如图 9-140 所示。

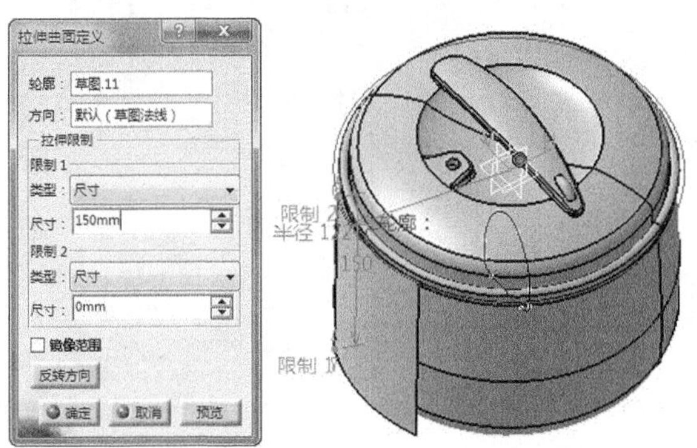

图9-140　创建拉伸曲面

34. 在菜单栏执行【开始】/【机械设计】/【零件设计】命令，进入【零件设计】工作台。
35. 单击【基于草图的特征】工具栏上的【凸台】按钮，弹出【定义凸台】对话框，选择如图 9-141 所示的草图，拉伸类型为【直到曲面】，单击【确定】按钮完成拉伸特征，如图 9-141 所示。

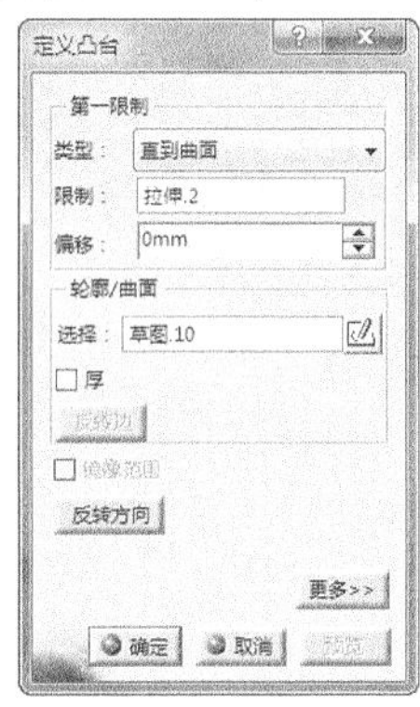

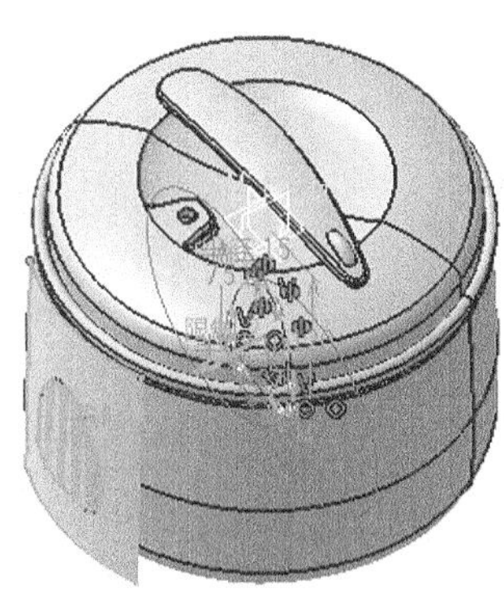

图9-141 创建凸台特征

36. 单击【参考元素】工具栏上的【平面】按钮，弹出【平面定义】对话框，在【平面类型】下拉列表中选择【偏移平面】选项，选择 *yz* 平面作为参考，在【偏移】文本框输入偏移距离 110，单击【确定】按钮，系统自动完成平面创建，如图 9-142 所示。
37. 选择上一步创建的平面为草绘平面，单击【草图】按钮，利用草图工具绘制如图 9-143 所示的草图。单击【工作台】工具栏上的【退出工作台】按钮，完成草图绘制。

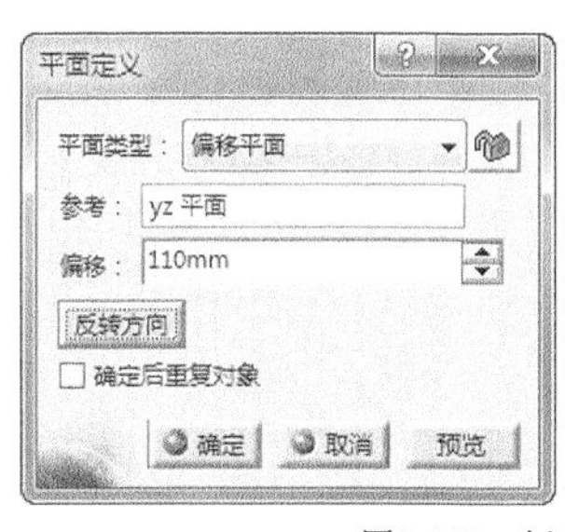

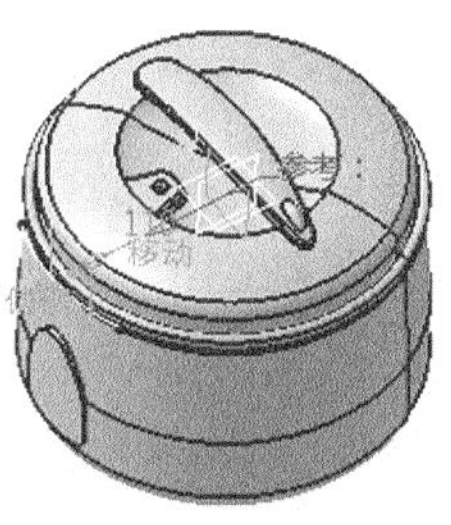

图9-142 创建平面

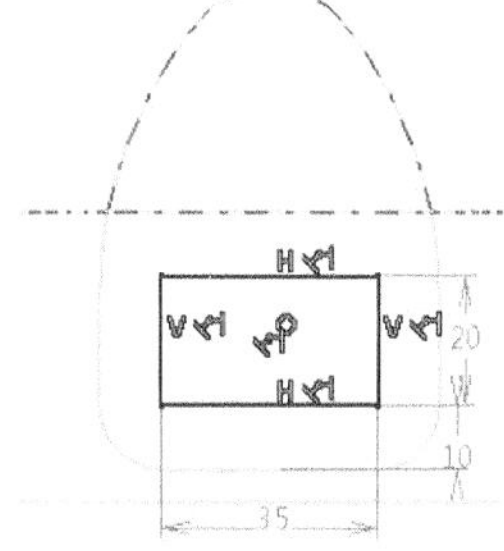

图9-143 绘制草图

38. 单击【基于草图的特征】工具栏上的【凹槽】按钮，选择上一步绘制的草图，弹出【定义凹槽】对话框，设置凹槽类型【直到最后】，单击【确定】按钮，系统自动完成凹槽特征，如图 9-144 所示。
39. 单击【修饰特征】工具栏上的【倒圆角】按钮，弹出【倒圆角定义】对话框，在【半径】文本框中输入圆角半径值 8mm，然后激活【要圆角化的对象】编辑框，选择如图 9-145 所示的边，单击【确定】按钮，系统自动完成圆角特征。

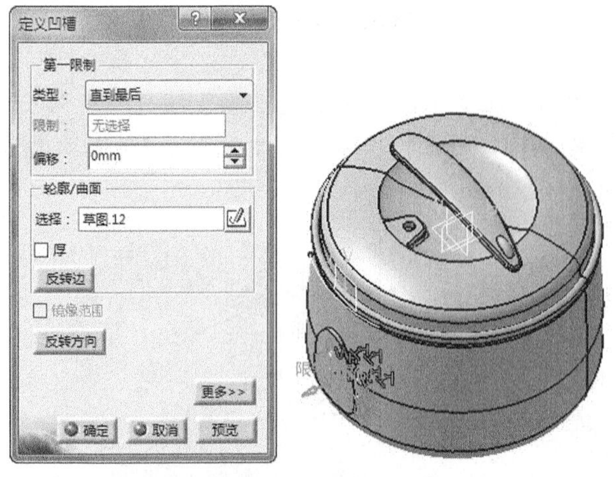

图9-144　创建凹槽特征

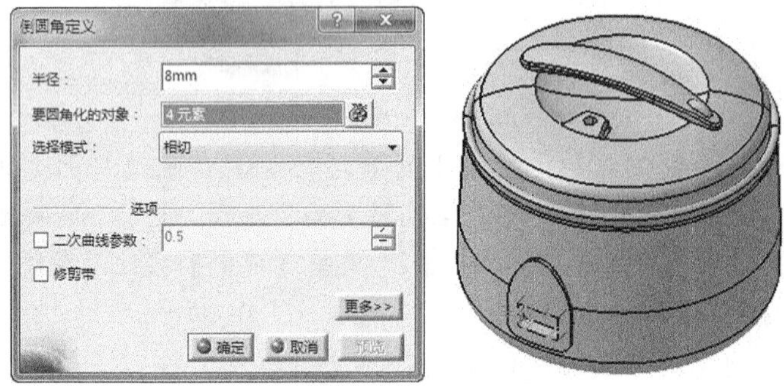

图9-145　创建倒圆角特征

9.3 小结

本章通过玩具类、小家电类零件为例讲解了 CATIA V5R21 曲面和实体混合设计的具体应用，希望读者按照步骤认真练习，做到举一反三，达到融会贯通的目的。